LEHRBUCH

DER

TECHNISCHEN PHYSIK

VON

PROF. DR. HANS LORENZ

DRITTER BAND:

TECHNISCHE HYDROMECHANIK

MÜNCHEN UND BERLIN
DRUCK UND VERLAG VON R. OLDENBOURG
1910

TECHNISCHE HYDROMECHANIK

VON

HANS LORENZ

MIT 205 IN DEN TEXT GEDRUCKTEN ABBILDUNGEN

MÜNCHEN UND BERLIN
DRUCK UND VERLAG VON R. OLDENBOURG
1910

Vorwort.

Obwohl ich unmittelbar nach dem Erscheinen des die Wärmelehre enthaltenden zweiten Bandes meines Lehrbuchs der technischen Physik 1904 die Bearbeitung der Hydromechanik begann, hat sich die Fertigstellung des nunmehr vorliegenden dritten Bandes bedeutend länger hinausgezogen, als ich voraussehen konnte. Es lag dies einerseits an meinem Übergange von der Universität Göttingen an die neugegründete technische Hochschule Danzig mit dem Lehrauftrag für Mechanik, der mir zwar eine sehr erwünschte Erprobung des Inhaltes des ersten Bandes dieses Werkes, der Mechanik starrer Systeme im technischen Unterrichtsbetriebe ermöglichte, aber auch nicht unbeträchtliche neue Amtspflichten auferlegte. Anderseits brachte die wissenschaftliche Darstellung der technischen Hydromechanik in ihrem derzeitigen Zustande so viele Schwierigkeiten mit sich, daß ich mich im Jahre 1906 nach Vollendung etwa der Hälfte des Manuskriptes zu einer völligen Verwerfung der ganzen mich nicht befriedigenden Arbeit entschloß und erst 1908 nach umfassenden Vorstudien und selbständigen Untersuchungen von Spezialproblemen wieder an die Niederschrift des Buches herantrat. Daß solche Schwierigkeiten, die vorwiegend aus dem Gegensatze der theoretischen Hydrodynamik und der fast rein empirischen Hydraulik entspringen, auch anderweitig empfunden wurden, zeigt nicht allein die stiefmütterliche Behandlung dieses Gebiets im technischen Hochschulunterrichte, sondern auch der vollständige Mangel zusammenfassender Darstellungen für Ingenieure in der deutschen Literatur seit der Herausgabe der zweiten Auflage der »Hydromechanik« des inzwischen verstorbenen Professors Rühlmann im Jahre 1880. Dieses Buch beschränkte sich durchaus auf die praktische Hydraulik und enthält in der Hauptsache eine von zahlreichen, an sich recht interessanten historischen Notizen begleitete Beschreibung mannigfacher Versuche unter Anführung der daraus abgeleiteten Erfahrungsformeln, die gelegentlich untereinander verglichen werden. In seinen theoretischen Darlegungen geht Rühlmann überall von der Bernoullischen Anschauung der Parallelströmung aus, ohne die von ihm nur aus historischen Gründen angeschriebenen Bewegungsgleichungen Eulers zu benutzen, während die Formeln für zähe Flüssigkeiten überhaupt mit Stillschweigen übergangen werden. Den entgegengesetzten Weg schlägt Grashof im ersten Bande (1875) seiner ausgezeichneten »Theoretischen Maschinenlehre« ein, wo er der Hydraulik einen kurzen, aber sehr allgemein gehaltenen Abriß der Hydrodynamik idealer Flüssigkeiten mit Einschluß der Helmholtzschen Wirbelsätze vorausschickt und die innere Reibung bei der Strömung längs gegebener Bahnen unter Einführung eines diesen angepaßten krummlinigen Koordinatensystems behandelt. Dieses zweifellos originelle Verfahren führt jedoch auf eine recht verwickelte Formulierung, deren Bewältigung dem Leser um so weniger zugemutet werden kann, als sich ihre Anwendung unter weitgehenden, anderweitig bequemer zu übersehenden Vereinfachungen auf die Ermittlung der Geschwindigkeitsverteilung in Rohr- und Kanalquerschnitten beschränkt. Im übrigen begnügt sich Grashof mit einer Diskussion der hydraulischen Versuchs- und Erfahrungsformeln und kommt nur bei der Wellenbewegung auf die hydrodynamischen Grundformeln kurz zurück. Auch in der für Bauingenieure vorzüglichen »Hydraulique« von Flamant (2. Aufl. 1900) dienen diese Formeln nur zur Herleitung der einfachen Gleichungen für die Parallelströmung, während die neueren, rein wissenschaftlichen Lehrbücher der »Hydrodynamik« von Lamb (3. engl. Ausgabe 1906, deutsche Ausgabe 1907) und W. Wien (1900) auf praktische Anwendungen fast gänzlich verzichten.

Für eine Hydromechanik als Bestandteil der technischen Physik bilden naturgemäß derartige Anwendungen theoretisch gewonnener Sätze geradezu das Endziel, welches nirgends aus den Augen verloren werden darf. Den in den letzten Jahrzehnten im Anschluß an eine erfolgreiche Versuchstätigkeit gesteigerten wissenschaftlichen Anforderungen der Technik hat sich auch dieses Endziel anzupassen und mußte darum in unserem Buche erheblich höher gesteckt werden, wie in den genannten älteren Schriften und den meisten gebräuchlichen Lehrbüchern der technischen Mechanik, in denen der Hydromechanik kaum mehr als ein kurzer Anhang gewidmet ist. Trotzdem war es nicht nötig, die Anforderungen an die mathematischen Vorkenntnisse der Leser des vorliegenden Bandes gegenüber den beiden ersten zu erhöhen. Wer mit den Elementen der Differential- und Integralrechnung etwa in dem Umfange der bekannten »Einführung in die mathematische Behandlung der Naturwissenschaften« von Nernst und Schönfließ (5. Aufl. 1907) vertraut ist, wird hierbei keinen Schwierigkeiten begegnen. Die wenigen darüber hinausgehenden Sätze sind im Buche selbst in unmittelbarem Zusammenhang mit den jeweils in Frage stehenden Problemen abgeleitet worden. Bei der Auswahl derartiger Probleme habe ich nur deren physikalische und technische Bedeutung, niemals aber mathematische Gesichtspunkte im Auge gehabt, und darum auf die Durchsichtigkeit der Lösungen mehr Wert gelegt als auf rechnerische Eleganz und Allgemeingültigkeit der Resultate. Häufig wurden auch Näherungsmethoden herangezogen, wenn eine exakte Lösung entweder nicht erhältlich war oder im Verhältnis zu den Voraussetzungen bei der Problemstellung zu umständlich oder undurchsichtig ausfallen würde. Die Pflege solcher Näherungsverfahren kann überhaupt selbständig arbeitenden Ingenieuren und Physikern gar nicht warm genug empfohlen werden; sie entsprechen so recht unserer nur unvollkommenen Einsicht in das Wesen wirklicher Vorgänge, während strenge Rechnungen leicht über die Tragweite der Schlußfolgerungen hinwegtäuschen.

Die Anordnung des nach den vorstehenden Gesichtspunkten abgegrenzten Stoffes ergab sich nunmehr leicht aus dem logischen Fortschreiten von einfachen zu verwickelten hydromechanischen Vorgängen und Erscheinungen. Zu den ersteren gehören zweifellos die Gleichgewichtsprobleme, denen das erste Kapitel unter Zugrundelegung des aus der Erfahrung abgeleiteten Begriffes der idealen Flüssigkeit gewidmet wurde. Hierbei handelte es sich durchweg um längst bekannte Dinge, bei deren

Darstellung ich nur insofern von der gebräuchlichen abgewichen bin, als ich an die Lehre vom Druck auf die Gefäßwände nicht allein die Theorie des Schwimmens, sondern auch die wichtigsten Sätze über die Oberflächenspannung anknüpfte, an der meines Erachtens die Ingenieure nicht ganz teilnahmslos vorübergehen sollten. Dafür wurde die Diskussion der Oberflächengestalt rotierender Flüssigkeiten als dynamische Erscheinung auf einen späteren Abschnitt zurückgeschoben.

Im zweiten Kapitel wurden dann ihrer großen praktischen Bedeutung und bequemen theoretischen Zugänglichkeit wegen alle diejenigen Erscheinungen abgehandelt, für welche die Kenntnis der stationären Parallelströmung ohne Zuhilfenahme der allgemeinen hydrodynamischen Differentialgleichungen und eine empirische Einführung der Bewegungswiderstände genügt. Dabei bot sich u. a. Gelegenheit zur Weiterführung der Theorie der Vorgänge in Strahlapparaten und Druckluftflüssigkeitshebern[1]) sowie des nicht stoßfreien Ganges von Kreiselrädern[2]) mit Einschluß der Schiffspropeller, die sämtlich durch vollständig berechnete Zahlenbeispiele erörtert wurden. Hieran schließt sich im dritten Kapitel die schon von D. Bernoulli und D'Alembert mit Vorliebe gepflegte, neuerdings aber fast vergessene zeitlich veränderliche Parallelströmung, auf Grund deren die Stabilität der Bewegung von Kreiselrädern[2]) festgestellt werden konnte. Es ist gewiß merkwürdig, daß man mit einer und derselben Grundformel die Flüssigkeitsbewegung in Kolbenpumpen und Stoßhebern[3]) sowie die Wellenbewegung in flachen Kanälen und damit die Haupttatsachen von Ebbe und Flut beherrscht, deren Kenntnis für Ingenieure wohl kaum als überflüssig bezeichnet werden dürfte. An dieser Stelle beabsichtigte ich ursprünglich auch die in der letzten Zeit besonders durch Allievi geförderte Theorie des sog. Widderstoßes einzuschalten, habe aber schließlich davon abgesehen, weil dafür nicht nur die Kompressibilität der Flüssigkeit, sondern auch die Elastizität der

---

[1]) Vgl. hierüber: Die Arbeitsweise und Berechnung der Druckluftflüssigkeitsheber. Zeitschr. d. V. d. Ingenieure 1909.

[2]) Schwingungen in Flüssigkeitsleitungen usw. Zeitschr. f. d. ges. Turbinenwesen. 1908.

[3]) Theorie des hydraulischen Widders. Zeitschr. d. V. d. Ing. 1910.

Rohr- und Gefäßwandungen ausschlaggebend sind. Diese Erscheinung gehört daher in die Elastizitätslehre, welche im folgenden Bande der technischen Physik abgehandelt werden soll.

Die Diskussion der partiellen Differentialgleichung der nicht stationären Parallelströmung dient zugleich als Vorbereitung zum Studium der Eulerschen Bewegungsformeln, die in ihrer vollen Allgemeinheit dem Leser erst im vierten Kapitel entgegentreten, um sofort auf stationäre Potentialströmungen mit Hilfe der Methode der konformen Abbildungen angewandt zu werden, deren Strombilder seit einigen Jahren auch in Ingenieurkreisen, insbesondere des Schiffbaues Beachtung gefunden haben. Für diesen Zweig der Technik ist auch die hierher gehörige zweidimensionale Theorie der Wellen und ihres Einflusses auf die Schiffsbewegung von solcher Bedeutung, daß ihre eingehende Untersuchung mit und ohne künstliche Dämpfung (Schiffskreisel) nicht umgangen werden konnte. Das fünfte Kapitel bringt die Wirbelbewegung idealer Flüssigkeiten mit besonderer Berücksichtigung achsensymmetrischer Vorgänge, zu denen auch das gewöhnlich in der Hydrostatik abgehandelte Gleichgewicht rotierender Flüssigkeitsmassen gehört. Den Abschluß dieses Kapitels bildet ein Abriß meiner eigenen zweidimensionalen Theorie der Kreiselräder[1]) mit einem kurzen Hinweis auf verwandte Bestrebungen, die in den letzten Jahren eine lebhafte Diskussion in der technischen Zeitschriftenliteratur zur Folge hatten. Bei der Darstellung der Bewegung zäher Flüssigkeiten im sechsten Kapitel habe ich besonderen Wert auf ihre praktischen Folgerungen in bezug auf Rohrwiderstände und Lagerreibung gelegt und neuere Versuche zur Beurteilung dieser durch Hinzutreten der Turbulenz verwickelten Erscheinungen herangezogen. Im Gegensatz hierzu bot die Grundwasserbewegung ein geradezu klassisches Beispiel der exakten Potentialströmung, während ich dem Widerstand bei der Bewegung fester Körper in einer Flüssigkeit, z. B. eines Schiffes[2]) nur auf induktivem Wege beikommen

[1]) Vgl. hierüber die zahlreichen Abhandlungen in der Zeitschr. d. V. d. Ing. und Zeitschr. f. d. ges. Turbinenwesen (1905—1908) sowie meine Monographie »Neue Theorie und Berechnung der Kreiselräder«. München 1906.

[2]) Vgl. »Beitrag zur Theorie des Schiffswiderstandes«, Zeitschr. d. V. d. Ing. 1907.

konnte, worüber der letzte Abschnitt dieses Kapitels Aufschluß gibt.

Im historischen Schlußkapitel endlich habe ich die organische Entwicklung der Hydromechanik mit ihren Anwendungen zu schildern versucht und dabei gern die Gelegenheit zur gegenseitigen Abwägung verschiedenartiger Anschauungen und zur kritischen Würdigung von Bestrebungen benutzt, wie sie vor allem in der letzten Zeit zutage getreten sind. Wenn es mir gelungen sein sollte, nicht nur durch diese Hinweise jüngere Fachgenossen zu selbständigen Forschungen anzuregen, sondern auch mit dem ganzen vorliegenden Buche, dessen Hauptinhalt meinen Vorlesungen in den Jahren 1908 und 1909 zugrunde lag, den technischen Hochschulunterricht in der Hydromechanik etwas zu heben, so würde ich dafür Ausstellungen in Einzeldingen gern in Kauf nehmen. Da ich mir trotz der aufgewandten Mühe und der Berücksichtigung der Literatur bis Ende 1909 der Unvollkommenheit des Gebotenen bewußt bin, so begrüße ich solche Ausstellungen besonders dankbar, wenn sie von positiven Verbesserungsvorschlägen begleitet sind.

Die Berechnung der an manchen Stellen zum Verständnis nötigen Zahlenbeispiele verdanke ich fast ausschließlich meinem langjährigen Mitarbeiter, Herrn Privatdozenten Dr. Ing. A. Pröll, die Zeichnung der Figuren sowie die Anfertigung der Register meinem Assistenten Herrn Dr. Ing. R. Plank, während außer diesen Herren noch mein Bruder, Dipl.-Ing. Dr. R. Lorenz, mich beim Lesen der Korrekturen unterstützte.

Danzig-Langfuhr, im Januar 1910.

H. Lorenz.

Inhaltsverzeichnis.

*

Seite

Kap. V. Wirbelbewegung und Rotation von Flüssigkeiten.

Kapitel I.

Das Gleichgewicht tropfbarer Flüssigkeiten.

§ 1. Physikalische Eigenschaften tropfbarer Flüssigkeiten.

Definition der idealen Flüssigkeit. Tangential- und Normalspannungen. Unabhängigkeit des Flüssigkeitsdruckes von der Richtung. Volumbeständigkeit. Hydraulische Presse.

Im Gegensatz zu einem starren oder absolut festen Körper, dessen Bestandteile durch noch so große Kräfte weder voneinander getrennt, noch gegeneinander verschoben werden können, verstehen wir unter einer idealen Flüssigkeit ein Kontinuum, d. h. ein stetig zusammenhängendes System materieller Teilchen, die einer Trennung voneinander und einer Verschiebung aneinander überhaupt keinen Widerstand entgegenstellen. Da nun in Wirklichkeit alle Körper, mögen sie als fest, flüssig oder gasförmig auftreten, unter der Einwirkung von Kräften geteilt oder in ihrer Form verändert werden können, so befinden sowohl der starre Körper, als auch die ideale Flüssigkeit sich in extremen Zuständen, denen sich die natürlichen Stoffe unter gewissen äußeren Bedingungen mehr oder weniger nähern, ohne sie je ganz erreichen zu können. Wir haben es also in beiden Fällen mit Abstraktionen oder mit sog. mechanischen Bildern zu tun, welche das tatsächliche Verhalten der natürlichen Körper um so besser wiedergeben, je weniger der Einfluß der Abweichungen der letzteren vom Idealzustande für den ins Auge gefaßten Vorgang ins Gewicht fällt. Hierüber kann naturgemäß nur die Erfahrung Aufschluß gewähren, aus der wir ja unsere Kenntnis der Eigenschaften der wirklichen Körper ausschließlich schöpfen.

Um also festzustellen, inwieweit eine gegebene Flüssigkeit, z. B. Wasser, dem oben bezeichneten Idealzustande entspricht, bringen wir eine bestimmte Menge derselben in ein Gefäß mit festen Wänden und zwei horizontal gegenüberstehenden gleich großen Öffnungen, welche durch zylindrische Kolben nach außen dicht abgeschlossen sind, Fig. 1. Befindet sich das ganze System im Gleichgewichte, so werden auf beide Kolben von außen gleich große, aber entgegengesetzte Axialkräfte P wirken müssen. Verschieben wir dann unter der Einwirkung dieser Kräfte einen der beiden Kolben langsam um einen Weg s, so folgt auch der andere dieser Bewegung, so daß — abgesehen von der hier außer Betracht bleibenden Stopfbüchsenreibung — die auf den einen Kolben übertragene Arbeit Ps mit der von dem anderen geleisteten übereinstimmt. Durch diesen Vorgang ist aber gleichzeitig der zwischen den Kolben befindliche Flüssigkeitszylinder um den Weg s innerhalb der ihn umgebenden Masse verschoben worden, ohne daß hierbei ein Widerstand zu überwinden war. Der Sitz eines solchen Widerstandes könnte nur die Mantelfläche des verschobenen Flüssigkeitszylinders, seine Richtung die der Erzeugenden parallele Bewegungsrichtung sein. Der Versuch lehrt also, daß die zu beiden Seiten einer beliebigen Fläche befindlichen Flüssigkeitselemente aufeinander keine Kräfte tangential zu dieser Fläche ausüben.

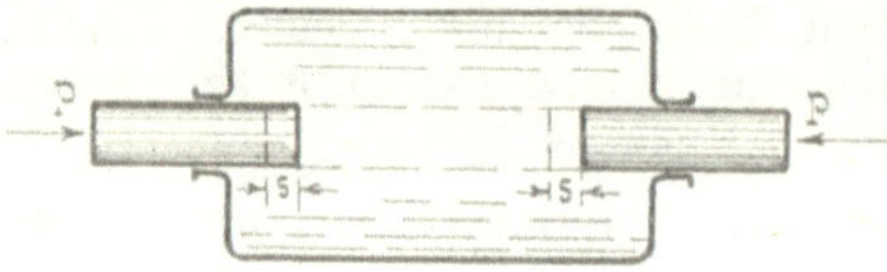

Fig. 1.

Da die beiden Kolben während ihrer Verschiebung durch die umgebende Flüssigkeit keinen Widerstand erfahren, so erkennen wir, daß auch längs der festen Begrenzungsflächen der Flüssigkeit keine Tangentialkräfte wirken. Sind beide Kolben mit ihren Führungen lang genug, so können wir schließlich deren Verschiebung so lange fortsetzen, bis der zwischen ihnen befindliche Flüssigkeitszylinder ganz herausgedrängt, von der im Gefäß bleibenden Masse also vollständig getrennt ist, ohne daß hierzu Arbeit aufzuwenden wäre.

Nun treten die gewonnenen Sätze um so reiner hervor, je langsamer wir die Verschiebung der Kolben vornehmen, bzw. je weniger wir den Ruhezustand der Flüssigkeit stören. Wir sind daher zu dem Schluß berechtigt, daß eine ruhende Flüssigkeit, z. B. Wasser, mit sehr großer Annäherung als eine ideale aufgefaßt werden darf. In einer solchen können nunmehr nach Wegfall aller Tangentialkräfte lediglich Normalspannungen wirksam sein, welche wir in der Folge mit dem Buchstaben p bezeichnen und in kg/qm ausdrücken wollen.

Da weiterhin die Elemente der idealen Flüssigkeit einer Trennung keinen Widerstand leisten, so können diese Normalspannungen nur von beiden Seiten auf jedes Flächenelement zu gerichtet sein, d. h. als Druckspannungen auftreten, während Zugspannungen ausgeschlossen sind. Wechselt demnach an irgendeiner Stelle im Innern der idealen Flüssigkeit die positiv gerechnete Druckspannung ihr Vorzeichen, so deutet dies auf ein Zerreißen bzw. auf eine Störung des kontinuierlichen Zusammenhangs der Flüssigkeit hin. Es fragt sich nun weiterhin, ob die in der idealen Flüssigkeit herrschenden Druckspannungen ihrer Größe nach von der Stellung des zu ihnen normalen Flächenelementes abhängig sind oder nicht. Um dies zu beantworten, konstruieren wir an der zu untersuchenden Stelle O ein Elementartetraeder Fig. 2 mit drei zueinander rechtwinkligen Seiten dx, dy, dz, dessen schiefe Fläche dF sein möge. Sind ferner $\varkappa$, λ, μ die Neigungswinkel der Normalen von dF gegen die Seiten dx, dy, dz, so ist zunächst

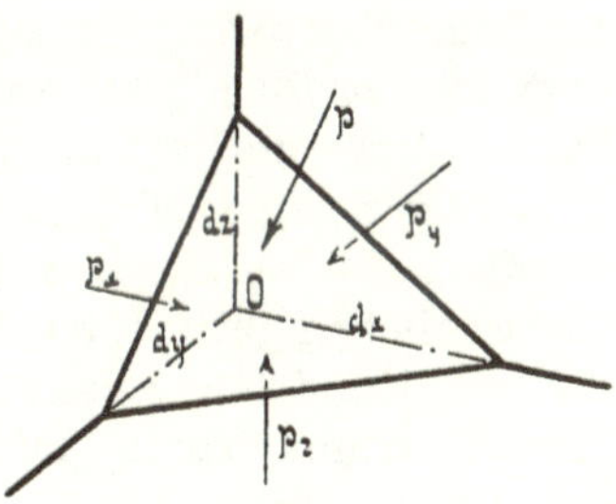

Fig. 2.

$$2\,dF = \frac{dy\,dz}{\cos\varkappa} = \frac{dz\,dx}{\cos\lambda} = \frac{dx\,dy}{\cos\mu} \quad . \quad . \quad . \quad . \quad (1)$$

und die auf das Flächenelement dF infolge des Druckes p wirkende Normalkraft $p\,dF$ zerfällt in die drei Komponenten

$$p\,dF\cos\varkappa,\ p\,dF\cos\lambda,\ p\,dF\cos\mu,$$

welche den Drücken auf die Projektionen von F das Gleichgewicht halten müssen, wenn das Element in Ruhe verharren soll. Bezeichnen wir daher die auf diese Projektionen wirkenden Drücke mit p_x, p_y, p_z, so folgt weiter unter Vernachlässigung von Volumkräften (z. B. dem Gewicht des Tetraeders) als Größen höherer Ordnung

$$p\,dF = \frac{p_x\,dy\,dz}{2\cos\varkappa} = \frac{p_y\,dz\,dx}{2\cos\lambda} = \frac{p_z\,dx\,dy}{2\cos\mu} \quad . \quad . \quad . \quad (2)$$

mithin wegen (1)

$$p = p_x = p_y = p_z \quad . \quad . \quad . \quad . \quad . \quad . \quad . \quad (3)$$

Der Druck im Innern einer ruhenden idealen Flüssigkeit ist demnach unabhängig von der Richtung und kann sich nur noch mit dem Orte selbst ändern.

Unsere bisherigen Darlegungen werden nun durch eine etwaige Veränderlichkeit des Flüssigkeitsvolumens mit dem Drucke und der Temperatur nicht berührt, so daß unsere Definition einer idealen Flüssigkeit auch die Gase und Dämpfe mit umfaßt. Diese Körper unterscheiden sich von den Flüssigkeiten im engeren Sinne, die man häufig auch wegen ihrer Fähigkeit, Tropfen zu bilden, als tropfbare bezeichnet, durch eine besonders starke Abhängigkeit ihres Volumens vom Drucke und von der Temperatur, deren weitere Verfolgung Gegenstand der Wärmelehre (Thermodynamik) bildet. In derselben werden auch die sog. Aggregatzustandsänderungen, d. h. die Übergänge aus dem tropfbar flüssigen in den Dampf- bzw. Gaszustand und umgekehrt, abgehandelt, so daß sich ein Eingehen hierauf an dieser Stelle erübrigt.

Dagegen ist zu bemerken, daß man für genauere Untersuchungen, insbesondere rein physikalischer Natur, auch bei tropfbaren Flüssigkeiten von deren Volumveränderlichkeit mit dem Drucke und der Temperatur nicht abstrahieren darf, während sie für technische Zwecke, allerdings mit einer später zu besprechenden Ausnahme, so gut wie bedeutungslos ist. Der idealen tropfbaren Flüssigkeit, mit der wir uns zunächst allein zu beschäftigen haben, schreiben wir darum außer dem Wegfall von Tangentialspannungen noch die Eigenschaft der Volumbeständigkeit oder Unzusammendrückbarkeit (Inkompressibilität) zu, womit zugleich auch der Einfluß etwaiger

Temperaturänderungen von der Betrachtung ausgeschlossen ist. Von dieser Volumbeständigkeit, welche die ideale tropfbare Flüssigkeit offenbar mit dem absolut starren Körper gemein hat, macht man nun in der Praxis häufig Gebrauch zum Eichen von Gefäßen, außerdem aber für die Festlegung unserer technischen Gewichtseinheit, des Kilogramms, welches das Gewicht eines Kubikdezimeters (Liter) Wasser, streng genommen bei 4° C sowie unter Atmosphärendruck, darstellt.

Außerdem ermöglicht uns die Volumbeständigkeit der tropfbaren Flüssigkeiten die Ausübung sehr bedeutender Kräfte unter Aufwendung verhältnismäßig kleiner in viel intensiverer Weise als durch starre Hebel vermittelst der sog. *hydraulischen Presse* (Fig. 3). Diese besteht aus einem mit tropfbarer

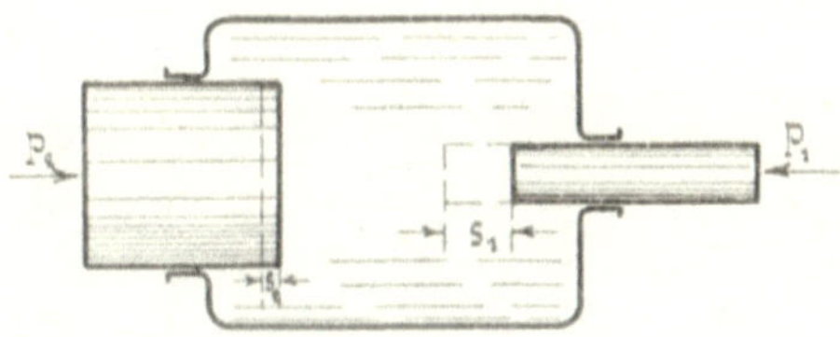

Fig. 3.

Flüssigkeit gefüllten Gefäß und zwei Kolben mit verschiedenen Querschnitten F_1 und F_2, welche sich um die Strecken s_1 und s_2 axial derart gleichzeitig verschieben können, daß $F_1 s_1 = F_2 s_2$ ist. Da nun bei dieser Verschiebung im Innern der Flüssigkeit keine Arbeit verzehrt wird, so muß die mit der Kraft P_1 an einem Kolben eingeleitete Arbeit gleich der am andern mit P_2 abgeführten, d. h. $P_1 s_1 = P_2 s_2$, mithin auch

$$P_1 F_2 = P_2 F_1$$

sein. *Die beiden auf die Kolben einer hydraulischen Presse wirkenden Kräfte sind demnach im Gleichgewichtszustande den Kolbenquerschnitten proportional*, wobei der Proportionalitätsfaktor

$$\frac{P_1}{F_1} = \frac{P_2}{F_2} = p$$

den Flüssigkeitsdruck darstellt.

§ 2. Das Gleichgewicht idealer Flüssigkeiten.

Spezifisches Gewicht der Flüssigkeit. Massenkräfte und Druckkräfte. Bewegungsformeln und Gleichgewichtsbedingungen. Beschleunigung der Massenkräfte und Druckgefälle. Niveauflächen und Potential der Massenkraft. Flüssigkeitsspiegel und Trennungsflächen. Kommunizierende Gefäße.

Eine ideale Flüssigkeit besitzt vermöge ihrer Volumbeständigkeit an allen Stellen des von ihr kontinuierlich erfüllten Raumes dasselbe spezifische Gewicht γ, gemessen in kg/cbm, und stellt demzufolge einen homogenen Körper dar. Wirkt auf denselben eine äußere Kraft mit den Komponenten X, Y, Z parallel den Achsen eines rechtwinkligen Koordinatensystems mit nach unten gerichteter Z-Achse, so verteilt sich diese Kraft stetig auf alle Flüssigkeitselemente, deren jedes mit der Erdbeschleunigung g die Masse

$$dm = \frac{\gamma}{g}\, dx\, dy\, dz \quad . \quad . \quad . \quad . \quad . \quad . \quad (1)$$

im Volumelement $dx\, dy\, dz$ besitzt, sowie unter der Einwirkung der Elementarkomponenten dX, dY, dZ steht. Die hier eingeführte Kraft gehört somit zur Gattung der Massenkräfte im Gegensatz zu der zwischen den einzelnen Elementen normal zu ihren Trennungsflächen wirkenden Druckkraft p, die wir im vorigen Paragraphen hinreichend gekennzeichnet haben. Auch dieser Normaldruck ist stetig veränderlich und wächst daher beim Fortschreiten um ein Streckenelement dz vom Werte p auf $p + \frac{\partial p}{\partial z} dz$ an. Dementsprechend wirkt auf die obere Fläche $dx\, dy$ unseres Massenelementes (Fig. 4) eine Kraft $p\, dx\, dy$, auf die untere dagegen die Kraft $\left(p + \frac{\partial p}{\partial z} dz\right) dx\, dy$ im entgegengesetzten Sinne, während die Massenkraft dZ die positive Z-Richtung haben möge. Bezeichnen wir dann noch die momentanen Geschwindigkeiten des Massenelementes in den Koordinatenrichtungen mit w_x, w_y, w_z (Fig. 5), so wird der Kraftüberschuß in jeder dieser Richtungen eine entsprechende Beschleunigung des Elementes zur Folge haben, und wir erhalten für die Z-Richtung

$$dZ + p\, dx\, dy - \left(p + \frac{\partial p}{\partial z} dz\right) dx\, dy = dm \frac{dw_z}{dt}$$

oder nach Aufhebung einzelner Glieder und Division mit (1)

$$\frac{dZ}{dm} - \frac{g}{\gamma}\frac{\partial p}{\partial z} = \frac{dw_z}{dt}.$$

Zwei weitere, genau analog gebaute Formeln ergeben sich dann auch für die beiden anderen Richtungen; und daher dürfen wir unter Einführung der von den äußeren Kräften herrührenden Beschleunigungen

$$\frac{dX}{dm} = q_x, \quad \frac{dY}{dm} = q_y, \quad \frac{dZ}{dm} = q_z \quad \ldots \quad (2)$$

kürzer schreiben

$$\left.\begin{aligned} q_x - \frac{g}{\gamma}\frac{\partial p}{\partial x} &= \frac{dw_x}{dt} \\ q_y - \frac{g}{\gamma}\frac{\partial p}{\partial y} &= \frac{dw_y}{dt} \\ q_z - \frac{g}{\gamma}\frac{\partial p}{\partial z} &= \frac{dw_z}{dt} \end{aligned}\right\} \quad \ldots \ldots \quad (3).$$

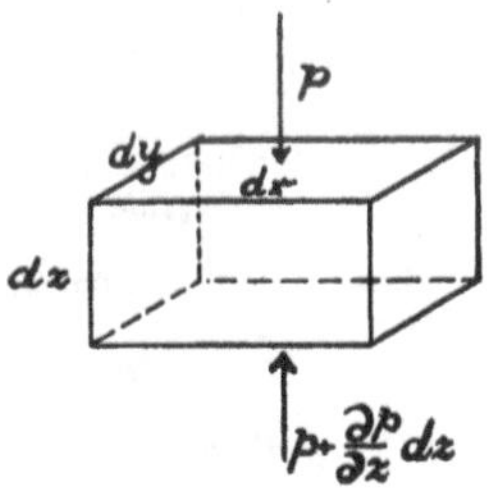

Fig. 4.

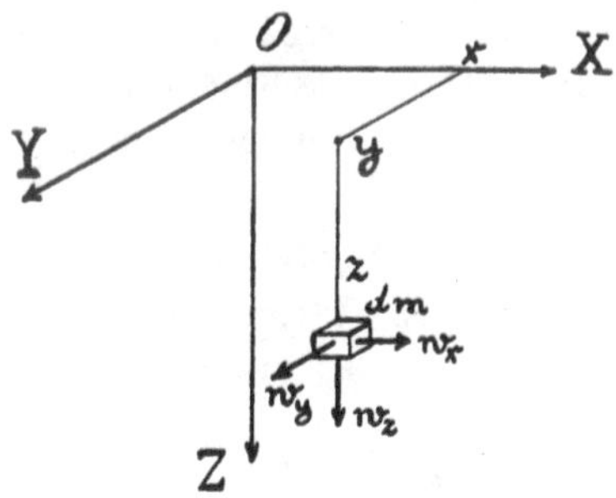

Fig. 5.

Es sind dies nichts anderes als die **Bewegungsgleichungen einer idealen Flüssigkeit** vom spezifischen Gewichte γ, welche sich für den Fall des **Gleichgewichts** in

$$\left.\begin{aligned} q_x &= \frac{g}{\gamma}\frac{\partial p}{\partial x} \\ q_y &= \frac{g}{\gamma}\frac{\partial p}{\partial y} \\ q_z &= \frac{g}{\gamma}\frac{\partial p}{\partial z} \end{aligned}\right\} \quad \ldots \ldots \ldots \quad (3a)$$

vereinfachen. Bezeichnen wir die auf der rechten Seite dieser Formeln stehenden partiellen Ableitungen des Druckes als Druckgefälle, so folgt aus (3a) für eine ruhende Flüssigkeit die Proportionalität des Druckgefälles mit der Beschleunigung der äußeren Massenkraft in derselben Richtung. Multiplizieren wir dann die drei Formeln (3a) der Reihe nach mit dx, dy, dz und addieren, so wird

$$q_x\,dx + q_y\,dy + q_z\,dz = \frac{g}{\gamma}\left(\frac{\partial p}{\partial x}\,dx + \frac{\partial p}{\partial y}\,dy + \frac{\partial p}{\partial z}\,dz\right)$$

oder, da der Druck p im Ruhezustande nur von der Lage, d. h. von den Koordinaten x, y, z abhängen kann, kürzer

$$q_x\,dx + q_y\,dy + q_z\,dz = \frac{g}{\gamma}\,dp \quad . \quad . \quad . \quad . \quad . \quad (4).$$

Die Veränderlichkeit des Druckes mit der Lage läßt sich aber auch durch die Gleichung

$$p = f\,(x, y, z) \quad . \quad . \quad . \quad . \quad . \quad . \quad . \quad (5)$$

andeuten, welche für jeden Wert von p eine im Innern des von ruhender Flüssigkeit erfüllten Raumes verlaufende Fläche darstellt. Eine solche Fläche konstanten Druckes wollen wir eine Niveaufläche nennen, für dieselbe ist mit $dp = 0$ nach (4)

$$q_x\,dx + q_y\,dy + q_z\,dz = 0 \quad . \quad . \quad . \quad . \quad (4a),$$

worin jetzt dx, dy, dz die Projektionen eines auf der Niveaufläche liegenden Wegelementes ds mit den Richtungswinkeln $\varkappa$, λ, μ bedeuten, so zwar, daß

$$\frac{dx}{ds} = \cos\varkappa, \quad \frac{dy}{ds} = \cos\lambda, \quad \frac{dz}{ds} = \cos\mu$$

ist. Anderseits haben auch die Beschleunigungskomponenten q_x, q_y, q_z eine Resultante q mit den Richtungswinkeln φ, ψ, χ, also

$$\frac{q_x}{q} = \cos\varphi, \quad \frac{q_y}{q} = \cos\psi, \quad \frac{q_z}{q} = \cos\chi.$$

Damit aber schreibt sich (4a)

$$\cos\varkappa\cos\varphi + \cos\lambda\cos\psi + \cos\mu\cos\chi = 0 \quad . \quad (4b)$$

und besagt, daß die mit der resultierenden Beschleunigung gleichgerichtete äußere Kraft in jedem Punkte im Innern einer ruhenden Flüssigkeit normal zu der durch diesen Punkt hindurchgehenden Niveaufläche steht.

Kehren wir nun noch einmal zu unseren Grundformeln (3a) zurück, so besagen dieselben offenbar, daß die Beschleunigungskomponenten q_x, q_y, q_z oder, was auf dasselbe hinausläuft, die auf die Masseneinheit bezogenen Komponenten der äußeren Kraft eine Kräftefunktion bzw. ein Potential U derart besitzen, daß

$$q_x = \frac{\partial U}{\partial x}, \quad q_y = \frac{\partial U}{\partial y}, \quad q_z = \frac{\partial U}{\partial z} \quad . \quad . \quad . \quad (6),$$

wobei mit einer willkürlichen Konstanten

$$U = \frac{g}{\gamma} p + C$$

gesetzt werden kann. Die Existenz eines Potentials der äußeren Kräfte ist damit die Grundbedingung für das Gleichgewicht einer idealen Flüssigkeit.

Die wichtigste aller Potentialkräfte ist nun die allgemeine Schwere, welche an der Erdoberfläche die vertikal nach unten gerichtete, nahezu konstante Erdbeschleunigung $g = 9{,}81$ m/Sek.^{2} hervorruft, während parallel zur Erdoberfläche keine Wirkung merkbar ist. Da auch die positive Z-Achse unseres Koordinatensystems Fig. 5 nach unten zeigt, so haben wir zu setzen

$$q_x = 0, \quad q_y = 0, \quad q_z = g$$

und damit folgt aus (3a)

$$\frac{\partial p}{\partial x} = 0, \quad \frac{\partial p}{\partial y} = 0, \quad \frac{\partial p}{\partial z} = \gamma \quad . \quad . \quad . \quad . \quad (3b)$$

d. h. der Druck im Innern einer Flüssigkeitsmasse an der Erdoberfläche ist nur von der Tiefe abhängig, und zwar ergibt sich durch Integration

$$p - p_0 = \gamma (z - z_0) \quad . \quad . \quad . \quad . \quad . \quad (5a)$$

wenn p_0 den Druck in einer Tiefe z_0 unter dem Koordinatenanfang bedeutet. Dies ist aber für p die Gleichung einer Horizontalebene, welche in der Tat die Niveaufläche der Flüssigkeit unter dem Einflusse der konstanten Erdbeschleunigung darstellt. Indentifizieren wir weiter p_0 mit dem sehr nahe konstanten Atmosphärendruck, so erkennen wir, daß auch die Flüssigkeitsoberfläche, der sog. Spiegel, eine Horizontalebene sein muß, was bekanntlich insofern mit der Erfahrung übereinstimmt, als man von der Krümmung der Erdoberfläche absehen darf. Nach Einführung der Tiefe $z - z_0 = h$ eines Punktes unter der Flüssigkeitsoberfläche wird aus (5a) kurz

$$p = p_0 + \gamma h \quad . \quad . \quad . \quad . \quad . \quad . \quad (5\text{b}),$$

worin die Lage des willkürlichen Koordinatenanfangs überhaupt nicht mehr auftritt.

Befinden sich unter dem Einfluß der Erdbeschleunigung in einem Gefäße mehrere Flüssigkeiten von verschiedenem spezifischen Gewichte, die sich, wie Wasser, Öl und Quecksilber, nicht mischen oder chemisch verbinden, so werden die Niveauflächen gleichen Druckes innerhalb jeder einzelnen Flüssigkeit Horizontalebenen sein. Dies gilt auch für die Trennungsfläche je zweier solcher Körper, da andernfalls innerhalb derselben Horizontalebenen existieren würden, längs deren der Druck infolge veränderlicher Höhe der darüber lagernden Flüssigkeitsschichten variieren würde.

Das stabile Gleichgewicht des ganzen Systems bedingt nunmehr, daß der Gesamtschwerpunkt die denkbar tiefste Lage besitzt, da sonst durch seine weitere Senkung kinetische Energie frei werden würde. Diese Bedingung ist aber nur erfüllbar, wenn von zwei übereinander lagernden Flüssigkeiten die spezifisch schwerere die tiefere Lage einnimmt, woraus wiederum folgt, daß beliebige, nicht mischbare Flüssigkeiten sich in horizontalen Schichten in der Größenfolge ihrer spezifischen Gewichte derart übereinander lagern, daß die leichteste Flüssigkeit die oberste, die schwerste die unterste Schicht bildet. Sind von oben nach unten gerechnet $\gamma_1 < \gamma_2 < \gamma_3 \ldots$ die spezifischen Gewichte der aufeinander folgenden Flüssigkeitsschichten, mit den Höhen $h_1, h_2, h_3 \ldots$, auf deren oberster der Atmosphärendruck p_0 lasten möge, so ergibt sich der Druck in der ersten Trennungsfläche

$$p_1 = p_0 + \gamma_1 h_1,$$

derjenige in der zweiten Fläche

$$p_2 = p_1 + \gamma_2 h_2 = p_0 + \gamma_1 h_1 + \gamma_2 h_2 \quad . \quad . \quad . \quad (7)$$

usf.

Hat ein Gefäß mehrere Öffnungen nach oben zu, Fig. 6, in denen derselbe Druck p_0 auf eine darin befindliche Flüssigkeit wirkt, so werden die Spiegel in allen diesen Öffnungen gleich hoch stehen bzw. ein und derselben Horizontalebene angehören. Herrschen dagegen in den Spiegeln eines derartigen kommunizierenden Gefäßes verschiedene äußere Drucke p_1, p_2 usw., so werden auch die Tiefen z_1, z_2 unter einer beliebigen Bezugsebene verschieden ausfallen; und zwar erhalten wir für eine Tiefe z alsdann an Stelle von (5a) die Gleichungen

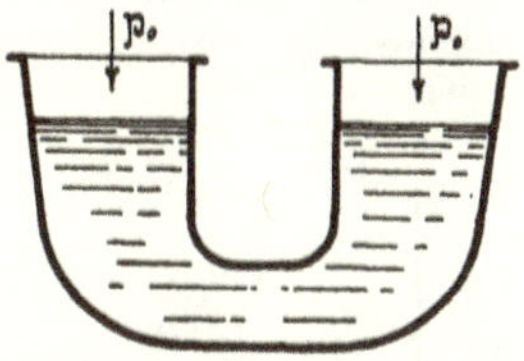

Fig. 6.

$$p - p_1 = \gamma\,(z - z_1)$$
$$p - p_2 = \gamma\,(z - z_2)$$

Sind in einem kommunizierenden Rohre (Fig. 7) nur zwei Öffnungen vorhanden, so genügen die beiden angeschriebenen Formeln, durch deren Subtraktion wir unter gleichzeitiger Einführung der Spiegelhöhendifferenz $z_2 - z_1 = h$

$$p_2 - p_1 = \gamma\,(z_2 - z_1) = \gamma h \quad . \quad . \quad . \quad . \quad (8)$$

erhalten. Der in Glasröhren leicht meßbare Höhenunterschied der Spiegel bildet demnach unmittelbar ein Maß für die Druckdifferenz bzw. den sog. Überdruck an der einen Öffnung gegenüber der anderen. Hiervon macht man in der Praxis Gebrauch bei Quecksilberbarometern zur Messung des Atmosphärendruckes mit einem offenen und einem geschlossenen Schenkel, in welchem über dem Quecksilberspiegel sich ein Raum befindet, der nur noch mit Quecksilberdämpfen von so niederer Spannung erfüllt ist, daß man hiervon gänzlich absehen, also $p_1 = 0$ setzen kann. Alsdann gibt $p_2 = \gamma h$ unmittelbar den absoluten Atmosphärendruck an.

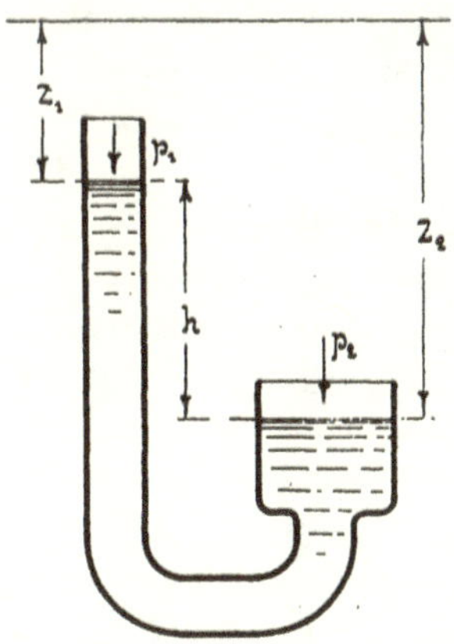

Fig. 7.

Bei Manometern zur Messung kleiner Über- oder Unterdrücke meist strömender Luft oder irgend eines Gases gegenüber der Atmosphäre bleibt der eine Schenkel offen, steht also dauernd unter Atmosphärendruck, während der andere an den zu untersuchenden Raum bzw. die Luft- oder Gasleitung vermittelst eines Gummischlauches angeschlossen wird.

Den Überdruck auf einen der beiden Spiegel kann man sich auch ersetzt denken durch eine darüber lagernde Schicht leichterer Flüssigkeit (Fig. 8), so daß sich in einem kommunizierenden Rohre zwei nicht mischbare Flüssigkeiten von verschiedenem spezifischen Gewicht das Gleichgewicht halten können. Bezeichnen wir das spezifische Gewicht der leichteren Flüssigkeit, welche über der schwereren eine Schicht von der Höhe h_1 bildet, mit γ_1, das der schwereren mit γ_2, so wird h_2 die Differenz der beiden Spiegelhöhen der letzteren angeben, und wir erhalten für den Druck in der Trennungsfläche AA die beiden Formeln

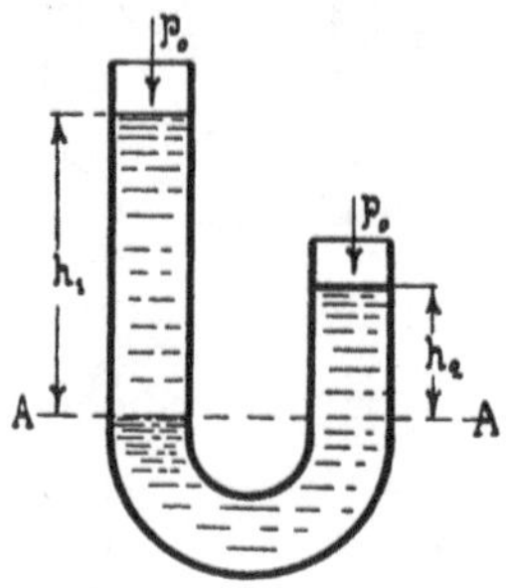

Fig. 8.

$$p = p_0 + \gamma_1 h_1$$
$$p = p_0 + \gamma_2 h_2$$

woraus durch Subtraktion

$$\gamma_1 h_1 = \gamma_2 h_2 \quad . \quad . \quad . \quad (9)$$

folgt, d. h. die Spiegelhöhen zweier Flüssigkeiten über der Trennungsfläche in einem kommunizierenden Rohre sind den spezifischen Gewichten umgekehrt proportional. Es leuchtet ein, daß diese einfache Vorrichtung eine bequeme Messung des spezifischen Gewichtes einer Flüssigkeit erlaubt.

§ 3. Das Gleichgewicht frei schwebender Flüssigkeitsmassen.

Anziehung homogener Kugeln und Kugelschalen nach dem Gravitationsgesetz. Druckzunahme im Innern einer Flüssigkeitskugel. Stabilität einer Kugel aus zwei Flüssigkeiten. Instabilität einer flüssigen Hohlkugel und Abweichungen von der Kugelform.

Befindet sich eine Flüssigkeitsmasse, deren einzelne Elemente einander nach dem Newtonschen Gesetze anziehen, allein im Raume, so wird ihre Oberfläche eine Niveaufläche bilden, derart, daß die resultierende Beschleunigung der Attraktion der Gesamtmasse auf einen Punkt der Oberfläche senkrecht zu dieser steht. Nun wissen wir aus der Mechanik starrer Systeme[1]), daß

[1]) Lorenz, Technische Mechanik starrer Systeme 1902, S. 158 ff.

eine Kugel, deren spezifisches Gewicht entweder konstant ist oder doch nur mit dem Radius variiert, diese Bedingung insofern erfüllt, als die von ihr auf einen äußeren Punkt einschließlich der Oberfläche ausgeübte Beschleunigung nach dem Kugelzentrum gerichtet ist. Dies gilt auch von einer Kugelschale, welche indessen auf einen inneren Punkt überhaupt keine Wirkung besitzt. Daraus folgt weiterhin, daß die Beschleunigung, welche ein Massenpunkt P im Innern einer Vollkugel (Fig. 9) erfährt, nur von dem innerhalb dieses Punktes befindlichen Teile herrührt, während die außerhalb liegende Schale ohne Einfluß bleibt. Die Größe der Beschleunigung ist nun nach dem Newtonschen Gesetze proportional der anziehenden Masse m und indirekt proportional dem Quadrat der Entfernung r vom Kugelzentrum O, also, da sie die Entfernung r zu verkleinern strebt

$$q_r = -f \cdot \frac{m}{r^2} \quad \ldots \ldots \quad (1)$$

worin f die sog. Attraktionskonstante oder Gaußsche Zahl bedeutet. Für unseren Punkt P ist demnach m die Masse der in Fig. 9 punktierten Kugel um O mit dem Radius r, also im Falle einer homogenen Flüssigkeit vom spezifischen Gewicht γ

$$m = \frac{4}{3}\pi \cdot \frac{\gamma}{g} r^3 \quad \ldots \ldots \quad (2),$$

womit

$$q_r = -\frac{4}{3}\pi f \cdot \frac{\gamma}{g} r \quad \ldots \ldots \quad (1a)$$

wird. Anderseits haben wir nach den Grundformeln (3a) des vorigen Paragraphen für das Gleichgewicht, wegen der Willkür der Koordinatenrichtungen,

$$q_r = \frac{g}{\gamma}\frac{\partial p}{\partial r} \quad \ldots \quad (3),$$

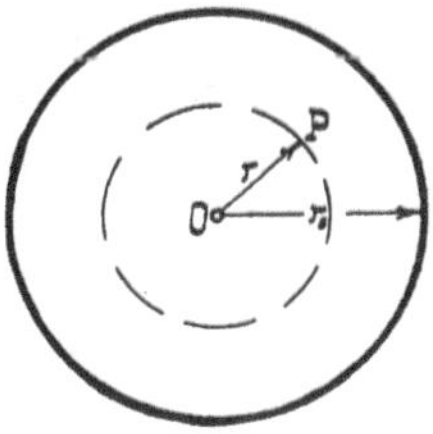

Fig. 9.

worin wir auch wegen der alleinigen Abhängigkeit des Druckes p vom Radius r in unserem Falle der allseitig symmetrischen Kugel die partielle Ableitung durch die totale ersetzen dürfen. Alsdann ergibt die Verbindung von (1a) mit (3)

$$\frac{dp}{dr} = -\frac{4}{3}\pi f \cdot \frac{\gamma^2}{g^2} r \quad \ldots \ldots \quad (4)$$

und nach Integration zwischen den Grenzen r und r_0, denen die Drücke p und p_0 entsprechen mögen,

$$p - p_0 = \frac{2}{3} \pi f \cdot \frac{\gamma^2}{g^2} (r_0^2 - r^2) \quad . \quad . \quad . \quad (5).$$

Bezeichnen wir dann noch die Beschleunigung unserer Flüssigkeitskugel auf Punkte ihrer Oberfläche mit $-g_0$, so ist nach (1a) mit $r = r_0$

$$g_0 = \frac{4}{3} \pi f \cdot \frac{\gamma}{g} r_0 \quad . \quad . \quad . \quad . \quad . \quad . \quad (1b).$$

Diese Formel können wir zur Elimination der Größe f aus (3) benutzen, wenn g_0 bekannt ist, und erhalten somit

$$p - p_0 = \frac{\gamma g_0}{2 g} \frac{r_0^2 - r^2}{r_0} \quad . \quad . \quad . \quad . \quad . \quad (5a)$$

für die Änderung des Druckes p mit dem Radius r im Innern der homogenen Vollkugel.

Soll diese Kugel den noch flüssig gedachten Erdball darstellen, so haben wir in (5a) dessen mittleres spezifisches Gewicht $\gamma = 5580$ kg/cbm, sowie $g_0 = g = 9{,}81$ m/Sek.², und schließlich für den Erdradius $r_0 = 6\,370\,000$ m einzusetzen. Auf diese Weise ergibt sich z. B. für den Erdmittelpunkt mit $r = 0$ ein Überdruck (über den auf der Oberfläche lastenden Atmosphärendruck $p_0 = 10\,334$ kg/qm) von

$$p - p_0 = 1{,}786 \cdot 10^{10} \text{ kg/qm} = 1{,}786 \cdot 10^6 \text{ kg/qcm},$$

also eine ganz ungeheure Pressung, welche sich allerdings jeder Kontrolle entzieht, da wir über den Zustand, das Verhalten und die Anordnung der Stoffe im Erdinnern nur sehr unvollkommen unterrichtet sind. Jedenfalls ist die unserer Berechnung zugrunde liegende Volumbeständigkeit für derartige Drücke kaum noch aufrecht zu erhalten, außerdem aber deutet das relativ geringe spezifische Gewicht der uns zugänglichen Erdkruste gegenüber dem Mittelwerte des ganzen Erdballes auf eine erhebliche Zunahme der Dichte nach dem Mittelpunkte hin.

Nehmen wir z. B. an, eine frei schwebende Kugel bestünde aus zwei idealen Flüssigkeiten von verschiedenen spezifischen Gewichten $\gamma_1 > \gamma_2$, so können diese auf eine beliebige Anzahl sich umhüllender Kugelschalen mit sprungweiser Änderung der Dichte verteilt werden, ohne daß unsere Gleichgewichtsbedingung davon berührt wird. Insbesondere kann hiernach die schwerere Flüssigkeit sowohl den Kern als auch die Hülle der Gesamtkugel bilden, wie es in den beiden Quadranten der Fig. 10 angedeutet ist. In beiden Fällen hat die Beschleunigung der Schwere an der Kugeloberfläche denselben Wert q_0, als wenn die Gesamtmasse beider Bestandteile im Kugelzentrum vereinigt wäre. Innerhalb des homogenen Kernes ändert sie sich aber nach Gleichung (1a) linear mit dem Radius, wobei der konstante Zahlenfaktor dem spezifischen Gewichte des Kernes direkt proportional ist. Daher steigen die absoluten Beträge von q_r, wie im Diagramm der Fig. 10 angedeutet, vom Kugelzentrum aus um so steiler an, je größer das spezifische Gewicht des Kernes ist, so zwar, daß sie an der Oberfläche desselben die Werte bzw. $q_1 > q_2$ annehmen und von da allmählich in den gemeinschaftlichen Aussenflächenwert q_0 übergehen. Die schraffierten Flächen der beiden Diagramme

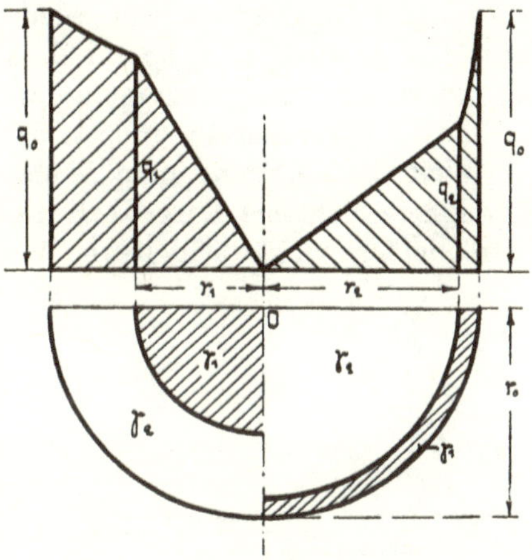

Fig. 10.

$$F = \int_0^{r_0} q_r \, dr \quad . \quad . \quad . \quad . \quad . \quad . \quad . \quad . \quad . \quad (6)$$

stellen alsdann die Arbeit dar, mit welcher die Masseneinheit vom Kugelzentrum an die Oberfläche gehoben werden kann; und diese Arbeit fällt ersichtlich größer aus im Falle des dichteren Kernes als bei dichterer Schale. Die letztere Anordnung besitzt demnach gegenüber der ersteren einen Überschuß von potentieller Energie, der bei der geringsten Störung eine Bewegung der schwereren Schalenmasse gegen das Zentrum zur Folge haben muß; oder mit anderen Worten, das stabile Gleichgewicht zweier frei schwebender Flüssigkeiten erfordert, daß die dichtere den Kern, die leichtere dagegen die Schale bildet. Sind mehr als zwei Flüssigkeiten von verschiedenem spezifischen Gewicht vorhanden, so erkennt man leicht durch wiederholte Anwendung der vorstehenden Überlegung, daß sie sich allgemein in Kugelschalen umeinander mit vom Zentrum nach der Oberfläche zu abnehmender Dichte anordnen werden. Dieses Ergebnis umfaßt offenbar auch den im vorigen Paragraphen aufgestellten Satz der Schichtung von Flüssigkeiten nach dem spezifischen Gewicht unter dem Einfluß der konstanten Beschleunigung an der Erdoberfläche, welche sich aus der Vernachlässigung der Oberflächenkrümmung ergibt.

Weiterhin erkennt man leicht, daß eine frei schwebende Flüssigkeit nicht als Kugelschale ohne jeden Kern im stabilen Gleichgewichte sein kann. Vergleicht man nämlich diesen Fall mit demjenigen der volumengleichen Vollkugel (Fig. 11), so folgt zunächst wieder, daß beide im Abstande r_0 vom Zentrum, welcher mit dem äußeren Radius der Hohlkugel übereinstimmen möge, auf die Masseneinheit eine und dieselbe Beschleunigung q_0 ausüben. Diese Beschleunigung sinkt bis zum Innenrande der Hohlkugel, also für r_2 auf $q_2 = 0$, und behält diesen Wert wegen der Wirkungslosigkeit einer Kugelschale auf einen inneren Punkt bis zum Zentrum. Für die Vollkugel dagegen steigt die Beschleunigung q_0 bis zur Oberfläche nach dem Newtonschen Anziehungsgesetz (1) auf

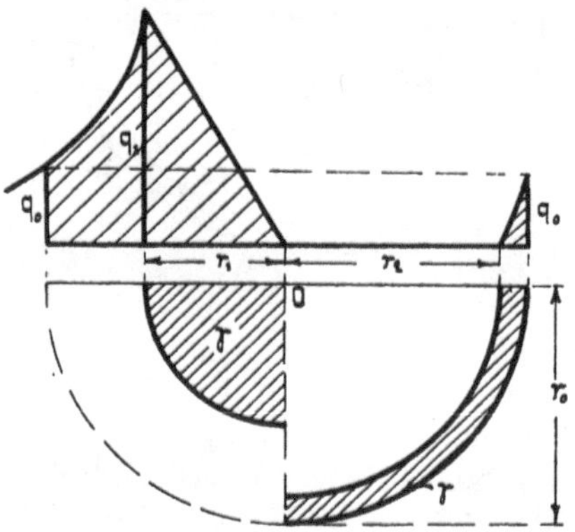

Fig. 11.

$$q_1 = q_0 \frac{r_0^2}{r_1^2},$$

um von da bis zum Zentrum proportional mit dem Radius abzunehmen. Infolgedessen ist die ganze Arbeitsfläche (6) im letzten Falle, wie schon das Diagramm der Fig. 11 lehrt, außerordentlich viel größer als bei der volumgleichen Hohlkugel und damit deren Labilität erwiesen.

Schließlich ist noch die Frage zu entscheiden, ob überhaupt die Kugel die einzige stabile Gleichgewichtsform einer frei schwebenden Flüssigkeitsmasse darstellt. Zu diesem Zwecke denken wir uns auf der in Fig. 12 stark ausgezeichneten Kugel einen Flüssigkeitsberg AB aufgetürmt, und darauf dessen Masse als homogene Schale mit punktierter Oberfläche um die Kugel verteilt. Hierbei wird ersichtlich durch Annäherung der Teile von AB an das Kugelzentrum Arbeit frei, welche in Form von kinetischer Energie wieder auftreten muß. Daraus folgt aber, daß die Abweichung AB von der Kugelgestalt mit dem Gleichgewicht der frei schwebenden Flüssigkeit unvereinbar ist, und wir erhalten als Schlußergebnis, daß nur die Vollkugel den Bedingungen des stabilen Gleichgewichts einer im Raum frei schwebenden Flüssigkeitsmasse unter dem Einfluß der allgemeinen Schwere genügt.

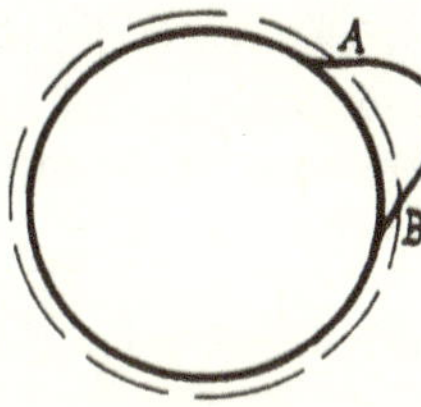

Fig. 12.

§ 4. Der Druck ruhender Flüssigkeiten auf Gefäfswände.

Die Resultante des Flüssigkeitsdruckes auf ebene Wände und ihr Angriffspunkt. Horizontal- und Vertikalkomponente des Flüssigkeitsdruckes an ebenen und gekrümmten Wänden. Hydrostatisches Paradoxon. Größe und Angriffspunkt des Flüssigkeitsdruckes in beliebiger Richtung.

Wir betrachten nunmehr wieder eine Flüssigkeit vom spezifischen Gewicht γ, welche sich in einem Gefäß von beliebiger Form an der Erdoberfläche befindet und daher, wenn das Gefäß oben offen ist, einen horizontalen Spiegel besitzt. In der Tiefe h unter diesem Spiegel, auf dem der Atmosphärendruck p_0 ruht, herrscht dann nach § 2 der Normaldruck

$$p = p_0 + h\gamma,$$

welcher dort auch ein die Flüssigkeit begrenzendes Element dF der Gefäßwand belastet. Damit dieses Element nicht in der Richtung seiner Normalen durch den Druck p fortgeschoben wird, muß diesem eine Kraft

$$dP = p\,dF = (p_0 + \gamma h)\,dF \quad . \; . \; . \; . \quad (1)$$

entgegenwirken. Im Falle einer ebenen Gefäßwand haben alle diese Elementarkräfte dieselbe Richtung und lassen sich für ein begrenztes Flächenstück F der Gefäßwand zu einer **Resultante**

$$P = p_0 F + \gamma \int h\, dF \quad . \; . \; . \; . \; . \quad (2)$$

zusammenfassen, worin die Integration der rechten Seite über das ganze Flächenstück F auszudehnen ist. Bedeutet α den Neigungswinkel der Gefäßwand gegen den Horizont, sowie x und y die Koordinaten des Elementes dF in der in Fig. 13 umgeklappt gezeichneten Wandebene mit der im Flüssigkeitsspiegel liegenden x-Achse, so folgt sofort

$$h = y \sin \alpha \quad . \; . \; . \; . \; . \; . \; . \; . \quad (3)$$

und damit geht (2) über in

$$P = p_0 F + \gamma \sin \alpha \int y\, dF \quad . \; . \; . \; . \quad (2\,a),$$

worin das Integral der rechten Seite mit dem statischen Moment des Flächenstückes F in bezug auf die x-Achse übereinstimmt.

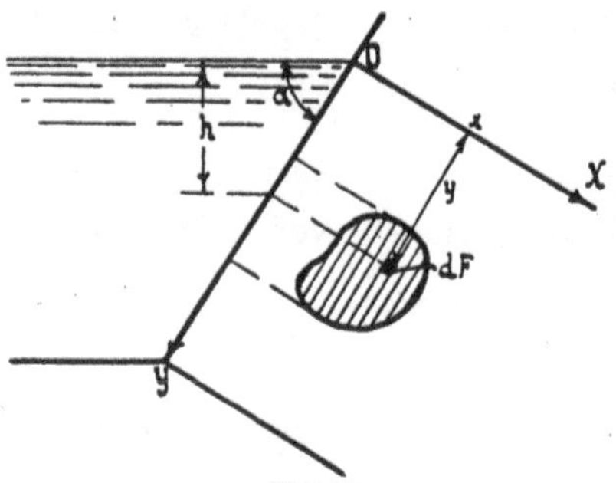

Fig. 13.

Es entsteht nun die Frage nach dem **Angriffspunkt der Kraft** P, an dem die Fläche F, ohne zu kippen, durch eine Gegenkraft gestützt werden kann, wenn sie nicht an ihrem Umfang mit den anderen Teilen der Wand fest zusammenhängt. Zu diesem Zwecke greifen wir auf die Momentengleichungen der Mechanik zurück und bezeichnen die Drehmomente der auf die Fläche F wirkenden Drücke in bezug auf die Koordinatenachsen OX, OY mit $\mathfrak{M}_y$ und $\mathfrak{M}_x$, so zwar, daß

$$\mathfrak{M}_x = \int x\, dP, \quad \mathfrak{M}_y = \int y\, dP$$

oder nach (1) und (3)

$$\left.\begin{aligned} \mathfrak{M}_x &= p_0 \int x\, dF + \gamma \sin \alpha \int xy\, dF \\ \mathfrak{M}_y &= p_0 \int y\, dF + \gamma \sin \alpha \int y^2 dF \end{aligned}\right\} \quad . \; . \; . \quad (4).$$

Sind ferner x_0 und y_0 die Koordinaten des Angriffspunktes der Resultante P in der Ebene der Gefäßwand, so haben wir auch

$$\mathfrak{M}_x = x_0 P, \quad \mathfrak{M}_y = y_0 P$$

oder wegen (2a) und (4)

$$\left.\begin{aligned} x_0 \left(p_0 F + \gamma \sin \alpha \int y\, dF\right) &= p_0 \int x\, dF + \gamma \sin \alpha \int xy\, dF \\ y_0 \left(p_0 F + \gamma \sin \alpha \int y\, dF\right) &= p_0 \int y\, dF + \gamma \sin \alpha \int y^2 dF \end{aligned}\right\} \quad (4\,a)$$

Für den Fall, daß die willkürliche y-Achse unseres Systems durch den Schwerpunkt des Flächenstückes F hindurchgeht, verschwindet auf der rechten Seite der ersten dieser Formeln das erste Glied, und wenn die Fläche außerdem noch symmetrisch zur y-Achse liegt, auch das zweite Glied, womit $x_0 = 0$ wird, was ohnehin evident ist. In Wirklichkeit vereinfachen sich unsere Ergebnisse häufig durch den Umstand, daß das Gefäß frei steht, seine Wand also von außen dem konstanten Atmosphärendruck p_0 ausgesetzt ist. Alsdann kommt für den Druck nach außen nur der Überdruck $p - p_0$ in Frage, und wir erhalten an Stelle von (2a) und (4a) die Gleichungen

$$P = \gamma \sin \alpha \int y \, dF \quad \ldots\ldots \quad (2b)$$

$$\left.\begin{aligned} x_0 \int y \, dF &= \int xy \, dF \\ y_0 \int y \, dF &= \int y^2 \, dF \end{aligned}\right\} \quad \ldots\ldots \quad (4b).$$

Zu den letzten beiden Formeln wären wir auch dadurch gelangt, daß wir von den Momenten (4) die Momente des Atmosphärendruckes

$$\mathfrak{M}_{x0} = p_0 \int x \, dF, \quad \mathfrak{M}_{y0} = p_0 \int y \, dF$$

abgezogen und den Rest mit (2b) den Produkten $x_0 P$ und $y_0 P$ gleichgesetzt hätten. Aus (4b) erhellt jedenfalls, daß der Abstand des Angriffspunktes der Resultanten, des sog. Druckmittelpunktes, vom Flüssigkeitsspiegel in der Ebene der Gefäßwand

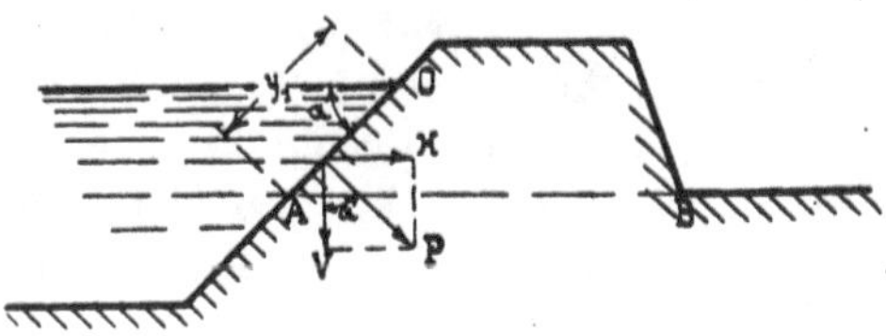

Fig. 14.

mit der reduzierten Pendellänge des um den Schnitt des Spiegels mit der Wandebene drehbar gedachten Flächenstückes identisch ist.

Haben wir es z. B. mit einem Damm (Fig. 14) zu tun, der eine unter dem Wasserspiegel liegende Flur gegen Überflutung schützen soll, so werden dessen Böschungen so gut als möglich als Ebenen ausgeführt, so daß auf sie unsere Formeln (2b) und

(4b) unmittelbar angewendet werden dürfen. Da der Wasserdruck das Bestreben hat, den Damm auf seiner Unterlage AB zu verschieben, so kommt als Druckfläche F die Böschung $OA = y_1$ in Frage, während wir die ganze Länge des Dammes mit l bezeichnen wollen. Alsdann ist $dF = l\,dy$ und wir erhalten aus (2b) für den Gesamtdruck

$$P = \gamma l \cdot \sin\alpha \int_0^{y_1} y\,dy = \frac{\gamma \cdot l \cdot y_1^2}{2} \sin\alpha$$

oder den Druck auf die Längeneinheit des Dammes

$$\frac{P}{l} = \frac{\gamma y_1^2}{2} \sin\alpha.$$

Die erste Formel (4b) hat in unserem Falle keine Bedeutung, bzw. das rechts stehende Zentrifugalmoment der Böschungsfläche OA verschwindet, wenn wir uns den Schnitt durch die Mitte des Dammes, also im Abstande $l/2$ vom Ende gelegt denken, wo aus Symmetriegründen auch die Resultante des Wasserdrucks angreifen muß. Dann liefert die zweite Formel (4b)

$$y_0 \int_0^{y_1} y\,dy = \int_0^{y_1} y^2\,dy$$

oder

$$y_0 = \frac{2}{3} y_1$$

d. h. der Druckmittelpunkt liegt in $^2/_3$ Tiefe der Unterkante der Druckfläche. Den Druck P zerlegt man in diesem Falle zweckmäßig in eine Horizontalkomponente H, welche den Damm vor sich herschieben will, und eine Vertikalkomponente V, welche ihn auf die Unterlage niederdrückt und daher den Reibungswiderstand, der schon vom Gewichte des Dammes herrührt, noch erhöht. Beide Komponenten ergeben sich zu

$$H = P \sin\alpha = \frac{\gamma l y_1^2}{2} \sin^2\alpha$$

$$V = P \cos\alpha = \frac{\gamma l y_1^2}{2} \sin\alpha \cos\alpha$$

oder, wenn wir die Druckfläche selbst mit $F = l y_1$, sowie ihre Schwerpunktstiefe $h_1 = \frac{y_1}{2} \sin\alpha$ einführen, zu

$$H = \gamma h_1 F \sin\alpha, \quad V = \gamma h_1 F \cos\alpha,$$

worin $F \sin \alpha$ und $F \cos \alpha$ ersichtlich die Vertikal- und Horizontalprojektionen der Druckfläche darstellen. *Die Komponenten des Wasserdruckes auf eine ebene Fläche berechnen sich demnach aus dem Drucke in der Tiefe des Flächenschwerpunktes mit der zur Komponentenrichtung normalen Flächenprojektion.*

Trennt eine ebene Wand, wie in Fig. 15 angedeutet, zwei Flüssigkeitsmassen mit verschiedenen Spiegelhöhen, so berechnet man zunächst die Größe des resultierenden Druckes und den Spiegelabstand des Druckmittelpunktes in der Wandebene für jede der beiden Seiten getrennt und erhält so die Werte $P' P''$, $y_0' y_0''$. Für die Resultante aus diesen beiden entgegengesetzt

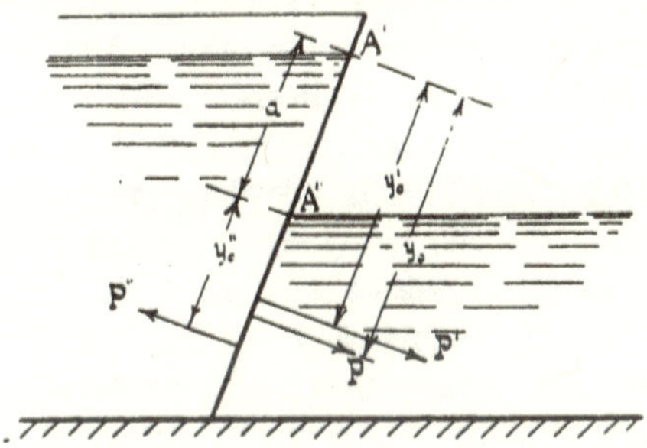

Fig. 15.

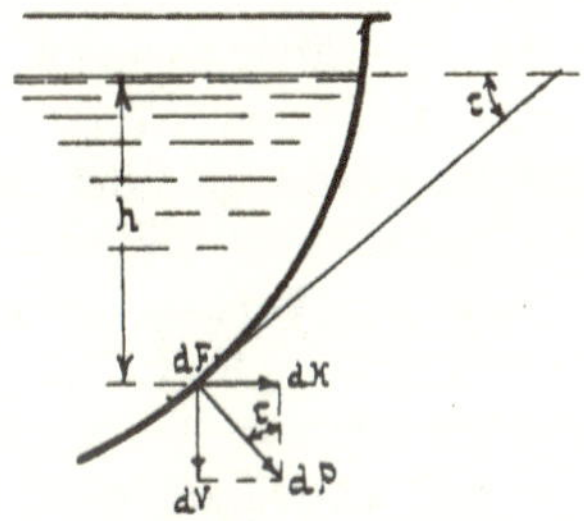

Fig. 16.

gerichteten Kräften P' und P'' sowie ihren Angriffspunkt erhält man alsdann unter Einführung des Spiegelabstandes $A' A'' = a$ in der Wandebene die ohne weiteres verständlichen Formeln

$$P = P' - P''$$

$$P y_0 = P' y_0' - P'' (a + y_0'').$$

Im Abstande y_0 unter dem oberen Spiegel, gemessen auf der ebenen Wand, ist diese hiernach zu unterstützen, damit sie nicht umkippt.

Bildet eine *krumme Fläche* die *Gefäßwand* (Fig. 16), auf die von außen der Atmosphärendruck wirkt, so ergibt sich in der Tiefe h auf ein Flächenelement dF der Wand eine Normalkraft

$$dP = \gamma h dF \quad . \quad . \quad . \quad . \quad . \quad . \quad . \quad (5)$$

welche mit dem jetzt veränderlichen Neigungswinkel τ des Elementes gegen den Horizont in die beiden Komponenten

$$\left.\begin{aligned} dH &= dP \sin \tau = \gamma h dF \sin \tau \\ dV &= dP \cos \tau = \gamma h dF \cos \tau \end{aligned}\right\} \quad . \quad . \quad (5\,\mathrm{a})$$

zerfällt. Bezeichnen wir dann die Vertikalprojektion (Aufriß) der ganzen gedrückten Fläche mit F_v, die Horizontalprojektion (Grundriß) mit F_h, so ist offenbar

$$dF \sin \tau = dF_v, \quad dF \cos \tau = dF_h \quad . \quad . \quad . \quad (5\mathrm{b})$$

und daher aus (5a)

$$H = \gamma \int h dF_v, \quad V = \gamma \int h dF_h \quad . \quad . \quad . \quad (5\,\mathrm{c}).$$

Da nun die Tiefe h des Elementes dF mit derjenigen ihrer Vertikalprojektion dF_v übereinstimmt, so folgt aus der ersten Gl. (5c), daß die Horizontalkomponente des Flüssigkeitsdruckes auf eine krumme Fläche mit dem Drucke auf ihre Vertikalprojektion identisch ist. Diesen Satz erkennt man auch ohne weiteres aus der Betrachtung eines Gefäßes, dessen Wand aus einer gekrümmten Fläche und einer Vertikalebene gebildet ist, welche offenbar als Vertikalprojektion der gekrümmten Fläche angesehen werden kann. Wäre der normal zur Vertikalebene gerichtete Flüssigkeitsdruck nicht entgegengesetzt gleich der Horizontalkomponente des Druckes auf die gekrümmte Wand, so wäre ein Kraftüberschuß vorhanden, der mit dem Gleichgewichte des Systems im Widerspruche steht.

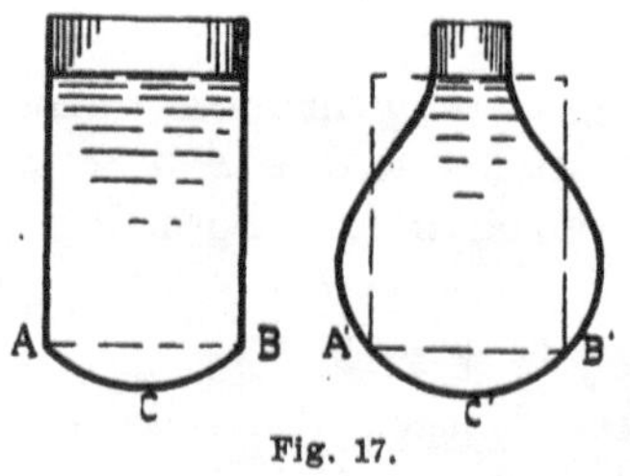

Fig. 17.

Im Ausdruck (5c) für die Vertikalkomponente des Flüssigkeitsdruckes bedeutet das Integral rechts aber nichts anderes als das Volumen eines über der gedrückten Fläche bis zum Spiegel bzw. der Fortsetzung desselben reichenden Flüssigkeitskörpers, mit dessen Gewicht somit der Vertikaldruck selbst identisch ist, und zwar unabhängig von der sonstigen Form des Gefäßes (Fig. 17). Man bezeichnet dieses von Stevin abgeleitete Ergebnis häufig als das hydrostatische Paradoxon von Pascal, der es später auf empirischem Wege fand.

Für die Tiefe h_0 des Angriffspunktes der Horizontalkomponente H erhalten wir weiterhin

$$h_0 H = \int h dH = \gamma \int h^2 dF_v \quad . \quad . \quad . \quad . \quad (6),$$

worin das Integral offenbar das Trägheitsmoment der Vertikalprojektion der gedrückten Fläche um eine im Spiegel liegende Achse bedeutet. Führt man noch den Wert von H aus (5c) ein, so folgt unter Wegfall von γ

$$h_0 \int h\,dF_v = \int h^2 dF_v \quad \ldots \quad (6a)$$

und man erkennt, daß die Tiefe des Angriffspunktes der Horizontalkomponente des Flüssigkeitsdruckes identisch ist mit der reduzierten Pendellänge der Vertikalprojektion der gedrückten Fläche in bezug auf eine im Spiegel liegende Achse. Ersichtlich ist dieses Ergebnis die Verallgemeinerung unseres oben für ebene Gefäßwände erhaltenen Satzes.

Bezeichnen wir dann mit x den Horizontalabstand unseres Flächenelementes von einer beliebigen Vertikalebene, so folgt für den Abstand x_0 der Vertikalkomponente des Flüssigkeitsdruckes von dieser Ebene

$$x_0 V = \int x\,dV = \gamma \int x\,h\,dF_h, \quad \ldots \quad (7),$$

worin die rechte Seite mit dem statischen Momente des ganzen über der Fläche bis zum Spiegel reichenden Flüssigkeitskörpers übereinstimmt. Daraus aber ergibt sich, daß die Vertikalkomponente durch den Schwerpunkt dieses Körpers hindurchgeht, und daß ihr Angriffspunkt durch den Schnitt der vertikalen Schwerachse mit der gedrückten Fläche gegeben ist.

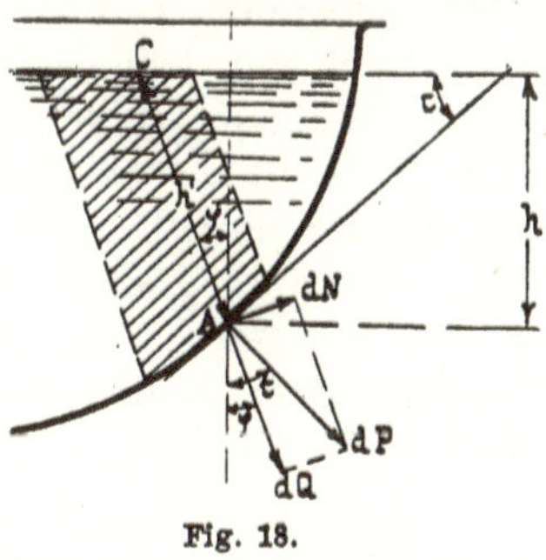

Fig. 18.

Wir gehen nunmehr zum allgemeinen Fall einer ganz beliebigen Druckrichtung über, welche mit der Vertikalen den Winkel φ bilden möge, während der Normaldruck (5) auf das Flächenelement dF gegen die Vertikale dieselbe Neigung τ wie das Element selbst gegen den Horizont besitzt (Fig. 18). Die Elementarkraft in der Richtung φ bezeichnen wir mit dQ, diejenige senkrecht dazu mit dN, so zwar, daß

$$\left.\begin{aligned} dQ &= dP \cos(\tau - \varphi) = \gamma h\,dF \cos(\tau - \varphi) \\ dN &= dP \sin(\tau - \varphi) = \gamma h\,dF \sin(\tau - \varphi) \end{aligned}\right\} \quad \ldots \quad (8).$$

Nun ist aber

$$dF \cos(\tau - \varphi) = dF'$$

nichts anderes als die Projektion von dF auf die Normalebene zur Drucklinie φ, deren Länge zwischen dem Elemente dF und dem Spiegel $AC = h'$ sein möge. Da hiernach $h = h' \cos \varphi$, so erhalten wir auch an Stelle der ersten Formel (8)

$$dQ = \gamma h' dF' \cos \varphi \quad . \quad . \quad . \quad . \quad . \quad (8\,a)$$

und nach Integration wegen der Unveränderlichkeit von φ

$$Q = \gamma \cos \varphi \cdot \int h' dF' = G' \cos \varphi \quad . \quad . \quad (8\,b),$$

worin G' das Gewicht des in Fig. 18 schraffierten Flüssigkeitskörpers über der gedrückten Fläche bis zum Spiegel bedeutet. Der Flüssigkeitsdruck auf ein Flächenstück F der im allgemeinen gekrümmten Gefäßwand in einer bestimmten Richtung φ ist demnach gegeben durch die in diese Richtung fallende Gewichtskomponente des über dem Flächenstück bis zum Spiegel errichteten Flüssigkeitszylinders, dessen Erzeugende dieselbe Richtung φ besitzen. Da nach Voraussetzung alle Elemente des Druckes Q dieselbe Richtung besitzen, so muß ihre Resultante Q auch durch den Schwerpunkt des soeben definierten Flüssigkeitskörpers gehen. Infolgedessen bildet auch der Schnitt der Schwerachse in der Richtung φ mit dem gedrückten Flächenstück F den Angriffspunkt des Druckes Q. Man übersieht leicht, daß der zuletzt entwickelte Fall alle früher behandelten umfaßt und insbesondere sofort den Vertikaldruck V für $\varphi = 0$ ergibt, während der Horizontaldruck H nach Gl. (8 b) mit $G' = \infty$ und $\cos \varphi = 0$ unbestimmt wird. Dies ist auch der Grund, warum wir den allgemeinen Fall nicht, wie es sonst in der Mechanik üblich ist, an die Spitze dieses Abschnittes gestellt haben.

§ 5. Schwimmende Körper in einer ruhenden Flüssigkeit.

Der Auftrieb und das Deplacement (Verdrängung) eingetauchter Fremdkörper. Schwimmachse, Schwimmebene und Wasserlinie, Reserveschwimmkraft und Freibord. Theorie der Aräometer. Vertikalbewegung von Körpern in der Flüssigkeit, Aufsteigen von Gasblasen, Sinken der Taucherglocke.

Die von der Flüssigkeit berührte Oberfläche eines in dieselbe ganz oder teilweise eingetauchten festen Körpers verhält sich gegen die Flüssigkeit selbst genau wie eine feste Gefäßwand, so daß wir die im vorigen Paragraphen für den Druck auf eine solche gewonnenen Sätze unmittelbar auf eingetauchte Körper übertragen dürfen. Befindet sich der an einem Punkte E vermittelst eines Fadens befestigte Körper $ABCD$ (Fig. 19), innerhalb der Flüssigkeit im Gleichgewicht, so heben sich zunächst die Horizontalkomponenten des Flüssigkeitsdruckes auf die Körperoberfläche auf. Weiterhin aber können wir uns den ganzen Körper durch einen Vertikalzylinder $ACC'A'$ eingehüllt denken, der die Körperoberfläche in der punktierten Kurve AC berührt. Auf den unterhalb dieser Kurve befindlichen Teil der Oberfläche ADC wirkt dann nach oben ein Vertikaldruck, der nach den Ergebnissen des letzten Paragraphen mit dem Gewicht der Flüssigkeitssäule $ADCC'A'$ übereinstimmt, während auf den oberhalb AC liegenden Oberflächenbestandteil ABC als Vertikaldruck das Gewicht der Säule $ABCC'A'$ in Frage kommt. Bezeichnen wir nun mit V_1 das Volumen der ersten, mit V_2 das der zweiten Flüssigkeitssäule, so ist

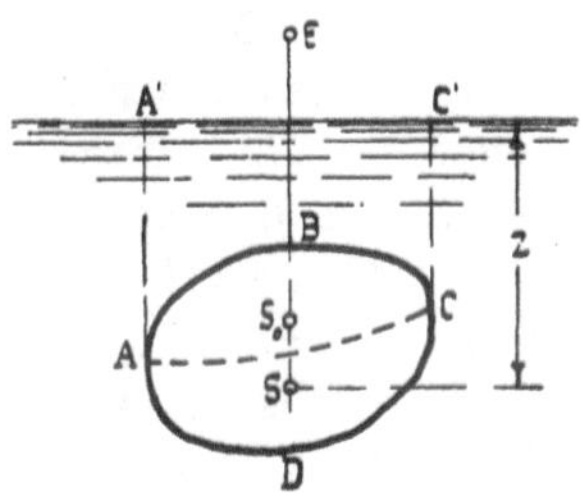

Fig. 19.

$$V = V_1 - V_2$$

das vom Körper selbst verdrängte Flüssigkeitsvolumen mit dem Gewichte

$$G = \gamma(V_1 - V_2) = \gamma V,$$

wenn γ das spezifische Flüssigkeitsgewicht bedeutet. Dieses Gewicht ist aber entgegengesetzt gleich der wegen $V_1 > V_2$ nach oben gerichteten Resultante des Flüssigkeitsdruckes auf den unteren und oberen Teil der Körperoberfläche, welche darum als Auftrieb des Körpers durch die Flüssigkeit bezeichnet wird. Hängt also der Körper an dem Faden BE, so wird dieser einerseits durch das Körpergewicht G_0 gespannt, anderseits durch den Auftrieb G entlastet, so daß wir für das scheinbare Gewicht des eingetauchten Körpers

$$G' = G_0 - G = G_0 - \gamma V \quad . \quad . \quad . \quad . \quad . \quad . \quad (1)$$

und damit den schon von Archimedes gefundenen Satz erhalten: Durch Eintauchen in eine Flüssigkeit wird das Gewicht eines Körpers um dasjenige der von ihm verdrängten Flüssigkeit vermindert. Dieser Satz behält seine Gültigkeit auch für den Fall, daß der Körper nur teilweise in die Flüssigkeit eintaucht, da für den Auftrieb nur der eingetauchte Teil, bzw. die von demselben verdrängte Flüssigkeit in Frage kommt.

Befindet sich der ganz oder teilweise eingetauchte Körper im Ruhezustande, ohne durch eine äußere Vertikalkraft, z. B. einen Faden unterstützt zu sein, so bezeichnen wir ihn als schwimmend. In diesem Falle verschwindet das scheinbare Gewicht G' und wir erhalten, unter $V = V_0$ das eingetauchte Körpervolumen verstanden, aus (1)

$$G_0 = \gamma V_0 \quad \ldots \ldots \quad (1a)$$

d. h. das Gewicht eines schwimmenden Körpers ist gleich demjenigen der von ihm verdrängten Flüssigkeit, dem sog. Deplacement.

Der Angriffspunkt dieses mit dem Auftriebe identischen Flüssigkeitsgewichtes ergibt sich sofort aus der Überlegung, daß es sich um die Differenz zweier Flüssigkeitssäulen handelt, deren Gewichte in den Schwerpunkten angreifend zu denken sind, als Schwerpunkt S des Differenzvolumens, also des Deplacements selbst (Fig. 19). Dem gegenüber greift das dem Auftriebe entgegengesetzte, d. h. vertikal nach unten gerichtete Körpergewicht am Schwerpunkte S_0 des Körpers selbst an. Das Gleichgewicht des schwimmenden Körpers erfordert alsdann, außer der Erfüllung von Gl. (1a), daß sowohl der Auftrieb, als auch das Körpergewicht in eine und dieselbe Vertikale fallen, bzw. daß die Verbindungslinie der Schwerpunkte SS_0 des Körpers und des Deplacements, die sog. Schwimmachse, vertikal steht. Im Falle nur teilweiser Eintauchung schneidet die ebene Flüssigkeitsoberfläche die Körperoberfläche in der sog. Schwimmebene, die in derselben liegende geschlossene Schnittkurve bezeichnet man wohl auch als die Wasserlinie des ruhig schwimmenden Körpers. Vermehrt man dessen Gewicht, etwa durch Auflage weiterer Massen, so wird er tiefer eintauchen, bzw. die Schwimmebene und Wasserlinie werden am Körper aufsteigen, und zwar so lange, bis das vergrößerte Deplacement dem vermehrten Körpergewicht entspricht. Solange der Körper überhaupt aus der Flüssigkeit herausragt, liegt für ihn die Möglichkeit einer erhöhten Belastung vor, ohne daß er untersinkt. Diese durch das Körpervolumen über der normalen Schwimmebene ermöglichte Deplacementsvergrößerung heißt in der Schiffstechnik die Reserveschwimmkraft. Bei Schiffen ist hierfür die Deckhöhe über der normalen Wasserlinie maßgebend; diese Deckhöhe wird dann als Freibord des Schiffes bezeichnet.

Unsere Formel (1a) für das Schwimmen eines festen Körpers in einer Flüssigkeit können wir offenbar auch zur Bestimmung des spezifischen Gewichtes der letzteren benutzen, wenn wir sowohl das Körpergewicht G als auch das eingetauchte Volumen V_0 kennen. Die hierzu benutzten sog. Aräometer bestehen in der Hauptsache aus einem hohlen Glaskörper, in dessen unterem Teile sich etwas Bleischrot oder Quecksilber als Ballast befindet, während nach oben sich ein Stab anschließt, welcher aus der zu untersuchenden Flüssigkeit herausragt. Im Falle des Nicholsonschen Aräometers (Fig. 20) trägt dieser Stab eine kleine Wagschale und ist außerdem mit einer Marke A versehen, bis zu der das Instrument durch Auflegen von Gewichten zum Eintauchen gebracht wird, so daß es also stets ein und dasselbe Flüssigkeitsvolumen V_0 verdrängt. Ist dann G_0 das Gewicht des ganzen Schwimmers, den man durch Auflegen des Zusatzgewichtes G_1 bis zu der Marke A in eine Flüssigkeit vom gesuchten spezifischen Gewicht γ_1 zum Eintauchen bringt, so bestimmt sich das letztere aus

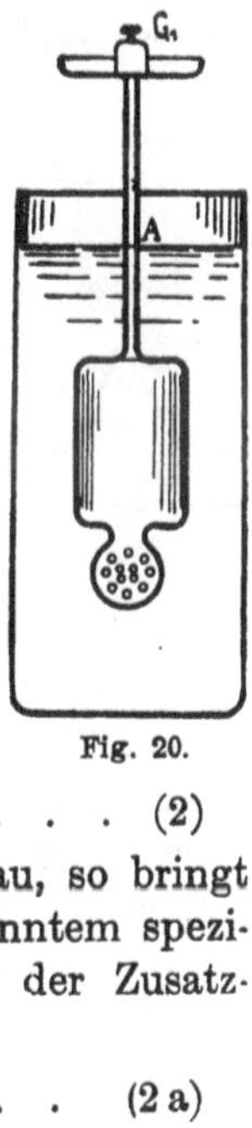

Fig. 20.

$$G_0 + G_1 = V_0 \gamma_1 \quad \ldots \ldots \quad (2)$$

Kennt man das Volumen V_0 nicht hinreichend genau, so bringt man den Schwimmer in eine Flüssigkeit von bekanntem spezifischen Gewicht γ_2, z. B. Wasser von 4^0 C, mit der Zusatzbelastung G_2, so zwar, daß

$$G_0 + G_2 = V_0 \gamma_2 \quad \ldots \ldots \quad (2a)$$

wird, und erhält durch Elimination von V_0

$$\frac{G_0 + G_1}{G_0 + G_2} = \frac{\gamma_1}{\gamma_2} \quad \ldots \ldots \quad (3),$$

worin die links stehenden Größen sämtlich mit der Wage zu ermitteln sind.

Noch verbreiteter ist eine andere Art von Aräometern, bei denen der aus der Flüssigkeit herausragende Stab (Fig. 21) eine Skala trägt, auf welcher das spezifische Gewicht unmittelbar abgelesen werden kann. Bezeichnet man mit F den Querschnitt des Stabes, mit h_1 den auf der Skala ablesbaren Abstand des Spiegels vom hohlen Glaskörper, dessen Volumen V_0 sein möge, so ist das konstante Gewicht des ganzen Schwimmers

$$G_0 = (V_0 + F h_1) \gamma_1 \quad . \quad . \quad . \quad . \quad . \quad . \quad (4)$$

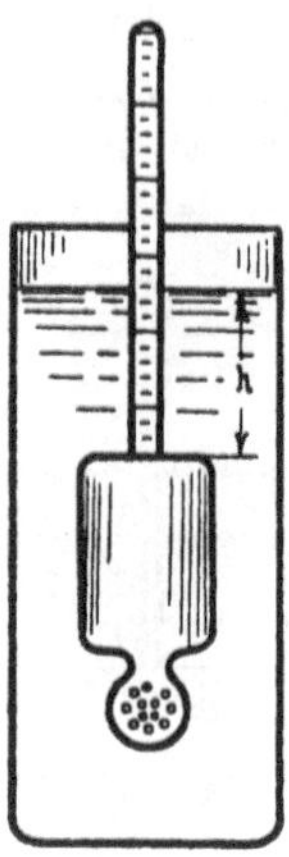

Fig. 21.

und für eine andere Flüssigkeit mit bekanntem spezifischen Gewicht γ_2

$$G_0 = (V_0 + F h_2) \gamma_2 \quad . \quad . \quad . \quad (4\,\mathrm{a}).$$

Hieraus bestimmt sich zunächst das Volumen V_0, während G_0 durch die Wage und der Querschnitt F des zylindrischen Stabes durch Messung des Durchmessers ermittelt werden kann. Durch Abzug der beiden Formeln (4) und (4a) folgt dann

$$\left(1 + \frac{F}{V_0} h_1\right) \gamma_1 = \left(1 + \frac{F}{V_0} h_2\right) \gamma_2$$

oder auch wegen der Kleinheit der zweiten Glieder der Klammern gegen die Einheit

$$\frac{\gamma_1 - \gamma_2}{\gamma_2} = \frac{F}{V_0} (h_1 - h_2) \quad . \quad . \quad . \quad (5)$$

d. h. die Differenz der Tauchtiefe ist dem Unterschiede der spezifischen Gewichte zweier verschiedener Flüssigkeiten proportional. Auf Grund dieses Ergebnisses erfolgt die Teilung der Skala derartiger Aräometer, wobei man als Vergleichskörper wieder das Wasser benutzt.

Wir kehren nunmehr noch einmal zum Ausgangspunkt unserer Betrachtung, dem vollständig eingetauchten festen Körper (Fig. 19), zurück und denken uns denselben nach Entfernung der Stütze EB sich selbst überlassen. Alsdann wird der Körper in seiner Gleichgewichtslage verharren, wenn seine Schwimmachse vertikal steht und sein Gewicht mit dem Auftrieb, d. h. dem Gewicht des von ihm verdrängten Flüssigkeitsvolumens gerade übereinstimmt. Infolge der Unabhängigkeit von der Schwerpunktstiefe z ist dieser Gleichgewichtszustand als indifferent zu bezeichnen.

Stimmt dagegen das Körpergewicht G_0 nicht mit dem Auftrieb γV_0 überein, so erfährt die Körpermasse $G_0 : g$ eine Beschleunigung, die mit derjenigen des Schwerpunktes identisch ist, so zwar, daß

$$G_0 - \gamma V_0 = \frac{G_0}{g} \frac{d^2 z}{dt^2}. \quad . \quad . \quad . \quad . \quad . \quad (6).$$

Führen wir noch das mittlere spezifische Körpergewicht γ_0 ein, definiert durch $G_0 = \gamma_0 V_0$, so vereinfacht sich (6) in

$$\frac{d^2 z}{dt^2} = g\left(1 - \frac{\gamma}{\gamma_0}\right). \quad . \quad . \quad . \quad . \quad . \quad (6a).$$

Dieser Ausdruck wird $\gtrless 0$, je nachdem $\gamma_0 \gtrless \gamma$ ist, d. h. der Körper sinkt oder steigt gleichförmig beschleunigt, je nachdem er spezifisch schwerer oder leichter ist als die umgebende Flüssigkeit. Dieser Vorgang dauert so lange an, bis er entweder auf dem Grunde aufstößt oder an der Oberfläche teilweise austaucht und hierbei die Gleichgewichtslage des Schwimmens erreicht. Wir werden später sehen, daß er alsdann um diese Lage Schwingungen vollzieht.

Setzen wir die momentane Schwerpunktsgeschwindigkeit

$$\frac{dz}{dt} = w,$$

so ergibt die Integration von (6a) von einer Anfangslage z_1 mit einer Anfangsgeschwindigkeit w_1 aus

$$w^2 - w_1^2 = 2g\left(1 - \frac{\gamma}{\gamma_0}\right)(z - z_1). \quad . \quad . \quad . \quad . \quad (7).$$

Im Falle des spezifisch schwereren Körpers, d. i. für $\gamma_0 > \gamma$, wird mit $w_1 = 0$ auch $z > z_1$ sein und daher stets

$$w^2 < 2g\,(z - z_1).$$

Ein fester Körper sinkt demnach in einer leichteren Flüssigkeit langsamer als im luftleeren Raume.

Steigt dagegen der spezifisch leichtere Körper wegen $\gamma_0 < \gamma$, so wird mit $w_1 = 0$ aus (7)

$$w^2 = 2g\left(\frac{\gamma}{\gamma_0} - 1\right)(z_1 - z) \gtrless 2g\,(z_1 - z),$$

je nachdem $\gamma \gtrless 2\gamma_0$ ist. Ein fester Körper erreicht mithin in einer Flüssigkeit am Ende einer bestimmten Steighöhe eine größere oder kleinere Endgeschwindigkeit, wie nach dem Durchfallen derselben Höhe im luftleeren Raume, je nachdem sein mittleres spezifisches Gewicht weniger oder mehr als die Hälfte desjenigen der Flüssigkeit beträgt.

Ändert der innerhalb der Flüssigkeit befindliche Körper sein Volumen mit dem auf seiner Oberfläche lastenden Druck, so tritt an Stelle von Gleichung (6)

$$G_0 - \gamma V = \frac{G_0}{g} \frac{d^2 z}{dt^2}, \quad . \quad . \quad . \quad (8),$$

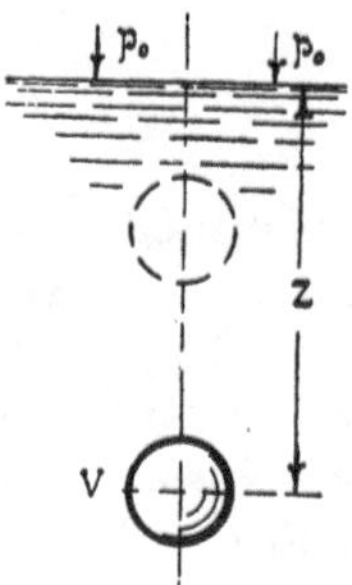

Fig. 22.

wenn wir die Abmessungen des Körpers als so klein gegenüber der Tiefe seines Schwerpunktes annehmen dürfen, daß die Druckunterschiede an der Körperoberfläche verschwinden. Dies trifft z. B. für Gasblasen zu, welche aus später zu erörternden Gründen innerhalb der Flüssigkeit nahezu die Kugelgestalt annehmen (Fig. 22). Bezeichnen wir das Volumen der Gewichtsmenge G_0 der Blase an der Oberfläche der Flüssigkeit, d. h. unter dem Atmosphärendrucke p_0 mit V_0 und das entsprechende spezifische Gewicht mit γ_0, so ist zunächst

$$G_0 = \gamma_0 V_0 \quad . \quad . \quad . \quad . \quad . \quad . \quad . \quad . \quad (9).$$

Weiterhin dürfen wir mit hinreichender Genauigkeit voraussetzen, daß die Volumänderung der Blase isotherm[1]) erfolgt, daß also

$$p \cdot V = p_0 V_0 \quad . \quad . \quad . \quad . \quad . \quad . \quad . \quad . \quad (10)$$

gesetzt werden darf, worin

$$p = p_0 + \gamma z \quad . \quad . \quad . \quad . \quad . \quad . \quad . \quad . \quad (11)$$

ist. Damit aber geht (8) über in

$$g\left(1 - \frac{\gamma}{\gamma_0} \frac{p_0}{p_0 + \gamma z}\right) = \frac{d^2 z}{dt^2} \quad . \quad . \quad . \quad . \quad . \quad . \quad (8a)$$

und liefert nach Multiplikation mit dz und Einführung der Schwerpunktsgeschwindigkeit w durch Integration

$$w^2 - w_1^2 = 2g\left\{(z - z_1) - \frac{p_0}{\gamma_0} \lg n \frac{p_0 + \gamma z}{p_0 + \gamma z_1}\right\} \quad . \quad (12),$$

[1]) Lorenz, Technische Wärmelehre 1904, S. 51.

worin wieder w_1 die Anfangsgeschwindigkeit in der Tiefe z_1 bedeutet. Entwickelt sich die Blase an der Stelle z_1, so ist $w_1 = 0$, und wir dürfen anstatt (12) auch schreiben

$$w^2 = 2g\left\{\frac{p_0}{\gamma_0}\lg n\frac{p_0 + \gamma z_1}{p_0 + \gamma z} - (z_1 - z)\right\} \quad . \quad . \quad (12a),$$

worin wegen des Aufsteigens der Blase $z_1 > z$ und auch wegen der Kleinheit von γ_0 gegen γ das erste Glied in der Klammer groß gegen das zweite ausfällt.

Zu den Körpern, deren Volumen sich im Innern einer Flüssigkeit ändert, gehört auch die Taucherglocke (Fig. 23), ein oben geschlossener, unten offener Zylinder, dessen Luftinhalt durch den Flüssigkeitsdruck beim Eintauchen komprimiert wird. Bezeichnen wir das momentane Luftvolumen der Glocke in der Tiefe h mit V, die Höhe des Luftzylinders mit y, die entsprechenden Werte an der Oberfläche der Flüssigkeit mit V_0 und y_0 und setzen wieder eine isotherme Zustandsänderung voraus, so ist offenbar wegen des konstanten Querschnittes $V : V_0 = y : y_0$, also wegen (10)

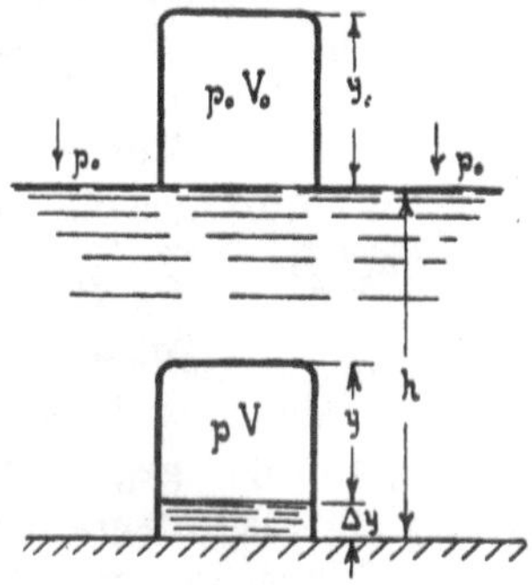

Fig. 23.

$$py = p_0 y_0 \quad . \quad . \quad . \quad . \quad . \quad . \quad . \quad . \quad (10a).$$

Außerdem aber ergibt sich der Druck in der Glocke in der Tiefe h zu

$$p = p_0 + \gamma(h - y_0 + y) \quad . \quad . \quad . \quad . \quad (11a)$$

und nach Einsetzen in (10a)

$$h = (y_0 - y)\left(1 + \frac{p_0}{\gamma y}\right) \quad . \quad . \quad . \quad . \quad . \quad (13),$$

wonach im Innern der Glocke befindliche Personen deren Tiefe aus der Änderung des Flüssigkeitsniveaus bestimmen können.

Da die Taucherglocke niemals sich selbst überlassen und auch noch stets so beschwert wird, daß sie nicht allein aufsteigen kann, ist das Studium ihres dynamischen Verhaltens, obwohl nach dem Vorstehenden ohne weiteres durchführbar, ohne praktische Bedeutung.

§ 6. Schwingungen starrer Körper an der Oberfläche einer ruhenden Flüssigkeit.

Kleine Vertikalschwingungen schwimmender Körper, mittlere Tauchtiefe. Drehschwingungen, Metazentrum und Metazenterhöhe. Krängungsversuch. Roll- und Stampfbewegungen schwimmender Körper.

Am Schlusse des vorigen Abschnittes haben wir gesehen, daß ein vollständig eingetauchter Körper, welcher leichter ist als die von ihm insgesamt verdrängte Flüssigkeit, infolge des Überschusses des Auftriebes über das Eigengewicht G_0 beschleunigt emporgehoben wird und schließlich an der Oberfläche auftauchend eine Lage passiert, in welcher das Gewicht und der durch das Auftauchen verminderte Auftrieb miteinander übereinstimmen. Bezeichnen wir die momentane Schwerpunktstiefe unter dem Spiegel wieder mit z, die entsprechende Flüssigkeitsverdrängung mit V, die der Ruhelage mit $V_0 = G_0 : \gamma$, so gilt für den Vorgang des Auftauchens an Stelle der Gleichung (6) des vorigen Paragraphen

$$\frac{G_0}{g}\frac{d^2z}{dt^2} = G_0 - \gamma V = \gamma (V_0 - V) \quad . \quad . \quad (1),$$

worin V eine mit der Oberflächengestalt des Körpers analytisch oder graphisch gegebene Funktion von z darstellt. Dann ist aber auch die Integration von (1) auf analytischem oder graphischem Wege immer möglich, wenn auch ihre Durchführung häufig recht mühsam ausfallen dürfte.

Viel einfacher gestaltet sich dagegen die Behandlung des Problems, wenn wir uns auf die praktisch allein wichtige Bewegung in der unmittelbaren Nachbarschaft der Gleichgewichtslage des an der Oberfläche schwimmenden Körpers beschränken und die vorhergehende Erscheinung des Auftauchens lediglich durch Einführung der Geschwindigkeit c berücksichtigen, mit welcher die Ruhelage passiert wird. Zu diesem Zwecke bezeichnen wir die Fläche der in Fig. 24 mit AB angedeuteten normalen Schwimmebene mit F und ihren momentanen kleinen Abstand vom Spiegel mit ζ. Alsdann ist der Volumenunterschied in Gleichung (1) $ABB'A'$ mit hinreichender Genauigkeit

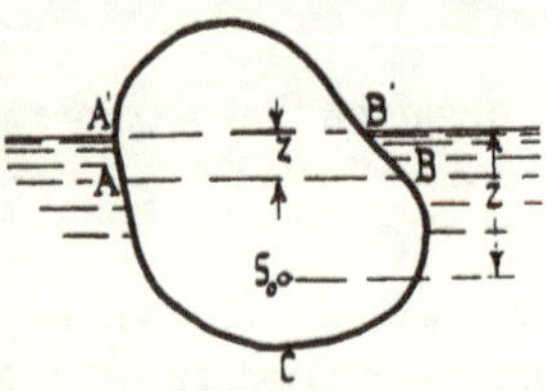

Fig. 24.

$$V - V_0 = F\zeta. \quad . \quad . \quad . \quad . \quad . \quad . \quad (2)$$

Wenn wir dann noch die mittlere Tauchtiefe h_0 des Körpers für die Ruhelage durch

$$G_0 = \gamma V_0 = \gamma F h_0 \quad \ldots \ldots \quad (3)$$

definieren und beachten, daß wegen der Starrheit des Körpers die Änderung von z mit der Änderung von ζ übereinstimmt, so schreibt sich Gleichung (1) kürzer

$$\frac{d^2\zeta}{dt^2} + \frac{g}{h_0}\zeta = 0. \quad \ldots \ldots \quad (1a).$$

Dies ist aber, da die mittlere Tauchtiefe h_0 niemals negativ werden kann, nichts anderes als die Differentialgleichung einer freien Vertikalschwingung des Körpers um seine Ruhelage, deren allgemeines Integral durch

$$\zeta = A \cos t\sqrt{\frac{g}{h_0}} + B \sin t\sqrt{\frac{g}{h_0}} \quad \ldots \quad (4)$$

gegeben ist, worin A und B willkürliche Konstanten bedeuten. Beginnen wir die Zeitrechnung im Augenblicke des Passierens der Ruhelage und setzen laut Voraussetzung fest, daß dies mit der Geschwindigkeit c geschieht, so wird

$$A = 0, \quad B = c\sqrt{\frac{h_0}{g}}$$

oder

$$\zeta = c\sqrt{\frac{h_0}{g}} \sin t\sqrt{\frac{g}{h_0}}. \quad \ldots \ldots \quad (4a).$$

Die Schwingungsdauer dieses Vorganges, d. h. die Zeit zwischen zwei aufeinander folgenden Durchgängen durch eine und dieselbe Lage in gleichem Sinne ist offenbar

$$t_0 = 2\pi\sqrt{\frac{h_0}{g}} \quad \ldots \ldots \quad (5)$$

d. h. die Dauer der Vertikalschwingung eines schwimmenden Körpers stimmt mit der Schwingungsdauer eines Pendels überein, dessen reduzierte Länge gleich der mittleren Tauchtiefe ist.

Der hier geschilderte Vorgang verläuft ersichtlich ungedämpft und würde sich daher in Widerspruch mit der Erfahrung bis in alle Ewigkeit wiederholen. Es liegt dies in der Hauptsache daran, daß wir die Flüssigkeit in der Umgebung des schwingenden Festkörpers als ruhend vorausgesetzt bzw. ihre Eigenbewegung als einflußlos vernachlässigt haben. Wir werden später sehen, daß diese Vernachlässigung nicht zutrifft und daß durch die Flüssigkeitsbewegung Widerstände ausgelöst werden, welche die Schwingungen des Körpers mit der Zeit vernichten.

Außer den soeben besprochenen Vertikalschwingungen kann der Körper aber auch Drehungen um eine horizontale Achse vollziehen, welche für die Stabilität seiner Ruhelage ausschlaggebend sind. Solche Drehungen treten offenbar stets dann auf, wenn die Schwimmachse, d. h. die Verbindungslinie des Körper- und Deplacements-Schwerpunktes nicht vertikal steht, da alsdann das im ersteren angreifende Gewicht und der im zweiten wirksame Auftrieb ein Kräftepaar bilden.

Zur Untersuchung dieses Vorganges denken wir uns jetzt in Fig. 25 den ganzen Körper um eine horizontale, zur Bildebene senkrechte Achse ausgelenkt, welche durch den Schnittpunkt O der Schwimmachse $S_0 S$ mit der ursprünglichen Schwimmebene AB hindurchgeht. Der Drehwinkel, welcher auch die Neigung der neuen Schwimmebene $A'B'$ gegen die normale AB angibt, sei mit φ bezeichnet und werde so klein angenommen, daß der Sinus mit dem Bogen vertauscht werden darf. Alsdann erkennt man sofort, daß durch diese Drehung die ursprüngliche Schwerpunktstiefe s_0 sich um einen Betrag $S_0 O - S_0 C = s_0 (1 - \cos \varphi) \sim s_0 \frac{\varphi^2}{2}$ geändert hat, der als klein höherer Ordnung vernachlässigt werden darf. Trotzdem kann durch den Volumenunterschied der ein- und austauchendenKeile OBB' und OAA' infolge der Drehung eine Deplacementsänderung entstehen, welche, wie wir im Eingang dieses Paragraphen festgestellt haben, zu Vertikalschwingungen führen muß. Diese totale Volumenänderung ergibt sich, wenn wir mit dF ein Element der Schwimmebene im Abstande x von der zur Bildebene normalen Schnittgeraden durch O bezeichnen, zu

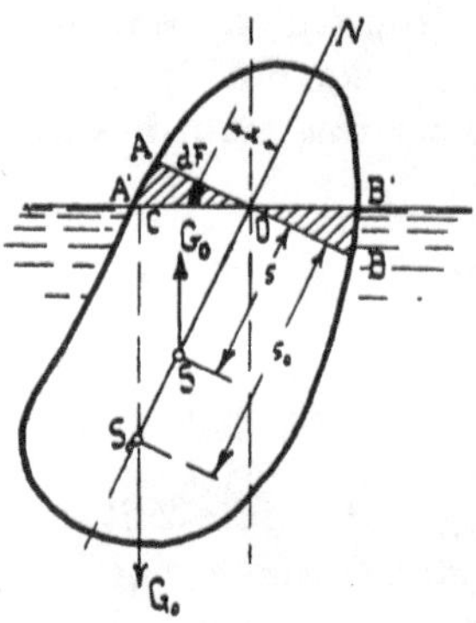

Fig. 25.

$$\Delta V = \int x \varphi \, dF = \varphi \int x \, dF \quad . \quad . \quad . \quad . \quad (6)$$

durch Integration über die ganze Schwimmebene und verschwindet mit dem Integral der rechten Seite von (6). Dies ist aber nur möglich, wenn die Schnittgerade O durch den Schwerpunkt der Schwimmebene hindurchgeht. Genau dasselbe muß aber auch für eine Neigung der Schwimmachse in einer beliebigen anderen als der Bildebene zutreffen, oder mit anderen Worten: Kleine Auslenkungen der Schwimmachse eines Körpers aus der Vertikalen haben nur dann keine Deplacementsänderungen zur Folge, wenn die normale Schwimmachse die Schwimmebene in ihrem Schwerpunkt trifft.

Diesen Fall wollen wir nun der Einfachheit halber der weiteren Betrachtung zugrunde legen. Bezeichnen wir noch den Abstand des normalen Deplacementsschwerpunktes S von der ursprünglichen Schwimmebene AB mit s, so erhalten wir zunächst aus dem Körpergewicht und dem entgegengesetzt gleichen Auftrieb $G_0 = \gamma V_0$ in der ausgelenkten Lage (Fig. 25) ein Kräftepaar mit dem Moment

$$\mathfrak{M}_1 = G_0 (s_0 - s) \sin \varphi \backsim \gamma V_0 (s_0 - s) \varphi \quad . \quad . \quad (7).$$

Dazu tritt aber infolge der Wirkung der ein- und austauchenden Keile OBB' und OAA' ein zweites Kräftepaar mit dem Moment

$$\mathfrak{M}_2 = \gamma \int x d\Delta V = \varphi \gamma \int x^2 dF \quad . \quad . \quad . \quad . \quad (8),$$

worin, wie in (6), die Integration über die ganze Schwimmebene zu erstrecken ist. Das rechts stehende Integral stellt aber das Trägheitsmoment der Fläche der Schwimmebene innerhalb des Körpers in bezug auf die in O zur Bildebene senkrechte Schwerachse der Schwimmebene dar und kann als solches niemals verschwinden. Führen wir dann noch die mittlere Tauchtiefe h_0 des Körpers nach Gleichung (3), und den Trägheitshalbmesser k der Schwimmebene durch

$$\int x^2 dF = k^2 F \quad . \quad . \quad . \quad . \quad . \quad . \quad . \quad (9)$$

ein, so ergibt sich ein totales aufrichtendes Moment

$$\mathfrak{M} = \mathfrak{M}_1 + \mathfrak{M}_2 = \gamma \left[h_0 (s_0 - s) + k^2\right] F \varphi \quad . \quad . \quad (10),$$

welches den Körper durch Drehung um eine zur Bildebene normale Schwerachse aufzurichten, den Winkel φ also zu verkleinern strebt. Dasselbe Moment würden wir aber auch erhalten, wenn wir uns den Auftrieb bei ausgelenkter Lage im Schwerpunkte S' des verschobenen Deplacements (Fig. 26) angreifend denken, wobei die Richtung dieses Auftriebes die Schwimmachse $S_0 N$

im Punkte M, dem sog. Metazentrum, schneidet. Demgemäß nennt man auch den Abstand dieses Punktes vom Körperschwerpunkt $S_0M = l$ die Metazenterhöhe des schwimmenden Körpers und erhält

$$\mathfrak{M} = G_0 l \varphi = \gamma V_0 l \varphi = \gamma h_0 F l \varphi \quad . \quad . \quad (10\,a).$$

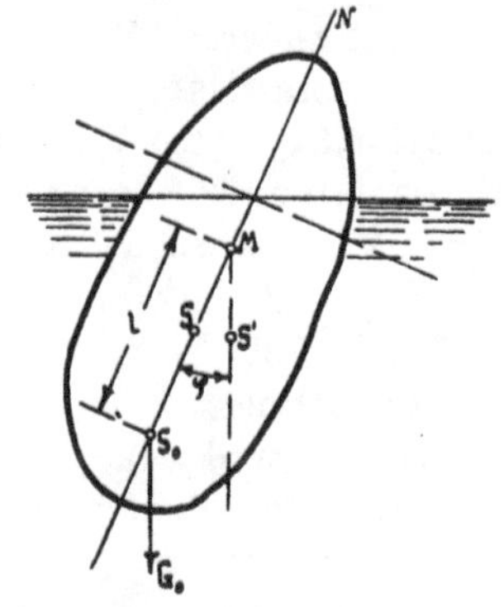

Fig. 26.

Durch Vergleich dieser Formel mit (10) ergibt sich aber, daß

$$l = s_0 - s + \frac{k^2}{h_0} \quad . \quad (11).$$

Bezeichnen wir weiterhin mit Θ das polare Trägheitsmoment des Körpers um die oben genannte horizontale Schwerachse (durch S_0), so besteht die Momentengleichung

$$\Theta \frac{d^2\varphi}{dt^2} = -\mathfrak{M} = -G_0 l \varphi = -\gamma h_0 F l \varphi \quad . \quad (13),$$

welche unter Einführung des polaren Trägheitshalbmessers k_0 des Körpers durch

$$\Theta = \frac{G_0}{g} k_0^2 = \frac{\gamma V_0 k_0^2}{g} = \frac{\gamma h_0 F k_0^2}{g} \quad . \quad . \quad . \quad (12)$$

die Form

$$\frac{d^2\varphi}{dt^2} + \frac{g l}{k_0^2} \varphi = 0 \quad . \quad . \quad . \quad . \quad . \quad (13\,a)$$

annimmt. Dies ist aber analog (1a) die Differentialgleichung einer Drehschwingung, um die stabile Ruhelage $\varphi = 0$, mit der Schwingungsdauer analog (5)

$$t_0 = \frac{2\pi k_0}{\sqrt{g l}} \quad . \quad . \quad . \quad . \quad . \quad . \quad . \quad . \quad (14)$$

solange

$$l = s_0 - s + \frac{k^2}{h_0} > 0 \quad . \quad . \quad . \quad . \quad . \quad (11\,a)$$

ist, während für $l < 0$ der Ausschlag nach einer Exponentialfunktion dauernd zunimmt, der Körper alsdann bei der geringsten Auslenkung aus der nunmehr labilen Ruhelage $\varphi = 0$ gänzlich umstürzt, oder wie man in der Schiffstechnik sagt, kentert. Ist endlich

$$l = s_0 - s + \frac{k^2}{h_0} = 0 \quad . \quad . \quad . \quad (11\,b),$$

so verschwindet in (13a) auch die Winkelbeschleunigung und der Körper befindet sich bei jeder Neigung φ im indifferenten Gleichgewicht. Wir erkennen also, daß das Vorzeichen der Metazenterhöhe für die Stabilität aller schwimmenden Körper, insbesondere aber der Schiffe maßgebend ist. Da außerdem die Schwimmebene infolge der Neigung ihre Form stetig ändert, so wird auch ihr Trägheitshalbmesser k variieren, und daher kann die Metazenterhöhe (11) im allgemeinen auch nicht konstant sein, oder mit anderen Worten, das Metazentrum wird bei der Drehung des Körpers um seine horizontale Schwerachse auf der Schwimmachse steigen oder sinken, je nachdem mit k die Fläche der Schwimmebene infolge der Neigung zu- oder abnimmt.

Abgesehen vom indifferenten Gleichgewicht, bleibt die Metazenterhöhe jedenfalls konstant, wenn der schwimmende Körper durch eine Rotationsfläche mit horizontaler Achse begrenzt, oder wenn er, wie bei Unterseeboten, vollkommen eingetaucht ist, wobei die Schwimmebene und mit ihr deren Trägheitshalbmesser verschwindet. In diesen Fällen der konstanten Metazenterhöhe erfährt das Deplacement bei der Drehung weder eine Änderung seiner Form noch auch seiner Schwerpunktslage.

Bei Schiffen, für welche die vorstehenden Betrachtungen naturgemäß die größte praktische Bedeutung besitzen, bereitet nun wegen der verwickelten, analytisch nicht definierbaren Gestalt des Schiffes und der willkürlichen Verteilung der darin befindlichen Massen die Vorausberechnung sowohl der Metazenterhöhe wie auch des polaren Trägheitsmomentes große Schwierigkeiten und führt selten zu einem befriedigenden Resultate. Am fertigen Schiff dagegen braucht man nur ein bekanntes Gewicht G_1 auf dem Schiffe seitlich um eine Entfernung x_1 zu verschieben und die dabei entstandene Neigung (die sog. Krängung) φ_1 zu beobachten, wonach sich die Metazenterhöhe l aus

$$G_1 x_1 = G_0 l \varphi_1 \quad \ldots \ldots \quad (15)$$

berechnet. Das polare Trägheitsmoment bzw. der entsprechende Trägheitshalbmesser k_0 ergibt sich dann bei bekannter mittlerer Tauchtiefe h_0, welche nach (3) aus der Fläche der Schwimmebene und dem Deplacement G_0 folgt, vermittelst der Gleichung (14) aus der Schwingungsdauer des Schiffes.

Dabei ist nicht zu übersehen, daß bei der seitlichen Auslenkung der Schwimmachse um eine beliebige horizontale Schwerlinie OY der Schwimmebene (Fig. 27), im allgemeinen auch um eine zweite normal zu dieser gelegene horizontale Schwerlinie, ein Moment geweckt wird, welches sich, unter y den Abstand des Flächenelementes dF von dieser zweiten Schwerachse OX verstanden, während, wie oben, x den Abstand von der Achse OY bedeutet, analog (8) zu

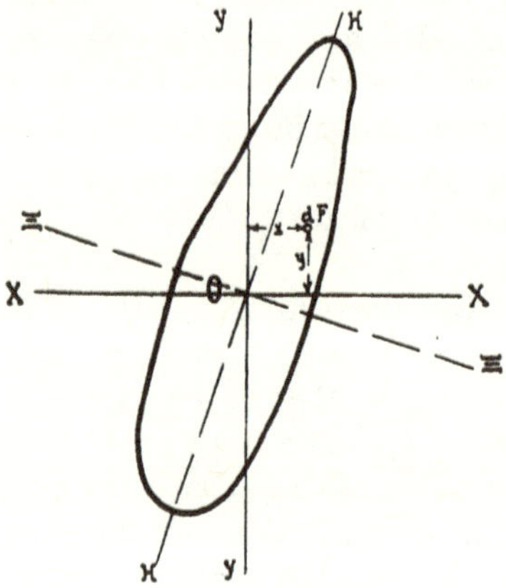

Fig. 27.

$$\mathfrak{M}_{xy} = \varphi \gamma \int x y \, dF \quad (16)$$

berechnet und sekundäre Schwingungen des Körpers um die OX-Achse zur Folge hat. Das über die ganze Schwimmebene zu erstreckende Integral der rechten Seite von (16) stellt aber das sog. Zentrifugalmoment der Schwimmebene selbst dar, welches bekanntlich[1]) verschwindet, wenn die beiden Koordinatenachsen Hauptachsen der Fläche F sind. Dies trifft von vornherein zu, wenn, wie bei Schiffen, die Fläche um eine der beiden Achsen, z. B. OH, symmetrisch angeordnet ist. Alsdann verschwindet auch das Drehmoment $\mathfrak{M}_{\xi\eta}$ und die Schwingungen um die beiden Hauptachsen verlaufen unabhängig voneinander. Die beliebige Drehschwingung eines schwimmenden Körpers kann demnach als Übereinanderlagerung der Schwingungen um die beiden Hauptachsen der Schwimmebene aufgefaßt werden, von denen man bei Schiffen diejenige um die Längsachse als Rollbewegung, die um die Querachse dagegen als Stampfbewegung bezeichnet. Für beide Bewegungen sind naturgemäß die zugehörigen Trägheitshalbmesser der Schwimmebene und des ganzen Schiffes maßgebend, welche einander nahezu proportional sind und von denen das eine Paar kleinste, das andere größte

[1] Lorenz, Technische Mechanik starrer Systeme 1902, S. 276.

Werte besitzt. Daraus folgt mit Rücksicht auf (11) und (14), daß die Metazenterhöhe und die Schwingungsdauer für die Rollbewegung eines Schiffes Minimalwerte, für die Stampfbewegung dagegen Maximalwerte darstellen.

Am bequemsten lassen sich alle diese Verhältnisse an einem homogenen Parallelepipedon vom spezifischen Gewicht $\gamma_0 < \gamma$ und den Seitenlängen a, b, c verfolgen, von denen die letztere vertikal gerichtet sein möge (Fig. 28). Dann ist zunächst das Gewicht $G_0 = \gamma_0 a b c$, die Fläche der Schwimmebene $F = ab$ und die mit der mittleren, in diesem Fall identische Tauchtiefe nach (3)

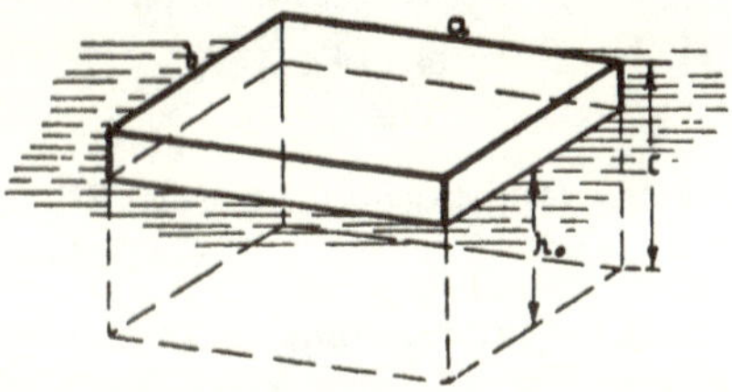

Fig. 28.

$$h_0 = \frac{G_0}{\gamma F} = \frac{\gamma_0}{\gamma} c < c,$$

woraus sich mit (5) sogleich die Dauer der Vertikalschwingung bestimmt. Die Schwerpunktstiefe s_0 des Körpers sowie diejenige s des Deplacements unter dem Spiegel sind

$$s_0 = h_0 - \frac{c}{2}, \quad s = \frac{h_0}{2}$$

also

$$s_0 - s = \frac{h_0 - c}{2} = \frac{c}{2}\left(\frac{\gamma_0}{\gamma} - 1\right) < 0,$$

und die beiden Hauptträgheitshalbmesser der Schwimmebene inbezug auf ihre Schwerachsen parallel a und b

$$k_a^2 = \frac{b^2}{12}, \quad k_b^2 = \frac{a^2}{12}.$$

Damit aber werden wegen (11) die entsprechenden Metazenterhöhen für Drehungen um diese Achsen

$$l_a = \frac{c}{2}\left(\frac{\gamma_0}{\gamma} - 1\right) + \frac{1}{12}\frac{\gamma}{\gamma_0}\frac{b^2}{c}$$

$$l_b = \frac{c}{2}\left(\frac{\gamma_0}{\gamma} - 1\right) + \frac{1}{12}\frac{\gamma}{\gamma_0}\frac{a^2}{c},$$

und die Stabilität des in der gezeichneten Lage schwimmenden Körpers ist an die Bedingungen $l_a > 0$, $l_b > 0$ oder

$$b^2 > 6c^2 \frac{\gamma_0}{\gamma}\left(1 - \frac{\gamma_0}{\gamma}\right)$$

$$a^2 > 6c^2 \frac{\gamma_0}{\gamma}\left(1 - \frac{\gamma_0}{\gamma}\right)$$

geknüpft. Sind diese Bedingungen erfüllt, so berechnen sich schließlich die Schwingungsdauern um die beiden Schwerachsen des Körpers parallel den Kanten a und b mit Hilfe der entsprechenden Hauptträgheitsachsen

$$k^2_{0a} = \frac{b^2 + c^2}{12}, \quad k^2_{0b} = \frac{a^2 + c^2}{12}$$

aus der Formel (14).

§ 7. Gleichgewicht von Flüssigkeiten mit nichtstarren Gefäßwänden.

Spannung einer dünnen, gewichtslosen Haut. Horizontal- und Vertikalspannungen der zylindrischen Haut. Gleichgewichtsbedingung für eine beliebig gekrümmte Haut. Beschränkung auf Rotationsflächen, Satz von Meusnier, Ringspannung und Meridianspannung. Wasserbehälter mit kegel- und kugelförmigem Boden.

Ist die Wand eines mit Flüssigkeit gefüllten Gefäßes nicht an allen Stellen starr, so steht auch die Form der losen Bestandteile der Wand nicht von vornherein fest, sondern ergibt sich erst aus den Bedingungen für das Gleichgewicht des ganzen Systems. Wir betrachten als einfachsten Fall ein senkrecht zur Bildebene sehr langes (streng genommen unendlich langes) Gefäß (Fig. 29) mit zwei vertikalen festen Wänden AB und DC, deren im allgemeinen verschieden tiefe untere Enden durch eine dünne gewichtslose Haut BD miteinander verbunden sind. Aus dieser Haut denken wir uns nach Herstellung des Gleichgewichts im Abstande x von AB und der Tiefe z unter dem Flüssigkeitsspiegel einen Streifen von der Breite ds mit der Neigung τ gegen den Horizont herausgeschnitten und in Fig. 30 vergrößert nochmals aufgezeichnet. Auf diesen Streifen wirkt alsdann normal von seiten der Flüssigkeit der Überdruck $p - p_0 = \gamma z$, wenn wir auf der Außenseite den konstanten Atmosphärendruck p_0 annehmen. Außerdem aber ist die Haut durch eine tangentiale Kraft gespannt, deren Betrag, auf die Längeneinheit normal zur Bildebene bezogen, S sein möge, und die ihrerseits wieder in horizontaler und vertikaler Richtung in die Komponenten H und V zerfällt. Beim Fortschreiten um ds erfahren sowohl die Spannkraft S wie auch ihre Komponenten die Zuwächse dS bzw. dH und dV, so zwar, daß nach den Sätzen des § 4

$$\left.\begin{aligned} dH &= -(p-p_0)\,dz = -\gamma z dz \\ dV &= \quad (p-p_0)\,dx = \quad \gamma z dx \end{aligned}\right\} \quad . \; . \; . \; . \quad (1)$$

oder

$$\frac{dH}{dV} = -\frac{dz}{dx} \quad . \; . \; . \; . \; . \; . \; . \quad (2)$$

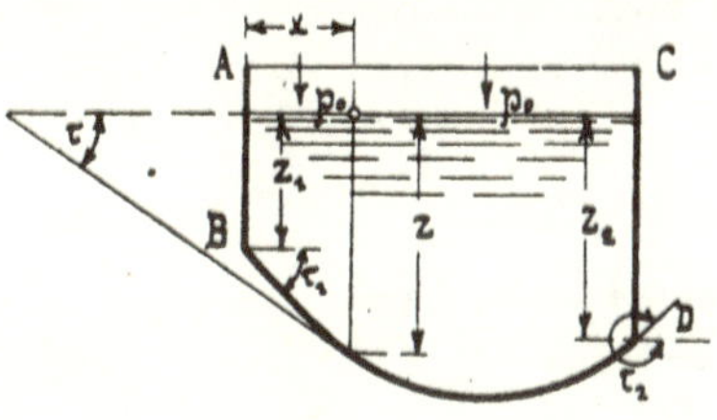

Fig. 29.

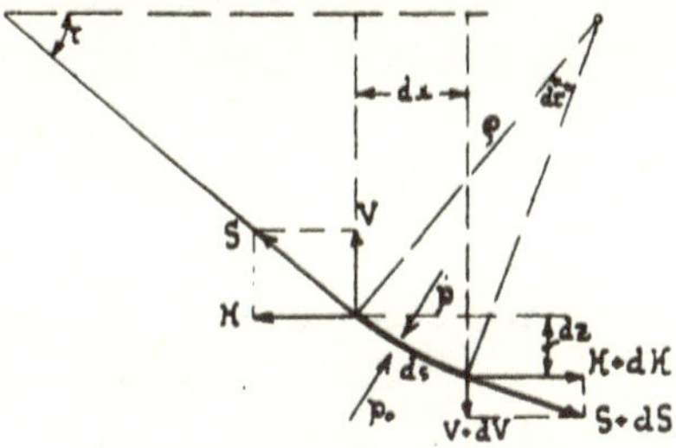

Fig. 30.

wird. Anderseits folgt aber auch aus der Tangentialrichtung von S

$$\frac{V}{H} = \operatorname{tg} \tau = \frac{dz}{dx} \quad . \; . \; . \; . \; . \; . \; . \quad (3)$$

also in Verbindung mit (2) bzw. wegen $H^2 + V^2 = S^2$

$$H dH + V dV = S\, dS = 0 \quad . \; . \; . \; . \quad (4)$$

d. h. die Tangentialspannung der Haut hat überall denselben Wert, welcher offenbar mit der Horizontalspannung an der tiefsten Stelle übereinstimmt.

Infolge der Krümmung der Haut haben weiterhin die beiden Kräfte S am herausgeschnittenen Element ds eine Neigung $d\tau$ gegeneinander und besitzen daher eine Resultante vom Absolutwerte $2S \sin \frac{d\tau}{2} = S\,d\tau$ normal zum Element, welche dem Überdrucke $(p - p_0)\,ds$ das Gleichgewicht hält. Da in unserem Falle mit wachsendem s der Winkel τ abnimmt, so ergibt sich als Bedingung des Gleichgewichts

$$-S\,d\tau = (p - p_0)\,ds = \gamma z\, ds \quad . \; . \; . \; . \quad (5)$$

oder unter Einführung des Krümmungsradius ϱ mit $\varrho\, d\tau = -ds$

$$S = \gamma \varrho z \quad \ldots \ldots \quad (5\text{a})$$

d. h. die Krümmung $1:\varrho$ der Haut ist der Tiefe unter dem Spiegel direkt proportional.

Eliminieren wir dagegen das Bogenelement durch $dz = ds \sin \tau$, so geht (5) über in

$$-S \sin \tau\, d\tau = \gamma z\, dz \quad \ldots \ldots \quad (5\text{b})$$

oder nach Integration mit einem Anfangswinkel τ_1 für $z = z_1$ im Punkte B

$$2S(\cos \tau - \cos \tau_1) = \gamma (z^2 - z_1^2) \quad \ldots \quad (6).$$

Für die tiefste Stelle $z = z_0$ wird hieraus mit $\tau_0 = 0$

$$2S(1 - \cos \tau_1) = \gamma (z_0^2 - z_1^2) \quad \ldots \quad (6\text{a})$$

und für den Punkt D mit $z = z_2$ und $\tau = \tau_2$

$$2S(\cos \tau_2 - \cos \tau_1) = \gamma (z_2^2 - z_1^2) \quad \ldots \quad (6\text{b}).$$

Setzen wir dagegen in (5) $dx = ds \cos \tau$, so folgt

$$-S \cos \tau\, d\tau = \gamma z\, dx \quad \ldots \ldots \quad (5\text{c})$$

oder integriert zwischen den Grenzen z_1 und z_2

$$S(\sin \tau_1 - \sin \tau_2) = \gamma \int_1^2 z\, dx \quad \ldots \quad (7),$$

worin die rechte Seite das Gewicht der gesamten Flüssigkeitsmenge, bezogen auf die Längeneinheit normal zur Bildebene, darstellt. Für die vorstehenden Rechnungen ist noch zu beachten, daß der Winkel τ positiv im Sinne des Uhrzeigers vom Horizont aus gemessen wurde. Eliminiert man schließlich noch mit Hilfe von (6) die Ordinate z aus (5c), so ergibt sich für die Abszisse die Differentialgleichung

$$dx = -\frac{S}{\gamma} \frac{\cos \tau\, d\tau}{\sqrt{z_1^2 + \frac{2S}{\gamma}(\cos \tau - \cos \tau_1)}} \quad \ldots \quad (7\text{a}),$$

deren Integration analog der Pendelgleichung für endliche Ausschläge auf eine unendliche Reihe führt, welche im Verein mit Gleichung (6) die Gleichung der Kurve BD bestimmt. Für praktische Zwecke genügt es dagegen vollständig, zunächst aus den Formeln (6b) und (7) bei gegebenem Flüssigkeitsgewicht zwischen den festen Wänden z_1 und z_2 und vorgeschriebener Hautspannung S die beiden Winkel τ_1 und τ_2 zu berechnen und alsdann die Kurve mit Hilfe von (5a) oder (6) punktweise zu konstruieren[1]).

Die Spannung der Haut normal zur Bildebene kommt für das bisher behandelte Problem wegen des übereinstimmenden Zustandes aller zur Bildebene parallelen Schichten überhaupt nicht in Betracht. Setzen wir jedoch, entsprechend den wirklich eintretenden Fällen, im allgemeinen eine räumliche Krümmung der Haut voraus, so müssen wir an jedem Flächenelemente derselben zwei zueinander normale Spannungen S' und S'' tangential zur Oberfläche angreifend denken (Fig. 31), welche die Druckdifferenz zu beiden Seiten des Flächenelementes ausgleichen.

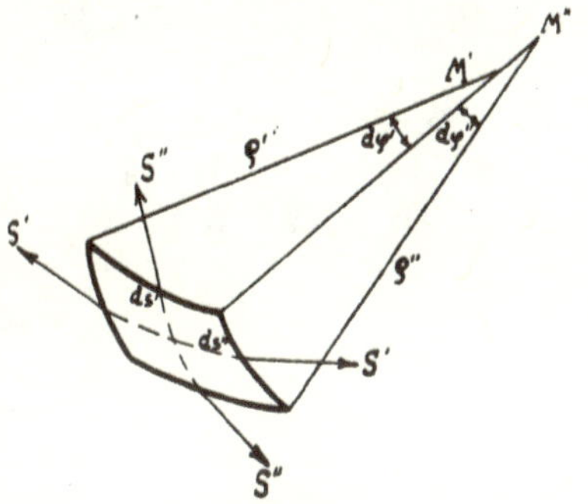

Fig. 31.

Das rechteckige Flächenelement dF werde durch die beiden Linienelemente ds' und ds'' begrenzt, welche zwei Normalschnitten zur Oberfläche mit den Krümmungsradien ϱ' und ϱ'' und den Öffnungswinkeln $d\varphi'$ und $d\varphi''$ derart zugehören, daß

$$ds' = \varrho' d\varphi', \quad ds'' = \varrho'' d\varphi'' \quad . \quad . \quad . \quad . \quad (8).$$

Die von den Spannungen S' und S'' herrührenden Elementarkräfte ergeben sich dann durch Multiplikation mit den normal zu ihrer Richtung stehenden Linienelementen, also zu $S' ds''$ und $S'' ds'$; sie liefern die Normalkomponenten zur Oberfläche

$$\left.\begin{aligned} dN' &= 2 S' ds'' \sin\frac{d\varphi'}{2} = S' ds'' d\varphi' \\ dN'' &= 2 S'' ds' \sin\frac{d\varphi''}{2} = S'' ds' d\varphi'' \end{aligned}\right\} \quad . \quad . \quad . \quad (9).$$

Eliminieren wir hieraus die Öffnungswinkel $d\varphi'$ und $d\varphi''$ durch Gleichung (8) und addieren, so erhalten wir

$$dN = dN' + dN'' = \left(\frac{S'}{\varrho'} + \frac{S''}{\varrho''}\right) ds' ds'' \quad . \quad . \quad (9\,a)$$

[1]) Vgl. A. Ritter, Lehrbuch der Ingenieurmechanik 1899, S. 381 ff., wo man eine ganze Anzahl derartiger Hautformen trotz ihrer geringen physikalischen und praktischen Bedeutung auf Grund der Gleichung (7a) mit großer Sorgfalt durchkonstruiert findet.

als resultierende Normalkraft der beiden Hautspannungen, welche ihrerseits durch den Druckunterschied $p - p_0$ zu beiden Seiten des Flächenelementes aufgehoben wird, so zwar daß auch

$$dN = (p - p_0)\, ds'\, ds'' = \gamma z\, ds'\, ds'' \quad . \quad . \quad . \quad (9\text{b})$$

wird. Die Vereinigung von (9a) und (9b) liefert aber

$$\frac{S'}{\varrho'} + \frac{S''}{\varrho''} = p - p_0 = \gamma z \quad . \quad . \quad . \quad . \quad (10)$$

als Gleichgewichtsbedingung für eine beliebige doppelt gekrümmte Haut. Eine solche darf keine scharfen Kanten besitzen, in denen der Krümmungsradius eines Normalschnittes zur Kante verschwinden und daher die Hautspannung in Richtung der Kante unendlich groß würde. Verschwindet eine der beiden Spannungen S' oder S'' und hat die Tendenz, negativ zu werden, so bilden sich auf der Haut, welche keine Druckspannungen übertragen kann, Falten, die man häufig in mit Flüssigkeit gefüllten Schläuchen beobachtet.

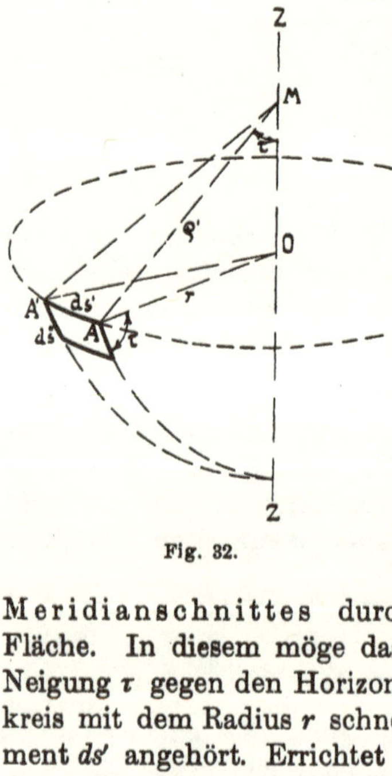

Fig. 32.

Handelt es sich insbesondere, wie meistens in praktischen Fällen, um Rotationsflächen um eine Vertikalachse ZZ (Fig. 32), so genügt zu deren Bestimmung die Festlegung eines Achsen- oder Meridianschnittes durch den betrachteten Punkt A der Fläche. In diesem möge das Linienelement ds'' liegen mit der Neigung τ gegen den Horizont, der die Fläche in einem Parallelkreis mit dem Radius r schneidet und welchem das andere Element ds' angehört. Errichtet man in den Endpunkten A und A' dieses Elementes Normalen zur Fläche, so schneiden diese sich in einem Punkte M der Achse ZZ, so zwar, daß $AM = \varrho'$ den Krümmungsradius des zur Meridianebene AZZ senkrechten Normalschnittes durch die Fläche im Punkte A darstellt. Dieser Krümmungsradius ist demnach durch die nach Meusnier benannte Gleichung

$$r = \varrho' \sin \tau \quad . \quad . \quad . \quad . \quad . \quad . \quad . \quad (11)$$

gegeben, während der Krümmungsradius ϱ'' der Meridiankurve selbst sich zu

$$\varrho'' = \frac{ds''}{d\tau} = \frac{ds''}{dr}\frac{dr}{d\tau} = \frac{dr}{\cos\tau\, d\tau} = \frac{dr}{d(\sin\tau)} \quad . \quad . \quad (12)$$

berechnet. Führen wir diese Werte in Gleichung (10) ein, so geht dieselbe über in

$$\frac{S'\sin\tau}{r} + \frac{S''\,d(\sin\tau)}{dr} = \gamma z \quad . \quad . \quad . \quad (10\text{a}),$$

worin wir jetzt S' als die Ringspannung und S'' als die Meridianspannung der Haut bezeichnen können.

Eine zweite Gleichung ergibt sich dann aus Fig. 33 durch Herausschneiden der Kalotte AA, auf der vertikal die Flüssigkeitssäule $ABBA$ lastet, während an ihrem Rande die Meridianspannung S'' eine Kraft $2\pi r S''$ mit der Vertikalkomponente $2\pi r S''\sin\tau$ zur Folge hat, so zwar, daß

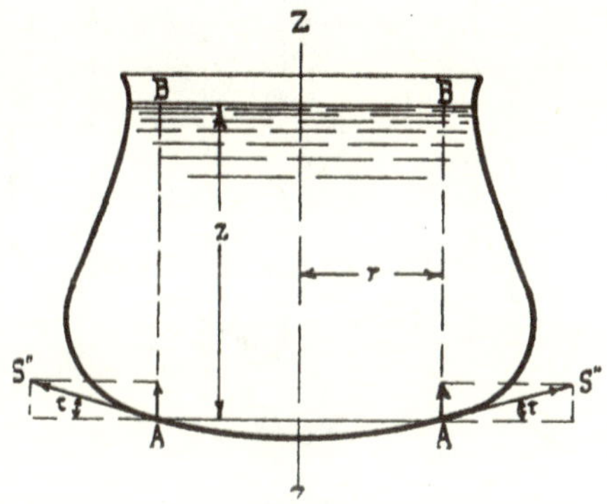

Fig. 33.

$$S'' r \sin\tau = \gamma \int_0^r z\, r\, dr \quad . \quad . \quad . \quad . \quad . \quad (13).$$

Die vorstehenden Formeln behalten ihre Gültigkeit auch noch, wenn wir die Haut im Zustande des Gleichgewichts erstarrt denken, und ergeben alsdann die Spannungen in einer dünnen Gefäßwand (z. B. aus Blech), sofern die einer Rotationsfläche genügende Form derselben vorgelegt ist.

Beispielsweise seien die Spannungen in einem Wasserbehälter (Fig. 34) zu berechnen, der aus einem oberen zylindrischen Teile und einem kegelförmigen Boden besteht. Für den zylindrischen Teil ist der Winkel $\tau = 90^0$, so daß wir mit $r = r_1$ aus (10a) und (13) für die beiden Spannungen in einer Tiefe z unter dem Spiegel

$$S' = \gamma r_1 z, \quad S'' = \frac{\gamma r_1 z}{2} \quad . \quad . \quad . \quad . \quad . \quad (14)$$

erhalten. Für den Boden ist $\tau = \tau_0 = \text{const}$, also, wenn z_0 die größte Tiefe bedeutet, $z = z_0 - r \operatorname{tg} \tau_0$, mithin nach (10a) und (13)

$$\left.\begin{aligned} S' &= \frac{\gamma r z}{\sin \tau_0} = \gamma r \left(\frac{z_0}{\sin \tau_0} - \frac{r}{\cos \tau_0}\right) \\ S'' &= \gamma r \left(\frac{z_0}{2 \sin \tau_0} - \frac{r}{3 \cos \tau_0}\right) \end{aligned}\right\} \quad . \quad . \quad (15)$$

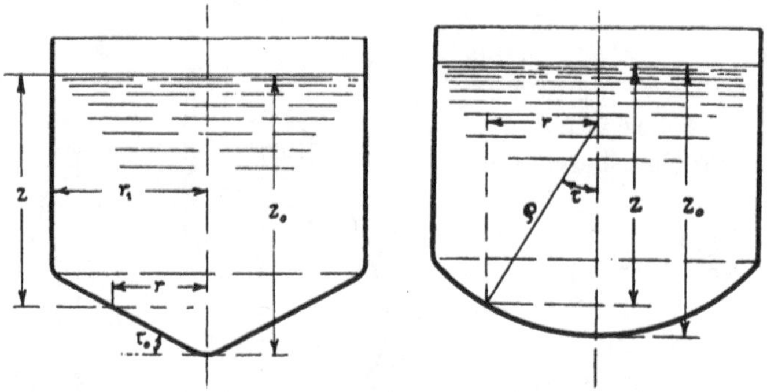

Fig. 34. Fig. 35.

Bildet dagegen eine Kugelkalotte den Boden des Gefäßes (Fig. 35), so ist hierfür $\varrho' = \varrho'' = \varrho = \text{const}$, also nach (10)

$$S' + S'' = \gamma z \varrho \quad . \quad . \quad . \quad . \quad . \quad (10\text{b})$$

und mit $z = z_0 - \varrho\,(1 - \cos \tau)$ sowie $r = \varrho \sin \tau$ wird aus (13)

$$S'' r \sin \tau = \gamma \varrho^2 \int_0^\tau (z_0 - \varrho + \varrho \cos \tau) \sin \tau \cos \tau \, d\tau$$

oder

$$S'' \sin^2 \tau = \gamma \varrho \frac{z_0 - \varrho}{2} \sin^2 \tau - \gamma \varrho^2 \int_0^\tau \cos^2 \tau \, d(\cos \tau)$$

also

$$S'' = \gamma \varrho \left(\frac{z_0 - \varrho}{2} + \frac{\varrho}{3} \frac{1 - \cos^3 \tau}{1 - \cos^2 \tau}\right) \quad . \quad . \quad . \quad (16),$$

woraus sich mit (10b) die Ringspannung S' berechnet. Für den tiefsten Punkt $z = z_0$ und $\tau = 0$ wird das zweite Glied der Klammer in (16) unbestimmt; man erhält aber nach Differentiation im Zähler und Nenner und nachträgliche Einführung von $\tau = 0$ für diesen Fall

$$S_0'' = S_0' = \frac{\gamma \varrho z_0}{2} \quad . \quad . \quad . \quad . \quad . \quad (16\text{a}).$$

An der Übergangsstelle des Bodens in den Kreiszylinder müßten die entsprechenden Spannungen der Zylinderwand und des Bodens miteinander übereinstimmen, und zwar gleichgültig, ob der letztere kugelförmig, als Kegel oder sonstwie gestaltet ist. Aus unseren beiden Beispielen erkennt man sofort die Unerfüllbarkeit dieser Forderung, und daher genügen diese Übergangsstellen, welche überdies nicht scharfkantig ausgebildet werden dürfen, nicht mehr den Bedingungen des Gleichgewichts einer dünnen Haut und fallen somit aus dem Bereich unserer Untersuchung heraus.

Verlangen wir schließlich, daß sowohl die Ringspannung S', als auch die Meridianspannung S'' für alle Punkte der Haut bzw. der Gefäßwand dieselben Werte besitzen mögen, so folgt durch Differentiation von (13)

$$S' \frac{d(r \sin \tau)}{dr} = \gamma z$$

und im Verein mit (10a)

$$S' = S'' = S,$$

d. h. eine von der Richtung unabhängige, überall konstante Hautspannung. Mit diesem physikalisch bedeutsamen Falle wollen wir uns im nächsten Paragraphen eingehender beschäftigen

§ 8. Die Oberflächenspannung ruhender Flüssigkeiten.

Die Tropfenbildung von Flüssigkeiten als Folge von Molekularkräften. Oberflächenenergie und Spannung. Randspannungen an der Berührungsstelle mehrerer Flüssigkeiten, Randwinkel. Trennungsfläche zweier Flüssigkeiten. Berührungsstelle der Flüssigkeitsoberfläche mit einer festen Wand, parallele und schwach gegeneinander geneigte Platten. Berührung der Flüssigkeitsoberfläche mit einer festen Rotationsfläche. Kapillare Erhebung, Meniskus. Wandern von Tropfen in konischen Röhren. Gleichgewichtsform schwimmender und frei schwebender Tropfen und Blasen.

Im Gegensatz zu der Folgerung des § 2, daß die Niveaufläche einer idealen Flüssigkeit unter der alleinigen Wirkung der konstanten Erdbeschleunigung eine Ebene ist, beobachten wir beim Aufgießen einer geringen Flüssigkeitsmenge auf eine horizontale Unterlage eine sog. Tropfenbildung, auf Grund deren die inkompressiblen Flüssigkeiten zum Unterschiede von den Gasen geradezu als tropfbare bezeichnet werden. Der zur Ruhe gelangte Tropfen stellt jedenfalls eine Gleichgewichtsfigur der Flüssigkeit dar, welche auf die Wirksamkeit bisher unbeachteter Kräfte neben der Schwere hindeutet. Solche Kräfte liegen aber in der gegenseitigen Anziehung der Flüssigkeitsmoleküle vor, welche innerhalb eines sehr kleinen Abstandes a (Fig. 36) erhebliche Beträge annehmen können, außerhalb der durch diesen Abstand definierten Wirkungssphäre dagegen unmerklich werden. Daher wird ein Molekül im Innern der Flüssigkeit von seiner nach allen Seiten gleichmäßig wirkenden Umgebung unbeeinflußt bleiben, während es an der Oberfläche infolge des Wegfalles der halben Wirkungssphäre eine Anziehung nach dem Innern derselben erfährt. Um also ein Molekül aus dem Innern der Flüssigkeit an die Oberfläche zu befördern, ist, abgesehen von der Schwere zur Überwindung der Molekularkräfte nur auf dem letzten Wegstück a eine bestimmte Arbeit aufzuwenden, welche daher auch für jedes Molekül dieselbe Größe besitzt.

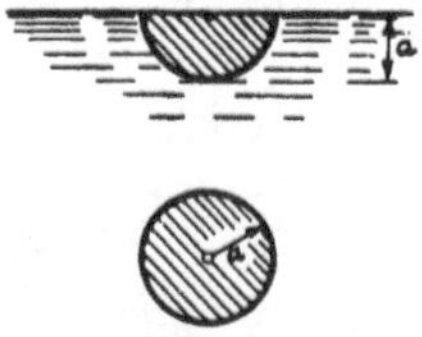

Fig. 36.

Nun bedeutet aber die Vergrößerung der Oberfläche einer bestimmten Flüssigkeitsmenge von konstantem Volumen nichts anderes, als die Überführung einer der Oberflächenänderung dF selbst proportionalen Zahl von Molekülen aus dem Innern an die Oberfläche. Mithin erfordert die Oberflächenvergrößerung einen ihr proportionalen Arbeitsaufwand

$$dL = S\,dF \quad \ldots \ldots \ldots \quad (1),$$

worin die Konstante S als die spezifische Oberflächenenergie der Flüssigkeit bezeichnet werden möge. Erteilen wir dem Flächenelemente dF die Länge 1 und die Breite ds, so erscheint wegen $dL = S\,ds$ die Größe S auch als eine Tangentialkraft, bezogen auf die Längeneinheit einer zu ihrer Richtung normalen Strecke. Als solche aber ist sie vollkommen identisch mit der im letzten Paragraphen behandelten Hautspannung, so daß wir nach dem Vorgang von Th. Young die Wirkung der Molekularkraft einer Flüssigkeit allgemein durch die an allen Punkten konstante und von der Richtung unabhängige Oberflächenspannung einer Haut ersetzen dürfen, welche, da zur Flächenvergrößerung Arbeit aufzuwenden war, von selbst das Bestreben hat, die Oberfläche der Flüssigkeit zu verkleinern.

Trennt die betrachtete Oberfläche zwei verschiedene, miteinander nicht mischbare Flüssigkeiten, so gelangt ein aus dem Innern in die Trennungsfläche kommendes Molekül der einen Flüssigkeit dort auch in die Wirkungssphäre der Moleküle der zweiten. Daraus folgt aber, daß die Oberflächenspannung S (wie z. B. der Reibungskoeffizient fester Körper) eine Funktion der Eigenschaften der beiden einander berührenden Flüssigkeiten ist. Dies gilt auch schon für die Trennungsfläche der Flüssigkeit von einem Gase, dessen Einfluß auf die Oberflächenspannung seiner geringen Dichte wegen allerdings fast immer sehr klein ausfällt. Haben wir zwei Flüssigkeiten vor uns, deren Oberflächenspannungen gegen Luft mit S_1 und S_2 bezeichnet werden mögen, so sei S_{12} die Oberflächenspannung in der Trennungsfläche beider Flüssigkeiten. Schwimmt dann die eine Flüssigkeit als Tropfen auf der anderen (Fig. 37), so müssen an dessen Rande die drei Spannungen einander ausgleichen, bzw. ein geschlossenes Kräftedreieck bilden, welches die Neigungswinkel der drei Flüssigkeitsoberflächen an ihrer Schnittkurve bestimmt. Die Bildung des Kräftedreiecks ist nicht möglich, wenn z. B.

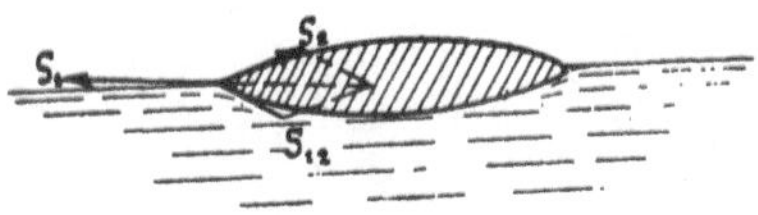

Fig. 37.

$$S_1 > S_2 + S_{12} \quad . \quad . \quad . \quad . \quad . \quad . \quad . \quad (2),$$

d. h. wenn eine der drei Oberflächenspannungen größer ist als die Summe der beiden anderen, so stellt der Tropfen der leichteren Flüssigkeit auf der schwereren keine Gleichgewichtsfigur dar; er wird vielmehr durch die Wirkung der überschüssigen Spannung so lange ausgezogen, bis er die ganze Oberfläche der schwereren Flüssigkeit bedeckt. Beispielsweise ist für

Quecksilber	mit Luft	. . . . .	$S = 0{,}550$ g/cm
Wasser	» »	. . . . .	0,075 »
Olivenöl	» »	. . . . .	0,035 »

Schwefelkohlenstoff mit Luft . .	0,033 g/cm
Quecksilber mit Wasser	0,421 »
» » Olivenöl	0,342 »
Wasser mit »	0,021 »
» » Schwefelkohlenstoff .	0,040 »

Daraus folgt, daß auf einer freien Quecksilberoberfläche weder Wasser noch Olivenöl ruhende Tropfen bilden kann, und daß auch ein Tropfen Olivenöl auf Wasser sich rasch über die ganze Oberfläche ausbreitet, während Wassertropfen auf Schwefelkohlenstoff beständig sind. Die große Oberflächenspannung solcher Flüssigkeiten wie Quecksilber und Wasser bringt es daher mit sich, daß jede Spur einer anderen Flüssigkeit zur Verunreinigung der ganzen Oberfläche führt.

Sogar feste Körper besitzen eine Oberflächenspannung sowohl gegen Gase als auch gegen Flüssigkeiten. Sie unterscheiden sich von diesen nur insofern, als die Form der Oberfläche infolge der Spannung keine Änderung erfahren kann, bzw. daß die normal zu einer festen Oberfläche gerichtete Spannungskomponente nicht zu verschwinden braucht. Bezeichnet man dann wieder die Oberflächenspannung der Flüssigkeit, z. B. gegen Luft mit S_1, die der festen Oberfläche gegen Luft mit S_2 sowie die der Trennungsfläche des festen Körpers und der Flüssigkeit mit S_{12}, so wird die letztere mit der festen Oberfläche einen bestimmten Winkel α, den sog. Randwinkel (Fig. 38) bilden, der sich aus dem Gleichgewicht der Kräfte parallel der festen Wand, also aus

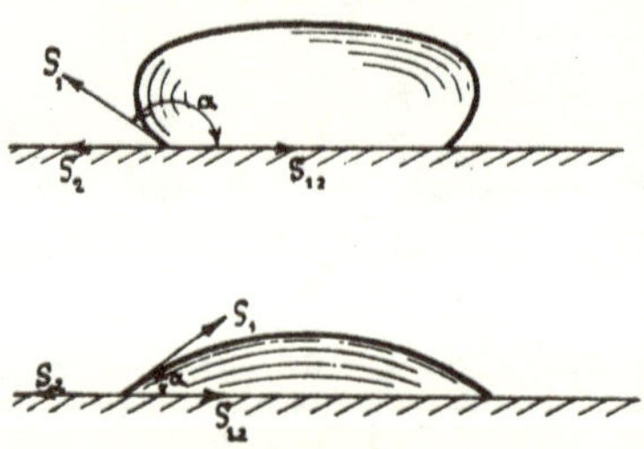

Fig. 38.

$$S_1 \cos \alpha + S_{12} = S_2 \quad \ldots \ldots \quad (3)$$

berechnet. Der Randwinkel ist spitz oder stumpf, je nachdem $S_{12} \lesseqgtr S_2$, bzw. je nachdem die Flüssigkeit die feste Wand benetzt oder nicht, in jedem Fall aber ist er durch die Oberflächenspannungen der an einer Stelle zusammentretenden Körper gegeben und darf als Konstante neben den Spannungen selbst eingeführt werden.

Wir betrachen nunmehr die Trennungsfläche zweier Flüssigkeiten a und b mit den spezifischen Gewichten γ_a und γ_b, welche in irgendeinem Bereich etwa infolge der Wirkung einer festen Wand von der Niveauebene abweicht (Fig. 39), und in einem Horizontalabstande x von einem willkürlich gewählten Anfang O die Tiefe z unter dieser Ebene besitzt, in welcher der Druck p_0 herrschen möge. Alsdann sind die Drücke zu beiden Seiten der gekrümmten Trennungsfläche bei x, z gegeben durch

$$\left.\begin{aligned} p_a &= p_0 + \gamma_a z \\ p_b &= p_0 + \gamma_b z \end{aligned}\right\} \quad (4),$$

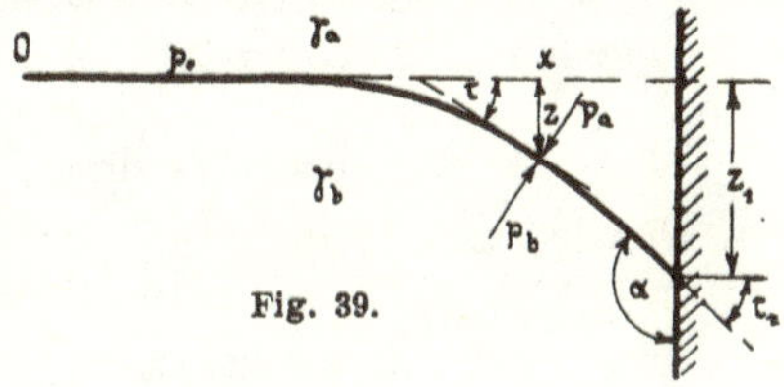

Fig. 39.

während der Druckunterschied durch die Normalkomponente der in der Trennungsfläche konstanten Oberflächenspannung S ausgeglichen wird. Diese Normalkomponente folgt aber nach Gleichung (10) des vorigen Paragraphen mit $S' = S'' = S$ zu

$$p_b - p_a = S\left(\frac{1}{\varrho'} + \frac{1}{\varrho''}\right) \quad . \quad . \quad . \quad . \quad (5),$$

wenn ϱ' und ϱ'' die Krümmungsradien zweier sich in der Normalen des Punktes x, z schneidenden und zueinander senkrechten Ebenen bedeuten. Durch Zusammenziehung der Formeln (4) und (5) erhalten wir dann

$$(\gamma_a - \gamma_b) z + S\left(\frac{1}{\varrho'} + \frac{1}{\varrho''}\right) = 0 \quad . \quad . \quad . \quad (6).$$

Ist die obere der beiden Flüssigkeiten gasförmig, so dürfen wir ihr spezifisches Gewicht gegen das der tropfbaren Flüssigkeit vernachlässigen und mit $\gamma_a = 0$, $\gamma_b = \gamma$ für (6) kürzer schreiben

$$S\left(\frac{1}{\varrho'} + \frac{1}{\varrho''}\right) = \gamma z \quad . \quad . \quad . \quad . \quad (6\,a).$$

Ist ferner die Wand, welche die Krümmung der Trennungsfläche durch den Randwinkel bedingt, selbst eben und besitzt sie eine praktisch unbegrenzte Ausdehnung normal zur Bildebene, so kann nur eine Krümmung in dieser letzteren in Frage kommen, womit sich (6a) noch vereinfacht in

$$S = \gamma z \varrho \quad . \quad . \quad . \quad . \quad . \quad . \quad . \quad (6\,b)$$

eine mit (5a) des letzten Paragraphen identische Gleichung. Da wir nun den Krümmungsradius nach dem Innern der Flüssigkeit sowie die Ordinate z nach unten zu positiv rechnen, so folgt hieraus sofort, daß eine Flüssigkeit mit positiver Krümmung, bzw. nach außen konvexem Spiegel eine Senkung, eine solche mit konkavem Spiegel dagegen eine Erhebung gegen das ebene Normalniveau aufweisen muß.

Führen wir dann noch den Neigungswinkel τ eines Elementes ds des zylindrischen Oberflächenschnittes mit der Bildebene gegen den Horizont im Sinne des Uhrzeigers gemessen durch

$$dz = ds \sin \tau = \varrho \sin \tau \, d\tau$$

ein, so wird aus (6b)

$$S \sin \tau \, d\tau = \gamma z \, dz$$

oder integriert mit einer Anfangslage z_1, τ_1 analog Gleichung (6) des § 7.

$$2 S (\cos \tau - \cos \tau_1) = \gamma (z_1^2 - z^2) \quad . \quad . \quad . \quad (7).$$

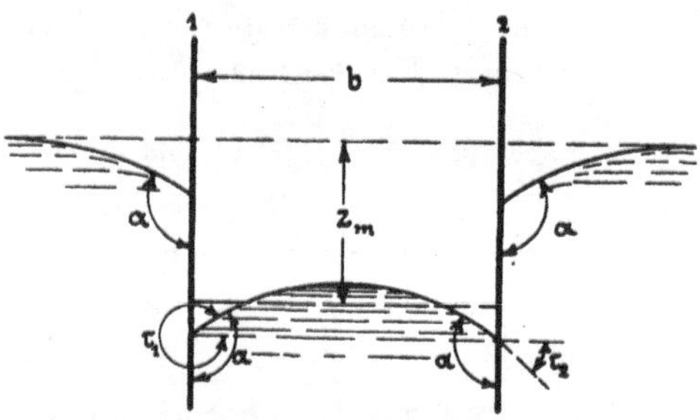

Fig. 40.

Verlegen wir die Anfangslage in die Berührungsstelle mit einer festen vertikalen Wand nach Maßgabe der Fig. 39, so dürfen wir auch den Randwinkel α einführen, der sich aus

$$\alpha + 90^0 = 180^0 + \tau_1$$

derart berechnet, daß $\cos \tau_1 = \sin \alpha$ und $\sin \tau_1 = - \cos \alpha$ wird. Damit ergibt sich aus (7) die totale Spiegelsenkung z_1 an der Berührungsstelle, wenn wir für das Normalniveau $z = 0$ und $\tau = 0$ setzen, zu

$$z_1 = \sqrt{\frac{2 S}{\gamma} (1 - \sin \alpha)} \quad . \quad . \quad . \quad . \quad (7a).$$

Da man nun sowohl den Randwinkel wie auch die Spiegelsenkung direkt messen kann, so folgt daraus mit Hilfe von (7a) die Oberflächenspannung S selbst.

Sind in die Flüssigkeit zwei parallele ebene Platten aus gleichem Material eingetaucht (Fig. 40), so werden sich auf beiden Seiten dieser Platten dieselben Randwinkel einstellen. Ebenso werden nach Gleichung (7) in diesem Falle die beiden äußeren wie die inneren Spiegelsenkungen an den Platten je für sich übereinstimmen. Führt man dagegen die von irgendeinem links gelegenen Anfang gemessene Abszisse x durch

$$dx = ds \cos \tau = \varrho \cos \tau \, d\tau$$

ein, so wird aus (6b)

$$S \cos \tau \, d\tau = \gamma z \, dx$$

und nach Integration zwischen den beiden Platten

$$S(\sin \tau_2 - \sin \tau_1) = \gamma \int_1^2 z \, dx \quad . \quad . \quad . \quad . \quad (8)$$

oder, da hier

$$360^0 - \tau_1 = \alpha - 90^0$$

$$180^0 + \tau_2 = \alpha + 90^0$$

$$\text{bzw. } \sin \tau_1 = \cos \alpha, \quad \sin \tau_2 = - \cos \alpha,$$

so ergibt sich nach Ersatz des Integrals der rechten Seite von (8) durch das Produkt aus dem Plattenabstand b und der mittleren Tiefe z_m der Flüssigkeit zwischen den Platten unter dem Normalniveau

$$- 2 S \cos \alpha = \gamma z_m b \quad . \quad . \quad . \quad . \quad . \quad (8a).$$

Da nun für benetzende Flüssigkeiten $\cos \alpha > 0$ ist, für nicht benetzende aber $\cos \alpha < 0$, so ergibt Gleichung (8a) für die ersteren ein negatives, für die letzteren dagegen ein positives z_m, oder mit Rücksicht auf die nach unten positiv gerechneten Ordinaten z: Benetzende Flüssigkeiten erfahren zwischen parallelen ebenen Platten eine Erhebung, nicht benetzende eine Senkung, deren Mittelwert in beiden Fällen dem Plattenabstand umgekehrt proportional ist. Sind die Platten (Fig. 41) um einen kleinen Winkel β in der Vertikalkante AB gegen einander geneigt, so dürfen wir den Plattenabstand b der Entfernung y von dieser Vertikalkante proportional annehmen, also $b = \beta y$ setzen und erhalten damit aus (8a)

$$z_m y = - \frac{2 S \cos \alpha}{\gamma \beta} \quad . \quad . \quad . \quad . \quad (8b)$$

d. h. die mittlere Spiegelerhebung oder-senkung innerhalb der Platten erstreckt sich auf den Teil der Plattenfläche, der von einer gleichseitigen Hyperbel und ihren Asymptoten, der Schnittgeraden mit dem Horizontalniveau und der vertikalen Berührungskante der Platten eingeschlossen wird.

Ist der mit der Flüssigkeit in Berührung stehende feste Körper durch eine Rotationsfläche mit vertikaler Achse begrenzt, so muß schon aus Symmetriegründen dies auch für die Flüssigkeitsoberfläche in der Nachbarschaft des festen Körpers zutreffen. Mit dem Neigungswinkel τ an einem Punkte der

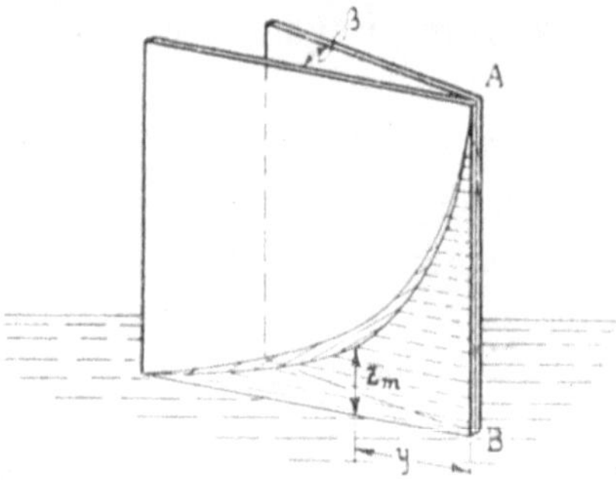

Fig. 41.

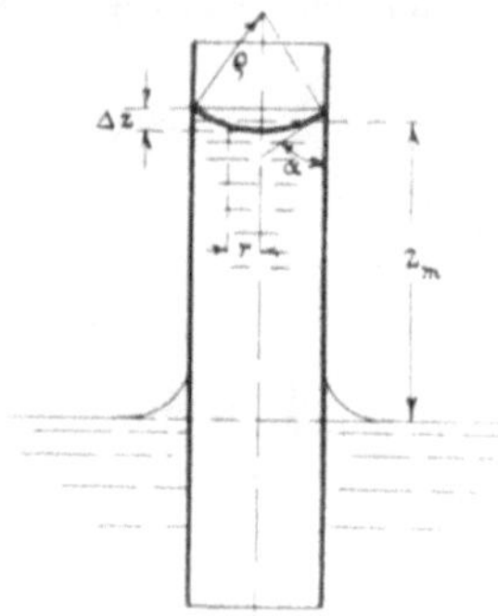

Fig. 42.

Flüssigkeitsoberfläche im Achsenabstand r ist aber dann nach den Gleichungen (11) und (12) des letzten Paragraphen der Krümmungsradius der Meridiankurve

$$\varrho'' = \frac{dr}{d(\sin\tau)} \quad . \quad . \quad . \quad . \quad . \quad . \quad . \quad (9)$$

und der des hierzu senkrechten Normalschnittes

$$\varrho' = \frac{r}{\sin\tau} \quad . \quad . \quad . \quad . \quad . \quad . \quad . \quad (10),$$

womit unsere Grundgleichung (6) übergeht in

$$(\gamma_a - \gamma_b)\,z + S\,\frac{d\,(r\sin\tau)}{r\,dr} = 0 \quad . \quad . \quad . \quad (11).$$

Befindet sich beispielsweise eine Flüssigkeit in einem engen zylindrischen Rohr, einer sog. Kapillare (Fig. 42), welche in das unter Atmosphärendruck stehende Normalniveau eintaucht, so kann zunächst, wie schon oben in Gleichung (6a), $\gamma_a = 0$ und $\gamma_b = \gamma$ gesetzt, außerdem aber der Höhenunterschied der einzelnen Oberflächenteile im Rohr gegen die mittlere Gesamterhebung bzw. Senkung z_m unbedenklich vernachlässigt werden, so daß an Stelle von (11)

$$S \frac{d(r \sin \tau)}{r\,dr} = \gamma z_m \quad \ldots\ldots \quad (12)$$

tritt. Die Integration dieser Gleichung ergibt mit $\tau = 0$ für $r = 0$

$$\frac{\sin \tau}{r} = \frac{1}{2} \frac{\gamma z_m}{S} \quad \ldots\ldots \quad (12\text{a}),$$

wofür wir auch mit Rücksicht auf (9) und (10) sowie unter Einführung des Randwinkels α für den Rohrhalbmesser $r = r_0$ durch $\sin \tau_0 = \cos \alpha$ setzen dürfen

$$\varrho' = \varrho'' = \varrho = \frac{r_0}{\cos \alpha} = \frac{2S}{\gamma z_m} \quad \ldots\ldots \quad (12\text{b})$$

d. h. die Oberfläche einer kapillaren Flüssigkeitssäule ist angenähert kugelförmig. Die Pfeilhöhe der Kugelkalotte, des sog. Meniskus

$$\varDelta z = \varrho (1 - \sin \alpha) = r_0 \frac{1 - \sin \alpha}{\cos \alpha} \quad \ldots \quad (12\text{c})$$

kann direkt beobachtet werden und bestimmt durch diese Formel den Randwinkel α, aus dem sich schließlich mit Hilfe der mittleren Gesamterhebung z_m aus (12b) die Oberflächenspannung S berechnet.

Bringen wir einen Tropfen Flüssigkeit in ein konisches Rohr (Fig. 43), so dürfen die freien Oberflächen ebenfalls in erster Annäherung als Kugelkalotten aufgefaßt werden. Da nun auf denselben von außen der konstante Atmosphärendruck p_0 lastet, der nach Gleichung (4) größer oder kleiner als der Innendruck p_b ausfällt, je nachdem die Oberfläche nach Außen konvex oder konkav ist, so ergibt sich im ersteren Falle ein Wandern des Tropfens nach der Rohrerweiterung, im letzteren dagegen nach der Verengerung. Dieses anfänglich überraschende Verhalten liegt übrigens schon dem Aufsteigen bzw. der Senkung der Flüssigkeit zwischen den geneigten Platten (Fig. 41) zugrunde.

Die Kugelform ergibt sich auch noch für einen Flüssigkeitstropfen, der in einer Umgebung von gleichem spezifischen Gewichte frei schwimmt. In diesem Falle verschwindet nämlich in Gleichung (6) die Differenz $\gamma_a - \gamma_b$, während der Abstand von dem (nicht vorhandenen) ebenen Teil der Trennungsfläche unendlich groß und damit die linke Seite von (6) unbestimmt wird. Sie kann mithin jeden beliebigen, für alle Oberflächenteile aber konstanten Wert annehmen, der sich bei bekannter Spannung S der Trennungsfläche aus den Dimensionen des Tropfens berechnet. Die Kugelform folgt schließlich wie beim Meniskus von Fig. 42 aus der Bedingung, daß der Tropfen eine Rotationsfläche mit vertikaler Achse ist.

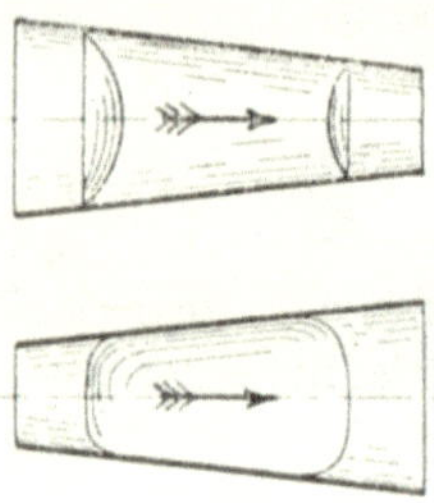

Fig. 43.

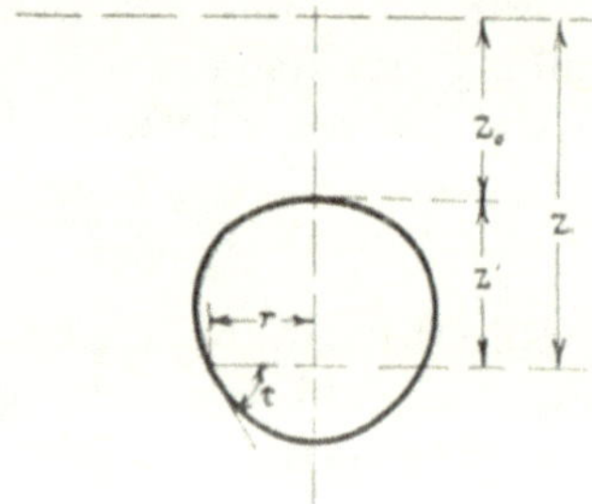

Fig. 44.

Handelt es sich um in der Atmosphäre schwebende bzw. fallende Flüssigkeitstropfen oder um Gasblasen, welche in einer Flüssigkeit aufsteigen, so darf wieder das spezifische Gewicht γ_a des Gases bzw. der Luft gegen das der Flüssigkeit γ_b in Gleichung (6) vernachlässigt werden. Die Schwierigkeit, daß in beiden Fällen keine ebene Trennungsfläche existiert, kann man dadurch umgehen, daß man zunächst eine solche im Abstande z_0 vom oberen Scheitel des Tropfens oder der Blase annimmt (Fig. 44) und

$$z = z_0 + z' \quad . \quad . \quad . \quad . \quad . \quad . \quad . \quad (13)$$

setzt, womit (6a) übergeht in

$$\frac{1}{\varrho'} + \frac{1}{\varrho''} = \frac{\gamma}{S}(z_0 + z') \quad . \quad . \quad . \quad . \quad (14).$$

Ist ϱ_0 dann der in allen Meridianebenen gleiche Krümmungsradius dieses oberen Scheitels der Rotationsoberfläche des Tropfens, so folgt mit $\varrho' = \varrho'' = \varrho_0$ für $z' = 0$

$$\frac{2}{\varrho_0} = \frac{\gamma}{S} z_0,$$

und wir erhalten mit Rücksicht auf (9) und (10) aus (14)

$$\frac{d\,(r \sin \tau)}{r\,dr} = \frac{\gamma}{S} z' + \frac{2}{\varrho_0} \quad . \; . \; . \quad (14\,\mathrm{a}).$$

Wäre der Tropfen kugelförmig mit dem Radius ϱ_0, so hätte man aus der Beziehung

$$r^2 = (2\,\varrho_0 - z')\,z' \quad . \; . \; . \; . \; . \; . \; . \quad (15)$$

$$r\,dr = \varrho_0\,dz' - z'\,dz' \quad . \; . \; . \; . \quad (15\,\mathrm{a}).$$

Führen wir diesen Ausdruck näherungsweise in Gleichung (14a) ein, so folgt

$$d\,(r \sin \tau) = \left(\frac{\gamma}{S}\,\varrho_0 - \frac{2}{\varrho_0}\right) z'\,dz' + 2\,dz' - \frac{\gamma}{S} z'^2\,dz' \quad (14\,\mathrm{b})$$

oder integriert mit der unteren Grenze $r = 0$, $\tau = 0$, für $z' = 0$

$$r \sin \tau = 2\,z' + \left(\frac{\gamma}{S}\,\varrho_0 - \frac{2}{\varrho_0}\right)\frac{z'^2}{2} - \frac{\gamma}{S}\,\frac{z'^3}{3} \quad . \; . \quad (16),$$

während der Kugel mit dem Radius ϱ_0 wegen (10) und (15) die Gleichung

$$r \sin \tau = \frac{r^2}{\varrho_0} = 2\,z' - \frac{z'^2}{\varrho_0} \quad . \; . \; . \; . \quad (15\,\mathrm{b})$$

genügt. Die Differenz der Ausdrücke (16) und (15b) für $r \sin \tau$ oder

$$\Delta\,(r \sin \tau) = \frac{\gamma}{S}\left(\frac{\varrho_0}{2} - \frac{z'}{3}\right) z'^2 \quad . \; . \; . \quad (17)$$

kann somit als Maß für die Abweichung der Tropfen- bzw. Blasenoberfläche von der Kugelform betrachtet werden; sie vermindert sich offenbar sehr rasch mit den Tropfendimensionen, so daß kleine Tropfen und Blasen jedenfalls mit großer Annäherung als Kugeln angesehen werden dürfen[1]).

[1]) Für weitere Studien über das Gebiet der Oberflächenspannung kann auf den ausgezeichneten, von Pockels bearbeiteten Abschnitt »Kapillarität« in Winkelmanns »Handbuch der Physik«, Bd. I, 2 (2. Aufl. 1908), verwiesen werden, der nach der mathematischen Seite durch Minkowskis Referat in der »Enzyklopädie der math. Wissenschaften«, Bd. V, 1 (1907), trefflich ergänzt wird.

Kapitel II.

Die stationäre Parallelströmung.

§ 9. Grundgleichungen der Parallelströmung.

Stromlinie und Stromfaden. Aufstellung der Bewegungs- und Kontinuitätsgleichung für Parallelströmung, Beschränkung auf inkompressible Flüssigkeiten sowie auf stationäre Bewegung. Stationäre Parallelströmung unter dem alleinigen Einfluß der Erdbeschleunigung; Bernoullische Gleichung, hydraulischer Druck, hydraulische Druckhöhe und Geschwindigkeitshöhe. Anwendung auf Venturi-Wassermesser. Rotation des Stromfadens um die mittlere Stromlinie, Wirbel, Wirbelachse, Wirbelfaden. Drehbeschleunigung und Wirbelmoment.

Befindet sich eine Flüssigkeit im Zustande der Bewegung, so wird jedes ihrer Massenelemente eine im allgemeinen räumlich gekrümmte Bahn beschreiben, welche in der Folge als eine Stromlinie bezeichnet werden soll. Die Stromlinien zweier ursprünglich unendlich benachbarter Flüssigkeitselemente können alsdann ohne Störung der Kontinuität, d. h. des Zusammenhanges der ganzen Strömung, nirgends einen endlichen Abstand gegeneinander besitzen, sondern werden an allen Stellen einander unendlich nahe verlaufen. Die Stromlinien können sich aber auch nirgends schneiden, bzw. unendlich benachbarte dürfen keine endliche Neigung gegeneinander annehmen, da dies auf die gleichzeitige Existenz zweier Massen an einem und demselben Punkte des Raumes hinauslaufen würde. Gehen wir dann von einer Stromlinie zur parallel verlaufenden benachbarten über, so erkennen wir, daß auch die Geschwindigkeit sich hierbei nur um einen unendlich kleinen Betrag, d. h. im Raume stetig ändern kann, damit der Zusammenhang der Strömung gewahrt bleibt.

Schneiden wir nun eine Stromlinie SS durch eine Normalebene (Fig. 45) und grenzen auf dieser ein kleines Flächenstück F um den Schnittpunkt ab, so gehen durch alle Punkte der Randkurve des Flächenstückes wieder Stromlinien, welche in ihrer Gesamtheit eine Stromröhre oder einen Stromfaden einschließen, dessen Querschnitt das normale Flächenstück an der betrachteten Stelle bildet. Bezeichnen wir dann mit φ die Neigung irgend einer Stromlinie innerhalb des Fadens gegen die Normale zum Querschnitt F, so zerfällt die momentane Geschwindigkeit w des zur Stromlinie gehörigen Flüssigkeitselementes beim Passieren des Querschnitts in zwei Komponenten, deren eine $w \cos \varphi$ normal zum Querschnitt steht, während die andere $w \sin \varphi$ in die Querschnittebene zu liegen kommt. Bei hinreichender Kleinheit des Querschnittes werden sich die Neigungen aller durch ihn hindurchgehenden Stromlinien nur um solche Winkel voneinander unterscheiden, deren Sinus bzw. Tangens mit dem Bogen unter Vernachlässigung seines Quadrates verwechselt werden darf. Damit aber gehen die beiden Geschwindigkeitskomponenten normal zum Querschnitt und in der Ebene desselben über in w selbst und $w\varphi$, so daß die der letzteren entsprechende kinetische Energie gegenüber der ersteren vernachlässigt werden darf. Beachten wir schließlich noch, daß die Abweichungen der Geschwindigkeit in den einzelnen Punkten des Querschnittes F sämtlich von der Größenordnung $w\varphi$ sind, so dürfen wir in erster Annäherung von diesen Unterschieden absehen und w als einen Mittelwert über den ganzen Querschnitt F des Stromfadens betrachten. Der Stromfaden selbst setzt sich alsdann aus Volumenelementen vom Querschnitt F und der normal dazu gemessenen Länge ds zusammen, innerhalb deren die Stromlinien parallel verlaufen, während die Geschwindigkeit w mit dem Querschnitt F sich örtlich nur in der Richtung ds, also in einer Dimension ändert. Infolgedessen

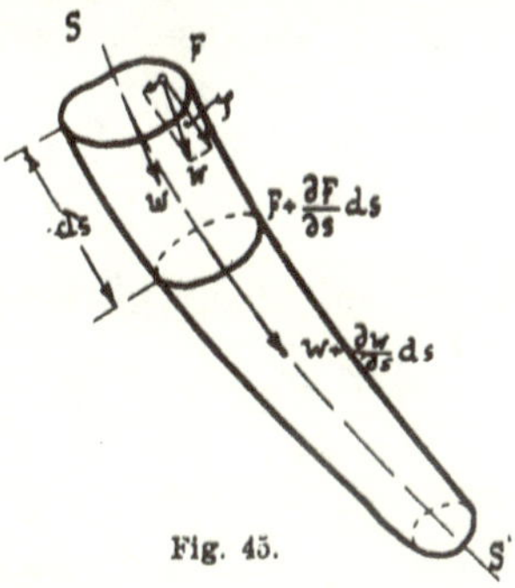

Fig. 45.

bezeichnet man den ganzen Vorgang wohl auch als eine **eindimensionale Strömung** oder kurz als **Parallelströmung.**

Auf die im Volumenelement $F ds$ unseres Stromfadens enthaltene Flüssigkeitsmasse

$$dm = \frac{\gamma}{g} F ds \quad \ldots\ldots \quad (1),$$

deren spezifisches Gewicht γ ist, wirke nun eine äußere Kraft, von der nur die in die Richtung ds fallende Komponente dQ für die Beschleunigung in Frage kommt. Außerdem aber laste normal auf dem Querschnitt F der Flüssigkeitsdruck p, der in der Stromrichtung durch stetige Veränderung im Abstande ds auf $p + \frac{\partial p}{\partial s} ds$ ansteigt, während dort der Querschnitt des Fadens die Fläche $F + \frac{\partial F}{\partial s} ds$ angenommen hat. Der Druck p ruht aber auch noch auf dem Mantel des Volumenelementes, dessen Projektion auf F mit dem Querschnittszuwachs $\frac{\partial F}{\partial s} ds$ identisch ist. Hieraus resultiert in der Stromrichtung ds eine Kraft

$$pF - \left(p + \frac{\partial p}{\partial s} ds\right)\left(F + \frac{\partial F}{\partial s} ds\right) + p \frac{\partial F}{\partial s} ds = - F \frac{\partial p}{\partial s} ds,$$

wobei das mit ds^2 behaftete Glied höherer Ordnung zu unterdrücken war. Addiert man hierzu die Komponente dQ der äußeren Kraft, so ergibt sich eine Beschleunigung der im Volumenelement $F ds$ enthaltenen Masse, derart daß

$$dQ - \frac{\partial p}{\partial s} F ds = dm \frac{dw}{dt}$$

oder nach Division mit (1), sowie unter Einführung der durch

$$\frac{dQ}{dm} = q \quad \ldots\ldots\ldots \quad (2)$$

definierten **Beschleunigung der äußeren Kraft in der Stromrichtung**

$$q - \frac{g}{\gamma} \frac{\partial p}{\partial s} = \frac{dw}{dt} \quad \ldots\ldots\ldots \quad (3).$$

Dies ist die **hydrodynamische Grundgleichung der Parallelströmung**, für die wir offenbar eine der drei Formeln (3) in § 2 angesichts der willkürlichen Lage des dort angenommenen Koordinatensystems nach Ersatz ihres die Richtung bestimmenden Index (x bzw. y, z) durch s ohne weiteres hätten substituieren können.

Der in Fig. 45 dargestellte Stromfaden umfaßt im allgemeinen nur die Stromlinien aller Flüssigkeitselemente, welche in einem gegebenen Zeitpunkte gerade den Querschnitt F passieren, während die Bahnen der unmittelbar darauf folgenden Elemente schon einen anderen Verlauf nehmen können, der dann auch eine zeitliche Änderung der Form und Lage des Stromfadens bedingt. Dadurch werden jedenfalls die Geschwindigkeit und der Querschnitt des Stromfadens, sowie der in ihm bestehende Druck außer von dem Wege s auch noch von der Zeit t abhängig, so zwar, daß mit

$$\frac{dw}{dt} = \frac{\partial w}{\partial t} + \frac{\partial w}{\partial s}\frac{ds}{dt} = \frac{\partial w}{\partial t} + w\frac{\partial w}{\partial s} \quad . \quad . \quad . \quad (4)$$

Gleichung (3) übergeht in

$$q - \frac{g}{\gamma}\frac{\partial p}{\partial s} = \frac{\partial w}{\partial t} + w\frac{\partial w}{\partial s} \quad . \quad . \quad . \quad . \quad (3a).$$

Das in das Volumenelement $F ds$ des Stromfadens während des Zeitelementes dt eintretende Flüssigkeitsgewicht ist weiterhin $F w \gamma dt$, das aus dem Querschnitt $F + \frac{\partial F}{\partial s} ds$ bei veränderlichem spezifischen Gewicht γ austretende dagegen $\left(F + \frac{\partial F}{\partial s} ds\right)$ $\left(w + \frac{\partial w}{\partial s} ds\right)\left(\gamma + \frac{\partial \gamma}{\partial s} ds\right) dt$, so daß mit Vernachlässigung der höheren Produkte von Differentialen ein Überschuß von $-\frac{\partial (F w \gamma)}{\partial s} ds\, dt$ verbleibt, welcher zur zeitlichen Vermehrung des Gewichts des Stromfadenelements um $\frac{\partial (F\gamma)}{\partial t} ds\, dt$ derart dient, daß

$$\frac{\partial (F\gamma)}{\partial t} + \frac{\partial (F w \gamma)}{\partial s} = 0 \quad . \quad . \quad . \quad . \quad (5).$$

Diese Formel besagt im wesentlichen nur, daß der Stromfaden an allen Stellen kontinuierlich von der Flüssigkeit erfüllt bleibt, und soll darum als die Kontinuitätsgleichung der Parallelströmung bezeichnet werden. Sie vereinfacht sich für volumenbeständige Flüssigkeiten mit $\gamma = \text{const}$ in

$$\frac{\partial F}{\partial t} + \frac{\partial (F w)}{\partial s} = 0 \quad . \quad . \quad . \quad . \quad . \quad (5a).$$

Verlangen wir schließlich noch, daß die Form und Lage des Stromfadens von der Zeit unabhängig ist, so ergibt sich aus (5a) unter Wegfall der partiellen Ableitung des Querschnittes F von der Zeit

$$Fw = \text{const} = \frac{G}{\gamma} \quad . \quad . \quad . \quad . \quad . \quad (5\text{b}),$$

wenn G das in der Zeiteinheit irgendeinen Querschnitt des Stromfadens durchströmende Flüssigkeitsgewicht, den sog. Fluß der Strömung bedeutet. Differenzieren wir diesen Fluß partiell nach der Zeit, so finden wir wegen $\frac{\partial F}{\partial t} = 0$

$$\frac{\partial w}{\partial t} = -\frac{w}{F}\frac{\partial F}{\partial t} = 0,$$

womit sich auch noch Gleichung (3a) in

$$q - \frac{g}{\gamma}\frac{dp}{ds} = w\,\frac{dw}{ds} \quad . \quad . \quad . \quad . \quad . \quad (3\text{b})$$

vereinfacht. Da hierin alle Größen nur mehr von der Längsdimension s des Stromfadens abhängen, so dürfen wir an Stelle der partiellen Ableitungen nach dieser einzigen Urvariablen ohne weiteres die totalen einführen, was in Gleichung (3b) schon zum Ausdruck gebracht wurde. Es herrscht also in der zuletzt betrachteten, durch die Formeln (3b) und (5b) gekennzeichneten Strömung an einem bestimmten Querschnitte des Fadens zu allen Zeiten derselbe Bewegungszustand, weshalb man den ganzen Vorgang als eine Strömung im Beharrungszustand oder als eine stationäre Strömung bezeichnet. Infolge der zeitlich unveränderlichen Form des Stromfadens in diesem Falle dürfen wir uns denselben von einer starren Hülle umgeben denken, ohne daß sich hierdurch an der Bewegung der Flüssigkeit etwas ändert, wenn nämlich ein Rohr mit im allgemeinen veränderlichem Querschnitt in der Stromrichtung auf die Flüssigkeit selbst keine Wirkung ausübt. Alsdann steht die Flüssigkeit an der Erdoberfläche lediglich unter dem Einfluß der Erdbeschleunigung g, deren in die Bewegungsrichtung fallende Komponente, wenn wir, wie früher, die positive Z-Achse nach unten gerichtet voraussetzen (Fig. 46)

$$q = g\,\frac{dz}{ds} \quad . \quad . \quad . \quad . \quad . \quad . \quad . \quad (6)$$

wird. Setzen wir dies in (3 b) ein, und integrieren von einem in der Tiefe z_1 unter einem willkürlichen Horizont OX gegebenen Anfangsquerschnitt F_1 mit dem Drucke p_1 und der Stromgeschwindigkeit w_1 ausgehend, so folgt

$$g(z - z_1) - \frac{g}{\gamma}(p - p_1) = \frac{w^2 - w_1^2}{2} \quad . \quad . \quad (7),$$

wofür wir auch schreiben dürfen

$$-z + \frac{p}{\gamma} + \frac{w^2}{2g} = -z_1 + \frac{p_1}{\gamma} + \frac{w_1^2}{2g} = \text{const.} \quad (7\,a).$$

Die hierin auftretende negative Tiefe $-z$ ist also identisch mit der Höhe über dem Horizont OX, während $p:\gamma$ eine dem hydraulischen Drucke p äquivalente hydrau-

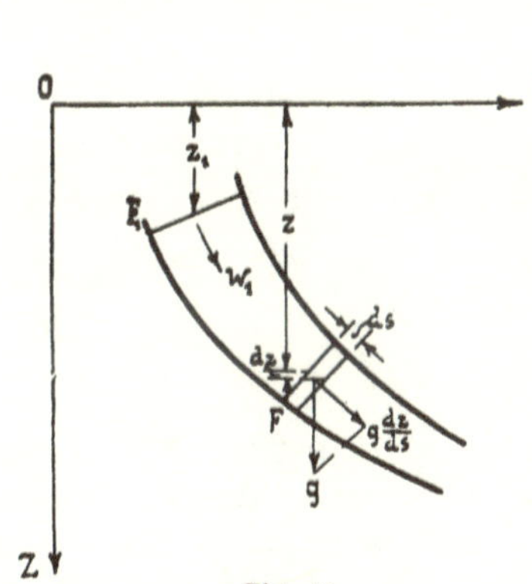

Fig. 46.

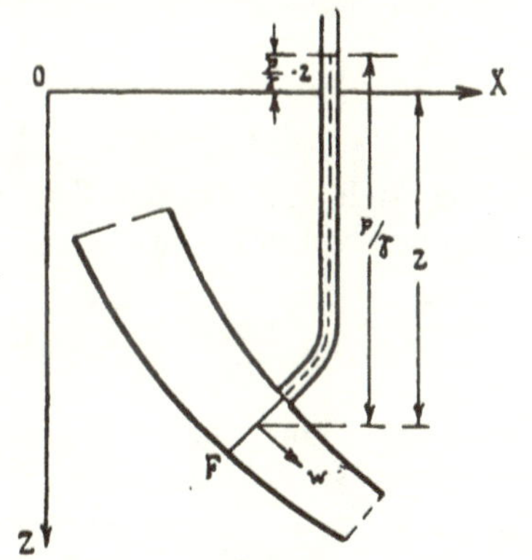

Fig. 47.

lische Druckhöhe darstellt, die man an einem sog. Piezometer, d. i. einem an die Strömung angeschlossenen, nicht mit der Atmosphäre in Verbindung stehenden Manometerrohre (Fig. 47), unmittelbar ablesen kann. Die Spiegelhöhe der in diesem Rohre ruhenden Flüssigkeit über dem Bezugshorizont OX im Betrage $\frac{p}{\gamma} - z$ ist demnach ein Maß der potentiellen Energie der Masseneinheit der Flüssigkeit beim Durchströmen des Querschnittes F, während der Quotient $\frac{w^2}{2g}$, den man in der Technik meist als die Geschwindigkeitshöhe bezeichnet, mit der kinetischen Energie der Masseneinheit übereinstimmt. Die zuerst von D. Bernoulli aufgestellte Gleichung (7) bzw. (7a) besagt demnach, daß **bei der stationären Parallelströmung einer idealen Flüssigkeit unter dem Einflusse der Erdbeschleunigung die aus einem potentiellen und kinetischen Teile bestehende Gesamtenergie unverändert bleibt.**

Bei rein horizontaler Strömung zwischen den Querschnitten $F_1 > F_2$ (Fig. 48) vereinfacht sich unsere Energiegleichung wegen $z_1 = z_2$ in

$$\frac{w_2^2 - w_1^2}{2g} = \frac{p_1 - p_2}{\gamma} \quad \ldots \ldots \quad (7b)$$

und geht nach Elimination der Geschwindigkeit w_2 vermittelst der Kontinuitätsgleichung

$$F_2 w_2 = F_1 w_1$$

über in

$$F_1^2 w_1^2 \left(\frac{1}{F_2^2} - \frac{1}{F_1^2}\right) = 2g \frac{p_1 - p_2}{\gamma},$$

woraus sich das in der Zeiteinheit das Rohr durchströmende Flüssigkeitsvolumen zu

$$F_1 w_1 = \sqrt{\frac{2g(p_1 - p_2)}{\gamma\left(\frac{1}{F_2^2} - \frac{1}{F_1^2}\right)}} \quad \ldots \ldots \quad (8)$$

berechnet. Von diesem Ergebnis macht man praktisch in dem sog. Venturi-Wassermesser Gebrauch, dessen Schema Fig. 48 darstellt. Derselbe besteht im wesentlichen aus einem in die zu prüfende Wasserleitung eingebauten Rohrstück mit einer starken Verengung und zwei (meist selbst registrierenden) Manometern zur Messung der Drücke p_1 und p_2, deren Differenz mit den vorher bekannten Querschnitten F_1 und F_2 in Gleichung (8) einzusetzen ist. Diese Wassermesser besitzen den Vorzug keiner beweglichen Organe innerhalb des Stromes und eignen sich vor allem für große Rohrdurchmesser und bedeutende Durchflußmengen.

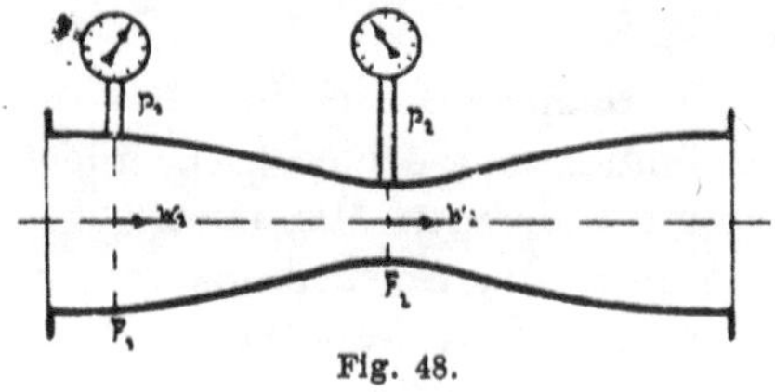

Fig. 48.

Neben der Parallelbewegung der einzelnen Flüssigkeitselemente innerhalb unseres Stromfadens (Fig. 45) ist aber auch noch eine Rotation um eine mittlere Stromlinie SS möglich, um welche sich die anderen Stromlinien dann spiralförmig herum winden. Diese Rotation bezeichnen wir als eine Wirbelung oder kurz als Wirbel, die mittlere nicht gewundene Stromlinie als die Wirbelachse und den Stromfaden selbst als einen Wirbelfaden. Von einer Parallelströmung können wir hierbei natürlich nur so lange sprechen, als die Rotationsgeschwindigkeit $r\varepsilon$, worin r den momentanen Abstand des Flüssigkeitselementes von der Wirbelachse und ε seine Winkelgeschwindigkeit um diese bedeutet, überall klein gegen die Stromgeschwindigkeit ist — eine Einschränkung, die für die Folge als bedeutungslos fallen gelassen werden kann.

Aus der Mechanik starrer Systeme[1]) wissen wir nun, daß Änderungen der Winkelgeschwindigkeit lediglich durch Momente von äußeren Kräftepaaren hervorgerufen werden, derart, daß diese Momente der Änderung der Winkelbewegungsgröße gleich sind. Wir erhalten also für ein Massenelement dm ein Elementarmoment

$$d\mathfrak{M} = dm \frac{d}{dt}(r^2\varepsilon) \quad . \; . \; . \; . \; . \quad (9)$$

oder unter Einführung einer Drehbeschleunigung q_n

$$\frac{d\mathfrak{M}}{dm} = q_n r = \frac{d\,(r^2\varepsilon)}{dt} \quad . \; . \; . \; . \; . \quad (9\text{a}),$$

wozu in unserem Falle der über den ganzen Querschnitt F gleiche Druck p keinen Beitrag liefert. Betrachten wir den Strom- bzw. Wirbelfaden als sehr dünn, seinen Querschnitt mithin als sehr klein, so dürfen wir unter ε analog w einen Mittelwert über den Querschnitt verstehen und mit einem konstanten Faktor k, der im Falle der Kreisform in π übergeht, auch $F = k\,r^2$ setzen, so daß aus (9a)

$$k q_n r = \frac{d\,(F\varepsilon)}{dt} \quad . \; . \; . \; . \; . \; . \quad (10)$$

wird. Das hierin auftretende Produkt $F\varepsilon$ des Fadenquerschnitts mit der mittleren Wirbelgeschwindigkeit bezeichnen wir als das Wirbelmoment, welches sich nach (10) proportional dem Momente der äußeren Kräfte ändert. Für $q_n r = 0$ folgt aus (10)

$$F\varepsilon = \text{const} \quad . \; . \; . \; . \; . \; . \; . \quad (10\text{a})$$

[1]) Vgl. Lorenz, Techn. Mechanik starrer Systeme 1902, S. 263.

d. h. **üben die äußeren Kräfte auf die Flüssigkeit keine Drehbeschleunigung aus bezw. besitzen sie kein Moment, so bleibt das Wirbelmoment im Strom- oder Wirbelfaden konstant.**

Ist fernerhin anfänglich im Stromfaden keine Wirbelung vorhanden, so kann eine solche nach (10) nur durch eine Drehbeschleunigung bzw. ein Moment äußerer Kräfte an irgend einer Stelle hervorgerufen werden, um von da ab mit konstantem Wirbelmoment weiter zu schreiten. Denken wir uns den einmal wirbelnden Stromfaden in einer Umgebung nicht wirbelnder Flüssigkeit, ohne daß eine Drehbeschleunigung wirkt, so dürfen wir mit $q_n r = 0$ für (10) auch schreiben

$$d(F\varepsilon) = \frac{\partial (F\varepsilon)}{\partial t} dt + \frac{\partial (F\varepsilon)}{\partial s} ds = 0 \quad . \quad . \quad (10\text{b})$$

oder bei stationärer Strömung (mit dem Speziallfalle $w = 0$)

$$\frac{\partial (F\varepsilon)}{\partial s} ds = 0 \quad . \quad . \quad . \quad . \quad . \quad . \quad (10\text{c})$$

Diese Gleichung wird erfüllt für jeden Wert des Differentialquotienten mit $ds = 0$, d. h. **für das Aufhören des Wirbelfadens an der Oberfläche der ganzen Flüssigkeitsmasse.** Oder aber **der Wirbelfaden muß in sich selbst zurücklaufen und bildet alsdann einen Wirbelring** (Fig. 49), **in welchem außerdem eine Strömung längs der Achse möglich ist, während das Wirbelmoment konstant bleibt.**

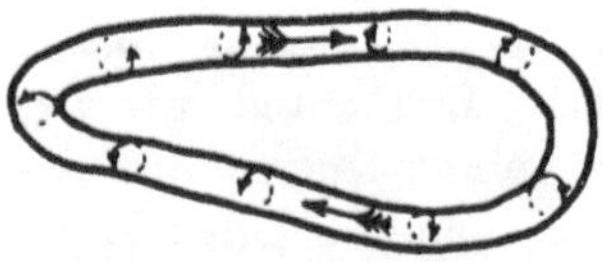

Fig. 49.

Die außerhalb des Wirbelfadens befindlichen Flüssigkeitselemente können, wenn sie nicht selbst schon Wirbel enthalten, durch den Faden allein nicht in Wirbelung geraten; dagegen können sie eine Drehbewegung annehmen, deren Winkelgeschwindigkeit ε wegen (9 a) mit $q_n r = 0$ durch

$$\varepsilon = \frac{c}{r^2}$$

gegeben ist, wo r den Abstand von der Achse des Wirbels bedeutet. Damit die Geschwindigkeit innerhalb der ganzen Flüssigkeitsmasse stetig sich ändert, muß ε an der Oberfläche des Wirbelfadens mit dessen Wirbelgeschwindigkeit übereinstimmen, worauf wir später noch einmal zurückkommen.

§ 10. Die Bewegungswiderstände.

Widerstandskräfte im Innern einer strömenden Flüssigkeit, Parallelströmung mit innerer Reibung. Die Wandreibung in zylindrischen Rohren, Turbulenz. Kritische Stromgeschwindigkeit und Stabilität des Bewegungszustandes auf Grund der Entropiezunahme. Erfahrungswerte und Formeln. Die allgemeine Bewegungsgleichung der Parallelströmung mit Widerständen.

Aus der Energiegleichung (7 b) des § 9 für die horizontale Parallelströmung unter dem alleinigen Einfluß der Erdbeschleunigung folgt unmittelbar, daß zwischen zwei beliebigen Stellen in einem Rohre mit demselben Querschnitt und daher auch derselben Durchflußgeschwindigkeit kein Druckunterschied $p_1 - p_2$ sich einstellen kann. Demgegenüber lehrt die Erfahrung, daß ein solcher Druckunterschied stets, und zwar um so stärker auftritt, je größer der Abstand der Meßstellen gewählt wird, je enger das Rohr ist und je höher die Stromgeschwindigkeit ansteigt, während er mit dem Aufhören der Strömung, d. h. mit dem Eintritt des Ruhezustandes vollständig verschwindet.

Daraus müssen wir schließen, daß durch die Flüssigkeitsbewegung Widerstandskräfte geweckt werden, welche in der Bernoullischen Energiegleichung (7) des § 9 noch keine Berücksichtigung fanden. Diese Widerstandskräfte können nun ihren Sitz im Innern des Stromfadens selbst haben, wenn man unter Aufrechterhaltung der Parallelströmung eine stetige Veränderlichkeit der Geschwindigkeit der einzelnen Stromlinien über den Querschnitt und damit ein mit Reibung verbundenes Gleiten der Flüssigkeitselemente aneinander zugibt. Dies wird insbesondere dann unabweisbar sein, wenn die Flüssigkeit an den festen Rohrwänden haftet, also dort vollständig an der Fortbewegung gehindert wird. In diesem, später (vgl. Kap. VI) noch näher zu untersuchenden Falle der sog. inneren Reibung ergibt der Versuch für den ganzen Strom eine der mittleren Geschwindigkeit w direkt und dem Rohrquerschnitt F indirekt proportionale Verzögerung

$$q' = \varkappa \frac{w}{F} \quad \ldots \ldots \ldots \quad (1),$$

worin der Erfahrungskoeffizient $\varkappa$ durch die Eigenschaften der Flüssigkeit allein bedingt ist und insbesondere eine starke Veränderlichkeit mit der Temperatur aufweist. Die in Wirklichkeit stets vorhandene Rauhigkeit der Rohrwand spielt hierbei keine merkbare Rolle, da sie durch die an der Wand haftende Flüssigkeitsschicht überdeckt wird.

Verschwindet dagegen die an der Wand haftende Schicht, bzw. wird sie, was bei hohen mittleren Geschwindigkeiten zu erwarten steht, durch den Strom mitgerissen, so kann der Einfluß der Rauhigkeiten der Wand nicht mehr vernachlässigt werden. Ihre Wirkung können wir geradezu mit der einer stetigen Querschnittsverengung identifizieren und demgemäß für die stationäre Strömung im horizontalen Rohr mit $q = 0$ an Stelle von (3b) des § 9 setzen

$$-\frac{g}{\gamma}\frac{\partial p}{\partial s} = \frac{w}{F}\left(\frac{F\,dw}{ds}\right) = \frac{w}{F}\frac{d\,(Fw)}{ds} - \frac{w^2}{F}\frac{dF}{ds}.$$

Hierin verschwindet aber das erste Glied rechts wegen der Konstanz des Flusses, und es bleibt

$$\frac{g}{\gamma}\frac{\partial p}{\partial s} = w^2\frac{d\,\lg n\,F}{ds} \quad . \; . \; . \; . \; . \; . \quad (2).$$

In der Tat liefert der Versuch an zylindrischen Rohren für größere Stromgeschwindigkeiten einen Druckabfall in der Stromrichtung, also eine Verzögerung, welche mit dem Quadrat der mittleren Geschwindigkeit wächst und einer Potenz ν des Querschnittes indirekt proportional ist, derart, daß mit einem Koeffizienten μ

$$\frac{g}{\gamma}\frac{\partial p}{\partial s} = q'' = \mu\frac{w^2}{F^\nu} \quad . \; . \; . \; . \; . \quad (3)$$

gesetzt werden darf, worin im Verein mit (2) der Faktor

$$\frac{\mu}{F^\nu} = \frac{d\,\lg n\,F}{ds} \quad . \; . \; . \; . \; . \; . \quad (3a)$$

das Maß für die Rauhigkeit der Wand bildet. Der ganze Vorgang, bei dem fortwährend Flüssigkeitselemente durch die Rauhigkeit an der Wand festgehalten werden und dabei ihre Energie verlieren, während andere von der Wand abgedrängt wieder in den Strom geraten, dessen Geschwindigkeit sie auf Kosten der Energie des Flusses annehmen, stellt demnach eine äußerst unregelmäßige Durcheinanderbewegung (Mischung) der strömenden Flüssigkeit dar, die man darum als Turbulenz im Gegensatz zu der durch die Verzögerung in Gleichung (1) gekennzeichneten

Parallelströmung mit innerer Reibung bezeichnet. Da die Rauhigkeit der Wand durch Änderungen der Temperatur kaum merklich beeinflußt wird, so darf man erwarten, daß die Verzögerung des Stromes im Falle der Turbulenz von der Temperatur nahezu unabhängig ist. Dies wird von der Erfahrung auch vollkommen bestätigt, wenngleich die Analyse der ganzen durch das Zerreißen der Stromlinien sehr verwickelten Erscheinung zurzeit noch nicht gelungen ist (vgl. § 50).

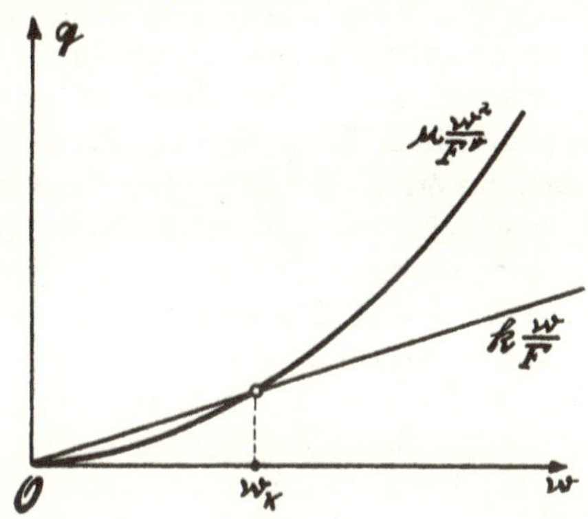

Fig. 50.

Vereinigt man nun die beiden Widerstandsgesetze nach Gleichung (1) und (3) für ein bestimmtes, von ein und derselben Flüssigkeit durchströmtes zylindrisches Rohr zu einem Diagramm (Fig. 50) mit der mittleren Durchflußgeschwindigkeit w als Urvariable, so erkennt man, daß die beiden Kurven, d. h. die Gerade für q' und die Parabel für q'' sich in einem Punkte schneiden, für den

$$w = w_k = \frac{\varkappa}{\mu} F^{\nu-1} \quad . \quad . \quad . \quad . \quad . \quad (4)$$

wird. Unterhalb dieser von G. Hagen schon 1839 vermuteten und 1877 schließlich von Osborne Reynolds entdeckten kritischen Stromgeschwindigkeit ergibt die mit nur innerer Reibung verknüpfte Parallelströmung den größeren Widerstand, oberhalb dagegen die turbulente Strömung. Dem größeren Widerstand entspricht aber, auf gleiche Rohrlängen bezogen, ein größerer Druck- oder Energieverlust der Flüssigkeit, der in nicht umkehrbarer Weise in Molekularenergie, d. h. in eine Wärmemenge Q umgewandelt wird und als eine Wärmezufuhr aufzufassen ist. Hierdurch erfährt die Entropie

$$S = \int \frac{dQ}{T}$$

des ganzen aus der Flüssigkeit, der Rohrmasse und der Masse der Umgebung, soweit sich diese am Wärmeaustausch beteiligt, bestehenden Systems mit der augenblicklichen absoluten Temperatur T eine Steigerung, welche so lange anhält, bis die Umwandlung von potentieller Energie in gleichmäßig verteilte Wärme ein Maximum erreicht hat.

Daraus folgt aber, daß von zwei als möglich erkannten, nicht umkehrbaren Strömungsvorgängen in Wirklichkeit sich derjenige einstellen wird, der mit der größten Wärmeentwicklung, also dem stärksten Energieverlust verbunden ist. Dies trifft für unsere stationäre Strömung im zylindrischen Rohr für die Parallelbewegung mit innerer Reibung unterhalb der kritischen Geschwindigkeit zu, während nach Überschreiten derselben die Strömung turbulent verläuft. Mit anderen Worten: Unterhalb der kritischen Stromgeschwindigkeit stellt die Parallelströmung die stabile, die turbulente Strömung dagegen eine labile Bewegungsform dar, während oberhalb die Verhältnisse sich umkehren.

Auch dieses Ergebnis konnte Osborne Reynolds experimentell bestätigen, wobei mehrfach an Stelle der kritischen Geschwindigkeit ein ziemlich weites kritisches Geschwindigkeitsintervall hervortrat, zu dessen beiden Seiten die Parallelströmung bzw. die Turbulenz sich einstellte, während innerhalb des kritischen Bereiches ein allmählicher Übergang der beiden Bewegungsformen ineinander stattfand. Beobachtet man die Erscheinung in einem von farbloser Flüssigkeit durchströmten Glasrohr, in dessen Inneres ein dünner Faden gefärbter Flüssigkeit von gleichem spezifischen Gewicht eingeleitet wird, so kennzeichnet sich die Parallelströmung deutlich durch Aufrechterhaltung des gefärbten Stromfadens insbesondere in engen Rohren (Kapillaren). Im Übergangsstadium erfährt der Faden anscheinend periodische Ablenkungen von der Geraden und wird erst nach Eintritt der Turbulenz gänzlich zerrissen, um mit der farblosen Flüssigkeit eine trübe Mischung zu bilden.

Was nun die Zahlenwerte betrifft, so berechnet sich nach Versuchen von O. Reynolds in zylindrischen Rohren vom Durchmesser D m die kritische Geschwindigkeit w_k m/Sek. einer Flüssigkeit vom spezifischen Gewicht γ kg/cbm bei der Temperatur τ^0 C aus der Formel

$$\gamma D \cdot w_k = \frac{3,6}{1 + 0,0337\,\tau + 0,00022\,\tau^2} \quad . \quad . \quad (5).$$

Vergleicht man dies mit Gleichung (4), so folgt wegen $F = \frac{\pi D^2}{4}$ für den Exponenten des Querschnitts $\nu = 0{,}5$, so daß man an Stelle von (3) für die Druckabnahme bei turbulenter Strömung in zylindrischen Rohren einfach

$$\frac{g}{\gamma}\frac{\partial p}{\partial s} = \lambda \frac{w^2}{D} = \mu \frac{w^2}{F^{\frac{1}{2}}} \quad . \; . \; . \; . \; . \quad (3b)$$

setzen könnte, und zwar für Überschlagsrechnungen mit $\lambda = 0{,}01$ bzw. $\mu = 0{,}008$. Die genauere Prüfung des ebenso umfangreichen wie ungleichwertigen Versuchsmaterials ergibt allerdings noch eine Abnahme der Koeffizienten λ und μ mit dem Durchmesser, der wir am bequemsten durch einen Exponenten $\nu = 0{,}77$ in Gleichung (3) gerecht werden. O. Reynolds glaubt dagegen aus seinen Versuchen im Gebiete der Turbulenz auf eine Proportionalität des Druckverlustes mit der Potenz $w^{1{,}723}$ an Stelle von w^2 schließen zu müssen, was anderseits wieder mit (5) nicht vereinbar ist. Die einfachste Erklärung dieser Unstimmigkeiten scheint mir darin zu liegen, daß auch bei turbulenter Strömung die innere Reibung noch mitwirkt, so daß man hierfür nach dem Vorgang von Prony (1804) und Eytelwein (1815) eine Verzögerung

$$q'' = \varkappa \frac{w}{F} + \mu \frac{w^2}{F^\nu} \quad . \; . \; . \; . \; . \; . \quad (6)$$

anzusetzen hätte. Dies ist auch das Ergebnis einer umfassenden Zusammenstellung des bisher veröffentlichten Versuchsmaterials durch R. Biel[1]), auf welche für eingehenderes Studium noch hingewiesen werden mag. In dieser Arbeit wird, wie in der Technik überhaupt, der nicht umkehrbare Energieverlust durch die Abnahme der hydraulischen Druckhöhe, den sog. Druckhöhenverlust h'', gemessen, an dessen Stelle für zylindrische Rohre auch der auf die Einheit der Rohrlänge l bezogene spezifische Druckhöhenverlust eingeführt werden kann, so zwar, daß

$$\frac{h''}{l} = \frac{1}{\gamma}\frac{\partial p}{\partial x} = \frac{q''}{g} \quad . \; . \; . \; . \; . \; . \quad (7)$$

das Verhältnis der Verzögerung durch die Bewegungswiderstände

[1]) R. Biel, Über den Druckhöhenverlust bei der Fortleitung tropfbarer und gasförmiger Flüssigkeiten. Mitteilungen über Forschungsarbeiten des Vereins deutscher Ingenieure 1907, Heft 44.

zur Erdbeschleunigung darstellt. Biel hat nun den spezifischen Druckhöhenverlust noch durch die Stromgeschwindigkeit w dividiert und diesen Quotienten für zahlreiche Versuchsreihen graphisch aufgetragen, wobei er sehr anschauliche Diagramme nach Fig. 51 erhielt. In demselben entspricht die anfängliche Konstanz von $\frac{h''}{lw}$ der reinen Parallelströmung mit innerer Reibung, das Intervall von w_{k1} bis w_{k2} dem Übergangszustand und die nach w_{k2} beginnende Gerade

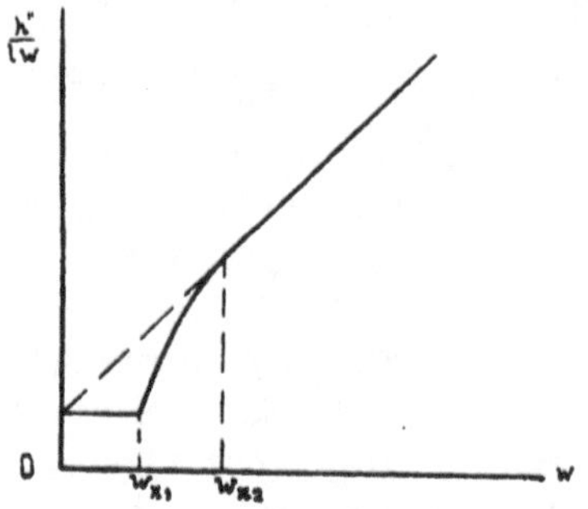

Fig. 51.

$$\frac{h''}{lw} = \frac{q''}{gw} = \frac{\varkappa}{gF} + \frac{\mu}{gF^{\nu}} w \quad (6a)$$

der turbulenten Strömung. Mit $\nu = 0{,}5$ ergibt sich der Koeffizient $\varkappa$ zu etwa 1 : 300 bis 1 : 500 des Faktors μ, woraus man erkennt, daß das erste Glied der Formeln (6) bzw. (6a) praktisch häufig gegenüber dem zweiten vernachlässigt werden kann. Infolge der Veränderlichkeit von $\varkappa$ wird die Kurve Fig. 51 bei steigender Temperatur etwas nach abwärts, bei fallender dagegen nach aufwärts parallel zu sich selbst verschoben.

Bei der Verwendung der Widerstandsformel (6) mit den hier angegebenen Koeffizienten darf natürlich nicht übersehen werden, daß sie zunächst nur für stationäre Strömungen durch kreiszylindrische Rohre gilt, so daß eine Ausdehnung auf Flüssigkeitsleitungen mit anders geformten und in der Stromrichtung variablen Querschnitten sowie für zeitlich veränderliche Strömungen eine Extrapolation bedeutet, deren Berechtigung mangels direkter Versuchsergebnisse nur durch nachträgliche Prüfung der Schlußfolgerungen an Hand der Erfahrung erwiesen werden kann. Unter Vorbehalt dieser Prüfung in jedem Einzelfalle ergänzen wir nunmehr die Gleichung (3) des § 9 für die eindimensionale Strömung durch Hinzufügung der Verzögerung q'' auf der linken Seite zu

$$q - q'' - \frac{g}{\gamma}\frac{\partial p}{\partial s} = \frac{dw}{dt} \quad \ldots \ldots \quad (8),$$

worin q nur noch die Komponente der Erdbeschleunigung g in der Stromrichtung bedeutet, deren Wert aus Gleichung (6), § 9, zu entnehmen ist. Führen wir diesen Ausdruck sowie den obiger Gleichung (6) für q'' ein, so geht (8) unter gleichzeitiger Auflösung der rechten Seite über in

$$g\frac{dz}{ds} - \varkappa\frac{w}{F} - \mu\frac{w^2}{F^\nu} - \frac{g}{\gamma}\frac{\partial p}{\partial s} = \frac{\partial w}{\partial t} + w\frac{\partial w}{\partial s} \quad . \quad (9),$$

wozu noch die allgemeine Kontinuitätsgleichung (5a) § 9

$$\frac{\partial F}{\partial t} + \frac{\partial (Fw)}{\partial s} = 0 \quad . \quad . \quad . \quad . \quad . \quad . \quad (10)$$

kommt, welche naturgemäß durch die Widerstände keine Änderung erfährt. Für die stationäre Strömung vereinfachen sich diese Formeln durch Wegfall der partiellen Ableitungen nach der Zeit in

$$g\frac{dz}{ds} - \varkappa\frac{w}{F} - \mu\frac{w^2}{F^\nu} - \frac{g}{\gamma}\frac{dp}{ds} = w\frac{dw}{ds} \quad . \quad (9a)$$

$$Fw\gamma = G \quad . \quad . \quad . \quad . \quad . \quad . \quad . \quad (10a),$$

worin G wieder das in der Zeiteinheit einen beliebigen Querschnitt passierende Flüssigkeitsgewicht bedeutet.

§ 11. Das Ausflußproblem.

Die Flüssigkeitsbewegung zwischen Gefäßen mit verschiedenen Spiegelhöhen und Spiegeldrücken, verfügbare Druckhöhe, Ausflußmenge, Widerstandskoeffizient, Druckhöhenverlust, Ausflußkoeffizient. Druckänderung längs des Stromfadens. Saugwirkung von Hebern und Mischkondensatoren.

Die einfachste und verbreitetste Anwendung der bisher gewonnenen Sätze über die stationäre Parallelströmung mit Bewegungswiderständen bildet das sog. A u s f l u ß p r o b l e m, welches nicht nur den stationären Ausfluß aus einem Gefäß mit konstantem Niveau durch Öffnungen bzw. Mündungen von beliebiger Form, sondern auch den Übertritt von Flüssigkeiten zwischen Gefäßen mit verschiedenen Spiegeldrücken und Höhen durch Rohre umfaßt. Das ganze System stellt hierbei einen von festen Wänden eingeschlossenen Stromfaden mit örtlich stark veränderlichen und oft beträchtlichen Querdimensionen dar, innerhalb dessen der Verlauf der in Fig. 52 punktierten Stromlinien vollkommen willkürlich bleibt. Damit verliert aber auch der Begriff des Querschnittes F die Bestimmtheit, welche ihm am dünnen Stromfaden innewohnt, da auch nicht mehr angenähert der geometrische Ort konstanten Druckes p mit dem konstanter Geschwindigkeit w zusammenfallen oder als Ebene angesehen werden kann. Wenn wir trotzdem die für den dünnen Stromfaden in den beiden letzten Paragraphen entwickelten Gleichungen dem technischen Gebrauche folgend auf das Ausflußproblem in seiner allgemeinsten Form anwenden, so sind die daraus abgeleiteten Resultate im weitesten Sinne als Mittelwerte aufzufassen und bedürfen jedenfalls in hohem Maße der Kontrolle durch die Erfahrung.

Nach diesen Vorbemerkungen betrachten wir in Fig. 52 zwei Gefäße, deren Spiegel F_1 und F_2 durch Zufluß bzw. Entnahme von Flüssigkeit dauernd auf den Tiefen z_1 und z_2 unter einem willkürlichen Horizont OO erhalten werden, und auf denen die konstanten Drücke p_1 und p_2 lasten mögen. Dies setzt voraus, daß in den Spiegeln selbst die zu ihnen normalen mittleren Geschwindigkeiten w_1 und w_2 herrschen, während ein beliebiger Zwischenquerschnitt F der Verbindungsleitung der Gefäße in der Tiefe z von der Flüssigkeit mit der mittleren Geschwindigkeit w durchströmt wird. Alsdann liefert die Kontinuität für den hier vorausgesetzten stationären Strom

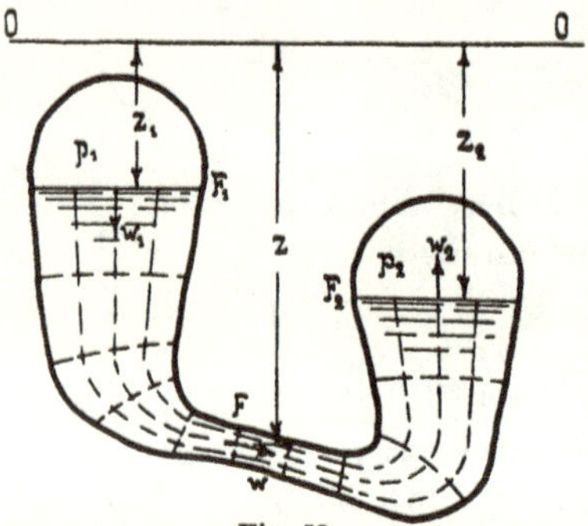

Fig. 52.

$$F w = F_1 w_1 = F_2 w_2 = V \quad . \quad . \quad . \quad . \quad (1),$$

wenn V das in der Sekunde von einem Gefäß in das andere übertretende Flüssigkeitsvolumen bedeutet, welches mit dem Fluße G durch die Beziehung

$$V \gamma = G \quad . \quad . \quad . \quad . \quad . \quad . \quad . \quad (1\,a)$$

zusammenhängt. Ist dann, wie früher, s der mittlere Flüssigkeitsweg, so tritt hierzu noch die Bewegungsgleichung (9 a) des letzten Paragraphen, die wir nach Multiplikation mit ds auch in der Form

$$g\,d z - \frac{g}{\gamma}\,dp = w\,dw + \varkappa\,\frac{w}{F}\,ds + \mu\,\frac{w^2}{F^\nu}\,ds \quad . \quad (2)$$

schreiben dürfen. Durch Integration zwischen den konstanten Spiegeln F_1 und F_2 folgt daraus

$$g(z_2 - z_1) - \frac{g}{\gamma}(p_2 - p_1) = \frac{w_2^2 - w_1^2}{2} + \varkappa \int_1^2 \frac{w\,ds}{F} + \mu \int_1^2 \frac{w^2\,ds}{F^\nu} \quad (2\,a)$$

oder, indem wir alle Geschwindigkeiten durch das Stromvolumen V vermittelst (1) ersetzen und auf der linken Seite kurzerhand

$$z_2 - z_1 - \frac{p_2 - p_1}{\gamma} = h \quad . \quad . \quad . \quad . \quad (3)$$

als verfügbare Druckhöhe einführen,

$$2\,g\,h = V^2 \left(\frac{1}{F_2^2} - \frac{1}{F_1^2} + 2\,\mu \int_1^2 \frac{ds}{F^{\nu+2}} \right) + 2\,V \varkappa \int_1^2 \frac{ds}{F^2} \quad (4).$$

Hierin sind die beiden mit den Widerstandskoeffizienten $\varkappa$ und μ behafteten Integrale lediglich Funktionen des geometrischen Stromverlaufes und können, wenn dieser bekannt bzw. durch Wahl der Stromlinien und der zugehörigen Querschnitte vorgeschrieben ist, jedenfalls auf graphischem Wege berechnet werden. Setzen wir dann noch zur Abkürzung

$$\left. \begin{aligned} \frac{1}{F_2^2} - \frac{1}{F_1^2} + 2\,\mu \int_1^2 \frac{ds}{F^{\nu+2}} &= A \\ 2\,\varkappa \int_1^2 \frac{ds}{F^2} &= B \end{aligned} \right\} \quad . \quad . \quad (5),$$

so wird aus (4)

$$2\,g\,h = A V^2 + B V \quad . \quad . \quad . \quad . \quad . \quad (4\,a),$$

woraus sich

$$V = -\frac{B}{2\,A} + \sqrt{\frac{2\,g\,h}{A} + \frac{B^2}{4\,A^2}} \quad . \quad . \quad . \quad (6)$$

unter Weglassung des hier bedeutungslosen negativen Vorzeichens der Wurzel ergibt.

Angesichts der geringen Genauigkeit des vorstehenden Rechnungsverfahrens kann man im praktisch fast immer vorliegenden Falle der Turbulenz infolge großer Gefäß- und Rohrquerschnitte und erheblicher Stromgeschwindigkeiten den schon im vorigen Paragraphen als klein erkannten Koeffizienten $\varkappa$ der inneren

Reibung gegenüber dem Koeffizienten μ der Wandreibung vernachlässigen. Damit verschwindet aber auch die Größe B, und wir erhalten an Stelle von (4) mit (1)

$$2\,g\,h = w_2^2\left(1 + 2\,\mu\,F_2^2\int_1^2 \frac{ds}{F^{\nu+2}}\right) - w_1^2 \quad . \quad . \quad (4\,\text{b}),$$

wofür man auch unter Bezeichnung der Größe

$$2\,\mu\,F_2^2\int_1^2 \frac{ds}{F^{\nu+2}} = \zeta \quad . \quad . \quad . \quad . \quad . \quad (7)$$

als Widerstandskoeffizient nach dem Vorgang von Weißbach kürzer

$$h = \frac{w_2^2}{2\,g}(1+\zeta) - \frac{w_1^2}{2\,g} \quad . \quad . \quad . \quad . \quad . \quad (4\,\text{c})$$

schreibt. Dieser Widerstandskoeffizient ist hiernach eine Funktion des geometrischen Verlaufes der Gesamtströmung und hängt mit dem im letzten Paragraphen definierten Druckhöhenverlust h'' durch die Gleichung

$$\zeta\frac{w_2^2}{2\,g} = \zeta\frac{F_1^2}{F_2^2}\frac{w_1^2}{2\,g} = h'' \quad . \quad . \quad . \quad . \quad . \quad (7\,\text{a})$$

zusammen, so daß auch dieser sich als abhängig vom Stromverlaufe erweist.

Haben wir es mit dem bloßen Ausflusse aus einer Gefäßmündung vom Querschnitte F_2 im Boden oder der Wand eines weiten Gefäßes (Fig. 53), mit dem durch Zufluß konstant erhaltenen Spiegel F_1 zu tun, so ruht sowohl auf diesem wie auch auf der Mündung der Atmosphärendruck $p_0 = p_1 = p_2$, und die verfügbare Druckhöhe h Gleichung (3) wird mit der Tiefe des zunächst als klein angenommenen Querschnittes F_2 unter dem Spiegel F_1 identisch. Alsdann dürfen wir aber F_2^2 gegen F_1^2 oder, was auf dasselbe hinausläuft, das Quadrat w_1^2 der Spiegelgeschwindigkeit gegen dasjenige w_2^2 der Ausflußgeschwindigkeit vernachlässigen und erhalten an Stelle von (4c) einfach

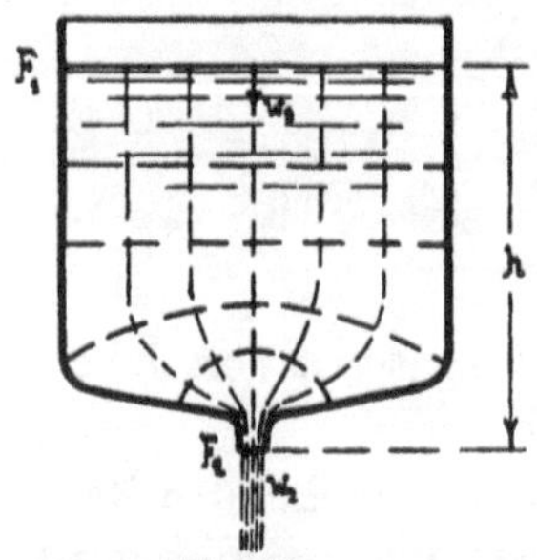

Fig. 53.

$$h = \frac{w_2^2}{2g}(1 + \zeta) \quad . \quad . \quad . \quad . \quad . \quad . \quad (4\,\mathrm{d})$$

oder umgekehrt

$$w_2 = \sqrt{\frac{2gh}{1+\zeta}} = \mu_0 \sqrt{2gh} \quad . \quad . \quad . \quad . \quad (8),$$

worin wegen (7)

$$\mu_0 = \frac{1}{\sqrt{1+\zeta}} \backsim 1 - \frac{\zeta}{2} = 1 - \mu F_2^2 \int_1^2 \frac{ds}{F^{\nu+2}} \qquad (9)$$

gewöhnlich als **Ausflußkoeffizient** bezeichnet wird. Auch dieser ist ersichtlich eine Funktion des gesamten Stromverlaufes, wird jedoch, da der auf das Innere des weiten Gefäßes sich erstreckende Teil des Integrals in (9) wegen der Größe der Stromquerschnitte (vgl. Fig. 53) sehr klein ausfällt, meist als eine **Konstante der Mündung selbst** angesehen. Ist dieselbe kreisförmig und nach Fig. 54 gut abgerundet, so darf man mit $\nu = 0{,}5$ an Stelle von (9) auch angenähert schreiben

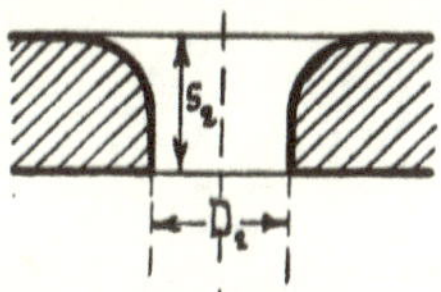

Fig. 54.

$$\mu_0 = 1 - \mu \frac{s_2}{F_2^{1/2}} = 1 - \lambda \frac{s_2}{D_2} \quad . \quad . \quad . \quad (9\,\mathrm{a}),$$

worin erfahrungsgemäß $\lambda = 0{,}04$ gesetzt werden kann.

Würde die Strömung widerstandsfrei verlaufen, d. h. hätte die Flüssigkeit auch im Bewegungszustande die im vorigen Kapitel gekennzeichneten Eigenschaften einer idealen, so wird mit $\mu_0 = 1$ nach (8) die Ausflußgeschwindigkeit mit der Endgeschwindigkeit des freien Falles bei einer Fallhöhe h identisch. Ebenso hätte man hierfür mit $\varkappa = 0$ und $\mu = 0$ aus (2a) mit (3)

$$2gh = w_2^2 - w_1^2,$$

d. h. eine der disponiblen Druckhöhe entsprechende Änderung der kinetischen Energie, wie bei der Wurfbewegung im luftleeren Raume.

Setzen wir nun in Fig. 52 die beiden Spiegel $F_1 = F_2$, so heißt dies mit Rücksicht auf die Kontinuitätsgleichung nichts anderes, als daß mit $w_1 = w_2$ auch die kinetische Strömungsenergie in beiden Querschnitten denselben Wert besitzen soll. Infolgedessen kann die verfügbare Druckhöhe nur noch zur Überwindung der Bewegungswiderstände dienen, wird also in diesem Falle mit dem Druckhöhenverlust identisch. Hierin liegt offenbar eine ganz willkürliche Voraussetzung, welche in letzter Linie auf der Annahme beruht, daß die Geschwindigkeit in allen Punkten der beiden Spiegel gleich groß und normal zur Spiegelebene gerichtet ist, während in Wirklichkeit bei einigermaßen beträchtlicher Spiegelausdehnung der höher gelegene Spiegel eine partielle Senkung, der tiefere dagegen eine Erhebung aufweist, welche bezüglich ihrer Stärke und Ausdehnung durchaus nicht mit der Senkung am oberen Spiegel übereinstimmt. Daraus geht hervor, daß bei großer Spiegelausdehnung das ganze System nicht mehr als ein einheitlicher Stromfaden aufgefaßt werden darf.

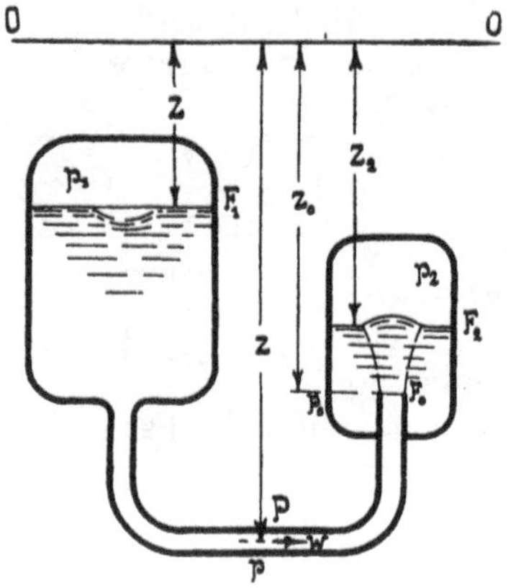

Fig. 55.

Besonders deutlich tritt diese Erscheinung auf bei der Mündung eines Ausflußrohres unter dem Spiegel eines Gefäßes (Fig. 55), wobei der aus der Mündung austretende Strom offensichtlich nicht den ganzen Gefäßinhalt umfaßt, sondern innerhalb desselben etwa mit der punktierten Begrenzung bis zur Oberfläche fortschreitet. An der Rohrmündung F_0 in der Tiefe z_0 unter dem willkürlichen Horizont O O herrscht alsdann der hydrostatische Druck

$$p_0 = p_2 + \gamma (z_0 - z_2) \quad . \quad . \quad . \quad . \quad . \quad (10),$$

wenn p_2 den Druck über dem Spiegel F_2 und z_2 die Tiefe des nicht durch die Erhebung gestörten Teiles von F_2 unter OO bedeutet. Für die Bewegung von F_1 bis F_0 gilt dann wieder unsere Gl. (2), deren Integral mit den neuen Grenzen lautet

$$g (z_0 - z_1) - \frac{g}{\gamma} (p_0 - p_1) = \frac{w_0^2 - w_1^2}{2} + \varkappa \int_1^0 \frac{w\, ds}{F} + \mu \int_1^0 \frac{w^2\, ds}{F^\nu}.$$

Ersetzen wir hierin p_0 durch den Ausdruck (10) und die Geschwindigkeiten durch das Stromvolumen $V = F_0 w_0 = F_1 w_1$, so folgt unter Einführung der verfügbaren Druckhöhe (3)

$$2\,g\,h = V^2\left(\frac{1}{F_0{}^2} - \frac{1}{F_1{}^2} + 2\,\mu\int\limits_1^0 \frac{ds}{F^{\nu+2}}\right) + 2\,V\varkappa\int\limits_1^0 \frac{ds}{F_2} \quad (11),$$

wobei wir im Einklang mit der Erfahrung die partielle Spiegelsenkung von F_1 als unerheblich vernachlässigt haben. Ist dann noch F_0 klein gegen F_1, so wird die Stromgeschwindigkeit im Verbindungsrohr relativ so groß, daß das mit dem Koeffizienten $\varkappa$ der inneren Reibung behaftete Glied gegenüber dem mit μ behafteten keine Rolle mehr spielt, und Gleichung (11) sich vereinfacht in

$$2\,g\,h = V^2\left(\frac{1}{F_0{}^2} + 2\,\mu\int\limits_1^0 \frac{ds}{F^{\nu+2}}\right) \quad . \quad . \quad . \quad (11\,\text{a}).$$

Hierfür können wir mit dem vorwiegend auf das Verbindungsrohr bezüglichen Widerstandskoeffizienten

$$\zeta = 2\,\mu\,F_0{}^2\int\limits_1^0 \frac{ds}{F^{\nu+2}} \quad . \quad . \quad . \quad . \quad . \quad (12)$$

auch kürzer schreiben

$$2\,g\,h = w_0{}^2\,(1 + \zeta) \quad . \quad . \quad . \quad . \quad . \quad (11\,\text{b}).$$

Hat das Verbindungsrohr auf seiner ganzen Länge l den konstanten Querschnitt $F_0 = \frac{\pi\,D^2}{4}$, so wird aus (12) mit $\nu = 0{,}5$ analog (9 a)

$$\zeta = 2\,\mu\,\frac{l}{D} = 0{,}02\,\frac{l}{D} \quad . \quad . \quad . \quad . \quad . \quad (12\,\text{a}),$$

wobei wir wieder den auf das weite Gefäß mit dem Spiegel F_1 entfallenden Betrag als unerheblich außeracht gelassen haben, welcher in der technischen Praxis manchmal durch Hinzufügung eines sog. Eintrittskoeffizienten ζ_0 zu dem Werte (12 a) berücksichtigt wird. Die Formel (11 a) bzw. (11 b) besagt alsdann, daß die der gesamten verfügbaren Druckhöhe h entsprechende potentielle Energie der Flüssigkeit einesteils in kinetische Stromenergie beim Austritt F_0 aus dem Verbindungsrohr umgewandelt wird, andernteils aber zur Überwindung der Bewegungswiderstände bis zum Querschnitt F_0 dient. Die in Gleichung (11 a) bzw. (12 b) nicht inbegriffenen Verluste von F_0 bis F_1 werden alsdann durch die kinetische Energie des bei F_0 austretenden Stromes mit bestritten.

Bei den bisherigen Betrachtungen haben wir die Änderung des hydraulischen Druckes p längs des Stromfadens nicht weiter verfolgt, da die Zwischenwerte bei der Integration von einem Spiegel zum andern bzw. bis zur Ausflußmündung aus der Grundgleichung herausfielen. Dies gilt aber nur unter der Voraussetzung, daß der Druck p an keiner Stelle des Stromes verschwindet oder gar negativ wird, wodurch der Zusammenhang der Flüssigkeit dort aufgehoben würde. Die hierin liegende Beschränkung des Stromverlaufs wollen wir an einem Verbindungsrohr nach Fig. 55 mit konstantem Kreisquerschnitt $F_0 = \frac{\pi D^2}{4}$ untersuchen. Für dessen Gesamtlänge l gilt zunächst die Gleichung (11b), für welche mit (12a) und (3) auch

$$2\,g\,h = 2\,g\,(z_2 - z_1) - 2\,g\,\frac{p_2 - p_1}{\gamma} = w_0^2\left(1 + 2\,\mu\,\frac{l}{D}\right) \qquad (13)$$

geschrieben werden kann. Führen wir die Integration aber nur bis zu einem Punkte P in der Tiefe z mit dem Drucke p aus, so folgt, wenn s die Rohrlänge bis P bedeutet,

$$2\,g\,(z - z_1) - 2\,g\,\frac{p - p_1}{\gamma} = w_0^2\left(1 + 2\,\mu\,\frac{s}{D}\right) \qquad (14)$$

und nach Abzug von (13)

$$z - z_2 + \frac{p_2}{\gamma} + \frac{w_0^2}{g}\,\mu\,\frac{l - s}{D} = \frac{p}{\gamma} > 0$$

oder

$$z + \frac{p_2}{\gamma} + \frac{w_0^2}{g}\,\mu\,\frac{l - s}{D} > z_2 \quad . \quad . \quad . \quad . \quad (15).$$

Diese Bedingung ist offenbar stets erfüllt, wenn $z > z_2$, d. h. solange die Stelle P tiefer liegt als der untere Gefäßspiegel. Haben wir es aber mit einem sog. Heber (Fig. 56) zu tun, d. h. einem gebogenen Verbindungsrohr, welches von oben in die beiden unter Atmosphärendruck $p_1 = p_2 = p_0$ stehenden Gefäßspiegel eintaucht und den Übertritt der Flüssigkeit vom oberen Niveau zum unteren vermittelt, so ist die Ungleichung (15) für die Höhenlage des Rohrscheitels P maßgebend, damit an dieser Stelle der Flüssigkeitsstrom nicht abreißt. Genügt die Scheitelhöhe der Bedingung (15), so bestimmt sich die Durchflußgeschwindigkeit w_0 des Hebers und damit seine sekundliche

Lieferung im Beharrungszustande aus (13), worin wegen der Gleichheit der Spiegeldrücke die verfügbare Druckhöhe h mit der Niveaudifferenz der beiden Gefäße übereinstimmt.

Aus diesem Beispiel erkennen wir, daß sogar eine Aufwärtsbewegung von Flüssigkeiten bzw. eine dauernde Hebung möglich

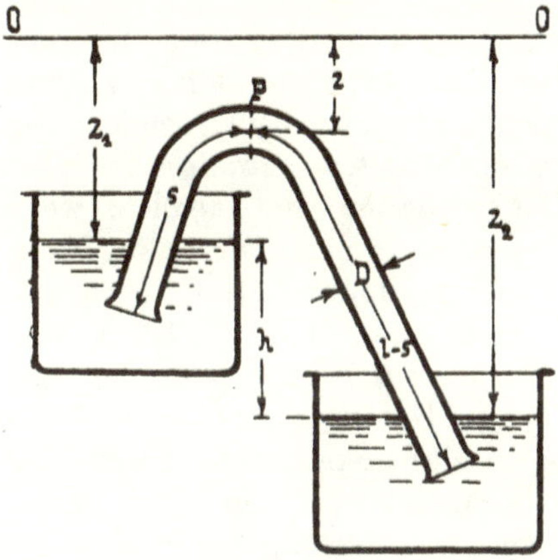

Fig. 56.

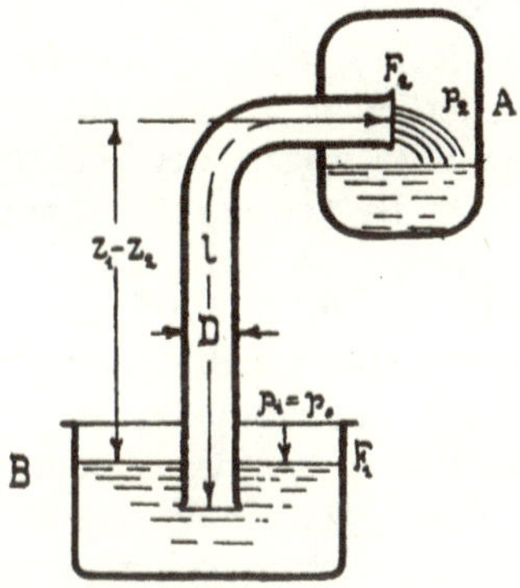

Fig 57.

ist, wenn nur die gesamte verfügbare Druckhöhe (Gl. 3) positiv bleibt, d. h. solange zwischen F_1 und F_2

$$h = z_2 - z_1 - \frac{p_2 - p_1}{\gamma} > 0$$

oder

$$\frac{p_1 - p_2}{\gamma} > z_1 - z_2 \quad . \quad . \quad . \quad . \quad . \quad (16).$$

Alsdann spricht man von einer Saugwirkung des höher gelegenen Austrittsgefäßes und benutzt dieselbe in der Technik häufig für die Flüssigkeitsentnahme von Mischkondensatoren[1]) aus Brunnen B (Fig. 57), wobei natürlich dafür zu sorgen ist, daß der Druck im Austrittsgefäß A dauernd unter dem Atmosphärendruck gemäß der Ungleichung (16) bleibt. Die Lieferungsmenge (Fördermenge) bestimmt sich alsdann wieder aus Gleichung (13).

[1]) Lorenz, Techn. Wärmelehre 1904, S. 250.

§ 12. Der hydraulische Stofs.

Unstetigkeit der Querschnitte eines Stromfadens. Mischung mehrerer Strömungen. Hydraulischer Stoß: Beschleunigung der Stoßkraft, Impuls. Annahmen über den Druck. Stoßgleichung und Energieverlust. Anwendung auf einen Stromfaden mit plötzlicher Querschnittsänderung. Ausfluß mit erweitertem Ansatzrohr. Saugwirkung und Strahlkontraktion.

Unsere bisherigen Entwickelungen über die Parallelströmung beruhten auf der stillschweigenden Annahme einer stetigen Änderung der für die Flüssigkeitsbewegung maßgebenden Veränderlichen p und w längs des betrachteten Stromfadens. Dies ist aber wegen der Kontinuität wiederum nur möglich, wenn auch der Querschnitt des Stromfadens durchweg stetig variiert. Andernfalls, also bei sprungweisen Querschnittsänderungen, müßten die einzelnen Stromlinien plötzlich konvergieren oder divergieren, was mit dem Parallelismus der Strömung unvereinbar ist. Derartige Unstetigkeiten treten aber auch auf bei der Vereinigung zweier ursprünglich durch feste Wände getrennter paralleler Stromfäden, wenn ihre beiden mittleren Geschwindigkeiten an der Vereinigungsstelle nicht übereinstimmen. Alsdann findet erfahrungsgemäß eine Mischung längs eines kurzen Wegintervalles statt, welche mit einem vollständigen Ausgleich der Drücke und Stromgeschwindigkeiten verbunden ist. Dies ist aber eine dem unelastischen Stoße vollkommen analoge Erscheinung, welche wir darum auch als einen hydraulischen Stoß bezeichnen wollen. Wir werden bald sehen, daß auch der Fall der plötzlichen Querschnittsänderung eines und desselben Stromfadens sich hierauf zurückführen läßt.

Da der hydraulische Stoß, wie etwa der Stoß fester Körper, zwar keine Momentanerscheinung ist, sich aber doch in sehr kurzer Zeit und auf einem sehr kleinen Wege mit erheblichen Geschwindigkeitsänderungen abspielt, so treten gegenüber der Änderung der kinetischen Energie und des Druckes etwaige Arbeitsleistungen durch äußere Kräfte, z. B. der Schwere und Reibungsverluste, gänzlich zurück. Wir dürfen deshalb diesem Vorgange die eindimensionale Bewegungsgleichung reibungsloser Flüssigkeiten

$$q - \frac{g}{\gamma}\frac{dp}{ds} = \frac{dw}{dt} \quad . \quad . \quad . \quad . \quad . \quad . \quad (1)$$

zugrunde legen, in der q jetzt die **Beschleunigung der Stoßkraft** ist, die man wohl auch als **Impuls** bezeichnet. Die Stoßkraft selbst ergibt sich aus (1) durch Multiplikation mit dem Massenelement Flüssigkeit

$$dm = \frac{\gamma}{g} F ds \quad . \quad . \quad . \quad . \quad . \quad . \quad . \quad (2)$$

zu

$$dP = q\,dm = F dp + \frac{dm}{dt} dw,$$

wofür wir unter Einführung des Flusses

$$G = \gamma F w = \gamma F \frac{ds}{dt} = g \frac{dm}{dt} \quad . \quad . \quad . \quad . \quad (3)$$

auch schreiben dürfen

$$dP = F dp + \frac{G}{g} dw \quad . \quad . \quad . \quad . \quad . \quad (4).$$

Treten nunmehr zwei derartige Ströme (Fig. 58) mit den sekundlichen Flüssigkeitsmengen G' und G'', den Geschwindigkeiten w' und w'' mit den Querschnitten F' und F'' an der Vereinigungsstelle zusammen, so gilt für jeden die Gleichung (4), so zwar daß

$$\left.\begin{aligned} dP' &= F' dp' + \frac{G'}{g} dw' \\ dP'' &= F'' dp'' + \frac{G''}{g} dw'' \end{aligned}\right\} (4\,a).$$

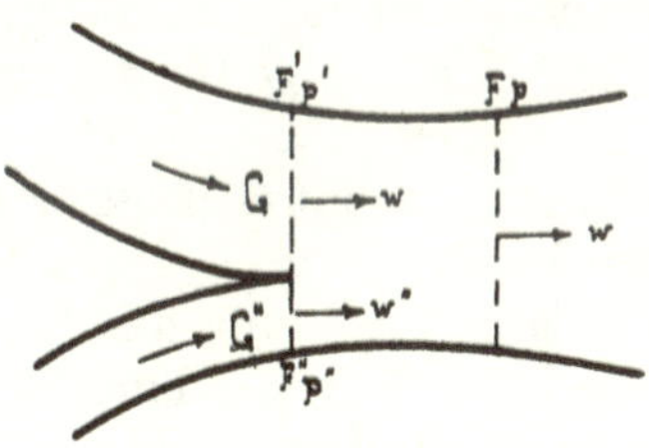

Fig. 58.

Die hierin auftretenden elementaren Stoßkräfte dP' und dP'' stellen offenbar die Wirkung der beiden Ströme aufeinander während der Mischung dar und müssen demnach als Wirkung und Gegenwirkung einander aufheben, so daß

$$dP' + dP'' = 0 \quad . \quad . \quad . \quad . \quad . \quad . \quad . \quad (5)$$

oder mit (4 a)

$$F' dp' + F'' dp'' + \frac{G'}{g} dw' + \frac{G''}{g} dw'' = 0 \quad . \quad (6)$$

wird. Die Integration dieser Gleichung setzt nun die Kenntnis der Veränderlichkeit der Drücke mit den Querschnitten der beiden Ströme während des Mischungsvorganges voraus, welche sich aber infolge des plötzlichen Verlaufes jeder Beobachtung entzieht. Wir sind darum hierfür auf **Annahmen** angewiesen, von denen diejenige eines Ausgleichs der Pressungen $p' = p''$ schon im Momente des Zusammentreffens der Ströme mindestens den Vorzug der Einfachheit besitzt.

Beachten wir dann noch, daß auch in der Bewegungsrichtung der Vorgang schon nach einer sehr kurzen Strecke vollendet ist, auf der wir die Veränderung des Gesamtquerschnittes $F' + F'' = F$ vernachlässigen können, so geht (6) über in

$$F dp' + \frac{G'}{g} dw' + \frac{G''}{g} dw'' = 0 \quad . \quad . \quad . \quad (6a)$$

und liefert nach Integration, wobei F als Konstante aufgefaßt werden darf,

$$F(p - p') + \frac{G'}{g}(w - w') + \frac{G''}{g}(w - w'') = 0 \quad (7).$$

Hierin bedeutet jetzt p' den gemeinsamen Druck beider Ströme mit den Geschwindigkeiten w' und w'' vor der Mischung, p und w die gemeinsamen Werte des vereinigten Stromes. Für $p = p'$ fällt aus (7) das erste Glied gänzlich fort, womit diese Fundamentalgleichung für den hydraulischen Stoß sofort in diejenige für den unelastischen Stoß zweier fester Körper übergeht, welche ihrerseits offenbar auch für den Zusammentritt zweier freier Flüssigkeitsstrahlen unter konstantem Atmosphärendruck gilt.

Zur Ermittlung des Energieverlustes beim hydraulischen Stoße multiplizieren wir die beiden Ausgangsformeln (4a) bzw. mit

$$\frac{ds'}{dt} = w' \text{ und } \frac{ds''}{dt} = w'',$$

worin ds' und ds'' Wegelemente der Ströme G' und G'' während der Mischung darstellen, und erhalten nach Addition

$$\frac{dP'\,ds' + dP''\,ds''}{dt} = F' w' dp' + F'' w'' dp'' + \frac{G'}{g} w' dw' + \frac{G''}{g} w'' dw''.$$

Hierin ist aber die linke Seite nichts anderes als das Element der Stoßarbeit in der Zeiteinheit, welches mit dem des gesuchten Energieverlustes L darum übereinstimmen muß, weil der ganze Vorgang unelastisch, d. h. vollkommen nicht umkehrbar verläuft. Führen wir dann noch in die ersten beiden Glieder rechts die Werte G' und G'' mit Hilfe der spezifischen Flüssigkeitsgewichte γ' und γ'' durch (3) ein, so dürfen wir auch schreiben

$$dL = G'\left(\frac{dp'}{\gamma'} + \frac{w'\,dw'}{g}\right) + G''\left(\frac{dp''}{\gamma''} + \frac{w''\,dw''}{g}\right) \qquad (8)$$

oder nach Integration zwischen denselben Grenzen wie bei Gleichung (7) mit $dp' = dp''$

$$L = \left(\frac{G'}{\gamma'} + \frac{G''}{\gamma''}\right)(p - p') + G'\,\frac{w^2 - w'^2}{2\,g} + G''\,\frac{w^2 - w''^2}{2\,g} \qquad (8\,\mathrm{a}).$$

Wir setzen nun weiter voraus, daß die Mischung ohne Volumänderung vor sich gehen möge, d. h. daß

$$F'w' + F''w'' = Fw \quad . \; . \; . \; . \; . \qquad (9)$$

oder nach Einführung des spezifischen Gewichtes γ des Gemisches

$$\frac{G'}{\gamma'} + \frac{G''}{\gamma''} = \frac{G' + G''}{\gamma} = Fw \quad . \; . \; . \; . \qquad (9\,\mathrm{a})$$

ist. Damit wird aus (8 a)

$$L = Fw\,(p - p') + G'\,\frac{w^2 - w'^2}{2\,g} + G''\,\frac{w^2 - w''^2}{2\,g} \qquad (8\,\mathrm{b}).$$

Eliminieren wir schließlich noch das Produkt $F(p - p')$ mit Hilfe der Fundamentalformel (7), so vereinfacht sich unser Ausdruck für die Stoßarbeit in

$$L = -\frac{G'}{2\,g}(w - w')^2 - \frac{G''}{2\,g}(w - w'')^2 \quad . \; . \qquad (10),$$

worin das negative Vorzeichen den Energieverlust andeutet.

Wenden wir den vorstehenden Gedankengang auf eine beliebige Anzahl von Strömen an, welche an der Vereinigungsstelle dieselbe Bewegungsrichtung besitzen, so erhalten wir wieder mit der Annahme des Ausgleichs der Pressungen und der Voraussetzung, daß die Mischung der verschiedenen Flüssigkeiten ohne Volumänderung erfolgt, an Stelle von (7) und (10) die allgemeineren Formeln

$$\left.\begin{aligned} F(p - p') &= -\frac{1}{g}\,\Sigma\,G'(w - w') \\ L &= -\frac{1}{2\,g}\,\Sigma\,G'(w - w')^2 \end{aligned}\right\} \quad . \; . \qquad (11).$$

Die hier entwickelte Theorie des hydraulischen Stoßes gestattet uns nunmehr auch, für den im vorigen Paragraphen behandelten und durch Fig. 55 dargestellten Fall des Flüssigkeitsübertrittes durch ein unter den Spiegel des Austrittsgefäßes mündendes Rohr den Energieumsatz von der Mündung F_0 bis zum Spiegel F_2 zu verfolgen. Ist nämlich, wie wir vorausgesetzt haben, der Spiegel F_2 groß gegen den Mündungsquerschnitt F_0, so können wir die Spiegelgeschwindigkeit in F_2 gänzlich gegen die Ausflußgeschwindigkeit in F_0 vernachlässigen. Dann aber trifft der aus F_0 kommende Strahl auf eine ruhende Masse, welche auch nach der Mischung keine merkliche kinetische Energie besitzt, und büßt an ihr durch Stoßwirkung seine gesamte kinetische Energie ein.

Die Theorie gilt aber auch noch für den Fall der unstetigen Querschnittsänderung des einzelnen Stromfadens, insbesondere einer plötzlichen Querschnittserweiterung nach Fig. 59. Hierbei trifft der mit großer Geschwindigkeit aus F' austretende Strom auf die im erweiterten Querschnitt F langsamer fortschreitende Flüssigkeitsmasse. Da nun beide ein und demselben Stromfaden mit dem Flusse G zugehören, so haben wir auf den rechten Seiten der Stoßgleichungen (10) nur je ein Glied, so daß diese sich vereinfachen in

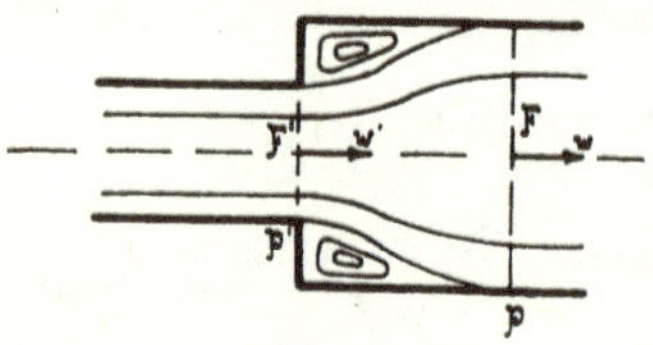

Fig. 59.

$$\left.\begin{aligned} F(p - p') &= -\frac{G}{g}(w - w') \\ L &= -\frac{G}{2g}(w - w')^2 \end{aligned}\right\} \quad . \quad . \quad (11\,\text{a}).$$

Der Energieverlust dient in diesem Falle, wie in Fig. 59 angedeutet, zum großen Teile zur Erzeugung und Aufrechterhaltung von Wirbeln, geht also in Rotationsenergie über, welche für die fortschreitende Bewegung nicht mehr in Frage kommt, sondern schließlich als molekulare Rotationsenergie in Form von Wärme erscheint. Da nach Gleichung (3) jetzt

$$G = Fw\gamma = F'w'\gamma \quad . \quad . \quad . \quad . \quad . \quad (3\,\text{a})$$

ist, so dürfen wir an Stelle der ersten Gleichung (11a) auch schreiben

$$\frac{p - p'}{\gamma} = -\frac{w(w - w')}{g} \quad . \quad . \quad . \quad . \quad . \quad (11\,\text{b}),$$

worin weder der Fluß noch der Querschnitt erscheint. Dieses Ergebnis läßt sich nach dem Vorgang von Borda bequem prüfen durch den Ausfluß aus einem Gefäß mit erweitertem Ansatzrohr (Fig. 60). Ist p' der durch ein Piezometer meßbare Druck an der Unstetigkeitsstelle, so vollzieht sich der Ausfluß — eine nach dem Gefäßinnern gut abgerundete Mündung vom Querschnitt F', der klein gegen den Spiegel F_1 sein möge, vorausgesetzt — unter der disponiblen Druckhöhe

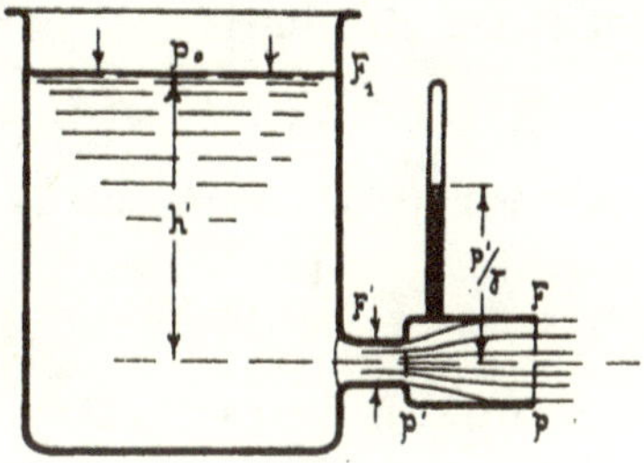

Fig. 60.

$$h = h' - \frac{p' - p_0}{\gamma} \quad (12),$$

wenn p_0 den Atmosphärendruck bedeutet, der sowohl auf dem Spiegel F_1 wie auch auf dem Endquerschnitt F des Ansatzrohres lastet. Demnach berechnet sich die Geschwindigkeit in F' aus

$$h' - \frac{p' - p_0}{\gamma} = \frac{w'^2}{2g}(1 + \zeta) \quad . \quad . \quad . \quad . \quad (13),$$

während nach (11b) durch

$$\frac{p' - p_0}{\gamma} = \frac{w(w - w')}{g}$$

die Austrittsgeschwindigkeit w aus der Mündung F gegeben ist. Eingeführt in (13) liefert dies

$$h' = \frac{w'^2}{2g}(1 + \zeta) - \frac{w(w' - w)}{g}$$

und nach Elimination des Zwischenwertes w' durch (3a)

$$h' = \frac{w^2}{2g}\left\{1 + \zeta\,\frac{F^2}{F'^2} + \left(\frac{F}{F'} - 1\right)^2\right\} \quad . \quad . \quad . \quad (14).$$

Die Querschnittserweiterung im Ansatzrohr hat hiernach dieselbe Wirkung wie die Erhöhung des Widerstandskoeffizienten. Ein weiteres bemerkenswertes Resultat ergibt sich ferner aus dem Vergleich der Ausflußmenge V durch das Ansatzrohr mit derjenigen V' durch die freie Mündung $F' < F$. Wegen

$$V = Fw \text{ und } V' = F'w'$$

erhalten wir aus (14)

$$2\,g\,h' = V^2\left\{\frac{1}{F^2} + \frac{\zeta}{F'^2} + \left(\frac{1}{F'} - \frac{1}{F}\right)^2\right\} \quad . \; . \; (14\,a).$$

Außerdem aber ist nach Früherem für dieselbe Spiegeltiefe h' der freien Mündung

$$2\,g\,h' = w'^2\,(1+\zeta) = \frac{V'^2}{F'^2}(1+\zeta) \quad . \; . \; . \; (15)$$

und nach Gleichsetzen mit (14a)

$$\frac{V'}{V} = 1 - \frac{2}{1+\zeta}\,\frac{F'}{F}\left(1 - \frac{F'}{F}\right) < 1 \quad . \; . \; (16),$$

d. h. durch Vorschalten eines erweiterten Ansatzrohres erhöht sich die Ausflußmenge. Diese eigentümliche, schon im Altertum bekannte und zur widerrechtlichen Mehrentnahme aus öffentlichen Wasserleitungen gelegentlich mißbrauchte Tatsache erklärt sich sofort aus unserer Gleichung (13), in der die wirksame Druckhöhe h' durch das Glied

$$\frac{p_0 - p'}{\gamma} > 0$$

vermehrt erscheint. Mit anderen Worten, das Ansatzrohr erniedrigt um diesen Betrag den Druck vor der sonst freien Mündung und übt dadurch auf den Gefäßinhalt eine Saugwirkung aus.

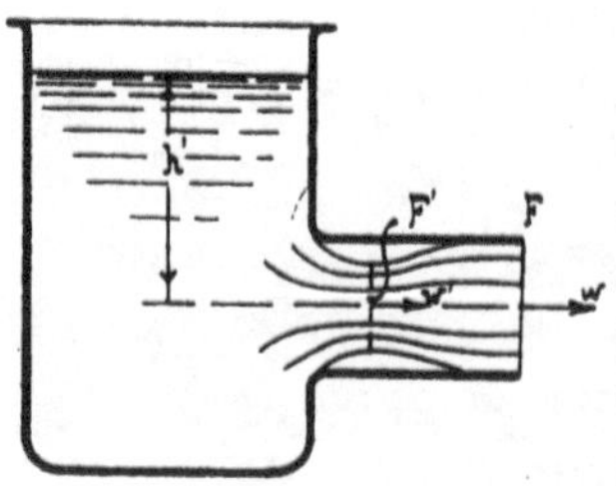

Fig. 61.

Eine ähnliche, wenn auch schwächere Wirkung tritt auch ein, wenn das Ansatzrohr ohne Querschnittserweiterung an eine scharfkantige Mündung (Fig. 61) angeschlossen wird, da die Flüssigkeitsfäden, ohne zu zerreißen, keine plötzliche Richtungsänderung ertragen. Infolgedessen erleidet schon der frei austretende Strahl eine Kontraktion, die bei Kreisquerschnitten ungefähr 0,62—0,63 des Mündungsquerschnitts beträgt, ohne daß hierdurch die mittlere Ausflußgeschwindigkeit beeinträchtigt wird. Durch Vorschalten des Ansatzrohres entsteht alsdann um den kontrahierten Strahl wieder ein Unterdruck (Vakuum), dessen Saugwirkung wir oben kennen gelernt haben.

§ 13. Theorie der Strahlapparate.

Wirkungsweise der Strahlapparate. Arbeitsgleichung, Wirkungsgrad und Arbeitsbereich, Zahlenbeispiel. Strahlapparat ohne Förderhöhe mit Anwendung auf Ventilatoren und Lokomotivblasrohre.

Den im letzten Paragraphen festgestellten Unterdruck bei der plötzlichen Querschnittserweiterung eines Flüssigkeitstromes kann man auch zum Ansaugen von Flüssigkeit aus einem Gefäß mit tiefer gelegenem Flüssigkeitsspiegel, einem sog. Sumpf, benutzen. Auf diese Weise erhält man einen Strahlapparat (oder im engeren Sinne eine Wasserstrahlpumpe), welcher gegenüber anderen Hebevorrichtungen für Flüssigkeiten keine bewegten Organe aufweist und darum in der technischen Praxis häufig da Verwendung findet, wo es, wie z. B. bei der raschen Entwässerung von Baugruben, auf eine günstige Energieausnutzung nicht ankommt.

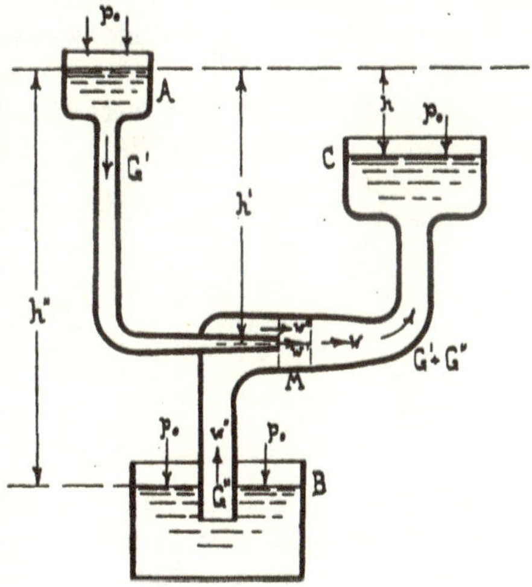

Fig. 62.

Ein solcher in Fig. 62 dargestellter Strahlapparat besteht nun in der Hauptsache aus einem Mischraum M, welchem die an eine Druckleitung AM angeschlossene innere Düse die Arbeitsflüssigkeit G' kg/Sek. aus dem Reservoir A zuführt, während gleichzeitig durch eine Saugleitung BM die Flüssigkeitsmenge G'' kg/Sek. gehoben und nach ihrer Vereinigung mit G' durch die Leitung CM in das Gefäß C gefördert wird. Die Tiefe der Düsenmitte unter dem Spiegel des Druckreservoirs A sei mit h', diejenige des Sumpfspiegels B mit h'', und schließlich die Tiefe des Spiegels von C mit h bezeichnet. Der gemeinsame Druck im Mischraum M vor dem Stoße sei p', nach der Vereinigung p, der auf den drei Flüssigkeitsspiegeln lastende Atmosphärendruck p_0, die Stromquerschnitte an der Vereinigungsstelle seien

F' und F'', nach der Vereinigung $F' + F'' = F$, mit den entsprechenden Geschwindigkeiten w', w'' und w. Weiterhin setzen wir die drei Spiegel in A, B und C so groß voraus, daß die zu ihnen normalen Spiegelgeschwindigkeiten im Beharrungszustande vernachlässigt werden dürfen.

Alsdann erkennt man, daß die von der Menge G' auf ihrem Wege von A bis C abgegebene Energie $G'h$ einerseits zur Hebung der Flüssigkeitsmenge G'' von B nach C mit dem Arbeitsgewinn $G''(h''-h)$, anderseits aber zur Bestreitung des Stoßverlustes im Mischraume, zur Überwindung der Bewegungswiderstände und schließlich zur Erzeugung der kinetischen Strömungsenergie der vereinigten Mengen beim Eintritt in das Gefäß C gedient hat. Bezeichnen wir die Widerstandskoeffizienten für die Wege AM, BM, MC bzw. mit ζ', ζ'' und ζ und nehmen der Einfachheit halber an, daß die Eintrittsgeschwindigkeit der vereinigten Menge $G' + G''$ in das Gefäß C mit der Geschwindigkeit w nach der Mischung identisch sei, so ist zunächst die Arbeit der Bewegungswiderstände vermehrt um die kinetische Eintrittsenergie

$$L' = \zeta' G' \frac{w'^2}{2g} + \zeta'' G'' \frac{w''^2}{2g} + (G' + G'') \frac{w^2}{2g}(1+\zeta) \quad (1)$$

und der Stoßverlust nach Gleichung (10) des § 12

$$L'' = G' \frac{(w-w')^2}{2g} + G'' \frac{(w-w'')^2}{2g} \quad . \; . \; . \quad (2),$$

so zwar, daß

$$G'h = G''(h''-h) + L' + L'' \; . \; . \; . \; . \quad (3).$$

Definieren wir ferner das Verhältnis der gewonnenen Nutzarbeit $G''(h''-h)$ zum Arbeitsaufwand $G'h$ als den h y d r a u l i s c h e n W i r k u n g s g r a d, so ist derselbe

$$\eta = \frac{G''}{G'}\left(\frac{h''}{h} - 1\right) \quad . \; . \; . \; . \; . \; . \quad (4)$$

für ein vorgelegtes Höhenverhältnis $h'' : h$ d i r e k t p r o p o r t i o n a l d e m V e r h ä l t n i s d e r a n g e s a u g t e n F l ü s s i g k e i t s m e n g e z u r A r b e i t s f l ü s s i g k e i t u n d i n s b e s o n d e r e u n a b h ä n g i g v o n d e r H ö h e n l a g e h' d e s M i s c h r a u m e s z w i s c h e n d e n S p i e g e l n A, B und C.

Die beiden Geschwindigkeiten w' und w'' vor der Mischung bestimmen sich nunmehr sofort nach den früher gewonnenen

Ausflußformeln unter Berücksichtigung der Spiegeldrücke p_0 in A und B sowie des gemeinsamen Druckes p' derart, daß

$$\left.\begin{aligned}(1+\zeta')\frac{w'^2}{2g} &= \frac{p_0-p'}{\gamma}+h'\\ (1+\zeta'')\frac{w''^2}{2g} &= \frac{p_0-p'}{\gamma}+h'-h''\end{aligned}\right\} \quad . \quad . \quad (5),$$

während wir für die Geschwindigkeit w der Gesamtmenge $G'+G''$, deren kinetische Energie nicht nur die Druckdifferenz p_0-p und die Höhe $h'-h$ sondern auch die Verluste auf diesem Wege zu bestreiten hat, etwa

$$\frac{w^2}{2g} = \left(\frac{p_0-p}{\gamma}+h'-h\right)(1+\zeta) \quad . \quad . \quad . \quad (6)$$

anzusetzen haben. Diese mit der Ungewißheit des Energieumsatzes auf dem Wege MC behaftete Gleichung dient lediglich zur Ermittlung des anderweitig nicht bestimmbaren Druckes p nach der Mischung und hat im übrigen auf unsere Theorie keinerlei Einfluß.

Dagegen treten zu den Formeln (5) noch die Bedingungen für die Kontinuität der Strömung, nämlich für ein und dieselbe Flüssigkeitsgattung im Druck- und Saugrohr

$$\left.\begin{aligned}G' = F'w'\gamma, \qquad G'' &= F''w''\gamma\\ G'+G'' &= (F'+F'')w\gamma\end{aligned}\right\} \quad . \quad . \quad . \quad . \quad (7).$$

Aus diesen Formeln ergibt sich nach Einführung der beiden Abkürzungen

$$\frac{F''}{F'} = \varphi, \qquad \frac{G''}{G'} = \chi \quad . \quad . \quad . \quad . \quad . \quad (8)$$

durch Division

$$\left.\begin{aligned}\frac{w''}{w'} &= \frac{G''}{G'}\frac{F'}{F''} = \frac{\chi}{\varphi}\\ \frac{w}{w'} &= \frac{(G'+G'')F'}{(F'+F'')G'} = \frac{1+\chi}{1+\varphi}\end{aligned}\right\} \quad . \quad . \quad . \quad (9),$$

und endlich folgt durch Subtraktion der beiden Gleichungen (5)

$$(1+\zeta')w'^2-(1+\zeta'')w''^2 = 2gh'' \quad . \quad . \quad (5a).$$

Diese Formel ermöglicht unter Zuhilfenahme der Verhältnisse (9) die Berechnung aller drei Geschwindigkeiten w', w'' und w und liefert

$$\left.\begin{aligned} w'^2\left(1+\zeta'-\frac{\chi^2}{\varphi^2}(1+\zeta'')\right) &= 2\,g\,h'' \\ w''^2\left(1+\zeta'-\frac{\chi^2}{\varphi^2}(1+\zeta'')\right) &= 2\,g\,h''\,\frac{\chi^2}{\varphi^2} \\ w^2\left(1+\zeta'-\frac{\chi^2}{\varphi^2}(1+\zeta'')\right) &= 2\,g\,h''\,\frac{(1+\chi)^2}{(1+\varphi)^2} \end{aligned}\right\} \quad (10).$$

Ebenso ergeben sich dann die in den Stoßverlust (2) eintretenden Quadrate der Geschwindigkeitsdifferenzen zu

$$\left.\begin{aligned} (w-w')^2\left(1+\zeta'-\frac{\chi^2}{\varphi^2}(1+\zeta'')\right) &= 2\,g\,h''\,\frac{(\chi-\varphi)^2}{(1+\varphi)^2} \\ (w-w'')^2\left(1+\zeta'-\frac{\chi^2}{\varphi^2}(1+\zeta'')\right) &= 2\,g\,h''\,\frac{(\varphi-\chi)^2}{(1+\varphi)^2\,\varphi^2} \end{aligned}\right\} \quad (11).$$

Damit aber nehmen die Verluste (1) und (2) die Form

$$L' = \frac{G'\,h''}{1+\zeta'-\frac{\chi^2}{\varphi^2}(1+\zeta'')}\left(\zeta'+\zeta''\frac{\chi^3}{\varphi^2}+(1+\zeta)\frac{(1+\chi)^3}{(1+\varphi)^2}\right) \quad (1\,\text{a})$$

$$L'' = \frac{G'\,h''}{1+\zeta'-\frac{\chi^2}{\varphi^2}(1+\zeta'')}\left(1+\frac{\chi}{\varphi^2}\right)\frac{(\chi-\varphi)^2}{(1+\varphi)^2} \quad . \quad (2\,\text{a})$$

an, durch deren Einführung die Energiegleichung (3) übergeht in

$$\left(\frac{h}{h''}-\chi\left(1-\frac{h}{h''}\right)\right)\left(1+\zeta'-\frac{\chi^2}{\varphi^2}(1+\zeta'')\right)$$
$$=\zeta'+\zeta''\frac{\chi^3}{\varphi^2}+(1+\zeta)\frac{(1+\chi)^3}{(1+\varphi)^2}+\left(1+\frac{\chi}{\varphi^2}\right)\frac{(\chi-\varphi)^2}{(1+\varphi)^2} \quad (12).$$

Diese Beziehung zwischen den Verhältnissen χ und φ enthält das erstere in dritter, das letztere in vierter Potenz und ist darum für die Berechnung des einen aus dem anderen recht unbequem. Man übersieht jedoch, daß für jeden reellen Wert von φ wenigstens ein reelles χ existiert, wobei wiederum nur die positiven Werte einen Sinn haben. Daher begrenzen diejenigen Werte von φ, für welche $\chi = 0$ wird, den Arbeitsbereich des Strahlapparates, außerhalb dessen er keine Flüssigkeit zu fördern vermag. Bezeichnen wir diese Grenzwerte mit φ_0, so folgt aus (12) mit $\chi = 0$

$$\frac{h}{h''}(1+\zeta')-\zeta' = \frac{1+\zeta}{(1+\varphi_0)^2}+\frac{\varphi_0^{\,2}}{(1+\varphi_0)^2} \quad . \quad (13),$$

wofür wir mit der Abkürzung

$$\frac{h}{h''}(1+\zeta')-\zeta'=\alpha\,(<1) \quad . \; . \; . \quad (13a)$$

auch schreiben dürfen

$$\varphi_0^2-\frac{2\,\alpha}{1-\alpha}\varphi_0+1+\frac{\zeta}{1-\alpha}=0 \quad . \; . \quad (13b).$$

Die beiden Wurzeln dieser Gleichung, welche das Arbeitsbereich des Strahlapparates begrenzen,

$$\varphi_0=\frac{\alpha}{1-\alpha}\pm\sqrt{\left(\frac{\alpha}{1-\alpha}\right)^2-1-\frac{\zeta}{1-\alpha}} \quad . \; . \quad (14)$$

sind so lange reell, als

$$\zeta<\frac{\alpha^2}{1-\alpha}-1+\alpha=\frac{\alpha}{1-\alpha}-1$$

oder mit Rücksicht auf (13a)

$$\zeta<\frac{1}{(1+\zeta')\left(1-\frac{h}{h''}\right)}-2 \quad . \; . \; . \quad (14a).$$

Der Widerstandskoeffizient der Leitung MC hinter dem Strahlapparat darf also einen bestimmten Betrag nicht übersteigen, damit der Apparat nicht versagt. Da nun jedenfalls $\zeta>0$ ist, so wird auch

$$\frac{1}{(1+\zeta')\left(1-\frac{h}{h''}\right)}>2$$

oder

$$\frac{h''-h}{h''}<\frac{1}{2\,(1+\zeta')} \quad . \; . \; . \; . \; . \quad (14b)$$

sein müssen, damit der Strahlapparat überhaupt funktioniert. Die Wirkung des Strahlapparates wird demnach um so sicherer sein, je geringer seine Förderhöhe im Verhältnis zur Druckhöhe der Arbeitsflüssigkeit ist und je kürzer die Verbindungsleitung MC ausfällt. Anderseits darf nicht übersehen werden, daß der Druck im ganzen System an keiner Stelle verschwinden darf, damit nicht die Kontinuität der Strömung dort unterbrochen wird. Diese Gefahr besteht offenbar lediglich für die Vereinigungsstelle der Flüssigkeitsströme, wo $p'>0$ oder wegen (5)

$$\frac{p_0}{\gamma} + h' - h'' - (1 + \zeta'')\frac{w''^2}{2g} = \frac{p'}{\gamma} > 0 \quad . \quad (15)$$

sein muß. Dies liefert mit der zweiten Gleichung (10) die Bedingung

$$\left(\frac{p_0}{\gamma} + h'\right)\left(1 + \zeta' - \frac{\chi^2}{\varphi^2}(1 + \zeta'')\right) > h''(1 + \zeta') \quad (15),$$

worin, damit ein Ansaugen überhaupt erfolgt, von vornherein

$$\frac{\chi}{\varphi} = \frac{w''}{w'} < 1 \quad . \; . \; . \; . \; . \; . \; . \quad (15a)$$

und außerdem schon mit Rücksicht auf (10) die Bedingung

$$1 + \zeta' > \frac{\chi^2}{\varphi^2}(1 + \zeta'') \quad . \; . \; . \; . \; . \quad (15b)$$

zu erfüllen ist.

Beispielsweise sei ein Strahlapparat zu konstruieren, welcher Wasser aus einer Baugrube um $h'' - h = 5$ m zu fördern hat, während das ihm zur Verfügung stehende Druckwasser am Spiegel des Sumpfes eine Spannung von 5 kg/qcm, entsprechend einer Druckhöhe $h'' = 50$ m, besitzt. Der Widerstandskoeffizient der Druckwasserleitung sei $\zeta = 0{,}5$, diejenigen der Saugleitung bzw. Druckleitung des Strahlapparates $\zeta'' = \zeta = 0{,}3$. Durch Einsetzen dieser Werte in (14a) überzeugt man sich zunächst von der Möglichkeit der ganzen Vorrichtung und findet nach (13a) mit

$$\alpha = \frac{h}{h''}(1 + \zeta') - \zeta' = 0{,}85,$$

aus (14) die beiden Grenzwerte für das Querschnittsverhältnis

$$\varphi_0 = 5{,}67 \pm 5{,}38$$
$$\varphi_0' = 0{,}29, \quad \varphi_0'' = 11{,}05.$$

Alsdann ergeben sich aus der Energiegleichung (12) für eine Reihe von Zwischenwerten für φ am bequemsten durch Probieren die nachstehenden Werte für das Lieferungsverhältnis χ mit den zugehörigen Wirkungsgraden nach Gleichung (4)

φ	χ	η
$\varphi = 0{,}29$	$\chi = 0$	$\eta = 0$
1,0	0,22	0,024
2	0,43	0,048
4	0,69	0,077
5	0,74	0,083
6	0,75	0,084
7	0,72	0,080
10	0,29	0,032
11,05	0	0

Die Aufzeichnung dieser Werte, Fig. 63, liefert eine parabelartige Kurve, deren Scheitel nahezu dem Mittelwerte von φ_0' und φ_0'' zugehört, so daß dieser Mittelwert hinreichend genau das günstigste Querschnittsverhältnis darstellt. Auf diese Weise vermeidet man die Differentiation von Gleichung (12), welche ohnehin nur eine ebenso unübersichtliche wie unbequeme Formel für η_{max} liefert und darum hier nicht erst ausgeführt wurde. Die Kleinheit des erhaltenen Wirkungsgrades beweist, daß der Strahlapparat unter den vorgelegten Verhältnissen die potentielle Energie sehr mangelhaft ausnützt und daher für einen Dauerbetrieb nicht in Betracht kommen kann.

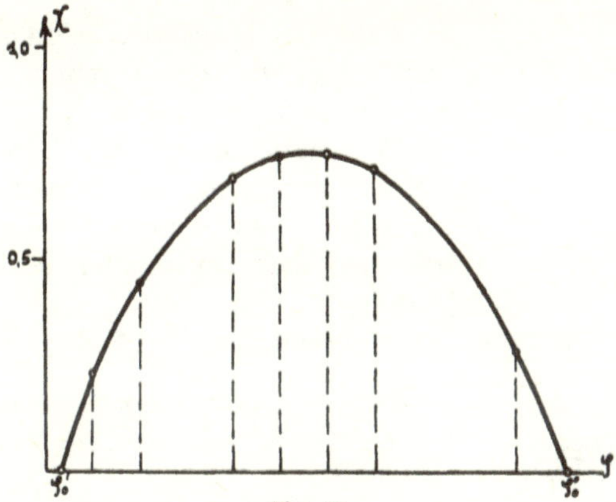

Fig. 63.

Gelegentlich werden Strahlapparate auch zur **Erzeugung und Aufrechterhaltung von Flüssigkeitsströmungen ohne Überwindung einer Förderhöhe** nach dem Schema Fig. 64 benutzt. Wegen $h = h''$ wird hierbei natürlich der Wirkungsgrad Gleichung (4) zu Null, was aber ohne Bedeutung ist, da es sich ja nur um die Überwindung von Widerständen handelt, von denen derjenige des Saugrohres hier wegfällt, also $\zeta'' = 0$ zu setzen ist.

Mit $\chi = 0$ liefert die Gleichung (13) hierfür nur einen Grenzwert $\varphi_0 = \frac{\zeta}{2}$, während ein oberer Grenzwert überhaupt nicht existiert. In der Tat ist ja der Zweck der ganzen Vorrichtung die Bewegung einer möglichst großen Flüssigkeitsmasse G'' unter Aufwand einer möglichst kleinen Menge G' der Arbeitsflüssigkeit, also die Erzielung eines sehr großen Verhältnisses χ, welches nach (15) wiederum ein großes Querschnittsverhältnis φ voraussetzt. Sollen, was wir nunmehr voraussetzen wollen, beide Verhältnisse groß gegen die Einheit ausfallen, so dürfen wir in der Energieformel (12) in unserem Fall für $1 + \chi$ bzw. $1 + \varphi$ kurz χ und φ setzen, womit diese sich vereinfacht in

$$1 - \frac{\chi^2}{\varphi^2} = (1 + \zeta)\frac{\chi^3}{\varphi^2} + \left(1 + \frac{\chi}{\varphi^2}\right)\frac{(\varphi - \chi)^2}{\varphi^2}$$

oder

$$\frac{\chi}{\varphi}\left\{\frac{\chi^2}{\varphi}\left(1 + \zeta + \frac{1}{\varphi}\right) + 2\frac{\chi}{\varphi}\left(1 - \frac{1}{\varphi}\right) - 2 + \frac{1}{\varphi}\right\} = 0 \quad (12a).$$

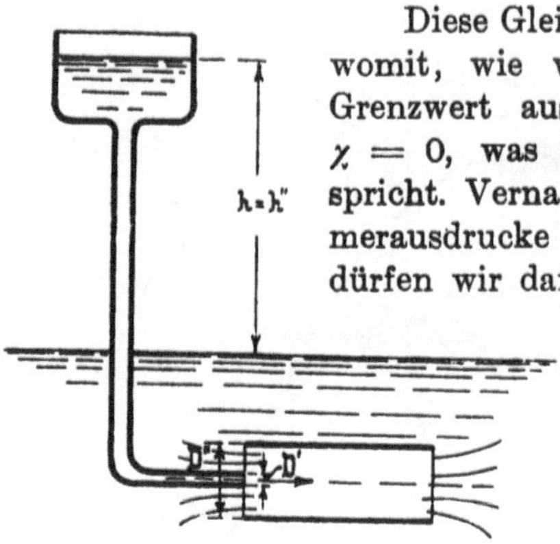

Fig. 64.

Diese Gleichung wird erfüllt für $\varphi = \infty$, womit, wie wir schon sahen, ein oberer Grenzwert ausgeschlossen ist, und durch $\chi = 0$, was dem unteren Grenzwert entspricht. Vernachlässigen wir ferner im Klammerausdrucke die Brüche $1 : \varphi$ gegen 1, so dürfen wir dafür angenähert schreiben

$$\frac{\chi}{\varphi}\Big((1 + \zeta)\,\chi + 2\Big) - 2 = 0$$

oder, da $\chi\,(1 + \zeta)$ groß gegen 2 sein soll, noch kürzer

$$\chi^2 = \frac{2\,\varphi}{1 + \zeta} \sim \frac{2\,(1 + \varphi)}{1 + \zeta} \quad (16).$$

Bedeutet dann D' den Durchmesser der Ausflußdüse der Arbeitsflüssigkeit G', D'' den Durchmesser des Mischrohres (Fig. 64), so ist

$$1 + \varphi = \frac{F' + F''}{F'} = \frac{D''^2}{D'^2},$$

und wir erhalten an Stelle von (16) mit (8)

$$\frac{G''}{G'} = \frac{D''}{D'}\sqrt{\frac{2}{1 + \zeta}} \quad . \quad . \quad . \quad . \quad . \quad . \quad (16a),$$

d. h. das Lieferungsverhältnis eines Strahlapparates ohne Förderhöhe ist proportional dem Durchmesserverhältnis an der Vereinigungsstelle. Diesen Satz habe ich an Luftstrahlventilatoren, bei denen keine nennenswerten Dichteunterschiede im Mischraum auftraten, so daß sich die Luft wie eine inkompressible Flüssigkeit verhielt, schon vor längerer Zeit empirisch festgestellt[1]); er dürfte auch mit hinreichender Genauigkeit für die Lokomotivblasrohre gelten, bei denen zufällig der austretende Dampf nahezu dasselbe spezifische Gewicht besitzt wie die angesaugten Rauchgase.

§ 14. Flüssigkeitsströmungen infolge Änderungen des spezifischen Gewichts.

Änderung des spezifischen Gewichts mit der Temperatur. Anwendung auf Heizungen und Kühlvorrichtungen; Energiegleichung derselben. Gewichtsänderung durch Luftbeimischung. Druckluft-Flüssigkeitsheber (Mammuthpumpen), Energiegleichung, Fördermenge. Luftverbrauch und Wirkungsgrad. Umkehrung derselben.

Führt man einem in sich geschlossenen, ringförmigen, mit Flüssigkeit gefüllten Rohrsystem an der tiefsten Stelle Wärme zu und entzieht ihm solche wieder an der höchsten Stelle, so gerät die darin befindliche Flüssigkeit erfahrungsgemäß in eine umlaufende Bewegung, wovon man in der Praxis sowohl zur Heizung wie auch zur Abkühlung von Räumen umfassenden Gebrauch macht. In Fig. 65 ist ein derartiges System in seiner einfachsten Form dargestellt; die Pressungen beim Ein- und Austritt am (unteren) Wärmezufuhrrohr seien p_1 und p_2, am (oberen) Wärmeabfuhrrohr p_3 und p_4; die Tiefe des ersteren unter einem willkürlichen Horizont sei z', die des letzteren z'', die Höhendifferenz beider $z' - z'' = h$. Infolge der Erwärmung sinkt das spez. Gewicht im Wärmezufuhrrohr zwischen 1 bis 2 von γ_1 auf γ_2, wobei die Stromgeschwindigkeit von w_1

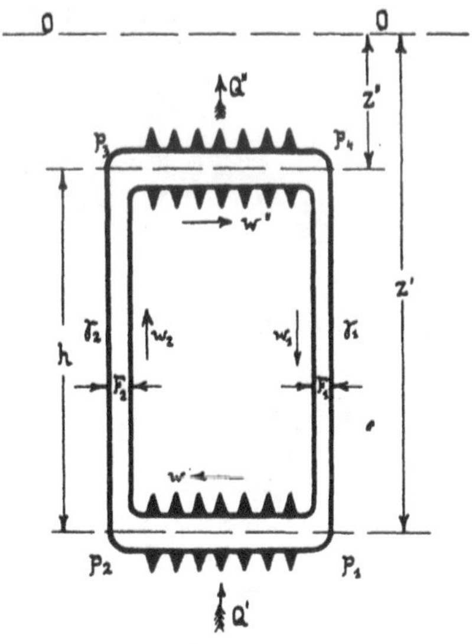

Fig. 65.

[1]) Lorenz, Die Versuchsstation der Gesellschaft für Druckluftanlagen. Zeitschr. d. Ver. d. Ing. 1892, S. 733.

sich auf w_2 erhöht. Im Wärmeabfuhrrohr, d. h. auf dem Wege von 3 bis 4 finden die umgekehrten Änderungen statt, während sowohl im Steigrohr von 2 bis 3 wie auch im Fallrohr von 4 bis 1 die Strömung ohne Wärmezu- oder abfuhr erfolgen möge, so daß dort keine Änderungen der spezifischen Gewichte γ_2 und γ_1 und — zylindrische Rohre vorausgesetzt — auch der Geschwindigkeiten w_2 und w_1 eintreten. Für diese beiden vertikalen Rohre folgt demnach aus der Grundgleichung (9a) § 10

$$g\,dz - g\,dp = w\,dw + \mu \frac{w^2}{F^\nu}\,ds \quad . \quad . \quad . \quad . \quad (1)$$

durch Integration wegen $ds = \pm dz$

$$g\,(z' - z'') - \frac{g}{\gamma_1}(p_1 - p_4) = \mu \frac{w_1^2}{F_1^\nu}(z' - z'')$$

$$g\,(z'' - z') - \frac{g}{\gamma_2}(p_3 - p_2) = \mu \frac{w_2^2}{F_2^\nu}(z' - z'')$$

oder mit $z' - z'' = h$ und den Abkürzungen

$$2\frac{\mu}{F_1^\nu}h = \zeta_1 \qquad 2\frac{\mu}{F_2^\nu}h = \zeta_2 \quad . \quad . \quad . \quad (2)$$

einfacher

$$\left.\begin{aligned} h\gamma_1 &= p_1 - p_4 + \zeta_1\gamma_1\frac{w_1^2}{2g} \\ -h\gamma_2 &= p_3 - p_2 + \zeta_2\gamma_2\frac{w_2^2}{2g} \end{aligned}\right\} \quad . \quad . \quad . \quad (3).$$

Dies liefert addiert

$$h(\gamma_1 - \gamma_2) = p_1 - p_2 + p_3 - p_4 + \frac{\zeta_1\gamma_1 w_1^2 + \zeta_2\gamma_2 w_2^2}{2g} \quad (3\,\text{a}).$$

Im Wärmezu- und Abfuhrapparat ändert sich sowohl der Druck wie auch das spezifische Gewicht und die Geschwindigkeit, so daß wir, unter s' und s'' die Weglänge der Flüssigkeit in beiden horizontal angenommenen Apparaten verstanden, wegen $dz = 0$ aus (1)

$$-g\int_1^2 \frac{dp}{\gamma} = \frac{w_2^2 - w_1^2}{2} + \mu\int_0^{s'} \frac{w^2\,ds}{F^\nu}$$

$$-g\int_3^4 \frac{dp}{\gamma} = \frac{w_1^2 - w_2^2}{2} + \mu\int_0^{s''} \frac{w^2\,ds}{F^\nu}$$

erhalten. Wegen der Kleinheit der Änderungen von γ auch bei beträchtlichen Temperaturdifferenzen dürfen wir hierfür unter gleichzeitiger Einführung der mittleren Geschwindigkeiten w' und w'', definiert durch

$$\mu \int_0^{s'} \frac{w^2\,ds}{F^\nu} = \frac{\zeta' w'^2}{2}; \quad \mu \int_0^{s''} \frac{w^2\,ds}{F^\nu} = \frac{\zeta'' w''^2}{2} \quad . \quad . \quad (4)$$

auch kürzer schreiben

$$\left.\begin{aligned} 0 &= 2\,\frac{p_2 - p_1}{\gamma_1 + \gamma_2} + \frac{w_2^2 - w_1^2}{2\,g} + \frac{\zeta' w'^2}{2\,g} \\ 0 &= 2\,\frac{p_4 - p_3}{\gamma_1 + \gamma_2} + \frac{w_1^2 - w_2^2}{2\,g} + \frac{\zeta'' w''^2}{2\,g} \end{aligned}\right\} \quad . \quad . \quad (5).$$

Die Addition dieser beiden Gleichungen führt auf

$$p_1 - p_2 + p_3 - p_4 = \frac{\gamma_1 + \gamma_2}{2} \cdot \frac{\zeta' w'^2 + \zeta'' w''^2}{2\,g} \quad (5\,a)$$

und ergibt schließlich in Verbindung mit (3a), d. h. durch Elimination der Pressungen

$$h(\gamma_1 - \gamma_2) = \frac{\zeta_1 \gamma_1 w_1^2 + \zeta_2 \gamma_2 w_2^2}{2\,g} + \frac{\gamma_1 + \gamma_2}{2}\,\frac{\zeta' w'^2 + \zeta'' w''^2}{2\,g} \quad (6)$$

oder allgemein unter Einführung des Druckhöhenverlustes h' durch die Widerstände

$$h(\gamma_1 - \gamma_2) = \frac{1}{2\,g}\,\Sigma \zeta w^2 \gamma \sim \frac{\gamma}{2\,g}\,\Sigma \zeta w^2 = h' \gamma \quad . \quad (6\,a).$$

Wir erkennen also, daß die Differenz der spezifischen Gewichte im Fall- und Steigrohr die zur Überwindung aller Bewegungswiderstände nötige Druckdifferenz hervorruft. Diese Bewegungswiderstände, welche wir durch die Abkürzungen ζ mit Hilfe der Formeln (2) und (4) bzw. durch die Widerstandshöhe h' summarisch eingeführt haben, sind in Wirklichkeit wegen des Einbaues von Absperr- und Reguliervorrichtungen meist ziemlich komplizierter Natur, ohne daß hierdurch das Schlußergebnis (6a) geändert wird.

Das Äquivalent der Widerstandsarbeit ist natürlich in der Wärmezufuhr Q' mit enthalten, welche ihrerseits, da im ganzen System keine äußere Arbeit geleistet oder verzehrt wird, mit der Wärmeabfuhr Q'' übereinstimmen muß. Bezeichnen wir die in der Sekunde zirkulierende Menge mit G, die Temperaturdifferenz zwischen Steig- und Fallrohr mit $\vartheta_2 - \vartheta_1$ und die spezifische Flüssigkeitswärme mit c, so ist, wenn A das Wärmeäquivalent der Arbeitseinheit bedeutet,

$$Q' = Q'' = Gc(\vartheta_2 - \vartheta_1) + AGh \quad . \quad . \quad . \quad (7).$$

Bezeichnet man ferner den Ausdehnungskoeffizienten der Flüssigkeit mit α, so wird, wenn γ_0 das spezifische Gewicht bei 0^0 ist, für ϑ_1 bzw. ϑ_2 ^{0} Cels.

$$\left.\begin{aligned} \gamma_1 &= \frac{\gamma_0}{1+\alpha\vartheta_1} \sim \gamma_0(1-\alpha\vartheta_1) \\ \gamma_2 &= \frac{\gamma_0}{1+\alpha\vartheta_2} \sim \gamma_0(1-\alpha\vartheta_2) \end{aligned}\right\} \quad . \quad . \quad . \quad (8)$$

oder angenähert

$$\gamma_1 - \gamma_2 = \gamma_0\alpha(\vartheta_2 - \vartheta_1) \quad . \quad . \quad . \quad . \quad (8\,a).$$

Damit aber wird aus (6a) unter Vernachlässigung des kleinen Unterschiedes von γ_0 und dem Mittelwerte γ

$$h = \frac{\Sigma\zeta w^2}{2g\alpha(\vartheta_2 - \vartheta_1)} = \frac{h'}{\alpha(\vartheta_2 - \vartheta_1)} \quad . \quad . \quad (6\,b)$$

und aus (7)

$$Q' = Q'' = Gc(\vartheta_2 - \vartheta_1) + \frac{AG\Sigma\zeta w^2}{2g\alpha(\vartheta_2 - \vartheta_1)} \quad . \quad (7\,a),$$

worin allerdings das zweite Glied trotz seiner ausschlaggebenden Bedeutung für die Aufrechterhaltung des Umlaufes meist so klein gegen das erste ausfällt, daß man unbedenklich

$$Q' = Q'' = Gc(\vartheta_2 - \vartheta_1) \quad . \quad . \quad . \quad . \quad (7\,b)$$

setzen darf. Zu den Formeln (6b) und (7b) tritt dann noch die Kontinuitätsgleichung

$$G = Fw\gamma \quad . \quad . \quad . \quad . \quad . \quad . \quad . \quad . \quad (9),$$

mit deren Hilfe wir die Stromgeschwindigkeit eliminieren sowie bei vorgelegter Höhe und Wärmeübertragung $Q' = Q''$ die Temperaturdifferenz $\vartheta_2 - \vartheta_1$ und die umlaufende Menge G zu berechnen imstande sind. Die absolute Höhe der Temperaturen ϑ_2 und ϑ_1 ergibt sich schließlich aus der Wärmeübertragung[1]) durch die Heizflächen im Zu- und Abfuhrapparat.

Von der Erniedrigung des spezifischen Gewichtes einer Flüssigkeitssäule macht man in neuerer Zeit auch Gebrauch zur

---

[1]) Vgl. Lorenz, Techn. Wärmelehre. München und Berlin 1904. S. 448, § 38.

Förderung von Wasser oder Salzsole aus tiefen Bohrlöchern, deren beschränkte Weite die Einbringung von Pumpen nicht gestattet. Man behilft sich in diesem Falle durch Beimischung von Druckluft, welche im aufsteigenden Strome expandiert und dabei die zur Hebung nötige Arbeit leistet. Die hierzu verwendeten Druckluftflüssigkeitsheber (auch Mammuthpumpen genannt) (Fig. 66) bestehen in der Hauptsache aus einem weiteren Rohr A zur Förderung der mit Luft gemischten Flüssigkeit, einem engeren Druckluftrohr B und einem in der Tiefe h'' unter dem Flüssigkeitsspiegel liegenden Fußstück C, in dem die Mischung beider Ströme erfolgt. Der an dieser Vereinigungsstelle herrschende Druck sei p_1, w'' die Geschwindigkeit der von unten herankommenden noch reinen Flüssigkeit G'' kg/Sek. mit dem spezifischen Gewicht γ'', so daß, wenn auf dem Spiegel der Atmosphärendruck p_0 lastet, mit einem Widerstandskoeffizienten ζ''

$$h'' - \frac{p_1 - p_0}{\gamma''} = \frac{w''^2}{2g}(1 + \zeta'') \quad (10)$$

wird. Ist dann γ_1' das spezifische Gewicht der von einem Kompressor mit dem Drucke p_2 ankommenden Druckluftmenge G' kg/Sek. und w' ihre Eintrittsgeschwindigkeit in das Fußstück C, so darf, wenn p_2 sich nur wenig von p_1 unterscheidet, die Änderung von γ' auf dem Wege BC vernachlässigt und angenähert

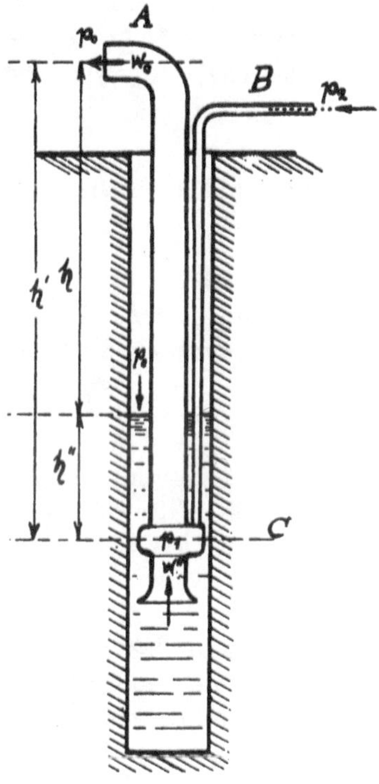

Fig. 66.

$$h' - \frac{p_1 - p_2}{\gamma_1'} = \frac{w'^2}{2g}(1 + \zeta') \quad . \quad . \quad . \quad . \quad (11)$$

gesetzt werden. Im Steigrohr A findet dagegen im allgemeinen eine so starke Expansion der Luft statt, daß wir für den Weg des Gemisches von C nach A auf die allgemeine Gleichung (1) zurückgreifen müssen, in der γ jetzt das variable spezifische Gewicht des Gemisches $G' + G''$ und

$$\frac{G' + G''}{\gamma} = \frac{G'}{\gamma'} + \frac{G''}{\gamma''} \quad . \quad . \quad . \quad . \quad . \quad (12)$$

dessen Volumen darstellt, in dem γ'' konstant, γ' dagegen mit dem Drucke p veränderlich ist. Infolge der Mischung der Druckluft mit der Flüssigkeit wird die Zustandsänderung der ersteren nahezu vollständig isotherm erfolgen, so daß wir unter γ_0' das spezifische Luftgewicht bei Atmosphärendruck p_0 verstanden,

$$\frac{\gamma'}{\gamma_0'} = \frac{p}{p_0} \quad . \quad . \quad . \quad . \quad . \quad . \quad . \quad (13)$$

und damit an Stelle von (12)

$$\frac{1}{\gamma} = \frac{G'}{G' + G''} \cdot \frac{p_0}{p\,\gamma_0'} + \frac{G''}{G' + G''} \cdot \frac{1}{\gamma''} \quad . \quad (12\,a)$$

schreiben dürfen. Eingesetzt in die Grundformel (1) ergibt dies für das vertikale Steigrohr mit $ds = dz$ die Differentialgleichung

$$dz - \frac{G'}{G' + G''} \cdot \frac{p_0}{\gamma_0'} \frac{dp}{p} - \frac{G''}{G' + G''} \frac{dp}{\gamma''} = \frac{w\,dw}{g} + \frac{\mu\,w^2}{g\,F^\nu}\,dz \quad (1\,a),$$

deren Integration, wenn wir den willkürlichen Bezugshorizont OO durch die Mitte des Steigrohrausgusses (Fig. 66) legen, zwischen den Grenzen $z = h'$ und $z = 0$ zu erfolgen hat. Dabei wollen wir der Einfachheit halber die Eintrittsgeschwindigkeit der Luft w' und der Flüssigkeit w'' in das Fußstück einander gleich setzen, also den etwaigen Stoßverlust an dieser Stelle vernachlässigen und außerdem noch unter Einführung eines Widerstandskoeffizienten ζ für das Steigrohr mit der Ausflußgeschwindigkeit w_0

$$\frac{\mu}{g} \int_{h'}^{0} \frac{w^2}{F^\nu}\,dz = \frac{\zeta\,w_0^2}{2\,g} \quad . \quad . \quad . \quad . \quad . \quad . \quad (14)$$

setzen. Alsdann liefert die Integration von (1 a) für das Steigrohr

$$-h' + \frac{G'}{G' + G''} \frac{p_0}{\gamma_0'} \lg n \frac{p_1}{p_0} + \frac{G''}{G' + G''} \frac{p_1 - p_0}{\gamma''} = \frac{w_0^2 - w''^2}{2\,g} + \frac{\zeta\,w_0^2}{2\,g} \quad . \quad . \quad . \quad . \quad . \quad . \quad (15)$$

und nach Addition zu (10) wegen $h' - h'' = h$

$$\frac{G'}{G'+G''}\left(\frac{p_0}{\gamma_0'}\lg n\frac{p_1}{p_0}-\frac{p_1-p_0}{\gamma''}\right)=h+\frac{w_0^2}{2g}(1+\zeta)$$
$$+\zeta''\frac{w''^2}{2g}\quad . \quad . \quad . \quad . \quad . \quad . \quad . \quad (16).$$

Da nun das spezifische Flüssigkeitsgewicht γ'' außerordentlich viel größer (etwa das 800 fache) als dasjenige von γ_0' der Luft unter Atmosphärendruck ist, so darf das zweite Glied in der Klammer links unbedenklich gegen das erste und ebenso das Luftgewicht G' gegen das Flüssigkeitsgewicht G'' im Nenner vernachlässigt und an Stelle von (16), kürzer

$$\frac{G'}{G''}\frac{p_0}{\gamma_0'}\lg n\frac{p_1}{p_0}=h+\frac{w_0^2}{2g}(1+\zeta)+\zeta''\frac{w''^2}{2g}\quad . \quad . \quad (16\,a)$$

geschrieben werden. Diese Formel stellt, wenn wir wegen der Geringfügigkeit der Pressungsunterschiede in der Luftleitung zwischen B und C von der weiteren Verwendung von (11) gänzlich absehen, oder was auf dasselbe hinausläuft, den Druck p_1 mit der Kompressorspannung p_2 selbst identifizieren, schon die Energiegleichung des Druckluftflüssigkeitshebers dar. Da weiterhin

$$L'=\frac{G'p_0}{\gamma_0'}\lg n\frac{p_1}{p_0}\quad . \quad . \quad . \quad . \quad . \quad . \quad (17)$$

die isotherme Kompressionsarbeit der Luft und

$$L''=G''h\quad . \quad . \quad . \quad . \quad . \quad . \quad . \quad (18)$$

die geleistete Hubarbeit der Flüssigkeit bedeutet, so ist

$$\eta=\frac{L''}{L'}=\frac{G''h\gamma_0'}{G'p_0\lg n\dfrac{p_1}{p_0}}\quad . \quad . \quad . \quad . \quad . \quad (19)$$

der hydraulische Wirkungsgrad der ganzen Vorrichtung, der unter sonst gleichen Verhältnissen dem Verhältnis $G'':G'$ proportional, also für eine vorgeschriebene Fördermenge um so größer ausfällt, je kleiner der Luftbedarf ist. Um die größte Fördermenge zu ermitteln, führen wir in (16a) noch die Volumina durch die Beziehungen

$$G'=V'\gamma_0',\quad G''=V''\gamma''\quad . \quad . \quad . \quad . \quad . \quad (20)$$

ein und eliminieren mit Hilfe des konstanten Steigrohrquerschnittes F die Geschwindigkeiten

$$w''=\frac{V''}{F},\quad w_0=\frac{V'+V''}{F}\quad . \quad . \quad . \quad . \quad (21).$$

Alsdann wird aus (16a)

$$\frac{V'}{V''}\frac{p_0}{\gamma''}\lg n\frac{p_1}{p_0} = h + \frac{1+\zeta}{2\,g\,F^2}(V'+V'')^2 + \frac{\zeta''}{2\,g\,F^2}V''^2 \quad (16\text{b})$$

und liefert als Bedingung für ein Maximum von V'' bzw. G'' mit $\frac{d\,V''}{d\,V'} = 0$

$$\frac{1}{V''}\frac{p_0}{\gamma''}\lg n\frac{p_1}{p_0} = \frac{1+\zeta}{g\,F^2}(V'+V'') \quad . \; . \; . \quad (22)$$

oder nach Elimination der Pressungen aus (16a)

$$(1+\zeta)(V'^2 - V''^2) = 2\,g\,h\,F^2 + \zeta''\,V''^2 \quad . \; . \quad (22\text{a}).$$

Beispielsweise sei ein Bohrloch von $D'' = 200$ mm Weite gegeben, aus welchem in der Sekunde höchstens $V'' = 7$ l $= 0{,}007$ cbm Wasser (vom spezifischen Gewicht $\gamma'' = 1000$ kg/cbm) auf eine Höhe von $h = 15$ m zu fördern sind. Das Steigrohr habe einen lichten Durchmesser von $D = 80$ mm $= 0{,}08$ m, seine Gesamtlänge werde vorläufig zu $l = 36$ m angenommen einschließlich der Eintauchung h'' unter dem Spiegel und des Ausgußkrümmers über dem Boden. Daraus berechnet sich nach Gleichung (12a), § 11, der Widerstandskoeffizient

$$\zeta = 0{,}02\,\frac{l}{D} = 0{,}02\,\frac{36}{0{,}08} = 9,$$

während $\zeta'' = 2$ geschätzt werden möge. Mit $F = \frac{\pi}{4}D^2 = 0{,}005$ qm folgt zunächst $w_1 = 1{,}4$ m/Sek. und aus (22a) die Luftzufuhr für die vorgeschriebene höchste Fördermenge

$$V' = 0{,}0282 \text{ cbm/Sek.} = 28{,}2 \text{ l} \sim 4\,V''$$

sowie aus (22)

$$\lg n\frac{p_1}{p_0} = 0{,}974$$

oder

$$p_1 = 2{,}65\,p_0,$$

was mit $p_0 = 10\,330$ kg/qm nach (10) einer Eintauchtiefe von

$$h'' = \frac{w''^2}{2\,g}(1+\zeta'') + \frac{p_1 - p_0}{\gamma''} = 0{,}3 + \frac{1{,}65\,p_0}{\gamma''} = 17{,}34 \text{ m}$$

entspricht. Der Wirkungsgrad des Hebers für die Maximalleistung wird dann aus (19) mit (20)

$$\eta = \frac{V''\,h\,\gamma''}{V'\,p_0\lg n\frac{p_1}{p_0}} = \frac{0{,}007\cdot 15\cdot 1000}{0{,}0282\cdot 10\,330\cdot 0{,}974} = 0{,}37.$$

Berechnet man nun mit denselben Werten von ζ, ζ'', h und p_1 den Luftbedarf V' mit dem Wirkungsgrad η des Hebers für andere

Fördervolumina $V'' < 0{,}007$ aus der für V' quadratischen Gleichung (16b), so ergeben sich stets je zwei Werte, welche nur für die obige Maximalleistung zusammenfallen, und zwar

für V'' cbm	V' cbm	η
0	0 und ∞	1 und 0
0,01	0,0016 » 0,50	0,94 » 0,003
0,03	0,005 » 0,153	0,90 » 0,030
0,05	0,010 » 0,078	0,74 » 0,100
0,07	0,028	0,37

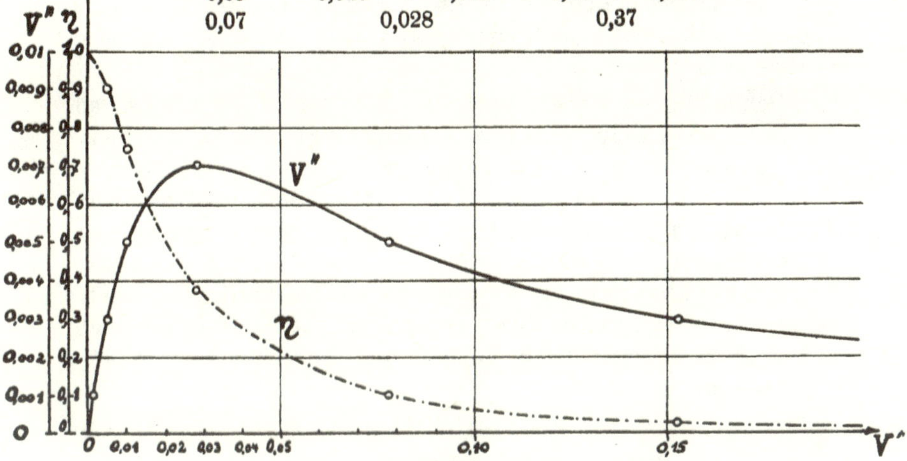

Fig. 67.

entsprechend dem Diagramm Fig. 67, in welchem die Kurve der V'' als Funktion von V' ausgezogen, die der η als Funktion von V' dagegen gestrichelt, beide mit verschiedenem Abszissen- und Ordinatenmaßstab eingetragen sind.

Daraus geht hervor, **daß der hydraulische Wirkungsgrad des Hebers mit zunehmender Luftmenge dauernd abnimmt, während die Fördermenge erst bis zu einem Höchstwerte ansteigt, um dann asymptotisch zu sinken.** Dieses Verhalten wird durch Versuche von Prof. Josse[1]) durchaus bestätigt, so daß der Druckluftflüssigkeitsheber für mäßige Fördermengen im Gegensatz zu den Strahlapparaten als eine Vorrichtung zu bezeichnen ist, welche

[1]) Josse, Über Druckluftwasserheber, Zeitschr. d. Ver. d. Ing. 1898. Vgl. auch denselben Verfasser: Mitteilungen aus dem Maschinenlaboratorium der Techn. Hochschule Berlin, II. Heft, München 1899.

die verfügbare Energie ganz leidlich ausnutzt. Für sehr kleine Fördermengen, für welche der Wirkungsgrad der Einheit nahekommt, der Heber also eine fast vollkommene Energieausnutzung erzielt, kann allerdings nicht mehr auf eine regelmäßige Wirksamkeit gerechnet werden, vielmehr würden in diesem Falle lediglich Luftblasen im Steigrohre aufsteigen, ohne die Flüssigkeitssäule als Ganzes in Bewegung zu setzen. Auch würde hierbei der hauptsächlich durch die Anlagekosten des Bohrlochs bedingte wirtschaftliche Wirkungsgrad bald unter die zulässige Grenze herabsinken.

Schließlich sei noch bemerkt, daß die in physikalischen Laboratorien häufig verwendeten Sprengelschen Quecksilberluftpumpen, bei denen die Luft durch eine fallende Quecksilbersäule mitgeführt und auf atmosphärischen Druck verdichtet wird, nichts als eine Umkehrung der oben besprochenen Heber darstellen. Dasselbe gilt auch von den sog. Wassertrommelgebläsen zur Erzeugung von Druckluft für Hüttenprozesse in Gebirgsgegenden. Beide Vorrichtungen lassen sich mit unseren Formeln nach Umkehr des Vorzeichens der Widerstandsglieder berechnen.

§ 15. Die gleichförmige Strömung in offenen Wasserläufen.

Kennzeichnung offener Wasserläufe. Profil, Profilquerschnitt, benetzter Umfang und Profilradius. Spiegelsenkung, relatives Gefälle. Spiegelgeschwindigkeit und mittlere Stromgeschwindigkeit. Gleichungen von Prony, Eytelwein und Bazin. Einfluß der Wandrauhigkeit. Rechteckige Querschnitte. Einfluß von Brückenpfeilern.

Unter offenen Wasserläufen oder Leitungen mit freiem Spiegel versteht man sowohl die natürlichen Bäche, Flüsse und Ströme, als auch die künstlichen Kanäle, Gräben und Gerinne. Die ersteren verdanken ihre Entstehung der Auswaschung (Erosion) des Bodens durch abfließendes Niederschlagswasser und sind, da diese Wirkung dauernd anhält, sowohl bezüglich ihres als Profil benannten Querschnitts, als auch ihrer Längsform fortwährenden Änderungen unterworfen, denen man in Kulturstaaten durch Regulierung der Ufer und Ausbaggerung der Sohle begegnet. Dadurch wird gleichzeitig ein Übergang zu den künstlichen Wasserläufen geschaffen, von denen die Kanäle vorwiegend der Schiffahrt unter tunlichster Berücksichtigung der landwirtschaftlichen Be- und Entwässerung dienen. Die in das Gelände ohne besondere Uferbauten eingeschnittenen Gräben sind neben dem letzteren Zwecke auch noch der Zu- und Abfuhr von Wasser für hydraulische Kraftanlagen gewidmet, welche für die mit künstlichen Wandungen (aus Holz, Eisen, Mauerwerk, Beton) versehenen Gerinne die fast ausschließliche Aufgabe bilden.

In allen diesen natürlichen und künstlichen Wasserläufen vollzieht sich die Strömung unter dem Einfluß der Erdbeschleunigung und von Widerständen, welche außer der inneren Reibung auf die Wandreibung an der festen Begrenzung und die Wechselwirkung mit der Atmosphäre am offenen Spiegel zurückzuführen sind. Der zuletzt genannte Einfluß macht sich erfahrungsgemäß nur dann praktisch geltend, wenn die Stromgeschwindigkeit sehr groß, oder die über dem Spiegel befindliche Luft (durch Wind) stark bewegt ist, und kann unter normalen Verhältnissen vernachlässigt werden. Somit stellt der offene Wasserlauf infolge des herrschenden Atmosphärendruckes auf der freien Oberfläche als Ganzes einen Stromfaden dar, in dem die auch hier angenähert vorauszusetzende stationäre Parallelströmung ohne Änderung des Druckes nach Gleichung (9a) § 10

$$g \frac{dz}{ds} = w \frac{dw}{ds} + \varkappa \frac{w}{F} + \mu \frac{w^2}{F^\nu} \quad . \quad . \quad . \quad . \quad (1)$$

erfolgt, worin das zweite und dritte Glied rechts der inneren bzw. der Wandreibung entsprechen. Da die letztere unter Vernachlässigung der Wechselwirkung mit der Atmosphäre sich nur auf den benetzten Umfang u des Querschnitts F erstreckt, so erscheint es zweckmäßig, diese Größe einzuführen, wobei man an die Erfahrung anknüpft, daß für kreisrunde Rohre der Exponent $\nu = 0{,}5$ sich ergab, so daß man auch für einen Radius r mit einer neuen Konstanten λ

$$\frac{\mu}{F^\nu} = \frac{\mu}{r\sqrt{\pi}} = \frac{\lambda}{2\,r} \quad . \quad . \quad . \quad . \quad . \quad . \quad (2)$$

setzen konnte. Diese Formel überträgt man in der Tat in der praktischen Hydraulik auf unseren Fall der Strömung in offenen

Wasserläufen mit beliebig geformtem Profilquerschnitt F, wobei man den Quotienten

$$r = \frac{F}{u} \quad . \quad . \quad . \quad . \quad . \quad . \quad . \quad . \quad (3)$$

als den mittleren Profilradius bezeichnet. Der Differentialquotient

$$\frac{dz}{ds} = \chi \quad . \quad . \quad . \quad . \quad . \quad . \quad . \quad . \quad (4)$$

bildet ein Maß der Spiegelsenkung in der Bewegungsrichtung und heißt das relative Spiegelgefälle. Demgemäß müßte man auch unter w in Gleichung (1) die mittlere Spiegelgeschwindigkeit verstehen, da nur an der Oberfläche des offenen Wasserlaufes der Druck konstant ist und darum seine Ableitung $dp : ds$ in Gleichung (1) verschwindet, während dies für das Innere der Strömung im allgemeinen nicht zutrifft. Trotzdem spricht man in der praktischen Hydraulik w durchweg als mittlere Stromgeschwindigkeit an, identifiziert diese aber kurzerhand mit der mittleren Spiegelgeschwindigkeit, was streng genommen für jeden Einzelfall nachzuprüfen wäre. Die mittlere Stromgeschwindigkeit selbst ist durch das in der Zeiteinheit das Profil durchfließende Wasservolumen

$$V = w \cdot F = \int w\, dF \quad . \quad . \quad . \quad . \quad . \quad . \quad (5)$$

definiert und wird für ein vorgelegtes Profil durch Messung der Wassergeschwindigkeit[1]) an einer Anzahl gesetzmäßig darüber verteilter Punkte und graphische Auswertung des Integrals (5) bestimmt. Verbindet man dann, wie in Fig. 68 angedeutet, alle Punkte gleicher Geschwindigkeit, so erhält man Kurven, welche sich außen dem Profilumfang anschmiegen und den etwas unter dem Spiegel liegenden Punkt höchster Geschwindigkeit umgeben, zum größten Teile aber im Spiegel endigen. Alle Versuche, die Geschwindigkeitsverteilung über ein vorgelegtes Profil durch eine Formel auszudrücken, sind bisher gescheitert, da noch nicht einmal feststeht, ob die Geschwindigkeit am benetzten Umfang verschwindet oder nicht.

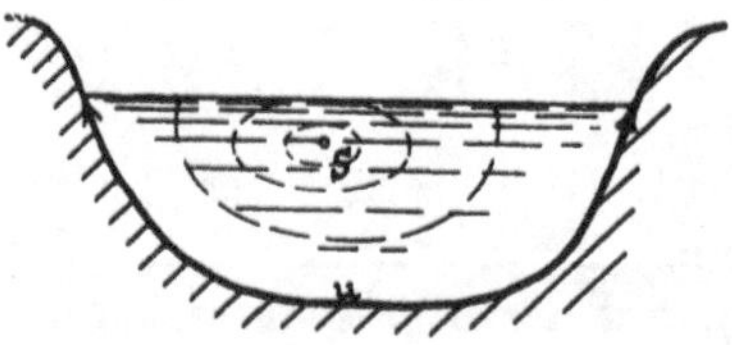

Fig. 68.

[1]) Auf die zur Messung der Wassergeschwindigkeit dienenden Vorrichtungen kommen wir später zurück.

Führen wir nunmehr die Ausdrücke (2) und (4) in die Grundformel (1) ein, so lautet dieselbe nach Division mit g

$$\chi = \frac{w}{g}\frac{dw}{ds} + \frac{\varkappa}{g}\frac{w}{F} + \frac{\lambda}{2g}\frac{w^2}{r} \quad . \quad . \quad . \quad . \quad (6)$$

oder für den Sonderfall der gleichförmigen Strömung (mit konstanter mittlerer Stromgeschwindigkeit) nach Multiplikation mit r

$$r\chi = \frac{\varkappa}{g}\frac{w}{u} + \frac{\lambda}{2g}w^2 \quad . \quad . \quad . \quad . \quad . \quad . \quad (6a),$$

Diesem Ausdruck entspricht eine ältere empirische Formel von Prony mit den Konstanten

$$\frac{\varkappa}{gu} = 0{,}000044, \quad \frac{\lambda}{2g} = 0{,}00031,$$

während Eytelwein

$$\frac{\varkappa}{gu} = 0{,}000024, \quad \frac{\lambda}{2g} = 0{,}00037$$

vorschlug. Da der benetzte Umfang u hierbei in der Konstanten des ersten Gliedes erscheint, so fällt sein Einfluß scheinbar ganz aus der empirischen Formel heraus, was wohl nur durch die absolute Kleinheit des in w linearen Gliedes praktisch zu erklären ist. Dieser letztere Umstand rechtfertigt auch, an Stelle von (6a)

$$r\chi = \frac{w^2}{2g}\left(\lambda + \frac{2\varkappa}{uw}\right)$$

zu schreiben und im zweiten Glied der Klammer angenähert

$$w = \sqrt{\frac{2gr\chi}{\lambda}}$$

zu setzen, wodurch

$$r\chi = \lambda\frac{w^2}{2g}\left(1 + \frac{2\varkappa}{u\sqrt{2gr\chi\lambda}}\right)$$

oder mit einer neuen Konstanten $\varkappa_0$ unter der Annahme einer verschwindenden Veränderlichkeit des Produktes $u\sqrt{\chi}$

$$r\chi = \frac{\lambda w^2}{2g}\left(1 + \frac{\lambda\varkappa_0}{\sqrt{r}}\right)$$

wird. Dafür kann man natürlich auch schreiben

$$\lambda_0\sqrt{r\chi} = w\left(1 + \frac{\varkappa_0}{\sqrt{r}}\right) \quad . \quad . \quad . \quad . \quad . \quad (6b),$$

worin nach Bazin $\lambda_0 = 87$ und der sog. Rauhigkeitsfaktor

$\varkappa_0 = 0{,}06$ für Wände aus gehobeltem Holz oder Zement,
0,16 » » » ungehobeltem Holz oder Quadern,
0,47 » » » Bruchsteinmauerwerk,
1,30 » » » Erde,
1,75 » » » Geröll

zu setzen wäre. Außer den angeführten Formeln sind in der praktischen Hydraulik noch eine ganze Menge anderer in Gebrauch[1]), deren Begründung, wenn eine solche überhaupt versucht wurde, stets auf willkürlichen Voraussetzungen oder zufälligen Beobachtungen beruht, von denen ja, wie wir gesehen haben, auch die Formeln von Prony, Eytelwein und Bazin nicht frei sind. Es ist daher kein Wunder, daß diese Formeln untereinander und im Vergleich mit direkten Messungen oft die größten Abweichungen zeigen. Vorläufig erscheint es wohl als das richtigste, an der Gleichung (6a) festzuhalten, und gegebenenfalls das meist nur kleine, in w lineare Glied einfach wegzulassen, womit

$$r\chi = \frac{\lambda}{2g} w^2 \quad . \quad . \quad . \quad . \quad . \quad . \quad . \quad (6\text{c})$$

wird. Da in Flüssen und Kanälen die Breite b fast immer groß gegen die mittlere Tiefe h ausfällt, so kann der benetzte Umfang u unbedenklich mit der Breite selbst verwechselt werden. Mit $u = b$ folgt aber aus (3) wegen $F = hb$

$$r = h \quad . \quad . \quad . \quad . \quad . \quad . \quad . \quad . \quad (3\text{a}),$$

so daß also der mittlere Radius mit der mittleren Tiefe nahezu übereinstimmt. Handelt es sich um die Anlage künstlicher Wasserläufe (Kanäle oder Gerinne für hydraulische Kraftanlagen, so ist stets neben der größten Wassermenge V in cbm/Sek. das gesamte Spiegelgefälle gegeben, aus dem sich zunächst bei konstanter Neigung das relative Gefälle χ durch Division mit der Kanallänge berechnet. Weiterhin darf auch

[1]) Eine kritische Zusammenstellung derselben enthält der Artikel Forchheimers »Hydraulik« in der Enzyklopädie der math. Wissenschaften, Bd. IV 2 (Mechanik), eine Vergleichstabelle von Resultaten solcher Formeln mit Messungsergebnissen gibt Rühlmann auf S. 410 seiner im übrigen ganz veralteten »Hydromechanik«. 2. Aufl. Hannover 1880.

noch die Kanalbreite b nicht über ein bestimmtes Maß mit Rücksicht auf den Bodenwert ausgedehnt werden. Alsdann folgt mit (4a) und

$$V = Fw = bh \cdot w \quad \ldots \ldots \quad (7)$$

aus (6c)

$$\lambda V^2 = 2\, g \chi b^2 h^3 \quad \ldots \ldots \quad (8)$$

zur Berechnung der mittleren Tiefe h.

Für Kanäle mit rechteckigem Querschnitt (Fabrikgerinne) ist dagegen

$$u = b + 2\, h \quad \ldots \ldots \quad (9),$$

mithin

$$r = \frac{F}{u} = \frac{b\, h}{b + 2\, h} \quad \ldots \ldots \quad (3b).$$

Damit aber geht unter gleichzeitiger Beachtung von (7) Gleichung (6c) über in

$$\lambda V^2 = 2\, g \chi \frac{b^3 h^3}{b + 2\, h} \quad \ldots \ldots \quad (10),$$

wofür man für flache Kanäle auch angenähert

$$\lambda V^2 = 2\, g \chi b^2 h^3 \left(1 - 2\, \frac{h}{b}\right) \quad \ldots \quad (10a)$$

setzen kann. Diese Formel bietet natürlich gegenüber (10) keinen Vorteil, wenn die Tiefe h aus der Breite b bei vorgelegter Wasserführung V und gegebenem Gefälle zu berechnen ist, wohl aber für die Ermittlung der Breite b bei vorgeschriebener (kleiner) Tiefe h unter sonst gleichen Verhältnissen.

Geht ein Fluß oder Kanal von der Breite b_1 und der Tiefe h_1 in einen solchen über mit den Werten b und h ohne Änderung des Sohlengefälles, so wird sich auch im zweiten Falle eine gleichförmige Strömung einstellen, so zwar, daß bei derselben Wasserführung V

$$b^2 h^3 \left(1 - 2\, \frac{h}{b}\right) = b_1^2 h_1^3 \left(1 - 2\, \frac{h_1}{b_1}\right)$$

oder

$$\frac{h^3}{h_1^3} = \frac{b_1^2}{b^2} \left(1 - 2\, \frac{h_1}{b_1} + 2\, \frac{h}{b}\right) \quad \ldots \ldots \quad (11).$$

Setzt man innerhalb der Klammer in erster Annäherung $h = h_1 \left(\frac{b_1}{b}\right)^{\frac{2}{3}}$, so wird daraus

$$\frac{h}{h_1} = \left(\frac{b_1}{b}\right)^{\frac{2}{3}} \left\{1 - \frac{2}{3}\, \frac{h_1}{b_1} \left(1 - \left(\frac{b_1}{b}\right)^{\frac{5}{3}}\right)\right\} \quad \ldots \quad (11a)$$

oder umgekehrt

$$\frac{b}{b_1} = \left(\frac{h_1}{h}\right)^{\frac{3}{2}} \left\{1 - \frac{h_1}{b_1}\left(1 - \left(\frac{h}{h_1}\right)^{\frac{5}{2}}\right)\right\} \quad . \quad . \quad . \quad \text{(11b)}.$$

Nach diesen Formeln berechnet man entweder die Spiegelerhebung $h - h_1$, den sog. Stau, infolge der Breitenänderung etwa durch Einbau von Brückenpfeilern, oder umgekehrt deren Breite, wenn der Stau eine gewisse Höhe nicht überschreiten soll.

§ 16. Ungleichförmige Strömung in offenen Wasserläufen.

Querschnittsänderungen in der Stromrichtung, mittlere Tiefe im Profil. Spiegelgefälle und Sohlengefälle. Flüsse und Wildbäche; Bedingungen für beschleunigte und verzögerte Strömung. Staukurven und Wassersprung. Angenäherte Berechnung des Rückstaues. Genauere Berechnung der Staukurve mit Tafeln von Bresse. Wellenförmiger Verlauf der Sohle und des Spiegels.

Erleidet der Querschnitt F eines offenen Wasserlaufes Änderungen, so wird hiervon auch die mittlere Stromgeschwindigkeit betroffen, da die Wasserführung

$$V = Fw \quad . \quad . \quad . \quad . \quad . \quad . \quad . \quad (1)$$

bei stationärer Bewegung für alle Querschnitte denselben Wert besitzt. In diesem Falle müssen wir daher auf die Gleichung (6) des vorigen Paragraphen zurückgreifen, welche nach Unterdrückung des in w linearen, relativ kleinen Gliedes die Form

$$\chi = \frac{w}{g}\frac{dw}{ds} + \frac{\lambda}{2g}\frac{w^2}{r} \quad . \quad . \quad . \quad . \quad . \quad (2)$$

annimmt. Für breite Wasserläufe, die wir hier allein im Auge haben, darf wieder der mittlere Profilradius r mit der mittleren Tiefe verwechselt werden, durch deren Veränderlichkeit in der Stromrichtung diejenige des Querprofils F allein bedingt sein möge. Bezeichnen wir diese mittlere Tiefe mit y, so ist demnach

$$F = by, \; r = y \quad . \quad . \quad . \quad . \quad . \quad . \quad (3)$$

und daher für (1)

$$w \cdot y = \frac{V}{b} = w_1 y_1 \quad . \quad . \quad . \quad . \quad . \quad (1\,a)$$

zu setzen, worin w_1 und y_1 die Geschwindigkeit und mittlere Tiefe an einem sonst willkürlich gewählten Querprofil bedeuten mögen. Da infolge der ungleichförmigen Strömung auch das Spiegelgefälle χ nicht mehr konstant ist, so empfiehlt es sich, an dessen Stelle das Sohlengefälle χ_1 einzuführen, welches nach Fig. 69, in der dz die absolute Spiegelsenkung, dz_1 die Senkung der Sohle auf dem Wegelemente ds im Längenprofil bedeutet,

$$\chi = \frac{dz}{ds} = \frac{dz_1}{ds} - \frac{dy}{ds} = \chi_1 - \frac{dy}{ds} \quad (2)$$

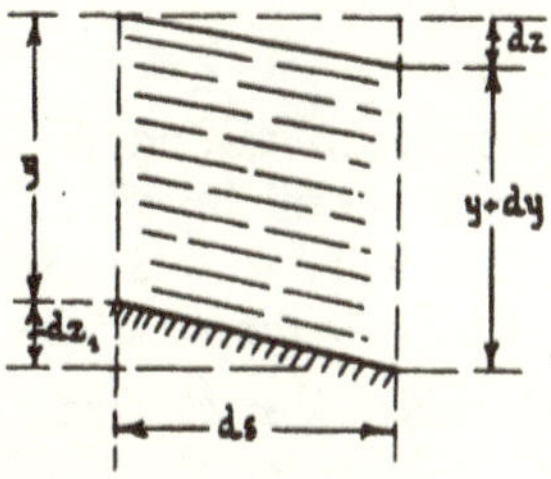

Fig. 69.

ist. Hiermit sowie nach Elimination der Geschwindigkeit w durch (1 a) und mit $r = y$ geht (2) über in

$$\chi_1 = \left(1 - \frac{w_1^2 y_1^2}{g y^3}\right)\frac{dy}{ds} + \frac{\lambda}{2}\frac{w_1^2 y_1^2}{g y^3} \quad . \; . \; . \quad (2\,\mathrm{a}).$$

oder

$$\frac{dy}{ds}\left(1 - \frac{w^2}{gy}\right) = \chi_1 - \frac{\lambda}{2}\frac{w^2}{gy} \quad . \; . \; . \; . \quad (2\,\mathrm{b}),$$

wofür wir mit den Abkürzungen

$$\left.\begin{aligned} \frac{\lambda}{2\chi_1}\frac{w_1^2 y_1^2}{g} &= \frac{\lambda}{2\chi_1}\frac{w^2 y^2}{g} = h^3 \\ \frac{w_1^2 y_1^2}{g} &= \frac{w^2 y^2}{g} = k^3 \end{aligned}\right\} \quad . \; . \; . \quad (5)$$

auch schreiben dürfen

$$\frac{dy}{ds}(y^3 - k^3) = \chi_1 (y^3 - h^3) \quad . \; . \; . \; . \quad (2\,\mathrm{c}).$$

Hierin stellen k und h Wassertiefen dar, welche im allgemeinen nicht übereinstimmen. Da in diesem Falle ($h \gtrless k$) für $y = h$ die Ableitung $dy : ds = 0$ wird, y also unverändert bleibt, so bedeutet h nichts anderes als die mittlere Tiefe der gleichförmigen Strömung, entsprechend den Formeln (6 c) und (3 a) des letzten Paragraphen. Anderseits bestimmt $y = k$ die Lage solcher Punkte des Spiegels, für welche $dy : ds = \pm \infty$ wird, während für $h = k$, $dy : ds = \chi_1$ und damit der Spiegel sich trotz der Strömung horizontal einstellt. Dies setzt aber nach (5) unter Benutzung des im vorigen Paragraphen angeführten Eytelweinschen Wertes für λ ein Sohlengefälle

$$\chi_1 = \frac{\lambda}{2} = 0{,}0038 \quad . \; . \; . \; . \; . \quad (6)$$

voraus, welches schon als sehr erheblich bezeichnet werden muß.

Wir werden demnach in der Folge die beiden Fälle

$$h > k \text{ oder nach (5) } \chi_1 < \frac{\lambda}{2}$$

$$h < k \text{ oder nach (5) } \chi_1 > \frac{\lambda}{2}$$

unterscheiden und Wasserläufe der ersten Art mit De St. Venant als gewöhnliche oder Flüsse, solche der zweiten Art als Wildbäche oder Wildwasser bezeichnen. In den ersteren erhalten wir für positive Gefälle $\chi_1 > 0$, solange $y > h$ bleibt, stets $dy : ds > 0$, also mit zunehmender Tiefe eine verzögerte Strömung, in letzteren dagegen eine solche, solange $y < h$ bleibt. Eine Beschleunigung ist dagegen nur möglich bei abnehmender Tiefe, also mit $dy : ds < 0$, setzt also für positive Gefälle voraus, daß $y^3 - k^3$ und $y^3 - h^3$ in Gleichung (2c) verschiedene Vorzeichen besitzen. Dies führt für Flüsse ($h > k$) auf die Bedingung

$$h > y > k,$$

für Wildwasser ($h < k$) dagegen auf

$$h < y < k.$$

Weiterhin folgt aus (2c), daß für $y = h$ die Ableitung $dy : ds = 0$ wird, d. h. daß der Spiegel der ungleichförmigen Strömung denjenigen der gleichförmigen Strömung berührt. Differenzieren wir (2c) noch einmal, so erkennen wir aus

$$(y^3 - k^3) \frac{d^2 y}{ds^2} = 3\, y^2 \frac{dy}{ds} \left(\chi_1 - \frac{dy}{ds}\right) \quad . \quad . \quad . \quad (6),$$

daß in diesem Falle die zweite Ableitung $d^2 y : ds^2 = 0$ wird, daß also diese Berührung der beiden Spiegel in einem Wendepunkte erfolgt, der natürlich auch im Unendlichen liegen kann. Alsdann bildet der Spiegel der ungestörten Strömung eine Asymptote der durch (2c) dargestellten Kurve. Die zweite Ableitung verschwindet aber auch noch für $y = \pm \infty$, womit (2c) $dy : ds = \chi_1$ ergibt, so daß auch noch zwei horizontale Asymptoten existieren.

Am deutlichsten erkennt man den soeben aus ihrer Differentialgleichung (2c) abgeleiteten Verlauf dieser sog. Staukurven aus den Fig. 70 und 71, zu denen nur noch bemerkt werden muß, daß die für die Größe k maßgebende Geschwindigkeit an irgendeiner Stelle durch äußere Umstände bedingt ist, und zwar im Falle des ruhigen Flusses durch eine Stauung unterhalb des durch Fig. 70 wiedergegebenen Teiles des Längenprofils, etwa durch ein Wehr nach Fig. 72, während die beim Wildwasser sehr hohe Anfangsgeschwindigkeit von einer im oberen Teile von Fig. 71 zu denkenden Ausflußmündung her-

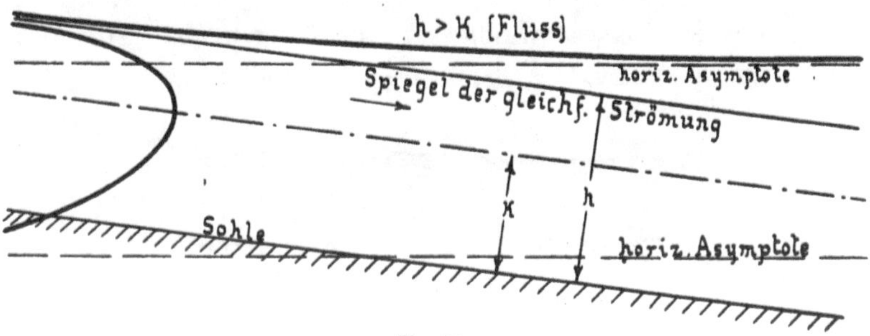

Fig. 70.

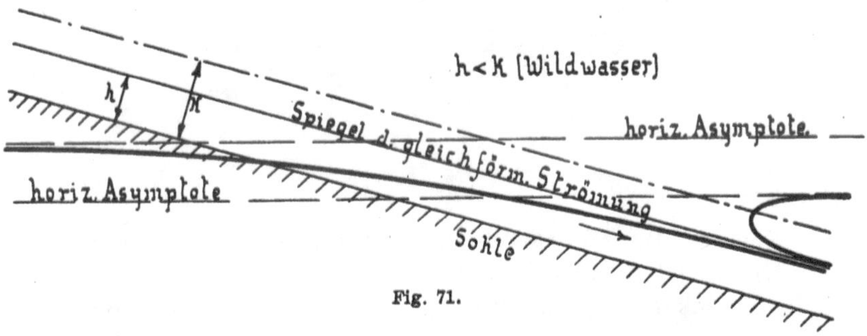

Fig. 71.

rühren kann, wie sie Fig. 73 verdeutlicht. Der Übergang von dem unteren Ast der Spiegelkurve in den schärfer gekrümmten oberen vollzieht sich dann in Wirklichkeit nicht mehr asymptotisch im Unendlichen, sondern durch ein fast plötzliches Ansteigen des Spiegels, welches zuerst Bidone beobachtet und als Wassersprung bezeichnet hat. Auch in Fig. 70 hat der stärker gekrümmte, hier untere Ast eine praktische Bedeutung; er gibt nämlich die Scheitelform einer sich etwa infolge einer Katastrophe (plötzliches Hochwasser oder Bruch eines Hochwasserbehälters) heranwälzenden Wassermasse an.

Ist das Sohlengefälle $\chi_1 < 0$, d. h. steigt die Sohle in der Bewegungsrichtung an, so wird in Gleichung (2b) die ganze rechte Seite ohnehin negativ, und wir erhalten eine Beschleunigung oder Verzögerung, d. h. $dy : ds \lesseqgtr 0$, je nachdem

$$w^2 \lesseqgtr g y,$$

d. h. je nachdem die Stromgeschwindigkeit an der betreffenden Stelle kleiner oder größer ausfällt als die der halben Tiefe entsprechende Ausflußgeschwindigkeit. Im Übergangsfalle $\chi_1 = -\frac{\lambda}{2}$ bleibt mit $dy : ds = -\chi_1$ der Spiegel horizontal.

Fig. 72.

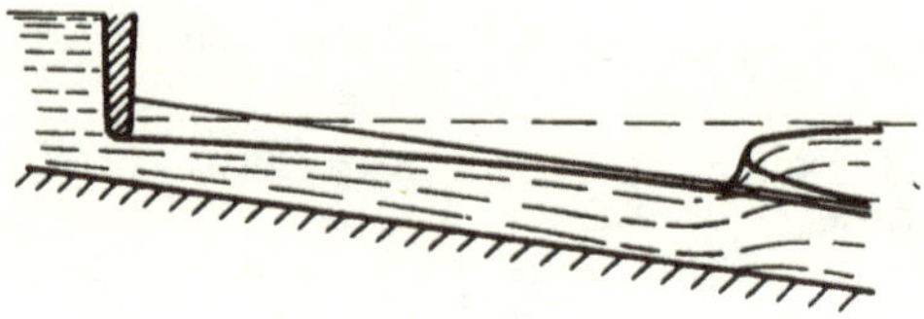

Fig. 73.

Die praktische Verwendung der vorstehenden Untersuchung beschränkt sich meist auf die Ermittlung des sog. Rückstaues, d. h. der lokalen Spiegelerhebung eines Flusses über seine normale Höhe infolge einer bekannten bzw. vorgeschriebenen Anstauung unterhalb dieser Stelle. Dabei kann man sich in der Regel unmittelbar der Gleichung (2c) bedienen, indem man die Differentiale dy und ds durch endliche Strecken Δy und Δs ersetzt, also

$$\frac{\Delta y}{\Delta s} = \chi_1 \frac{y^3 - h^3}{y^3 - k^3} \quad . \quad . \quad . \quad . \quad . \quad . \quad (7)$$

schreibt. Hierin bedeutet zunächst $h = y_1$ die bekannte mittlere Tiefe des ungestörten Flusses, welche einer mittleren Stromgeschwindigkeit w_1 mit dem (als konstant angenommenen) Sohlengefälle χ_1 entspricht, woraus sich nach (5) sofort k berechnet. Ist dann die Anstauung $y - h$ vorgelegt, so bedeutet Δy die Abnahme der Tiefe in einer Entfernung Δs oberhalb der Anstauung.

Beispielsweise habe ein Fluß das Sohlengefälle $\chi_1 = \frac{1}{2000} = 0{,}0005$, dann folgt aus der normalen Stromgeschwindigkeit $w_1 = 1$ m/Sek. eine mittlere Tiefe von

$$h = y_1 = \frac{\lambda}{2\,g}\,\frac{w_1^2}{\chi_1} = \frac{0{,}00037 \cdot 1}{0{,}0005} = 0{,}74 \text{ m}$$

oder $h^3 = 0{,}405$ cbm. Weiter ist in diesem Falle

$$k^3 = \frac{w_1^2\,y_1^2}{g} = \frac{0{,}74^2}{9{,}81} = 0{,}056.$$

Stauen wir nun den Fluß auf $y = 1{,}5$ m durch ein Wehr auf, so ergibt (7)

$$\frac{\Delta y}{\Delta s} = 0{,}0005 \cdot \frac{3{,}375 - 0{,}405}{3{,}375 - 0{,}056} = 0{,}00045,$$

d. h. in einer Entfernung von $\Delta s = 400$ m stromauf ist der Stau um $\Delta y = 0{,}18$ m zurückgegangen und die Tiefe dort beträgt nur noch $y' = 1{,}5 - 0{,}18 = 1{,}32$ m. Setzen wir diesen Wert in (7) ein bei ungeändertem h und k, so folgt

$$\frac{\Delta y'}{\Delta s'} = 0{,}0005 \cdot \frac{2{,}300 - 0{,}405}{2{,}300 - 0{,}056} = 0{,}00042,$$

mithin in einer weiteren Entfernung von $\Delta s' = 400$ m eine neue Abnahme des Staues um $\Delta y' = 0{,}17$ m, im ganzen also in der Entfernung $\Delta s + \Delta s' = 800$ m von der Ausgangstelle aus um $\Delta y + \Delta y' = 0{,}35$ m, mit einer Tiefe von nur noch $y'' = 1{,}15$ m. Damit folgt nach weiteren $\Delta s'' = 400$ m, $\Delta y'' = 0{,}15$ m, $y'' = 1{,}0$ m usf., ohne daß der normale Spiegel $h = 0{,}74$ m jemals ganz erreicht wird.

Die Stauberechnung wird naturgemäß um so genauer ausfallen, je kleiner man die Intervalle Δs wählt; keinesfalls aber darf man wegen der aus dem Beispiel deutlich ersichtlichen Veränderlichkeit von $\Delta y : \Delta s$ umgekehrt etwa aus (7) durch Einsetzen der gesamten Stauhöhe $y - h$ für Δy die in Wirklichkeit unendliche Entfernung Δs zu berechnen versuchen, für welche der Stau ganz verschwindet. Will man noch genauer gehen, so bleibt nur die Integration der Gleichung (2c) übrig, die sich indessen ohne Schwierigkeit streng durchführen läßt. Durch Umkehrung erhält man zunächst

$$\chi_1 \frac{ds}{dy} = \frac{y^3 - k^3}{y^3 - h^3} = 1 + \frac{h^3 - k^3}{y^3 - h^3}$$

oder mit $y = h\eta$

$$\chi_1 s = h\eta + \frac{h^3 - k^3}{h^2} \int \frac{d\eta}{\eta^3 - 1} \quad . \;\; . \;\; . \quad (8).$$

Nun ist

$$\frac{1}{\eta^3-1}=\frac{1}{3}\left\{\frac{1}{\eta-1}-\frac{\eta+2}{\eta^2+\eta+1}\right\}$$

$$=\frac{1}{3}\left\{\frac{1}{\eta-1}-\frac{1}{2}\,\frac{2\eta+1}{\eta^2+\eta+1}-\frac{3}{2}\,\frac{1}{\eta^2+\eta+1}\right\}$$

oder auch

$$\frac{1}{\eta^3-1}=\frac{1}{3}\left\{\frac{1}{\eta-1}-\frac{1}{2}\,\frac{2\eta+1}{\eta^2+\eta+1}-\frac{3}{2}\,\frac{1}{\left(\eta+\frac{1}{2}\right)^2+\frac{3}{4}}\right\}$$

mithin mit einer willkürlichen Konstanten C

$$\int\frac{d\eta}{\eta^3-1}=\frac{1}{6}\lg n\,\frac{(\eta-1)^2}{\eta^2+\eta+1}-\frac{2}{3}\int\frac{d\eta}{\frac{4}{3}\left(\eta+\frac{1}{2}\right)^2+1}+C$$

$$\int\frac{d\eta}{\eta^3-1}=\frac{1}{6}\lg n\,\frac{(\eta-1)^2}{\eta^2+\eta+1}-\frac{1}{\sqrt{3}}\operatorname{arctg}\frac{2\eta+1}{\sqrt{3}}+C \quad (9).$$

Führt man diesen Ausdruck in (8) ein, so wird

$$\chi_1 s=h\eta+\frac{h^3-k^3}{6h^2}\left\{\lg n\,\frac{(\eta-1)^2}{\eta^2+\eta+1}-2\sqrt{3}\operatorname{arctg}\frac{2\eta+1}{\sqrt{3}}\right\}+C_1 \quad \text{(8a)}$$

oder auch wegen

$$\operatorname{arctg}\eta+\operatorname{arccotg}\eta=\frac{\pi}{2}$$

$$\chi_1 s=h\eta-\frac{h^3-k^3}{6h^2}\left\{\lg n\,\frac{\eta^2+\eta+1}{(\eta-1)^2}-2\sqrt{3}\operatorname{arccotg}\frac{2\eta+1}{\sqrt{3}}\right\}+C_2 \quad \text{(8b)},$$

worin $h\eta=y$ ist. Für den in Klammern stehenden Ausdruck rechts, den wir mit $f(\eta)$ bezeichnen wollen, hat nun der Franzose Bresse Tafeln berechnet[1]), aus denen die folgende Tabelle ausgezogen ist.

Um den Gebrauch derselben zu erläutern, wollen wir im Anschluß an das oben berechnete Beispiel, d. h. für einen Fluß mit einem Sohlengefälle $\chi_1=0{,}0005$, der mittleren Tiefe $h=0{,}74$ m bei ungestörter Strömung und einer Geschwindigkeit $w_1=1$ m/Sek., woraus $k^3=0{,}056$, der an irgend einer Stelle auf $y=1{,}5$ m aufgestaut werden soll, den Abstand des Querschnittes hiervon berechnen mit der mittleren Tiefe $y'=1{,}15$ m.

---

[1]) Bresse, Cours de Mécanique appliquée, Bd. II, Paris 1860. Vgl. auch Grashof, Theoretische Maschinenlehre, Bd. I, 1875, S. 765 u. 780.

η	$1:\eta$	$\frac{1}{6}f(\eta)$	η	$1:\eta$	$\frac{1}{6}f(\eta)$	η	$1:\eta$	$\frac{1}{6}f(\eta)$
0	∞	— 0,605	1	1	∞	1,18	0,85	0,515
0,1	10	— 0,505	1,01	0,99	1,416	1,25	0,80	0,420
0,2	5	— 0,404	1,02	0,98	1,185	1,33	0,75	0,347
0,3	3,33	— 0,303	1,03	0,97	1,050	1,43	0,70	0,288
0,4	2,5	— 0,198	1,04	0,96	0,954	1,67	0,60	0,198
0,5	2,0	— 0,088	1,05	0,95	0,880	2,00	0,50	0,132
0,6	1,67	+ 0,033	1,06	0,94	0,820	2,50	0,40	0,082
0,7	1,43	+ 0,171	1,07	0,93	0,768	3,33	0,30	0,045
0,8	1,25	+ 0,346	1,09	0,92	0,725	5,00	0,20	0,020
0,9	1,11	+ 0,614	1,10	0,91	0,684	10,00	0,10	0,005
0,95	1,05	+ 0,862	1,11	0,90	0,649	∞	0	0

Hiernach ist zunächst

$$\eta = \frac{y}{h} = 2{,}03, \quad \eta' = \frac{y'}{h} = 1{,}56,$$

mithin nach der Tabelle (durch Interpolation)

$$\frac{1}{6} f(\eta) = 0{,}130, \quad \frac{1}{6} f(\eta') = 0{,}231.$$

Nun folgt aus (8b)

$$\chi_1 s = y - \frac{h^3 - k^3}{6\,h^2} f(\eta) + C_2$$

$$\chi_1 s' = y' - \frac{h^3 - k^3}{6\,h^2} f(\eta') + C_2$$

woraus sich der gesuchte Abstand $s - s' = \varDelta s$ zu

$$\varDelta s = \frac{y - y'}{\chi_1} - \frac{h^3 - k^3}{6\,h^2 \chi_1} \left\{ f(\eta) - f(\eta') \right\}$$

oder

$$\varDelta s = \frac{0{,}35}{0{,}0005} - \frac{0{,}405 - 0{,}056}{0{,}55 \cdot 0{,}0005} (0{,}130 - 0{,}231) = 828 \text{ m}$$

ergibt gegen 800 m der früheren Näherungsrechnung. Diese Abweichung ist angesichts der rohen Annahmen bei der Herleitung der Grundformel des ganzen Problems so gering, daß man sich in der Praxis wohl meist mit dem Näherungsverfahren begnügen kann, dessen Genauigkeit überdies durch Verkleinerung der Intervalle $\varDelta s$ beliebig gesteigert werden kann.

Handelt es sich nur um kleine Anstauungen der mittleren Tiefe h, so darf man mit $\varDelta y = y - h$ unter Vernachlässigung der höheren Potenzen von $\varDelta y$ an Stelle von (2c) auch schreiben

$$\frac{d\,\varDelta y}{ds} = \chi_1 \frac{3\,h^2}{h^3 - k^3} \varDelta y \quad \ldots \quad (10),$$

woraus durch Integration mit $\Delta y = \Delta y_0$ für $s = 0$ und konstantes Sohlengefälle χ_1

$$\lg n \frac{\Delta y}{\Delta y_0} = \chi_1 \frac{3\,h^2}{h^3 - k^3}\, s \quad . \quad . \quad . \quad . \quad (11)$$

folgt. Aus dieser Formel erkennt man deutlich die in Fig. 70 und 71 dargestellte asymptotische Annäherung des angestauten Spiegels an den normalen für die beiden Fälle $h^3 \gtrless k^3$ bzw. $2\,\chi_1 \lessgtr \lambda$, ebenso auch die unbegrenzte Zunahme der Tiefe in der Stromrichtung im ersten Falle und die Abnahme nach oben im zweiten.

Die Differentialgleichung (10) ist aber auch noch integrabel, wenn das Sohlengefälle nicht konstant, sondern mit s veränderlich ist. Hiervon interessiert uns vor allem der Fall einer periodischen Variation, etwa nach der Formel

$$\chi_1 = \chi_0 + \alpha \cos 2\,\pi\,\frac{s}{s_0} \quad . \quad . \quad . \quad . \quad . \quad (12),$$

welche einen wellenförmigen Verlauf der Sohle mit der Wellenlänge s_0 andeutet. Eingesetzt in (10) liefert dies nach Integration mit $\Delta y = \Delta y_0$ für $s = 0$

$$\lg n \frac{\Delta y}{\Delta y_0} = \frac{3\,h^2}{h^2 - k^2}\left(\chi_0\, s + \frac{\alpha\, s_0}{2\,\pi} \sin 2\,\pi\,\frac{s}{s_0}\right) \quad . \quad (13),$$

also wiederum einen asymptotischen Verlauf der Staukurve mit einer darüber gelagerten Wellenlinie, die man häufig bei regulierten Wildbächen mit Sohlenschwellen in regelmäßigen Abständen beobachten kann.

§ 17. Überfälle und Durchlässe.

Definition und Zweck der Überfälle (Wehre) und Durchlässe (Schleusen, Schützen). Unterschied zwischen Ober- und Unterwassermenge; Einfluß der Spiegelhöhe des Unterwassers. Berechnung der Kronenhöhe von Überfällen und der Durchflußhöhe von Schleusen. Anordnungen zur Wassermessung.

Zur Energiegewinnung für motorische Zwecke aus einem natürlichen Wasserlaufe ist es notwendig, einmal das hierzu nötige Gefälle künstlich herzustellen und weiterhin dem Flusse eine bestimmte Wassermenge zu entnehmen, welche ihm nach ihrer Ausnutzung wieder zugeführt wird. Beides erzielt man durch Einbauten *AA* in den Fluß *ADC* Fig. 74, oberhalb deren ein Stau entsteht, während der Spiegel unterhalb infolge der um das Gebrauchswasser V_0 verminderten Wasserführung V_2 eine Senkung erfährt, und erst wieder nach Einmündung C des Wassergrabens BC der Energieanlage E seine normale Höhe erreicht. Solche Einbauten bezeichnet man als Überfälle oder Wehre (Fig. 75) bzw. als Durchlässe, Schleusen oder Schützen (Fig. 76), je nachdem das im Fluß verbleibende, also nicht zur Energieabgabe ausgenutzte Wasser über dieselbe hinwegläuft, oder unter ihnen abfließt. In beiden Fällen wollen wir die natürliche, d. h. durch Einbauten ungestörte Wassertiefe mit h_0, die durch den Stau erhöhte Tiefe oberhalb des Einbaues mit h_1, die Tiefe im Unterwasser mit h_2 und schließlich die in der Umgebung des Einbaues konstant angenommene Breite des rechteckigen Flußquerschnittes mit b bezeichnen. Dann besteht bei großer Breite im Verhältnis zur Tiefe für die gesamte Wasserführung $V_0 = V_1 + V_2$ im ungestörten Zustande die Gleichung (10a) des § 15

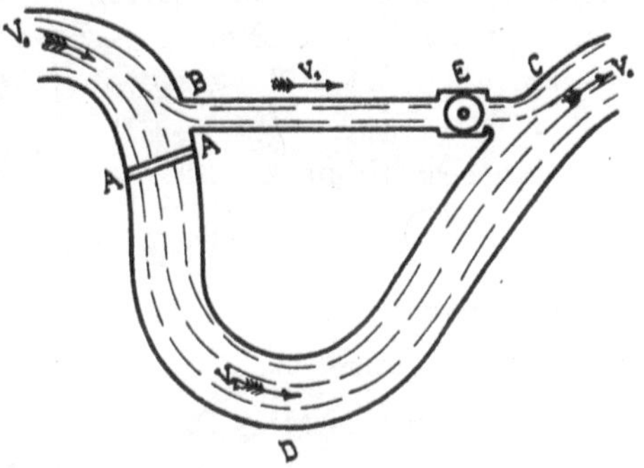

Fig. 74.

$$\lambda V_0^2 = 2\, g\, \chi\, b^2 h_0^3 \left(1 - 2\,\frac{h_0}{b}\right) \quad . \quad . \quad . \quad . \quad (1),$$

während unterhalb mit V_2 bei demselben Sohlengefälle

$$\lambda V_2^2 = 2\, g\, \chi\, b^2 h_2^3 \left(1 - 2\,\frac{h_2}{b}\right) \quad . \quad . \quad . \quad . \quad (2)$$

wird. Aus der Verbindung beider Formeln folgt aber mit Rücksicht auf die Kleinheit der Brüche $h_0 : b$ und $h_2 : b$

$$\left(\frac{h_2}{h_0}\right)^3 = \left(\frac{V_2}{V_0}\right)^2 \left\{1 - 2\,\frac{h_0}{b} + 2\,\frac{h_2}{b}\right\}$$

oder, wenn wir innerhalb der Klammern rechts angenähert

$$h_2 = h_0 \left(\frac{V_2}{V_0}\right)^{\frac{2}{3}}$$

setzen, hinreichend genau

$$\frac{h_2}{h_0} = \left(\frac{V_2}{V_0}\right)^{\frac{2}{3}} \left\{1 - \frac{2}{3}\,\frac{h_0}{b}\left(1 - \left(\frac{V_2}{V_0}\right)^{\frac{2}{3}}\right)\right\} \quad . \quad . \quad . \quad (3).$$

Durch diese Gleichung ist zunächst die Spiegelhöhe h_2 im Unterwasser gegeben, wenn außer der normalen Tiefe h_0 und der zugehörigen Gesamtwasserführung V_0 der nach der Gebrauchswasserentnahme V_1 verbleibende Rest V_2 vorgeschrieben ist. Demgegenüber bestimmt sich die Spiegelhöhe h_1 bzw. der Stau $h_1 - h_0$ durch das für die Energieanlage nötige Gefälle, wobei in der Praxis die damit verbundene und im letzten Paragraphen behandelte Rückwirkung auf den Oberlauf aus wirtschaftlichen Gründen in Rechnung gezogen werden muß. Mit h_1 folgt alsdann auch die Zuflußgeschwindigkeit c von dem Einbau aus

$$c b h_1 = V_0 \quad \ldots \ldots \quad (4),$$

der eine Druckhöhe

$$k = \frac{c^2}{2g} = \frac{V_0^2}{2 g b^2 h_1^2} \quad \ldots \ldots \quad (5)$$

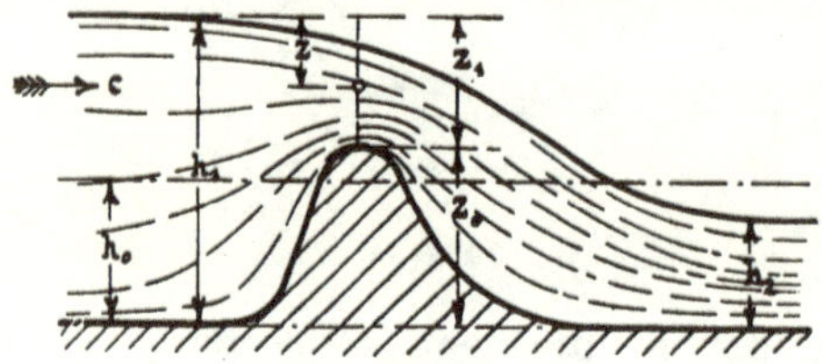

Fig. 75.

entsprechen möge. Bezeichnen wir in Fig. 75 ferner den Vertikalabstand irgend eines Wasserelementes über der Krone des Überfalles vom oberen Spiegel mit z, den der Wehrkrone selbst mit z_1, so ergibt sich die Geschwindigkeit w dieses Elementes mit hinreichender Genauigkeit und einem Widerstandskoeffizienten ζ aus

$$\frac{w^2}{2g}(1+\zeta) = \frac{c^2}{2g} + z$$

oder mit (5)

$$w = \sqrt{\frac{2g}{1+\zeta}}\,(z+k)^{1/2}.$$

Mithin ist die gesamte überströmende Wassermenge

$$V_2 = b\int_0^{z_1} w\,dz = b\sqrt{\frac{2g}{1+\zeta}}\int_0^{z_1}(z+k)^{1/2}\,dz$$

oder

$$V_2 = \frac{2}{3}\,b\sqrt{\frac{2g}{1+\zeta}}\left\{(z_1+k)^{3/2} - k^{3/2}\right\} \quad \ldots \quad (6),$$

worin erfahrungsgemäß bei gut abgerundeter Überfallkrone

$$\frac{1}{\sqrt{1+\zeta}} = 0{,}9$$

zu setzen ist. Aus Gl. (6) berechnet sich dann z_1 und damit die Höhe des Überfalles über der Grabensohle $z_0 = h_1 - z_1$.

Beim Durchlaß Fig. 76 kann die Ausflußgeschwindigkeit für die einzelnen Elemente als nahezu konstant angesehen werden, derart, daß

$$\frac{w^2}{2g}(1+\zeta) = \frac{c^2}{2g} + h_1 - h_2$$

oder

$$w = \sqrt{\frac{2g}{1+\zeta}(h_1 - h_2 + k)}$$

also bei einer Gesamthöhe z_0 der Durchflußöffnung

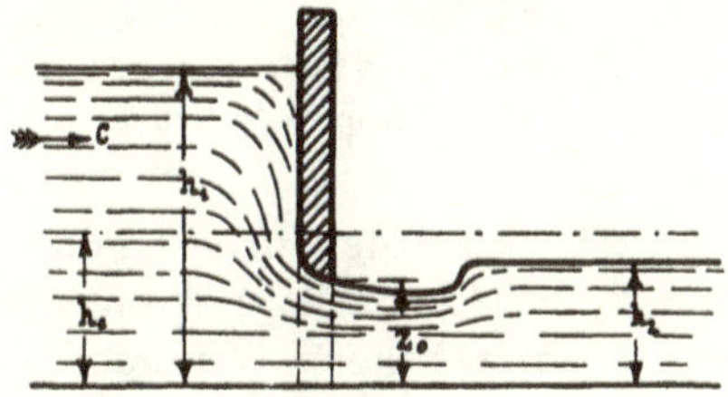

Fig. 76.

$$V_2 = b z_0 \sqrt{\frac{2g}{1+\zeta}(h_1 - h_2 + k)} \quad . \quad . \quad . \quad (7)$$

wird, worin

$$\frac{1}{\sqrt{1+\zeta}} = 0{,}5 \text{ oder } 0{,}46$$

zu setzen ist, je nachdem die Unterkante des Schützens, wie in Fig. 76 angedeutet, frei liegt oder vom Unterwasser bedeckt wird. Im letzteren Falle spricht man von einem Rückstau des Unterwassers, welches im ersteren den schon früher ermittelten Bidoneschen Wassersprung aufweist.

Durchlässe werden in der technischen Praxis nach Weißbachs Vorgang auch häufig zur Messung großer Wassermengen verwendet. Hierbei ist natürlich die Zuflußgeschwindigkeit c bzw. die derselben entsprechende Druckhöhe k von vornherein nicht bekannt, sondern selbst nach Gl. (5) durch das zu messende Wasservolumen V_2 bestimmt. Führt man diesen Wert von k in Gl. (7) ein und löst nach V_2 auf, so ergibt sich

$$V_2 = b z_0 \sqrt{\frac{2g(h_1 - h_2)}{1 + \zeta - \frac{z_0^2}{h_1^2}}} \quad . \quad . \quad . \quad . \quad . \quad (8)$$

mit $\zeta \sim 3$. Die Genauigkeit dieses Verfahrens ist nicht sehr befriedigend, immerhin aber noch größer als bei der Benutzung von Überfällen wegen der hierbei eintretenden und schwer meßbaren Spiegelsenkung über der Krone des Überfalls.

§ 18. Der Druck eines Flüssigkeitsstromes gegen ruhende Gefäfswände.

Ableitung der Komponenten des Flüssigkeitsdruckes eines Stromfadens aus den Bewegungsgleichungen. Fortfall der Reibungsglieder. Ableitung der Momente des Flüssigkeitsdruckes. Abhängigkeit aller Druckkomponenten und Momente vom Ein- und Austrittszustand. Spezialfall der Zentralachse der Kräfte, Anwendung auf Leitapparate von Turbinen und Schleuderpumpen. Druck und Stoß freier Flüssigkeitsstrahlen auf feste Wände.

Wir betrachten in der Folge einen stationären Flüssigkeitsstrom von G kg in der Sekunde, der in einem kanalartigen Gefäß, Fig. 77, mit beliebig veränderlichem Querschnitt F derart eingeschlossen ist, daß er das Gefäß an allen Stellen vollkommen ausfüllt. Denken wir uns nun das Gefäß an den Stellen A_1 und A_2 schräg durchgeschnitten mit den Schnittflächen F_1 und F_2, so entsteht die Frage nach den Kräften, mit denen der herausgeschnittene Teil in seiner ursprünglichen Lage festgehalten werden kann, und die offenbar als Gegenwirkungen (Reaktion) den Komponenten X, Y, Z des gesamten Flüssigkeitsdruckes auf diesen Teil entgegengesetzt gleich sein müssen. Dabei wollen wir voraussetzen, daß die Flüssigkeit unter dem Einfluß einer äußeren Kraft mit der Beschleunigung q_s in der momentanen Stromrichtung steht, so daß also unsere Bewegungsgleichung mit Rücksicht auf die Reibungswiderstände sowie unter Beibehaltung der bisherigen Bezeichnungen, insbesondere des Buchstabens F für den Fadenquerschnitt in der Form

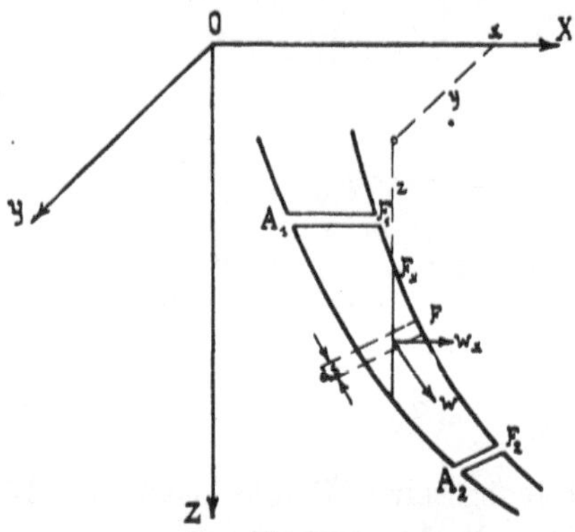

Fig. 77.

$$q_s - \frac{g}{\gamma}\frac{\partial p}{\partial s} - \frac{dw}{dt} - \varkappa\frac{w}{F} - \mu\frac{w^2}{F^\nu} = 0 \quad . \quad . \quad (1)$$

geschrieben werden kann. Diese Gleichung müssen wir nun, da der mittlere Stromfaden und mit ihm die Kanalachse selbst im allgemeinen eine doppelt gekrümmte Raumkurve bildet, während wir nur Kräfte in je einer Richtung zusammenfassen können, in drei Formeln, entsprechend drei zueinander senkrechten, sonst aber ganz willkürlichen Richtungen eines Koordinatensystems x, y, z, zerfällen, derart, daß das Wegelement in der Stromrichtung

$$ds^2 = dx^2 + dy^2 + dz^2 \quad \ldots \ldots \quad (2)$$

ist. Von der äußeren Kraft bzw. ihrer Beschleunigung q_s setzen wir voraus, daß sie ein Potential besitzt, so daß die Komponenten q_x q_y q_z die Gleichung

$$q_s\, ds = q_x\, dx + q_y\, dy + q_z\, dz \quad \ldots \ldots \quad (3)$$

erfüllen, worin wie auch in (2) die Elemente dx, dy, dz die Komponenten des Bahnelements ds, d. h. des Elementes der Kanalachse, bedeuten. Da in diese Richtung auch die totale Druckänderung dp fällt, so haben wir auch

$$\frac{\partial p}{\partial s}\, ds = dp = \frac{\partial p}{\partial x}\, dx + \frac{\partial p}{\partial y}\, dy + \frac{\partial p}{\partial z}\, dz \quad \ldots \quad (4)$$

und wegen

$$w^2 = w_x^2 + w_y^2 + w_z^2 \quad \ldots \ldots \quad (5)$$

$$w\, dw = w_x\, dw_x + w_y\, dw_y + w_z\, dw_z$$

oder

$$\frac{dw}{dt} = \frac{dw_x}{dt}\frac{w_x}{w} + \frac{dw_y}{dt}\frac{w_y}{w} + \frac{dw_z}{dt}\frac{w_z}{w}.$$

Hierin ist aber

$$\frac{w_x}{w} = \frac{dx}{ds}, \quad \frac{w_y}{w} = \frac{dy}{ds}, \quad \frac{w_z}{w} = \frac{dz}{ds} \quad \ldots \quad (6)$$

also

$$\frac{dw}{dt}\, ds = \frac{dw_x}{dt}\, dx + \frac{dw_y}{dt}\, dy + \frac{dw_z}{dt}\, dz \quad \ldots \quad (5a)$$

und schließlich

$$w\, ds = w_x\, dx + w_y\, dy + w_z\, dz \quad \ldots \quad (5b).$$

Multiplizieren wir nun unsere Grundformel mit ds und ersetzen die einzelnen Glieder durch die Ausdrücke (3), (4), (5a) und (5b), so folgt

$$\left(q_x - \frac{g}{\gamma}\frac{\partial p}{\partial x} - \frac{dw_x}{dt} - \varkappa\,\frac{w_x}{F} - \mu\,\frac{w\,w_x}{F^\nu}\right) dx$$
$$+ \left(q_y - \frac{g}{\gamma}\frac{\partial p}{\partial y} - \frac{dw_y}{dt} - \varkappa\,\frac{w_y}{F} - \mu\,\frac{w\,w_y}{F^\nu}\right) dy$$
$$+ \left(q_z - \frac{g}{\gamma}\frac{\partial p}{\partial z} - \frac{dw_z}{dt} - \varkappa\,\frac{w_z}{F} - \mu\,\frac{w\,w_z}{F^\nu}\right) dz = 0.$$

Infolge der Willkür der drei Koordinatenrichtungen, welche sich auch auf die Größe wenigstens zweier der drei Elemente dx, dy, dz in Gl. (2) erstreckt, kann diese Gleichung aber nur allgemein bestehen, wenn gleichzeitig alle drei Klammerausdrücke verschwinden, d. h. wenn

$$\left.\begin{aligned} q_x - \frac{g}{\gamma}\frac{\partial p}{\partial x} &= \frac{dw_x}{dt} + \varkappa\frac{w_x}{F} + \mu\frac{w\,w_x}{F^\nu} \\ q_y - \frac{g}{\gamma}\frac{\partial p}{\partial y} &= \frac{dw_y}{dt} + \varkappa\frac{w_y}{F} + \mu\frac{w\,w_y}{F^\nu} \\ q_z - \frac{g}{\gamma}\frac{\partial p}{\partial z} &= \frac{dw_z}{dt} + \varkappa\frac{w_z}{F} + \mu\frac{w\,w_z}{F^\nu} \end{aligned}\right\} \quad . \; . \quad (7)$$

wird. Damit sind also, wie oben gefordert wurde, an Stelle der Formel (1) drei Bewegungsgleichungen getreten, die wir natürlich auch durch Hinzufügung der Komponenten des Bewegungswiderstandes in den drei Richtungen aus den Grundformeln (3) des § 2 für ideale Flüssigkeiten erhalten hätten.

Zur Beantwortung der Frage nach den Komponenten des gesamten Flüssigkeitsdruckes müssen wir nun die Gl. (7), deren Einzelglieder offenbar Beschleunigungen darstellen, mit dem Massenelement der Flüssigkeit

$$dm = \frac{\gamma}{g} F\,ds \quad . \; . \; . \; . \; . \; . \; . \quad (8)$$

multiplizieren. Schneiden wir den Stromfaden dagegen nicht senkrecht zur Bewegungsrichtung, sondern, wie in Fig. 77 punktiert angedeutet, normal zu den Achsen x, y, z, so erhalten wir an Stelle von F die Querschnitte F_x, F_y, F_z und Volumelemente $F_x\,dx$, $F_y\,dy$, $F_z\,dz$, so daß wir an Stelle von (8) auch schreiben dürfen

$$dm = \frac{\gamma}{g} F_x\,dx = \frac{\gamma}{g} F_y\,dy = \frac{\gamma}{g} F_z\,dz \quad . \; . \quad (8a),$$

woraus für die in der Sekunde durchströmende Masse

$$\frac{G}{g} = \frac{dm}{dt} = \frac{\gamma}{g} F\,w = \frac{\gamma}{g} F_x w_x = \frac{\gamma}{g} F_y w_y = \frac{\gamma}{g} F_z w_z \quad (8b)$$

folgt. Angesichts der vollkommenen Gleichwertigkeit der drei Formeln (7) und der Ausdrücke (8a) genügt es offenbar, die Berechnung des Druckes nur in einer Richtung, z. B. x, durchzuführen, wofür sich durch Multiplikation mit $d\,m = \frac{\gamma}{g} F_x\,dx$

$$q_x\, dm - F_x \frac{\partial p}{\partial x} dx = \frac{G}{g} dw_x + \left(\varkappa \frac{F_x}{F} w_x dx + \mu \frac{F_x}{F^\nu} w\, w_x dx\right) \frac{\gamma}{g} \quad (7\text{a})$$

ergibt. Nun ist aber auch

$$F_x \frac{\partial p}{\partial x} dx = \frac{\partial (F_x p)}{\partial x} - p \frac{\partial F_x}{\partial x} dx \quad . \quad . \quad . \quad (9),$$

und damit liefert die Integration von (7a)

$$\int_1^2 p \frac{\partial F_x}{\partial x} dx - \frac{\gamma}{g} \int_1^2 \left(\frac{\varkappa}{F} + \mu \frac{w}{F^\nu}\right) F_x w_x dx$$

$$= F_{x2} p_2 - F_{x1} p_1 + \frac{G}{g} (w_{x2} - w_{x1}) - \int_1^2 q_x\, dm \quad (7\text{b}),$$

worin F_{x1} und F_{x2} die Projektionen der Schnittflächen F_1 und F_2 in der x-Richtung bedeuten, auf denen die hydraulischen Drücke p_1 und p_2 lasten. Das erste Glied der linken Seite dieser Gleichung, für welches wir, da die Integration überhaupt nur in der x-Richtung erfolgt, auch

$$\int_1^2 p \frac{\partial F_x}{\partial x} dx = \int_1^2 p\, dF_x$$

setzen können, stellt aber schon den Teil der gesuchten Komponente dar, welcher vom hydraulischen Flüssigkeitsdrucke allein herrührt, während das zweite Glied die hiervon abzuziehende Komponente der totalen Flüssigkeitsreibung bedeutet. Da ferner der Flüssigkeitsdruck sowie die Reibung an der ganzen Innenfläche des Kanales wirken, so kann man über die Richtung der durch eine der beiden Seiten von Gl. (7b) gegebenen Kraftkomponente, bzw. darüber im Zweifel sein, ob sie die Komponente X des Flüssigkeitsdruckes selbst oder die ihr entgegengesetzt gleiche Reaktion wiedergibt. Diese Frage wird durch das Vorzeichen der beiden ersten Glieder der rechten Seite entschieden, welche für das abgeschnittene Kanalstück äußere Kräfte darstellen, also den inneren Kräften entgegenwirken. Mithin sind infolge der Gleichwertigkeit der drei Richtungen die gesuchten Komponenten des Flüssigkeitsdruckes der in der Sekunde durchströmenden Flüssigkeitsmenge G kg auf das ganze abgeschnittene Kanalstück

$$\left.\begin{aligned} X &= F_{x1} p_1 - F_{x2} p_2 + \frac{G}{g}(w_{x1} - w_{x2}) + \int_1^2 q_x\, dm \\ Y &= F_{y1} p_1 - F_{y2} p_2 + \frac{G}{g}(w_{y1} - w_{y2}) + \int_1^2 q_y\, dm \\ Z &= F_{z1} p_1 - F_{z2} p_2 + \frac{G}{g}(w_{z1} - w_{z2}) + \int_1^2 q_z\, dm \end{aligned}\right\} \quad (10),$$

während die Reaktionskomponenten das entgegengesetzte Vorzeichen besitzen. Die Bewegungswiderstände kommen in diesen Formeln, wie man ohne weiteres übersieht, explizite gar nicht mehr vor, obwohl sie vermöge der Gl. (1) die Änderung der Geschwindigkeit und ihrer Komponenten bestimmen. Jedenfalls würde das Ergebnis (10) bei ganz anderen Widerstandsgesetzen dasselbe sein. Um die Angriffspunkte der Reaktionen zu bestimmen, müssen wir die Momente des Flüssigkeitsdruckes um die drei Achsen kennen. Zu diesem Zwecke multiplizieren wir z. B. die erste der Gl. (7) mit $y\, dm$ und ziehen davon die mit $x\, dm$ multiplizierte zweite ab, woraus mit Rücksicht auf (8a)

$$(q_x y - q_y x)\, dm - \left(F_x y \frac{\partial p}{\partial x} dx - F_y x \frac{\partial p}{\partial y} dy\right)$$

$$= \frac{G}{g}(y\, dw_x - x\, dw_y) + \frac{\gamma}{g}(F_x y w_x\, dx - F_y x w_y\, dy)\left(\frac{\varkappa}{F} + \frac{\mu\, w}{F^\nu}\right) \quad (7\text{c})$$

resultiert. Beachten wir dann noch die Umformung (9), welche auch auf das mit F_y behaftete Glied der zweiten Klammer links angewandt werden kann, so ergibt die Integration unter Zusammenfassung aller Terme, welche die Wechselwirkung der Flüssigkeit und der Kanalwände umfassen, auf der linken Seite analog (7b)

$$\int_1^2 p\, d(y F_x - x F_y) - \frac{\gamma}{g}\int_1^2 \left(\frac{\varkappa}{F} + \mu \frac{w}{F^\nu}\right)(F_x w_x y\, dx - F_y w_y x\, dy)$$

$$= (F_{x2} y_2 - F_{y2} x_2)\, p_2 - (F_{x1} y_1 - F_{y1} x_1)\, p_1$$

$$+ \frac{G}{g}\int_1^2 (y\, dw_x - x\, dw_y) - \int_1^2 (q_x y - q_y x)\, dm \quad . \quad (7\text{d}).$$

Bedeutet ferner r_z den Abstand eines Punktes der Kanalachse von der Z-Achse (Fig. 78) und u_z die normal dazu gerichtete Geschwindigkeitskomponente, so ist auch wegen $dx = w_x dt$, $dy = w_y dt$

$$y\,dw_x - x\,dw_y = d\,(y\,w_x - x\,w_y) = d\,(u_z r_z) \quad . \quad . \quad (11),$$

und wir dürfen für (7d) unter Einführung des Momentes $\mathfrak{M}_z$ für die links stehenden Glieder sowie für die beiden analog gebauten Momente $\mathfrak{M}_x$ und $\mathfrak{M}_y$ um die x und y-Achsen schreiben

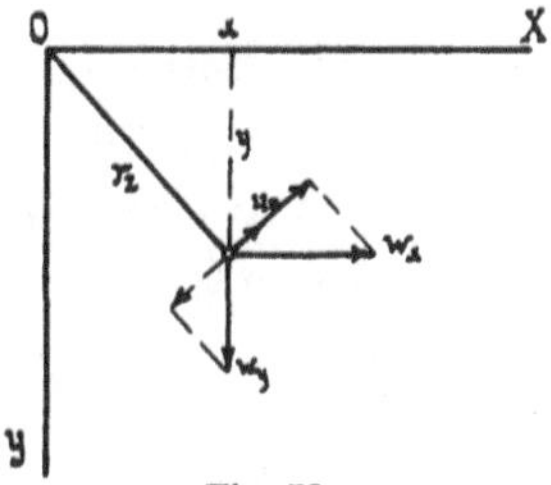

Fig. 78.

$$\left.\begin{aligned}
\mathfrak{M}_x &= (F_{y2} z_2 - F_{z2} y_2)\, p_2 - (F_{y1} z_1 - F_{z1} y_1)\, p_1 \\
&\quad + \frac{G}{g}(u_{x2} r_{x2} - u_{x1} r_{x1}) - \int_1^2 (q_y z - q_z y)\, dm \\
\mathfrak{M}_y &= (F_{z2} x_2 - F_{x2} z_2)\, p_2 - (F_{z1} x_1 - F_{x1} z_1)\, p_1 \\
&\quad + \frac{G}{g}(u_{y2} r_{y2} - u_{y1} r_{y1}) - \int_1^2 (q_z x - q_x z)\, dm \\
\mathfrak{M}_z &= (F_{x2} y_2 - F_{y2} x_2)\, p_2 - (F_{x1} y_1 - F_{y1} x_1)\, p_1 \\
&\quad + \frac{G}{g}(u_{z2} r_{z2} - u_{z1} r_{z1}) - \int_1^2 (q_x y - q_y x)\, dm
\end{aligned}\right\} \quad (12).$$

Auch in den Momenten des Flüssigkeitsdruckes treten die Bewegungswiderstände nicht mehr explizite auf, so daß auch diese von der speziellen Form des Widerstandsgesetzes ganz unabhängig sind.

Die durch

$$R^2 = X^2 + Y^2 + Z^2 \quad . \quad . \quad . \quad . \quad . \quad (13)$$

gegebene Resultante R des gesamten Flüssigkeitsdruckes bildet nun im allgemeinen mit der Achse des aus

$$\mathfrak{M}^2 = \mathfrak{M}_x^2 + \mathfrak{M}_y^2 + \mathfrak{M}_z^2 \quad . \quad . \quad . \quad . \quad (14)$$

hervorgehenden resultierenden Moments $\mathfrak{M}$ des Flüssigkeitsdruckes eines Winkel ϑ, derart, daß

$$R\,\mathfrak{M} \cos\vartheta = \mathfrak{M}_x X + \mathfrak{M}_y Y + \mathfrak{M}_z Z \quad . \quad . \quad (15).$$

Fällt diese Achse des Kräftepaares mit der Resultanten zusammen, so wird mit $\vartheta = 0$

$$R\mathfrak{M} = \mathfrak{M}_x X + \mathfrak{M}_y Y + \mathfrak{M}_z Z \quad . \quad . \quad . \quad (16),$$

woraus sich durch Quadrieren und Einsetzen der Werte von R und $\mathfrak{M}$ aus (13) und (14)

$$(\mathfrak{M}_x Y - \mathfrak{M}_y X)^2 + (\mathfrak{M}_y Z - \mathfrak{M}_z Y)^2 + (\mathfrak{M}_z X - \mathfrak{M}_x Z)^2 = 0 \quad (17)$$

ergibt. Diese Gleichung kann aber nur bestehen, wenn alle drei positiven) Glieder für sich verschwinden, d. h. wenn die Bedingung

$$\frac{\mathfrak{M}_x}{X} = \frac{\mathfrak{M}_y}{Y} = \frac{\mathfrak{M}_z}{Z} \quad . \quad . \quad . \quad . \quad . \quad . \quad (17\,a)$$

erfüllt ist. Man bezeichnet alsdann die Richtungsgerade der Resultanten als die Zentralachse des Systems.[1])

Gerade dieser Fall ist es nun, der die größte praktische Bedeutung besitzt, da die von der Flüssigkeit durchströmten Kanäle meistens, wie bei den Leitapparaten von Turbinen und Schleuderpumpen, um eine Achse symmetrisch angeordnet sind (vgl. Fig. 79). Diese wählen wir von vornherein als Z-Achse, in welche auch die Erdbeschleunigung $q_z = g$ fällt, während $q_x = q_y = 0$ wird. Da bei dieser Anordnung alle Endquerschnitte F_1 und F_2 je auf einer Rotationsfläche um die Z-Achse liegen, so daß $F_{x1}\,y_1\,p_1 = F_{y1}\,x_1\,p_1$, $F_{x2}\,y_2\,p_2 = F_{y2}\,x_2\,p_2$ ist und

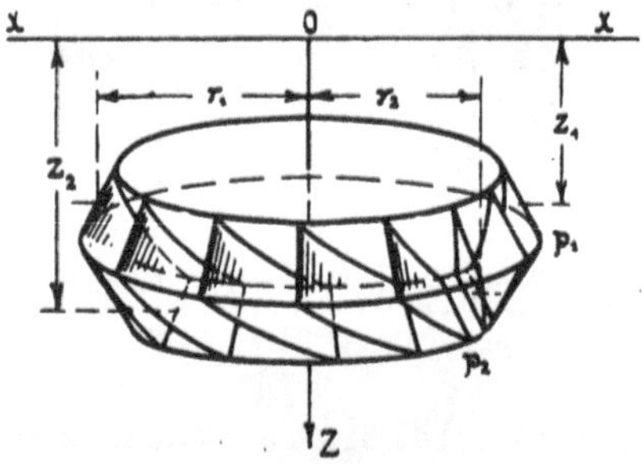

Fig. 79.

jedem w_x und w_y ein entgegengesetzt gleicher Wert im gegenüberliegenden Kanal entspricht, so erhalten wir für den gesamten Leitapparat mit den mittleren Ein- und Austrittsradien $r_{z1} = r_1$, $r_{z2} = r_2$ und den entsprechenden Tangentialgeschwindigkeiten $u_{z1} = u_1$, $u_{z2} = u_2$ die Komponenten der Resultante

$$\left.\begin{aligned} &\Sigma X = 0, \quad \Sigma Y = 0 \\ &\Sigma Z = p_1 \Sigma F_{z1} - p_2 \Sigma F_{z2} + \frac{G}{g}(w_{z1} - w_{z2}) + g\,m \end{aligned}\right\} \; (10a),$$

worin m die ganze momentan im Leitrad befindliche Flüssigkeits-

[1]) Lorenz, Techn. Mechanik starrer Systeme, München 1902, S. 458.

masse, G das in der Sekunde das Rad durchströmende Flüssigkeitsgewicht sowie ΣF_{z1} und ΣF_{z2} die Vertikalprojektionen (Grundrisse) aller Ein- und Austrittsquerschnitte bedeuten. Weiterhin folgt, da die Achse durch den Schwerpunkt des Systems geht, also

$$\int q_z x\, dm = g \int x\, dm = 0, \quad \int q_z y\, dm = g \int y\, dm = 0$$

ist, für das resultierende Moment

$$\left.\begin{aligned} \Sigma \mathfrak{M}_x &= 0, \ \Sigma \mathfrak{M}_y = 0 \\ \Sigma \mathfrak{M}_z &= \frac{G}{g}(u_2 r_2 - u_1 r_1) \end{aligned}\right\} \quad . \; . \; . \; . \; (12\text{a}).$$

Der gesamte Flüssigkeitsdruck reduziert sich also in diesem Falle auf einen Axialschub ΣZ und ein Drehmoment $\Sigma \mathfrak{M}_z$ um die Symmetrieachse, welches lediglich von der Änderung des Momentes der tangentialen Bewegungsgröße $\frac{Gur}{g}$ der das Leitrad durchströmenden Menge G abhängt.

Der vorstehende Gedankengang läßt sich auch auf den wichtigen Fall des Druckes freier Flüssigkeitsstrahlen gegen feste Wände (Fig. 80) ausdehnen. Hierbei erleidet der Stromfaden, da er ständig der Atmosphäre ausgesetzt ist, keine Druckänderungen, so daß sich die Grundformeln (7) durch Wegfall der Ableitungen des hydraulischen Druckes wesentlich vereinfachen. Infolgedessen können aber auch in den Schlußformeln keine Glieder mehr vorkommen, welche den Druck p enthalten, so daß wir für den Flüssigkeitsdruck freier Strahlen unter dem Einflusse der Erdbeschleunigung in der Z-Richtung, d. h. mit

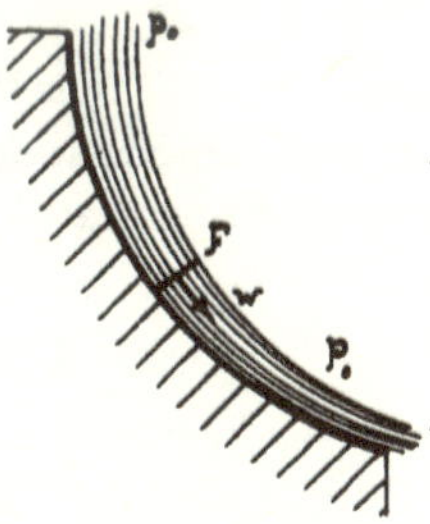

Fig. 80.

$$q_x = 0, \ q_y = 0, \ q_z = g$$

erhalten

$$\left.\begin{aligned} X &= \frac{G}{g}(w_{x1} - w_{x2}) \\ Y &= \frac{G}{g}(w_{y1} - w_{y2}) \\ Z &= \frac{G}{g}(w_{z1} - w_{z2}) + gm \end{aligned}\right\} \quad . \; . \; . \; . \; (10\text{b}),$$

während die Formeln für das Drehmoment übergehen in

$$\left.\begin{aligned}\mathfrak{M}_x &= \frac{G}{g}(u_{x2}r_{x2} - u_{x1}r_{x1}) - gy_0 m\\ \mathfrak{M}_y &= \frac{G}{g}(u_{y2}r_{y2} - u_{y1}r_{y1}) - gx_0 m\\ \mathfrak{M}_z &= \frac{G}{g}(u_{z2}r_{z2} - u_{z1}r_{z1})\end{aligned}\right\} \quad . \; . \; . \quad (12\,\text{b}),$$

worin x_0 und y_0 die Schwerpunktskoordinaten der mit der gedrückten Fläche augenblicklich in Berührung befindlichen Flüssigkeitsmasse m bedeuten. Da die Komponenten der Kraft und des Momentes keine Druckänderungen mehr enthalten, so bleiben nur noch die Bewegungswiderstände als Ursache der Wechselwirkung zwischen der unter Atmosphärendruck strömenden Flüssigkeit und der festen Wand übrig. Diese sind es auch, welche neben der Höhendifferenz die Änderung der Geschwindigkeit nach der Energiegleichung

$$g\frac{dz}{ds} = \frac{dw}{dt} + \varkappa\frac{w}{F} + \mu\frac{w^2}{F^\nu} \quad . \; . \; . \; . \quad (1\,\text{a})$$

bedingen. Angesichts der bei Flüssigkeitsstrahlen fast immer großen Geschwindigkeit w dürfen wir das zweite Glied rechts gegen die anderen unbedenklich vernachlässigen und angenähert

$$g\frac{dz}{ds} = w\frac{dw}{ds} + \mu\frac{w^2}{F^\nu} \quad . \; . \; . \; . \; . \quad (1\,\text{b})$$

setzen, wobei

$$\gamma F w = G \quad . \; . \; . \; . \; . \; . \; . \quad (18)$$

ist, solange der Zusammenhang der Flüssigkeit im Strahl aufrecht erhalten bleibt. Wenn schon die Integration von (1b) hiermit wenigstens auf graphischem Wege möglich ist, so gibt dies Resultat uns doch noch keinen Aufschluß über die Änderung der einzelnen für die Druckkomponenten (10b) maßgebenden Geschwindigkeitskomponenten. Dagegen kann man von vornherein schließen, daß auf einer allseitig sehr ausgedehnten Wand der Strahl sich unter stetiger Geschwindigkeitsabnahme immer weiter ausbreiten wird, so daß die Endgeschwindigkeiten schließlich unmerklich klein werden. Alsdann dürfen wir an Stelle von (10b) genügend genau schreiben

$$X = \frac{G}{g} w_{x1}, \quad Y = \frac{G}{g} w_{y1}, \quad Z = \frac{G}{g} w_{z1} + gm \quad . \text{(10c)},$$

wobei die mit der Wand in augenblicklicher Berührung stehende Masse m allerdings abgeschätzt werden muß, da man über die Ausbreitung der Strahlen von vornherein nichts aussagen kann.

Die oben entwickelten Gleichungen für die Wechselwirkung zwischen einer strömenden Flüssigkeit und festen Kanalwänden lassen sich übrigens auch noch für den in Fig. 81 dargestellten Fall unstetiger Geschwindigkeitsänderungen, welche beim Übertritt der Flüssigkeit mit einem hydraulischen Stoße verbunden sind, erweitern. Die Geschwindigkeit, mit der die Flüssigkeit den Kanal A unter dem Drucke p verläßt, sei w mit den Komponenten $w_x\, w_y\, w_z$, die Eintrittsgeschwindigkeit in den Kanal B dagegen w' bzw. $w_x'\, w_y'\, w_z'$ und der zugehörige Druck p'. Bedeuten dann F und F' die zu diesen Geschwindigkeiten normalen Kanalquerschnitte, welche mit der Schnittebene der Übergangsstelle die Winkel α und α' einschließen, so ist zunächst

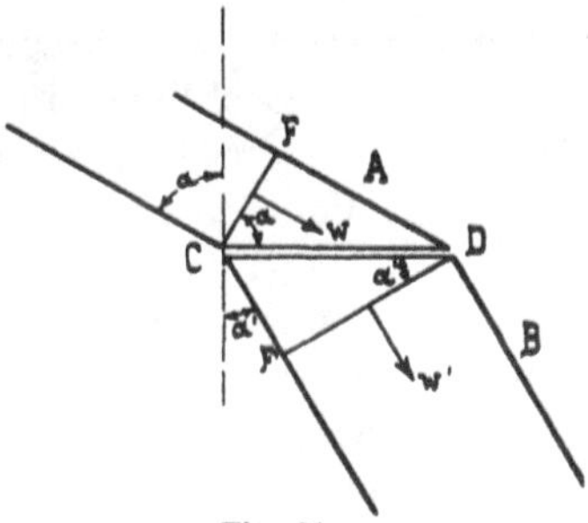

Fig. 81.

$$F \cos \alpha' = F' \cos \alpha \quad . \; . \; . \; . \; . \quad (19),$$

und wenn der Übergang der Flüssigkeit sich ohne Spaltverlust vollzieht

$$F w = F' w' \quad . \; . \; . \; . \; . \; . \; . \; . \quad (20),$$

woraus in Verbindung mit (19)

$$w \cos \alpha = w' \cos \alpha' \quad . \; . \; . \; . \; . \quad (20\text{a})$$

folgt. Anderseits bedingt der Energieverlust beim stoßweisen Übergang im Betrage von

$$\frac{1}{2} \left\{ (w_x - w_x')^2 + (w_y - w_y')^2 + (w_z - w_z')^2 \right\}$$

für die Masseneinheit die Druckänderung

$$\frac{p - p'}{\gamma} = \frac{w'^2 - w^2}{2g} + \frac{1}{2g} \left\{ (w_x - w_x')^2 + (w_y - w_y')^2 \right.$$
$$\left. + (w_z - w_z')^2 \right\} \quad . \; . \; . \; . \; . \; . \; . \quad (21),$$

wofür wir auch wegen (5) sowie mit

$$w_x w_x' + w_y w_y' + w_z w_z' = w w' \cos(\alpha' - \alpha) \quad . \quad (20\text{b})$$

kürzer schreiben können

$$\frac{p - p'}{\gamma} = \frac{w'}{g} \left[w' - w \cos(\alpha' - \alpha)\right] \quad . \quad . \quad . \quad (21\text{a}).$$

Aus dieser Formel, welche offenbar eine Verallgemeinerung der Gl. (11) des § 12 darstellt, berechnet sich der Druck p' im schrägen Eintrittsquerschnitt CD des Kanals B, während p selbst aus dem Stromverlaufe im Kanal A vermittelst der Energiegleichung folgt. Wir brauchen somit, um den Stoß beim Übertritt zu berücksichtigen, in den Formeln (10) und (12) lediglich den Druck p_1 durch den nach (21a) berechneten p_1' zu ersetzen, während die Geschwindigkeitskomponenten unverändert sich auf den Zustand *vor dem Stoße* beziehen. Dies gilt natürlich auch für die Formeln (10a) und (12a) für den Leitapparat eines Kreiselrades mit symmetrisch um die Z-Achse angeordneten Kanälen, deren Ein- und Austrittsquerschnitte F_1 und F_2 je auf einer Rotationsfläche liegen, so daß der Drucksprung nur den Achsialschub Z, nicht aber das Drehmoment beeinflußt. In diesem kommt der hydraulische Stoß nur insofern zur Geltung, als beim Eintritt u_1 die Tangentialkomponente vor dem Spalte bedeutet.

Vollzieht sich auch noch der Austritt aus dem Kanale stoßweise, so wird davon auf Grund der vorstehenden Entwicklung erst der nachfolgende Kanal betroffen, so daß an den Werten für den Druck p_2 und die Geschwindigkeit w_2 mit ihren Komponenten $p_{x2}\, p_{y2}\, p_{z2}$ bzw. $w_{x2}\, w_{y2}\, w_{z2}$ in den Formeln (10) und (12) bzw. (10a) und (12a) sich nichts ändert.

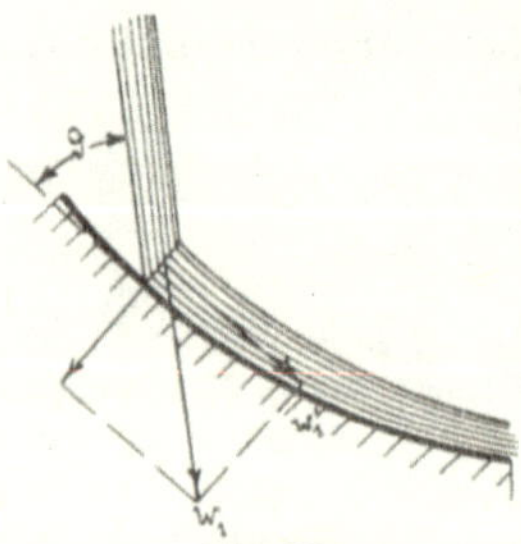

Fig. 82.

Haben wir es dagegen mit einem *freien Flüssigkeitsstrahl* zu tun, der unter einem Winkel $\alpha' - \alpha = \vartheta$ gegen eine feste Wand anprallt (Fig. 82), so wird wegen $p = p'$ nach Gl. (21a)

$$w_1' = w_1 \cos\vartheta \quad . \quad . \quad (21\text{b}),$$

während die andere Komponente $w_1 \sin\vartheta$ durch den Stoß einfach vernichtet wird und nur den Normaldruck zur Fläche erhöht. Auch dieser Tatsache wird man hinreichend durch die Formeln (10b) mit den Geschwindigkeitskomponenten des Strahles vor dem Stoße gerecht.

§ 19. Der Druck eines Flüssigkeitsstromes gegen bewegte Gefäfswände.

Übertragung der für feste Gefäßwände erhaltenen Resultate auf bewegte. Unabhängigkeit des Druckes und der Momente von Reibung und Stoß. Theorie des horizontal fortschreitenden Ausflußgefäßes und des Segnerschen Reaktionsrades.

Ist der von der Flüssigkeit durchströmte Kanal BC beweglich, so wird er unter dem Einflusse des Flüssigkeitsdruckes auf seine Wände im Raume fortschreiten, und zwar im allgemeinen gleichzeitig nach drei zu einander senkrechten Richtungen, von denen wir in Fig. 83 zunächst nur die X-Richtung ins Auge fassen wollen, welche der Ebene des Trennungsspalts vom festen Kanal A parallel sein möge. Die Geschwindigkeit des Kanals in dieser Richtung c_x sei konstant; alsdann wird, wenn die bei B eintretenden Flüssigkeitselemente am unteren Ende C angekommen sind, dieses nach C' fortgeschritten sein, so daß BC' die absolute Form des Stromfadens im Gegensatz zur relativen BC darstellt. Zur Aufrechterhaltung der stationären Strömung innerhalb des Kanals ist natürlich notwendig vorauszusetzen, daß demselben in jeder Lage in der Zeiteinheit die gleiche Flüssigkeitsmenge zuströmt, oder mit anderen Worten, daß er sich an einer fortlaufenden Folge von Eintrittskanälen hinbewegt, wie es in Fig. 83 angedeutet ist. Denken wir uns nun die absolute Form des Stromfadens von starren Kanalwänden umgeben, so berechnet sich der Druck auf dieselben in der Bewegungsrichtung ohne weiteres aus der ersten Gl. (10) des vorigen Paragraphen, wenn wieder w_1 und w_2 die absoluten Ein- und Austrittsgeschwindigkeiten bedeuten, ohne daß das Widerstandsgesetz der Flüssigkeitströmung innerhalb des Kanals darin zum Ausdruck gelangt. Es ist deshalb auch ganz belanglos, daß für

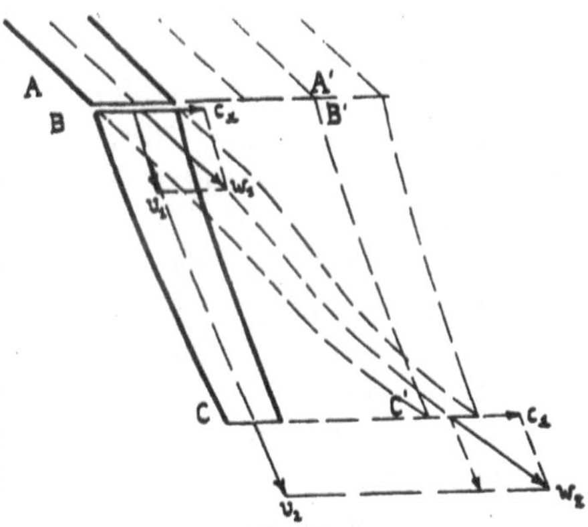

Fig. 83.

die Bewegungswiderstände innerhalb des Kanals BC nur die mit v bezeichnete Relativgeschwindigkeit mit ihren Komponenten in Frage kommt, da diese ja unter Zuhilfenahme der Kanalform durch die Kanalgeschwindigkeit c_x und die absolute Geschwindigkeit w bzw. deren Komponenten auf Grund des Geschwindigkeitsparallelogramms ausgedrückt werden kann, welches in Fig. 83 für den Ein- und Austritt eingetragen ist. Da fernerhin die Projektionen der nur gedachten absoluten Kanalwände BC' mit denen des wirklichen Kanals BC in der X-Richtung identisch sind, so gilt dies auch von der entsprechenden Komponente X des Flüssigkeitsdruckes, Gl. (10) des § 18, welche somit in bezug auf den festen und den bewegten Kanal bei gleichen Pressungen p_1 und p_2 und absoluten Zufluß- und Austrittsgeschwindigkeiten w_1 und w_2 denselben Wert annimmt. Hieran wird auch nichts geändert durch einen hydraulischen Stoß beim Eintritt infolge eines unstetigen Übergangs in die Absolutbahn BC, welcher stets besteht, wenn die Richtung der dritten Seite des aus der absoluten Zuflußgeschwindigkeit w_1 und der Kanalgeschwindigkeit c_x gebildeten Dreiecks nicht mit derjenigen der Relativgeschwindigkeit v_1 übereinstimmt. Es ist dabei ganz gleichgültig, ob diese Nichtübereinstimmung von vornherein besteht oder erst durch Änderung der Geschwindigkeit c_x hervorgerufen wird, sofern nur der Kanal von der durchströmenden Flüssigkeit ganz erfüllt wird, so daß die während eines Zeitelementes ein und aus tretenden Mengen unter sich gleich sind. Ist diese Bedingung, was wir für die Folge immer voraussetzen wollen, erfüllt, so gelten die obigen Betrachtungen mit und ohne Eintrittstoß auch für eine gleichförmige oder ungleichförmige Bewegung des Kanals in jeder beliebigen Richtung im Raume, einschließlich der Drehung um irgendwelche Achsen, so daß die Komponenten des Flüssigkeitsdruckes auch auf einen bewegten Kanal durch die Gl. (10) und ihre Momente durch die Gl. (12) des vorigen Paragraphen ungeändert dargestellt werden. Man kann dieses allgemeine Ergebnis auch durch den nahezu evidenten Satz ausdrücken, daß der Flüssigkeitsdruck eines Stromfadens auf einen von diesem stationär durchströmten festen oder bewegten Kanal und ebenso das Moment des Flüssigkeitsdruckes, abgesehen von den Ein- und Austrittspressungen, allein durch die Änderung der Bewegungsgröße des Flusses, d. h. der in der Zeiteinheit einen Querschnitt passierenden Flüssigkeitsmenge bzw. des Momentes derselben bestimmt sind, gleichgültig ob diese Änderungen durch Abgabe äußerer Arbeit, durch Bewegungswiderstände oder hydraulische Stöße bedingt sind.

Als erstes Beispiel für diesen Satz wählen wir ein auf Rollen horizontal bewegtes Ausflußgefäß, Fig. 84, dem unter dem Winkel α gegen die Vertikale eine Wassermenge G kg in der Sekunde mit der absoluten Geschwindigkeit w_1 unter Atmosphärendruck (also frei) dauernd zuströmt. Das Gefäß selbst bewege sich gleichförmig mit der Geschwindigkeit c und überwinde dabei einen dem Flüssigkeitsdruck in derselben Richtung entgegengesetzt gleichen Widerstand X. Die vertikal nach unten gerichtete Eintrittsgeschwindigkeit in das Gefäß, welche mit der im Spiegel identisch ist, sei v_1; weiter befinde sich in der Tiefe h unter dem Spiegel eine Ausflußmündung, aus der das Wasser der Fahrtrichtung entgegen mit der Relativgeschwindigkeit v_2 ausströmt, der offenbar eine Absolutgeschwindigkeit

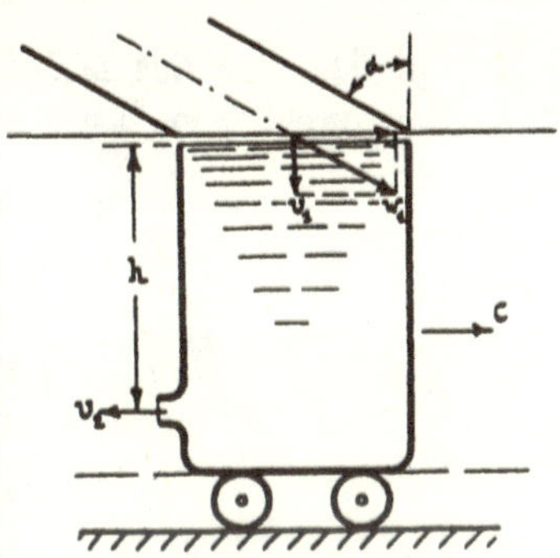

Fig. 84.

$$w_2 = c - v_2 \quad \ldots \ldots \ldots \quad (1)$$

entspricht. Denken wir uns nun eine ganze Reihe solcher Gefäße hintereinander geschaltet, deren Ausflußöffnungen dann in seitlich herausragenden Rohren angebracht sein mögen, so muß, damit diese Gefäße alles von oben kommende Wasser aufnehmen,

$$w_1 \cos \alpha = v_1 \quad \ldots \ldots \ldots \quad (2)$$

sein. Alsdann bestimmt sich der Flüssigkeitsdruck in horizontaler und vertikaler Richtung, wenn auf jedes Gefäß allseitig der Atmosphärendruck wirkt, zu

$$\left.\begin{aligned} X &= \frac{G}{g}(w_1 \sin \alpha - c + v_2) \\ Y &= \frac{G}{g} w_1 \cos \alpha + mg \end{aligned}\right\} \quad \ldots \ldots \quad (3),$$

worin m wieder die im Beharrungszustande unveränderte Flüssigkeitsmasse im Gefäß bedeutet. Beim Eintritt des Wassers wird nun im allgemeinen ein Stoß stattfinden, der sich wegen (2) nur auf die Horizontalrichtung beschränkt und einen Energieverlust

$$\frac{G}{2\,g}(w_1 \sin\alpha - c)^2$$

zur Folge hat, während durch die Bewegungswiderstände ein Verlust von

$$\zeta \frac{v_2^2}{2\,g} G$$

entsteht. Da nun das Zuflußwasser im Gefäß die Höhe h durchfällt und dabei seine kinetische Energie um

$$\frac{G}{2\,g}(w_2^2 - w_1^2) = \frac{G}{2\,g}(c - v_2)^2 - \frac{G}{2\,g} w_1^2$$

zunimmt, so erhalten wir als Energiegleichung

$$Gh = Xc + \frac{G}{2\,g}(c - v_2)^2 - \frac{G}{2\,g} w_1^2 + \frac{G}{2\,g}(w_1 \sin\alpha - c)^2 + \frac{G}{2\,g}\zeta v_2^2 \quad \text{. . . . . (4)}$$

oder nach Zusammenfassung verschiedener Glieder unter Beachtung von (2)

$$Gh = Xc - \frac{G}{g} c\,(w_1 \sin\alpha - c + v_2) + \frac{G}{2\,g}(v_2^2\,(1 + \zeta) - v_1^2) \quad \text{(4a).}$$

Daraus folgt aber mit dem Werte von X aus (3)

$$2\,gh = v_2^2\,(1 + \zeta) - v_1^2 \quad \text{. . . . . (5),}$$

d. h. die Fallhöhe im bewegten Gefäß dient ausschließlich zur Vermehrung der Relativgeschwindigkeit und zur Überwindung der Bewegungswiderstände.

Betrachten wir die ganze Vorrichtung als einen hydraulischen Motor zur Ausnutzung der Energie der in der Zeiteinheit verfügbaren Wassermenge G im Betrage von

$$L_1 = \frac{G}{2\,g} w_1^2 + Gh \quad \text{. . . . . (6),}$$

so stellt

$$L_2 = Xc = \frac{G}{2\,g} c\,(w_1 \sin\alpha - c + v_2) \quad \text{. . . (7)}$$

die in demselben gewonnene Arbeit und

$$\eta = \frac{L_2}{L_1} = \frac{c\,(w_1 \sin\alpha - c + v_2)}{w_1^2 + 2\,g\,h} \quad . \quad . \quad . \quad (8)$$

seinen hydraulischen Wirkungsgrad dar. Die beiden letztgenannten Größen ändern sich offenbar mit der Geschwindigkeit c, so zwar, daß sie für $c_1 = 0$ und $c_2 = w_1 \sin\alpha + v_2$ verschwinden, während hierfür der Druck $X_1 = \frac{G}{2\,g}(w_1 \sin\alpha + v_2)$ bzw. $X_2 = 0$ wird. Zwischen diesen beiden als Stillstand und Leerlauf bezeichneten Bewegungszuständen variiert die Nutzarbeit L_2 und der Wirkungsgrad η nach einer Parabel, Fig. 85, deren Höchstwert

$$\eta_m = \frac{(w_1 \sin\alpha + v_2)^2}{4\,(w_1^2 + 2\,g\,h)} \quad . \quad (8a)$$

einer Geschwindigkeit

$$c_m = \frac{w_1 \sin\alpha + v_2}{2} = \frac{c_2}{2}$$

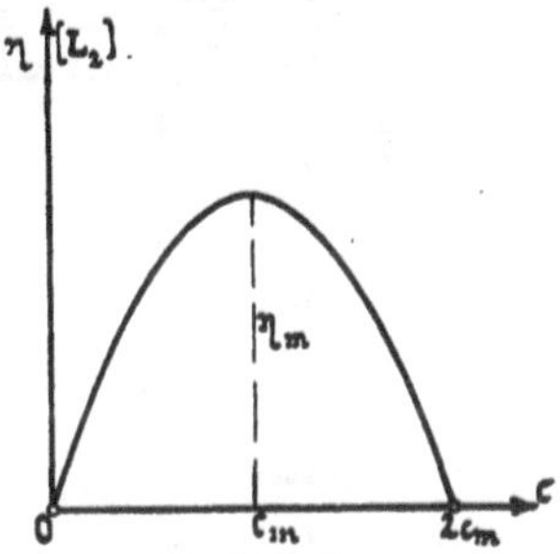

Fig. 85.

zugehört, während für stoßfreien Gang, d. h. den Wegfall des Stoßverlustes in Gl. (4)

$$c = w_1 \sin\alpha$$

und damit aus (8)

$$\eta_0 = \frac{v_2^2}{4\,(w_1^2 + 2\,g\,h)} < \eta_m \quad . \quad . \quad . \quad . \quad (8b)$$

sich ergibt.

Die soeben besprochene Vorrichtung ist praktisch nicht wohl durchführbar, ihre Bedeutung liegt vielmehr, wie schon Zeuner[1]) betont hat, in der Analogie zum Verhalten der sog. Reaktions- oder Vollturbinen, deren erste von Segner vorgeschlagene Form (Fig. 86) wir als zweites Beispiel hier untersuchen wollen. Diese Turbine besteht aus einem um die vertikale Drehachse AA zylindrischen Zuflußschacht S, der unten in zwei hohle, mit entgegengesetzt angeordneten Ausflußmündungen BB versehene Arme ausläuft. Der Schacht sei so weit, daß die Eintritts-

[1]) Zeuner, Theorie der Turbinen, Leipzig 1899, S. 104 ff. In Zeuners Behandlung ist die Gl. (2) nicht herangezogen worden, er vernachlässigt dafür die Relativgeschwindigkeit v, womit unsere Form der Energiegleichung (4) mit der seinigen in Einklang steht.

geschwindigkeit des Wassers vernachlässigt werden kann. Die relative Ausflußgeschwindigkeit des Wassers aus den Mündungen sei v, der Abstand ihrer Richtung von der Achse r und daher die absolute tangentiale Ausflußgeschwindigkeit

$$u = v - r\,\omega \quad . \quad . \quad (9),$$

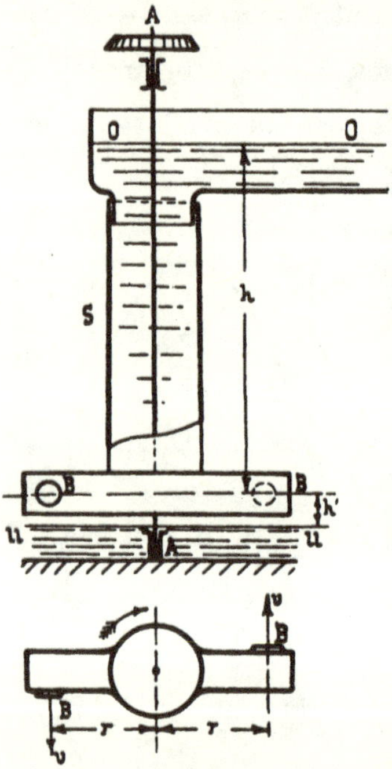

Fig. 86.

wenn ω die Winkelgeschwindigkeit des Rades bedeutet. Da das Wasser beim Eintritt in den Schacht noch keine Rotationsbewegung besitzt, so bestimmt sich nach Gl. (12a) § 18 das von der sekundlichen Durchflußmenge G ausgeübte Drehmoment zu

$$\mathfrak{M} = \frac{G}{g}\,u\,r = \frac{G}{g}\,r\,(v - r\,\omega) \quad (10),$$

während der Achsialschub infolge des allseitig wirkenden Atmosphärendruckes sich auf das Gewicht des Flüssigkeitsinhaltes des Rades bis zum Spiegel $O\,O$ des Oberwassers beschränkt. Die Ausflußmündungen mögen nun in einer Tiefe h unter diesem Spiegel liegen. Dann wird die beim Herabsinken der Wassermenge G um die Höhe h frei werdende Arbeit dazu verwendet, das Moment $\mathfrak{M}$ zu überwinden, die Bewegungswiderstände zu bestreiten und schließlich dem Wasser die absolute Ausflußgeschwindigkeit u zu erteilen. Bezeichnen wir wieder mit ζ den Koeffizienten der nur von der Relativgeschwindigkeit abhängigen Widerstandsarbeit, so lautet die Energiegleichung des Rades

$$G\,h = \mathfrak{M}\,\omega + \frac{G}{2\,g}\,u^2 + \frac{G}{2\,g}\,\zeta\,v^2 \quad . \quad . \quad . \quad (11).$$

Setzen wir in diese Formel noch die Werte (9) und (10) für u und $\mathfrak{M}$ ein, so folgt

$$2\,g\,h = v^2\,(1 + \zeta) - r^2\,\omega^2 \quad . \quad . \quad . \quad . \quad (12),$$

so daß also hier die Relativgeschwindigkeit beim Ausfluß nicht allein durch die Druckhöhe und die Bewegungswiderstände, sondern auch durch die Umfangsgeschwindigkeit $r\omega$ mitbestimmt ist. Sehen wir schließlich von dem kleinen Gefällsverlust h' (Fig. 86) infolge der Lage der Ausflußmündungen über dem Unterwasserspiegel UU ab, so berechnet sich der Wirkungsgrad des Rades zu

$$\eta = \frac{\mathfrak{M}\omega}{Gh} = \frac{r\omega(v - r\omega)}{gh} \quad . \quad . \quad . \quad . \quad . \quad (13)$$

und ergibt mit $r\omega = c_2$ wieder die durch Fig. 85 dargestellte Parabel zwischen dem Stillstand $\omega = 0$ und dem Leerlauf $\omega r = v$, zwischen denen das Maximum

$$\eta_m = \frac{v^2}{4gh} = \frac{2}{3 + 4\zeta} < \frac{2}{3} \quad . \quad . \quad . \quad (13a)$$

für die Umfangsgeschwindigkeit

$$(r\omega)_m = \frac{v}{2} = u_m$$

liegt. Das Betriebswasser verläßt also auch im günstigsten Falle das Rad mit einer beträchtlichen absoluten Austrittsgeschwindigkeit bzw. mit einer für die Nutzarbeit verlorenen kinetischen Energie, deren nahezu vollständige Wiedergewinnung die Grundlage der weiteren Entwicklung der Turbinentechnik gebildet hat. Damit wollen wir uns im nächsten Paragraphen noch etwas näher beschäftigen.

§ 20. Theorie der Turbinen.

Bedingungen für die höchste Energieausnutzung des Betriebswassers. Einschaltung eines Saugrohres. Schaufelplan und Schaufelwinkel des Rades. Energiegleichung und Wirkungsgrad. Charakteristik der Turbinen, Leerlauf. Siemenssche Wassermesser. Zahlenbeispiel einer Vollturbine. Theorie der Freistrahlturbinen.

Die am Schlusse des letzten Paragraphen ausgesprochene Forderung des möglichst energiefreien Austritts des Betriebswassers aus einer Turbine ist offenbar nur durch einen großen Austrittsquerschnitt zu erfüllen, der seinerseits bei einigermaßen erheblicher Wassermenge G kg/Sek. sehr beträchtliche Radabmessungen bedingt. Diesem Übelstande kann man indessen dadurch begegnen, daß man zwar am eigentlichen Turbinen- oder Laufrad eine verhältnismäßig große Austrittsgeschwindigkeit zuläßt, das Betriebswasser indessen nicht unmittelbar von da dem Unterwasserspiegel zuführt, sondern ein sog. **Saugrohr** (Fig. 87) dazwischenschaltet, in welchem unter stetiger Druckzunahme die Wassergeschwindigkeit nach § 9 Gl. (7) allmählich so weit sinkt, um noch einen genügenden Abfluß zu ermöglichen. Hiervon werden aber nur die axiale und die radiale Geschwindigkeitskomponente betroffen, während die Rotationskomponente u nach Gl. (12a) § 18 beim Wegfall eines äußeren Drehmomentes $\mathfrak{M}_z$, abgesehen von Bewegungswiderständen, derart erhalten bleibt, daß das Produkt ur im Saugrohr sich nicht ändert. Dies würde aber auf eine kreisende Bewegung des Wassers beim Austritt aus dem Saugrohr führen, deren kinetische Energie keiner weiteren Ausnutzung mehr zugänglich ist.

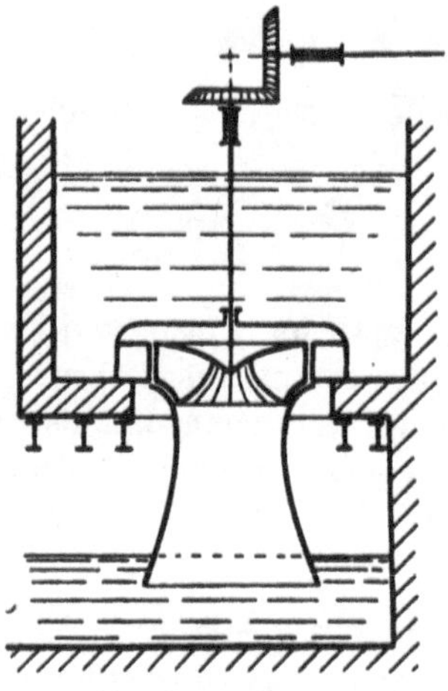

Fig. 87.

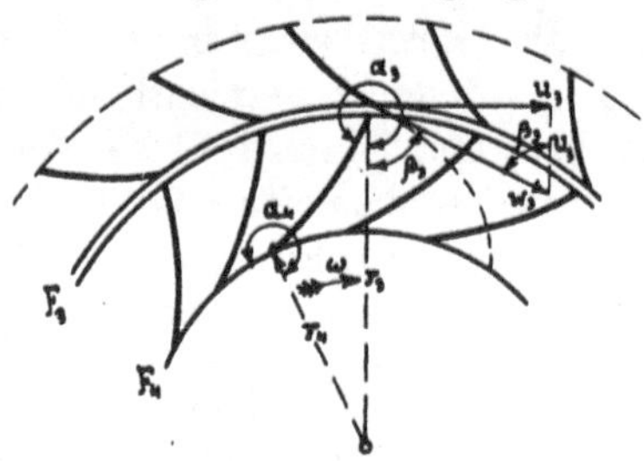

Fig. 88.

Dem hierin liegenden Energieverlust kann man nur durch einen völlig rotationsfreien Austritt des Wassers aus dem Laufrade selbst begegnen, dessen Drehmoment

$$\mathfrak{M} = \frac{G}{g} u_3 r_3 \quad \ldots \ldots \quad (1)$$

hiernach wenigstens für einen bestimmten Bewegungszustand allein durch das Produkt der tangentialen bzw. Rotationskomponente u_3 des eintretenden Wassers mit dem Eintrittsradius r_3 gegeben ist. Den Index 3 für den Wassereintritt, dem der Zeiger 4 für den Austritt entsprechen würde, wählen wir, um die Zahlen 1 und 2 für die Zustände im Ober- und Unterwasserspiegel später benutzen zu können. Die Rotationskomponente u_3

rechnen wir positiv in der Drehrichtung des Rades; sie bezieht sich nach den einleitenden Sätzen des vorigen Paragraphen auf die Zuflußgeschwindigkeit des Wassers, dessen Radialkomponente an dieser Stelle v_3 sein möge, während wir die Axialkomponente bei der vorwiegend radialen Strömung durch das in Fig. 87 skizzierte Rad als unerheblich vernachlässigen. Alsdann ist die absolute Zuflußgeschwindigkeit des Wassers w_3 gegeben durch

$$w_3^2 = u_3^2 + v_3^2 \quad \ldots \ldots \quad (2)$$

und bildet mit dem Radius in der Bewegungsrichtung an der Eintrittsstelle einen Winkel β_3, der sich aus

$$v_3 \operatorname{tg} \beta_3 = u_3 \quad \ldots \ldots \quad (3)$$

berechnet, vgl. den sog. Schaufelplan (Fig. 88). Unter diesem Winkel müssen die Spuren der meist zylindrisch gestalteten Leitschaufeln gegen den Eintrittsradius geneigt sein. Soll nun das ganz im Wasserstrome mit der Winkelgeschwindigkeit ω laufende Rad stets gefüllt bleiben, so muß weiterhin auch die radiale Eintrittskomponente v_3 mit der des zuströmenden Wassers übereinstimmen. Verlangt man dann noch für den Fall des rotationsfreien Austritts bei r_4 einen stoßfreien Eintritt, so führt dies auch auf eine Übereinstimmung der absoluten Rotationskomponenten des vom Leitapparate zuströmenden und in das Laufrad eintretenden Wassers, dessen relative Rotationskomponente dann den Wert $u_3 - r_3 \omega$ besitzt und mit v_3 den durch

$$v_3 \operatorname{tg} \alpha_3 = u_3 - r_3 \omega \quad \ldots \ldots \quad (4)$$

gegebenen Winkel bildet. Das ist aber der Winkel der Relativbahn im Laufrad mit dem Eintrittsradius und damit auch derjenige der Laufradschaufel an dieser Stelle. Wegen des Wegfalles der absoluten Rotationskomponente u_4 beim Austritt bestimmt sich schließlich der Austrittswinkel α_4 der Laufradschaufel mit dem Radius u_4 in der Stromrichtung analog (4) aus

$$v_4 \operatorname{tg} \alpha_4 = - r_4 \omega \quad \ldots \ldots \quad (5).$$

Durch die Formeln (3), (4) und (5) sind somit bei gegebenen Geschwindigkeiten v_3 u_3 v_4 sowie vorgelegten Radien r_3 und r_4 die Schaufelwinkel im Laufrad und Leitapparat an der Ein- und Austrittsstelle gegeben, während die sonstige Form der Schaufeln ganz willkürlich und ihre Zahl der praktischen Erfahrung überlassen bleibt.

Man übersieht leicht, daß mit der Festlegung der Schaufelform im Laufrade auch die in Fig. 88 gestrichelte absolute Wasserbahn, welche für rotationsfreien Austritt radial endigt, vorgeschrieben ist und punktweise konstruiert werden kann.

Dreht sich das mit ω_0 stoßfrei arbeitende und das Wasser rotationsfrei entlassende Rad mit einer anderen Winkelgeschwindigkeit ω', ohne daß die Durchflußmenge G und ihre Zuflußgeschwindigkeit Änderungen erleiden, so bleiben auch die Formeln (2) und (3) bestehen; dagegen wird jetzt nicht mehr die Rotationskomponente beim Eintritt in das Laufrad mit u_3 übereinstimmen, sondern einen durch

$$v_3 \operatorname{tg} \alpha_3 = u_3' - r_3 \omega' \quad . \quad . \quad . \quad . \quad . \quad (4\,a)$$

bestimmten Wert u_3' annehmen, woraus ein hydraulischer Stoß in tangentialer Richtung resultiert. Durch die geänderte Winkelgeschwindigkeit wird aber auch die Gl. (3) für den Austritt modifiziert, der nicht mehr rotationsfrei verlaufen kann, so zwar daß

$$v_4 \operatorname{tg} \alpha_4 = u_4 - r_4 \omega' \quad . \quad . \quad . \quad . \quad . \quad (5\,a)$$

wird und die Formel für das Drehmoment in

$$\mathfrak{M}' = \frac{G}{g}(u_3 r_3 - u_4 r_4) \quad . \quad . \quad . \quad . \quad . \quad (1\,a)$$

übergeht. Diesem entspricht dann eine Nutzarbeit

$$L = \frac{G}{g}(u_3 r_3 - u_4 r_4)\,\omega' \quad . \quad . \quad . \quad . \quad (6),$$

während durch Stoß am Eintritt und durch die nicht weiter nutzbare Rotationsenergie beim Austritt ein Verlust von

$$L' = \frac{G}{2g}(u_3 - u_3')^2 + \frac{G}{2g} u_4^2 \quad . \quad . \quad . \quad (7)$$

entsteht. Bezeichnen wir dann noch die Geschwindigkeit im Oberwasserspiegel der Turbinenkammer (Fig. 87) mit w_1, diejenige im Unterwasserspiegel mit w_2 und berücksichtigen den Verlust infolge der Bewegungswiderstände durch einen Koeffizienten ζ, so lautet mit einem Gefälle h zwischen beiden Spiegeln die Energiegleichung

$$G h = \frac{G}{2g}\left\{w_2^2(1+\zeta) - w_1^2\right\} + L + L'$$

oder wegen (6) und (7)

$$2gh = w_2^2(1+\zeta) - w_1^2 + 2(u_3 r_3 - u_4 r_4)\omega' + (u_3 - u_3')^2 + u_4^2 \quad . \quad . \quad . \quad . \quad . \quad . \quad (8).$$

Eliminieren wir aus dieser Formel die Rotationskomponenten $u_3\ u_3'\ u_4$ durch die Gl. (3), (4a) und (5a), so geht sie über in

$$2gh = w_2^2(1+\zeta) - w_1^2 + \omega'^2(r_3^2 - r_4^2) + v_3^2(\operatorname{tg}\beta_3 - \operatorname{tg}\alpha_3)^2 + v_4^2 \operatorname{tg}^2\alpha_4 + 2 v_3 r_3 \omega' \operatorname{tg}\alpha_3.$$

Führen wir dann noch das Volumen V der Wassermenge G und die Querschnitte F_1 und F_2 der Flüssigkeitsspiegel in der Turbinenkammer und im Unterwasser, sowie die Ein- und Austrittsquerschnitte F_3 und F_4 des Laufrades durch

$$V = F_1 w_1 = F_2 w_2 = F_3 v_3 = F_4 v_4 \quad . \quad . \quad (9)$$

ein, so wird aus (8)

$$2gh = \omega'^2(r_3^2 - r_4^2) + 2\omega' V \frac{r_3 \operatorname{tg}\alpha_3}{F_3} + V^2\left\{\frac{1+\zeta}{F_2^2} - \frac{1}{F_1^2} + \frac{(\operatorname{tg}\beta_3 - \operatorname{tg}\alpha_3)^2}{F_3^2} + \frac{\operatorname{tg}^2\alpha_4}{F_4^2}\right\} \quad (8\,\text{a}).$$

Für stoßfreien Eintritt und rotationsfreien Wasseraustritt aus dem Laufrad vereinfacht sich (8) mit $u_3 = u_3'$, $u_4 = 0$ und $\omega' = \omega$ in

$$2gh = w_2^2(1+\zeta) - w_1^2 + 2\omega u_3 r_3 \quad . \quad . \quad (10)$$

und (8a) in

$$2gh = 2r_3^2\omega^2 + 2\omega V \frac{r_3 \operatorname{tg}\alpha_3}{F_3} + V^2\left(\frac{1+\zeta}{F_2^2} - \frac{1}{F_1^2}\right) \quad (10\,\text{a}).$$

Die Formel (8a) dient nun allgemein als Grundlage für die Berechnung der Turbinen, wobei das Gefälle h und die Winkelgeschwindigkeit ω (bzw. die daraus folgende Umlaufzahl) als gegeben anzusehen sind, während man den Eintrittsradius r_3 passend wählt und den Energieverlust

$$\frac{w_2^2(1+\zeta) - w_1^2}{2g} = \xi h = h' \quad . \quad . \quad . \quad . \quad (11)$$

als Gefällsverlust einführt, worin auf Grund praktischer Erfahrungen etwa $\xi = 0{,}15$ bis $0{,}2$ angenommen werden kann. Dann ergibt sich aus (10)

$$u_3 = \frac{g(h - h')}{\omega r_3} \quad . \quad . \quad . \quad . \quad . \quad . \quad (10\,\text{b}),$$

womit nach Wahl möglichst kleiner Radialkomponenten v_3 und v_4 bzw. großer Ein- und Austrittsquerschnitte F_3 und F_4 die drei Winkel β_1, α_3 und α_4 aus (3), (4) und (5) berechnet werden.

Eliminiert man aus diesen Formeln sowohl V als auch ω, so ergibt sich als Bedingungsgleichung

$$\frac{\operatorname{tg}\beta_3 - \operatorname{tg}\alpha_3}{r_3 F_3} + \frac{\operatorname{tg}\alpha_4}{r_4 F_4} = 0.$$

Die Höhenlage des Laufrades zwischen den Spiegeln sowie die Drücke p_3 und p_4 an der Ein- und Austrittsstelle kommen in unseren Gleichungen gar nicht vor und spielen darum auch für die Energieausnutzung in der Turbine keine ausschlaggebende Rolle. Eine Einschränkung der Laufradhöhe über dem Unterwasserspiegel ergibt sich lediglich aus der Bedingung, daß keiner dieser Drücke negativ werden darf, damit die Wassersäule im Saugrohr nicht abreißt und hiermit das letztere wirkungslos wird. Der Wirkungsgrad dieser Turbine ist alsdann für stoßfreien Gang und rotationsfreien Wasseraustritt wegen (1), (10) und (11)

$$\eta = \frac{L}{Gh} = \frac{\mathfrak{M}\omega}{Gh} = 1 - \frac{w_2^2(1+\zeta) - w_1^2}{2gh} = 1 - \xi \quad (11\text{a}).$$

Ändert man dagegen das Drehmoment durch Erhöhung oder Abnahme der Belastung, so wird auch bei gleichbleibenden Winkeln und konstantem Gefälle die Winkelgeschwindigkeit ω' mit der Durchflußmenge V nach (8a) variieren. Diese Gleichung stellt also eine zu den Achsen der ω' und V schräg liegende Ellipse oder Hyperbel mit dem Zentrum im Koordinatenanfang dar, je nachdem

$$\frac{r_3^2 \operatorname{tg}^2\alpha_3}{F_3^2} \lessgtr (r_3^2 - r_4^2)\left\{\frac{1+\zeta}{F_2^2} - \frac{1}{F_1^2} + \frac{(\operatorname{tg}\beta_3 - \operatorname{tg}\alpha_3)^2}{F_3^2} + \frac{\operatorname{tg}^2\alpha_4}{F_4^2}\right\} \quad (12).$$

Im Grenzfalle der Übereinstimmung dieser beiden Terme zerfällt (8a) in die Gleichungen zweier parallelen Geraden mit entgegengesetzt gleichen Abständen vom Koordinatenanfang. Da der Ausdruck in der zweiten Klammer rechts stets positiv ist, so hängt die Form der durch (8a) gegebenen Charakteristik der Turbine vorwiegend von der Differenz $r_3^2 - r_4^2$ ab, welche bei neueren Ausführungen entsprechend der Skizze Fig. 87 fast immer positiv ist, während man früher nach dem Vorgang von Henschel und Jonval auch Turbinen mit rein axialer Durchströmung, also mit $r_3 = r_4$ sowie nach Fourneyron solche mit einer Strömung von innen nach außen, d. h. mit $r_3 < r_4$ baute. Beide Formen sind indessen in der Neuzeit so gut wie verlassen, und zwar vorwiegend wegen der

Unmöglichkeit eines bequemen Übergangs in das Saugrohr, der sich bei der in Fig. 87 skizzierten Anordnung einer sog. Francis-Turbine ganz zwanglos ergibt. Für diese heute durchaus vorherrschende Gattung kommt aber nur die Ellipse als Charakteristik in Frage, welche, wie aus Fig. 89 hervorgeht, die beiden Achsen in den Punkten A und B entsprechend $V = 0$ und $\omega' = 0$ schneidet. Davon entspricht der letztere dem durch das festgebremste Rad durchströmenden Wasservolumen V, während der erstere keine praktische Bedeutung hat, da die Ellipse von B ausgehend schon vorher in C den Leerlauf erreicht. Dieser folgt wegen $\mathfrak{M}' = 0$ aus (1a) bzw. $u_3 r_3 = u_4 r_4$ oder mit (3) und (5a) für $\omega' = \omega_0$ und $V = V_0$ aus

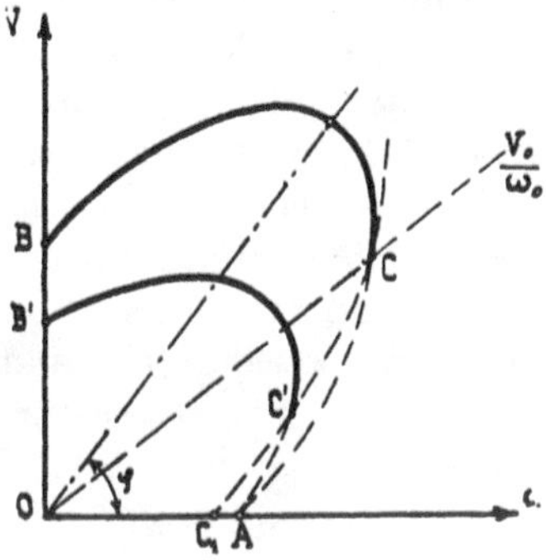

Fig. 89.

$$\omega_0 r_4^2 = V_0 \left(\frac{r_3 \operatorname{tg} \beta_3}{F_3} - \frac{r_4 \operatorname{tg} \beta_4}{F_4}\right) \quad . \quad . \quad . \quad (13).$$

Dem Punkt A, d. h. der Durchflußmenge $V = 0$ entspricht nach (8a) eine Winkelgeschwindigkeit

$$\omega_1 = \sqrt{\frac{2gh}{r_3^2 - r_4^4}} \quad . \quad . \quad . \quad . \quad . \quad . \quad (14),$$

welche augenscheinlich von den Schaufelwinkeln unabhängig ist. Nun werden alle neueren Turbinen so ausgeführt, daß der Leitschaufelwinkel β_3 nach dem Vorschlage von Fink zum Zwecke der Regulierung durch eine Drehvorrichtung veränderlich ist, so daß also zu jedem Werte von β_3 eine andere Ellipse als Charakteristik gehört. Alle diese Ellipsen, welche ersichtlich verschiedene Achsenneigungen φ besitzen, gehen dann nach Gl. (14) durch denselben Punkt A. Eliminiert man den Winkel β_3 aus (13) und (8a) mit $\omega' = \omega_0$ und $V = V_0$, so erhält man als Gleichung des geometrischen Ortes aller Leerlaufpunkte C wieder eine Ellipse CC_1, welche für $V_0 = 0$ die ω'-Achse in einem Punkte C_1 mit der Winkelgeschwindigkeit

$$\omega_2 = \sqrt{\frac{2gh}{r_3^2 - r_4^2 + \frac{r_4^4}{r_3^2}}} < \omega_1 \quad . \quad . \quad . \quad (15)$$

schneidet und welche mit einer anderen Charakteristik $B' C' A$ in Fig. 89 eingetragen ist.

Endlich liefert auch noch Gl. (10a), in der der Leitschaufelwinkel β_3 gar nicht vorkommt, für ω und V eine **Ellipse** mit dem Zentrum 0 als **geometrischen Ort aller Bewegungszustände mit stoßfreiem Eintritt und rotationsfreiem Austritt**, so daß also jede Charakteristik in Fig. 89 einen solchen Punkt besitzt.

Nunmehr wollen wir auch noch den **Wirkungsgrad** für einen beliebigen Bewegungszustand ermitteln und erhalten dafür mit (6)

$$\eta' = \frac{\mathfrak{M}' \omega'}{G h} = \frac{(u_3 r_3 - u_4 r_4)\, \omega'}{g h}$$

oder mit (3) und (5 a)

$$\eta' = \frac{\omega'}{g h} \left\{ V \left(\frac{r_3 \operatorname{tg} \beta_3}{F_3} - \frac{r_4 \operatorname{tg} \alpha_4}{F_4} \right) - \omega' r_4^2 \right\} \quad . \quad . \quad (16),$$

woraus für den Leergang ω_0 wieder (13) folgen würde. Außerdem verschwindet dieser Wert, wie selbstverständlich für $\omega' = 0$, d. h. für den Stillstand. Für konstante Durchflußvolumina V und Leitschaufelwinkel β_3 stellt Gl. (16) eine **Parabel** (vgl. Fig. 85) mit dem Scheitel $\omega_m' = \frac{1}{2} \omega_0$ für den **Höchstwert des Wirkungsgrades** dar.

Zur Bestimmung des absoluten Maximums von η' im ganzen Bereiche des Diagramms (Fig. 89) bedarf es der Elimination des Leitschaufelwinkels β_3 aus (8 a) und (16), woraus eine recht verwickelte Gleichung für η' als Funktion von ω' und V resultiert, deren Differentiation zwei Bedingungen

$$\frac{\partial y'}{\partial \omega'} = 0, \quad \frac{\partial y'}{\partial V} = 0$$

für die Festlegung des absoluten Maximums von η' liefert. Man erkennt leicht, was auch auf andere Weise von **Grübler** nachgewiesen wurde, daß dieses absolute Maximum nicht mit dem durch (11 a) gegebenen Werte für stoßfreien Gang und rotationslosen Wasseraustritt übereinstimmt, wenn es auch praktisch nur wenig davon abweicht.

Von der Tatsache, daß nach Gl. (13) **beim Leerlauf einer Vollturbine die durchfließende Wassermenge V_0 der Winkelgeschwindigkeit ω_0 und damit** der Umlaufzahl n in der Minute direkt proportional ist, macht man in der Praxis nach dem Vorgange von William Siemens zur Wassermessung umfassenden Gebrauch. Die Siemensschen Wassermesser sind in der Tat nichts anderes als kleine, in ein Gehäuse eingebaute Vollturbinen, welche in die Wasserleitung vor der Abgabestelle eingeschaltet sind; die durch eine Stopfbüchse heraustretende Laufradachse betätigt ein Zählwerk, dessen Arbeitsverbrauch (einschließlich der Stopfbüchsenreibung) praktisch vernachlässigt werden kann.

Beispiel. Es sei eine Turbine zu konstruieren für eine Wassermenge $V = 4$ cbm i. d. Sek. und $h = 2{,}5$ m Gefälle. Die Turbine soll in einer offenen Kammer von $F_1 = 4$ qm Querschnitt eingebaut werden. Unter Annahme eines Koeffizienten $\xi = 0{,}2$ für die Widerstände und eines zu garantierenden Wirkungsgrades $\eta = 1 - \xi = 0{,}8$ ergibt sich dann für die Austrittsgeschwindigkeit aus dem Saugrohr aus Gl. (11) mit $w_1 = \frac{V}{F_1} = 1$ m/Sek. zu

$$w_2 = \sqrt{\frac{2\,g\,\xi\,h + w_1^2}{1 + \zeta}} = 3 \text{ m/Sek.},$$

wonach also der Austrittsquerschnitt des Saugrohres $F_2 = 1{,}333$ qm (Durchmesser 1,3 m) zu bemessen ist.

Die von der Turbine abgegebene Leistung ist $N = \frac{4000 \cdot 2{,}5 \cdot 0{,}8}{75}$ $= 106{,}7$ PS. Soll nun die Turbine mit $n = 80$ Umdrehungen in der Min. ($\omega = 8{,}37$) laufen, so berechnet sich aus Gl. (10b) mit $h' = \xi h = 0{,}5$ m

$$u_3 r_3 = 2{,}34.$$

Der äußere Laufraddurchmesser werde nun zu $2\,r_3 = 1{,}5$ m, die Eintrittshöhe des Laufrades zu $b_3 = 0{,}4$ m gewählt, alsdann ist (wenn von der Verengung durch die Schaufeln abgesehen wird) $F_3 = 2\pi r_3 b_3$ $= 1{,}885$ qm, $v_3 = \frac{V}{F_3} = 2{,}125$ m/Sek., $u_3 = 3{,}12$ m/Sek. und nach Gl. (4) $v_3 \operatorname{tg} \alpha_3 = 3{,}12 - 0{,}75 \cdot 8{,}37 = -3{,}16$, also $\operatorname{tg} \alpha_3 = -1{,}49$; der Eintrittswinkel der Laufschaufeln ist daher $\alpha_3 = 303^0\,55' = -56^0\,5'$. Gleichzeitig ergibt sich der Austrittswinkel β_3 der Leitschaufeln nach Gl. (3) aus $\operatorname{tg} \beta_3 = \frac{3{,}12}{2{,}125} = 1{,}47$ zu $\beta_3 = 55^0\,45'$. Als mittlerer Innenradius des Laufrades wird praktisch $r_4 = 0{,}45$ m anzunehmen sein. Ist $b_4 = 0{,}6$ m die zugehörige (mittlere) Austrittshöhe der Schaufeln, so findet man $F_4 = 1{,}7$ qm, $v_4 = 2{,}35$ m/Sek. und daraus nach Gl. (5) $\operatorname{tg} \alpha_4 = -\frac{3{,}76}{2{,}35} = -1{,}6$. Der Austrittswinkel beträgt also

$$\alpha_4 = 302^0.$$

Dadurch sind die Schaufelenden für einen mittleren Stromfaden festgelegt, während der Verlauf der Schaufelkrümmung zwischen r_3 und r_4 sowie auch die Meridiankurven des äußeren und inneren Kranzes noch willkürlich sind und darum auch in der Praxis bisher nach mehr oder minder willkürlichen Regeln gestaltet werden.

Die charakteristische Gleichung (8a) für unsere Turbine erscheint hier nach Einsetzen sämtlicher bekannter Zahlenwerte in der Form

$$49{,}05 = 0{,}36\, \omega'^2 - 1{,}185\, \omega' V + 3{,}967\, V^2$$

und stellt eine Ellipse dar, die in den Punkten A ($V = 0$, $\omega = 11{,}67$) und B ($\omega = 0$, $V = 3{,}52$ cbm) die Koordinatenachsen schneidet. Ihre große Achse ist unter dem Winkel $\varphi = 9^0\, 8'$ gegen die ω-Achse geneigt. Der dem Leerlauf entsprechende Punkt C dieser Ellipse liegt nach Gl. (13) in ihrem Schnitt mit der Geraden $\omega_0 = 5\, V_0$, entsprechend einer Durchflußmenge $V_0 = 2{,}64$ cbm bei $\omega = 13{,}2$ oder $n_0 = 126$ Umdrehungen in der Minute. Durch C geht die »Leerlaufs-Ellipse«, welche in C' ($V = 0$ $\omega_2 = 10{,}64$) die ω-Achse schneidet. Endlich erhält man noch aus Gl. (10a) die Ellipse

$$49{,}01 = 1{,}125\, \omega^2 - 1{,}185\, \omega V + 0{,}617\, V^2$$

als geometrischen Ort für alle Zustände mit stoßfreiem Eintritt und rotationsfreien Austritt. Ihrem Schnittpunkt mit der ersten Ellipse entspricht das zugrunde gelegte Beispiel $V = 4$ cbm $\omega = 8{,}37$.

Schließlich sei noch bemerkt, daß die oben für den stoßfreien Eintritt und rotationslosen Austritt entwickelten Formeln (1) bis (5) auch auf sog. Freistrahl- oder Aktionsturbinen, bei denen das Betriebswasser nach Fig. 90 aus einer Mündung unter atmosphärischem Druck ausströmt, angewendet werden können. Solche Räder sind in der Technik insbesondere da angebracht, wo man es, wie z. B. bei Gebirgsbächen, mit kleinen Wassermengen und sehr starken Gefällen zu tun hat. Bezeichnet man das Gefälle des Betriebswassers vom Oberwasserspiegel bis zum Austritt aus dem mit nur wenigen Schaufeln versehenen Leitapparate mit h', den Abstand dieser Mündung vom Unterwasserspiegel, in welchen das Rad nicht eintauchen darf, mit h'', so folgt zunächst für die Zuflußgeschwindigkeit zum Rade nach (8)

$$w_3^2 = u_3^2 + v_3^2 = \frac{u_3^2}{\sin^2 \beta_3} = \frac{2\, g h'}{1 + \zeta'} \quad . \quad . \quad (17)$$

mit einem Widerstandskoeffizienten ζ' der Zuleitung und der Mündung. Anderseits liefert die Energiegleichung für den Weg durch das Rad bis zum Unterwasserspiegel für rotationsfreien Austritt ($u_4 = 0$)

$$g h'' + \frac{u_3^2 + v_3^2}{2} - \frac{v_4^2}{2}(1 + \zeta'') = u_3 r_3 \omega \quad . \quad (18),$$

worin die rechte Seite wegen (1) die Nutzarbeit der Masseneinheit Wasser angibt und ζ'' den Widerstandskoeffizienten des Rades allein bedeutet. Angesichts der Unsicherheit über die Ausbreitung der freien Strahlen längs der Schaufeln genügt es vollständig, angenähert

$$g h'' + \frac{v_3^2}{2} = \frac{v_4^2}{2}(1 + \zeta'') \quad (18\text{a})$$

zu setzen und damit (18) in

$$u_3 = 2 r_3 \omega \quad (18\text{b})$$

zu vereinfachen, woraus sich mit (17) und (3) nach Wahl von β_3 und vorgeschriebenem ω die Komponente u_3 und der Eintrittsradius berechnet. Damit aber ist nach (4) auch der Winkel α_3 gegeben,

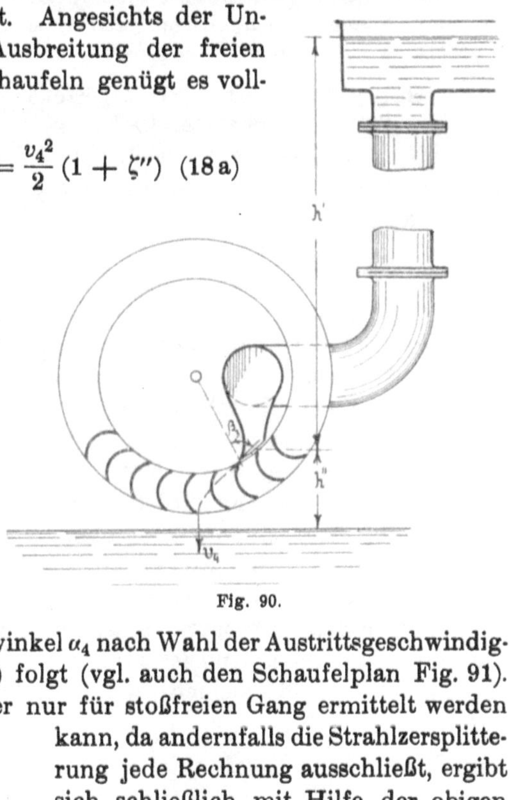

Fig. 90.

während der Austrittswinkel α_4 nach Wahl der Austrittsgeschwindigkeit aus (18a) und (5) folgt (vgl. auch den Schaufelplan Fig. 91). Der Wirkungsgrad, der nur für stoßfreien Gang ermittelt werden kann, da andernfalls die Strahlzersplitterung jede Rechnung ausschließt, ergibt sich schließlich mit Hilfe der obigen Formeln und $h' + h'' = h$

$$\eta = \frac{\mathfrak{M}\omega}{G h} = \frac{u_3 r_3 \omega}{g h} = \frac{u_3^2}{2 g h}$$
$$= \frac{h'}{h' + h''} \frac{\sin^2 \beta_3}{1 + \zeta'} \quad . \quad (19).$$

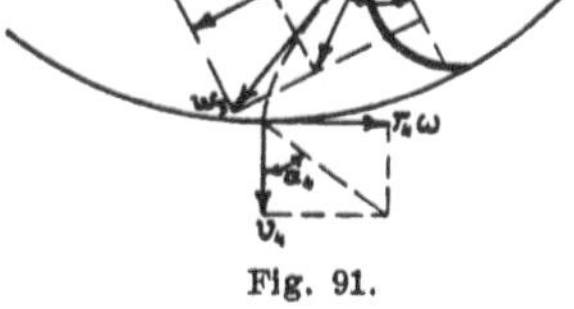

Fig. 91.

Der Wirkungsgrad der Freistrahlturbinen hängt hiernach

wesentlich von der Wahl des Winkels β_3 ab, der so groß als irgend möglich ausgeführt werden sollte.

§ 21. Theorie der Kreiselpumpen.

Kennzeichnung der Kreiselpumpen. Drehmoment, Energiegleichung und Charakteristik. Förderung ohne Druckhöhe. Schwebegeschwindigkeit der Pumpe. Hydraulischer und Gesamtwirkungsgrad. Zahlenbeispiel. Verbundräder und Gebläse.

Drehen wir das in Fig. 87 dargestellte Rad mit dem Schaufelplan Fig. 88 in umgekehrter Richtung, so ist dazu ein Energieaufwand nötig, während gleichzeitig Wasser aus dem Unterwassergraben in den Oberwassergraben gehoben wird. Hierdurch ist das Rad zu einer Kreiselpumpe geworden, welche somit als die Umkehrung einer Vollturbine aufzufassen ist. Trotzdem können wir die im vorigen Paragraphen entwickelten Gleichungen auch unter Beibehaltung aller Bezeichnungen (nach Umkehrung der Vorzeichen der Geschwindigkeiten) nicht ohne weiteres auf Kreiselpumpen anwenden, weil bei diesen das Wasser im Saugrohr niemals eine Rotation besitzt, eine solche vielmehr erst beim Eintritt in das Laufrad durch Stoß erhält. Außerdem aber verläßt das Wasser den Leitapparat nach außen fast stets rotationsfrei, so daß eine Rotation nur innerhalb des Lauf- und Leitrades von Kreiselpumpen in Frage kommt. Um die Fig. 88 beibehalten zu können, wollen wir jetzt mit dem Index 4 den Eintritt in das Laufrad, mit 3 den Austritt daraus bzw. den Übergang in den Leitapparat bezeichnen, während 1 und 2 dem Ober- und Unterwasserspiegel zugehören mögen. Da das Wasser das Laufrad im allgemeinen mit der Rotationskomponente

$$u_3' = v_3 \operatorname{tg} \alpha_3 + r_3 \omega' \quad . \quad . \quad . \quad . \quad . \quad (1)$$

verläßt und ohne Rotationskomponente herankommt, so ist

$$\mathfrak{M}' = \frac{G}{g} u_3' r_3 \quad . \quad . \quad . \quad . \quad . \quad . \quad (2)$$

schon der Ausdruck für das Drehmoment der Pumpe mit der effektiven Betriebsarbeit

$$L = \frac{G}{g} u_3' r_3 \omega' \quad . \quad . \quad . \quad . \quad . \quad . \quad (3).$$

Diese Arbeit dient nun dazu, die Wassermenge G in der Sekunde auf die Höhe h zu heben, sie dabei unter Überwindung der durch den Widerstandskoeffizienten ζ zu berücksichtigenden Reibungsarbeit von w_2 auf w_1 zu beschleunigen und schließlich die Stoßverluste beim Eintritt in das Laufrad und den Leitapparat

$$L' = \frac{G}{2g}(u_3 - u_3')^2 + \frac{G}{2g} u_4^2 \quad . \quad . \quad . \quad (4)$$

zu bestreiten, worin, wie im vorigen Paragraphen

$$\left.\begin{aligned} u_3 &= v_3 \operatorname{tg} \beta_3 \\ u_4 &= v_4 \operatorname{tg} \alpha_4 + r_4 \omega' \end{aligned}\right\} \quad . \quad . \quad . \quad . \quad . \quad (5)$$

sind. Mithin lautet die Energiegleichung für die Pumpe

$$L = Gh + \frac{G}{2g}\left\{(1+\zeta)\, w_1^2 - w_2^2\right\} + L'$$

oder wegen (3) und (4)

$$2\, u_3' r_3 \omega' = 2\, gh + w_1^2 (1+\zeta) - w_2^2 + (u_3 - u_3')^2 + u_4^2 \quad (6),$$

bzw. nach Einführung der Werte (1) und (5) für $u_3 u_3' u_4$

$$\begin{gathered} 2\, \omega' (v_3 r_3 \operatorname{tg} \beta_3 - v_4 r_4 \operatorname{tg} \alpha_4) + \omega'^2 (r_3^2 - r_4^2) \\ = 2\, gh + w_1^2 (1+\zeta) - w_2^2 + v_3^2 (\operatorname{tg} \beta_3 - \operatorname{tg} \alpha_3)^2 + v_4^2 \operatorname{tg}^2 \alpha_4. \end{gathered}$$

Bezeichnen wir wieder das Fördervolumen in der Sekunde mit V, so zwar daß $G = V\gamma$, so wird mit

$$V = F_1 w_1 = F_2 w_2 = F_3 v_3 = F_4 v_4 \quad . \quad . \quad (7)$$

aus der Energiegleichung

$$\begin{gathered} 2\, \omega' V \left(\frac{r_3 \operatorname{tg} \beta_3}{F_3} - \frac{r_4 \operatorname{tg} \alpha_4}{F_4}\right) + \omega'^2 (r_3^2 - r_4^2) \\ - V^2 \left\{\frac{1+\zeta}{F_1^2} - \frac{1}{F_2^2} + \frac{(\operatorname{tg} \beta_3 - \operatorname{tg} \alpha_3)^2}{F_3^2} + \frac{\operatorname{tg}^2 \alpha_4}{F_4^2}\right\} = 2\, gh \quad (6\text{a}). \end{gathered}$$

Dies ist aber die Mittelpunktsgleichung einer Hyperbel (Fig. 92) zwischen den Variabeln ω' und V, für jede Druckhöhe h, welche somit die Charakteristik der Kreiselpumpe bildet und für $h = 0$ in zwei durch O gehende Gerade, ihre Asymptoten zerfällt. Von diesen liegt die eine OC' ganz im Gebiete der negativen Werte von V, hat also praktisch keine Bedeutung, während die andere OC anzeigt, daß das Fördervolumen einer Pumpe ohne Druckhöhe ihrer Winkelgeschwindigkeit proportional ist.

Jeder Druckhöhe h entspricht ferner eine **Winkelgeschwindigkeit** ω_0 **ohne jede Lieferung**, welche sich aus (6a) für $V = 0$ zu

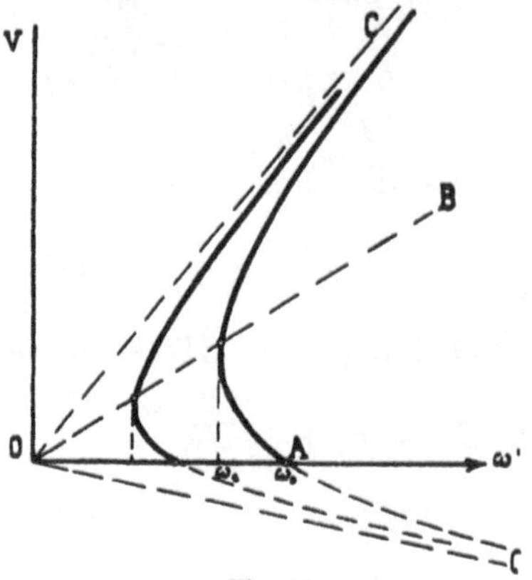

Fig. 92.

$$\omega_0^2 = \sqrt{\frac{2\,g\,h}{r_3^2 - r_4^2}} \quad (8)$$

berechnet und durch den Schnitt A der Hyperbel mit der ω'-Achse gegeben ist. Da hierbei gerade die Drucksäule in der Schwebe gehalten wird, so spricht man den Wert (8) wohl auch als die **Schwebegeschwindigkeit der Pumpe** an. Aus Fig. 92 erkennt man nun, daß diese Schwebegeschwindigkeit im allgemeinen nicht mit der niedrigsten Winkelgeschwindigkeit ω_1 für die zugehörige Druckhöhe übereinstimmt, deren geometrischer Ort in Fig. 92 die Gerade OB mit der Gleichung

$$\omega_1 \left(\frac{r_3 \operatorname{tg} \beta_3}{F_3} - \frac{r_4 \operatorname{tg} \alpha_4}{F_4}\right) = V_1 \left\{\frac{1+\zeta}{F_1^2} - \frac{1}{F_2^2} + \frac{(\operatorname{tg} \beta_3 - \operatorname{tg} \alpha)^2}{F_1^2} + \frac{\operatorname{tg} \alpha^2{}_4}{F_4^2}\right\} \quad . \quad . \quad . \quad . \quad (9)$$

ist, welche im positiven Bereiche verläuft, so lange

$$\frac{r_3 \operatorname{tg} \beta_3}{F_3} > \frac{r_4 \operatorname{tg} \alpha_4}{F_4} \quad . \quad . \quad . \quad . \quad . \quad . \quad (9\,\mathrm{a})$$

bleibt. Dies trifft aber, da nach Fig. 88 $\operatorname{tg} \alpha_4 < 0$ ist, stets zu.

Verbindet man dann noch Gl. (9) mit (6a), so folgt auch

$$\omega_1^2 (r_1^2 - r_4^2) = 2\,g\,h - \omega_1 F_1 \left(\frac{r_3 \operatorname{tg} \beta_3}{F_3} - \frac{r_4 \operatorname{tg} \alpha_4}{F_4}\right) \quad (9\,\mathrm{b}),$$

oder wegen (8)

$$\omega_1 < \omega_0 \quad . \quad . \quad . \quad . \quad . \quad . \quad . \quad . \quad (9\,\mathrm{c}).$$

Für stoßfreien Gang der Pumpe, d. h. für $u_3 = u_3'$ und $u_4 = 0$ vereinfacht sich die Energiegleichung mit $\omega' = \omega$ in

$$2\,u_3\,r_3\,\omega = 2\,g\,h + w_1^2\,(1+\zeta) - w_2^2 \quad . \quad . \quad (10),$$

oder mit (7) bzw. (1) und (5) in

$$2\,\omega\,V\,\frac{r_3 \operatorname{tg} \alpha_3}{F_3} = 2\,g\,h - 2\,r_3^2\,\omega^2 + V^2 \left(\frac{1+\zeta}{F_1^2} - \frac{1}{F_2^2}\right) \quad (10\,\mathrm{a}).$$

Auch diese Formel liefert für jeden Wert von h eine Hyperbel, welche die Hyperbel für dasselbe h in Fig. 92 in einem Punkte schneidet, so daß also jeder Druckhöhe ein stoßfreier Bewegungszustand angehört.

Eliminiert man aus den Formeln für stoßfreien Gang

$$\left.\begin{aligned} v_3 \operatorname{tg} \beta_3 &= v_3 \operatorname{tg} \alpha_3 + r_3 \omega \\ v_4 \operatorname{tg} \alpha_4 &= - r_4 \omega \end{aligned}\right\} \quad . \quad . \quad . \quad . \quad (5a)$$

nach Einführung von (7) die Variabeln V und ω, so ergibt sich die Bedingungsgleichung

$$F_3 \frac{\operatorname{tg} \beta_3 - \operatorname{tg} \alpha_3}{r_3 F_3} + \frac{\operatorname{tg} \alpha_4}{r_4 F_4} = 0,$$

welcher die Schaufelwinkel der Pumpe genügen müssen. Dabei wird man, wie schon bei der Turbine, die Verluste

$$\frac{w_1^2 (1 + \zeta) - w_2^2}{2g} = \xi h = h' \quad . \quad . \quad . \quad (11),$$

d. h. als einen Zusatz zur nutzbaren Druckhöhe abschätzen und nach Wahl von r_3 und ω die Rotationskomponente u_3 aus

$$u_3 = \frac{g(h + h')}{r_3 \omega} \quad . \quad . \quad . \quad . \quad . \quad . \quad . \quad (10b)$$

bestimmen.

Definieren wir als hydraulischen Wirkungsgrad η' der Pumpe das Verhältnis der Nutzleistung zum Arbeitsaufwand, so folgt mit (1), (2) und (7)

$$\frac{1}{\eta'} = \frac{\mathfrak{M} \omega}{g h} = \frac{u_3 r_3 \omega^2}{g h} = \frac{r_3 \omega^2}{g h} \left(V \frac{\operatorname{tg} \alpha_3}{F_3} + r_3 \omega' \right) \quad (12)$$

mit einem Grenzwert für die Schwebegeschwindigkeit $\omega' = \omega_0$ und $V = 0$, der sich mit (8) zu

$$\eta_0 = \frac{g h}{r_3^2 w_0^2} = \frac{1}{2} \left(1 - \frac{r_4^2}{r_3^2} \right) < \frac{1}{2} \quad . \quad . \quad . \quad (12a),$$

also unabhängig von der Druckhöhe ergibt. Dies liegt natürlich nur daran, daß hierbei theoretisch sowohl die Nutzarbeit wie auch das Drehmoment verschwindet, wobei von der Lagerreibung gänzlich abgesehen wurde. Diese letztere hat indessen ein Reibungsmoment zur Folge, durch welches der Gesamtwirkungsgrad für die Schwebegeschwindigkeit zum Verschwinden gebracht wird. Da weiterhin für $\omega' = 0$ in Gl. (6a) das Fördervolumen imaginär wird, so hat der Begriff des Stillstandes der Pumpe überhaupt keinen Sinn; das Wasser wird hierbei einfach durch die Pumpe zurücklaufen. Ebensowenig gibt es aber auch einen Leergang der Pumpe, da der Wirkungsgrad η' nach (12) bei konstanter Druckhöhe erst für $\omega' = \infty$ verschwindet. Jeder Druckhöhe h entspricht nun ein Höchstwert des Wirkungsgrades η', für den wegen $\frac{d}{d\omega'}\left(\frac{1}{\eta'}\right) = 0$ in (12)

$$\frac{dV}{d\omega'} = -\frac{F_3}{\omega' \operatorname{tg} \alpha_3}\left(\frac{V \operatorname{tg} \alpha_3}{F_3} + r_3 \omega'\right)$$

oder

$$\frac{1}{\eta'_{max}} = -\frac{r_3 \omega'^2}{gh} \frac{\operatorname{tg} \alpha_3}{F_3} \frac{dV}{d\omega'} \quad . \quad . \quad . \quad . \quad (12\text{b})$$

sein muß. Da nun der Wirkungsgrad nur positiv sein kann, so liegt das Maximum in Fig. 92 oberhalb oder unterhalb der Linie OB der niedersten Winkelgeschwindigkeit, je nachdem $\operatorname{tg} \alpha_3 \lesseqgtr 0$ ist, bzw. je nachdem die Pumpenschaufeln nach Fig. 93 rückwärts oder vorwärts gekrümmt sind.

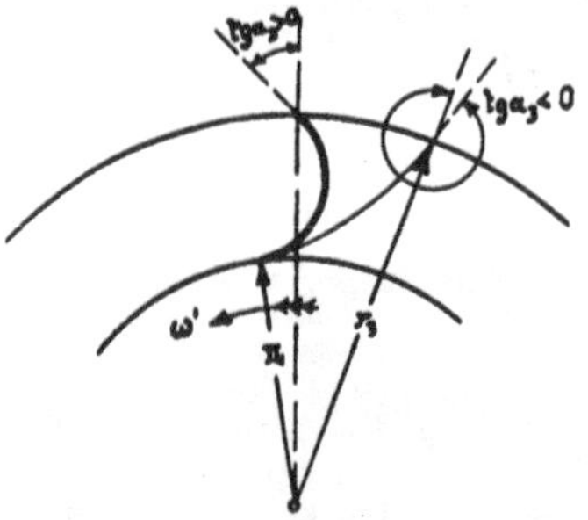

Fig. 93.

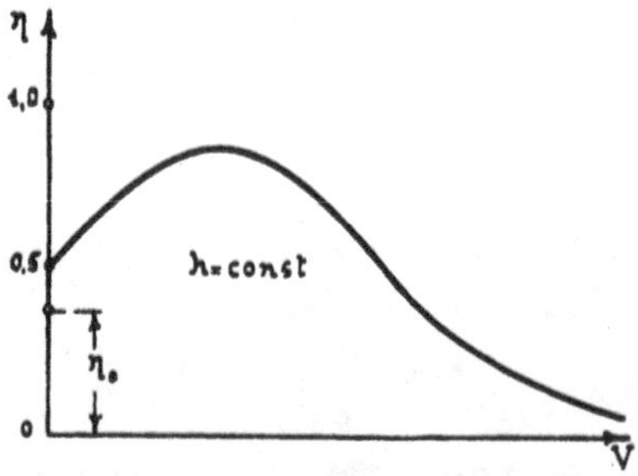

Fig. 94.

Aus Fig. 92 geht weiter hervor, daß bei konstanter Druckhöhe im allgemeinen jedem Wert von ω' zwei reelle Werte von V entsprechen, während umgekehrt durch V die Winkelgeschwindigkeit ω' eindeutig bestimmt ist, da hierfür der andere Hyperbelast nicht mehr in Frage kommt. Daher empfiehlt es sich, die Wirkungsgradkurve als Funktion des Fördervolumens V aufzutragen, deren Verlauf für konstantes h aus Fig. 94 ersichtlich ist.

Wird schließlich die Winkelgeschwindigkeit der Pumpe konstant gehalten, so ändert sich die Druckhöhe nach (6a) parabolisch mit der Fördermenge V derart, daß sie mit einem durch (8) bestimmten Wert h_0 beginnt, dann bis zu einem Maximum ansteigt und schließlich für den der Asymptote OC in Fig. 92 entsprechenden Wert von V verschwindet. Einen ganz ähnlichen Verlauf besitzt auch die Wirkungsgradkurve für konstantes ω', die mit der η'-Kurve in dem Diagramm Fig. 95 vereinigt ist.

Aus den vorstehenden, durch Versuche sehr gut bestätigten Ergebnissen geht hervor, daß die Kreiselräder zwar generell als Umkehrung der Vollturbinen aufgefaßt werden können, daß sie sich aber in ihrem Verhalten gegenüber Änderungen der Durchflußmenge, der Winkelgeschwindigkeit und der Druckhöhe ganz wesentlich von den Turbinen unterscheiden. Insbesondere kommt bei ihnen eine Veränderung der Leitschaufelwinkel β_3, welche bei Turbinen zur Anpassung an andere Betriebsverhältnisse vielfach üblich ist, kaum jemals in Betracht. Schließlich sei noch bemerkt, daß auch eine Umkehrung der Freistrahlturbinen praktisch unbrauchbar erscheint, weil hierbei Stöße beim Wassereintritt am Laufrad und eine Zersplitterung des Strahles beim Übergang in das Druckrohr ganz unvermeidlich sind.

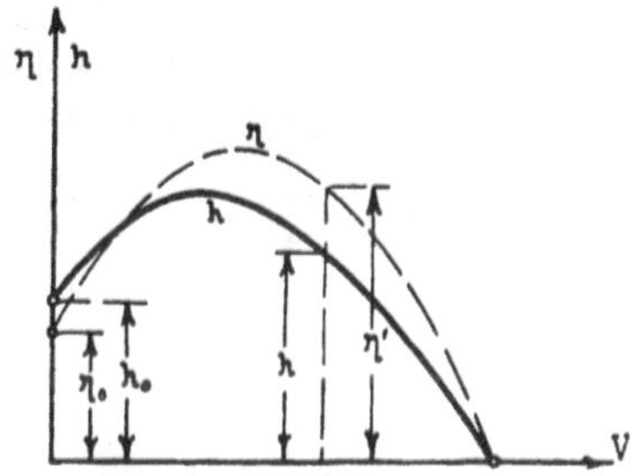

Fig. 95.

Es soll beispielsweise eine sekundliche Wassermenge $V = 0{,}6$ cbm mit Hilfe einer Kreiselpumpe $h = 10$ m hoch gefördert werden. Die Pumpe, welche dabei mit 220 Umläufen pro Minute ($\omega = 23$) betrieben werden soll, ist reichlich zu dimensionieren, damit sie auch eventuell erheblich größere Wassermengen (bei entsprechend gesteigerter Tourenzahl) ohne allzugroße Verluste bewältigen kann. Deshalb wird die Geschwindigkeit in der Saug- und Druckleitung klein bemessen; wir machen

$$w_1 = w_2 = w = 2 \text{ m/Sek.}$$

und erhalten damit $F_1 = F_2 = 0{,}3$ qm (Durchmesser 0,62 m). Der Innenradius der Pumpe muß also $r_4 > 0{,}31$ m sein, wir wählen

$$r_4 = 0{,}35 \text{ m}$$

$$\text{und} \quad r_3 = 0{,}5 \text{ m}.$$

Mit Rücksicht auf die Widerstände möge $\zeta = 15$ gewählt werden, es ergibt sich dann nach Gl. (11)

$$\frac{w_1^2(1+\zeta)-w_2^2}{2g}=\frac{w^2\zeta}{2g}=3{,}06=h'=\xi h,$$

also $\xi = 0{,}306$ und daraus der Wirkungsgrad der Anlage

$$\eta=\frac{1}{1+\xi}=0{,}765.$$

Aus Gl. (10b) findet man jetzt die Tangentialgeschwindigkeit beim Austritt aus dem Rade

$$u_3=\frac{9{,}81\cdot 13{,}06}{0{,}5\cdot 23}=11{,}1 \text{ m/Sek.}$$

Gl. (1) führt sodann auf

$$v_3 \operatorname{tg} \alpha_3 = 11{,}1 - 0{,}5\cdot 23 = -0{,}4 \text{ m/Sek.}$$

Macht man nun die Schaufeln am Austritt in achsialer Richtung 0,08 m hoch, so wird (ohne Rücksicht auf die Verengung durch dieselben) $F_3 = 2\cdot 0{,}5\,\pi\cdot 0{,}8 = 0{,}251$ qm und

$$v_3 = 2{,}39 \text{ m/Sek.} \qquad \operatorname{tg}\alpha_3 = 0{,}168 \qquad \alpha_3 = -9^1/_2{}^0$$

(schwach nach rückwärts gekrümmte Schaufel).

Aus Gl. (5) folgt ferner

$$\operatorname{tg}\beta_3=\frac{11{,}1}{2{,}39}=4{,}61 \qquad \beta_3 = 77^3/_4{}^0$$

und für stoßfreien Gang

$$u_4 = 0 = v_4 \operatorname{tg}\alpha_4 + 0{,}35\cdot 23,\ \text{also}\ v_4 \operatorname{tg}\alpha_4 = -8{,}05.$$

Wegen der Verengung durch die Schaufeln am Eintritt (von deren Berücksichtigung auch wieder abgesehen werden soll) ist es unzweckmäßig, zu große Winkel α_4 zuzulassen. Wir wählen daher (ziemlich an der Grenze) $\alpha_4 = -75^0$, $\operatorname{tg}\alpha_4 = -3{,}73$, damit wird

$$v_4 = 2{,}16 \text{ m/Sek.},$$

woraus sich $F_4 = 0{,}278$ qm und die achsiale Schaufelhöhe am Eintritt zu 0,126 m berechnen läßt. Damit ist das Laufrad im wesentlichen festgelegt.

Die Energiegleichung (6a) für beliebige ω', V lautet für dieses Rad

$$27{,}8\,\omega' V + 0{,}1275\,\omega'^2 - 710\,V^2 = 196{,}2.$$

Die Schwebegeschwindigkeit ist hier erheblich größer als die normale Tourenzahl, sie beträgt nach Gl. (8)

$$\omega_0=\sqrt{\frac{196{,}2}{0{,}1275}}=39{,}25$$

(entsprechend 375 Umdrehungen pro Minute).

Die Hyperbel

$$0{,}5\,\omega^2 - 0{,}67\,\omega V - 167\,V^2 = 196{,}2$$

entspricht dem stoßfreien Gang. Sie schneidet der Berechnung gemäß die erste Hyperbel in dem Punkte

$$V = 0{,}6 \text{ cbm} \qquad \omega = 23$$

und verläuft weiterhin in der Nähe derselben. Daraus geht hervor, daß die Pumpe auch bei größerem V und ω noch in der Nähe des stoßfreien Ganges arbeiten wird. Die niedrigste Winkelgeschwindigkeit, mit der die Pumpe eben anfängt stabil zu arbeiten, ergibt sich im Schnitt der Hyperbel mit der Geraden OB

$$13{,}9\ \omega_1 = 710\ V_1$$

und findet sich zu $\omega_1 = 22{,}1$ (211 Umdrehungen pro Minute) bei einer Förderung von 0,433 cbm/Sek.

Es braucht wohl kaum hervorgehoben zu werden, daß man für sehr große Förderhöhen, wie sie z. B. bei der Wasserhaltung in Bergwerken auftreten, mehrere Kreiselräder hintereinander schalten kann, die dann gewöhnlich auf einer Achse montiert ein gemeinsames Gehäuse besitzen. Die vorstehenden Entwicklungen gelten dann für jedes einzelne Rad, so daß die Theorie dieser sog. Verbundräder nichts Neues bringt.

Diese Theorie darf sogar auf elastische Flüssigkeiten, wie Luft, angewandt werden, wenn nur in jedem Rade die Drucksteigerung und damit die des spezifischen Gewichts in mäßigen Grenzen bleibt, so daß man mit einem Mittelwert des letzteren rechnen kann. Alsdann läßt sich unsere Theorie ohne weiteres auf Schleudergebläse (Zentrifugalventilatoren) ausdehnen, deren Hintereinanderschaltung auf einer oder mehreren Radscheiben man gewöhnlich als Turbokompressoren bezeichnet.[1])

§ 22. Theorie der Propeller.

Der Propeller als Achsialpumpe. Schiffsgeschwindigkeit und Vorstrom. Abhängigkeit des Achsialschubes von der Schiffsgeschwindigkeit und der Winkelgeschwindigkeit. Steigung und Slip des Schraubenpropellers. Anwendung zur Wassermessung. Woltmannscher Flügel. Drehmoment und Energiegleichung. Wirkungsgrad. Zahlenbeispiel.

Mit den Pumpen sehr nahe verwandt sind die zur Fortbewegung von Fahrzeugen in Flüssigkeiten dienenden Propeller, welche aus einer Anzahl von schraubenförmigen Flügeln auf der

---

[1]) Vgl. Lorenz, Neue Theorie und Berechnung der Kreiselräder. München und Berlin 1906.

Drehachse bestehen und von der Flüssigkeit, in die sie vollständig eintauchen, mit achsialer Geschwindigkeitszunahme von vorn nach hinten durchströmt werden, deren Rückwirkung das Schiff vorwärts treibt. Wir haben es also hier in der Hauptsache mit einer Achsialpumpe zu tun, welche aber im Gegensatz zu den bisher betrachteten feststehenden Pumpen mit dem Fahrzeug in der Flüssigkeit in achsialer Richtung horizontal fortschreitet. Ist c die gemeinsame Geschwindigkeit des Schiffes und des meist dahinter (Fig. 96) befindlichen Propellers,

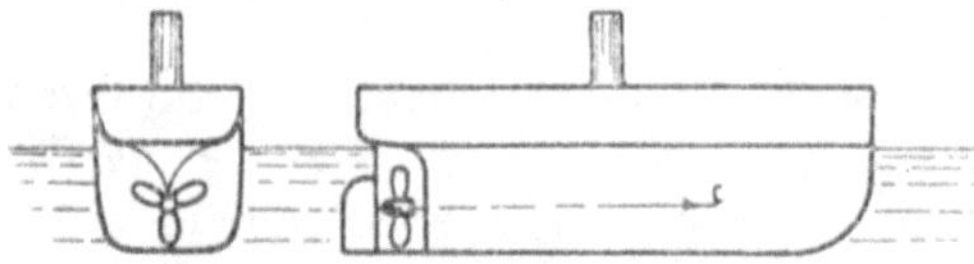

Fig. 96.

so arbeitet der letztere doch nicht in ruhendem Wasser; vielmehr wird dieses, wie wir später noch genauer sehen werden, teilweise vom Schiffe mitgenommen, eine Erscheinung, welche die Schiffbauer als Vorstrom bezeichnen. Infolge des Vorstromes besitzt das Wasser hinter dem Schiff relativ zum Propeller eine Geschwindigkeit $\varkappa c$, worin der Faktor $\varkappa < 1$ als eine dem Schiff eigentümliche Konstante angesehen werden kann. Bezeichnen wir ferner mit w_{z1} die der Schiffsgeschwindigkeit c entgegengesetzt gerichtete relative achsiale Eintrittsgeschwindigkeit, mit w_{z2} die Austrittsgeschwindigkeit des Wassers am Propeller, so sind $c - w_{z1}$ und $c - w_{z2}$ die entsprechenden Absolutgeschwindigkeiten, und wir erhalten nach Gl. (10a) des § 18 unter Vernachlässigung der geringen Druckdifferenzen des Wassers in der Umgebung des Propellers einen horizontalen Achsialschub

$$P = \frac{G}{g}(w_{z2} - w_{z1}) \quad . \quad . \quad . \quad . \quad . \quad . \quad (1),$$

worin G das in der Sekunde durchströmende Wassergewicht bedeutet, während die momentan im Rade befindliche Wassermenge auf den Horizontalschub keinen Einfluß hat. Bezeichnen wir ferner mit F_2 den Austrittsquerschnitt des Propellers, normal zur Achse gemessen, so ist offenbar

$$G = F_2 \gamma \cdot w_{z2} \quad . \quad . \quad . \quad . \quad . \quad . \quad (2),$$

so daß wir an Stelle von (1) auch haben

$$P = \frac{F_2 \gamma}{g} w_{z2} (w_{z2} - w_{z1}) \quad . \; . \; . \quad (1a).$$

Ebenso hätten wir natürlich auch mit dem Eintrittsquerschnitt F_1 und der Eintrittsgeschwindigkeit w_{z1} für (2) $G = F_1 \gamma w_{z1}$

$$P = \frac{F_1 \gamma}{g} w_{z1} (w_{z2} - w_{z1}) \quad . \; . \; . \; . \quad (1b)$$

oder

$$F_2 w_{z2} = F_1 w_{z1} \quad . \; . \; . \; . \; . \; . \; . \quad (3)$$

setzen können, wenn dieser Eintrittsquerschnitt etwa infolge einer Ummantelung des Propellers eindeutig vorgeschrieben wäre. Da man jedoch in der Praxis auf einen Mantel wegen der damit verbundenen erheblichen Bewegungswiderstände verzichtet, so verliert auch bei der Möglichkeit seitlichen Wasserzuflusses der Eintrittsquerschnitt F_1 im allgemeinen seine Bestimmtheit, und Gl. (3) bzw. (1b) gilt nur mehr für einen Bewegungszustand, den man allerdings der Propellerberechnung als normalen zugrunde legen wird. Nun seien in Fig. 97 die Neigungen eines

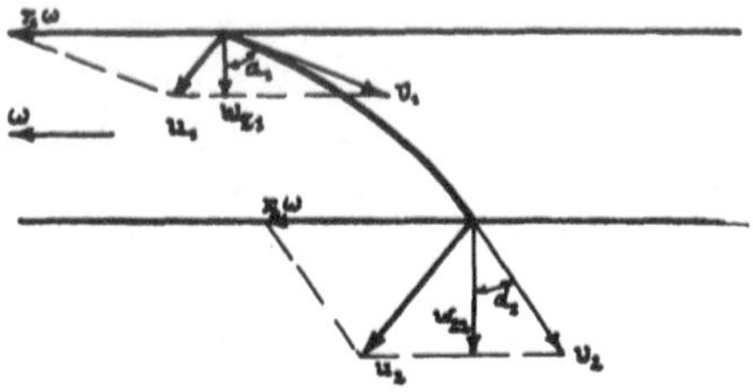

Fig. 97.

Propellerflügels gegen die achsiale Bewegungsrichtung am Ein- und Austritt α_1 bzw. α_2 mit den Radien r_1 und r_2, dann besitzt in dem mit der Winkelgeschwindigkeit ω rotierenden Propeller das Wasser an diesen Stellen die Rotationskomponenten

$$\left. \begin{array}{l} u_1 = - w_{z1} \operatorname{tg} \alpha_1 + r_1 \omega \\ u_2 = - w_{z2} \operatorname{tg} \alpha_2 + r_2 \omega \end{array} \right\} \quad . \; . \; . \; . \; . \; . \quad (4),$$

von denen die letztere auf den Flüssigkeitsstrahl hinter dem Propeller übergeht, während vor dem Propeller noch keine Rotation besteht, weshalb dort

$$w_{z1} = \varkappa c \quad . \; . \; . \; . \; . \; . \; . \; . \quad (5)$$

zu setzen ist. Führen wir diesen Wert sowie für w_{z2} den aus der zweiten Gl. (4) unter Vernachlässigung der erfahrungsmäßig nur kleinen Rotationskomponente u_2 in die Formel (1a) ein, so erhalten wir für den Propellerschub in roher Annäherung

$$P = \frac{F_2 \gamma}{g} \frac{r_2 \omega}{\operatorname{tg} \alpha_2} \left(\frac{r_2 \omega}{\operatorname{tg} \alpha_2} - \varkappa c \right) \quad . \; . \; . \; . \quad (6)$$

oder mit den beiden Konstanten

$$\frac{F_2 \gamma r_2^2}{g \operatorname{tg}^2 \alpha_2} = A ; \quad \frac{F_2 \gamma r_2 \varkappa}{g \operatorname{tg} \alpha_2} = B \quad . \; . \; . \; . \quad (7)$$

$$P = A \omega^2 - B \omega c \quad . \; . \; . \; . \; . \; . \quad (6a).$$

Nach dieser von Dr. A. Pröll[1]) aufgestellten und durch Versuche hinreichend bestätigten Formel sind die Linien konstanter Winkelgeschwindigkeit ω im Pc-Diagramm Fig. 98 Gerade, welche sämtlich die gestrichelt eingezeichnete Parabel

$$y = - \frac{B^2}{4A} c^2 \quad . \; . \; . \; . \; . \; . \; . \quad (6b)$$

berühren bzw. einhüllen. Längs der Ordinatenachse ist $c = 0$ und daher $P = A \omega^2$, d. h. der Achsialschub eines Propellers bei festgehaltenem Schiff wächst mit dem Quadrat der Winkelgeschwindigkeit.

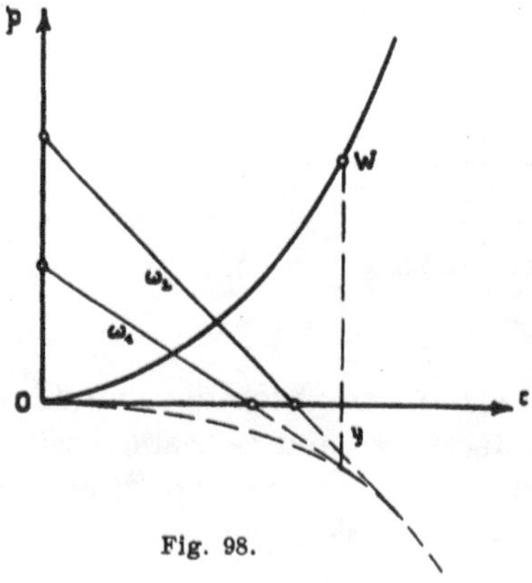

Fig. 98.

Kennt man nun für das mit dem Propeller verbundene Schiff den Widerstand $W = f(c)$, der im Beharrungszustande mit dem Propellerschub P übereinstimmen muß, so liefern die Schnitte der Widerstandskurve OW in Fig. 98 mit den Geraden konstanter Winkelgeschwindigkeit sofort die jeder Schiffsgeschwindigkeit c entsprechenden Werte von ω. Ist umgekehrt außer der Gl. (6a) der Zusammenhang zwischen ω und c für das Schiff bekannt,

[1]) Pröll, Beiträge zur Theorie der Schiffsschrauben, Jahrbuch d. Schiffbautechn. Gesellschaft 1910; vgl. auch den Aufsatz von Eberhardt, Theorie der Luftschrauben etc. (»Der Motorwagen« 1909).

so ergibt die graphische oder analytische Elimination von ω durch $P = W$ das Widerstandsgesetz $W = f(c)$. Wäre dieses Widerstandsgesetz rein quadratisch, d. h. wie man früher häufig annahm, $W = Cc^2$, so hätte man mit (6a) und $W = P$

$$Cc^2 = A\omega^2 - B\omega c$$

und daraus

$$\omega = \frac{c}{2}\left(\frac{B}{A} \pm \sqrt{\frac{B^2}{A^2} + \frac{4C}{A}}\right) \quad . \quad . \quad . \quad . \quad . \quad (6c),$$

worin allerdings nur das positive Zeichen einen Sinn hat. Das quadratische Widerstandsgesetz würde mithin auf mit der Fahrgeschwindigkeit c proportionale Winkelgeschwindigkeit ω führen, was aber durch die Erfahrung nicht bestätigt wird. Daß der Schiffswiderstand in der Tat sich nicht durch eine so einfache Abhängigkeit von c darstellen läßt, werden wir später noch eingehender kennen lernen. Hier sei nur noch bemerkt, daß die Praktiker auf Grund der irrigen Anschauung eines Fortschraubens des Propellers im Wasser wie in einer festen Mutter den bei einer Umdrehung $2\pi r$ zurückgelegten Achsialweg h als Steigung des Propellers eingeführt haben, der die sog. achsiale Schraubengeschwindigkeit

$$c' = h\frac{r\omega}{2\pi r} = \frac{h\omega}{2\pi} \quad . \quad . \quad . \quad . \quad . \quad . \quad (8)$$

entspricht. Die Abweichung σ des Verhältnisses der Schiffsgeschwindigkeit c zu dieser Schraubengeschwindigkeit c' von der Einheit, nämlich

$$\sigma = \frac{c' - c}{c'} = 1 - \frac{2\pi c}{h\omega} \quad . \quad . \quad . \quad . \quad . \quad (9)$$

bezeichnet man dann als den Slip des Propellers, eine Größe, die, ebenso wie auch die Steigung, streng genommen nur so lange einen Sinn hat, als die in Fig. 97 dargestellte Abwicklung des Flügelschnittes eine Gerade mit $\beta_1 = \beta_2$, und der ganze Flügel nach einer reinen Schraubenfläche geformt ist. Da wir diese Einschränkung nicht machen, so wollen wir uns auch der Begriffe des Slips und der Steigung in der Folge nicht weiter bedienen. Dagegen ist noch die Bemerkung von Interesse, daß für $P = 0$, d. h. längs der Abszissenachse die Proportionalität zwischen ω und c wirklich besteht. Dies würde etwa einem Propeller entsprechen, der, ohne einen Widerstand zu überwinden, allein im Wasser fortschreitet, oder, in einem Flußlaufe mit der Stromgeschwindigkeit c festgehalten, sich mit der Winkelgeschwindigkeit

$$\omega = \frac{B}{A} c$$

dreht. In Wirklichkeit wird auch in diesem Falle ein Widerstand auftreten, der in erster Annäherung der Winkelgeschwindigkeit proportional gesetzt werden darf, so daß man mit $P = C\omega$

$$\omega = \frac{C}{A} + \frac{B}{A} c \quad \ldots \ldots \quad (6a)$$

schreiben darf. Dies ist in der Tat die Grundformel der zur Wassermessung dienenden Woltmannschen Flügel, welche nichts anderes als kleine Propeller darstellen und gewöhnlich mit einem Zählwerk zur Registrierung der Umdrehungen auf eine in das Wasser zu stellende Stange montiert sind.

Nach dieser Abschweifung kehren wir zum Schiffspropeller zurück, der zu seinem Antriebe ein Drehmoment

$$\mathfrak{M} = \frac{G}{g} u_2 r_2 \quad \ldots \ldots \quad (10)$$

mit einer Arbeit

$$L = \mathfrak{M}\omega = \frac{G}{g} u_2 r_2 \omega \quad \ldots \ldots \quad (11)$$

erfordert, die von der Schiffsmaschine zu leisten ist. Diese Arbeit dient zunächst zur Fortbewegung des Schiffes mit der Fahrgeschwindigkeit c, woraus die nutzbare Arbeit

$$Pc = \frac{G}{g} c\,(w_{z2} - w_{z1}) \quad \ldots \ldots \quad (12)$$

resultiert. Weiter aber besitzt die Wassermenge G vor und hinter dem Propeller je eine Absolutgeschwindigkeit w_1 bzw. w_2, die sich aus

$$\left.\begin{array}{l} w_1^2 = (c - w_{z1})^2 \\ w_2^2 = (c - w_{z2})^2 + u_2^2 \end{array}\right\} \quad \ldots \ldots \quad (13)$$

berechnet, womit ein von der Maschine ebenfalls zu bestreitender Energiezuwachs

$$\frac{G}{2g}(w_2^2 - w_1^2) = \frac{G}{2g}\left\{ w_{z2}^2 - w_{z1}^2 + u_2^2 - 2c\,(w_{z2} - w_{z1})\right\} \quad (13a)$$

verbunden ist. Dann ist noch die Flüssigkeitsreibung zu überwinden mit einem angenähert dem Quadrate der relativen Endgeschwindigkeit v_2 proportionalen Arbeitsaufwand

$$\frac{G}{2g}\zeta v_2^2 = \frac{G}{2g}\left\{w_{z2}^2 + (r_2\omega - u_2)^2\right\}\zeta \quad . \quad . \quad (14)$$

und schließlich wird im allgemeinen der Eintritt mit einem Stoß in tangentialer Richtung verbunden sein, durch den die Rotationskomponente u_1 hervorgebracht wird mit einem Energieverlust $\frac{G}{2g}u_1^2$. Durch Zusammenfassen aller dieser Beträge und Gleichsetzung mit dem Arbeitsaufwand (11) erhalten wir dann nach Wegheben des gemeinsamen Faktors $G:g$ die Energiegleichung des Propellers

$$2u_2r_2\omega = w_{z2}^2 - w_{z1}^2 + u_2^2 + u_1^2 + \zeta\left(w_{z2}^2 + (r_2\omega - u_2)^2\right) \quad (15),$$

die sich durch beidseitige Hinzufügung von $r_2^2\omega^2$ sowie mit Beachtung von (4) auch in der Form

$$r_2^2\omega^2 = w_{z2}^2(1 + \operatorname{tg}^2\alpha_2)(1+\zeta) - w_{z1}^2 + (r_1\omega - w_{z1}\operatorname{tg}\alpha_1)^2 \quad (15a)$$

schreiben läßt.

Für den hydraulischen Wirkungsgrad des Propellers folgt alsdann

$$\eta = \frac{Pc}{L} = \frac{c(w_{z2} - w_{z1})}{u_2r_2\omega} \quad . \quad . \quad . \quad . \quad . \quad (16)$$

oder mit (15)

$$\frac{1}{\eta} = \frac{w_{z2} + w_{z1}}{2c} + \frac{u_2^2 + u_1^2 + \zeta w_{z2}^2(1 + \operatorname{tg}^2\alpha_2)}{2c(w_{z2} - w_{z1})} \quad (16a).$$

Vernachlässigen wir hierin in erster Annäherung die stets nur kleinen Rotationskomponenten u_1 und u_2, so erhalten wir mit $w_{z2}\operatorname{tg}\alpha_2 = r_2\omega$ und $w_{z1} = \varkappa c$ an Stelle von (16a)

$$\frac{1}{\eta} = \frac{r_2}{2\operatorname{tg}\alpha_2}\left(\frac{\omega}{c}\right) + \frac{\varkappa}{2} + \frac{\zeta r_2^2\left(\frac{\omega}{c}\right)^2}{2\sin^2\alpha_2\left(\frac{r_2}{\operatorname{tg}\alpha_2}\left(\frac{\omega}{c}\right) - \varkappa\right)} \quad (16b)$$

Aus dieser Formel geht schon hervor, daß unter sonst gleichen Verhältnissen η um so größer wird, je kleiner $\varkappa$ ist, d. h. daß der Wirkungsgrad eines Propellers mit dem Vorstrom $(1 - \varkappa)c$ wächst, der seinerseits wesentlich den Schiffswiderstand bedingt. Da nun erfahrungsgemäß die Winkelgeschwindigkeit eines am Schiff arbeitenden Propellers, wie schon bemerkt, rascher wächst als die Fahrgeschwindigkeit, so zwar, daß etwa mit den Konstanten D, E und $\mu > 1$

$$\frac{\omega}{c} = D + E c^{\mu} \quad . \quad . \quad . \quad . \quad . \quad (17)$$

ist, so nähert sich das Verhältnis $\omega : c$ für $c = 0$ dem Grenzwert D, und damit besitzt auch der Wirkungsgrad (16b) einen unteren Grenzwert, ganz analog der mit der Schwebegeschwindigkeit laufenden Pumpe. Für $c = 0$ wird bei endlichem ω dagegen $\omega : c = \infty$, und daher $\eta = 0$. Zwischen beiden Grenzen hat der Wirkungsgrad ein Maximum für

$$\frac{d\left(\frac{1}{\eta}\right)}{d c} = \frac{d\left(\frac{1}{\eta}\right)}{d\left(\frac{\omega}{c}\right)} \frac{d\left(\frac{\omega}{c}\right)}{d c} = \frac{d\left(\frac{1}{\eta}\right)}{d\left(\frac{\omega}{c}\right)} E \mu c^{\mu-1} = 0,$$

so daß die Abhängigkeit $\eta = f(c)$ einen der Fig. 94 für Pumpen ganz analogen Verlauf besitzt.

Beispielsweise sei ein Propeller für ein Schiff zu berechnen, dessen Widerstand bei $c = 10$ m/Sek. (19,5 Knoten) $P = 50\,000$ kg beträgt; der Vorstrom am Hinterschiff sei $10\,^0/_0$, d. h. es ist $\varkappa = 0{,}9$ und $\varkappa c = 9$ m/Sek. Bei einem Propellerdurchmesser von ca. 6 m sei der effektive Austrittsquerschnitt $F_2 = 25$ qm; dann folgt mit $w_{s1} = \varkappa c$ aus Gl. (1a)

$$w_{s2}(w_{s2} - 9) = \frac{50\,000 \cdot 9{,}81}{25 \cdot 1000} = 19{,}62$$

$$w_{s2} = 4{,}5 \pm 6{,}3 \text{ m/Sek.},$$

mithin, da hier nur das positive Vorzeichen einen Sinn besitzt,

$$w_{s2} = 10{,}8 \text{ m/Sek.}, \quad w_{s2} - w_{s1} = 1{,}8 \text{ m/Sek.}$$

Soll bei der angenommenen Fahrgeschwindigkeit der Propeller stoßfrei mit einer Umlaufszahl von $n = 80$ i. d. Minute entsprechend $\omega = 8{,}4$ arbeiten, so ist hierfür $u_1 = 0$, mithin folgt aus (4)

$$\frac{r_1}{\operatorname{tg} \alpha_1} = \frac{\varkappa c}{\omega} = \frac{9}{8{,}4} = = 1{,}07$$

und mit Vernachlässigung der Rotationskomponente beim Austritt angenähert auch

$$\frac{r_2}{\operatorname{tg} \alpha_2} = \frac{w_{s2}}{\omega} = \frac{19{,}8}{8{,}4} = 1{,}28,$$

wodurch für jeden Radius am Ein- und Austritt die Winkel α_1 und α_2 bestimmt sind. Damit folgt aber für beliebige ω und c aus (6)

$$P = 2548\,(1{,}64 \cdot \omega^2 - 1{,}15\,\omega c).$$

Zur Berechnung des Wirkungsgrades müssen wir allerdings für das zweite Glied der rechten Seite von Gl. (16b) einen mittleren Radius $r_2 \backsim 1{,}5$ m annehmen, dem dann ein Austrittswinkel $\operatorname{tg} \alpha_2 = 1{,}5 : 1{,}28 = 1{,}17$, $\alpha_2 = 49^0$ entspricht. Dann folgt für den Wirkungsgrad allgemein

$$\frac{1}{\eta} = 0{,}68 \cdot \frac{\omega}{c} + 0{,}45 + \frac{\zeta \cdot 1{,}96 \cdot \left(\frac{\omega}{c}\right)^2}{1{,}28 \frac{\omega}{c} - 0{,}9}$$

und mit $\omega : c = 0{,}84$

$$\frac{1}{\eta} = 0{,}98 + \zeta \cdot 8{,}1.$$

Da nun erfahrungsgemäß der Wirkungsgrad eines solchen Propellers $\eta \backsim 0{,}75$ beträgt, so ergibt sich hieraus umgekehrt $\zeta \backsim 0{,}04$, womit man dann den Verlauf der Wirkungsgradskurve ermitteln kann, wenn die Koeffizienten der Gl. (17) bekannt sind.

Die vorstehende, lediglich auf Grund der Parallelströmung entwickelte Theorie des Propellers gibt uns indessen, wie schon bei den Turbinen und Pumpen, keinen Aufschluß über die Gestalt des Stromes innerhalb des Rades sowie über die Begrenzung der Flügel, welche in der Tat in der Praxis ziemlich willkürlich gewählt wird.[1]) Es braucht wohl kaum noch hervorgehoben zu werden, daß die vorstehenden Ausführungen ohne weiteres auch auf die Propeller von Luftfahrzeugen ausgedehnt werden können, da die hierbei auftretenden Änderungen der Dichte der Luft zu unbedeutend sind, um praktisch eine Rolle zu spielen.

---

[1]) Vgl. hierüber Lorenz, »Theorie und Berechnung der Schiffspropeller«, Jahrb. der Schiffbautechn. Gesellschaft 1906, sowie desselben Verfassers: »Neue Theorie und Berechnung der Kreiselräder«, München 1906.

Kapitel III.

Die zeitlich veränderliche Parallelströmung.

§ 23. Die Entleerung von Gefäßen durch Ausfluß.

Grundformeln der zeitlich veränderlichen Parallelströmung. Zerfall der Entleerungsdauer in eine Beschleunigungs- und eine Verzögerungsperiode. Größte Spiegelgeschwindigkeit und zugehörige Spiegelsenkung. Näherungsrechnung und Anwendung auf zylindrische Gefäße. Zahlenbeispiel.

Lassen wir die allen im vorigen Kapitel untersuchten Strömungsvorgängen zugrunde liegende Annahme eines stationären Verlaufes fallen, so erhalten wir den allgemeineren Fall einer zeitlich veränderlichen Parallelströmung, für welche unter Beibehaltung der früheren Bezeichnungen die beiden Formeln (9) und (10) des § 10, nämlich

$$g \frac{dz}{ds} - \varkappa \frac{w}{F} - \mu \frac{w^2}{F^\nu} - \frac{g}{\gamma} \frac{\partial p}{\partial s} = \frac{\partial w}{\partial t} + w \frac{\partial w}{\partial s} \qquad (1)$$

$$\frac{\partial F}{\partial t} + \frac{\partial (Fw)}{\partial s} = 0 \quad . \quad . \quad . \quad . \quad . \qquad (2),$$

gelten. Die Ursache der zeitlichen Veränderlichkeit der Strömung kann sehr verschiedenartig sein und entweder dauernd oder vorübergehend in einem bestimmten Sinne wirken, wonach wir im allgemeinen auch eine dauernde bzw. vorübergehende Störung des stationären oder Beharrungszustandes erwarten dürfen. Schließlich können auch periodische äußere Kräfte auftreten bzw. von der Strömung selbst hervorgerufen werden, welche voraussichtlich Schwingungserscheinungen um einen stationären Bewegungszustand zur Folge haben.

Bei der Entleerung eines Gefäßes durch den Ausfluß seines Inhaltes aus einer Mündung, mit der wir uns zunächst beschäftigen wollen, ist die Ursache der Störung des Beharrungszustandes eine dauernde, nämlich der Wegfall des Ersatzes der Ausflußmenge, welche damit selbst eine zeitliche Veränderung erfährt. In diesem Falle dürfen wir, wie schon im § 11 die innere Reibung, also das mit $\varkappa$ behaftete Glied in Gl. (1) vernachlässigen und erhalten dann durch Integration über den augenblicklichen Gefäßinhalt zwischen dem Spiegel F_1 in der Tiefe z_1 und der Mündung F_2 in der Tiefe z_2 unter einem willkürlichen Horizont OO (Fig. 99) mit Rücksicht darauf, daß sowohl auf F_1 wie auf F_2 der Atmosphärendruck p_0 lastet, aus Gl. (1)

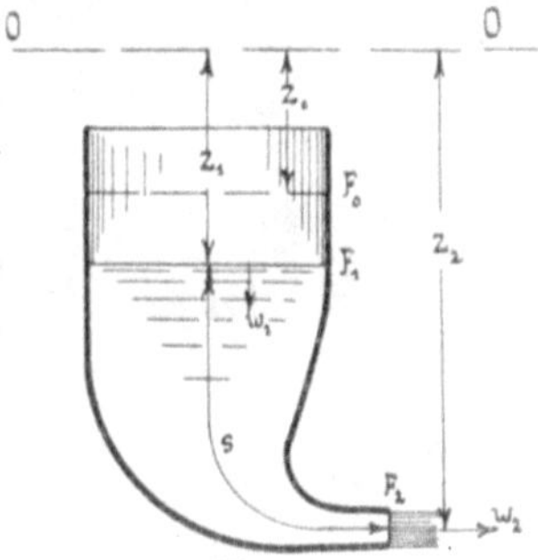

Fig. 99.

$$g(z_2 - z_1) - \mu \int_1^2 \frac{w^2}{F^\nu} ds = \int_1^2 \frac{\partial w}{\partial t} ds + \frac{w_2^2 - w_1^2}{2} \quad (1a),$$

während infolge der Unabhängigkeit der Gefäßquerschnitte F von der Zeit aus (2)

$$Fw = F_1 w_1 = F_2 w_2 \quad \ldots \ldots \quad (2a)$$

folgt. Durch diese Kontinuitätsgleichung können wir nunmehr die Geschwindigkeiten w_1 bzw. w_2 in der nur noch von der Zeit abhängigen Spiegelgeschwindigkeit w_1 ausdrücken, womit (1a) übergeht in

$$g(z_2 - z_1) - \mu\, w_1^2 F_1^2 \int_1^2 \frac{ds}{F^{\nu+2}} = \frac{dw_1}{dt} F_1 \int_1^2 \frac{ds}{F}$$
$$+ \frac{w_1^2}{2}\left(\frac{F_1^2}{F_2^2} - 1\right) \quad \ldots \ldots \quad (1b).$$

Hierin dürfen wir aber, wie schon in § 11, in dem die Bewegungswiderstände darstellenden zweiten Term der linken Seite die Integration auf die Mündung selbst beschränken und abkürzungsweise

$$2\,\mu\, F_1^2 \int_1^2 \frac{ds}{F^{\nu+2}} = \zeta \quad . \quad . \quad . \quad . \quad . \quad (3)$$

setzen und damit an Stelle von (1b) schreiben

$$g\,(z_2 - z_1) = \frac{dw_1}{dt}\, F_1 \int_1^2 \frac{ds}{F} + \frac{w_1^2}{2} \left(\frac{F_1^2}{F_2^2}\,(1+\zeta) - 1 \right) \quad (4),$$

oder auch, da

$$w_1 = \frac{dz_1}{dt},\ \frac{dw_1}{dt} = \frac{dw_1}{dz_1}\,\frac{dz_1}{dt} = \frac{1}{2}\,\frac{d\,(w_1^2)}{dz_1}$$

ist,

$$2\,g\,(z_2 - z_1) = \frac{d\,(w_1)^2}{dz_1}\, F_1 \int_1^2 \frac{ds}{F} + w_1^2 \left(\frac{F_1^2}{F_2^2}\,(1+\zeta) - 1 \right) \quad (4a).$$

Hierin sind die beiden Faktoren der Glieder der rechten Seite

$$\left. \begin{aligned} F_1 \int_1^2 \frac{ds}{F} &= z' \\ \frac{F_1^2}{F_2^2}\,(1+\zeta) - 1 &= Z \end{aligned} \right\} \quad . \quad . \quad . \quad . \quad (5)$$

mit den Querschnitten F_1 Funktionen der jeweiligen Spiegeltiefe z_1, und zwar ist offenbar z' eine Länge von der Größenordnung $z_2 - z_1$, während Z eine dem Verhältnis $F_1^2 : F_2^2$ nahezu proportionale, im konkreten Falle sehr große Zahl bedeutet. Mit den Abkürzungen (5) geht (4a) über in

$$2\,g\,(z_2 - z_1) = z'\,\frac{d\,(w_1^2)}{dz_1} + Z w_1^2 \quad . \quad . \quad . \quad (4b)$$

und ist in dieser Form durch die Substitution

$$w_1^2 = u v,\ d\,(w_1^2) = u\,dv + v\,du \quad . \quad . \quad . \quad (6)$$

sofort integrabel. Man erhält nämlich aus (4b) bzw. (6)

$$2\,g\,(z_2 - z_1) = z'\,u\,\frac{dv}{dz_1} + z'\,v\,\frac{du}{dz_1} + Z\,u\,v$$

und daraus durch willkürliche Zerlegung zwei Gleichungen

$$\frac{dv}{dz_1} = \frac{2\,g\,(z_2 - z_1)}{z'\,u},\ \frac{du}{dz_1} = -\frac{Z}{z'}\,u,$$

welche mit 2 Konstanten C_1 und C_2

$$u = C_1 e^{-\int \frac{Z}{z'} dz_1}, \quad v = C_2 + \frac{2g}{C_1} \int \frac{z_2 - z_1}{z'} e^{+\int \frac{Z}{z'} dz_1} dz_1$$

und schließlich wegen (6) mit $C_1 C_2 = C$

$$w_1^2 = C e^{-\int \frac{Z}{z'} dz_1} + 2g e^{-\int \frac{Z}{z'} dz_1} \int \frac{z_2 - z_1}{z'} e^{+\int \frac{Z}{z'} dz_1} dz_1 \quad (7)$$

liefern. Die Konstante C dieses wenig übersichtlichen Ergebnisses bestimmt sich aus der Bedingung, daß im Augenblicke des Entleerungsbeginns infolge plötzlicher Öffnung der Mündung F_2 der ganze Flüssigkeitsinhalt mit dem anfänglichen Spiegel $F_1 = F_0$ in der Tiefe $z_1 = z_0$ sich noch im Ruhestande befindet, so daß hierfür $w_1 = w_0 = 0$ zu setzen ist. Die Entleerung beginnt demnach mit einer Beschleunigungsperiode, bis die durch $d(w_1^2) : dz_1 = 0$ bzw.

$$2g(z_2 - z_1) = Z w_1^2 \quad . \quad . \quad . \quad . \quad . \quad (8)$$

definierte Höchstgeschwindigkeit erreicht ist, und verläuft dann unter fortwährender Geschwindigkeitsabnahme infolge zunehmender Spiegelsenkung. Ist nach Überschreiten des Maximums von w_1 die Verzögerung noch sehr klein, so darf man Gl. (8) als erste Annäherung ansehen und daraus

$$\frac{d(w_1^2)}{dz_1} = -\frac{2g}{Z} - \frac{2g(z_2 - z_1)}{Z^2} \frac{dZ}{dz_1} \quad . \quad . \quad . \quad (8\text{a})$$

ableiten, worin man aber wegen der aus (5) hervorgehenden absoluten Größe von Z das zweite Glied rechts als klein von höherer Ordnung weglassen darf. Damit folgt aus (4b) in zweiter Annäherung

$$w_1^2 = \frac{2g(z_2 - z_1)}{Z} + 2g \frac{z'}{Z^2},$$

oder mit abermaliger Vernachlässigung des zweiten Gliedes wieder Gl. (8). Diese Formel darf mithin für praktische Zwecke unbedenklich an Stelle des unbequemen Integrals (7) für die Verzögerungsperiode der Entleerung benutzt werden, während sie über die Beschleunigungsperiode keinen Aufschluß gewährt. Da bei Beginn derselben die Geschwindigkeit $w_0 = 0$ ist, so dürfen wir hierfür in erster Annäherung nach (4b) mit $z_1 = z_0$

$$\frac{d\,(w_0^2)}{d z_1} = \frac{2\,g\,(z_2 - z_0)}{z'},$$

mithin für eine kleine Spiegelsenkung Δz

$$w_0^2 = 2\,g\,(z_2 - z_0)\,\frac{\Delta z}{z'} \quad . \quad . \quad . \quad . \quad . \quad (9)$$

setzen. Führen wir diesen Ausdruck für w_1^2 in das zweite Glied von (4b) ein, so ergibt sich mit $z_1 = z_0 + \Delta z$ als zweite Annäherung

$$2\,g\,(z_2 - z_0 - \Delta z) = z'\,\frac{d\,(w_0^2)}{d z_1} + 2\,g\,(z_2 - z_0)\,\frac{\Delta z}{z'}\,Z$$

und daraus für die Maximalgeschwindigkeit, d. h. für

$$d\,(w_0^2) : d z_1 = 0$$

eine Spiegelsenkung

$$\Delta z_0 = \frac{z'}{Z}\,\frac{z_2 - z_0}{z_2 - z_0 + \frac{z'}{Z}},$$

wofür wir auch wegen der oben gekennzeichneten Kleinheit von $z' : Z$ sowie mit den für den Anfangszustand z_0, F_0 gültigen Werten z_0' und Z_0 kürzer schreiben dürfen

$$\Delta z_0 = \frac{z_0'}{Z_0} \quad . \quad . \quad . \quad . \quad . \quad . \quad . \quad . \quad (10),$$

d. h. die **Maximalgeschwindigkeit wird schon nach einer sehr kleinen Spiegelsenkung erreicht.** Da ferner die Beschleunigungsperiode mit dem Ruhezustande beginnt, so stellt die Hälfte des Wertes von (8) angenähert ihre mittlere Geschwindigkeit dar, durch deren Division in (10) sich mit $z_1 = z_0$, $Z = Z_0$ die Dauer dieser Periode

$$t_0 = \frac{2\,\Delta z_0\,\sqrt{Z}}{\sqrt{2\,g\,(z_2 - z_1)}} \backsim \frac{2\,z_0'}{\sqrt{2\,g\,(z_2 - z_0)\,Z_0}} \quad . \quad . \quad (11)$$

berechnet. Demgegenüber ergibt sich die Ausflußzeit in der darauffolgenden Verzögerungsperiode hinreichend genau aus (8) mit $w_1 = d z_1 : dt$ zu

$$t_1 = \int_{z_0 + \Delta z_0}^{z_1} d z_1 \sqrt{\frac{Z}{2\,g\,(z_2 - z_1)}} \quad . \quad . \quad . \quad . \quad . \quad (12),$$

wofür wir auch mit der infolge der Größe von Z genügenden Anäherung von (5)

$$Z = \frac{F_1^2}{F_2^2}(1 + \zeta) \quad . \quad . \quad . \quad . \quad . \quad . \quad (5\text{a})$$

sowie mit Vernachlässigung von Δz_0 gegen z_0 schreiben dürfen

$$t_1 = \int_{z_0}^{z_1} dz_1 \frac{F_1}{F_2} \sqrt{\frac{1 + \zeta}{2\,g\,(z_2 - z_1)}} \quad . \quad . \quad . \quad (12\text{a}).$$

Die hierin angedeutete Integration ist analytisch nur ausführbar, wenn die Gefäßform durch eine Gleichung

$$F_1 = F_1(z_1)$$

explizite definiert ist, andernfalls muß die Auswertung von (12a) graphisch erfolgen.

Aus dem Vergleich der Formeln (11) und (12) bzw. (12a) erkennt man indessen die außerordentliche Kleinheit der Dauer der anfänglichen Beschleunigungsperiode und daraus die Berechtigung, den Ausdruck (12a) mit der oberen Grenze z_2 als die **totale Entleerungszeit** anzusprechen.

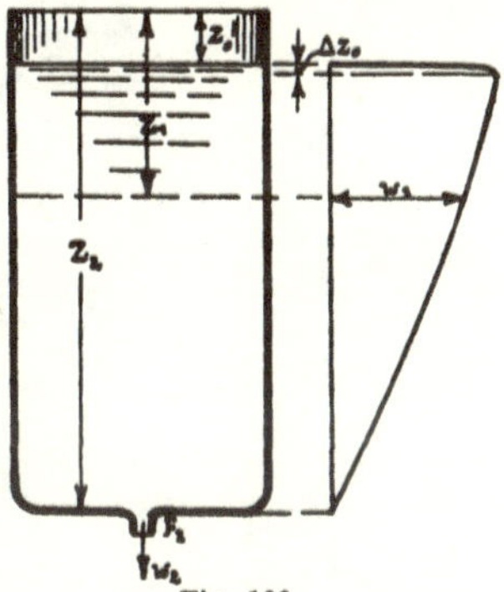

Fig. 100.

Die soeben allgemein abgeleiteten Ergebnisse werden besonders übersichtlich in dem praktisch wichtigsten Falle eines **vertikalen zylindrischen Gefäßes mit einer kleinen Bodenöffnung** (Fig. 100). Hier ist der Spiegelquerschnitt und damit auch $Z = Z_0$ konstant, während

$$z' = z_0' = F_1 \int_1^2 \frac{ds}{F} = z_2 - z_1 \quad . \quad . \quad . \quad (5\text{b})$$

wird. Dadurch vereinfacht sich die Grundgleichung (4b) in

$$2\,g\,(z_2 - z_1) = (z_2 - z_1)\frac{d(w_1^2)}{dz_1} + Z_0 w_1^2 \quad . \quad . \quad (4\text{c})$$

und das Integral (7) mit

$$e^{\int \frac{Z_0}{z'} dz_1} = e^{Z_0 \int \frac{dz_1}{z_2 - z_1}} = e^{-Z_0 \lg n\,(z_2 - z_1)} = (z_2 - z_1)^{-Z_0}$$

in

$$w_1^2 = C\,(z_2 - z_1)^{Z_0} + 2\,g\,\frac{z_2 - z_1}{Z_0 - 1} \quad . \quad . \quad (7\text{a}).$$

Da nun für den Beginn der Entleerung $z_1 = z_0$ auch $w_1 = w_0 = 0$ sein muß, so folgt für die Konstante

$$C = -2g\,\frac{(z_2 - z_0)^{1 - Z_0}}{Z_0 - 1}$$

und (7a) geht über in

$$w_1^2 = \frac{2g\,(z_2 - z_1)}{Z_0 - 1}\left\{1 - \left(\frac{z_2 - z_1}{z_2 - z_0}\right)^{Z_0 - 1}\right\} \quad . \quad (7\,\mathrm{b}).$$

Die Maximalgeschwindigkeit wird erreicht für $d(w_1^2) : dz_1 = 0$, eine Bedingung, die wir auch durch Gleichsetzen der Ausdrücke (7b) und (8) erfüllen, und die auf

$$\frac{z_2 - z_1}{z_2 - z_0} = \left(\frac{1}{Z_0}\right)^{\frac{1}{Z_0 - 1}} \backsim \left(\frac{1}{Z_0}\right)^{\frac{1}{Z_0}}$$

führt. Die diesem Werte von $z_2 - z_1$ entsprechende Spiegelsenkung $\varDelta z_0$ wird dann

$$\frac{\varDelta z_0}{z_2 - z_0} = \frac{z_1 - z_0}{z_2 - z_0} = 1 - \left(\frac{1}{Z_0}\right)^{\frac{1}{Z_0}}$$

oder

$$\varDelta z_0 = z_0'\left\{1 - \left(1 - \frac{Z_0 - 1}{Z_0}\right)^{\frac{1}{Z_0}}\right\} \backsim z_0'\left\{1 - \left(1 - \frac{Z_0 - 1}{Z_0^2}\right)\right\} \backsim \frac{z_0'}{Z_0}$$

in Übereinstimmung mit (10). Nach Überschreiten dieses Wertes wird der Bruch $\frac{z_2 - z_1}{z_2 - z_0}$ merklich kleiner als Eins, und damit nimmt das zweite Glied der Klammer in Gl. (7b) außerordentlich rasch ab, so daß es während der ganzen Verzögerungsperiode im Einklang mit (8a) vernachlässigt werden kann. Unterdrückt man dann noch bei der Größe von Z_0 die Zahl 1 im Nenner der rechten Seite von (7b), so wird diese Gleichung mit (8) ganz identisch, womit zugleich der Ausdruck (12a) für die Entleerungszeit bestätigt wird, der für unseren Fall nach Ausführung der Integration bis zur Spiegelhöhe z_1

$$t_1 = \frac{F_1}{F_2}\sqrt{\frac{2\,(1 + \zeta)}{g}}\left\{(z_2 - z_0)^{\frac{1}{2}} - (z_2 - z_1)^{\frac{1}{2}}\right\} \quad (12\,\mathrm{b})$$

ergibt, während die gesamte Entleerungsdauer mit $z_1 = z_2$

$$t_1 = \frac{F_1}{F_2}\sqrt{\frac{2}{g}\,(1 + \zeta)\,(z_2 - z_0)} \quad . \quad . \quad . \quad (12\,\mathrm{c})$$

wird. In Fig. 100 ist noch der Verlauf der Geschwindigkeitskurve in ihrer Abhängigkeit von der Spiegelhöhe angedeutet, allerdings mit sehr stark vergrößerter Beschleunigungsperiode.

Ist beispielsweise $F_1 : F_2 = 100$, $z_2 - z_0 = 1$ m, $\zeta = 0{,}1$, so folgt aus (5a)

$$Z = 11000$$

und aus (10) für die der Maximalgeschwindigkeit entsprechende Spiegelsenkung

$$\Delta z_0 = \frac{1 \text{ m}}{11000} = 0{,}000091 \text{ m},$$

also ein ganz verschwindender Betrag, welcher auch der Messung kaum zugänglich ist. Dies trifft auch für die zugehörige Dauer der Beschleunigungsperiode zu, für welche sich aus (11)

$$t_0 = \frac{2}{\sqrt{2 \cdot 9{,}81 \cdot 11000}} = \frac{1}{232} \text{ Sek.}$$

ergibt, während aus (12c) für die gesamte Entleerungszeit

$$t_1 = 100 \sqrt{\frac{2 \cdot 1{,}1}{9{,}81}} = 47{,}4 \text{ Sek.}$$

folgt, und die maximale Spiegelgeschwindigkeit nach (8)

$$w_1 = \sqrt{\frac{2 \cdot 9{,}81}{11000}} = 0{,}0422 \text{ m/Sek.}$$

wird.

Aus diesem Beispiel, bei dem das Querschnittsverhältnis noch nicht einmal sehr groß gewählt wurde, geht deutlich hervor, daß die ganze Beschleunigungsperiode im konkreten Falle durch die niemals momentan erfolgende Öffnung der Mündung vollkommen verdeckt werden muß, in Wirklichkeit also gar keine Rolle spielen kann.

§ 24. Schwingungen in kommunizierenden Gefäßen.

Beschränkung des Problems auf kleine Spiegelausschläge mit Vernachlässigung von Änderungen der kinetischen Energie. Gedämpfte Schwingung oder aperiodische Bewegung. Anwendung auf Manometer und Wasserstandszeiger von Dampfkesseln, Einfluß von Druckunterschieden in den Spiegeln, Windkessel. Erzwungene Schwingungen.

Es mögen jetzt zwei miteinander in Verbindung stehende Gefäße (Fig. 101) gegeben sein, deren offene Spiegel F_1 und F_2 in der Ruhelage die gemeinsame Tiefe z_0 unter einem willkürlichen Horizont besitzen. Wird dieser Gleichgewichtszustand gestört, so gerät die ganze Flüssigkeitsmasse in den Gefäßen in Schwingungen, derart, daß in einem bestimmten Augenblicke die beiden Spiegeltiefen

$$\left.\begin{array}{l} z_1 = z_0 + \Delta z_1 \\ z_2 = z_0 - \Delta z_2 \end{array}\right\} \quad . \quad . \quad . \quad . \quad . \quad . \quad (1),$$

worin die mit den lokalen Schwingungsausschlägen übereinstimmenden Spiegelsenkungen bzw. Erhebungen nur klein sein sollen. Alsdann dürfen wir zufolge der Kontinuität der ganzen Flüssigkeitsmasse auch angenähert

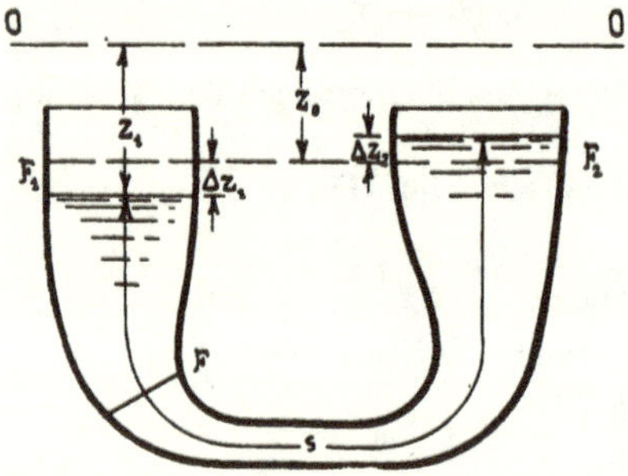

Fig. 101.

$$F_1 \Delta z_1 = F_2 \Delta z_2 \quad (2)$$

setzen, und in der Grundformel (1) des vorigen Paragraphen das mit μ behaftete und dem Quadrat der nur kleinen Geschwindigkeit w proportionale Glied der turbulenten Reibung gegenüber dem in w linearen Glied der inneren Reibung ebenso vernachlässigen wie die nur kleine Änderung der kinetischen Energie, welche in dem Gliede $w\frac{\partial w}{\partial s} = \frac{1}{2}\frac{\partial (w^2)}{\partial s}$ zum Ausdruck gelangt. Dadurch vereinfacht sich diese Gleichung in

$$g\frac{dz}{ds} - \varkappa\frac{w}{F} - \frac{g}{\gamma}\frac{\partial p}{\partial s} = \frac{\partial w}{\partial t} \quad . \quad . \quad . \quad . \quad (3)$$

und liefert nach Integration über s, d. h. über das ganze augenblickliche Flüssigkeitsvolumen

$$g(z_2 - z_1) - \varkappa\int_1^2 \frac{w\,ds}{F} - \frac{g}{\gamma}(p_2 - p_1) = \int_1^2 \frac{\partial w}{\partial t}\,ds \quad (3\,\text{a})$$

oder, da beide Spiegeldrücke mit dem Atmosphärendruck übereinstimmen, also $p_1 = p_2 = p_0$ ist, kürzer

$$g(z_2 - z_1) - \varkappa\int_1^2 \frac{w\,ds}{F} = \int_1^2 \frac{\partial w}{\partial t}\,ds \quad . \quad . \quad . \quad (3\,\text{b}).$$

In dieser Gleichung dürfen wir dann wie schon im vorigen Paragraphen mit Hilfe der Kontinuitätsbedingung $Fw = F_1 w_1$

die Geschwindigkeit w durch die nur noch auf den Spiegel F_1 bezügliche w_1 ausdrücken, welche ihrerseits für die in (3a) und (3b) angedeuteten Integrationen als unabhängig von s vor das Integralzeichen gesetzt werden darf, so daß wir erhalten

$$g(z_2 - z_1) - \varkappa F_1 w_1 \int_1^2 \frac{ds}{F^2} = F_1 \frac{dw_1}{dt} \int_1^2 \frac{ds}{F} \quad . \quad . \quad (3\,c).$$

Beachten wir weiter, daß nach Gl. (1) und (2)

$$\frac{dw_1}{dt} = \frac{d^2 z_1}{dt^2} = \frac{d^2 \Delta z_1}{dt^2}$$

und

$$z_2 - z_1 = -(\Delta z_1 + \Delta z_2) = -\left(\frac{F_1}{F_2} + 1\right) \Delta z_1 \qquad (1\,a)$$

ist, so folgt schließlich aus (3c) nach Division mit F_1

$$\frac{d^2 \Delta z_1}{dt^2} \int_1^2 \frac{ds}{F} + \varkappa \frac{d \Delta z_1}{dt} \int_1^2 \frac{ds}{F^2} + g\left(\frac{1}{F_1} + \frac{1}{F_2}\right) \Delta z_1 = 0$$

oder nach Einführung der Konstanten α und ε mit Hilfe der Formeln

$$\alpha^2 \int_1^2 \frac{ds}{F} = g\left(\frac{1}{F_1} + \frac{1}{F_2}\right); \quad \varepsilon \int_1^2 \frac{ds}{F} = \varkappa \int_1^2 \frac{ds}{F^2} \quad . \quad . \quad (4),$$

kürzer

$$\frac{d^2 \Delta z_1}{dt^2} + \varepsilon \frac{d \Delta z_1}{dt} + \alpha^2 \Delta z_1 = 0 \quad . \quad . \quad . \quad (5).$$

Genau dieselbe Differentialgleichung hätten wir auch für Δz_2 nach Elimination von Δz_1 erhalten; ihre Integration liefert mit zwei durch den Anfangszustand gegebenen Konstanten A' und B' bzw. A'' und B'' entweder

$$\Delta z_1 = e^{-\frac{\varepsilon}{2} t} \left\{ A' \cos t \sqrt{\alpha^2 - \frac{\varepsilon^2}{4}} + B' \sin t \sqrt{\alpha^2 - \frac{\varepsilon^2}{4}} \right\} \quad (5\,a)$$

oder

$$\Delta z_1 = e^{-\frac{\varepsilon}{2} t} \left\{ A'' e^{+t\sqrt{\frac{\varepsilon^2}{4} - \alpha^2}} + B'' e^{-t\sqrt{\frac{\varepsilon^2}{4} - \alpha^2}} \right\} \qquad (5\,b),$$

je nachdem $\alpha \gtrless \frac{\varepsilon}{2}$ oder wegen (4)

$$\sqrt{g\left(\frac{1}{F_1} + \frac{1}{F_2}\right) \int_1^2 \frac{ds}{F}} \gtrless \frac{\varkappa}{2} \int_1^2 \frac{ds}{F^2} \quad . \quad . \quad . \quad . \quad (6)$$

ausfällt. Im ersten Falle (5a) haben wir eine **gedämpfte Schwingung**[1]) um die Ruhelage z_0 mit der Schwingungsdauer

$$t_0 = \frac{2\pi}{\sqrt{\alpha^2 - \frac{\varepsilon^2}{4}}} \quad . \quad . \quad . \quad . \quad . \quad . \quad (7)$$

vor uns, welche mit der Zeit abklingt, im zweiten (5b) eine **aperiodische Bewegung**, bei welcher die aus der Ruhelage gebrachten Spiegel sich dieser wieder asymptotisch nähern. Setzen wir dann fest, daß zu Beginn der Bewegung, d. h. für $t = 0$ der Spiegel F_1 gerade die Auslenkung $\Delta z_1 = \Delta z_0$ besitzt und momentan in Ruhe verharrt, so bestimmen sich die beiden Konstanten der gedämpften Schwingung zu

$$A' = \Delta z_0, \quad B' = \frac{\varepsilon \, \Delta z_0}{2\sqrt{\alpha^2 - \frac{\varepsilon^2}{4}}} \quad . \quad . \quad . \quad . \quad (5\,c)$$

und diejenigen der aperiodischen Bewegung zu

$$A'' = \frac{\Delta z_0}{2}\left(1 + \frac{\varepsilon}{2\sqrt{\frac{\varepsilon^2}{4} - \alpha^2}}\right), \quad B'' = \frac{\Delta z_0}{2}\left(1 - \frac{\varepsilon}{2\sqrt{\frac{\varepsilon^2}{4} - \alpha^2}}\right) \quad (5\,d).$$

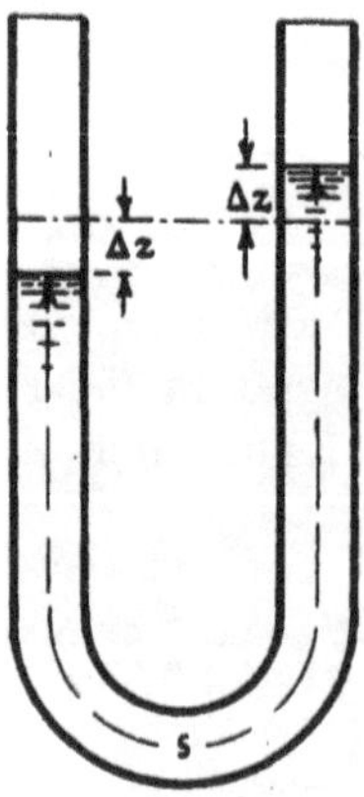
Fig. 102.

Am bequemsten übersieht man diese Verhältnisse an dem einfachen umgebogenen **Manometerrohr** (Fig. 102) mit konstantem Querschnitt $F = F_1 = F_2$, in welchem nach Gl. (2) auch $\Delta z_1 = \Delta z_2 = \Delta z$ wird, während s die ganze benetzte Rohrlänge bedeutet. Alsdann ist nach (4)

$$\varepsilon = \frac{\varkappa}{F}, \quad \alpha^2 = \frac{2g}{s} \quad . \quad . \quad . \quad (4\,a),$$

und die Bedingung für das Auftreten von Schwingungen bzw. einer aperiodischen Bewegung lautet nach (6)

$$\frac{2g}{s} \gtrless \frac{\varkappa^2}{4F^2} \quad . \quad . \quad . \quad . \quad (6\,a),$$

während in ersterem Falle sich die Schwingungsdauer zu

$$t_0 = 4\pi \sqrt{\frac{s F^2}{8 g F^2 - \varkappa^2 s}} \quad . \quad . \quad . \quad . \quad . \quad (7\,a)$$

[1]) Vgl. hiermit die den gedämpften Schwingungen gewidmeten §§ 28 und 30 meiner »Technischen Mechanik starrer Systeme«.

berechnet. Man hat es also in der Hand, durch Verlängerung der ganzen Flüssigkeitssäule und Verminderung der Rohrquerschnitte die Schwingungsdauer beliebig zu vergrößern und sogar die Bewegung in eine aperiodische überzuführen, wobei allerdings bei starker Verkleinerung von F das Auftreten von Oberflächenspannungen nicht zu übersehen ist, welche wir in unserer Ableitung unberücksichtigt gelassen haben.

Die Möglichkeit von Schwingungen ist auch noch gegeben, wenn einer der beiden Spiegel praktisch unendlich groß gegenüber dem anderen ist, wie z. B. *der Wasserspiegel F_1 eines Dampfkessels gegenüber dem Querschnitt F_2 eines damit verbundenen Wasserstandszeigers* (Fig. 103). In diesem Falle verschwindet in unseren Formeln (4) und (6) der Bruch $1 : F_1$ gegen $1 : F_2$ und die Integrale in (4) sind nur noch über die kurze Flüssigkeitssäule s im Wasserstandsglas einschließlich der unteren Verbindungsleitung mit dem Kessel zu erstrecken, woraus angenähert wieder die Gl. (4a), (6a) und (7a) resultieren. Wegen der Kürze von s und der Kleinheit des Reibungskoeffizienten $\varkappa$ ist hierbei die Bedingung für das Auftreten von Schwingungen um so mehr erfüllt, als es mit Rücksicht auf Verstopfungen unzulässig ist, mit dem Querschnitt F des Glases weit herabzugehen. In der Tat zeichnen sich die Spiegel von Wasserstandsgläsern durch besonders heftige Schwingungen aus, welche zwar durch das Aufsteigen und Platzen von Dampfblasen im Kesselinnern hervorgerufen werden, aber durchaus nicht auf annähernd gleich große Spiegelschwankungen im Kessel schließen lassen, wie in der Praxis oft irrtümlich angenommen wird.

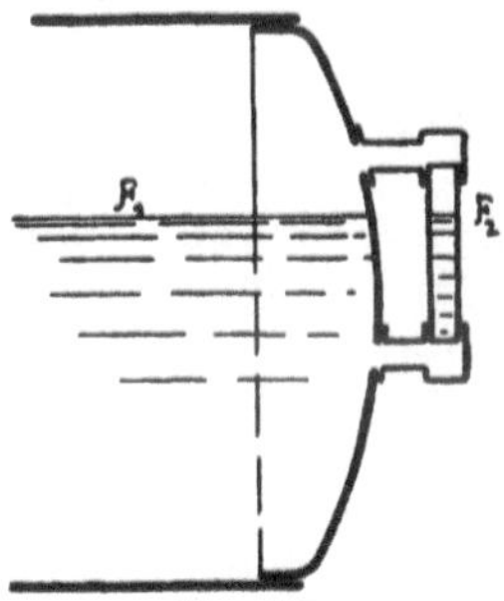

Fig. 103.

Werden dagegen beide Spiegel praktisch unendlich groß, wie bei der Verbindung zweier weiter Behälter durch eine verhältnismäßig enge Leitung (Fig. 104), so verschwindet mit $\frac{1}{F_1} + \frac{1}{F_2}$ in Gl. (5) bzw. (5b) und (5d) der Faktor α^2 gänzlich, und die nur noch über die Verbindungsleitung zu erstreckende Integration von (4) liefert bei konstantem Querschnitt F derselben

$$\varepsilon = \frac{\varkappa}{F}, \quad \alpha^2 = 0 \quad . \quad . \quad . \quad . \quad . \quad . \quad (4\,b),$$

so daß wegen (6) keine periodischen Spiegelschwankungen, sondern nach (5 b) ein durch

$$\Delta z = A'' e^{-\varepsilon t} + B''$$

gekennzeichneter asymptotischer Spiegelausgleich eintritt. Bezeichnet wieder Δz_0 eine zur Zeit $t = 0$ vorhandene

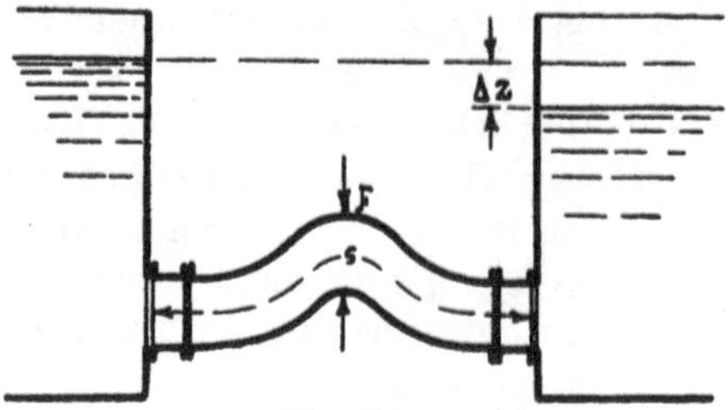

Fig. 104.

Spiegelsenkung ohne Anfangsgeschwindigkeit, so ergeben sich aus (5 d) die Konstanten $A'' = \Delta z_0$ und $B'' = 0$, mithin wird hierfür

$$\Delta z = \Delta z_0 \, e^{-\varepsilon t} .$$

Daß der zeitliche Verlauf dieses Vorgangs mit dem Dämpfungsfaktor ε von der Länge der Verbindungsleitung gar nicht abhängt, ist gewiß bemerkenswert.

Unsere Gl. (3 a), für die wir auch mit $Fw = F_1 w_1$

$$g\,(z_2 - z_1) - \varkappa\, w_1 F_1 \int_1^2 \frac{ds}{F^2} - \frac{g}{\gamma}(p_2 - p_1) = F_1 \frac{dw_1}{dt} \int_1^2 \frac{ds}{F} \quad (8)$$

schreiben dürfen, bleibt auch noch gültig, wenn die Spiegel F_1 und F_2 infolge eines Druckunterschiedes schon in der Ruhelage verschieden hoch liegen. Alsdann haben wir mit den Ruhelagen h_1 und h_2

$$\left.\begin{aligned} z_1 &= h_1 + \Delta z_1 \\ z_2 &= h_2 - \Delta z_2 \end{aligned}\right\} \quad . \quad . \quad . \quad . \quad . \quad . \quad (1\,b),$$

mithin wegen (2)

$$z_2 - z_1 = h_2 - h_1 - (\Delta z_1 + \Delta z_2) = h_2 - h_1 - \Delta z_1 \left(\frac{F_1}{F_2} + 1\right) \quad (1\,c)$$

zu setzen. Ist dann noch der Druckunterschied $p_2 - p_1$ konstant, so wird

$$p_2 - p_1 = \gamma (h_2 - h_1) \quad . \quad . \quad . \quad . \quad . \quad (9),$$

und damit geht (8) unter gleichzeitiger Einführung der Abkürzungen α^2 und ε nach (4) wieder in die Form (5) über, so daß dieser Fall nichts Neues bietet.

Schwankt dagegen der Druck auf beiden Spiegeln, so gilt die Beziehung (9) nur noch für die Mittelwerte p_0' und p_0'', so zwar, daß mit den Druckschwankungen $\varDelta p_1$ und $\varDelta p_2$

$$\left.\begin{aligned} p_1 &= p_0' + \varDelta p_1 \\ p_2 &= p_0'' + \varDelta p_2 \end{aligned}\right\} \quad . \quad . \quad . \quad . \quad . \quad . \quad (10)$$

und

$$z_2 - z_1 = h_2 - h_1 - \varDelta z_1 \left(\frac{F_1}{F_2} + 1\right) = \frac{p_0'' - p_0'}{\gamma} - \varDelta z_1 \left(\frac{F_1}{F_2} + 1\right) \quad (1\,\mathrm{d})$$

wird, womit (8) übergeht in

$$F_1 \frac{d^2 \varDelta z_1}{dt^2} \int_1^2 \frac{ds}{F} + \varkappa \frac{d \varDelta z_1}{dt} F_1 \int_1^2 \frac{ds}{F^2} + \varDelta z_1 \left(\frac{F_1}{F_2} + 1\right)$$
$$= \frac{\varDelta p_1 - \varDelta p_2}{\gamma} \quad . \quad . \quad . \quad . \quad . \quad . \quad (8\,\mathrm{a}).$$

Wir setzen nun fest, daß unser Gefäß, wie in Fig. 105 angedeutet, auf der einen Seite mit einer Druckluftleitung verbunden und auf der anderen Seite oberhalb des Spiegels gegen die Atmosphäre abgeschlossen ist, wodurch ein sog. Windkessel entsteht, den wir der Einfachheit halber zylindrisch annehmen wollen. Im Ruhezustande, d. h. unter dem Drucke p_0'' habe die Luftsäule im Windkessel die Höhe h_0 mit dem Volumen $V_0 = F_2 h_0$, während dem Drucke p_2 ein Volumen $V_2 = F_2 (h_0 - \varDelta z_2)$ entspricht. Da nun die Zustandsänderung dieses Luftinhaltes, deren Masse wir für den Bewegungsvorgang unbedenklich gegenüber der

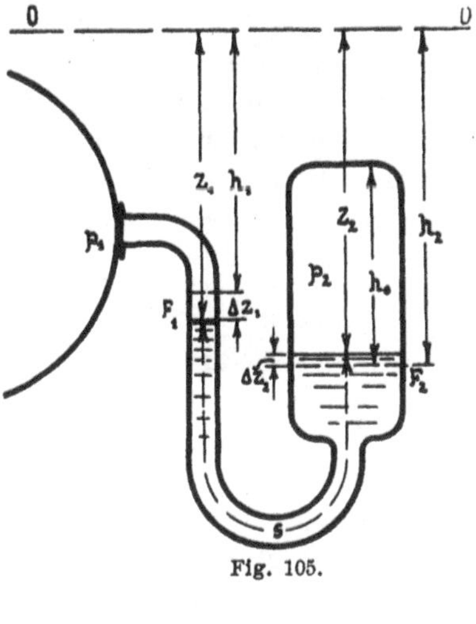

Fig. 105.

Flüssigkeitsmasse vernachlässigen dürfen, nahezu isotherm erfolgt, so ist

$$p_2 V_2 = p_0'' V_0$$

oder

$$p_2 (h_0 - \Delta z_2) = p_0'' h_0$$

und wegen (10) und (2)

$$\Delta p_2 = p_2 - p_0'' = p_2 \frac{\Delta z_2}{h_0} \sim p_0'' \frac{\Delta z_2}{h_0} = p_0'' \frac{F_1}{F_2} \frac{\Delta z_1}{h_0} \quad \text{(10a)}.$$

Eingeführt in (8a) liefert dies nach Division mit F_1

$$\frac{d^2 \Delta z_1}{dt} \int_1^2 \frac{ds}{F} + \varkappa \frac{d\Delta z_1}{dt} \int_1^2 \frac{ds}{F^2} + \Delta z_1 \left[\frac{1}{F_1} + \frac{1}{F_2}\left(1 + \frac{p_0''}{\gamma h_0}\right)\right] g = \frac{g\, \Delta p_1}{\gamma F_1} \quad \text{(8b)}$$

oder, wenn die Druckschwankung über dem Spiegel F_1 etwa nach

$$\Delta p_1 = p_0 \sin \beta t \quad \ldots\ldots \quad (11)$$

periodisch verläuft, mit den Konstanten α^2, ε und C gegeben durch

$$\left.\begin{aligned} \alpha^2 \int_1^2 \frac{ds}{F} &= g \left[\frac{1}{F_1} + \frac{1}{F_2}\left(1 + \frac{p_0''}{\gamma h_0}\right)\right] \\ \varepsilon \int_1^2 \frac{ds}{F} = \varkappa \int_1^2 \frac{ds}{F^2}, &\quad C \int_1^2 \frac{ds}{F} = \frac{g\, p_0}{\gamma F_1} \end{aligned}\right\} \quad \ldots \text{(4c)},$$

kürzer

$$\frac{d^2 \Delta z_1}{dt^2} + \varepsilon \frac{d\Delta z_1}{dt} + \alpha^2 \Delta z_1 = C \sin \beta t \quad \ldots \quad (12).$$

Dies ist aber die Differentialgleichung einer erzwungenen Schwingung, welche sich in bekannter Weise der durch die Ausdrücke (5a) und (5b) mit dem aus (4c) hervorgehenden größeren Wert von α^2 gegebenen freien Schwingung überlagert. Ihr Ausschlag berechnet sich nach der Methode der unbestimmten Koeffizienten zu

$$\Delta z_1 = C \frac{(\alpha^2 - \beta^2) \sin \beta t - \beta \varepsilon \cos \beta t}{(\alpha^2 - \beta^2)^2 + \beta^2 \varepsilon^2} \quad \ldots \quad 12\text{a})$$

mit einer Amplitude

$$A_0 = \frac{C}{\sqrt{(\alpha^2 - \beta^2) + \beta^2 \varepsilon^2}} \quad \ldots\ldots \quad (12\text{b}).$$

Ist der Spiegel F_2, wie z. B. bei Manometern an Luftleitungen, frei, also dem konstanten Atmosphärendruck ausgesetzt, so läuft dies auf einen unendlich hohen Windkessel hinaus, dessen Einfluß mit $h_0 = \infty$ auf den Wert der Konstanten α^2 in (4c) verschwindet. Hat außerdem das Manometerrohr wie in Fig. 102 durchweg denselben Querschnitt, so wird aus (4c)

$$\alpha^2 = \frac{2g}{s}, \quad \varepsilon = \frac{\varkappa}{F}, \quad C = \frac{g p_0}{\gamma s} \quad . \quad . \quad . \quad . \quad (4\,\mathrm{d})$$

und damit geht die Amplitude (12b) über in

$$A_0 = \frac{g p_0}{\gamma s \sqrt{\left(\frac{2g}{s} - \beta^2\right)^2 + \frac{\beta^2 \varkappa^2}{F^2}}} \quad . \quad . \quad . \quad . \quad (12\,\mathrm{c})$$

mit einem Maximum für

$$\beta = \frac{2g}{s} - \frac{\varkappa^2}{F^2} = \alpha^2 - \varepsilon^2,$$

welches natürlich durch geeignete Wahl von s und F zu vermeiden ist, wenn man nur mäßige Ausschläge zwecks zuverlässiger Spiegelbeobachtungen wünscht.

§ 25. Schwingungen in Druckleitungen.

Überlagerung der Schwingungsbewegung über den stationären Strom, Abhängigkeit der Dämpfung von der Stromgeschwindigkeit bzw. Durchflußmenge, kritische Spiegelgeschwindigkeit. Hochbehälter mit Druckleitung. Erzwungene Schwingungen infolge periodischer Flüssigkeitsförderung, Wirkung von Windkesseln und Wasserschlössern. Zahlenbeispiel.

Im Falle einer stationären Strömung zwischen zwei kommunizierenden Gefäßen, Fig. 106, besitzen die Spiegel F_1 und F_2 unter dem Horizont OO dauernd verschiedene Tiefen h_1 und h_2, welche durch einen gleichförmigen Zu- und Abfluß aufrecht erhalten werden mögen. Dieser letztere soll auch von etwaigen kleinen Schwankungen der Spiegelhöhen unabhängig sein, so daß der Flüssigkeitsinhalt der Gefäße auch bei nicht stationärer Strömung unverändert bleibt. Infolgedessen sind die augenblicklichen Spiegeltiefen wieder

$$\left.\begin{aligned} z_1 &= h_1 + \Delta z_1 \\ z_2 &= h_2 - \Delta z_2 \end{aligned}\right\} \quad . \quad (1),$$

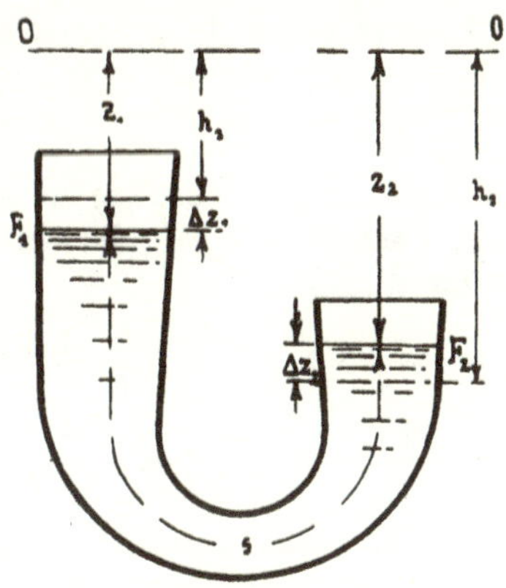

Fig. 106.

wobei infolge der Kontinuität auch

$$F_1 \Delta z_1 = F_2 \Delta z_2 \quad \ldots \ldots \quad (2)$$

ist. Da weiterhin die Stromgeschwindigkeit hierbei im allgemeinen sehr beträchtlich ausfällt, so dürfen wir in der Grundformel (1) des § 23 das mit $\varkappa$ behaftete Glied der inneren Reibung gegenüber dem mit μ behafteten der Turbulenz vernachlässigen und erhalten durch Integration über die gesamte Stromlänge s in einem gegebenen Augenblick

$$g(z_2 - z_1) - \mu \int_1^2 \frac{w^2}{F^\nu} ds - \frac{g}{\gamma}(p_2 - p_1) = \int_1^2 \frac{\partial w}{\partial t} ds + \frac{w_2^2 - w_1^2}{2} \quad (3),$$

wofür wir auch wegen $F_1 w_1 = F_2 w_2 = F w$ analog der Gl. (3c) § 24 schreiben dürfen

$$g(z_2 - z_1) - \mu F_1^2 w_1^2 \int_1^2 \frac{w^2\, ds}{F^{\nu+2}} - \frac{g}{\gamma}(p_2 - p_1)$$

$$= \frac{dw_1}{dt} F_1 \int_1^2 \frac{ds}{F} + \frac{w_1^2}{2}\left(\frac{F_1^2}{F_2^2} - 1\right) \quad (3\text{a}).$$

Setzen wir hierin, wie schon früher abkürzungsweise

$$2 \mu F_2^2 \int_1^2 \frac{ds}{F^{\nu+2}} = \zeta \quad \ldots \ldots \quad (4)$$

und zerlegen jede Geschwindigkeit in einen stationären Betrag c und eine kleine Schwankung $\frac{d\Delta z}{dt}$, derart, daß

$$w = c + \frac{d\Delta z}{dt} \quad \ldots \ldots \quad (5),$$

so erhalten wir aus (3a) unter Beachtung von (1) und (2) sowie mit Vernachlässigung der Quadrate der kleinen Geschwindigkeitsschwankungen

$$g(h_2 - h_1) - \frac{g}{\gamma}(p_2 - p_1) - \frac{c_1^2}{2}\left[\frac{F_1^2}{F_2^2}(1 + \zeta) - 1\right]$$

$$= g\left(\frac{F_1}{F_2} + 1\right)\Delta z_1 + c_1\left[\frac{F_1^2}{F_2^2}(1 + \zeta) - 1\right]\frac{d\Delta z_1}{dt} + F_1 \frac{d^2 \Delta z_1}{dt^2}\int_1^2 \frac{ds}{F} \quad (3\text{b}).$$

Für diese Differentialgleichung dürfen wir aber bei konstanten Spiegeldrücken p_1 und p_2 unter Einführung des in der

Sekunde durchströmenden Volumens $F_1 c_1 = F_2 c_2 = V$ sowie der Konstanten α^2, ε und C, definiert durch

$$\left.\begin{aligned} \alpha^2 \int_1^2 \frac{ds}{F} &= g\left(\frac{1}{F_1} + \frac{1}{F_2}\right) \\ \varepsilon \int_1^2 \frac{ds}{F} &= V\left(\frac{1+\zeta}{F_2^2} - \frac{1}{F_1^2}\right) \\ C F_1 \int_1^2 \frac{ds}{F} &= g\,(h_2 - h_1) - \frac{g}{\gamma}(p_2 - p_1) - \frac{V^2}{2}\left(\frac{1+\zeta}{F_2^2} - \frac{1}{F_1^2}\right) \end{aligned}\right\} \quad (6)$$

kürzer schreiben

$$\frac{d^2 \varDelta z_1}{dt^2} + \varepsilon \frac{d \varDelta z_1}{dt} + \alpha^2 \varDelta z_1 = C \quad . \quad . \quad . \quad . \quad (7).$$

Das allgemeine Integral derselben lautet, ganz analog dem vorigen Paragraph, mit den willkürlichen Konstanten A', B' bzw. A'', B''

$$\varDelta z_1 = \frac{C}{\alpha^2} + e^{-\frac{\varepsilon}{2}t} \left\{ A' \cos t \sqrt{\alpha^2 - \frac{\varepsilon^2}{4}} + B' \sin t \sqrt{\alpha^2 - \frac{\varepsilon^2}{4}} \right\} \quad (7\text{a}),$$

oder

$$\varDelta z_1 = \frac{C}{\alpha^2} + e^{-\frac{\varepsilon}{2}t} \left\{ A'' e^{+t\sqrt{\frac{\varepsilon^2}{4} - \alpha^2}} + B'' e^{-t\sqrt{\frac{\varepsilon^2}{4} - \alpha^2}} \right\} \quad (7\text{b})$$

je nachdem $\alpha^2 \gtrless \frac{\varepsilon^2}{4}$, oder wegen (6)

$$\sqrt{g\left(\frac{1}{F_1} + \frac{1}{F_2}\right) \int_1^2 \frac{ds}{F}} \gtrless \frac{V}{2}\left(\frac{1+\zeta}{F_2^2} - \frac{1}{F_1^2}\right) \quad . \quad . \quad (8)$$

ist. Da nun gemäß unserer Voraussetzung die mittleren Spiegeltiefen h_1 und h_2 während der Strömung ihre Werte behalten, so dürfen die durch (7a) bzw. (7b) gegebenen Spiegelschwankungen keine von der Zeit unabhängigen Glieder enthalten, d. h. es muß $C = 0$ oder nach der dritten Gleichung (6)

$$g\left(h_2 - h_1 - \frac{p_2 - p_1}{\gamma}\right) = \frac{V^2}{2}\left(\frac{1+\zeta}{F_2^2} - \frac{1}{F_1^2}\right) \quad . \quad (6\text{a})$$

sein. Diese Gleichung, welche das Verschwinden des konstanten Gliedes auf der rechten Seite von (7) bedingt, ist aber nichts anderes als die Formel für die stationäre Strömung zwischen den kommunizierenden Gefäßen mit den Spiegeln F_1 und F_2, welche wir schon in § 11 eingehend diskutiert haben, und die hier zur Berechnung von c bzw. wegen $F_1 c_1 = F_2 c_2 = V$ auch von c_2 dient. Über diesen stationären Strom lagert sich dann eine gedämpfte Schwingung Gl. (7a) bzw. ein aperiodischer Übergang Gl. (7b) in den durch irgendwelche Ursache gestörten Beharrungszustand, solange der Dämpfungsfaktor $\varepsilon > 0$ bleibt. Wird dagegen dieser Faktor $\varepsilon < 0$, oder nach (6)

$$\frac{1}{F_1^2} > \frac{1 + \zeta}{F_2^2} \quad \ldots \ldots \quad (6b),$$

so nehmen für $\alpha^2 > \frac{\varepsilon^2}{4}$ wegen (7a) die Schwingungsausschläge dauernd zu, während für $\alpha^2 < \frac{\varepsilon^2}{4}$ also im Falle (7b) die Spiegel sich dauernd von ihrer Anfangslage entfernen, wodurch ein Beharrungszustand überhaupt unmöglich wird.

Aus (6) erkennt man weiterhin, daß unter sonst gleichen Verhältnissen die Dämpfung mit der stationären Stromgeschwindigkeit c_1 bzw. der Durchflußmenge $V = F_1 c_1$ im Beharrungszustande wächst, und daß sie für $V = 0$, d. h. für Schwingungen um die Ruhelage überhaupt verschwindet. Dies letztere kennzeichnet natürlich nur die Unzulässigkeit unseres Ansatzes (3), d. h. der Turbulenz für sehr kleine Stromgeschwindigkeiten sowie für Schwingungen um eine Ruhelage. In einem solchen Falle müssen wir auf die Formeln des vorigen Paragraph zurückgreifen, bzw. an Stelle der Turbulenz die innere Reibung einführen, mit welcher der Dämpfungsfaktor durch

$$\varepsilon \int_1^2 \frac{ds}{F} = V \left(\frac{1}{F_2^2} - \frac{1}{F_1^2} \right) + \varkappa \int_1^2 \frac{ds}{F^2}$$

definiert wäre. Aus dem Vergleich mit der zweiten Formel (6) geht hervor, daß der Fall der inneren Reibung immer dann sich einstellt, wenn

$$\frac{F_1 \zeta c_1}{F_2^2} = 2 V_1 \mu \int_1^2 \frac{ds}{F^{\nu+2}} < \varkappa \int_1^2 \frac{ds}{F^2}$$

wird. Durch Gleichsetzen beider Ausdrücke bestimmt sich demnach eine **kritische Spiegelgeschwindigkeit** c_1 für das ganze durch Fig. 106 dargestellte System, deren Unterschreitung in der technischen Praxis allerdings wohl ebensowenig in Frage kommen dürfte, wie der durch (6b) gekennzeichnete Fall eines negativen Dämpfungsfaktors.

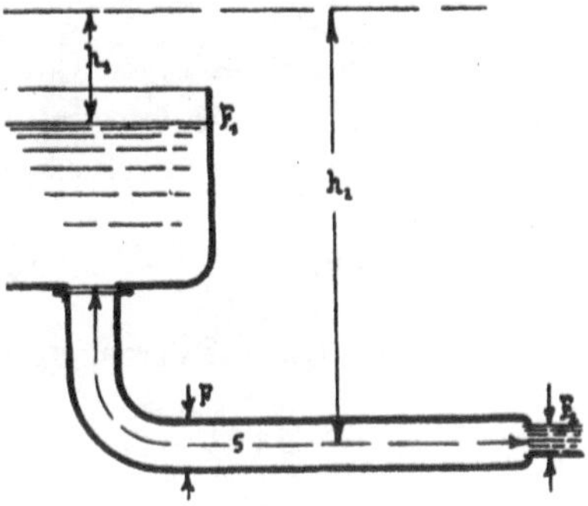

Fig. 107.

Im Sonderfalle eines **Hochbehälters mit daran angeschlossener Rohrleitung** (städtische Wasserversorgung) dürfen wir den Spiegel F_1 des ersteren angenähert als unendlich groß ansehen und erhalten dann bei konstantem Querschnitt F längs der ganzen Rohrlänge bis zur Ausflußmündung F_2 (Fig. 107) mit $F_1 c_1 = F_2 c_2$ und $p_2 = p_1 = p_0$ aus (6a)

$$2\,g\,(h_2 - h_1) = c_2^2\,(1 + \zeta) \quad . \quad . \quad . \quad . \quad (6\text{c})$$

zur Berechnung der stationären Ausflußgeschwindigkeit c_2. Außerdem aber wird in (6)

$$\alpha^2 = \frac{g}{s}\,\frac{F}{F_2}, \qquad \varepsilon = \frac{c_2}{s}\,\frac{F}{F_2}\,(1 + \zeta) \quad . \quad . \quad . \quad (6\text{d}),$$

so daß, wenn $\alpha > \frac{\varepsilon}{2}$, die Strömung in diesem Falle von gedämpften Schwingungen begleitet ist, welche sich nach außen durch mit der Zeit erlöschende Pulsationen der Ausflußgeschwindigkeit bemerkbar machen.

Wird dagegen der Hochbehälter durch eine Kolbenpumpe gespeist, die, wie wir später sehen werden, eine **periodisch veränderliche Fördermenge** besitzt, so dürfen wir in unseren Formeln im einfachsten Falle $c_1 + c_0 \sin \beta t$ an Stelle von c_1 setzen, worin die Schwankung $c_0 \sin \beta t$ stets als klein gegenüber der stationären Geschwindigkeit c_1 angesehen werden darf. Vernachlässigen wir infolgedessen sowohl die Quadrate dieser Schwankung als auch ihr Produkt mit $d\,\Delta z_1 : dt$, so erhalten wir aus (3b) mit $p_2 = p_1$

$$g(h_2 - h_1) - \frac{c_1^2 F_1^2}{2}\left(\frac{1+\zeta}{F_2^2} - \frac{1}{F_1^2}\right) - c_1 F_1^2\left(\frac{1+\zeta}{F_2^2} - \frac{1}{F_1^2}\right) c_0 \sin\beta t$$
$$= g F_1\left(\frac{1}{F_1} + \frac{1}{F_2}\right)\varDelta z_1 + c_1 F_1^2\left(\frac{1+\zeta}{F_2^2} - \frac{1}{F_1^2}\right)\frac{d\varDelta z_1}{dt} + F_1\frac{d^2\varDelta z_1}{dt^2}\int_1^2\frac{ds}{F}.$$

Mit $V = c_1 F_1 = c_2 F_2$ und $F_1 = \infty$ zerfällt diese Gleichung aber wieder in die für den stationären Strom gültige Formel (6c), während für die periodische Schwankung nach Division mit F_1

$$\frac{d^2\varDelta z_1}{dt^2}\int_1^2\frac{ds}{F} + c_2\frac{1+\zeta}{F_2}\frac{d\varDelta z_1}{dt} + \frac{g}{F_2}\varDelta z_1 = -\frac{1+\zeta}{F_2}c_2 c_0 \sin\beta t \quad (9)$$

übrig bleibt. Diese Formel können wir auch mit

$$\alpha^2\int_1^2\frac{ds}{F} = \frac{g}{F_2},\quad \varepsilon\int_1^2\frac{ds}{F} = c_2\frac{1+\zeta}{F_2},\quad C\int_1^2\frac{ds}{F} = -c_2 c_0\frac{1+\zeta}{F_2} \quad (10)$$

kürzer schreiben

$$\frac{d^2\varDelta z_1}{dt^2} + \varepsilon\frac{d\varDelta z_1}{dt} + \alpha^2\varDelta z_1 = C\sin\beta t \quad . \quad . \quad (9\text{a}),$$

eine Gleichung, die mit Gl. (12) des vorigen Paragraphen übereinstimmt und wie diese auf eine erzwungene Schwingung führt, welche sich dem stationären Strome überlagert und im Falle der Resonnanz, d. h. der Übereinstimmung von α und β, durch heftige andauernde Schwankungen der Ausflußgeschwindigkeit verrät.

Zur Vermeidung solcher Schwankungen werden in die Druckleitung häufig Windkessel eingeschaltet, deren Einfluß wir noch zu untersuchen haben. Dabei wollen wir der Einfachheit halber den Spiegel F_1 des Hochbehälters als praktisch unendlich groß und damit seine Lage als unveränderlich annehmen, so daß wir von ihr aus die Tiefen z_2 des augenblicklichen Windkesselspiegels F_2 sowie z_3 der Einmündung der Rohre in den Windkessel berechnen können (Fig. 108). Die entsprechenden Drücke seien p_2 und p_3, der Spiegeldruck im Hochbehälter, der im allgemeinen mit der Atmosphärenspannung übereinstimmen wird p_1, dann gilt für die Strömung zwischen dem Spiegel F_1 und der Tiefe z_3 mit der Stromgeschwindigkeit w_3 und einem Widerstandskoeffizienten ζ_3 die Gleichung

$$g z_3 - \frac{g}{\gamma}(p_3 - p_1) = \int_0^3\frac{\partial w}{\partial t}ds + \frac{w_3^2}{2}(1 + \zeta_3) \quad (11).$$

Ebenso erhalten wir zwischen den Höhen z_3 und z_2 im Windkessel mit dessen Spiegelgeschwindigkeit w_2 sowie dem Widerstandskoeffizienten ζ_2

$$g(z_2 - z_3) - \frac{g}{\gamma}(p_2 - p_3) = \int_3^2 \frac{\partial w}{\partial t} ds + \frac{w_2^2}{2}(1 + \zeta_2) - \frac{w_3^2}{2} \quad (12).$$

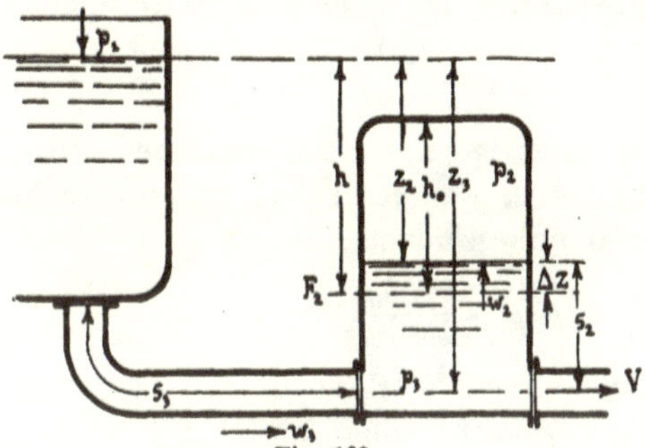

Fig. 108.

Bezeichnen wir ferner mit F_3 den Rohrquerschnitt zwischen dem Windkessel und dem Hochbehälter, dem die Geschwindigkeit w_3 zugehört, so wird, wenn in der Sekunde das Flüssigkeitsvolumen V aus dem Windkessel austritt

$$F_3 w_3 = F_2 w_2 + V \quad . \quad . \quad . \quad . \quad . \quad . \quad (13)$$

oder

$$F_3 \frac{dw_3}{dt} = F_2 \frac{dw_2}{dt} + \frac{dV}{dt} \quad . \quad . \quad . \quad . \quad . \quad (13a)$$

sein. Nun kann aber in Gl. (11) das Integral über die Beschleunigung hinreichend genau auf die Rohrlänge s_3 vom Reservoir bis zum Windkessel und ebenso in (12) auf die mittlere benetzte Windkesselhöhe s_2 beschränkt werden, so daß wir auch

$$\left.\begin{aligned} \int_0^3 \frac{\partial w}{\partial t} ds &= \frac{dw_3}{dt} s_3 = \frac{s_3}{F_3}\left(F_2 \frac{dw_2}{dt} + \frac{dV}{dt}\right) \\ \int_3^2 \frac{\partial w}{dt} ds &= \frac{dw_2}{dt} s_2 \end{aligned}\right\} \quad . \quad . \quad (14)$$

schreiben dürfen. Addieren wir dann noch nach Einsetzen dieser Werte die Gl. (11) und (12) und vernachlässigen das Quadrat der nur kleinen Spiegelgeschwindigkeit im Windkessel, setzen also nach (13) angenähert

$$F_3^2 w_3^2 = V^2 + 2 V F_2 w_2 \quad . \quad . \quad . \quad . \quad (13\text{b}),$$

so folgt

$$g z_2 - \frac{g}{\gamma}(p_2 - p_1) = \left(s_3 \frac{F_2}{F_3} + s_2\right)\frac{dw_2}{dt} + \frac{s_3}{F_3}\frac{dV}{dt} + \frac{\zeta_3}{2}\frac{V^2 + 2VF_2 w_2}{F_3^2} \quad (15).$$

Ist weiterhin h die mittlere Tiefe des Windkesselspiegels, so ist dessen Schwankung $\Delta z = h_2 - z_2$ und daher

$$w_2 = \frac{d\Delta z}{dt}, \quad \frac{dw_2}{dt} = \frac{d^2 \Delta z}{dt^2} \quad . \quad . \quad . \quad . \quad (5\text{a}).$$

Außerdem aber ist mit einer mittleren Höhe h_0 der Luftsäule im Windkessel, der ein Druck p_0 entsprechen möge, der veränderliche Windkesseldruck

$$p_2 = \frac{p_0 h_0}{p_0 - \Delta z} \sim p_0\left(1 + \frac{\Delta z}{h_0}\right) \quad . \quad . \quad . \quad . \quad (16).$$

Führen wir diesen Wert sowie die Ausdrücke (5a) in (15) ein, so erhalten wir schließlich als Differentialgleichung der Spiegelschwankungen im Windkessel

$$g h - \frac{g}{\gamma}(p_0 - p_1) - \frac{\zeta_3 V^2}{2 F_3^2} = \frac{s_3}{F_3}\frac{dV}{dt} + g\left(1 + \frac{p_0}{\gamma h_0}\right)\Delta z$$
$$+ \frac{\zeta_3 F_2}{F_3^2} V \frac{d\Delta z}{dt} + \left(s_3 \frac{F_2}{F_3} + s_2\right)\frac{d^2 \Delta z}{dt^2} \quad . \quad . \quad (15\text{a}).$$

Im allgemeinen wird nun das Durchflußvolumen V aus einem konstanten und einem zeitlich variablen Teil bestehen, derart, daß

$$V = V_1 + \Delta V \quad . \quad . \quad . \quad . \quad . \quad . \quad . \quad (17)$$

ist. Da anderseits die Spiegelschwankung Δz kein konstantes Glied enthalten kann, so zerfällt Gl. (15a) wieder in die Formeln

$$g h - \frac{g}{\gamma}(p_0 - p_1) = \frac{\zeta_3 V_1^2}{2 F_3^2} \quad . \quad . \quad . \quad . \quad (18)$$

$$\frac{d^2 \Delta z}{dt^2}\left(s_3 \frac{F_2}{F_3} + s_2\right) + \frac{\zeta_3 F_2}{F_3^2}(V_1 + \Delta V)\frac{d\Delta z}{dt} + g\left(1 + \frac{p_0}{\gamma h_0}\right)\Delta z$$
$$+ \zeta_3 \frac{V_1 \Delta V}{F_3^2} + \zeta_3 \frac{\Delta V^2}{2 F_3^2} + \frac{s_3}{F_3}\frac{d\Delta V}{dt} = 0 \quad . \quad . \quad (19),$$

von denen die erste einen stationären Strom entsprechend dem mittleren Durchflußvolumen V_1 definiert, während die zweite die Spiegelschwankungen im Windkessel bestimmt. Man übersieht leicht, daß diese Schwankungen, wenn die Durchflußmenge wie bei Kolbenpumpen periodisch mit der Zeit variiert, ebenfalls durch eine periodische Zeitfunktion, allgemein aber durch eine Fouriersche Reihe dargestellt werden können, deren Faktoren sich aus denen von ΔV nach der Methode der unbestimmten Koeffizienten berechnen. Viel einfacher dagegen gestalten sich die Verhältnisse bei konstanter Durchflußmenge, d. h. für $\Delta V = 0$.

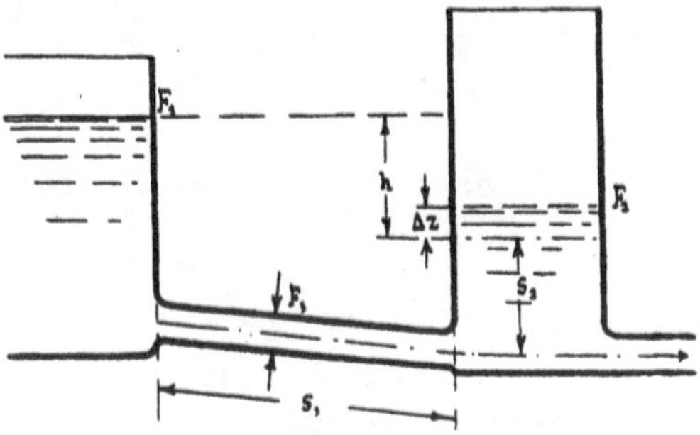

Fig. 109.

Ist dann noch der Windkessel oben offen, sein Spiegel also, wie der des Hochbehälters dem Atmosphärendruck $p_0 = p_1$ ausgesetzt, so dürfen wir $h_0 = \infty$ setzen und erhalten für diesen Fall eines sog. Wasserschlosses[1]) Fig. 109, welches häufig in Turbinenleitungen eingeschaltet wird, mit $V_1 = V$

$$2\,gh = \frac{\zeta_3 V^2}{F_3^2} \quad . \quad . \quad . \quad . \quad . \quad . \quad (18\text{a})$$

$$\frac{d^2 \Delta z}{dt^2}\left(\frac{s_3}{F_3} + \frac{s_2}{F_2}\right) + \frac{\zeta_3 V}{F_3^2}\frac{d\,\Delta z}{dt} + \frac{g}{F_2}\Delta z = 0 \quad (18\text{b}),$$

wofür wir auch mit

$$\alpha^2\left(\frac{s_3}{F_3} + \frac{s_2}{F_2}\right) = \frac{g}{F_2}, \quad \varepsilon\left(\frac{s_3}{F_3} + \frac{s_2}{F_2}\right) = \frac{\zeta_3 V}{F_3^2} \quad . \quad (20)$$

kürzer

$$\frac{d^2 \Delta z}{dt^2} + \varepsilon\frac{d\,\Delta z}{dt} + \alpha^2 \Delta z = 0 \; . \quad . \quad . \quad . \quad (19\text{b})$$

[1]) Dieser Fall ist in letzter Zeit, allerdings in wesentlich anderer Form, behandelt worden von Prašil unter dem Titel »Wasserschloßprobleme«, Schweiz. Bauzeitung 1908, und von Pressel, Beitrag zur Bemessung des Inhaltes von Wasserschlössern, ebenda 1909. Vgl. auch Allievi und Dubs, »Allgemeine Theorie über die veränderliche Bewegung des Wassers in Leitungen«, Berlin 1909.

schreiben dürfen. Daraus resultiert für $\alpha^2 > \frac{\varepsilon^2}{4}$ eine gedämpfte Schwingung mit der Periode

$$t_0 = \frac{2\pi}{\sqrt{\alpha^2 - \frac{\varepsilon^2}{4}}} \quad \ldots \ldots \quad (21),$$

welche bei einem Anfangsausschlag Δz_0 ohne Anfangsgeschwindigkeit analog Gl. (5a) und (5c) des § 24 nach der Gleichung

$$\Delta z = \Delta z_0 \, e^{-\frac{\varepsilon}{2}t} \left(\cos 2\pi \frac{t}{t_0} + \frac{\varepsilon}{2\sqrt{\alpha^2 - \frac{\varepsilon^2}{4}}} \sin 2\pi \frac{t}{t_0} \right) \quad (22)$$

abklingt, während für $\alpha < \frac{\varepsilon}{2}$ die Spiegelschwankung nach Gl. (5b) und (5d) des § 24 aperiodisch verläuft.

In der Praxis treten nun derartige Schwankungen stets beim Übergang aus einem Beharrungszustand in den andern ein, deren jedem eine bestimmte Durchflußmenge mit einem aus (18a) zu berechnenden Spiegelabstand zugehört. Die Differenz dieser Spiegelabstände liefert dann schon den Anfangsausschlag Δz_0 der Schwingung um den neuen Beharrungszustand. Im Falle der Absperrung der Durchflußmenge wird dieser mit dem Ruhezustand des ganzen Systems identisch, für den nach (20) $\varepsilon = 0$ und damit die Schwingungen (22) ungedämpft verlaufen. Das liegt natürlich nur an der Vernachlässigung der inneren Reibung, welche für diesen im vorigen Paragraph ausführlich behandelten Fall durchaus die Hauptrolle spielt.

Als Beispiel betrachten wir eine Turbinenleitung von $s_s = 1000$ m Länge und $D_s = 1$ m Durchmesser, an deren Ende sich ein Wasserschloß vom Querschnitt $F_2 = 20$ qm befindet. Bei einer Geschwindigkeit von $w_s = 1$ m/Sek. fließt demnach durch das Rohr $V = F_s w_s = 0{,}785$ cbm/Sek., während sich der Widerstandskoeffizient genau genug zu

$$\zeta_s = 0{,}02 \cdot \frac{s_s}{D_s} = 20$$

berechnet, mit dem dann aus (18a) eine mittlere Spiegeltiefe

$$h = \frac{20}{2 \cdot g} = 1{,}02 \text{ m}$$

folgt, und die beiden Koeffizienten der Schwingungsgleichung (19b) sich nach (20) zu

$$\alpha^2 = \frac{9,81}{20 \cdot 1274,5} = 0,00385, \qquad \varepsilon = \frac{20 \cdot 0,785}{1274,5 \cdot 0,785^2} = 0,02$$

ergeben. Daraus folgt

$$\alpha^2 - \frac{\varepsilon^2}{4} = 0,00375 > 0, \qquad \sqrt{\alpha^2 - \frac{\varepsilon^2}{4}} = 0,0612,$$

also nach (21) eine Schwingungsdauer von

$$t_0 = \frac{2 \cdot \pi}{0,0612} = 102,6 \text{ Sek.},$$

während der Verlauf der Schwingungen durch

$$\varDelta z = \varDelta z_0 \, e^{-0,01 \cdot t} (\cos 0,0612\, t + 0,163 \sin 0,0612\, t)$$

gegeben ist. Hieraus erhält man nach Ablauf von

$t = \frac{1}{2} t_0 =$ 51,3 Sek.	$\frac{\varDelta z}{\varDelta z_0} =$	$-0,599$
$t_0 =$ 102,6 »	»	$+0,358$
$\frac{3}{2} t_0 =$ 153,9 »	»	$-0,216$
$2\, t_0 =$ 205,2 »	»	$+0,129$
$\frac{5}{2} t_0 =$ 256,5 »	»	$-0,077$
$3\, t_0 =$ 410,4 »	»	$+0,046$

Befindet sich z. B. das ganze System zunächst in Ruhe, so werden die Spiegel im Wasserschloß und im Hochbehälter keine Höhendifferenz zeigen. Läßt man dann plötzlich durch Öffnen eines Schiebers die oben zugrunde gelegte Menge $V = 0,785$ cbm/Sek. durchfließen, so

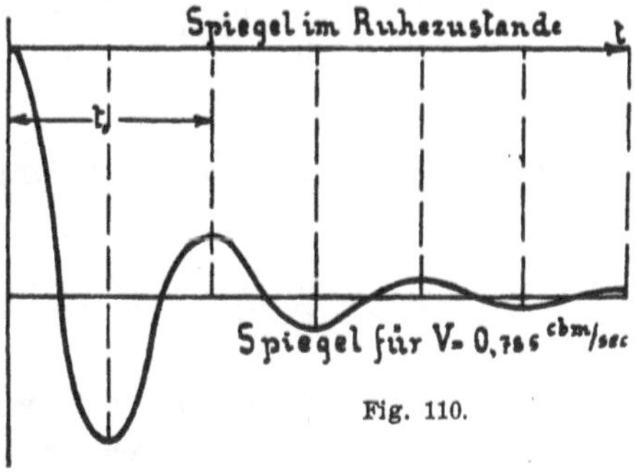

Fig. 110.

wird $\varDelta z_0 = h = 1,02$ m, und der Übergang in den neuen Beharrungszustand vollzieht sich in Schwingungen von der berechneten Dauer $t_0 = 102,6$ Sek. Aus dem Beispiel folgt, daß nach etwa $3\, t_0 = 410,4$ Sek. $\sim$ 7 Minuten die Spiegelschwankungen so klein (d. h. etwa 5 cm) geworden sind, daß sie nicht mehr in Frage kommen, vgl. Fig. 110.

§ 26. Schwingungen in Turbinenleitungen.

Einführung zeitlicher Schwankungen der Durchflußmenge, der Winkelgeschwindigkeit und des Drehmomentes einer Turbine in die Energiegleichung. Beschränkung auf kleine Ausschläge. Gedämpfte freie Schwingungen in der Flüssigkeitsleitung. Erzwungene Schwingungen infolge periodisch veränderlicher Drehmomente. Ungedämpfte Schwingungen bei einseitiger Bremsbelastung. Einfluß von Windkesseln und Wasserschlössern.

Wir denken uns jetzt in die Rohrleitung (Fig. 111) mit dem Ober- und Unterwasserspiegel F_1 und F_2 eine Turbine eingeschaltet, deren Laufrad im Einklang mit den Bezeichnungen des § 20 die Ein- und Austrittsquerschnitte F_3 und F_4 besitzen möge. Außerhalb des Laufrades, also zwischen den Querschnitten F_1 und F_3 bzw. F_4 und F_2 mit den Tiefen z_1 z_3 und z_4 z_2 unter einem willkürlichen Horizont gilt wieder die Grundformel (1a) des § 23, welche mit

$$V = F_1 w_1 = F_2 w_2 = F_3 v_3 = F_4 v_4 \quad . \quad . \quad (1),$$

worin v_3 und v_4 die radialen Ein- und Austrittskomponenten der Geschwindigkeit am Laufrad (Fig. 88) bedeuten, hier lautet

$$\left.\begin{aligned} g(z_3 - z_1) - \mu F_1^2 w_1^2 \int_1^3 \frac{ds}{F^{\nu+2}} - \frac{g}{\gamma}(p_3 - p_1) \\ = F_1 \frac{dw_1}{dt} \int_1^3 \frac{ds}{F} + \frac{w_3^2 - w_1^2}{2} \\ g(z_2 - z_4) - \mu F_1^2 w_1^2 \int_4^2 \frac{ds}{F^{\nu+2}} - \frac{g}{\gamma}(p_2 - p_4) \\ = F_1 \frac{dw_1}{dt} \int_4^2 \frac{ds}{F} + \frac{w_2^2 - w_4^2}{2} \end{aligned}\right\} \quad (2).$$

Beim Durchgang durch das Laufrad, also auf dem Wege von F_3 bis F_4, bezieht sich streng genommen das Reibungsglied mit dem Faktor μ auf die Relativbahn s', der eine Relativgeschwindigkeit w' mit dem Querschnitte F' derart zugehört, daß $Fw = F'w'$ ist. Außerdem aber erscheint in dieser Gleichung die Wirkung der Schaufeln mit einer von der Masseneinheit Wasser abgegebenen Arbeit E und schließlich der hierauf bezogene Stoßverlust E' beim Ein- und Austritt des Rades. Wir erhalten somit für den Durchgang durch das Laufrad

$$g(z_4 - z_3) - \mu F_1^2 w_1^2 \int_3^4 \frac{ds'}{F'^{\nu+2}} - \frac{g}{\gamma}(p_4 - p_3)$$

$$= F_1 \frac{dw_1}{dt} \int_3^4 \frac{ds}{F} + \frac{w_4^2 - w_3^2}{2} + E + E' \qquad (3)$$

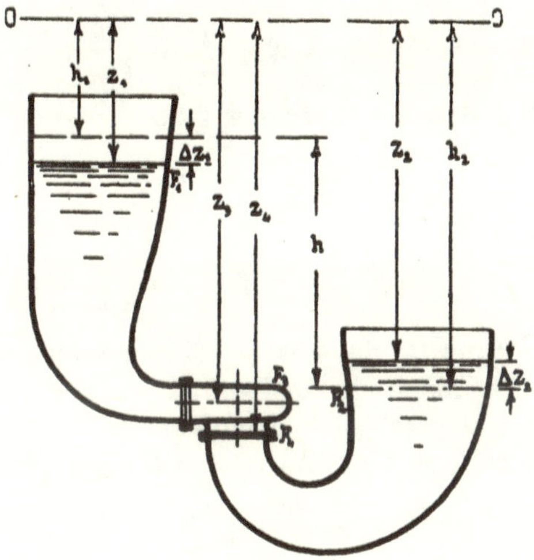

Fig. 111.

und nach Addition der Gl. (2) und (3) mit Einführung der Abkürzung

$$\int_1^3 \frac{ds}{F^{\nu+2}} + \int_3^4 \frac{ds'}{F'^{\nu+2}} + \int_4^2 \frac{ds}{F^{\nu+2}} = \frac{\zeta}{2 F_2^2 \mu} \quad . \quad (4)$$

unter Wegfall zahlreicher Glieder sowie mit $p_1 = p_2 = p_0$

$$g(z_2 - z_1) - \frac{w_2^2}{2}(1 + \zeta) + \frac{w_1^2}{2} = F_1 \frac{dw_1}{dt} \int_1^2 \frac{ds}{F} + E + E' \quad (5).$$

Bedeutet nun

$$G = \gamma V = F_1 w_1 \gamma \quad . \quad . \quad . \quad . \quad . \quad (1\text{a})$$

das in der Sekunde das Rad durchströmende Wassergewicht, so ist die von diesem auf die Schaufeln übertragene Arbeit

$\frac{G \cdot E}{g}$. Diese wird einerseits zur Überwindung des Drehmomentes $\mathfrak{M}$ mit der Winkelgeschwindigkeit ω des Rades, anderseits zur Erhöhung der kinetischen Energie der rotierenden Radmasse mit dem polaren Trägheitsmoment Θ, und schließlich dazu verwendet, der strömenden Flüssigkeit selbst eine Rotationsgeschwindigkeit u_4 zu erteilen, welche in den Geschwindigkeitsgliedern der Formel (5) noch nicht enthalten ist, da diese sich nur auf Bewegungen normal zu den Querschnitten F bezogen. Wir erhalten also

$$\frac{G}{g} E = \mathfrak{M} \omega + \Theta \omega \frac{d\omega}{dt} + \frac{G}{2} \frac{u_4^2}{g},$$

worin nach den Bezeichnungen des § 20

$$\mathfrak{M} = \frac{G}{g} (u_3 r_3 - u_4 r_4) \quad . \quad . \quad . \quad . \quad . \quad (6),$$

mithin wegen (1 a)

$$E = \omega (u_3 r_3 - u_4 r_4) + \frac{u_4^2}{2} + \frac{g \Theta \omega}{\gamma F_1 w_1} \frac{d\omega}{dt} \quad . \quad . \quad (7).$$

Hierin bedeutet u_3 die absolute Tangentialkomponente des Wassers vor dem Eintritt in das Laufrad, welche im allgemeinen nicht mit der entsprechenden Komponente u'_3 nach dem Eintritt übereinstimmt, so daß an dieser Stelle ein Stoßverlust

$$E' = \frac{(u_3 - u_3')^2}{2} \quad . \quad . \quad . \quad . \quad . \quad . \quad (8),$$

bezogen auf die Masseneinheit Wasser, resultiert. Nun berechnen sich aber auf Grund des Schaufelplanes (Fig. 88), welcher, wie in § 20, wieder für ein Radialrad gelten soll, die Komponenten u_3', u_3, u_4 mit den Schaufelwinkeln β_3, α_3, α_4 zu

$$\left.\begin{aligned} u_3' &= v_3 \operatorname{tg} \alpha_3 + r_3 \omega \\ u_3 &= v_3 \operatorname{tg} \beta_3 \\ u_4 &= v_4 \operatorname{tg} \alpha_4 + r_4 \omega \end{aligned}\right\} \quad . \quad . \quad . \quad . \quad . \quad (9),$$

womit nach Zusammenziehung von (7) und (8) folgt

$$E + E' = \frac{v_3^2}{2} (\operatorname{tg} \beta_3 - \operatorname{tg} \alpha_3)^2 + \frac{v_4^2}{2} \operatorname{tg}^2 \alpha_4 + \omega v_3 r_3 \operatorname{tg} \alpha_3$$
$$+ \frac{\omega^2}{2} (r_3^2 - r_4^2) + \frac{g \Theta \omega}{\gamma F_1 w_1} \frac{d\omega}{dt}$$

oder wegen (1)

$$E + E' = \frac{w_1^2 F_1^2}{2}\left(\frac{(\operatorname{tg}\beta_3 - \operatorname{tg}\alpha_3)^2}{F_3^2} + \frac{\operatorname{tg}^2\alpha_4}{F_4^2}\right) + w_1 F_1 \omega \frac{r_3 \operatorname{tg}\alpha_3}{F_3}$$

$$+ \frac{\omega^2}{2}(r_3^2 - r_4^2) + \frac{g\Theta\omega}{\gamma F_1 w_1}\frac{d\omega}{dt} \quad . \quad . \quad . \quad (10).$$

Eingesetzt in Gl. (5) liefert dies mit $F_2 w_2 = F_1 w_1$

$$g(z_2 - z_1) - \frac{w_1^2 F_1^2}{2}\left(\frac{1+\zeta}{F_2^2} - \frac{1}{F_1^2} + \frac{(\operatorname{tg}\beta_3 - \operatorname{tg}\alpha_3)^2}{F_3^2} + \frac{\operatorname{tg}^2\alpha_4}{F_4^2}\right)$$

$$- \omega w_1 F_1 \frac{r_3 \operatorname{tg}\alpha_3}{F_3} - \frac{\omega^2}{2}(r_3^2 - r_4^2) = F_1 \frac{dw_1}{dt}\int_1^2 \frac{ds}{F} + \frac{g\Theta\omega}{\gamma F_1 w_1}\frac{d\omega}{dt} \quad (5\,\mathrm{a}).$$

Diese Gleichung enthält außer den beiden variablen Größen ω und w_1 noch deren zeitliche Schwankungen, von denen wir wenigstens eine eliminieren müssen. Hierzu dient uns die Momentenformel (6), die wir mit Rücksicht auf (1) und (9) umformen können in

$$\omega = \frac{F_1 w_1}{r_4^2}\left(\frac{r_3 \operatorname{tg}\beta_3}{F_3} - \frac{r_4 \operatorname{tg}\alpha_4}{F_4}\right) - \frac{\mathfrak{M} g}{\gamma r_4^2}\frac{1}{F_1 w_1} \quad . \quad (6\,\mathrm{a}).$$

Lassen wir nun kleine zeitliche Schwankungen $\Delta\mathfrak{M}$ des Drehmomentes zu, setzen also

$$\mathfrak{M} = \mathfrak{M}_1 + \Delta\mathfrak{M} \quad . \quad . \quad . \quad . \quad . \quad . \quad (11),$$

so werden diesen auch Schwankungen der Durchflußgeschwindigkeit entsprechen, so zwar daß

$$w_1 = c_1 + \frac{d\Delta z_1}{dt} \quad . \quad . \quad . \quad . \quad . \quad . \quad (12)$$

ist. Vernachlässigen wir dann die Produkte und höheren Potenzen dieser Schwankungen $\Delta\mathfrak{M}$ und $d\Delta z_1 : dt$, so wird aus (6 a)

$$\omega = \frac{F_1 c_1}{r_4^2}\left(\frac{r_3 \operatorname{tg}\beta_3}{F_3} - \frac{r_4 \operatorname{tg}\alpha_4}{F_4}\right) - \frac{\mathfrak{M}_1 g}{\gamma r_4^2 F_1 c_1}$$

$$+ \left\{\frac{F_1}{r_4^2}\left(\frac{r_3 \operatorname{tg}\beta_3}{F_3} - \frac{r_4 \operatorname{tg}\alpha_4}{F_4}\right) + \frac{\mathfrak{M}_1 g}{\gamma r_4^2 F_1}\frac{1}{c_1^2}\right\}\frac{d\Delta z_1}{dt} - \frac{g\Delta\mathfrak{M}}{\gamma r_4^2 F_1 c_1} \quad (6\,\mathrm{b}),$$

worin

$$\frac{F_1 c_1}{r_4^2}\left(\frac{r_3 \operatorname{tg}\beta_3}{F_3} - \frac{r_4 \operatorname{tg}\alpha_4}{F_4}\right) - \frac{\mathfrak{M}_1 g}{\gamma r_4^2 F_1 c_1} = \omega_1 \quad . \quad (6\,\mathrm{c})$$

die dem Beharrungszustande mit dem Momente $\mathfrak{M}_1$ entsprechende Winkelgeschwindigkeit und

$$\Delta\omega = \left\{\frac{F_1}{r_4^2}\left(\frac{r_3 \operatorname{tg}\beta_3}{F_3} - \frac{r_4 \operatorname{tg}\alpha_4}{F_4}\right) + \frac{\mathfrak{M}_1 g}{\gamma r_4^2 F_1}\frac{1}{c_1^2}\right\}\frac{d\Delta z_1}{dt} - \frac{g\Delta\mathfrak{M}}{\gamma r_4^2 F_1 c_1}$$

die gesuchte Schwankung von ω bedeutet, so daß wir wegen (6 c) für (6 b) auch kürzer

$$\omega = \omega_1 + \left\{2\frac{F_1}{r_4^2}\left(\frac{r_3 \operatorname{tg}\beta_3}{F_3} - \frac{r_4 \operatorname{tg}\alpha_4}{F_4}\right) - \frac{\omega_1}{c_1}\right\}\frac{d\,\Delta z_1}{dt} - \frac{g\,\Delta\mathfrak{M}}{\gamma r_4^2 F_1 c_1} \quad (13)$$

schreiben dürfen.

Bezeichnen wir die dem Leerlauf, d. h. für $\mathfrak{M}_1 = 0$, entsprechenden Werte von c_1 und ω_1 mit c_0 und ω_0, so folgt aus (6

$$\frac{\omega_0}{c_0} = \frac{F_1}{r_4^2}\left(\frac{r_3 \operatorname{tg}\beta_3}{F_3} - \frac{r_4 \operatorname{tg}\alpha_4}{F_4}\right) \quad . \quad . \quad . \quad (6\,\mathrm{d}),$$

und damit vereinfacht sich (13) in

$$\omega = \omega_1 + \left(2\frac{\omega_0}{c_0} - \frac{\omega_1}{c_1}\right)\frac{d\,\Delta z_1}{dt} - \frac{g\,\Delta\mathfrak{M}}{\gamma r_4^2 F_1 c_1} \quad . \ (13\,\mathrm{a}).$$

Führen wir diesen Ausdruck sowie seine Ableitung

$$\frac{d\omega}{dt} = \left(2\frac{\omega_0}{c_0} - \frac{\omega_1}{c_1}\right)\frac{d^2\Delta z_1}{dt^2} - \frac{g}{\gamma r_4^2 F_1 c_1}\frac{d\,\Delta\mathfrak{M}}{dt} \quad (13\,\mathrm{b})$$

mit (12) in Gl. (5 a) ein, so folgt unter Beachtung von

$$z_2 - z_1 = h_2 - h_1 - (\Delta z_2 + \Delta z_1) = h - \Delta z_1\left(1 + \frac{F_1}{F_2}\right) \quad (14),$$

sowie mit Vernachlässigung der Produkte und Potenzen der kleinen Größen $\frac{d\,\Delta z_1}{dt}$, $\frac{d^2\Delta z_1}{dt^2}$, $\Delta\mathfrak{M}$, $\frac{d\,\Delta\mathfrak{M}}{dt}$

$$\begin{aligned} g h - \frac{\omega_1^2}{2}(r_3^2 - r_4^2) - \omega_1 c_1 \frac{F_1}{F_3} r_3 \operatorname{tg}\alpha_3 - \frac{c_1^2 F_1^2}{2}\left(\frac{1+\zeta}{F_2^2} - \frac{1}{F_1^2}\right. \\ \left. + \frac{(\operatorname{tg}\beta_3 - \operatorname{tg}\alpha_3)^2}{F_3^2} + \frac{\operatorname{tg}^2\alpha_4}{F_4^2}\right) = g\left(1 + \frac{F_1}{F_2}\right)\Delta z_1 \\ + \left\{\frac{g\,\Theta}{\gamma F_1}\frac{\omega_1}{c_1}\left(2\frac{\omega_0}{c_0} - \frac{\omega_1}{c_1}\right) + F_1\int_1^2\frac{ds}{F}\right\}\frac{d^2\Delta z_1}{dt^2} - \frac{g^2\,\Theta\,\omega_1}{\gamma^2 F_1^2 r_4^2 c_1^2}\frac{d\,\Delta\mathfrak{M}}{dt} \\ + \left\{\omega_1(r_3^2 - r_4^2)\left(2\frac{\omega_0}{c_0} - \frac{\omega_1}{c_1}\right) + 2\frac{\omega_0}{c_0}c_1 F_1\frac{r_3 \operatorname{tg}\alpha_3}{F_3}\right\}\frac{d\,\Delta z_1}{dt} \\ + c_1 F_1^2\left\{\frac{1+\zeta}{F_2^2} - \frac{1}{F_1^2} + \frac{(\operatorname{tg}\beta_3 - \operatorname{tg}\alpha_3)^2}{F_3^2} + \frac{\operatorname{tg}^2\alpha_4}{F_4^2}\right\}\frac{d\,\Delta z_1}{dt} \\ - \left(\frac{\omega_1}{c_1}\frac{r_3^2 - r_4^2}{F_1} + \frac{r_3 \operatorname{tg}\alpha_3}{F_3}\right)\frac{g\,\Delta\mathfrak{M}}{\gamma r_4^2} \quad . \quad . \quad . \quad (15). \end{aligned}$$

Setzen wir auf der linken Seite dieser Gleichung $F_1 c_1 = V$, so erkennen wir, daß sie mit Rücksicht auf die Formel (8 a) des

§ 20 verschwindet, wodurch der Beharrungszustand gekennzeichnet ist, über den die kleinen durch das Verschwinden der rechten Seite von (15) gegebenen Schwankungen Δz_1 sich überlagern. Eliminieren wir dann noch vermittelst der Gleichung für den Beharrungszustand

$$2gh - \omega_1^2(r_3^2 - r_4^2) - 2\omega_1 c_1 \frac{F_1}{F_3} r_3 \operatorname{tg} \alpha_3$$
$$= c_1^2 F_1^2 \left(\frac{1+\zeta}{F_2^2} - \frac{1}{F_1^2} + \frac{(\operatorname{tg}\beta_3 - \operatorname{tg}\alpha_3)^2}{F_3^2} + \frac{\operatorname{tg}^2\alpha_4}{F_4^2}\right) \quad (15\text{a})$$

den hier rechts stehenden Klammerausdruck aus der rechten Seite von (15), so vereinfacht sich diese nach Division mit F_1 in

$$g\left(\frac{1}{F_1} + \frac{1}{F_2}\right)\Delta z_1 + \left\{\frac{g\Theta}{\gamma F_1^2}\frac{\omega_1}{c_1}\left(2\frac{\omega_0}{c_0} - \frac{\omega_1}{c_1}\right) + \int_1^2 \frac{ds}{F}\right\}\frac{d^2\Delta z_1}{dt^2}$$
$$+ 2\left\{\frac{gh}{F_2 c_1} + c_1\left(\frac{\omega_0}{c_0} - \frac{\omega_1}{c_1}\right)\left(\frac{\omega_1}{c_1}\frac{r_3^2 - r_4^2}{F_1} + \frac{r_3 \operatorname{tg}\alpha_3}{F_3}\right)\right\}\frac{d\Delta z_1}{dt}$$
$$= \left(\frac{\omega_1}{c_1}\frac{r_3^2 - r_4^2}{F_1} + \frac{r_3 \operatorname{tg}\alpha_3}{F_3}\right)\frac{g\Delta\mathfrak{M}}{\gamma F_1 r_4^2} + \frac{g^2\Theta\omega_1}{\gamma^2 F_1^2 r_4^2 c_1^2}\frac{d\Delta\mathfrak{M}}{dt} \quad (15\text{b}).$$

Da nun nach (6c) und (6d) stets

$$\frac{\omega_0}{c_0} > \frac{\omega_1}{c_1}$$

bleibt, so ist der Faktor der Beschleunigung $d^2\Delta z : dt^2$ in (15b) stets positiv, während dies von dem Faktor von Δz ohnehin evident ist. Um das Vorzeichen des Faktors der Geschwindigkeit $d\Delta z : dt$ festzustellen, eliminieren wir das Glied $\frac{r_3 \operatorname{tg}\alpha_3}{F_3}$ mit Hilfe von (15a) und erhalten so

$$\frac{gh}{F_1 c_1} + c_1\left(\frac{\omega_0}{c_0} - \frac{\omega_1}{c_1}\right)\left(\frac{\omega_1}{c_1}\frac{r_3^2 - r_4^2}{F_1} + \frac{r_3 \operatorname{tg}\alpha_3}{F_3}\right)$$
$$= \frac{\omega_1}{2}\left(\frac{\omega_0}{c_0} - \frac{\omega_1}{c_1}\right)\frac{r_3^2 - r_4^2}{F_1} + \frac{c_1}{\omega_1}\frac{\omega_0}{c_0}\left\{\frac{gh}{c_1 F_1} - \frac{c_1 F_1}{2}\left(\frac{1+\zeta}{F_2^2} - \right.\right.$$
$$\left.\left. - \frac{1}{F_1^2} + \frac{(\operatorname{tg}\beta_3 - \operatorname{tg}\alpha_3)^2}{F_3^2} + \frac{\operatorname{tg}^2\alpha_4}{F_4^2}\right)\right\} + \frac{c_1 F_1}{2}\left\{\frac{1+\zeta}{F_2^2} - \frac{1}{F_1^2}\right.$$
$$\left. + \frac{(\operatorname{tg}\beta_3 - \operatorname{tg}\alpha_3)^2}{F_3^2} + \frac{\operatorname{tg}^2\alpha_4}{F_4^2}\right\} > 0.$$

Die linke Seite von (15b) besteht somit aus lauter Gliedern mit positiven Koeffizienten und stellt daher für sich die Differentialgleichung einer freien gedämpften Schwingung um den durch (15a) gegebenen Beharrungszustand dar, wenn die rechte Seite von (15b), das sog. Störungsglied, verschwindet. Dies trifft immer dann zu, wenn das Drehmoment der Turbine konstant ist, d. h. für $\varDelta \mathfrak{M} = 0$. Die hierdurch bestimmten freien Schwingungen erstrecken sich auf die ganze Flüssigkeitssäule zwischen Ober- und Unterwasserspiegel und sind von entsprechenden Schwankungen der Winkelgeschwindigkeit begleitet, welche mit den Schwingungen selbst abklingen.

Ist dagegen das Drehmoment selbst periodischen Schwankungen unterworfen, wie z. B. beim direkten Antrieb einer Dynamomaschine, so können wir die rechte Seite von (15b) stets durch eine Fouriersche Reihe, also durch

$$\sum_{k=0}^{k=\infty} (A_k \cos k\,\alpha_0 t + B_k \sin k\,\alpha_0 t)$$

darstellen, der dann auch eine durch

$$\varDelta z_1 = \sum_{k=0}^{k=\infty} (C_k \cos k\,\alpha_0 t + D_k \sin k\,\alpha_0 t) \quad . \quad . \quad (16)$$

gegebene erzwungene Schwingung der Flüssigkeitssäule und Schwankung der Winkelgeschwindigkeit der Turbine entspricht. Die Faktoren C_k und D_k ergeben sich aus den Werten A_k und B_k nach Einführung der Reihe (16) in die rechte Seite von (15b) durch Gleichsetzen der beiderseitigen Glieder mit denselben Funktionen der gleichen Vielfachen des Argumentes $\alpha_0 t$.

Derartige periodische Änderungen des Drehmomentes und damit der Winkelgeschwindigkeit der Turbine sind sogar bei Reibungsbremsen mit einseitiger Belastung (entsprechend einarmigen Hebeln) unvermeidlich[1]), was in der Praxis meist übersehen wird. Bezeichnen wir die Auslenkung des Bremshebels aus seiner Ruhelage mit ψ, das polare Trägheitsmoment der ganzen Bremse um die Turbinenachse mit Θ_0, so wird mit einem Proportionalitätsfaktor α_0^2 das Drehmoment

[1]) Vgl. E. Reichel, »Versuche an einer Lorenz-Turbine«, Zeitschrift f. d. ges. Turbinenwesen 1908, wo über derartige Schwingungen berichtet wird.

$$\mathfrak{M} = \Theta_0 \frac{d^2 \psi}{dt^2} + \alpha_0^2 \psi \quad . \quad . \quad . \quad . \quad . \quad (17),$$

woraus sich schon bei konstantem $\mathfrak{M}$ ungedämpfte Schwingungen der Bremse ergeben, welche aber auf die Turbine ohne Einfluß sind. Bei einseitiger Belastung wird dagegen $\mathfrak{M}$ selbst derart veränderlich, daß mit einem Reibungskoeffizienten f am Umfang der Bremsscheibe vom Radius r_0 und dem Bremshebel l angenähert

$$\mathfrak{M} = \mathfrak{M}_0 + f \frac{r_0}{l} \alpha_0^2 \psi \quad . \quad . \quad . \quad . \quad . \quad (17\,a)$$

ist, worin $\mathfrak{M}_0$ den nur vom Anziehen der Bremsschrauben herrührenden konstanten Teil des Reibungsmomentes bedeutet. Aus der Verbindung von (17) und (17a) folgt alsdann

$$\mathfrak{M}_0 = \Theta_0 \frac{d^2 \psi}{dt^2} + \alpha_0^2 \left(1 - f \frac{r_0}{l}\right) \psi \quad . \quad . \quad (17\,b),$$

also wieder die Differentialgleichung einer ungedämpften Schwingung der Bremse, deren Ausschläge

$$\psi = \frac{\mathfrak{M}_0}{\alpha_0^2}\left(1 + f \frac{r_0}{l}\right) + A \cos \alpha_0 t \sqrt{\frac{1}{\Theta_0}\left(1 - f \frac{r_0}{l}\right)}$$

$$+ B \sin \alpha_0 t \sqrt{\frac{1}{\Theta_0}\left(1 - f \frac{r_0}{l}\right)} \quad . \quad . \quad . \quad (18)$$

oder kürzer

$$\psi = \psi_0 + A \cos \beta t + B \sin \beta t \quad . \quad . \quad . \quad (18\,a)$$

meist durch feste Anschläge praktisch begrenzt werden. Für das Drehmoment (17a) folgt aber hieraus mit Vernachlässigung der Potenzen von $f r_0 : l$

$$\mathfrak{M} = \mathfrak{M}_0 \left(1 + f \frac{r_0}{l}\right) + \alpha_0^2 f \frac{r_0}{l} (A \cos \beta t + B \sin \beta t) \quad (17\,c),$$

woraus

$$\Delta \mathfrak{M} = \alpha_0^2 f \frac{r_0}{l} (A \cos \beta t + B \sin \beta t)$$

sich ergibt, und eingesetzt in (15b) eine erzwungene Schwingung mit der Periode

$$t_0 = \frac{2\pi}{\beta} = \frac{2\pi}{\alpha_0} \sqrt{\frac{\Theta_0}{1 - f \frac{r_0}{l}}} \quad . \quad . \quad . \quad . \quad (19)$$

liefert, welche bei Annäherung an die Resonanz den Bremsversuch recht empfindlich stören kann. In diesem Falle bleibt nichts übrig als die Änderung der Periode (19) oder derjenigen der Eigenschwingung der Turbine, wovon das erstere durch Vergrößerung von Θ_0 am leichtesten und sichersten durchzuführen ist. Die Erhöhung des Trägheitsmomentes Θ der rotierenden Turbinenmasse ist demgegenüber nicht nur viel unbequemer sondern auch bedeutend weniger wirksam, da sie in (15b) links nur als Zusatz zu der dem Integral $\int_1^2 \frac{ds}{F}$ proportionalen schwingenden Wassermasse auftritt.

Wesentlich verwickelter gestalten sich die Verhältnisse noch beim Vorhandensein von Windkesseln oder eines Wasserschlosses in der Turbinenleitung, deren Eigenschwingungen im vorigen Paragraphen besprochen wurden. Hierbei handelt es sich nicht mehr um ein einfaches, sondern um ein gekoppeltes System, in dem das Zusammenwirken zweier Schwingungen von großer Dauer und Intensität, welche durch die Regulierung der Turbinen hervorgerufen und aufrechterhalten werden, die Neueinstellung eines Beharrungszustandes geradezu unmöglich machen kann[1]). Die weitere Verfolgung dieser Erscheinungen würde uns allerdings zu sehr in das umfassende Gebiet der Turbinenregulierung[2]) führen, welches außerhalb des Rahmens unserer Darstellung liegt.

§ 27. Schwingungen in Kreiselpumpenleitungen.

Die Energiegleichung für zeitlich schwankende Durchflußmenge und Umlaufzahl. Gedämpfte freie Schwingungen der Flüssigkeitssäule oberhalb einer bestimmten Winkelgeschwindigkeit der Pumpe. Instabiler Bewegungszustand unterhalb dieser Winkelgeschwindigkeit.

Lassen wir in dem System Fig. 111 das Rad mit dem Schaufelplan Fig. 88 rückwärts laufen, so entsteht eine Kreiselpumpe,

---

[1]) Vgl. Rasch und Bauwens, »Die Kraftübertragungsanlagen der Rurtalsperrengesellschaft«, Zeitschr. d. V. D. Ing. 1908, S. 606 ff., insbesondere Fig. 12 und 13.

[2]) Eine recht brauchbare Einführung in dieses Gebiet gibt die Monographie von W. Bauersfeld, »Die automatische Regulierung der Turbinen«, Berlin 1905.

deren Arbeitsweise unter verschiedenen Beharrungszuständen wir schon in § 21 kennen gelernt haben. Hier handelt es sich um die Frage der Möglichkeit von Schwingungen der ganzen Flüssigkeitssäule bzw. von Schwankungen der Winkelgeschwindigkeit analog der Turbine, wobei wir die Bezeichnungen des letzten Paragraphen durchaus beibehalten wollen und nur zu beachten haben, daß sich mit dem Vorzeichen von ω auch dasjenige aller Geschwindigkeitskomponenten umkehrt, sowie daß der Stoßverlust E' von der eingeleiteten Energie E abzuziehen ist. Damit erhalten wir an Stelle von Gl. (5) § 26 für die Kreiselpumpe

$$g(z_2 - z_1) + \frac{w_1^2}{2}(1+\zeta) - \frac{w_2^2}{2} = F_1 \frac{dw_1}{dt}\int_1^2 \frac{ds}{F} + E - E' \quad (1),$$

worin

$$E = \omega\, u_3' r_3 - \frac{g\,\Theta\,\omega}{\gamma F_1 w_1}\frac{d\omega}{dt} \quad . \; . \; . \; . \; (2)$$

und der Stoßverlust, vgl. (4) in § 21

$$E' = \frac{(u_3 - u_3')^2}{2} + \frac{u_4^2}{2} \quad . \; . \; . \; . \; . \; . \; (3)$$

ist. Mit den Formeln

$$\left.\begin{aligned} u_3' &= v_3 \operatorname{tg} \alpha_3 + r_3\,\omega \\ u_3 &= v_3 \operatorname{tg} \beta_3 \\ u_4 &= v_4 \operatorname{tg} \alpha_4 + r_4\,\omega \end{aligned}\right\} \quad . \; . \; . \; . \; . \; . \; (4)$$

und

$$V = F_1 w_1 = F_2 w_2 = F_3 v_3 = F_4 v_4 \quad . \; . \; . \; (5)$$

liefert dann die Zusammenziehung von (1), (2) und (3)

$$g(z_2 - z_1) + \frac{w_1^2 F_1^2}{2}\left(\frac{1+\zeta}{F_1^2} - \frac{1}{F_2^2} + \frac{(\operatorname{tg}\beta_3 - \operatorname{tg}\alpha_3)^2}{F_3^2} + \frac{\operatorname{tg}^2\alpha_4}{F_4^2}\right) - \frac{\omega^2}{2}(r_3^2 - r_4^2)$$

$$- \omega\, w_1 F_1 \left(\frac{r_3 \operatorname{tg}\beta_3}{F_3} - \frac{r_4 \operatorname{tg}\alpha_4}{F_4}\right) = F_1 \frac{dw_1}{dt}\int_1^2 \frac{ds}{F} - \frac{g\,\Theta\,\omega}{\gamma F_1 w_1}\frac{d\omega}{dt} \quad (6).$$

In dieser Gleichung bedeutet natürlich jetzt im Einklang mit Fig. 111 F_1 den Spiegel des Druckbehälters, F_2 den des Saugraumes, F_4 den Ein- und F_3 den Austrittsquerschnitt des Laufrades, so daß die Wasserbewegung von F_2 über $F_4 F_3$ nach F_1 stattfindet.

Das auf das Wasser in der Pumpe übertragene Drehmoment ist nun

$$\mathfrak{M} = \frac{G}{g} u_3' r_3 = \frac{F_1 w_1 \gamma r_3}{g} (v_3 \operatorname{tg} \alpha_3 + \omega r_3),$$

oder wegen (5)

$$\frac{\mathfrak{M} g}{F_1 w_1 \gamma} = r_3^2 \left(w_1 \frac{F_1 \operatorname{tg} \alpha_3}{F_3 r_3} + \omega\right).$$

Daraus bestimmt sich

$$\omega = \frac{\mathfrak{M} g}{F_1 w_1 \gamma r_3^2} - \frac{F_1 \operatorname{tg} \alpha_3}{F_3 r_3} w_1 \quad . \quad . \quad . \quad . \quad (7)$$

und wenn wir

$$\omega = \omega_1 + \Delta \omega, \quad w_1 = c_1 - \frac{d \Delta z_1}{dt} \quad . \quad . \quad . \quad (8)$$

setzen, also kleine Schwankungen des durch ω_1 und c_1 gekennzeichneten Beharrungszustandes zulassen, angenähert bei konstantem $\mathfrak{M}$

$$\Delta \omega = \left(\frac{\mathfrak{M} g}{F_1 \gamma r_3^2 c_1^2} + \frac{F_1 \operatorname{tg} \alpha_3}{F_3 r_3}\right) \frac{d \Delta z_1}{dt} \quad . \quad . \quad . \quad (9),$$

wofür wir auch mit

$$\omega_1 = \frac{\mathfrak{M} g}{F_1 c_1 \gamma r_3^2} - \frac{F_1 \operatorname{tg} \alpha_3}{F_3 r_3} c_1 \quad . \quad . \quad . \quad . \quad (7a)$$

schreiben dürfen

$$\Delta \omega = \left(2 \frac{F_1 \operatorname{tg} \alpha_3}{F_3 r_3} + \frac{\omega_1}{c_1}\right) \frac{d \Delta z_1}{dt} \quad . \quad . \quad . \quad . \quad (9a),$$

oder unter Einführung, für den Fall der Pumpe allerdings ideeller Werte von ω_0 und c_0 für $\mathfrak{M} = 0$ nach (7a), d. h.

$$\frac{\omega_0}{c_0} = - \frac{F_1 \operatorname{tg} \alpha_3}{F_3 r_3} \quad . \quad . \quad . \quad . \quad . \quad . \quad (7a)$$

$$\Delta \omega = \left(\frac{\omega_1}{c_1} - 2 \frac{\omega_0}{c_0}\right) \frac{d \Delta z_1}{dt} \quad . \quad . \quad . \quad . \quad (9b).$$

Daraus folgt wieder, da ω_1 von der Zeit unabhängig sein soll,

$$\frac{d\omega}{dt} = \left(\frac{\omega_1}{c_1} - 2 \frac{\omega_0}{c_0}\right) \frac{d^2 \Delta z_1}{dt^2} \quad . \quad . \quad . \quad . \quad (9c)$$

und liefert, mit (8) und

$$z_1 - z_2 = h_2 - h_1 - (\Delta z_2 + \Delta z_1) = h - \Delta z_1 \left(1 + \frac{F_1}{F_2}\right) \quad (10)$$

in Gl. (6) eingesetzt unter Vernachlässigung der Produkte und Potenzen von $\frac{d \Delta z_1}{dt}$, $\frac{d^2 \Delta z_1}{dt^2}$

$$
\begin{aligned}
& g h - \frac{\omega_1^2}{2}(r_3^2 - r_4^2) - \omega_1 c_1 F_1 \left(\frac{r_3 \operatorname{tg} \beta_3}{F_3} - \frac{r_4 \operatorname{tg} \alpha_4}{F_4}\right) \\
& \quad + \frac{c_1^2 F_1^2}{2}\left(\frac{1+\zeta}{F_1^2} - \frac{1}{F_2^2} + \frac{(\operatorname{tg} \beta_3 - \operatorname{tg} \alpha_3)^2}{F_3^2} + \frac{\operatorname{tg}^2 \alpha_4}{F_4^2}\right) \\
& = g\left(1 + \frac{F_1}{F_2}\right) \Delta z_1 + \left\{\frac{g \Theta}{\gamma F_1} \frac{\omega_1}{c_1}\left(2 \frac{\omega_0}{c_0} - \frac{\omega_1}{c_1}\right) + F_1 \int_1^2 \frac{ds}{F}\right\} \frac{d^2 \Delta z_1}{dt^2} \\
& + \left\{\omega_1 (r_3^2 - r_4^2)\left(\frac{\omega_1}{c_1} - 2\frac{\omega_0}{c_0}\right) - 2\frac{\omega_0}{c_0} c_1 F_1 \left(\frac{r_3 \operatorname{tg} \beta_3}{F_3} - \frac{r_4 \operatorname{tg} \alpha_4}{F_4}\right)\right\} \frac{d \Delta z_1}{dt} \\
& + c_1 F_1^2 \left\{\frac{1+\zeta}{F_1^2} - \frac{1}{F_2^2} + \frac{(\operatorname{tg} \beta_3 - \operatorname{tg} \alpha_3)^2}{F_3^2} + \frac{\operatorname{tg}^2 \alpha_4}{F_4^2}\right\} \frac{d \Delta z_1}{dt} \quad (11).
\end{aligned}
$$

Hierin verschwindet aber die linke Seite für sich, da der Ausschlag Δz_1 kein von der Zeit unabhängiges Glied enthalten kann, so daß

$$
\begin{aligned}
& 2 g h + c_1^2 F_1^2 \left(\frac{1+\zeta}{F_1^2} - \frac{1}{F_2^2} + \frac{(\operatorname{tg} \beta_3 - \operatorname{tg} \alpha_3)^2}{F_3^2} + \frac{\operatorname{tg}^2 \alpha_4}{F_4^2}\right) \\
& \qquad = \omega_1^2 (r_3^2 - r_4^2) + 2 \omega_1 c_1 \left(\frac{r_2 \operatorname{tg} \beta_3}{F_3} - \frac{r_4 \operatorname{tg} \alpha_4}{F_4}\right) \quad (11a)
\end{aligned}
$$

die mit $c_1 F_1 = V$ mit Gl. (6a) § 23 identische Formel für den Beharrungszustand darstellt, über den die durch das Verschwinden der rechten Seite von (1) definierte Schwankung sich überlagert. Eliminieren wir mit Hilfe von (11a) die Klammer des letzten Gliedes aus Gl. (11), so lautet die Differentialgleichung für die Schwankung nach Division mit F_1

$$
\begin{aligned}
& g\left(\frac{1}{F_1} + \frac{1}{F_2}\right) \Delta z_1 + \left\{\frac{g \Theta}{\gamma F_1^2} \frac{\omega_1}{c_1}\left(2 \frac{\omega_0}{c_0} - \frac{\omega_1}{c_1}\right) + \int_2^1 \frac{ds}{F}\right\} \frac{d^2 \Delta z_1}{dt^2} \\
& + 2\left\{c_1 \left(\frac{\omega_1}{c_1} - \frac{\omega_0}{c_0}\right)\left(\frac{\omega_1}{c_1} \frac{(r_3^2 - r_4^2)}{F_1} + \frac{r_3 \operatorname{tg} \beta_3}{F_3} - \frac{r_4 \operatorname{tg} \alpha_4}{F_4}\right)\right. \\
& \qquad \left. - \frac{g h}{F_1 c_1}\right\} \frac{d \Delta z_1}{dt} = 0 \quad . \quad . \quad . \quad . \quad . \quad (11b)
\end{aligned}
$$

und ergibt eine g e d ä m p f t e S c h w i n g u n g bzw. e i n e a p e r i o d i s c h e A n n ä h e r u n g a n d e n B e h a r r u n g s z u s t a n d, so lange die sämtlichen Koeffizienten positiv bleiben. Dies trifft ohne weiteres für den Koeffizienten von Δz_1 zu, während für sehr große Werte von $\omega_1 : c_1$ der Faktor des Beschleunigungsgliedes jedenfalls negativ wird. Definieren wir für diesen durch

$$2\frac{g\Theta}{\gamma F_1^2}\frac{\omega_1\omega_0}{c_1 c_0}+\int_2^1\frac{ds}{F}<\frac{g\Theta}{\gamma F_1^2}\frac{\omega_1^2}{c_1^2} \quad . \; . \; . \quad (12)$$

gekennzeichneten Fall zwei Konstante α^2 und ε durch

$$-\alpha^2\left\{\frac{g\Theta}{\gamma F_1}\frac{\omega_1}{c_1}\left(2\frac{\omega_0}{c_0}-\frac{\omega_1}{c_1}\right)+\int_2^1\frac{ds}{F}\right\}=g\left(\frac{1}{F_1}+\frac{1}{F_2}\right)$$

und

$$-\varepsilon\left\{\frac{g\Theta}{\gamma F_1}\frac{\omega_1}{c_1}\left(2\frac{\omega_0}{c_0}-\frac{\omega_1}{c_1}\right)+\int_2^1\frac{ds}{F}\right\}= \quad (13)$$

$$=2\left\{c_1\left(\frac{\omega_1}{c_1}-\frac{\omega_0}{c_0}\right)\left(\frac{r_3^2-r_4^2}{F_1}\cdot\frac{\omega_1}{c_1}+\frac{r_3\operatorname{tg}\beta_3}{F_3}-\frac{r_4\operatorname{tg}\alpha_4}{F_4}\right)-\frac{g\,h}{F_1 c_1}\right\}$$

so vereinfacht sich (11b) in

$$\frac{d^2\Delta z_1}{dt^2}-\varepsilon\frac{d\Delta z_1}{dt}-\alpha^2\Delta z_1=0 \quad . \; . \; . \quad (11\text{c})$$

und liefert mit den willkürlichen Konstanten A und B das Integral

$$\Delta z_1=e^{\frac{\varepsilon}{2}t}\left(A e^{+t\sqrt{\alpha^2+\frac{\varepsilon^2}{4}}}+B e^{-t\sqrt{\alpha^2+\frac{\varepsilon^2}{4}}}\right) \quad . \; . \quad (14),$$

welches — und zwar unabhängig vom Vorzeichen von ε — eine mit der Zeit immer größer werdende Abweichung vom Beharrungszustand und damit die Unmöglichkeit der Erhaltung desselben andeutet. Multipliziert man dagegen (11b) mit c_1^2 und setzt darin, entsprechend der Schwebegeschwindigkeit Gl. (8) § 21 $c_1 = 0$, so bleibt nur

$$\frac{g\Theta}{\gamma F_1^2}\,\omega_1^2\,\frac{d^2\Delta z_1}{dt^2}=0$$

übrig, so daß also mit der Beschleunigung in diesem Falle jeder Anlaß für eine Abweichung vom Beharrungszustand verschwindet. Hiernach wird jede Pumpe — abgesehen von der Schwebegeschwindigkeit ohne Förderung — erst von einer bestimmten (durch Gleichheit der beiden Seiten von (12) gegebenen) Winkelgeschwindigkeit an regelmäßig funktionieren, ein Verhalten, welches durch neue Versuche[1]) vollauf bestätigt wird.

[1]) Vgl. E. Reichel, »Versuche an einer Zentrifugalpumpe«, Zeitschrift f. d. ges. Turbinenwesen 1908.

§ 28. Die Ventilbewegung.

Differentialgleichung der Flüssigkeitsströmung durch das Ventil. Spaltgeschwindigkeit und Zuflußgeschwindigkeit. Kontinuitätsgleichung mit Rücksicht auf die Ventilbewegung (Westphalsche Gleichung). Bewegungsgleichung des Ventils. Integration mit Rücksicht auf eine periodische Kolbenbewegung. Schwebelage des Ventils und Ventilbelastung im Beharrungszustande. Bachsche Formel.

Wechselt in einer Flüssigkeitsleitung die hydraulische Druckhöhe an irgend einer Stelle ihr Vorzeichen, so wird damit auch eine Umkehr der Stromrichtung verbunden sein. Will man eine solche verhindern, so muß der dem Druckwechsel unterworfene Raum zeitweilig von der Strömung abgesperrt werden. Dies geschieht am einfachsten durch sog. Ventile (Fig. 112), d. h. platten- oder kegelförmige Körper, welche die Mündung der Flüssigkeitsleitung A in den dem Druckwechsel ausgesetzten erweiterten Raume B infolge dieses Druckwechsels selbsttätig öffnen oder absperren. Dabei bemißt man die Erweiterung meist so, daß die um den Ventilteller vom Querschnitt F_0 freibleibende Ringfläche mit dem Querschnitt F_1 der Flüssigkeitszuleitung unter dem Ventil übereinstimmt, daß mithin auch die Stromgeschwindigkeit keine Änderung erfährt.

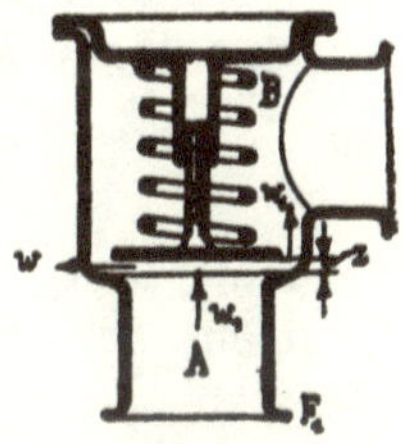

Fig. 112.

Bezeichnen wir dann den mittleren Druck unter dem Ventil mit p', über demselben mit p'', mit z die momentane Ventilerhebung, so liefert die Integration der Grundformel (1) in § 23 nach Unterdrückung des mit $\varkappa$ behafteten Gliedes der inneren Flüssigkeitsreibung

$$-gz - \frac{g}{\gamma}(p'' - p') = \int \frac{\partial w}{\partial t}\, ds + \mu \int \frac{w^2}{F^\nu}\, ds \quad . \quad (1).$$

Hierin wollen wir für das erste Integral, dessen Auswertung streng genommen die Kenntnis des Verlaufes aller einzelnen Stromfäden durch das Ventil erfordert, mit einer dem Durchmesser des Ventils proportionalen Länge s_0 angenähert schreiben

$$\int \frac{\partial w}{\partial t}\, ds = s_0 \frac{\partial w_1}{\partial t} + z \frac{\partial w}{\partial t} \quad . \quad . \quad . \quad . \quad . \quad (2),$$

worin w_1 die mit der Zeit veränderliche Zuflußgeschwindigkeit unter dem Ventil und w die Spaltgeschwindigkeit bedeuten möge, von denen auch der durch das letzte Glied der rechten Seite von (1) dargestellte Widerstand herrührt, so zwar, daß

$$\mu \int \frac{w^2}{F^\nu} ds = \zeta \frac{w^2}{2} + \zeta_1 \frac{w_1^2}{2} \quad . \quad . \quad . \quad . \quad (3)$$

gesetzt werden kann. Damit haben wir an Stelle von (1)

$$-gz + \frac{g}{\gamma}(p' - p'') = s_0 \frac{\partial w_1}{\partial t} + z \frac{\partial w}{\partial t} + \zeta \frac{w^2}{2} + \zeta_1 \frac{w_1^2}{2} \quad (1\,a).$$

Zu dieser hydrodynamischen Grundformel tritt nun weiterhin die Kontinuitätsgleichung, welche bei veränderlichem Spaltquerschnitt F nach (2) § 23

$$\frac{\partial F}{\partial t} + \partial \frac{(Fw)}{\partial s} = 0 \quad . \quad . \quad . \quad . \quad . \quad (4)$$

lautet und durch Integration über den Weg s durch das Ventil in einem gegebenen Moment in

$$\frac{\partial}{\partial t} \int F ds + Fw = F_1 w_1 \quad . \quad . \quad . \quad . \quad (4\,a)$$

übergeht. Für die hierin vorkommende zeitliche Änderung des Volumens des Stromfadens bis zum Spalt dürfen wir aber auch schreiben

$$\frac{\partial}{\partial t} \int F ds = F_0 \frac{dz}{dt} \quad . \quad . \quad . \quad . \quad . \quad . \quad (5),$$

während der Spaltquerschnitt selbst mit dem Ventilumfang u

$$F = uz \quad . \quad . \quad . \quad . \quad . \quad . \quad . \quad (6)$$

ist, so daß wir an Stelle von (4 a) haben[1])

$$zw = \frac{F_1}{u} w_1 - \frac{F_0}{u} \frac{dz}{dt} \quad . \quad . \quad . \quad . \quad . \quad (4\,b).$$

Durch Differentiation folgt hieraus

$$z \frac{\partial w}{\partial t} = \frac{F_1}{u} \frac{\partial w_1}{\partial t} - \frac{F_0}{u} \frac{d^2 z}{dt^2} - w \frac{dz}{dt} \quad . \quad . \quad . \quad (4\,c),$$

wobei wir die nur kleine Ventilerhebung z als unabhängig von s ansehen und daher deren partielle Ableitungen nach der Zeit mit den totalen verwechseln dürfen.

---

[1]) Diese Gleichung wurde zuerst von Westphal aufgestellt in der Arbeit »Beitrag zur Größenbestimmung von Pumpenventilen«, Zeitschr. d. V. d. Ing. 1893.

Schließlich können wir auch noch die in (1a) stehende Druckdifferenz zu beiden Seiten des Ventiltellers eliminieren, dessen Masse m sein möge und der außerdem noch durch eine Spiralfeder mit einer der Federverkürzung proportionalen Kraft niedergehalten werde. Ist z_0 diese Verkürzung im Momente des Ventilabschlusses, so wird mit einem Faktor α_0^2 bei einer Erhebung z der Federdruck $\alpha_0^2(z_0+z)$, und wir erhalten mit einem Auftriebe G_0, einer Dämpfung $\varkappa\frac{dz}{dt}$ sowie einer gleitenden Reibung R der Ventilführung für die das Ventil nach oben treibende Kraft

$$F_0(p'-p'')=m\frac{d^2z}{dt^2}+\varkappa\frac{dz}{dt}+\alpha_0^2(z_0+z)$$
$$+mg-G_0\pm R \quad \ldots \ldots \quad (7).$$

Eliminiert man hiermit die Druckdifferenz aus (1a) und gleichzeitig $z\frac{\partial w}{\partial t}$ durch (4c), so ergibt sich als **Differentialgleichung der Ventilerhebung**

$$\left(\frac{mg}{F_0\gamma}+\frac{F_0}{u}\right)\frac{d^2z}{dt^2}+\left(\frac{\varkappa g}{F_0\gamma}+w\right)\frac{dz}{dt}+g\left(\frac{\alpha_0^2}{F_0\gamma}-1\right)z+$$
$$\frac{g}{F_0\gamma}(mg-G_0\pm R+\alpha_0^2z_0)-\zeta\frac{w^2}{2}$$
$$=\left(s_0+\frac{F_1}{u}\right)\frac{dw_1}{dt}+\zeta_1\frac{w_1^2}{2} \quad . \quad (8),$$

worin die gleitende Reibung R mit der Hubumkehr ihr Vorzeichen wechselt.

Die Integration der Gl. (8) ist allerdings nur dann durchführbar, wenn die Spaltgeschwindigkeit w hierbei als konstant angesehen werden darf, und wenn die Zuflußgeschwindigkeit w_1 als periodische Zeitfunktion durch eine Fouriersche Reihe darstellbar ist. Das letztere trifft nun bei Kolbenpumpen, bei denen die hier besprochenen Ventile hauptsächlich verwendet werden, stets zu, während die erstere Annahme, wie aus wirklichen Ventilerhebungsdiagrammen geschlossen werden kann, wenigstens als erste Annäherung zulässig erscheint. Setzen wir für die Kolbenbewegung der Einfachheit halber das einer unendlichen Schubstangenlänge entsprechende Sinusgesetz mit konstanter Winkelgeschwindigkeit ω und einem Kurbelradius r

voraus, so ist bei einem mit F_1 identischen Kolbenquerschnitt[1])

$$\left.\begin{aligned} w_1 &= r\,\omega \quad \sin \quad \omega\, t, \qquad \frac{d\,w_1}{dt} = r\,\omega^2 \quad \cos \quad \omega\, t \\ w_1{}^2 &= r^2\,\omega^2 \sin^2 \omega\, t = \frac{r^2\,\omega^2}{2} - \frac{r^2\,\omega^2}{2} \cos 2\,\omega\, t \end{aligned}\right\} \quad (9),$$

mithin wird die rechte Seite von (8)

$$\left(s_0 + \frac{F_1}{u}\right)\frac{d\,w_1}{dt} + \zeta_1 \frac{w_1{}^2}{2} = \zeta_1 \frac{r^2\,\omega^2}{4} + \left(s_0 + \frac{F_1}{u}\right) r\,\omega^2 \cos \omega\, t$$
$$- \zeta_1 \frac{r^2\,\omega^2}{4} \cos 2\,\omega\, t \quad . \quad . \quad . \quad . \quad . \quad (9\,\text{a}),$$

enthält also außer dem periodisch veränderlichen noch ein konstantes Glied, in dem $\frac{r\,\omega}{\sqrt{2}}$ als **mittlere Zuflußgeschwindigkeit** erscheint. Mit (9a) und den Abkürzungen α^2, ε, A_0, A_1, A_2, definiert durch

$$\left.\begin{aligned} \left(\frac{mg}{F_0\,\gamma} + \frac{F_0}{u}\right) \alpha^2 &= g\left(\frac{\alpha_0{}^2}{F_0\,\gamma} - 1\right) \\ \left(\frac{mg}{F_0\,\gamma} + \frac{F_0}{u}\right) \varepsilon &= \frac{\varkappa\, g}{F_0\,\gamma} + w \\ -\left(\frac{mg}{F_0\,\gamma} + \frac{F_0}{u}\right) A_0 &= \frac{g}{F_0\,\gamma}\left(mg - G_0 \pm R + \alpha_0{}^2 z_0\right) \\ &\quad - \zeta\,\frac{w^2}{2} - \zeta_1 \frac{r^2\,\omega^2}{4} \\ \left(\frac{mg}{F_0\,\gamma} + \frac{F_0}{u}\right) A_1 &= \left(s_0 + \frac{F_1}{u}\right) r\,\omega^2 \\ -\left(\frac{mg}{F_0\,\gamma} + \frac{F_0}{u}\right) A_2 &= \zeta_1\,\frac{r^2\,\omega^2}{4} \end{aligned}\right\} \quad (10),$$

vereinfacht sich dann Gl. (8) in

$$\frac{d^2 z}{dt^2} + \varepsilon\,\frac{dz}{dt} + \alpha^2 z = A_0 + A_1 \cos \omega\, t + A_2 \cos 2\,\omega\, t \quad (8\,\text{a}),$$

wobei nicht zu übersehen ist, daß die Konstante A_0 für den Auf- und Niedergang wegen des Vorzeichenwechsels der gleitenden Reibung R verschiedene Werte besitzt, auf deren Bedeutung wir

[1]) Trifft dies nicht zu, so hat man nur den Radius r mit dem Querschnittsverhältnis zu multiplizieren.

noch zurückkommen. Jedenfalls haben wir es in (8a) mit der Differentialgleichung einer erzwungenen gedämpften Schwingung zu tun, welche mit

$$z = z' + z'' \quad . \; . \; . \; . \; . \; . \; . \quad (11)$$

in die beiden Formeln

$$\left.\begin{aligned} \frac{d^2 z'}{dt^2} + \varepsilon \frac{dz'}{dt} + \alpha^2 z' &= 0 \\ \frac{d^2 z''}{dt^2} + \varepsilon \frac{dz''}{dt} + \alpha^2 z'' &= A_0 + A_1 \cos \omega t + A^2 \cos 2 \omega t \end{aligned}\right\} \quad (8\text{b})$$

zerfällt, von denen die erstere eine freie Schwingung um bzw. einen aperiodischen Übergang in den durch die zweite Gleichung gegebenen Bewegungszustand darstellt, je nachdem $\alpha^2 \gtrless \frac{\varepsilon^2}{4}$ ist. Setzen wir, um zunächst die der zweiten Gl. (8b) entsprechende Bewegung zu erhalten, in derselben

$$z'' = C_0 + C_1 \cos \omega t + C_2 \cos 2 \omega t + D_1 \sin \omega t + D_2 \sin 2 \omega t \quad . \; . \; . \; . \; . \; . \quad (12),$$

so bestimmen sich die Konstanten dieses Ausdruckes nach der Methode der unbestimmten Koeffizienten zu

$$\left.\begin{aligned} C_0 = \frac{A_0}{\alpha^2},\; C_1 = \frac{A_1 (\alpha^2 - \omega^2)}{(\alpha^2 - \omega^2)^2 + \varepsilon^2 \omega^2},\; D_1 = \frac{A_1 \varepsilon \omega}{(\alpha^2 - \omega^2)^2 + \varepsilon^2 \omega^2} \\ C_2 = \frac{A_2 (\alpha^2 - 4 \omega^2)}{(\alpha^2 - 4 \omega^2)^2 + 4 \varepsilon^2 \omega^2},\; D_2 = \frac{2 A_2 \varepsilon \omega}{(\alpha^2 - 4 \omega^2) + 4 \varepsilon^2 \omega^2} \end{aligned}\right\} (12\text{a}),$$

so daß wir auch für die erzwungene Ventilerhebung

$$z'' = \frac{A_0}{\alpha^2} + A_1 \frac{(\alpha^2 - \omega^2) \cos \omega t + \varepsilon \omega \sin \omega t}{(\alpha^2 - \omega^2)^2 + \varepsilon^2 \omega^2} + A_2 \frac{(\alpha^2 - 4 \omega^2) \cos 2 \omega t + 2 \varepsilon \omega \sin 2 \omega t}{(\alpha^2 - 4 \omega^2)^2 + 4 \varepsilon^2 \omega^2} \quad (12\text{b})$$

schreiben dürfen, der noch für $\alpha^2 > \frac{\varepsilon^2}{4}$ die schon erwähnte aus der ersten Gl. (8a) folgende freie Schwingung

$$z' = e^{-\frac{\varepsilon}{2} t} \left(A' \cos t \sqrt{\alpha^2 - \frac{\varepsilon^2}{4}} + B' \sin t \sqrt{\alpha^2 - \frac{\varepsilon^2}{4}} \right) \quad (13\text{a})$$

bzw. für $\alpha^2 < \frac{\varepsilon^2}{4}$ die aperiodische Bewegung

$$z' = e^{-\frac{\varepsilon}{2} t} \left(A'' e^{+t \sqrt{\frac{\varepsilon^2}{4} - \alpha^2}} + B'' e^{-t \sqrt{\frac{\varepsilon^2}{4} - \alpha^2}} \right) \quad (13\text{b})$$

überlagert wird, wenn derartige Bewegungen überhaupt eintreten können.

Zur Entscheidung dieser Frage empfiehlt sich angesichts der verwickelten Gestalt der Formeln die Aufzeichnung der erzwungenen Ventilerhebung z'' in Fig. 113 im Zusammenhang mit dem Diagramm der Kolbengeschwindigkeit w_1 als Funktion des Kurbelwinkels ωt. Hieraus geht hervor, daß im allgemeinen die Kurve der z'' erst nach Zurücklegung eines Winkels $OP = \omega t_1$ die Abszissenachse schneidet, d. h. daß das Ventil nicht in der Totlage, sondern verspätet öffnet und ebenso schließt.

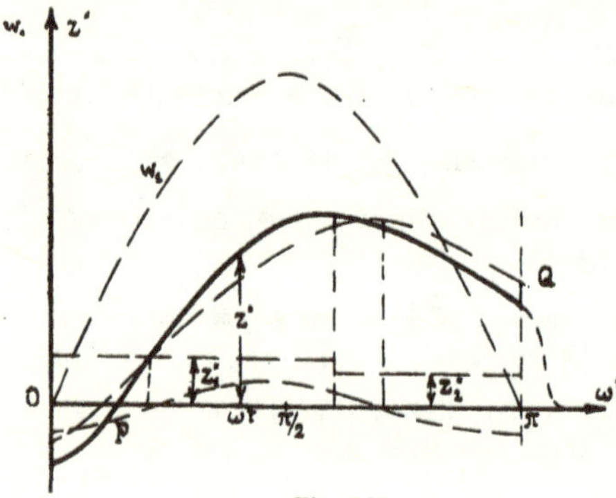
Fig. 113.

Der unterhalb der Abszissenachse liegende Anfang der Ventilerhebungskurve hat natürlich keine praktische Bedeutung, da das Ventil durch den starren Sitz an negativen Ausschlägen gehindert wird. Daher befindet es sich auch zu der dem Schnittpunkte P mit der Achse entsprechenden Zeit noch in Ruhe und kann auch nicht plötzlich die dem Punkte P zugeordnete Geschwindigkeit annehmen. Der Übergang in die Ventilerhebungskurve erfolgt vielmehr durch Schwingungen (Fig. 114a) oder aperiodisch (Fig. 114b) nach den Gl. (13a) bzw. (13b) je nachdem $\alpha \gtrless \frac{\varepsilon}{2}$. Dabei ergeben sich die Konstanten A', B' bzw. A'', B'' aus den Bedingungen, daß zur Zeit t_1, welche sich aus (12b) für $z'' = 0$ bestimmt, nicht nur $z' = 0$ sondern auch die Gesamtgeschwindigkeit $\frac{dz'}{dt} + \frac{dz''}{dt} = 0$ sein muß.

Von der Durchführung dieser Rechnung sehen wir darum ab, weil sowohl während der Eröffnung wie auch während des in Fig. 113 punktiert angedeuteten verspäteten Ventilschlusses die der Gl. (12) zugrunde liegende Annahme einer konstanten Spaltgeschwindigkeit auch nicht mehr annähernd zutreffen kann, so daß wir uns mit der generellen Beschreibung des Vorganges durch die Fig. 114, welche überdies durch Versuche[1]) hinreichend bestätigt ist, begnügen müssen. Dazu kommt, daß infolge der verspäteten Eröffnung wenigstens auf einer Seite des Ventils die Kontinuität der Strömung gestört ist, was ebenfalls in unseren Formeln nicht zum Ausdruck gelangen kann.

In Fig. 113 sind schließlich noch die beiden Mittellagen des Ventils für den Auf- und Niedergang eingetragen, welche durch das konstante Glied in (12b) mit verschiedenen Vorzeichen der gleitenden Reibung R derart gegeben sind, daß

$$z_1''_2 = \frac{A_0}{\alpha^2} = \frac{F_0\gamma\left(\zeta\frac{w^2}{2g} + \zeta_1\frac{r^2\omega^2}{4g}\right) - mg + G_0 \mp R - \alpha_0^2 z_0}{\alpha_0^2 - F_0\gamma} \quad (14).$$

Den Mittelwert $z_m = \frac{z_1'' + z_2''}{2}$ aus diesen beiden Erhebungen, der sich offenbar aus (14) durch Weglassung von R ergibt, wollen wir als die Schwebelage des Ventils bei der mittleren Flüssigkeitsgeschwindigkeit

$$w_m = \frac{r\omega}{\sqrt{2}} \quad (15)$$

bezeichnen, der eine Spaltgeschwindigkeit

$$w = \frac{w_m F_1}{z_m u} \quad (16)$$

entspricht. Demnach ist die Schwebelage durch

$$z_m(\alpha_0^2 - F_0\gamma) = \\ = \frac{F_0\gamma w_m^2}{2g}\left(\zeta_1 + \frac{F_1^2\zeta}{u^2 z_m^2}\right) - \\ - mg + G_0 - \alpha_0^2 z_0 \quad (14a)$$

gegeben; sie bezieht sich übrigens bei einer Pumpe auf den Hin- und Rückgang des Kolbens, also die ganze Um-

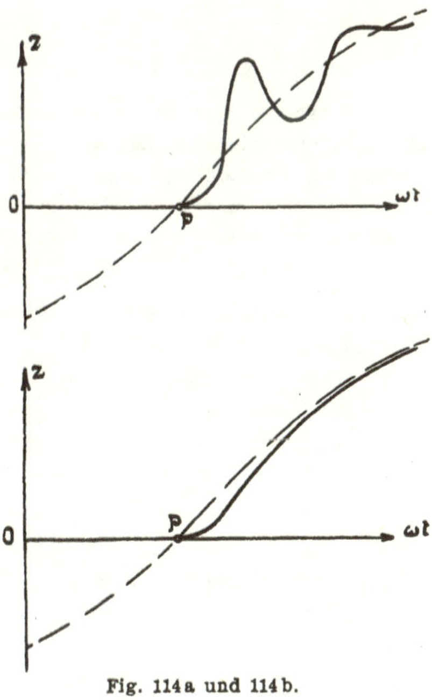

Fig. 114a und 114b.

[1]) Vgl. Wagener, »Indizieren und Auswerten von Kurbelweg- und Zeitdiagrammen«, Berlin 1906, S. 70

drehungsdauer, während deren Hälfte das Ventil geschlossen ist. Die mittlere Ventilerhebung während des Ventilspieles selbst ist demnach $2\,z_m$.

Bezeichnet man ferner in Gl. (14a) die Summe

$$mg - G_0 + \alpha_0^2 (z + z_m') = P$$

als die Ventilbelastung im Schwebezustand, so dürfen wir an Stelle von (14a) auch schreiben

$$P = \frac{F_0 \gamma w_m^2}{2g}\left(\zeta_1 + \frac{F_1^2 \zeta}{u^2 z_m^2}\right) + F_0 \gamma z_m \quad . \quad . \quad . \quad (14\text{b}).$$

Diese Gleichung, welche bis auf das Zusatzglied $F_0 \gamma z_m$ zuerst von Bach[1]) aus Versuchen abgeleitet wurde, eignet sich besonders zur Bestimmung der Widerstandskoeffizienten ζ und ζ_1, welche erfahrungsmäßig und ganz im Einklang mit ihrer Definition durch Gl. (3) sehr stark mit der Form des Ventiltellers und seiner Sitzfläche schwanken.

§ 29. Theorie der Kolbenpumpen.

Kennzeichnung der einfachwirkenden Kolbenpumpen. Bewegungsgleichung für die Saugperiode. Einfluß der variablen Ventilerhebung. Bedingung für stoßfreien Gang. Die Druckperiode. Hydraulischer Wirkungsgrad der Pumpe. Hydraulische Schläge in der Saug- und Druckleitung. Zahlenbeispiel. Einschaltung von Windkesseln in die Saug- und Druckleitung.

Eine Kolbenpumpe besteht in der einfachsten Form Fig. 115 aus einem Zylinder C, in dem ein Kolben K achsial vermittelst eines Kurbelgetriebes hin und her bewegt wird, und je einem Gehäuse für das Saug- und Druckventil V_1 und V_2 mit unmittelbar daran angeschlossenen Saug- bzw. Druckleitungen. Die Saugleitung L_1 taucht in den sog. Sumpf S, aus welchem die Flüssigkeit von der Pumpe entnommen und durch die Druckleitung L_2 in einen Hochbehälter H gefördert wird. Die Spiegelflächen des Sumpfes und Hochbehälters seien F_1 und F_2 mit den Spiegeldrücken p_1 und p_2, die Querschnitte der Saug- und Druckleitung F_1' und F_2', der des Kolbens F'. Auf ihm laste

[1]) Bach, »Versuche über Ventilbelastung und Ventilwiderstand«, Berlin 1884, bzw. Zeitschr. d. V. d. Ing. 1886; vgl. auch L. Klein, ebenda 1905, und Dinglers Polyt. Journal 1907/1908.

der während der Bewegung variable Druck p', während die mittleren Drücke zu beiden Seiten des Saugventils p_1' und p_1'' sowie am Druckventil p_2' und p_2'' sein sollen. Endlich sei die Tiefe des Sumpfspiegels unter einem willkürlichen Horizont z_1, die des Saugventilsitzes z_1', der Achse des Pumpenzylinders z', des Druckventilsitzes z_2' und des Hochbehälterspiegels z_2.

Zur Untersuchung der Flüssigkeitsströmung durch die Pumpe gehen wir wieder von der Bewegungsgleichung

$$g\,dz - \frac{g}{\gamma}\frac{\partial p}{\partial s}\,ds = \frac{\partial w}{\partial t}\,ds + w\frac{\partial w}{\partial s}\,ds + \mu\frac{w^2}{F^\nu}\,ds \quad (1)$$

aus, in der s der Wasserweg und w die mittlere Geschwindigkeit in einem beliebigen Querschnitt F bedeutet. Die Integration dieser Gleichung bis zum Saugventil liefert mit der Kontinuitätsbedingung

$$Fw = F_1' w_1' = F' w' \quad (2),$$

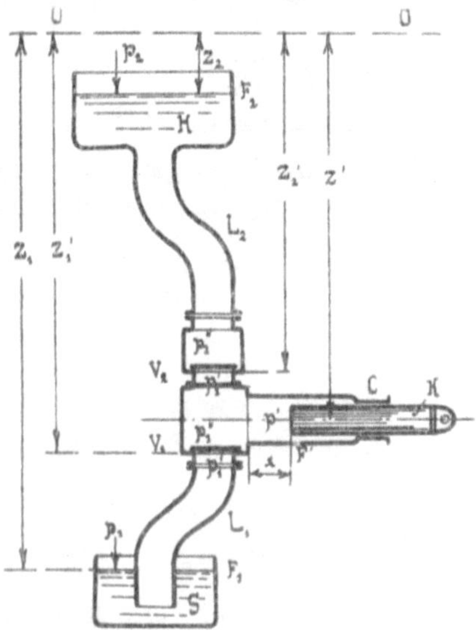

Fig. 115.

worin w_1' die variable Geschwindigkeit in der Saugleitung und w' die Kolbengeschwindigkeit bedeutet, für einen bestimmten Augenblick (d. h. bei konstanter Zeit)

$$g(z_1' - z_1) - \frac{g}{\gamma}(p_1' - p_1)$$

$$= \frac{F'\,dw'}{dt}\int\limits_{p_1}^{p_1'}\frac{ds}{F} + \frac{w_1'^2 - w_1^2}{2} + w'^2 F'^2 \mu\int\limits_{p_1}^{p_1'}\frac{ds}{F^{\nu+2}} \quad (1a),$$

wobei wir der Einfachheit halber die Integrationsgrenzen durch die entsprechenden Drücke bezeichnen. Dazu tritt für den Durchgang durch das Saugventil, dessen Erhebung wir mit Δz_1 bezeichnen wollen, während die Spaltgeschwindigkeit w_0 sein möge, nach Gl. (1a) § 28

$$-g\,\Delta z_1 - \frac{g}{\gamma}(p_1'' - p_1') = s_0\frac{dw_1'}{dt} + \Delta z_1\frac{dw_0}{dt} + \zeta\frac{w_0^2}{2} + \zeta_1'\frac{w_1'^2}{2} \quad (3),$$

und für die Bewegung vom Saugventil bis zum Kolben

$$g\,(z' - z_1' + \Delta z_1) - \frac{g}{\gamma}\,(p' - p_1'')$$

$$= \frac{F'\,dw'}{dt}\int\limits_{p_1''}^{p'}\frac{ds}{F} + \frac{w'^2 - w_1'^2}{2} + w'^2 F'^2 \mu \int\limits_{p_1''}^{p'}\frac{ds}{F^{\nu+2}} \quad \text{(1b)}.$$

Durch Addition der drei Formeln (1a), (1b) und (3) unter Vernachlässigung des kleinen Produktes $\Delta z_1 \frac{dw_0}{dt}$ der Ventilerhebung und der geringen zeitlichen Änderung der Spaltgeschwindigkeit, sowie mit den Abkürzungen

$$F' \int\limits_{p_1}^{p_1'}\frac{ds}{F} + s_0 + F' \int\limits_{p_1''}^{p'}\frac{ds}{F} = s_1 + x \quad . \; . \; . \quad (4),$$

worin s_1 den auf den Kolbenquerschnitt reduzierten Saugweg bis zum Kolben in der Totlage und x den von da ab gerechneten Kolbenweg bedeutet, und

$$w'^2\left(F'^2 \mu \int\limits_{p_1}^{p_1'}\frac{ds}{F^{\nu+2}} + \frac{\zeta_1' w_1'^2}{2\,w'^2} + F'^2 \mu \int\limits_{p_1''}^{p'}\frac{ds}{F^{\nu+2}}\right) + \zeta\,\frac{w_0^2}{2} = \zeta_1\,\frac{w'^2}{2} \quad (5),$$

ergibt sich alsdann als **Bewegungsgleichung für den ganzen Saugvorgang**

$$g\,(z' - z_1) - \frac{g}{\gamma}\,(p' - p_1) = \frac{dw'}{dt}\,(s_1 + x) + \frac{w'^2 - w_1^2}{2} + \zeta_1\,\frac{w'^2}{2} \quad (6).$$

Bemerkenswert ist, daß in dieser Formel der Einfluß der Ventilbewegung infolge der Vernachlässigung der Änderungen der Spaltgeschwindigkeit nicht mehr zum Ausdruck gelangt, so daß dieser Einfluß auf den Saugvorgang als Ganzes, abgesehen von der kurzen Eröffnungsperiode, als verschwindend angesehen werden darf. In dieser Periode wird allerdings eine Störung der Kontinuität infolge der Eröffnungsverspätung unvermeidlich; da aber hierbei die Geschwindigkeit des Kolbens und mit ihr der ganzen Flüssigkeitssäule noch sehr geringe Werte besitzt, so ist daraus keine Gefahr für den Betrieb der Pumpe bzw. keine Störung ihrer Wirksamkeit zu befürchten. Außerdem ist zu beachten, daß in dem durch (5) eingeführten Widerstandskoeffizienten ζ_1 streng genommen die ganze Länge der Saugleitung einschließlich des Kolbenweges, also der Betrag $s_1 + x$ steht, wofür wir aber mit Rücksicht auf die bei Kolbenpumpen stets nur mäßige Flüssigkeitsgeschwindigkeit unbedenklich den Mittelwert $s_1 + r$ mit dem Kurbelradius r setzen dürfen. Schließlich können wir auch noch gegenüber dem Quadrat der Kolbengeschwindigkeit w' dasjenige der Spiegelgeschwindigkeit w_1 vernachlässigen und angenähert für die erstere wie schon im vorigen Paragraphen

$$w' = r\omega \sin \omega t; \quad \frac{dw'}{dt} = r\omega^2 \cos \omega t \quad . \quad . \quad (7)$$

oder mit

$$x = r(1 - \cos \omega t) \quad . \quad . \quad . \quad . \quad . \quad . \quad (8)$$

setzen

$$\left. \begin{aligned} w'^2 &= r^2\omega^2(1 - \cos^2 \omega t) = \omega^2(2xr - x^2) \\ \frac{dw'}{dt} &= \omega^2(r - x) \end{aligned} \right\} \quad . \quad (7a).$$

Schreiben wir dann noch für die S a u g h ö h e kürzer

$$z_1 - z' = h_1 \quad . \quad . \quad . \quad . \quad . \quad . \quad . \quad (8),$$

so geht (6) über in

$$\omega^2(r - x)(s_1 + x) + \frac{\omega^2}{2}(2xr - x^2)(1 + \zeta_1) + gh_1 + \frac{g}{\gamma}(p' - p_1) = 0$$

oder geordnet nach Potenzen von x

$$\frac{g}{\gamma}p' = g\left(\frac{p_1}{\gamma} - h_1\right) - \omega^2 r s_1 + \omega^2[s_1 - r(2 + \zeta_1)]\,x + \frac{\omega^2}{2}(3 + \zeta_1)x^2 \quad (6a).$$

D e r D r u c k p' a u f d e n K o l b e n i s t d e m n a c h b e i m A n s a u g e n d u r c h a u s n i c h t k o n s t a n t, s o n d e r n ä n d e r t s i c h n a c h e i n e r P a r a b e l m i t d e m K o l b e n w e g a l s A b s z i s s e. So lange

$$s_1 > r(2 + \zeta_1) \quad . \quad . \quad . \quad . \quad . \quad . \quad . \quad (9),$$

d. h. f ü r r e l a t i v l a n g e S a u g l e i t u n g e n besitzt p' ein Minimum p_0' für $x = 0$, d. h. zu Beginn des Saughubes. Dieses Minimum muß, damit die Pumpe noch ansaugen kann, jedenfalls positiv bleiben, d. h. es muß

$$g\left(\frac{p_1}{\gamma} - h_1\right) > \omega^2 r s_1 \quad . \quad . \quad . \quad . \quad . \quad (9a)$$

sein, woraus sich bei gegebenen p', r, s_1 die h ö c h s t e z u l ä s s i g e W i n k e l g e s c h w i n d i g k e i t ω berechnet. Der Druckverlauf in diesem Falle ist aus Fig. 116a zu ersehen.

Für sehr kurze Saugrohre kann dagegen

$$s_1 < r(2+\zeta_1) \quad . \quad . \quad . \quad . \quad . \quad . \quad (10)$$

werden, und dann verläuft die Druckparabel nach Fig. 116b mit einem Minimum für

$$x_0 = \frac{r(2+\zeta_1)-s_1}{3+\zeta_1} \quad . \quad . \quad . \quad . \quad . \quad (10a)$$

im Betrage von

$$\frac{g}{\gamma} p_0' = g\left(\frac{p_1}{\gamma} - h_1\right) - \omega^2 \left\{ r\, s_1 - \frac{[r(2+\zeta_1)-s_1]^2}{2(3+\zeta_1)} \right\} > 0 \quad (10b),$$

woraus wiederum die größte zulässige Winkelgeschwindigkeit folgt, welche ersichtlich unter sonst gleichen Verhältnissen höher

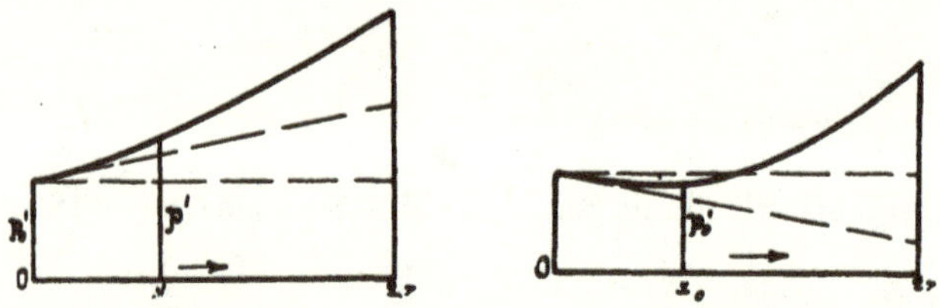

Fig. 116a. Fig. 116b.

ausfällt wie nach (9a). Da auf der Gegenseite des Kolbens unserer einfachwirkenden Pumpe der Atmosphärendruck p_0 lastet, so ist die Saugarbeit mit (6a)

$$L' = F' \int_0^{2r} (p_0 - p')\, dx = 2\, r\, F' (p_0 - p_1 + \gamma h_1) + \frac{2}{3} \frac{F' \omega^2 r^3 \gamma}{g} \zeta_1 \quad (11).$$

Für den auf die Hubumkehr folgenden Druckvorgang müssen wir den Kolbenweg vom anderen Totpunkte aus rechnen und erhalten, wenn die auf den Kolbenquerschnitt bezogene Länge des Druckweges s_2 ebenfalls vom äußeren Totpunkt aus gerechnet wird, aber im Gegensatze zum Saugweg den Kolbenhub mit umfaßt, an Stelle von (6)

$$g(z_2 - z') - \frac{g}{\gamma}(p_2 - p') = \frac{dw'}{dt}(s_2 - x) + \frac{w_2^2 - w'^2}{2} + \zeta_2 \frac{w'^2}{2} \quad 12),$$

oder mit der Druckhöhe

$$z' - z_2 = h_2 \quad . \quad . \quad . \quad . \quad . \quad . \quad . \quad (13)$$

unter Vernachlässigung der Spiegelgeschwindigkeit w_2 und nach Einsetzen von (7a)

$$\frac{g}{\gamma} p' = g\left(\frac{p_2}{\gamma} + h_2\right) + \omega^2 r s_2 - \omega^2 [s_2 + r(2 - \zeta_2)]\, x$$
$$+ \frac{\omega^2}{2}(3 - \zeta_2)\, x^2 \quad . \; . \; . \; . \; . \quad (12\text{a}).$$

Hierin kann der Widerstandskoeffizient ζ_2, für den man mit hinreichender Genauigkeit setzen kann

$$\zeta_2 = \lambda \frac{s_2}{D} = 0{,}02 \frac{s_2}{D},$$

worin D den Durchmesser des Pumpenkolbens bedeutet, der meist mit dem der Rohrleitung übereinstimmend ausgeführt wird, $\gtrless 3$ ausfallen. Im ersteren Fall wird die Druckparabel der Abszissenachse ihre konkave, im zweiten, wie beim Saugvorgang, ihre konvexe Seite zuwenden. Jedenfalls aber wird auch wegen

$$s_2 - r(\zeta_2 - 2) = s_2\left(1 - 0{,}02 \frac{r}{D}\right) + 2r > 0 \quad . \quad (14)$$

das in x lineare Glied von (12a) stets negativ sein, so daß die Druckkurve für $\zeta_2 < 3$ analog (Fig. 116b) ein Minimum für

$$x_0 = \frac{s_2 + r(2 - \zeta_2)}{3 - \zeta_2} \quad . \; . \; . \; . \; . \quad (14\text{a})$$

im Betrage von

$$\frac{g}{\gamma} p_0' = g\left(\frac{p_2}{\gamma} + h_2\right) + \omega^2 \left\{ r s_2 - \frac{[s_2 + r(2 - \zeta_2)]^2}{2(2 + \zeta_2)} \right\} \quad (14\text{b})$$

besitzt. Im anderen Falle $\zeta_2 > 3$ dagegen nimmt die Druckkurve mit wachsendem x nach Fig. 117 stetig ab und erreicht für $x = 2r$ ein anderes Minimum

$$\frac{g}{\gamma} p_0'' = g\left(\frac{p_2}{\gamma} + h_2\right)$$
$$- \omega^2 r (s_2 - 10r + 4r\zeta_2) \quad (14\text{c}),$$

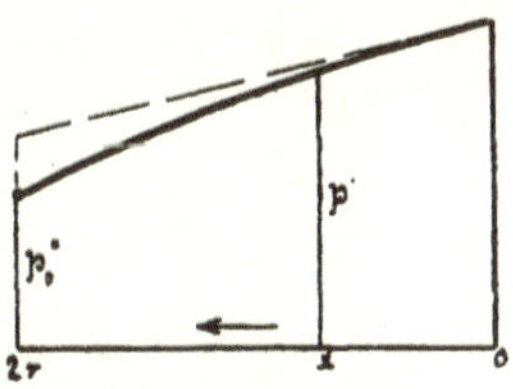

Fig. 117.

welches größer sein muß als der Saugdruck für $x = 0$, damit das Saugventil nicht vorzeitig sich öffnet. Dies führt auf die Bedingung

$$g\left(\frac{p_2 - p_1}{\gamma} + h_2 + h_1\right) > \omega^2 r (s_2 - s_1 - 10r + 4r\zeta_2) \quad (14\text{d}),$$

der die Winkelgeschwindigkeit ω neben (18a) noch genügen muß

Aus (12a) ergibt sich dann noch die Druckarbeit

$$L'' = F' \int_0^{2r} (p' - p_0)\, dx = 2\, r\, F' (p_2 - p_0 + \gamma h_2) + \frac{2}{3} \frac{F' \omega^2 r^3 \gamma}{g} \zeta_2 \quad (15)$$

und durch Addition von (11) die hydraulische Totalarbeit für eine Umdrehung, d. h. für einen Hin- und Hergang

$$L = 2\, r\, F' \left[p_2 - p_1 + \gamma (h_2 + h_1) \right] + \frac{2}{3} \frac{F' \omega^2 r^3 \gamma}{g} (\zeta_1 + \zeta_2) \quad (16),$$

wofür wir auch mit den Abkürzungen für die gewonnene Nutzarbeit

$$L_1 = 2\, r\, F' \left[p_2 - p_1 + \gamma (h_2 + h_1) \right] \quad . \quad . \quad (16a)$$

und für den Faktor der hydraulischen Verluste

$$\frac{2}{3} \frac{F' r^3 \gamma}{g} (\zeta_1 + \zeta_2) = k \quad . \quad . \quad . \quad . \quad (16b)$$

schreiben dürfen

$$L = L_1 + k \omega^2 \quad . \quad . \quad . \quad . \quad . \quad . \quad (16c).$$

Hierzu tritt dann noch der Arbeitsverlust L_2 durch die Reibung des Kolbens und der Getriebeteile, so daß der Wirkungsgrad der Pumpe sich zu

$$\eta = \frac{L_1}{L_1 + L_2 + k \omega^2} < 1 \quad . \quad . \quad . \quad . \quad . \quad 17)$$

ergibt. Er besitzt ein Maximum für $\omega = 0$, d. h. für den Stillstand und verschwindet erst für $\omega = \infty$, vgl. Fig. 118.

Die oben aufgestellten Bedingungen für die richtige Funktion der Pumpe bezogen sich lediglich auf den Druck im Pumpenzylinder selbst. Es entsteht demnach noch die Frage, ob nicht auch in der Saug- oder der Druckleitung infolge der periodischen Bewegung der Wassersäule der Druck verschwinden kann, womit eine zeitweilige Trennung der Flüssigkeit mit darauffolgender stoßweiser Wiedervereinigung verbunden sein wird. Derartige Erscheinungen bezeichnet man als hydraulische Schläge und sucht sie wegen der Gefahr der Sprengung der Leitungen möglichst zu vermeiden oder durch Anbringung von Sicherheitsventilen abzuschwächen. Sie sind jedenfalls dann zu befürchten,

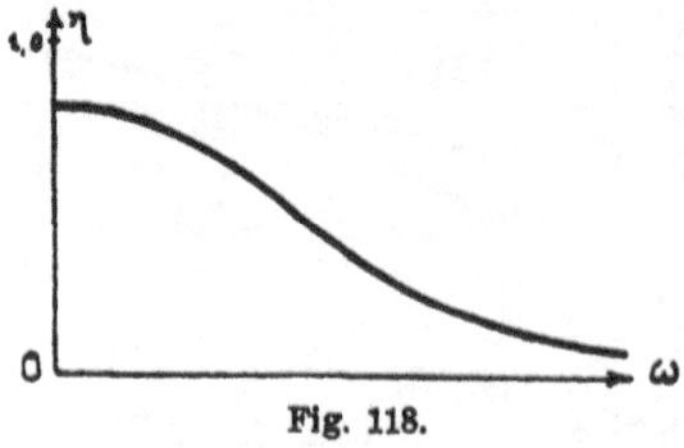

Fig. 118.

wenn der Druck, der eine Funktion der Lage und der Zeit ist, ein absolutes Minimum wird, d. h. für

$$dp = \frac{\partial p}{\partial t}\,dt + \frac{\partial p}{\partial s}\,ds = 0 \quad . \quad . \quad . \quad . \quad (18)$$

oder, wenn gleichzeitig

$$\frac{\partial p}{\partial t} = 0, \text{ und } \frac{\partial p}{\partial s} = 0 \quad . \quad . \quad . \quad . \quad . \quad (18a)$$

ist. Führen wir die zweite dieser Bedingungen in unsere Grundformel (1) ein, welche der Einfachheit halber für eine zylindrische Leitung gelten soll, bei der ohnehin $\frac{\partial w}{\partial s} = 0$ ist, so folgt

$$g\,\frac{dz}{ds} = \frac{\partial w}{\partial t} + \mu\,\frac{w^2}{F^\nu},$$

wofür wir auch mit unserer Definition (5) des Widerstandskoeffizienten ζ_1 abkürzungsweise

$$F^2\,\mu \int \frac{ds}{F^{\nu+2}} = \frac{\zeta_1}{2} = \frac{\lambda\,s}{2\,D}$$

sowie mit Einführung des durch

$$-\frac{dz}{ds} = \sin\varphi \quad . \quad . \quad . \quad . \quad . \quad . \quad . \quad . \quad (19)$$

gegebenen Neigungswinkels der Leitung gegen den Horizont

$$-g\sin\varphi = \frac{\partial w}{\partial t} + \frac{\lambda}{2\,D}\,w^2 \quad . \quad . \quad . \quad . \quad . \quad (20)$$

schreiben dürfen. Bezeichnet dann F den Rohrquerschnitt, F' wieder den Kolbenquerschnitt, so ist nach (2)

$$F w = F' w'$$

mithin wegen (7)

$$-g\sin\varphi = \omega^2 r \cdot \frac{F'}{F}\left(\cos\omega t + \frac{\lambda r}{2\,D}\,\frac{F'}{F}\sin^2\omega t\right) \quad (20a).$$

Diese Bedingungsgleichung gilt sowohl für die Saug- als auch die Druckleitung, wenn dieselben nur in ihrem ganzen Verlaufe denselben Querschnitt F besitzen. Unter derselben Voraussetzung liefert die Integration unserer Grundformel (1) bis zu einer Stelle z, s der S a u g l e i t u n g im Abstande s vom unteren Ende unter Vernachlässigung der Spiegelgeschwindigkeit im Saugsumpf

$$g(z-z_1)-\frac{g}{\gamma}(p-p_1)=\frac{\partial w}{\partial t}s+\frac{w^2}{2}(1+\zeta_1) \quad . \quad (21)$$

und partiell nach t differenziert mit Beachtung der ersten Bedingung (18a)

$$0=\frac{\partial^2 w}{\partial t^2}s+w\frac{\partial w}{\partial t}(1+\zeta_1) \quad . \quad . \quad . \quad . \quad (21a),$$

oder wegen (7) und (2)

$$\sin\omega t\left[s-\frac{F'}{F}r(1+\zeta_1)\cos\omega t\right]=0 \quad . \quad (21b).$$

Diese Gleichung wird im Verein mit (20a) bei positivem φ nur erfüllt, wenn

$$\sin\omega t=0 \text{ und } \cos\omega t=-1 \quad . \quad . \quad . \quad (21c),$$

also

$$\sin\varphi=\frac{\omega^2 r}{g}\frac{F'}{F} \quad . \quad . \quad . \quad . \quad . \quad . \quad . \quad (22)$$

ist. Wegen (21c) wird aber

$$\frac{\partial w}{\partial t}=-\frac{F'}{F}r\omega^2,\ w^2=0$$

und damit folgt für das Druckminimum aus (21)

$$\frac{g}{\gamma}p=g\left(\frac{p_1}{\gamma}+z-z_1\right)+\frac{F'}{F}sr\omega^2>0 \quad . \quad . \quad (23).$$

Da nun das Saugrohr in seiner ganzen Ausdehnung meist tiefer als der Pumpenzylinder liegt, also $z>z'$ und außerdem, damit die Pumpe überhaupt ansaugt,

$$\frac{p_1}{\gamma}+z'-z_1=\frac{p_1}{\gamma}-h_1>0 \quad . \quad . \quad . \quad (23a)$$

ist, so wird die Bedingung (23) stets erfüllt sein, d. h. im Saugrohr einer Pumpe ist unter normalen Verhältnissen ein Abreißen der Wassersäule und damit ein Schlag nicht zu befürchten.

Für das Druckrohr erhalten wir dagegen für eine Stelle s, z im Abstande s vom oberen Ende (Fig. 119) durch Integration von (1) und Vernachlässigung der Spiegelgeschwindigkeit im Hochbehälter

$$g(z_2-z)-\frac{g}{\gamma}(p_2-p)=\frac{\partial w}{\partial t}s-\frac{w^2}{2}(1-\zeta_2) \quad . \quad (24),$$

oder differenziert nach t mit (18a)

$$0=\frac{\partial^2 w}{\partial t^2}s-\frac{w\,\partial w}{\partial t}(1-\zeta_2) \quad . \quad . \quad . \quad . \quad (24a),$$

bzw. wegen (7) und (2)

$$\sin \omega t \left[s + \frac{F'}{F} r (1 - \zeta_2) \cos \omega t\right] = 0 \quad . \quad . \quad (24b).$$

Auch diese Bedingung wird zugleich mit (20a) nur erfüllt für

$$\sin \omega t = 0 \text{ und } \cos \omega t = -1 \quad . \quad . \quad . \quad (24c),$$

führt also auf

$$\sin \varphi = \frac{\omega^2 r}{g} \frac{F'}{F} \quad . \quad . \quad . \quad . \quad . \quad . \quad . \quad (22)$$

und mit (24) auf

$$\frac{g}{\gamma} p = g\left(\frac{p_2}{\gamma} + z - z_2\right) - \frac{F'}{F} s r \omega^2 > 0 \quad . \quad . \quad (25).$$

Bleibt daher von vornherein die Winkelgeschwindigkeit überall unter dieser Grenze, so kann in der Druckleitung auch dann kein Schlag eintreten, wenn an irgendeiner Stelle Gl. (22) erfüllt ist. Immerhin wird man der Vorsicht halber den durch (22) definierten Neigungswinkel der Rohrleitung gegen den Horizont vermeiden.

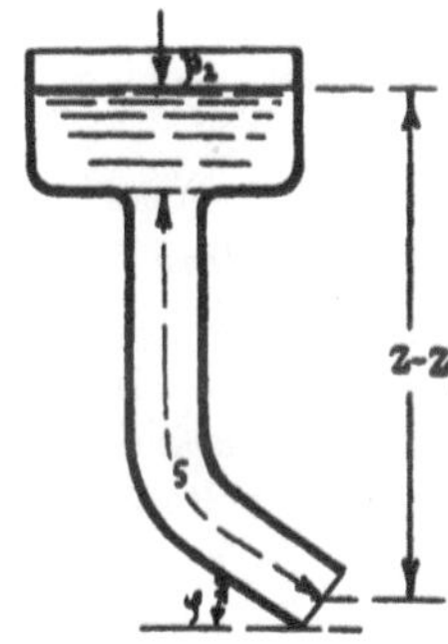

Fig. 119.

Aus den bisher abgeleiteten Bedingungen für den ordnungsmäßigen Gang der Pumpe unter Vermeidung von Flüssigkeitsschlägen in den Leitungen geht ausnahmslos hervor, daß man die Winkelgeschwindigkeit ohne Gefahr um so höher steigern darf, je kürzer die Leitungen oder, mit anderen Worten, je kleiner die in den Leitungen periodisch bewegten Flüssigkeitsmassen ausfallen.

Es sei beispielsweise eine einfach wirkende Pumpe gegeben mit einem Hube $2r = 0{,}4$ m und einem Kolbendurchmesser $D = 0{,}2$ m, der mit dem Durchmesser der Saug- und Druckleitung identisch ist, so daß $F' = F$. Die Saughöhe sei $h_1 = 3$ m, die Druckhöhe $h_2 = 20$ m, die Länge der Saugleitung $s_1 = 10$ m, die der Druckleitung $s_2 = 50$ m, dann sind die Widerstandskoeffizienten

$$\zeta_1 = 0{,}02 \frac{s_1}{D_1} = 1, \qquad \zeta_2 = 0{,}02 \cdot \frac{s_2}{D_2} = 5.$$

Außerdem laste sowohl auf dem Spiegel des Saugsumpfes wie auf dem des Hochbehälters der Atmosphärendruck, also ist $p_1 = p_2 = p_0 = 10334$ kg/qm. Dann ist jedenfalls, vgl. (9), $s_1 > r\,(2 + \zeta)$, mithin muß nach Gl. (9a), damit die Pumpe ansaugt

$$\omega^2 < \frac{g}{r\, s_1}\left(\frac{p_1}{\gamma} - h_2\right) = 36.$$

Da weiterhin $\zeta_2 > 3$ ist, so ist außerdem die Bedingung (14d) zu erfüllen, damit das Saugventil sich nicht vorzeitig öffnet. Diese führt auf

$$\omega^2 < \frac{g\,(h_2 + h_1)}{r\,(s_2 - s_1 - 10\, r + 4\, r\, \zeta_2)} = 26{,}8.$$

Damit schließlich kein Schlag im Druckrohr entsteht, darf dort nach (25) nirgends

$$\omega^2 < \frac{g}{r\, s}\left(\frac{p_2}{\gamma} - z_2 + z\right),$$

worin $s < s_2$ und $z - z_2 < h_2$ ist. Steigt die Druckleitung in ihrem Verlaufe nahezu gleichförmig an, so ist

$$\frac{z - z_2}{s} = \frac{h_2}{s_2} = \frac{2}{5}$$

und dann muß

$$\omega^2 < \frac{g}{r\, s_2}\left(\frac{p_2}{\gamma} + h_2\right) = 31{,}6.$$

Alle diese Bedingungen werden erfüllt, wenn $\omega^2 < 26{,}8$, d. h.

$$\omega < 5{,}18$$

oder die Umlaufszahl der Pumpe in der Minute $n < 49{,}5$ ist. Alsdann hat man nur noch dafür zu sorgen, daß an den Krümmern der Druckleitung die Neigung φ nicht der Gl. (22) genügt, d. h. daß

$$\sin\varphi \neq \frac{\omega^2 r}{g} = 0{,}546$$

oder

$$\varphi \neq 33^0$$

wird, während die Gesamtneigung φ_m durch

$$\sin\varphi_m = \frac{h_2}{s_2} = 0{,}4 \qquad \varphi_m = 24^0$$

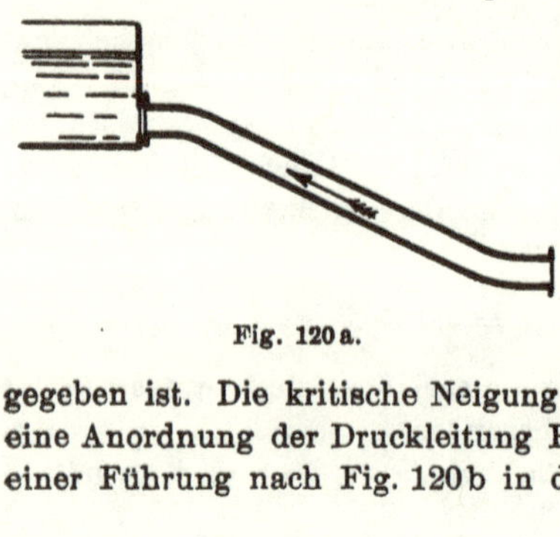

Fig. 120a.

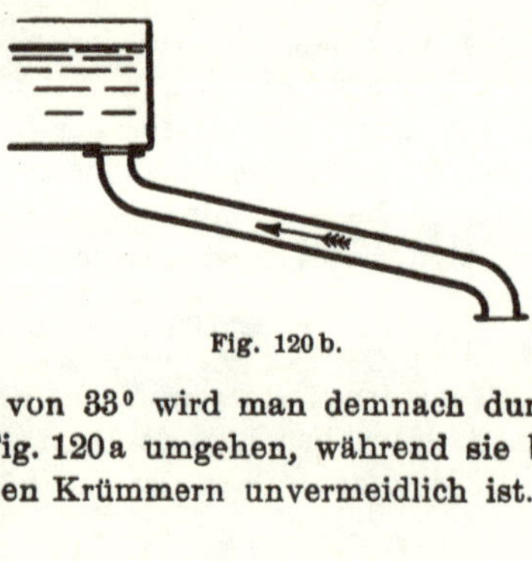

Fig. 120b.

gegeben ist. Die kritische Neigung von 33^0 wird man demnach durch eine Anordnung der Druckleitung Fig. 120a umgehen, während sie bei einer Führung nach Fig. 120b in den Krümmern unvermeidlich ist.

Die Pumpe fördert bei einer vollen Umdrehung ein Wasservolumen von

$$V_1 = 2\, r\, F' = 0{,}0126 \text{ cbm} = 12{,}6 \text{ l}$$

entsprechend einer Nutzarbeit von

$$L_1 = 2\, r\, F'\, \gamma\, (h_1 + h_2) = 289{,}8 \text{ mkg},$$

während die Totalarbeit sich nach (16) mit $\omega = 5{,}18$ zu

$$L = 292{,}6 \text{ mkg}$$

ergibt. Der geringe Unterschied der beiden letzten Beträge beruht allerdings darin, daß bei unserer Berechnung der Widerstandskoeffizienten die Ventile nicht besonders berücksichtigt worden sind. Jedenfalls spielen die gesamten hydraulischen Verluste bei dem langsamen Gange der Pumpe gegenüber der Reibungsarbeit des Kolbens und des Getriebes, deren Größe wesentlich von der Instandhaltung dieser Teile und der Stopfbüchsen abhängt, nur eine untergeordnete Rolle.

Will man eine Pumpe rascher laufen lassen, so bleibt nichts weiter übrig, als die Verkürzung der periodisch bewegten Flüssigkeitssäule durch Einschaltung von Windkesseln W_1 und W_2 in die Saug- und Druckleitung nach Fig. 121. Alsdann gelten die oben entwickelten Formeln auch hier, wenn man unter p_1 und p_2 die Spiegeldrücke der Windkessel versteht und diese in erster Annäherung als konstant ansieht. Natürlich beziehen sich hierbei die Längen s_1 und s_2 sowie die Höhen h_1 und h_2 nur noch auf die Rohre zwischen dem Pumpenzylinder und den Windkesseln, können also relativ klein gehalten werden. Die Strömung zwischen den Windkesseln und dem Saug- und Druckbehälter, also in den Rohren s_1' und s_2'

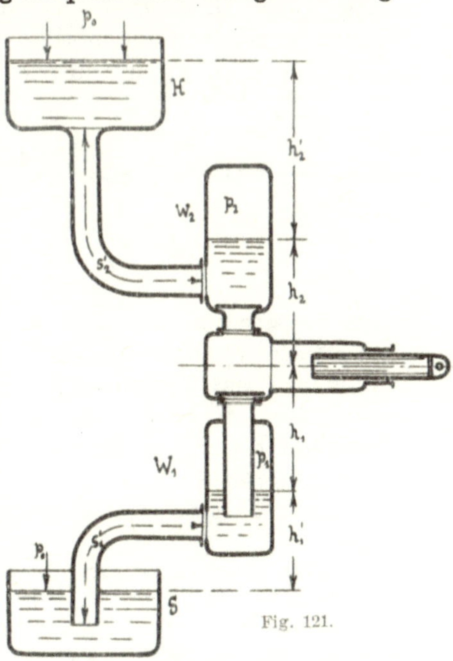

Fig. 121.

betrachtet man wieder angenähert als stationär, so daß sich die Mittelwerte von p_1 und p_2 mit Hilfe der Höhenunterschiede h_1'

und h_2' gegenüber den Behälterspiegeln, welche ihrerseits unter dem konstanten Atmosphärendruck p_0 stehen, sowie der Widerstandskoeffizienten ζ_1' und ζ_2' aus den Überströmformeln

$$\left.\begin{aligned} \frac{p_0 - p_1}{\gamma} - h_1' &= \zeta_1' \frac{w_1'^2}{2g} \\ \frac{p_2 - p_0}{\gamma} - h_2' &= \zeta_2' \frac{w_2'^2}{2g} \end{aligned}\right\} \quad . \quad . \quad . \quad . \quad (26)$$

berechnen lassen. In diesen bedeuten w_1' und w_2' die mittlere Stromgeschwindigkeit in den Rohren s_1' und s_2' mit den Widerstandskoeffizienten ζ_1' und ζ_2'. Da nun die Pumpe selbst nur intermittierend und dann mit variabler Geschwindigkeit Flüssigkeit dem Saugwindkessel W_1 entnimmt bzw. dem Druckwindkessel W_2 zuführt, so werden in diesem sowohl die Drücke als auch die Spiegelhöhen um so größeren Schwankungen unterworfen sein, je kleiner ihre Spiegelquerschnitte sind. Die hierfür maßgebenden Gleichungen haben wir bereits in § 25 unter (19) abgeleitet, während die dortige Gl. (18) unseren Formeln (26) entspricht, wenn wir mit dem Kolbenquerschnitt F'

$$V = F' r \omega \sin \omega t$$

$$V^2 = F'^2 r^2 \omega^2 (1 - \cos^2 \omega t) = \frac{F'^2 r^2 \omega^2}{2} (1 - \cos 2\, \omega t) \backsim V_1^2 + 2 V_1 \varDelta V,$$

also

$$V_1 = \frac{F' r \omega}{\sqrt{2}}, \quad \varDelta V = -\frac{F' r \omega}{2 \cdot \sqrt{2}} \cos 2\, \omega t$$

unter Vernachlässigung von $\varDelta V^2$ setzen. Leider gilt die hieraus hervorgehende Näherungsgleichung nur während der Periode der Verbindung des Windkessels mit der Pumpe, während in der darauffolgenden bzw. vorhergehenden Zeit bei geschlossenem Ventil mit $V = 0$ der Windkesselspiegel nur Eigenschwingungen vollzieht, deren Einfluß sich auch auf die erstgenannte Periode erstreckt[1]). Dies führt aber trotz der an und für sich schon be-

[1]) Man könnte versuchen, diese Schwierigkeit durch Entwicklung der Kolbengeschwindigkeit in eine Fouriersche Reihe zu umgehen. Diese lautet für die durch Fig. 122a dargestellte Geschwindigkeitskurve einer doppeltwirkenden Pumpe (nach der im § 13 der »Mechanik starrer Systeme« des Verfassers angegebenen Methode der Koeffizientenbestimmung) mit $\omega t = \varphi$

denklichen Vernachlässigung von ΔV^2 auf so verwickelte Formeln für die Spiegelschwankungen und Drücke, daß man in der technischen Praxis mit Recht von einer weiteren Verfolgung des Problems ganz absieht und die Dimensionen der Windkessel auf Grund bewährter Ausführungen wählt.

$$[\sin\varphi]_0^{2\pi} = \frac{2}{\pi}\left(1 - \frac{2}{4-1}\cdot\cos 2\varphi - \frac{2}{4\cdot 2^2-1}\cos 4\varphi - \frac{2}{4\cdot 3^2-1}\cos 6\varphi \ldots\right),$$

woraus sich das Diagramm Fig. 122b der einfachwirkenden Pumpe durch Überlagerung einer einfachen Sinusschwingung ergibt, welche die Ausschläge zwischen π und 2π, 3π und 4π usw. auslöscht, so zwar, daß hierfür

$$[\sin\varphi]_0^{\pi} = \frac{\sin\varphi}{2} + \frac{1}{\pi}\left(1 - \frac{2}{4-1}\cos 2\varphi - \frac{2}{4\cdot 2^2-1}\cos 4\varphi - \ldots\right)$$

wird. Die Einführung dieser Reihen in die Gleichung (11) § 25 mit $V = F' r\omega\,[\sin\varphi]$ liefert in der Tat eine erste Näherungslösung für die

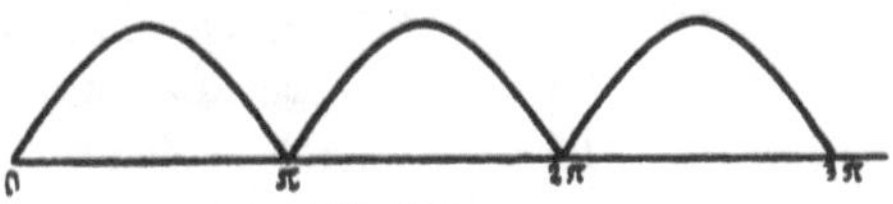

Fig. 122a.

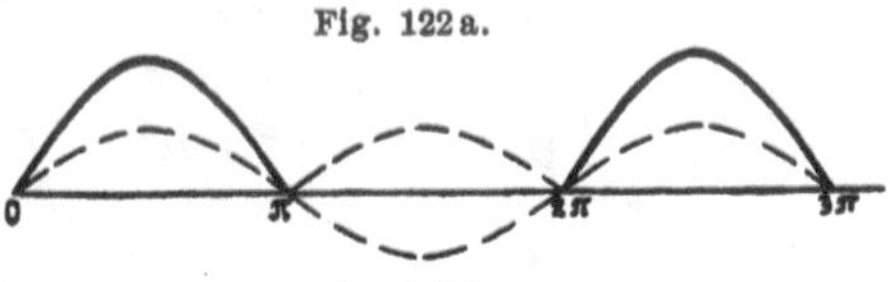

Fig. 122b.

Schwingung des Windkesselspiegels, wenn man sich die Vernachlässigung des Quadrates der Summe aller variablen Glieder sowie das Produkt dieser Summe mit der Spiegelgeschwindigkeit $\frac{d\Delta z}{dt}$ des Windkessels gestattet und die mit der Zeit abklingende Eigenschwingung außer Betracht läßt. Praktisch ist damit aber nicht viel gewonnen, da die für die Windkesselbemessung notwendige Bestimmung der maximalen Spiegelschwankungen wiederum nur angenähert möglich und nicht in geschlossener Form aus der Lösung darstellbar ist. Die weitere Verfolgung dieses Problems eignet sich daher kaum für ein Lehrbuch, wie das vorliegende, sondern mehr für eine Spezialuntersuchung.

Bemerkenswert ist übrigens, daß die obigen beiden Reihen für

$$\varphi = \frac{\pi}{2} \text{ auf } \frac{\pi}{2} = 1 + 2\left(\frac{1}{4-1} - \frac{1}{4\cdot 2^2-1} + \frac{1}{4\cdot 3^2-1} - \ldots\right)$$

führen, woraus sich π berechnen läßt.

§ 30. Theorie des hydraulischen Widders.

Beschreibung des Widders und seiner Arbeitsweise. Die Ausflußperiode und Belastung des Ausflußventils. Der Stoßvorgang. Die Überströmperiode. Dauer beider Perioden und des gesamten Widderspiels. Hydraulischer Wirkungsgrad des Widders. Zahlenbeispiel.

Unterbricht man die Strömung in einer Leitung durch plötzlichen Schluß der Ausflußmündung, so nimmt der hydraulische Druck rasch zu und ist imstande, ein stark belastetes Sicherheitsventil auf kurze Zeit zu öffnen, aus dem dann ein Teil des Flüssigkeitsinhaltes der Leitung unter gleichzeitiger Druckabnahme entweicht. Diese Erscheinung benutzt man zur Flüssigkeitsförderung auf größere Druckhöhen vermittelst des von Montgolfier (1796) vorgeschlagenen Stoßhebers oder hydraulischen Widders. Ein solcher Apparat besteht aus einer Rohrleitung A, welche, vom Druckbehälter H des Betriebswassers ausgehend, ein nach innen sich öffnendes Ausflußventil V_1 enthält und durch ein zweites Ventil V_2 in den Windkessel W der Förderleitung B mündet (Fig. 123). Solange das Ventil V_1 vermöge seiner Belastung offen steht, tritt Betriebswasser aus H durch V_1 ins Freie unter Beschleunigung der ganzen Flüssigkeitssäule vom Spiegel F_0 bis V_1. Durch die hiermit verbundene Druckzunahme unter V_1 wird dann dieses Ventil geschlossen, worauf sich die Bewegung der Flüssigkeitsmasse stoßweise auf die vorher ruhende Säule von V_1 bis V_2 überträgt, das letztere Ventil öffnet und einen Teil des Rohrinhaltes in den Windkessel W fördert, der unter dem Drucke des Behälters C steht. Dabei nimmt der Druck in der Leitung A ab, so daß V_2 sich wieder schließt und V_1 öffnet, wonach das Spiel von neuem beginnt.

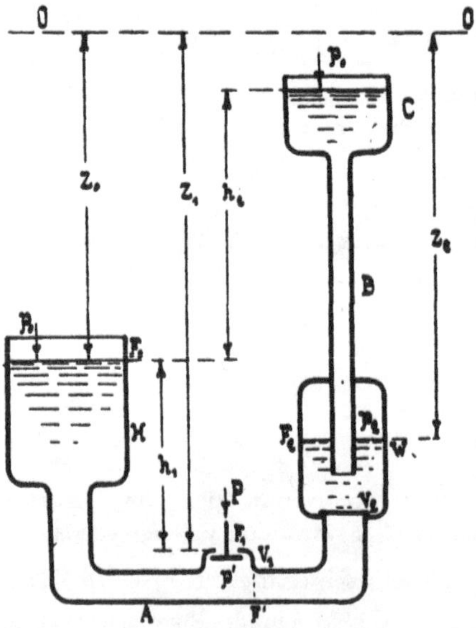

Fig. 123.

Wir betrachten zunächst unter der Voraussetzung einer unveränderlichen Tiefe z_0 des relativ großen Druckbehälterspiegels F_0 unter einem Horizont OO die **Periode des Ausflusses** aus V_1 in der Tiefe z_1 bei geschlossenem Ventil V_2 und bezeichnen den Querschnitt der Leitung unter dem Ventil mit F', den Ausflußquerschnitt des Ventils selbst mit F_1. Dann liefert, wenn p_0 den Atmosphärendruck und p' den veränderlichen Druck unter dem Ventil V_1 bedeutet, die Integration der Grundformel von F_0 bis F' mit einem Widerstandskoeffizienten ζ'

$$g(z_1 - z_0) - \frac{g}{\gamma}(p' - p_0) = \int_{F_0}^{F'} \frac{\partial w}{\partial t} ds + \frac{w'^2}{2}(1 + \zeta') - \frac{w_0^2}{2} \quad (1)$$

oder unter Vernachlässigung von w_0^2 und mit

$$Fw = F'w' = F_0 w_0 \quad . \quad . \quad . \quad . \quad . \quad (2)$$

sowie mit der Abkürzung $z_1 - z_0 = h_1$

$$g h_1 - \frac{g}{\gamma}(p' - p_0) = \frac{dw_0}{dt} F_0 \int_{F_0}^{F'} \frac{ds}{F} + \frac{w_0^2}{2} \frac{F_0^2}{F'^2}(1 + \zeta') \quad (1a).$$

Für den Ausfluß aus dem Ventil V_1, oberhalb dessen wieder der Atmosphärendruck p_0 herrscht, ergibt sich analog unter Vernachlässigung des kleinen Höhenunterschiedes zwischen F' und F_1, mit einem Widerstandskoeffizienten ζ_1 und der Annahme der vollen Ventilöffnung in der Ausflußperiode

$$-\frac{g}{\gamma}(p_0 - p') = \frac{dw_0}{dt} F_0 \int_{F'}^{F_1} \frac{ds}{F} + \frac{w_0^2}{2} F_0^2 \left(\frac{1 + \zeta_1}{F_1^2} - \frac{1}{F'^2}\right) \quad (1b).$$

Setzen wir nun in diesen Formeln

$$\left.\begin{aligned} F_0 \int_{F_0}^{F'} \frac{ds}{F} = s', \quad F_0 \int_{F'}^{F_1} \frac{ds}{F} = s_1 \\ \frac{F_0^2}{F'^2}(1 + \zeta') = \mu'; \quad F_0^2 \left(\frac{1 + \zeta_1}{F_1^2} - \frac{1}{F'^2}\right) = \mu_1 \end{aligned}\right\} \quad (3)$$

und addieren (1a) und (1b), so folgt unter Wegfall von $p' - p_0$

$$g h_1 = (s' + s_1) \frac{dw_0}{dt} + \frac{w_0^2}{2}(\mu' + \mu_1) \quad . \quad . \quad (4),$$

oder

$$dt = \frac{2(s' + s_1) \cdot dw_0}{2 g h_1 - w_0^2(\mu' + \mu_1)} \quad . \quad . \quad . \quad . \quad (4a).$$

In diesem Zeitelement strömt aber durch das Ventil ein Flüssigkeitsvolumen

$$dV' = F_1 w_1 dt = F_0 w_0 dt \quad . \quad . \quad . \quad . \quad (5)$$

oder

$$dV' = \frac{2 F_0 (s' + s_1) w_0 dw_0}{2 g h_1 - w_0^2 (\mu' + \mu_1)} \quad . \quad . \quad . \quad . \quad (5\text{a}),$$

mithin insgesamt in der mit dem Ruhezustande beginnenden Ausflußperiode, welche mit einer Endgeschwindigkeit $w_0 = c_1$ aufhört,

$$V' = \frac{F_0 (s' + s_1)}{\mu' + \mu_1} \int\limits_0^{c_1} \frac{d(w_0^2)}{\frac{2 g h_1}{\mu' + \mu_1} - w_0^2}$$

$$= \frac{F_0 (s' + s_1)}{\mu' + \mu_1} \left\{ \lg n \frac{2 g h_1}{\mu' + \mu_1} - \lg n \left(\frac{2 g h_1}{\mu' + \mu_1} - c_1^2 \right) \right\} \quad (6).$$

Diese Gleichung ergibt nur so lange reelle Werte für V', als

$$c_1^2 < \frac{2 g h_1}{\mu' + \mu_1} \quad . \quad . \quad . \quad . \quad . \quad . \quad . \quad (6\text{a})$$

bleibt, d. h. die Ausflußgeschwindigkeit erreicht niemals die der stationären Strömung zukommende Höhe. Der Grenzwert c_1 ist vielmehr durch die Bedingung gegeben, daß der Ventilüberdruck $F_1 (p' - p_0)$ gerade während der Ausflußperiode unter der Ventilbelastung P bleibt und dieser erst am Schlusse das Gleichgewicht hält. Wir haben also

$$p' - p_0 < \frac{P}{F_1} \quad . \quad . \quad . \quad . \quad . \quad . \quad (7)$$

oder wegen (1b) und (3)

$$\frac{g P}{F_1 \gamma} > \frac{dw_0}{dt} s_1 + \frac{w_0^2}{2} \mu_1 \quad . \quad . \quad . \quad . \quad . \quad (7\text{a})$$

und nach Elimination der Beschleunigung $dw_0 : dt$ aus (4a)

$$\frac{g P}{F_1 \gamma} > \frac{2 g h_1 s_1 - w_0^2 (\mu' s_1 - \mu_1 s')}{2 (s' + s_1)} \quad . \quad . \quad . \quad (7\text{b}).$$

Daraus folgt für die Grenzgeschwindigkeit c_1, bei welcher das Ventil V_1 sich plötzlich schließt, mit (6a)

$$c_1^2 = 2 g \frac{h_1 s_1 - \frac{P}{F_1 \gamma} (s' + s_1)}{\mu' s_1 - \mu_1 s'} < \frac{2 g h_1}{\mu' + \mu_1} \quad . \quad (7\text{c})$$

oder für die Ventilbelastung

$$P < \frac{F_1 \gamma h_1 \mu_1}{\mu' + \mu_1}.$$

Anderseits muß aber nach (7b) für $w_0 = 0$

$$P > \frac{F_1 \gamma h_1 s_1}{s' + s_1}$$

sein, so daß die Ventilbelastung zwischen den Grenzen

$$\frac{F_1 \gamma h_1 \mu_1}{\mu' + \mu_1} > P > \frac{F_1 \gamma h_1 s_1}{s' + s_1} \quad . \; . \; . \; . \quad (7\text{d})$$

eingeschlossen ist, damit der Widder richtig arbeitet.

Endlich ergibt sich die Dauer der Ausflußperiode durch Integration von (4a) zu

$$t' = \frac{2(s' + s_1)}{\mu' + \mu_1} \int_0^{c_1} \frac{dw_0}{\frac{2 g h_1}{\mu' + \mu_1} - w_0^2}$$

$$= \frac{s' + s_1}{\sqrt{2 g h_1 (\mu' + \mu_1)}} \lg n \frac{\sqrt{2 g h_1} + c_1 \sqrt{\mu' + \mu_1}}{\sqrt{2 g h_1} - c_1 \sqrt{\mu' + \mu_1}} \quad (4\text{b}).$$

Nach Abschluß dieser Periode stößt die in Bewegung befindliche Säule von F_0 bis F' auf die noch ruhende von F' bis V_2, wodurch fast augenblicklich unter erheblicher Steigerung des Druckes p' unter V_1 das Ventil V_2 gehoben wird. Während dieser unmeßbar kurzen Stoßperiode wollen wir die Spiegelgeschwindigkeit der ersten Säule mit w_0', die der anfänglich noch ruhenden, bezogen auf F_0, mit w_0'' bezeichnen, und erhalten so die beiden Formeln

$$\left.\begin{aligned} g(z_1 - z_0) - \frac{g}{\gamma}(p' - p_0) &= \frac{dw_0'}{dt} F_0 \int_{F_0}^{F'} \frac{ds}{F} + \frac{w_0'^2}{2} F_0^2 \frac{1 + \zeta'}{F'^2} \\ g(z_2 - z_1) - \frac{g}{\gamma}(p_2 - p') &= \frac{dw_0''}{dt} F_0 \int_{F'}^{F_2} \frac{ds}{F} \\ &\quad + \frac{w_0''^2}{2} F_0^2 \left(\frac{1 + \zeta''}{F_2^2} - \frac{1}{F'^2}\right) \end{aligned}\right\} \quad (8),$$

worin F_2 und p_2 den Spiegelquerschnitt und Druck im Windkessel bedeuteten. Setzen wir den letzteren bei hinreichender Größe des Windkessels als konstant voraus, so zwar, daß (vgl. Fig. 123)

$$\frac{p_2 - p_0}{\gamma} - z_2 + z_0 = h_2 \quad . \quad . \quad . \quad . \quad (9),$$

so ergibt die Addition der beiden Formeln (8) mit den Abkürzungen (3) und

$$F_0 \int_{F}^{F_2} \frac{ds}{F} = s'', \quad F_0^2 \left(\frac{1 + \zeta''}{F_2^2} - \frac{1}{F'^2}\right) = \mu'' < 0 \qquad (3\,a),$$

$$-g h_2 = \frac{d w_0'}{dt} s' + \frac{d w_0''}{dt} s'' + \frac{w_0'^2 \mu' + w_0''^2 \mu''}{2} \qquad (8\,a).$$

Infolge der Kürze der Stoßdauer überwiegen aber die beiden Beschleunigungsglieder derart die anderen Terme, daß wir hierfür genügend genau haben

$$s' dw_0' + s'' dw_0'' = 0 \quad . \quad . \quad . \quad . \quad . \quad (8\,b)$$

oder integriert zwischen den Grenzen c_1 und c_2 bzw. 0 und c_2

$$s' (c_2 - c_1) + s'' c_2 = 0,$$

worin

$$c_2 = \frac{s' c_1}{s' + s''} \quad . \quad . \quad . \quad . \quad . \quad . \quad . \quad . \quad (8\,c)$$

die gemeinsame auf den Spiegel F_0 bezogene Endgeschwindigkeit der ganzen Säule von F_0 bis F_2 nach dem Stoße bedeutet. Diese kennzeichnet nunmehr sogleich den Anfangszustand der Überströmperiode in den Windkessel W bei geöffnetem V_2 und geschlossenem Ausflußventil V_1, für welche die Formeln (8) bzw. (8a) mit $w_0' = w_0'' = w_0$ gelten, d. h.

$$-g h_2 = \frac{dw_0}{dt}(s' + s'') + \frac{w_0^2}{2}(\mu' + \mu'') \quad . \quad . \quad (10),$$

oder das Zeitelement durch

$$dt = -\frac{2 (s' + s'') dw_0}{2 g h_2 + w_0^2 (\mu' + \mu'')} \quad . \quad . \quad . \quad (10\,a)$$

gegeben ist. Daraus folgt für das Volumelement der in den Windkessel überströmenden Flüssigkeit

$$dV'' = F_0 w_0 dt = -\frac{2 F_0 (s' + s'') w_0 dw_0}{2 g h_2 + w_0^2 (\mu' + \mu'')} \qquad (11)$$

und integriert zwischen den Grenzen c_2 als Anfangsgeschwindigkeit und 0 als Endzustand dieser Periode

$$V'' = -\frac{F_0(s'+s'')}{\mu'+\mu''}\int\limits_{c_2}^{0}\frac{d(w_0^2)}{\frac{2gh_2}{\mu'+\mu''}+w_0^2}$$

$$= \frac{F_0(s'+s'')}{\mu'+\mu''}\left\{\lg n\left(\frac{2gh_2}{\mu'+\mu''}+c_2^2\right)-\lg n\frac{2gh_2}{\mu'+\mu''}\right\} \quad (12),$$

wofür wir auch mit (8c)

$$V'' = \frac{F_0(s'+s'')}{\mu'+\mu''}\left\{\lg n\left(\frac{2gh_2}{\mu'+\mu''}+\frac{c_1^2 s'^2}{(s'+s'')^2}\right)-\lg n\frac{2gh_2}{\mu'+\mu''}\right\} \quad (12a)$$

schreiben dürfen. Die Dauer der Überströmperiode ergibt sich aus (10a) durch Integration zu

$$t'' = \frac{2(s'+s'')}{\sqrt{2gh_2(\mu'+\mu'')}}\operatorname{arctg} c_2\sqrt{\frac{\mu'+\mu''}{2gh_2}} \quad . \quad (10b).$$

Damit nun während dieser ganzen Periode das Ventil V_1 sich nicht öffnet, so muß die Ventilbelastung P hierbei der Ungleichung

$$\frac{P}{F_1} < p' - p_0 \quad . \; . \; . \; . \; . \; . \; . \quad (13)$$

genügen, worin $p' - p_0$ der ersten Gl. (8) zu entnehmen, also mit (3)

$$\frac{gP}{F_1\gamma} < gh_1 - \frac{dw_0}{dt}s' - \frac{w_0^2}{2}\mu' \quad . \; . \; . \; . \quad (13a)$$

zu setzen ist. Eliminieren wir dann noch $dw_0 : dt$ aus (10), so wird

$$\frac{gP}{F_1\gamma} < g\left(h_1+\frac{h_2 s'}{s'+s''}\right) - \frac{w_0(s''\mu' - s'\mu'')}{2(s'+s'')} \quad (13b).$$

Soll nun das Ventil V_1 unmittelbar nach Abschluß der Überströmperiode sich öffnen und damit wieder die Ausflußperiode einleiten, so folgt aus (7b) und (13b) für $w_0 = 0$

$$\frac{h_1 s_1}{s'+s_1} < \frac{P}{F_1\gamma} < h_1 + \frac{h_2 s'}{s'+s''} \quad . \; . \; . \quad (14).$$

Es liegt nun nahe, die Ventilbelastung dieser Bedingung entsprechend etwas größer als $F_1\gamma h_1$ zu wählen, damit das Ventil V_1 im Ruhezustand des ganzen Systems von selbst sich öffnet. Dann erhält man aber aus (7a) einen Wert für c, welcher der Bedingung (6a) widerspricht, d. h. das Ventil könnte in diesem Falle sich nicht mehr selbsttätig schließen und das Betriebswasser würde dauernd durch V_1 ausströmen, ohne daß V_2 in Tätigkeit tritt. Das Ventil V_1 muß also unter Verzicht auf eine selbsttätige Ingangsetzung des Widders viel geringer belastet werden. Seine Öffnung erfolgt alsdann, weil nach Abschluß von V_2 die vom Windkessel abgeschlossene Flüssigkeitssäule in A nicht mit $w_0 = 0$ sofort zur Ruhe kommt, sondern nach (10) noch eine Verzögerung

$$\frac{dw_0}{dt} = -\frac{g h_2}{s' + s''}$$

besitzt, welche sogar ein Zurückweichen und damit ein Vakuum unter V_2 hervorruft. Dieses Vakuum wird unter dem Ventil V_1 um so wirksamer sein, je näher die beiden Ventile aneinander liegen, so daß man in Wirklichkeit mit der durch (7d) gegebenen viel geringeren Ventilbelastung auskommt.

Da durch P auch die Maximalgeschwindigkeit c_1 nach Gl. (7c) festgelegt ist, so gilt dies auch für die Zeiten t' und t'' sowie die Flüssigkeitsvolumina V' und V'', und wir erhalten schließlich für den hydraulischen Wirkungsgrad der ganzen Vorrichtung

$$\eta = \frac{V'' h_2}{V' h_1}$$

$$= \frac{h_2 (s'+s'')(\mu'+\mu_1)\left[\lg n\left(2 g h_2 + \frac{c_1^2 s'^2 (\mu'+\mu'')}{(s'+s'')^2}\right) - \lg n\, 2 g h_2\right]}{h_1 (s'+s_1)(\mu'+\mu'')\,[\lg n\, 2 g h_1 - \lg n\,(2 g h_1 - c_1^2 (\mu'+\mu_1))]} \quad (15).$$

Besonders einfach und übersichtlich werden die Formeln für den Fall, daß die Geschwindigkeit c_1 nur kleine Werte annimmt. Alsdann erhalten wir an Stelle von (6) und (12) bzw. (12a) für die Flüssigkeitsmengen

$$V' = F_0 (s' + s_1) \frac{c_1^2}{2 g h_1} \quad \ldots \ldots \quad (6\text{b}),$$

$$V'' = F_0 \frac{s'^2}{s' + s''} \cdot \frac{c_1^2}{2 g h_2} \quad \ldots \ldots \quad (12\text{b})$$

und für die Zeiten (4b) und (10b)

$$t' = \frac{(s' + s_1) c_1}{g h_1} \quad \ldots \ldots \ldots \quad (4\text{c}),$$

$$t'' = \frac{(s' + s'') c_2}{g h_2} = \frac{s' c_1}{g h_2} \quad \ldots \ldots \quad (10\text{c}),$$

so daß die Gesamtdauer eines Widderspieles

$$t' + t'' = \frac{c_1}{g}\left(\frac{s' + s_1}{h_1} + \frac{s'}{h_2}\right) \quad . \quad . \quad . \quad . \quad (17)$$

um so größer ausfällt, je länger die Flüssigkeitssäule s' bis zum Auslaßventil und je kleiner das Gefälle h_1 und die Förderhöhe h_2 ist.

Der Wirkungsgrad für kleine c_1

$$\eta = \frac{V'' h_2}{V' h_1} = \frac{s'^2}{(s' + s'')(s' + s_1)} \quad . \quad . \quad . \quad (16a)$$

wird alsdann unabhängig von den beiden Druckhöhen h_1 und h_2 und nähert sich also um so mehr der Einheit, je kürzer die beiden Strecken s'' und s_1 ausfallen, von denen die erstere nach (3a) dem Abstande der beiden Ventile V_1 und V_2, die letztere dagegen der mittleren Weglänge des Wassers beim Durchgang durch V_1 proportional ist. Der Wert (16a) für den Wirkungsgrad folgt aber auch aus (16) durch Differentiation nach c_1^2 mit

$$\frac{d\eta}{d(c_1^2)} = 0,$$

stellt demnach für $c_1 = 0$ überhaupt das Maximum von η dar. Der hydraulische Widder arbeitet also um so günstiger, je kleiner die Ausflußgeschwindigkeit und damit wegen (17) die Spieldauer wird. Es liegt dies vor allem daran, daß mit abnehmender Ausflußgeschwindigkeit sowohl der Stoßverlust als auch die hydraulischen Widerstände immer mehr verschwinden, welch letztere darum in der Formel (16a) schon nicht mehr auftreten.

Beispiel. Aus einem von einer Quelle gespeisten Wasserbehälter von $F_0 = 2$ qm Grundfläche soll ein um $h_2 = 16$ m höher gelegenes Reservoir mit Hilfe eines hydraulischen Widders gespeist werden. Der Widder befindet sich mit seinem Stoßventil $h_1 = 4$ m tiefer als der Spiegel F_0. Die Rohrleitung hat $F' = 0{,}002$ qm Querschnitt (∾ 5 cm Dm.). Der vom geöffneten Stoßventil frei gegebene Querschnitt beträgt ebenfalls $0{,}002 \text{ qm} = F_1$. Die Länge der Rohrleitung bis zum Widder sei 50 m, der Wasserweg beim Durchgang durch das Ventil 0,1 m, so daß man hat nach Gl. (3) mit $\frac{F_0}{F'} = \frac{F_0}{F_1} = 1000$

$$s' = 50000 \qquad s_1 = 100$$

und mit den Koeffizienten $\zeta' = 0{,}02 \dfrac{l}{d} = 0{,}02 \dfrac{50}{0{,}05} = 20$ und $\zeta_1 \sim 2$

$$\mu' = 21 \cdot 10^6 \quad \text{und} \quad \mu_1 = 2 \cdot 10^6.$$

Es handelt sich um die Bestimmung der zweckmäßigsten Ventilbelastung P. Nach Gl. (7d) muß sein

$$P > F_1 \gamma \frac{h_1 s_1}{s' + s_1} = \frac{0{,}002 \cdot 1000 \cdot 400}{50\,100} = 0{,}016 \text{ kg}$$

und anderseits

$$P < \frac{F_1 \gamma h_1 \mu_1}{\mu' + \mu_1} = 0{,}71 \text{ kg}.$$

Wir wählen daher $P = 0{,}5$ kg und erhalten dann aus Gl. (7c)

$$c_1^2 = 2{,}429 \cdot 10^{-6} \text{ und } c_1 = 1{,}555 \cdot 10^{-3} \text{ m/Sek.}$$

als Endgeschwindigkeit des Spiegels F_0 für die Ausflußperiode. Damit ergeben aber die Gl. (6) und (4b) sofort

$$V' = 0{,}00544 \text{ cbm} = 5{,}44 \text{ l}$$

als die während der Ausflußperiode verloren gehende Menge Wasser und

$$t' = 2{,}90 \text{ Sekunden}$$

als Dauer der Ausflußperiode. Für die nun folgende Stoß- und Überströmungsperiode werde angenommen, daß die Verbindungsleitung vom Querschnitt F' zwischen den beiden Ventilen 25 cm lang sei und daß der Windkesselquerschnitt $F_2 = 40\, F' = \dfrac{1}{25} F_0$ betrage. Mit dem Widerstandskoeffizienten für das Windkesselventil $\zeta'' = \zeta_1 = 2$ wird dann in der Gl. (3a)

$$s'' = 250 \text{ und } \mu'' = \frac{625 \cdot 3}{4} - 1000^2 \sim -10^6.$$

Nach Gl. (8c) wird dann die gemeinsame Endgeschwindigkeit der ganzen Säule, bezogen auf F_0, $c_2 = \dfrac{50\,000}{50\,250} c_1 \sim c_1$ und wir erhalten für die tatsächlich von dem Apparat in den Windkessel während eines Spieles geförderte Wassermenge nach Gl. (12a)

$$V'' = 0{,}000706 \text{ cbm} = 0{,}706 \text{ l}.$$

Die Dauer des Überströmens ist dabei sehr kurz; denn Gl. (10b) ergibt dafür

$$t'' = 0{,}47 \text{ Sekunden},$$

so daß das ganze Spiel des Widders sich in

$$t' + t'' = 3{,}37 \text{ Sekunden}$$

vollzieht. (18 Schläge in einer Minute.)

Durch die Zwischenschaltung des Windkessels erhält der Hochbehälter *c* einen stetigen Zufluß von $\frac{V''}{t' + t''} \sim 0{,}210$ l in einer Sekunde. Der Wirkungsgrad des Apparates (ausschließlich der Verluste in der Steigleitung) beträgt nach Gl. (16)

$$\eta = \frac{V'' h_2}{V' h_1} = 0{,}52.$$

In derselben Weise ist die Rechnung noch für einige andere Werte der Ventilbelastung P durchgeführt worden, worüber die nachstehende Tabelle (S. 238) sowie das Diagramm Fig. 124 Aufschluß gibt.

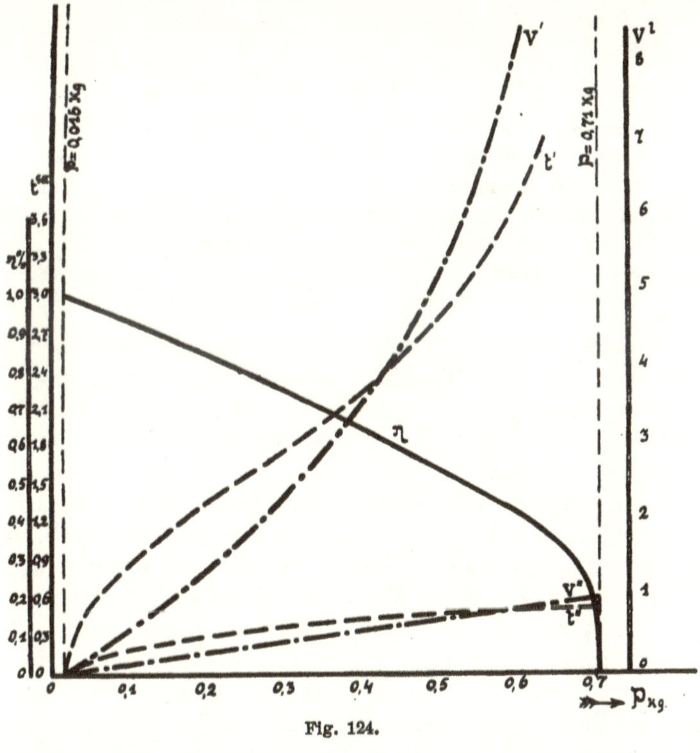

Fig. 124.

Daraus erhellt deutlich der große Einfluß der Ventilbelastung, mit deren Zunahme die Zahl n der Spiele und der Wirkungsgrad rasch sinkt. Die beiden Grenzfälle, von denen der untere für $P = 0{,}016$ kg auf den unbestimmten Wert $V'' : V' = 0 : 0$ führt, den man durch Differentiation im Zähler und Nenner mit Rücksicht auf Gl. (8c) beseitigen kann, haben natürlich nur theoretisches Interesse.

P kg	$c_1 \sim c_2$ m/Sek.	V' l/Sek.	t' Sek.	V'' l/Sek.	t'' Sek.	$t' + t''$	n/Min.	η
0,016	0	0	0	0	0	0	∞	0,992
0,1	$0{,}645 \cdot 10^{-3}$	0,56	0,85	0,129	0,20	1,05	57	0,92
0,2	$0{,}96 \cdot 10^{-3}$	1,37	1,34	0,280	0,29	1,63	37	0,82
0,3	$1{,}19 \cdot 10^{-3}$	2,32	1,77	0,428	0,35	2,13	28	0,74
0,4	$1{,}385 \cdot 10^{-3}$	3,60	2,20	0,566	0,42	2,62	23	0,63
0,5	$1{,}555 \cdot 10^{-3}$	5,44	2,90	0,706	0,47	3,37	18	0,52
0,6	$1{,}71 \cdot 10^{-3}$	8,46	3,68	0,844	0,51	4,19	14,5	0,40
0,71	$1{,}855 \cdot 10^{-3}$	∞	∞	0,950	0,54	∞	0	0

§ 31. Strahl- und Kanalwellen.

Schwankungen der Geschwindigkeit und des Querschnittes freier Flüssigkeitsstrahlen. Savartsche Bäuche. Wellen in offenen Wasserläufen. Fortpflanzungsgeschwindigkeit der Kanalwellen in ihrer Abhängigkeit von der Kanaltiefe und dem Vertikalausschlag. Brandung der Wellen. Stehende Wellen in einem Trog. Form, Länge und Schwingungsdauer der Kanalwellen. Einfluß der Dämpfung sowie der Kanalverbreiterung und Verengung auf die Wellenzüge.

In einem freien Flüssigkeitsstrahle beobachet man gelegentlich Unregelmäßigkeiten, deren Ursache wir im folgenden feststellen wollen. Zu diesem Zwecke sehen wir der Einfachheit halber von der Wirkung der Schwere auf die im Strahle fließende Flüssigkeit ab, betrachten diese also lediglich als horizontal verlaufenden dünnen Stromfaden bzw. beschränken uns auf das Anfangsstück eines freien Strahles kurz hinter der Ausflußmündung in einer vertikalen Wand. Dabei setzen wir voraus, daß sowohl der stets nur kleine Strahlquerschnitt F als auch die Geschwindigkeit w veränderlich, der Druck im Strahle aber mit dem auf seiner Oberfläche lastenden konstanten Druck in der Umgebung identisch sein möge. Da weiterhin aus der fast ungestörten Parabelform derartiger Strahlen hervorgeht, daß die von der inneren Flüssigkeitsreibung und der Wechselwirkung mit der Strahlumgebung (d. i. der atmosphärischen Luft) herrührenden Bewegungswiderstände nur sehr klein sein können, so wollen wir von ihnen an dem ins Auge gefaßten horizontalen Stück des Strahles ganz absehen und erhalten damit als Bewegungsgleichung einfach

$$\frac{\partial w}{\partial t} + w \frac{\partial w}{\partial s} = 0 \quad \ldots \ldots \quad (1),$$

worin wir den Weg s in der Strahlachse von der Ausflußmündung ab rechnen wollen. Sollen nun die Schwankungen der Geschwindigkeit nur klein gegen den Mittelwert w_0 sein, so dürfen wir an Stelle von (1) auch schreiben

$$\frac{\partial w}{\partial t} + w_0 \frac{\partial w}{\partial s} = 0 \quad \ldots \ldots \quad (1a).$$

Dieser partiellen Differentialgleichung genügt der Ansatz

$$w = w_0 + f_1 (s - w_0 t) \quad \ldots \ldots \quad (2);$$

mit einer zunächst ganz willkürlichen Funktion $f_1 (s - w_0 t)$, wovon man sich durch Differentiation und Einsetzen in (1a) leicht überzeugt. Beobachten wir nun dieselbe Geschwindigkeit w im Abstand s' zur Zeit t', so gilt auch

$$w = w_0 + f_1 (s' - w_0 t') \quad \ldots \ldots \quad (2a)$$

und daher

$$f_1 (s - w_0 t) = f_1 (s' - w_0 t')$$

oder

$$s - s' = w_0 (t - t') \quad \ldots \ldots \quad (3),$$

d. h. **Änderungen der Strahlgeschwindigkeit bewegen sich im freien Strahle gleichförmig mit dessen mittlerer Geschwindigkeit.** Im übrigen sind diese Schwankungen ganz beliebig und hängen mit der Form der Funktion $f_1 (s - w_0 t)$ nur von den Anfangsbedingungen, also etwa von den durch irgendwelche äußere Einflüsse gegebenen Schwankungen der Ausflußgeschwindigkeit in der Mündung ab.

Außer der Gl. (1) muß aber der Strahl noch die Kontinuitätsgleichung

$$\frac{\partial F}{\partial t} + \frac{\partial (Fw)}{\partial s} = 0 \quad \ldots \ldots \quad (4)$$

erfüllen, für die wir bei kleinem, durch die Konstanz des Druckes bedingten Strahlquerschnitt F auch

$$\frac{\partial F}{\partial t} + w \frac{\partial F}{\partial s} = 0 \quad \ldots \ldots \quad (4a)$$

bzw. mit Rücksicht auf die schon oben angenommene Kleinheit der Geschwindigkeitsschwankungen

$$\frac{\partial F}{\partial t} + w_0 \frac{\partial F}{\partial s} = 0 \quad \ldots \ldots \quad (4b)$$

schreiben dürfen. Eliminieren wir w aus (1) und (4a) bzw. w_0 aus (1a) und (4b), so folgt

$$\frac{\partial F}{\partial t}\frac{\partial w}{\partial s} - \frac{\partial F}{\partial s}\frac{\partial w}{\partial t} = 0 \quad \ldots\ldots \quad (5).$$

Das Verschwinden dieser sog. Funktionaldeterminante ist aber die Bedingung für die Abhängigkeit der Größen F und w voneinander, so daß, wie auch aus (4b) direkt folgt, mit einer willkürlichen Funktion f_2 analog Gl. (2)

$$F = F_0 + f_2\,(s - w_0\,t) \quad \ldots\ldots \quad (6)$$

die Veränderlichkeit des Strahlquerschnittes darstellt. Auch diese Änderungen pflanzen sich längs des Strahles mit dessen mittlerer Geschwindigkeit fort. Hierin ist die Form der Funktion f_2 meist durch periodische Schwankungen des Mündungsquerschnittes bestimmt, wenn dessen scharfkantige Ränder in Schwingungen geraten, welche alsdann im Strahle als fortlaufende Wellen zur Erscheinung kommen.

Diese mit dem Wegfall ihrer Ursache sofort wieder verschwindenden Strahlwellen sind übrigens nicht zu verwechseln mit den von Savart und Magnus beobachteten Bäuchen in Strahlen, welche aus nicht kreisförmigen Mündungen austreten, vgl. Fig. 125. Hierbei pendelt der Strahlquerschnitt um

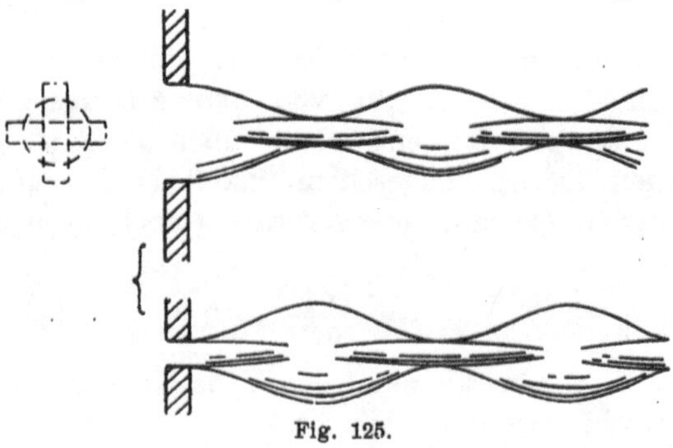

Fig. 125.

die unter dem Einfluß der Oberflächenspannung stabile Kreisform, so daß der Strahl in aufeinander folgenden konstanten Abständen bei rechteckiger Ausflußmündung um 90°, bei kreuzförmiger um 45° gedreht erscheint.

Viel wichtiger, insbesondere für die technische Praxis, ist das Auftreten von Wellen in offenen Wasserläufen, auf die wir darum noch etwas eingehen wollen. Dabei knüpfen wir wieder an die Grundformel der nicht stationären Bewegung an, welche mit den früheren Bezeichnungen unter Vernachlässigung der Druckänderung, der inneren Reibung sowie mit einem Widerstandskoeffizienten λ (vgl. § 15) bei einem mittleren Profilradius r des Kanals lautet

$$g\frac{dz}{ds}=\frac{\partial w}{\partial t}+w\frac{\partial w}{\partial s}+\frac{\lambda}{2}\frac{w^2}{r} \quad \ldots\ldots \quad (7).$$

Bedeutet dann χ_1 das Sohlengefälle des Kanals, y die mittlere Kanaltiefe des Querschnitts, welcher bei hinreichend großer Breite (d. h. flachem Wasserlauf) mit dem mittleren Profilradius identisch ist, so haben wir auch

$$\frac{dz_1}{ds}=\chi_1-\frac{\partial y}{\partial s},$$

also an Stelle von (7)

$$g\chi_1-g\frac{\partial y}{\partial s}=\frac{\partial w}{\partial t}+w\frac{\partial w}{\partial s}+\frac{\lambda}{2}\frac{w^2}{y} \quad \ldots \quad (7a)$$

und bei nur kleinen Abweichungen von der mittleren Geschwindigkeit w_0 und der ungestörten Tiefe y_0

$$g\chi_1-g\frac{\partial y}{\partial s}=\frac{\partial w}{\partial t}+w_0\frac{\partial w}{\partial s}+\frac{\lambda}{2}\frac{w_0^2}{y_0} \quad \ldots \quad (7b).$$

Nun gilt aber für den stationären Strom mit konstanter Tiefe w_0 und unveränderlicher mittlerer Geschwindigkeit nach § 15 ohnehin

$$g\chi_1=\frac{\lambda}{2}\frac{w_0^2}{y_0},$$

so daß (7b) sich für den Fall kleiner Störungen dieses Beharrungszustandes in

$$g\frac{\partial y}{\partial s}+\frac{\partial w}{\partial t}+w_0\frac{\partial w}{\partial s}=0 \quad \ldots\ldots \quad (7c)$$

vereinfacht. Hierzu tritt noch die Kontinuitätsgleichung (4), welche bei angenähert konstanter Kanalbreite b mit $F = by$ übergeht in

$$\frac{\partial y}{\partial t}+w\frac{\partial y}{\partial s}+y\frac{\partial w}{\partial s}=0$$

oder bei kleinen Schwankungen von w und y

$$\frac{\partial y}{\partial t}+w_0\frac{\partial y}{\partial s}+y_0\frac{\partial w}{\partial s}=0 \quad \ldots\ldots \quad (4c).$$

Setzen wir nun den Wert

$$y_0 \frac{\partial w}{\partial s} = - \frac{\partial y}{\partial t} - w_0 \frac{\partial y}{\partial s}$$

in (7c) ein, so wird daraus

$$y_0 \frac{\partial w}{\partial t} = (w_0^2 - g y_0) \frac{\partial y}{\partial s} + w_0 \frac{\partial y}{\partial t}$$

und nach Gleichsetzen der partiellen Ableitung der ersten dieser Formeln nach t, der zweiten nach s

$$\frac{\partial^2 y}{\partial t^2} + 2 w_0 \frac{\partial^2 y}{\partial t \partial s} + (w_0^2 - g y_0) \frac{\partial^2 y}{\partial s^2} = 0 \quad . \quad . \quad (8).$$

Genau dieselbe Differentialgleichung hätten wir auch für w durch Elimination von y aus (4c) und (7c) erhalten. Ihr wird genügt durch den Ansatz

$$y = y_0 + f\,(s + k t) \quad . \quad . \quad . \quad . \quad . \quad (8a),$$

dessen Einführung in (8) zur Bestimmung von k auf die Gleichung

$$k^2 + 2 w_0 k + w_0^2 = g y_0 \quad . \quad . \quad . \quad . \quad (8b)$$

mit den beiden Wurzeln

$$k = - w_0 \pm \sqrt{g y_0} \quad . \quad . \quad . \quad . \quad . \quad . \quad (8c)$$

führt. Demnach ist die vollständige Lösung von (8) mit zwei willkürlichen Funktionen f_1 und f_2

$$y = y_0 + f_1 [s - (w_0 - \sqrt{g y_0}) t] + f_2 [s - (w_0 + \sqrt{g y_0}) t] \quad . \quad (9),$$

so daß also eine **Abweichung von der mittleren Tiefe** y_0 **flußabwärts mit der Geschwindigkeit** $\sqrt{g y_0} + w_0$, **aufwärts dagegen mit der Geschwindigkeit** $\sqrt{g y_0} - w_0$ **von der Erzeugungsstelle aus fortschreitet.** Erstreckt sich die Abweichung als Spiegelerhebung oder Senkung über die ganze Kanalbreite, so bezeichnen wir sie als eine **Kanalwelle**, deren **Forptflanzungsgeschwindigkeit** flußabwärts und aufwärts hiernach verschieden ausfällt. Daraus folgt weiter, daß z. B. eine lokale Hochwasseranschwellung flußabwärts erheblich rascher vordringt, als es der normalen Stromgeschwindigkeit entsprechen würde, was für die Anordnung von Schutzmaßregeln auf Grund telegraphischer Hochwassermeldungen aus dem oberen Flußgebiet von großer praktischer Bedeutung ist.

Ruht das Wasser im Kanal vor der Störung, so vereinfacht sich mit $w_0 = 0$ Gl. (9) in

$$y = y_0 + f_1(s + t\sqrt{g y_0}) + f_2(s - t\sqrt{g y_0}) \quad . \quad (9a),$$

so daß

$$a = \sqrt{g y_0} \quad . \; . \; . \; . \; . \; . \; . \; . \quad (9b)$$

als Fortpflanzungsgeschwindigkeit der Welle in ruhendem Wasser von der mittleren Tiefe y_0 bezeichnet werden kann, wobei die Voraussetzung nicht übersehen werden darf, daß y_0 klein gegen die Kanalbreite ist, so daß (9a) und (9b) nur für flache Gewässer gültig bleibt. An Stelle von (9b) können wir übrigens noch eine zweite Annäherung durch die Überlegung ableiten, daß y_0 zunächst für y substituiert wurde. Ohne diese Substitution folgt aber aus (4) und (7c) mit $w_0 = 0$

$$\left.\begin{aligned} \frac{\partial y}{\partial t} + y\,\frac{\partial w}{\partial s} &= 0 \\ \frac{\partial w}{\partial t} + g\,\frac{\partial y}{\partial s} &= 0 \end{aligned}\right\} \quad . \; . \; . \; . \; . \quad (10)$$

oder nach Elimination von w

$$\frac{\partial^2 y}{\partial t^2} - \frac{1}{y}\left(\frac{\partial y}{\partial t}\right)^2 = g y\,\frac{\partial^2 y}{\partial s^2}$$

und unter Vernachlässigung des Quadrates der nur kleinen Vertikalgeschwindigkeit

$$\frac{\partial^2 y}{\partial t^2} = g y\,\frac{\partial^2 y}{\partial s^2} \quad . \; . \; . \; . \; . \; . \quad (10a).$$

Setzen wir hierin wieder $y = y_0$, so stellt (9a) die Lösung dieser Gleichung und (9b) die zugehörige Wellengeschwindigkeit

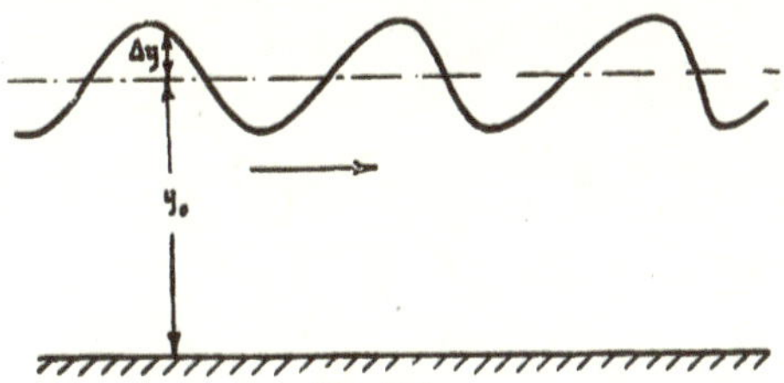

Fig. 126.

dar. Für die letztere dürfen wir daher mit $y = y_0 + \Delta y$ etwas genauer

$$a = \sqrt{g y} = \sqrt{g y_0}\left(1 + \frac{1}{2}\,\frac{\Delta y}{y_0}\right) \quad . \; . \; . \quad (10b)$$

schreiben, woraus sich ergibt, daß die Wellenkämme rascher voranschreiten als die sog. Täler, mithin die Wellen selbst nach Fig. 126 bei der Fortbewegung eine Formänderung erleiden und sich schließlich überstürzen, eine Erscheinung, die man an flachen Küsten häufig beobachten kann und als Brandung bezeichnet. Diese wird übrigens noch durch die Abnahme der mittleren Tiefe y_0, welche eine Verminderung der Fortpflanzungsgeschwindigkeit der Wellen zur Folge hat, stark beeinflußt, so daß die vorstehende Theorie nur ein ungefähres Bild des sehr verwickelten Naturvorganges geben kann.

Wir kehren nunmehr wieder zu Gl. (9a) zurück und zerfällen die Abweichung $y - y_0$ in zwei Ausschläge

$$\left.\begin{aligned} \Delta y_1 &= f_1\,(s + a\,t) \\ \Delta y_2 &= f_2\,(s - a\,t) \end{aligned}\right\} \quad \ldots\ldots \quad (11),$$

von denen der erste in der negativen, der andere in positiver s-Richtung von der Erregungsstelle aus fortschreitet, so daß wir auch jeden für sich verfolgen können. Dann haben wir z. B. für den positiven Wellenzug

$$\frac{\partial \Delta y_2}{\partial t} - a\,\frac{\partial \Delta y_2}{\partial s} = 0 \quad \ldots\ldots \quad (11a)$$

und nach der ersten Gl. (10) angenähert

$$\frac{\partial \Delta y_2}{\partial t} + y_0\,\frac{\partial w}{\partial s} = 0 \quad \ldots\ldots \quad (10c),$$

woraus nach Elimination der Vertikalgeschwindigkeit $\partial \Delta y_2 : \partial t$

$$y_0\,\frac{\partial w}{\partial s} = a\,\frac{\partial \Delta y_2}{\partial s}$$

oder integriert mit (9b)

$$w = \frac{a}{y_0}\,\Delta y_2 = \Delta y_2 \sqrt{\frac{g}{y_0}} \quad \ldots\ldots \quad (11b)$$

folgt. Wir erkennen also, daß in einem ursprünglich ruhenden Kanal die Horizontalbewegung der Flüssigkeit erst mit der Vertikalverschiebung einsetzt und dieser proportional ist.

Die ganze Bewegung an der Oberfläche eines flachen Kanals verläuft demnach ganz analog den Schwingungen eines gespannten Seiles[1]) von unendlicher Länge. Begrenzen wir den Kanal beidseitig, so geht er in einen Trog über, an dessen Enden die Horizontalgeschwindigkeit $w = 0$ und damit auch nach (11b)

[1]) Lorenz, »Techn. Mechanik starrer Systeme«, München 1902, § 49.

der vertikale Ausschlag verschwindet. Die Endwände des Troges wirken also genau wie die Befestigungsstellen eines gespannten Seiles als Knotenpunkte, so daß sich wie an diesem auch im Troge stehende Wellen durch Reflexion und Übereinanderlagerung der beiden Wellenzüge Δy_1 und Δy_2 ausbilden werden.

Die Form der Welle, d. h. die Gestalt der gestörten Wasseroberfläche, ist an jeder Stelle des Kanals und zu jeder Zeit durch die Funktionen f_1 und f_2 gegeben, welche wir vorläufig offen gelassen haben. Setzen wir aber in Gl. (10a) den Faktor $gy \sim gy_0 = a^2$, so daß

$$\frac{\partial^2 y}{\partial t^2} = a^2 \frac{\partial^2 y}{\partial s^2} \quad \ldots \ldots \quad (10\text{c})$$

wird, mit zwei noch zu bestimmenden Funktionen S von s allein und T von t allein

$$y = y_0 + ST \quad \ldots \ldots \quad (12),$$

so folgt aus (10c)

$$\frac{1}{T}\frac{d^2 T}{dt^2} = \frac{a^2}{S}\frac{d^2 S}{ds^2} \quad \ldots \ldots \quad (12\text{a}).$$

Diese Gleichung kann aber nur bestehen, wenn sowohl die linke als auch die rechte Seite mit einer und derselben Konstanten übereinstimmen. Ist diese Konstante positiv, so ergeben sich für S und T Exponentialfunktionen, welche mit positiv oder negativ wachsenden s und t unbegrenzt zunehmen, was dann auch für das Produkt $y - y_0 = ST$ zutrifft. Da im Gegensatz hierzu unsere ganze Herleitung nur kleine Ausschläge voraussetzt, so kann die fragliche Konstante nur negativ $(-\alpha^2 a^2)$ sein, und daher zerfällt (12a) in die beiden Formeln

$$\left.\begin{aligned} \frac{d^2 S}{ds^2} + \alpha^2 S = 0 \\ \frac{d^2 T}{dt^2} + a^2 \alpha^2 T = 0 \end{aligned}\right\} \quad \ldots \ldots \quad (12\text{b})$$

mit den Integralen

$$\left.\begin{aligned} S &= A \cos \alpha s + B \sin \alpha s \\ T &= C \cos \alpha a t + D \sin \alpha a t \end{aligned}\right\} \quad \ldots \quad (13).$$

Hierin sind A, B, C und D willkürliche Integrationskonstanten, während die durch (12b) neu eingeführte Konstante α die Periode von S derart definiert, daß diese Funktion und damit zu einer bestimmten Zeit t auch der Ausschlag im Abstande $s - s' = l$, den wir als die Wellenlänge bezeichnen, wieder denselben Wert annimmt, also wenn mit einer ganzen Zahl k

$$\alpha l = 2 k \pi \quad \ldots \ldots \ldots \quad (14)$$

wird. Ist also die Wellenlänge l gegeben, so ist doch noch entsprechend den Zahlen $k = 1, 2, 3 \ldots$ eine unbegrenzte Zahl von Wellenformen mit den Längen

$$l, \frac{l}{2}, \frac{l}{3} \ldots$$

möglich, von denen die erste der sog. Grundschwingung, die anderen den darüber gelagerten Oberschwingungen zugehören. Ganz in derselben Weise wiederholen sich auch die Werte von T in einem durch

$$\alpha a t_1 = 2 k \pi = \alpha l \quad \ldots \ldots \quad (15)$$

definierten Zeitintervall, worin

$$t_1 = \frac{l}{a} \quad \ldots \ldots \ldots \quad (15\text{a})$$

die Schwingungsdauer der Grundwelle heißt, während die entsprechenden Werte für die Oberschwingungen durch Division mit $k = 2, 3$ usw. hieraus hervorgehen. Beachten wir dann noch, daß jeder dieser Schwingungen andere Integrationskonstanten A_k, B_k, C_k, D_k zukommen, so dürfen wir an Stelle von (13) schreiben

$$\left.\begin{aligned} S &= A_k \cos 2 k \pi \frac{s}{l} + B_k \sin 2 k \pi \frac{s}{l} \\ T &= C_k \cos 2 k \pi \frac{t}{t_1} + D_k \sin 2 k \pi \frac{t}{t_1} \end{aligned}\right\} \quad . \; . \quad (13\text{a})$$

und erhalten das allgemeine Integral der Gl. (10c) durch Summierung aller Produkte ST an Stelle von (12)

$$\left.\begin{aligned} y = y_0 + \sum_{k=1}^{k=\infty} &\left(A_k \cos 2 k \pi \frac{s}{l} + B_k \sin 2 k \pi \frac{s}{l}\right) \\ &\times \left(C_k \cos 2 k \pi \frac{t}{t_1} + D_k \sin 2 k \pi \frac{t}{t_1}\right) \end{aligned}\right\} (16).$$

Führen wir die Multiplikation aus und lösen die Produkte der sin und cos in bekannter Weise auf, setzen außerdem

$$A_k C_k - B_k D_k = 2 A_k'; \quad A_k C_k + B_k D_k = 2 A_k''$$
$$B_k C_k - A_k D_k = 2 B_k'; \quad B_k C_k + A_k D_k = 2 B_k'',$$

so folgt

$$y = y_0 + \sum_{k=1}^{k=\infty}\left[A_k' \cos 2\,k\pi\left(\frac{s}{l}-\frac{t}{t_1}\right) + B_k' \sin 2\,k\pi\left(\frac{s}{l}-\frac{t}{t_1}\right)\right]$$
$$+ \sum_{k=1}^{k=\infty}\left[A_k'' \cos 2\,k\pi\left(\frac{s}{l}+\frac{t}{t_1}\right) + B_k'' \sin 2\,k\pi\left(\frac{s}{l}+\frac{t}{t_1}\right)\right] \quad (16a),$$

womit die beiden Funktionen f_1 und f_2 in Gl. (9a) endgültig festgelegt sind, deren Koeffizienten A', A'', B', B'' sich aus der ursprünglich, d. h. zur Zeit $t = 0$ gegebenen Wellenform bestimmen lassen.

Allerdings wird dieses Ergebnis dem tatsächlich eintretenden Abklingen der Wellen mit der Zeit noch nicht gerecht, da die Grundformel (10c) kein Widerstandsglied mehr enthält. Dieser Mangel kann aber durch Hinzufügung einer Dämpfung εw zur zweiten Formel (10) leicht behoben werden, wodurch (10) übergeht in

$$\left.\begin{aligned} \frac{\partial y}{\partial t} + y_0 \frac{\partial w}{\partial s} &= 0 \\ \frac{\partial w}{\partial t} + \varepsilon w + g \frac{\partial y}{\partial s} &= 0 \end{aligned}\right\} \quad . \; . \; . \quad (10d)$$

und nach Elimination von w mit $g y_0 = a^2$ ergibt

$$\frac{\partial^2 y}{\partial t^2} + \varepsilon \frac{\partial y}{\partial t} = a^2 \frac{\partial^2 y}{\partial s^2} \quad . \; . \; . \; . \quad (17).$$

Setzen wir auch hierin wieder (12) probeweise ein, so folgt analog (12a)

$$\frac{1}{T}\left(\frac{d^2 T}{dt^2} + \varepsilon \frac{dT}{dt}\right) = \frac{a^2}{S}\frac{d^2 S}{ds^2} \quad . \; . \; . \quad (17a),$$

oder mit einer positiven Konstanten α^2

$$\left.\begin{aligned} \frac{d^2 T}{dt^2} + \varepsilon \frac{dT}{dt} + a^2 \alpha^2 T &= 0 \\ \frac{d^2 S}{ds^2} + \alpha^2 S &= 0 \end{aligned}\right\} \quad . \; . \; . \quad (17b)$$

mit den Integralen

$$\left.\begin{aligned} S &= A_k \cos \alpha s + B_k \sin \alpha s \\ T &= e^{-\frac{\varepsilon}{2} t}\left(C_k \cos t \sqrt{a^2 \alpha^2 - \frac{\varepsilon^2}{4}} + D_k \sin t \sqrt{a^2 \alpha^2 - \frac{\varepsilon^2}{4}}\right) \end{aligned}\right\} (18),$$

in denen α wieder durch (14) definiert ist. Da der Dämpfungsfaktor ε erfahrungsgemäß nur sehr klein ist, so dürfen wir sein Quadrat in der zweiten Formel (18) vernachlässigen und dafür mit (15) angenähert schreiben

$$T = e^{-\frac{\varepsilon}{2}t}(C_k \cos a\alpha t + D_k \sin a\alpha t)$$

$$= e^{-\frac{\varepsilon}{2}t}\left(C_k \cos 2\,k\pi \frac{t}{t_1} + D_k \sin 2\,k\pi \frac{t}{t_1}\right) \quad (18a),$$

so daß also die Schwingungsdauer von der Dämpfung nahezu unabhängig erscheint und das allgemeine Integral von (17) nach Ausführung der oben angedeuteten Multiplikation ST und Auflösung der Produkte der Kreisfunktionen die der Gl. (16a) analoge Form

$$y = y_0 + e^{-\frac{\varepsilon}{2}t}\sum_{k=1}^{k=\infty}\left[A_k' \cos 2\,k\pi\left(\frac{s}{l} - \frac{t}{t_1}\right) + B_k' \sin 2\,k\pi\left(\frac{s}{l} - \frac{t}{t_1}\right)\right]$$

$$+ e^{-\frac{\varepsilon}{2}t}\sum_{k=1}^{k=\infty}\left[A_k'' \cos 2\,k\pi\left(\frac{s}{l} + \frac{t}{t_1}\right) + B_k'' \sin 2\,k\pi\left(\frac{s}{l} + \frac{t}{t_1}\right)\right] \quad (18b)$$

annimmt. Aus dieser geht hervor, daß, wie auch die Erfahrung zeigt, die Ausschläge in der Tat mit der Zeit erlöschen, während davon weder die Schwingungsdauer, noch auch die Wellenlänge bzw. die Fortpflanzungsgeschwindigkeit der Wellen merklich beeinflußt werden.

In ähnlicher Weise wirkt auch eine Verbreiterung des Kanals im Sinne der Wellenbewegung, während eine Verengerung voraussichtlich eine Zunahme der Wellenausschläge bedingt. Bezeichnen wir die mit s variable Breite mit x, so lautet die Kontinuitätsgleichung

$$x\frac{\partial y}{\partial t} + x y_0 \frac{\partial w}{\partial s} + w y_0 \frac{dx}{ds} = 0,$$

so daß wir mit einem Verbreitungsfaktor

$$\frac{1}{x}\frac{dx}{ds} = \beta \quad \ldots\ldots\ldots \quad (19),$$

der eine asymptotische Veränderlichkeit von x andeutet, an Stelle von (10d) setzen dürfen

$$\left.\begin{aligned} \frac{\partial y}{\partial t} + y_0 \frac{\partial w}{\partial s} + y_0 \beta w = 0 \\ \frac{\partial w}{\partial t} + g \frac{\partial y}{\partial s} + \varepsilon w = 0 \end{aligned}\right\} \quad \ldots \quad (10e),$$

woraus durch Elimination von w mit (9b)

$$\frac{\partial^2 y}{\partial t^2} + \varepsilon \frac{\partial y}{\partial t} = a^2 \left(\frac{\partial^2 y}{\partial s^2} + \beta \frac{\partial y}{\partial s}\right) \quad . \; . \; . \quad (20)$$

bzw. durch Elimination von y eine genau gleich gebaute Formel für w resultiert. Mit der Substitution (12) geht (20) über in

$$\frac{1}{T}\left(\frac{d^2 T}{dt^2} + \varepsilon \frac{dT}{dt}\right) = \frac{a^2}{S}\left(\frac{d^2 S}{ds^2} + \beta \frac{dS}{ds}\right) \quad . \; . \quad (20\text{a})$$

und zerfällt analog (12a) und (7a) in

$$\left.\begin{aligned} \frac{d^2 S}{ds^2} + \beta \frac{dS}{ds} + \alpha^2 S = 0 \\ \frac{d^2 T}{dt^2} + \varepsilon \frac{dT}{dt} + a^2 \alpha^2 T = 0 \end{aligned}\right\} \quad . \; . \; . \; . \quad (20\text{b})$$

mit den Integralen

$$\left.\begin{aligned} S &= e^{-\frac{\beta}{2} s}\left(A \cos s \sqrt{\alpha^2 - \frac{\beta^2}{4}} + B \sin s \sqrt{\alpha^2 - \frac{\beta^2}{4}}\right) \\ T &= e^{-\frac{\varepsilon}{2} t}\left(C \cos t \sqrt{a^2 \alpha^2 - \frac{\varepsilon^2}{4}} + D \sin t \sqrt{a^2 \alpha^2 - \frac{\varepsilon^2}{4}}\right) \end{aligned}\right\} \quad (21),$$

von denen das erste, wenn

$$\alpha^2 = \frac{4 k^2 \pi^2}{l^2} < \frac{\beta^2}{4} \quad . \; . \; . \; . \; . \quad (22),$$

d. h. der Verbreitungsfaktor absolut groß ausfällt, in den aperiodischen Ausdruck

$$S = e^{-\frac{\beta}{2} s}\left(A' e^{+s\sqrt{\frac{\beta^2}{4} - \alpha^2}} + B' e^{-s\sqrt{\frac{\beta^2}{4} - \alpha^2}}\right) \quad (21\text{a})$$

übergeht, während infolge der Kleinheit des Dämpfungsfaktors für die zweite Formel (21)

$$T = e^{-\frac{\varepsilon}{2} t}\,(C \cos a \alpha t + D \sin a \alpha t) \quad . \; . \quad (21\text{b})$$

geschrieben werden kann.

Hieraus folgt, ohne daß wir die Umformung der Produkte ST nach Analogie von (18b) erst durchzuführen brauchen, daß die Wellenausschläge in der Tat durch eine Verbreiterung des Kanals eine asymptotische Abnahme, durch die Verengung aber eine ebensolche Steigerung erfahren, und daß wegen (22) bzw. (21a) hiervon gerade die langen Wellen in besonders hohem Maße getroffen werden. Dieses Ergebnis erklärt u. a. die auffallende Anschwellung der atlantischen Ozeanwellen beim Eindringen in den Ärmel- und Georgskanal und bildet anderseits die Grundlage für die Wirksamkeit der ein weites Hafenbassin abschließenden Wellenbrecher (Molen), welche nur eine schmale Öffnung nach der See zu offen lassen, so daß die hier eintretenden Wellenzüge durch die starke Hafenerweiterung schon nach einer kurzen Strecke im Hafen unschädlich werden.

§ 32. Theorie der Gezeiten.

Freie und erzwungene Kanalwellen. Beschränkung auf einen Kanal längs eines Parallelkreises. Einfluß eines Himmelskörpers in der Äquatorebene. Tangentiale Störungskomponenten. Periode der Gezeiten. Direkte und innere Flut und Ebbe. Verspätung durch Dämpfung. Zahlenbeispiel. Gezeiten in einem Meridiankanal.

Eine der wichtigsten und lehrreichsten Anwendungen der im letzten Paragraphen behandelten Bewegung der Kanalwellen bildet die von Airy aufgestellte Theorie der Gezeiten, d. h. der Ebbe und Flut infolge der Anziehung des Mondes oder der Sonne auf den von Wasser bedeckten Teil der Erdoberfläche. Bei der Entwicklung dieser Theorie wollen wir der Einfachheit halber voraussetzen, daß diese Himmelskörper sich dauernd in der Äquatorebene der als kugelförmig betrachteten Erde befinden und daß die von ihnen beeinflußte Wassermasse einen um die Erde zum Äquator parallel herumlaufenden Kanal in der geographischen Breite ϑ erfüllt. Bezeichnen wir dann mit q_s die in die Längsrichtung s des Kanals fallende Beschleunigung infolge der Anziehung eines dieser Himmelskörper, während g wieder die Erdbeschleunigung mit Rücksicht auf die Erdrotation bedeuten möge, so haben wir nur auf der linken Seite der Gl. (7b) des § 31 den Betrag q_s hinzuzufügen und erhalten so bei konstanter Breite des Kanals und der Tiefe y_0 im Ruhezustande, also mit $\chi_1 = 0$ und $w_0 = 0$ sowie unter Einführung eines Dämpfungsgliedes εw an Stelle von (7b) und (4c) des vorigen Paragraphen

$$\left.\begin{aligned} q_s &= \frac{\partial w}{\partial t} + g\frac{\partial y}{\partial s} + \varepsilon w \\ 0 &= \frac{\partial y}{\partial t} + y_0 \frac{\partial w}{\partial s} \end{aligned}\right\} \quad \ldots \quad (1),$$

oder nach Elimination von w

$$y_0 \frac{\partial q_s}{\partial s} = g y_0 \frac{\partial^2 y}{\partial s^2} - \frac{\partial^2 y}{\partial t^2} - \varepsilon \frac{\partial y}{\partial t} \quad . \quad . \quad . \quad , \quad (1\,\mathrm{a}).$$

Diese Differentialgleichung dürfen wir auch unter Einführung der Wellengeschwindigkeit

$$a = \sqrt{g y_0}$$

einfacher schreiben

$$y_0 \frac{\partial q_s}{\partial s} = a^2 \frac{\partial^2 y}{\partial s^2} - \frac{\partial^2 y}{\partial t^2} - \varepsilon \frac{\partial y}{\partial t} \quad . \quad . \quad . \quad (1\,\mathrm{b}),$$

und mit der Substitution

$$y = y' + y'' \quad . \quad . \quad . \quad . \quad . \quad . \quad . \quad (2)$$

zerfällen in

$$\left.\begin{aligned} 0 &= a^2 \frac{\partial^2 y'}{\partial s^2} - \frac{\partial^2 y'}{\partial t^2} - \varepsilon \frac{\partial y'}{\partial t} \\ y_0 \frac{\partial q_s}{\partial s} &= a^2 \frac{\partial^2 y''}{\partial s^2} - \frac{\partial^2 y''}{\partial t^2} - \varepsilon \frac{\partial y''}{\partial t} \end{aligned}\right\} \quad . \quad . \quad (1\,\mathrm{c}).$$

Von diesen Gleichungen ist die erste identisch mit der Formel (17) des vorigen Paragraphen, deren Integral (18b) die Eigenschwingungen der Flüssigkeit im Kanale darstellt, welche mit der Zeit abklingen und darum hier nicht weiter verfolgt zu werden brauchen. Es bleiben dann nur noch die der zweiten Gl. (1c) entsprechenden erzwungenen Wellen übrig, deren Form und Verlauf wesentlich durch das auf der linken Seite stehende Störungsglied bedingt ist.

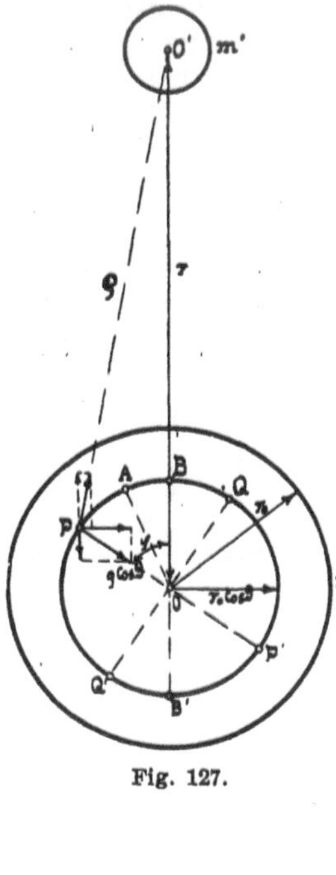

Fig. 127.

Zum Zwecke der Berechnung dieses Gliedes sei die Masse der Erde mit m, die des störenden Himmelskörpers im Zentralabstande $OO' = r$ mit m' bezeichnet (Fig. 127). Bedeutet ferner r_0 den Erdradius, so ist in der Breite ϑ der konstante Abstand des Kanals von der Erdachse $r_0 \cos \vartheta$ und die in die Ringebene des Kanals fallende, auf die Erdachse zu gerichtete Komponente der Erdbeschleunigung $g \cos \vartheta$, welche an einem Punkte P des Kanals mit dem Meridianwinkel φ gegen die Ebene durch die Erdachse und die Verbindungslinie OO' in die beiden weiteren Komponenten $g \cos\vartheta \sin\varphi$ normal zu OO' und $g \cos\vartheta \cos\varphi$ parallel zu OO' zerfällt. Zu dieser letzteren addiert sich die in die gleiche Richtung fallende Beschleunigung $f\frac{m'}{r^2}$, welche die Erde als Ganzes durch den Himmelskörper m' nach diesem hin erfährt, während dieser selbst auf einen Massenpunkt in P mit der Gravitationskonstanten f eine Beschleunigung in der Richtung $O'P = \varrho$ von der Größe

$$f\frac{m'}{\varrho^2} = \frac{f m'}{r^2 + r_0^2 \cos^2\vartheta - 2 r r_0 \cos\vartheta \cos\varphi}$$

nach O hin ausübt, von der aber nur je eine Komponente

$$f\frac{m'}{\varrho^2} \cdot \frac{r - r_0 \cos\vartheta \cos\varphi}{\varrho} = \frac{f m' (r - r_0 \cos\vartheta \cos\varphi)}{(r^2 + r_0^2 \cos^2\vartheta - 2 r r_0 \cos\vartheta \cos\varphi)^{\frac{3}{2}}}$$

parallel zu OO' und

$$f\frac{m'}{\varrho^2} \frac{r_0 \cos\vartheta \sin\varphi}{\varrho} = \frac{f m' r_0 \cos\vartheta \sin\varphi}{(r^2 + r_0^2 \cos^2\vartheta - 2 r r_0 \cos\vartheta \cos\varphi)^{\frac{3}{2}}}$$

normal zu OO' in Betracht kommt. Wir erhalten also am Punkte P insgesamt die beiden Beschleunigungskomponenten in der Richtung OO' und normal dazu

$$\left.\begin{aligned} q_y &= g \cos\vartheta \cos\varphi + f\frac{m'}{r^2} - \frac{f m' (r - r_0 \cos\vartheta \cos\varphi)}{(r^2 + r_0^2 \cos^2\vartheta - 2 r r_0 \cos\vartheta \cos\varphi)^{\frac{3}{2}}} \\ q_x &= g \cos\vartheta \sin\varphi + \frac{f m' r_0 \cos\vartheta \sin\varphi}{(r^2 + r_0^2 \cos^2\vartheta - 2 r r_0 \cos\vartheta \cos\varphi)^{\frac{3}{2}}} \end{aligned}\right\} \quad (3).$$

Wegen der Kleinheit des Erdradius r_0 gegen den Zentralabstand $OO' = r$ dürfen wir aber unter Vernachlässigung der höheren Potenzen von $r_0 : r$ hierfür angenähert schreiben

$$q_y = g \cos\vartheta \cos\varphi$$
$$+ f\frac{m'}{r^2}\left[1 - \left(1 - \frac{r_0}{r}\cos\vartheta \cos\varphi\right)\left(1 + 3\frac{r_0}{r}\cos\vartheta \cos\varphi\right)\right]$$

$$q_x = g \cos\vartheta \sin\varphi + f\frac{m'}{r^2}\frac{r_0}{r}\cos\vartheta \sin\varphi \left(1 + 3\frac{r_0}{r}\cos\vartheta \cos\varphi\right)$$

bzw. noch einfacher

$$\left.\begin{aligned} q_y &= \left(g - 2f\frac{m' r_0}{r^3}\right)\cos\vartheta \cos\varphi \\ q_x &= \left(g + f\frac{m' r_0}{r^3}\right)\cos\vartheta \sin\varphi \end{aligned}\right\} \quad . \; . \; . \quad (3a).$$

Hieraus folgt dann die in die Kanaltangente fallende Komponente

$$q_s = q_y \sin\varphi - q_x \cos\varphi = -3 f \frac{m' r_0}{r^3} \cos\vartheta \sin\varphi \cos\varphi,$$

oder mit dem Ausdruck

$$g = f \frac{m}{r_0^2} \quad . \quad . \quad . \quad . \quad . \quad . \quad . \quad (4)$$

für die Erdbeschleunigung

$$q_s = -\frac{3}{2} g \frac{m'}{m} \frac{r_0^3}{r^3} \cos\vartheta \sin 2\varphi \quad . \quad . \quad . \quad (5).$$

Die normal zur Bildebene, also der Erdachse parallele Beschleunigungskomponente ist dann

$$q_z = \left(g + f \frac{m' r_0}{\varrho^3}\right) \sin\vartheta \infty \left(g + f \frac{m' r_0}{r^3}\right) \sin\vartheta \quad (5\,\text{b}),$$

woraus sich im Verein mit (3a) die resultierende Gesamtbeschleunigung im Punkte P zu

$$q = \sqrt{q_x^2 + q_y^2 + q_z^2}$$

oder wegen (4) zu

$$q = g \left[1 + \frac{m'}{m} \frac{r_0^3}{r^3} (1 - 3\cos^2\vartheta \cos^2\varphi)\right] \quad . \quad . \quad (6)$$

berechnet mit einer in die Meridianrichtung fallenden Tangentialkomponente

$$q_m = (q_y \cos\varphi + q_x \sin\varphi) \sin\vartheta - q_z \cos\vartheta$$

$$q_m = -\frac{3}{2} g \frac{m'}{m} \frac{r_0^3}{r^3} \sin 2\vartheta \cos^2\varphi \quad . \quad . \quad . \quad . \quad . \quad (7).$$

Um nun den Winkel φ in s und t auszudrücken, denken wir uns die Erde m festgehalten und den Himmelskörper m' mit einer (relativen) Winkelgeschwindigkeit ω um dieselbe herumgeführt, wobei zur Zeit t ein Punkt A des Kanals, von dem aus wir den Weg s nach Osten zu messen, gegen den Meridian durch den Himmelskörper m' ebenfalls nach Osten zu um den Winkel ωt verschoben sein möge. Daher ist hierfür zu setzen

$$\varphi = \frac{s}{r_0 \cos\vartheta} + \omega t \quad . \quad . \quad . \quad . \quad . \quad . \quad (8)$$

oder mit (5)

$$q_s = -\frac{3}{2} g \frac{m'}{m} \frac{r_0^3}{r^3} \cos\vartheta \sin 2 \left(\frac{s}{r_0 \cos\vartheta} + \omega t\right) \quad (5\,\text{a})$$

$$y_0 \frac{\partial q_s}{\partial s} = -3 g \frac{m'}{m} \frac{r_0^2 y_0}{r^3} \cos 2 \left(\frac{s}{r_0 \cos\vartheta} + \omega t\right) \quad . \quad . \quad (5\,\text{b}),$$

und damit geht die zweite Gl. (1 c) über in

$$\frac{\partial^2 y''}{\partial t^2} + \varepsilon \frac{\partial y''}{\partial t} - a^2 \frac{\partial^2 y''}{\partial s^2} = 3 g \frac{m'}{m} \cdot \frac{r_0^2 y_0}{r^3} \cos 2 \left(\frac{s}{r_0 \cos \vartheta} + \omega t \right) \quad (9).$$

Deren allgemeines Integral lautet

$$y'' = M \cos 2 \left(\frac{s}{r_0 \cos \vartheta} + \omega t \right) + N \sin 2 \left(\frac{s}{r_0 \cos \vartheta} + \omega t \right) \quad (10),$$

mit zwei Konstanten M und N, deren Werte sich durch Einsetzen dieses Ausdruckes und seiner partiellen Ableitungen in (9) nach der Methode der unbestimmten Koeffizienten zu

$$\left.\begin{aligned} M &= 3 g \frac{m'}{m} \frac{r_0^2 y_0}{r^3} \cdot \frac{(a^2 - \omega^2 r_0^2 \cos^2 \vartheta) r_0^2 \cos^2 \vartheta}{4 (a^2 - \omega^2 r_0^2 \cos^2 \vartheta)^2 + \omega^2 \varepsilon^2 r_0^4 \cos^4 \vartheta} \\ N &= \frac{3}{2} g \frac{m'}{m} \frac{r_0^2 y_0}{r^3} \cdot \frac{\omega \varepsilon r_0^4 \cos^4 \vartheta}{4 (a^2 - \omega^2 r_0^2 \cos^2 \vartheta)^2 + \omega^2 \varepsilon^2 r_0^4 \cos^4 \vartheta} \end{aligned}\right\} \quad (10a)$$

ergeben, so daß wir auch statt (10) wegen (8) schreiben dürfen

$$y'' = \frac{3}{2} g \frac{m'}{m} \frac{r_0^4 y_0}{r^3} \cos^2 \vartheta$$

$$\times \frac{2 (a^2 - \omega^2 r_0^2 \cos^2 \vartheta) \cos 2 \varphi + \omega \varepsilon r_0^2 \cos^2 \vartheta \sin 2 \varphi}{4 (a^2 - \omega^2 r_0^2 \cos^2 \vartheta)^2 + \omega^2 \varepsilon^2 r_0^4 \cos^4 \vartheta} \quad (10b)$$

Hieraus erkennt man zunächst, daß die Periode der Gezeiten mit der halben scheinbaren Umlaufzeit des Himmelskörpers übereinstimmt, bzw. daß die Flutwelle gleichzeitig im Punkte P und dem gegenüberliegenden P' eintritt, während in den Punkten Q und Q' auf einer Normalen zu PP' Ebbe herrscht. Da bei der Kleinheit des Dämpfungsfaktors das Vorzeichen von y'' wesentlich von dem Faktor von $\cos 2 \varphi$ in (10b) abhängt, so folgt weiter, daß in der Nähe der dem Himmelskörper m' zu- und abgewendeten Punkte B und B' Flut oder Ebbe herrscht, d. h. daß die Gezeiten direkt oder invers verlaufen, je nachdem

$$a^2 \gtrless \omega^2 r_0^2 \cos^2 \vartheta \quad . \; . \; . \; . \; . \; . \; . \quad (11)$$

oder wegen $a^2 = g y_0$

$$g y_0 \gtrless \omega^2 r_0^2 \cos^2 \vartheta \quad . \; . \; . \; . \; . \quad (11a)$$

ausfällt. Genauer erhält man die Lage dieser Punkte bzw. die zugehörigen Winkel φ_0 aus der Bedingung des Maximums oder Minimums für y'' durch Differenzieren von (10b) nach φ, nämlich

$$\operatorname{tg} 2\, \varphi_0 = \frac{N}{M} = \frac{\omega\, \varepsilon\, r_0^2 \cos^2 \vartheta}{2\,(a^2 - \omega^2 r_0^2 \cos^2 \vartheta)} \quad . \quad . \quad (12),$$

woraus eine mit der Dämpfung ε wachsende Verspätung der Gezeiten resultiert. Die extremen Werte der Erhebung selbst sind dann gegeben durch

$$y_0'' = \pm \sqrt{M^2 + N^2}$$

$$= \pm \frac{3}{4}\, g\, \frac{m'}{m}\, \frac{r_0^2 y_0}{r^3}\, \frac{r_0^2 \cos^2 \vartheta}{\sqrt{4\,(a^2 - \omega^2 r_0^2 \cos^2 \vartheta) + \omega^2 \varepsilon^2 r_0^2 \cos^2 \vartheta}} \quad (12\,\mathrm{b})$$

und würden ohne Dämpfung an den durch $a^2 = \omega^2 r_0^2 \cos^2 \vartheta$ gegebenen Umkehrstellen der Gezeiten unendlich groß werden.

Nehmen wir beispielsweise an, daß unser Kanal eine dem Ozean entsprechende normale Tiefe von $y_0 = 10$ km $= 10\,000$ m besäße, so folgt mit einer relativen Winkelgeschwindigkeit des Mondes zur Erde von $\omega = 0{,}00007$ Sek.$^{-1}$ und dem Erdradius $r_0 = 6370$ km $= 6\,370\,000$ m die geographische Breite der Umkehr der Gezeiten aus

$$\cos^2 \vartheta = \frac{g\, y_0}{\omega^2 r_0^2} = \frac{9{,}81 \cdot 10\,000}{0{,}00007^2 \cdot 6\,370\,000^2} = 0{,}49$$

$$\cos \vartheta = 0{,}7, \quad \vartheta = \pm 45^\circ\, 30'.$$

Die Eigengeschwindigkeit der Flutwelle bei dieser Kanaltiefe wäre

$$a = \sqrt{g\, y_0} = \sqrt{98100} = 313 \text{ m/Sek.}$$

und damit würde sie in der Breite $\vartheta = 45^\circ\, 30'$ die Erde gerade in einem Tag umkreisen. In Wirklichkeit kann sich diese Erscheinung niemals so rein abspielen, weil einerseits der Ozean nicht kanalartig abgeteilt, anderseits aber auch durch die Kontinente unterbrochen ist.

Haben wir es dagegen mit einem Kanal zu tun, der die Erde in einem Meridiane umkreist, so ist in der zweiten Gl. (1 c) q_s durch q_m nach Gl. (7) zu ersetzen und in diesen Ausdruck

$$\vartheta = \frac{s}{r_0}, \quad \varphi = \omega t \quad . \quad . \quad . \quad . \quad . \quad . \quad (13)$$

einzuführen, so zwar daß

$$q_m = -\frac{3}{2}\, g\, \frac{m'}{m}\, \frac{r_0^3}{r^3} \sin 2 \frac{s}{r_0} \cos^2 \omega t \quad . \quad . \quad (7\,\mathrm{a})$$

$$y_0 \frac{\partial q_m}{\partial s} = -3\, g\, \frac{m'}{m}\, \frac{r_0^2 y_0}{r^3} \cos 2 \frac{s}{r_0} \cos^2 \omega t \quad . \quad . \quad (7\,\mathrm{b})$$

wird. Alsdann lautet die Differentialgleichung der erzwungenen Welle

$$\frac{\partial^2 y''}{\partial t^2} + \varepsilon \frac{\partial y''}{\partial t} - a^2 \frac{\partial^2 y''}{\partial s^2} = 3\, g \frac{m'}{m} \frac{r_0{}^2 y_0}{r^3} \cos 2 \frac{s}{r_0} \cos^2 \omega t \quad (14),$$

oder wegen $2 \cos^2 \omega t = 1 + \cos 2\, \omega t$

$$\frac{\partial^2 y''}{\partial t^2} + \varepsilon \frac{\partial y''}{\partial t} - a^2 \frac{\partial^2 y''}{\partial s^2} = \frac{3}{2}\, g \frac{m'}{m} \frac{r_0{}^2 y_0}{r^3} \cos 2 \frac{s}{r_0} (1 + \cos 2\, \omega t) \quad (14\text{a})$$

bzw. wegen

$$\cos 2 \frac{s}{r_0} \cos 2\, \omega t = \frac{1}{2} \cos 2 \left(\frac{s}{r_0} + \omega t\right) + \frac{1}{2} \cos 2 \left(\frac{s}{r_0} - \omega t\right),$$

auch

$$\frac{\partial^2 y''}{\partial t^2} + \varepsilon \frac{\partial y''}{\partial t^2} - a^2 \frac{\partial^2 y''}{\partial s^2}$$

$$= \frac{3}{4}\, g \frac{m'}{m} \frac{r_0{}^2 y_0}{r^3} \left[2 \cos 2 \frac{s}{r_0} + \cos 2 \left(\frac{s}{r_0} + \omega t\right) + \cos 2 \left(\frac{s}{r_0} - \omega t\right)\right] (14\text{b}).$$

Sie besitzt das Integral

$$y'' = M_0 \cos 2 \frac{s}{r_0} + M_1 \cos 2 \left(\frac{s}{r_0} + \omega t\right) + N_1 \sin 2 \left(\frac{s}{r_0} + \omega t\right)$$

$$+ M_2 \cos 2 \left(\frac{s}{r_0} - \omega t\right) + N_2 \sin 2 \left(\frac{s}{r_0} - \omega t\right) \quad (15)$$

mit den Konstanten

$$\left.\begin{aligned} M_0 &= \frac{3}{8} \frac{g}{a^2} \frac{m'}{m} \frac{r_0{}^4 y_0}{r^3} = \frac{3}{8} \frac{m'}{m} \frac{r_0{}^4}{r^3} \\ M_1 = M_2 &= \frac{3}{4}\, g \frac{m'}{m} \frac{r_0{}^4 y_0}{r^3} \frac{(a^2 - \omega^2 r_0{}^2)}{4 (a^2 - \omega^2 r_0{}^2)^2 + \omega^2 \varepsilon^2 r_0{}^4} \\ N_1 = - N_2 &= \frac{3}{8}\, g \frac{m'}{m} \frac{r_0{}^4 y_0}{r^3} \frac{\omega \varepsilon r_0{}^2}{4 (a^2 - \omega^2 r_0{}^2)^2 + \omega^2 \varepsilon^2 r_0{}^4} \end{aligned}\right\} (15\text{a}).$$

Infolgedessen dürfen wir an Stelle von (15) auch unter Beachtung von (13) kürzer schreiben

$$y'' = M_0 \cos 2\, \vartheta + M_1 [\cos 2 (\vartheta + \varphi) + \cos 2 (\vartheta - \varphi)]$$
$$+ N_1 [\sin 2 (\vartheta + \varphi) - \sin 2 (\vartheta - \varphi)]$$

oder

$$y'' = \cos 2\, \vartheta (M_0 + 2\, M_1 \cos 2\, \omega t + 2\, N_1 \sin 2\, \omega t) \quad (15\text{b}),$$

worin *das erste Glied eine von der Zeit unabhängige, nur mit der geographischen Breite veränderliche Abweichung der Kanaloberfläche von der Kreisform des Meridians angibt, während die beiden anderen Glieder die zeitlichen Schwankungen, also* den Verlauf der Gezeiten im Meridiankanal darstellen. Wegen der Kleinheit der Dämpfung hängt auch hier das Vorzeichen der zeitlichen Spiegelschwankung gegenüber dem des Impulses Gl. (14a) wesentlich vom Koeffizienten M_1 ab, der positiv oder negativ ist, je nachdem

$$a^2 = g y_0 \gtrless \omega^2 r_0^2 \quad \ldots \ldots \quad (16)$$

ausfällt. Damit das erstere eintritt, müßte für die Erde mit den oben angegebenen Zahlenwerten die Ozeantiefe 20 km übersteigen, was jedenfalls nach den bisherigen Messungen nirgends zutrifft. Daher ist auf der Erde $M_1 < 0$; und im Atlantischen Ozean, der in roher Annäherung als ein Meridiankanal aufgefaßt werden kann, sind unterhalb der Breite $\vartheta = 45^0$ direkte, oberhalb dagegen inverse Gezeiten im Sinne der obigen Deutung zu erwarten.

Kapitel IV.

Die mehrdimensionale Flüssigkeitsbewegung.

§ 33. Die Eulerschen Grundformeln der Hydrodynamik.

Allgemeine Bewegungsgleichungen. Die Beschleunigungskomponenten und die Eulerschen Grundformeln. Die Kontinuitätsgleichung für beliebige und inkompressible Flüssigkeiten. Quellen, Senken und Divergenz. Gleichung für den Stromfaden. Die Energiegleichung einer Flüssigkeit. Grenzbedingungen, feste Wände und freie Oberflächen.

Bei den in den letzten beiden Kapiteln untersuchten Strömungsvorgängen bildete die Flüssigkeit stets einen dünnen Stromfaden, durch dessen Normalschnitt im Verein mit der Durchflußmenge die in die sog. Fadenachse fallende Stromgeschwindigkeit definiert war, während Komponenten normal zu dieser grundsätzlich vernachlässigt wurden. Die auf dieser Anschauung aufgebaute, wohl auch als »Stromfadentheorie« bezeichnete Theorie der Parallelströmung genügte, wie wir gesehen haben, zur Verfolgung einer großen Zahl von natürlichen und technischen Strömungsvorgängen und gestattete sogar, wenigstens in erster Annäherung, Schlüsse auf Strömungen mit recht beträchtlichen Fadenquerschnitten, wovon wir ja auch in ausgiebiger Weise Gebrauch gemacht haben. Immerhin blieb dabei der Charakter der Parallelströmung, der in dem Überwiegen der sog. Stromgeschwindigkeit über die hierzu normalen Komponenten liegt, durchaus gewahrt.

Lassen wir diese Voraussetzung aber fallen, so müssen wir, da nunmehr bei der Flüssigkeitsbewegung keine Richtung bevorzugt werden darf, auf die allgemeinen **Bewegungsgleichungen** (3) des § 3

$$\left.\begin{aligned} q_x - \frac{g}{\gamma}\frac{\partial p}{\partial x} &= \frac{dw_x}{dt} \\ q_y - \frac{g}{\gamma}\frac{\partial p}{\partial y} &= \frac{dw_y}{dt} \\ q_z - \frac{g}{\gamma}\frac{\partial p}{\partial z} &= \frac{dw_z}{dt} \end{aligned}\right\} \quad \ldots\ldots \quad (1)$$

zurückgreifen, in denen $q_x\ q_y\ q_z$ die von äußeren oder eingeprägten Kräften herrührenden Beschleunigungskomponenten bedeuten, während sowohl der Druck p als auch die Geschwindigkeitskomponenten $w_x\ w_y\ w_z$ im allgemeinen sowohl mit dem Orte des betrachteten Flüssigkeitselementes, d. h. mit dessen Koordinaten $x\ y\ z$, als auch mit der Zeit t variieren. Da sich die Koordinaten des Elementes bei der Bewegung in der unendlich kleinen Zeit dt um $w_x dt$, $w_y dt$, $w_z dt$ ändern, so folgt z. B. für die totale Änderung von $p = p\,(t, x, y, z)$

$$dp = p\,(t + dt,\ x + w_x dt,\ y + w_y dt,\ z + w_z dt) - p\,(t, x, y, z),$$

mithin

$$\frac{dp}{dt} = \frac{\partial p}{\partial t} + w_x \frac{\partial p}{\partial x} + w_y \frac{\partial p}{\partial y} + w_z \frac{\partial p}{\partial z} \quad . \; . \quad (2).$$

Durch dieselbe Überlegung erhalten wir für die auf der rechten Seite von (1) stehenden Beschleunigungskomponenten die Ausdrücke

$$\left.\begin{aligned} \frac{dw_x}{dt} &= \frac{\partial w_x}{\partial t} + w_x \frac{\partial w_x}{\partial x} + w_y \frac{\partial w_x}{\partial y} + w_z \frac{\partial w_x}{\partial z} \\ \frac{dw_y}{dt} &= \frac{\partial w_y}{\partial t} + w_x \frac{\partial w_y}{\partial x} + w_y \frac{\partial w_y}{\partial y} + w_z \frac{\partial w_y}{\partial z} \\ \frac{dw_z}{dt} &= \frac{\partial w_z}{\partial t} + w_x \frac{\partial w_z}{\partial x} + w_y \frac{\partial w_z}{\partial y} + w_z \frac{\partial w_z}{\partial z} \end{aligned}\right\} \quad (3),$$

durch deren Einführung die Bewegungsgleichungen (1) die Formen

$$\left.\begin{aligned} q_x - \frac{g}{\gamma}\frac{\partial p}{\partial x} &= \frac{\partial w_x}{\partial t} + w_x \frac{\partial w_x}{\partial x} + w_y \frac{\partial w_x}{\partial y} + w_z \frac{\partial w_x}{\partial z} \\ q_y - \frac{g}{\gamma}\frac{\partial p}{\partial y} &= \frac{\partial w_y}{\partial t} + w_x \frac{\partial w_y}{\partial x} + w_y \frac{\partial w_y}{\partial y} + w_z \frac{\partial w_y}{\partial z} \\ q_z - \frac{g}{\gamma}\frac{\partial p}{\partial z} &= \frac{\partial w_z}{\partial t} + w_x \frac{\partial w_z}{\partial x} + w_y \frac{\partial w_z}{\partial y} + w_z \frac{\partial w_z}{\partial z} \end{aligned}\right\} \quad (1\,\text{a})$$

annehmen, die zuerst von Euler angegeben wurden. Da diese drei Formeln zur Bestimmung der vier Funktionen p, w_x, w_y, w_z von t, x, y, z nicht ausreichen, so müssen sie noch durch eine weitere Gleichung, nämlich die ebenfalls von Euler aufgestellte allgemeine Kontinuitätsbedingung ergänzt werden. Zu dieser gelangen wir, wie schon zu den Bewegungsgleichungen in § 2 durch Betrachtung eines von Flüssigkeit vollkommen erfüllten Volumelementes (Fig. 128) mit den Seitenlängen dx, dy, dz, in dessen obere Begrenzungsfläche $dx\,dy$ die Flüssigkeit mit der Geschwindigkeit w_z eintritt, während sie aus der gleich großen unteren mit $w_z + \frac{\partial w_z}{\partial z}\,dz$ entweicht, wobei eine stetige Änderung der Geschwindigkeitskomponenten und des spezifischen Gewichtes γ vorausgesetzt wird. Der Überschuß der im Zeitelemente dt durch $dx\,dy$ austretenden Flüssigkeit über die durch die gleiche Fläche eintretende ist demnach

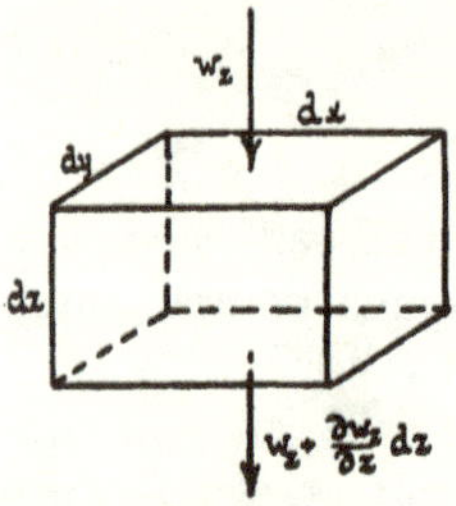

Fig. 128.

$$\left(\gamma + \frac{\partial \gamma}{\partial z}dz\right)\left(w_z + \frac{\partial w_z}{\partial z}dz\right)dx\,dy\,dt - \gamma w_z\,dx\,dy\,dt$$
$$= \frac{\partial(\gamma w_z)}{\partial z}\,dx\,dy\,dz\,dt,$$

und für die beiden anderen Flächenpaare $dy\,dz$ und $dz\,dx$ wegen der vollkommenen Gleichwertigkeit der Vorgänge in allen drei Richtungen

$$\frac{\partial(\gamma w_x)}{\partial x}\,dx\,dy\,dz\,dt \text{ und } \frac{\partial(\gamma w_y)}{\partial y}\,dx\,dy\,dz\,dt,$$

so daß insgesamt in der Zeit dt dem Volumelement eine Flüssigkeitsmenge

$$\left(\frac{\partial(\gamma w_x)}{\partial x} + \frac{\partial(\gamma w_y)}{\partial y} + \frac{\partial(\gamma w_z)}{dz}\right)dx\,dy\,dz\,dt$$

entzogen wird. Diese Entziehung muß also eine Abnahme der im Volumelement enthaltenen Flüssigkeit bzw., da das Volumen $dx\,dy\,dz$ sich nicht ändert, eine Verringerung des spezifischen Gewichtes seines Inhaltes in der Zeit dt um den Betrag

$$\frac{\partial \gamma}{\partial t}\,dt\,dx\,dy\,dz$$

zur Folge haben, derart, daß

$$\left(\frac{\partial (\gamma w_x)}{\partial x} + \frac{\partial (\gamma w_y)}{\partial y} + \frac{\partial (\gamma w_z)}{\partial z}\right) dx\, dy\, dz\, dt + \frac{\partial \gamma}{\partial t} dt\, dx\, dy\, dz = 0$$

ist. Lassen wir hierin den nicht verschwindenden Faktor $dx\, dy\, dz\, dt$ weg, so lautet die gesuchte Kontinuitätsbedingung

$$\frac{\partial (\gamma w_x)}{\partial x} + \frac{\partial (\gamma w_y)}{\partial y} + \frac{\partial (\gamma w_z)}{\partial z} + \frac{\partial \gamma}{\partial t} = 0 \quad . \quad . \quad (4),$$

wofür wir auch unter Auflösung der Produkte sowie mit

$$\frac{\partial \gamma}{\partial t} + w_x \frac{\partial \gamma}{\partial x} + w_y \frac{\partial \gamma}{\partial y} + w_z \frac{\partial \gamma}{\partial z} = \frac{d\gamma}{dt} \quad . \quad . \quad . \quad (5)$$

nach Analogie von (2) und (3) schreiben dürfen

$$\frac{\partial w_x}{\partial x} + \frac{\partial w_y}{\partial y} + \frac{\partial w_z}{\partial z} + \frac{1}{\gamma}\frac{d\gamma}{dt} = 0 \quad . \quad . \quad . \quad (4\,a).$$

Hierbei hängt das zunächst als veränderlich angenommene spezifische Gewicht γ mit dem Drucke p durch eine Gleichung

$$\gamma = f(p) \quad . \quad . \quad . \quad . \quad . \quad . \quad . \quad (6)$$

zusammen, welche die Zustandsänderung der Flüssigkeit angibt und in ihrer Form durch thermische Wechselwirkungen bedingt ist, so daß die Theorie der sog. kompressiblen Flüssigkeiten (d. i. insbesondere der Gase und Dämpfe), wie schon in § 1 bemerkt, einen Gegenstand der Wärmelehre bildet. Für tropfbare Flüssigkeiten, die wir mit hinreichender Genauigkeit als inkompressibel betrachten dürfen, vereinfacht sich mit $\gamma = \text{const.}$ die Kontinuitätsgleichung (4) bzw. (4 a) in

$$\frac{\partial w_x}{\partial x} + \frac{\partial w_y}{\partial y} + \frac{\partial w_z}{\partial z} = 0 \quad . \quad . \quad . \quad . \quad . \quad (7).$$

Wäre diese Differentialgleichung für irgendein Volumelement im Innern der bewegten Flüssigkeit nicht erfüllt, d. h. ergäbe die Summe der drei partiellen Ableitungen der Geschwindigkeitskomponenten einen positiven oder negativen Wert, so würde dies, da das spezifische Gewicht unveränderlich sein soll, nach unserer Herleitung bedeuten, daß in diesem Volumelement Flüssigkeit zum Vorschein kommt bzw. verschwindet. Dabei müßten die schon früher als Stromlinien bezeichneten Bahnen der Flüssigkeitselemente in der Nachbarschaft einer solchen als Quelle oder Senke bezeichneten Stelle auseinander- bzw. zusammenlaufen (divergieren), weshalb man die auf der linken Seite von (7) stehende Ableitungssumme als **Divergenz** anspricht und für die Gleichung selbst häufig kurz

$$\operatorname{div} w = 0$$

schreibt. In dieser Form treten die Koordinaten nicht mehr ausdrücklich hervor; es ist dies auch bei der Willkür der gewählten Achsenrichtungen gar nicht nötig. Trotzdem wollen wir von der Benutzung dieser in der Theorie der Elektrizität, welche manche Analogien zur Hydrodynamik aufweist, mit Recht eingebürgerten Schreibweise in der Folge absehen, da man für die Ausführung von Rechnungen, auf die es in der Technik stets ankommt, die Geschwindigkeit, wie jede andere gerichtete Größe (einen sog. **Vektor**) durch ihre drei orthogonalen Komponenten oder außer durch ihre Größe durch zwei Neigungswinkel gegen feste Achsen definieren muß.

Dagegen wollen wir die Kontinuitätsgleichung (7) noch einer Umformung unterwerfen, und zwar durch Multiplikation mit dem Volumelement und Integration über den ganzen von Flüssigkeit erfüllten Raum. Das so entstehende **Raumintegral**

$$\iiint \left(\frac{\partial w_x}{\partial x} + \frac{\partial w_y}{\partial y} + \frac{\partial w_z}{\partial z}\right) dx\, dy\, dz = 0$$

können wir dann in drei Glieder zerlegen und in jedem derselben partiell integrieren, woraus

$$\iint (w_x\, dy\, dz + w_y\, dz\, dx + w_z\, dx\, dy) = 0 \quad . \quad (7\text{a})$$

hervorgeht. Hierin beziehen sich wegen der ausgeführten Integration sowohl die Geschwindigkeitskomponenten $w_x\ w_y\ w_z$ als auch die Flächenelemente $dy\, dz$, $dz\, dx$, $dx\, dy$ auf die Oberfläche des von Flüssigkeit erfüllten Raumes. Die letzteren stellen somit Projektionen des Oberflächenelementes dF selbst dar, und sind mit den Neigungswinkeln $\varkappa\ \lambda\ \mu$ der Flächennormale gegen die drei Achsen durch

$$dy\, dz = dF \cos \varkappa, \quad dz\, dx = dF \cos \lambda, \quad dx\, dy = dF \cos \mu$$

bestimmt, während die resultierende Oberflächengeschwindigkeit w durch

$$w^2 = w_x^2 + w_y^2 + w_z^2 \quad . \quad . \quad . \quad . \quad . \quad (8)$$

definiert ist und mit den Neigungswinkeln φ, ψ und χ gegen die Achsen die Komponenten

$$w_x = w \cos \varphi, \quad w_y = w \cos \psi, \quad w_z = w \cos \chi$$

ergibt. Damit aber wird aus (7 a)

$$\int (\cos \varkappa \cos \varphi + \cos \lambda \cos \psi + \cos \mu \cos \chi)\, w\, dF = 0$$

oder unter Einführung des Neigungswinkels ϑ von w gegen die Flächennormale

$$\int w \cos \vartheta \cdot dF = 0 \quad . \quad . \quad . \quad . \quad . \quad (7\text{b}).$$

Ist die Flüssigkeit allseitig von festen Wänden eingeschlossen, so kann eine Bewegung an der Oberfläche nur längs derselben, nicht aber normal dazu erfolgen, so daß in diesem Falle mit $\vartheta = 90^0$ die Gl. (7b) identisch erfüllt ist. Haben wir es aber mit einem festen Kanal zu tun, in dessen einen Querschnitt F_1 die Flüssigkeit eintritt, während sie ihn durch F_2 verläßt, so verschwindet wieder der auf die feste Kanalwand entfallende Teil des Oberflächenintegrals (7b) wegen $\vartheta = 90^0$ identisch. Alsdann bleiben nur noch die auf den Ein- und Austrittsquerschnitt zu erstreckenden Beträge derart übrig, daß, da für den ersteren der Winkel von w_1 mit der nach außen gerichteten Flächennormale $\vartheta_1 = 180^0$, für den letzteren $\vartheta_2 = 0$ ist,

$$\int w \cos \vartheta\, dF = \int w_2\, dF_2 - \int w_1\, dF_1 = 0 \quad . \quad . \quad (7\text{c})$$

wird, wofür wir im Falle eines dünnen Stromfadens unter Vernachlässigung der Geschwindigkeitsänderungen über den Querschnitt, wie früher angenähert,

$$w_2 F_2 = w_1 F_1 \quad . \quad . \quad . \quad . \quad . \quad . \quad (9)$$

setzen dürfen. Ist dagegen der Querschnitt des Stromfadens nicht konstant, sondern zeitlichen Schwankungen unterworfen, so verschwinden die auf die Kanalwand bezüglichen Teile des Oberflächenintegrals (7b) nicht mehr ohne weiteres. Bezeichnen wir für diesen Fall den Umfang des Kanals an irgendeiner Stelle mit u, die Normale mit n und den Weg in der Richtung der Kanalachse mit s, so ist das Oberflächenelement $u\,ds$ und die normal dazu gerichtete Geschwindigkeit

$$w \cos \vartheta = \frac{\partial n}{\partial t},$$

so zwar, daß hierfür unter Einführung des Querschnittes F' durch $u\,dn = dF'$

$$\int w \cos \vartheta\, dF = \int \frac{\partial n}{\partial t} u\, ds = \int \frac{\partial F'}{\partial t} ds$$

gesetzt werden darf, während für den Ein- und Austritt unter

Vernachlässigung der Geschwindigkeitsänderungen über den Querschnitt mit $\vartheta_1 = 180^0$ und $\vartheta_2 = 0$ analog (7c)

$$\int w \cos \vartheta \, dF = \int w \, dF' = w_2 F_2 - w_1 F_1$$

wird. Wir erhalten somit an Stelle von (7a) durch Zusammenfassung

$$\int \frac{\partial F'}{\partial t} ds + w_2 F_2 - w_1 F_1 = 0 \quad . \quad . \quad . \quad (7\,\mathrm{d})$$

oder durch Differentiation für ein Fadenelement vom Querschnitt F' und der Länge ds

$$\frac{\partial F'}{\partial t} + \frac{\partial (w F')}{\partial s} = 0 \quad . \quad . \quad . \quad . \quad . \quad (10).$$

Hieraus erkennt man, daß die von uns früher für die Parallelströmung benutzten Formen (9) und (10) der Kontinuitätsbedingung als Spezialfälle der allgemeiner gültigen Gl. (7) betrachtet werden können.

Nach dieser Abschweifung kehren wir noch einmal zu den drei Bewegungsgleichungen (1a) zurück, multiplizieren diese der Reihe nach mit w_x, w_y, w_z und addieren die Produkte unter Beachtung von (8), woraus

$$q_x w_x + q_y w_y + q_z w_z = \frac{g}{\gamma}\left(\frac{\partial p}{\partial x} w_x + \frac{\partial p}{\partial y} w_y + \frac{\partial p}{\partial z} w_z\right)$$
$$+ \frac{1}{2}\left(\frac{\partial (w^2)}{\partial t} + w_x \frac{\partial (w^2)}{\partial x} + w_y \frac{\partial (w^2)}{\partial y} + w_z \frac{\partial (w^2)}{\partial z}\right)$$

resultiert. Für die letzte Klammer dürfen wir aber auch nach Analogie von (2) und (3) $d(w^2) : dt$ schreiben und erhalten nach weiterer Multiplikation mit dem Massenelement

$$dm = \frac{\gamma}{g} dx \, dy \, dz \quad . \quad . \quad . \quad . \quad . \quad . \quad (11)$$

und Integration über das ganze Volumen

$$\int (q_x w_x + q_y w_y + q_z w_z) \, dm = \iiint \left(\frac{\partial p}{\partial x} w_x + \frac{\partial p}{\partial y} w_y + \frac{\partial p}{\partial z} w_z\right) dx \, dy \, dz$$
$$+ \frac{1}{2} \int \frac{d(w^2)}{dt} dm \quad . \quad . \quad . \quad . \quad . \quad . \quad (12).$$

Beachten wir dann, daß z. B.

$$\frac{\partial p}{\partial x} w_x = \frac{\partial (p w_x)}{\partial x} - p \frac{\partial w_x}{\partial x},$$

so zerfällt das erste Integral der rechten Seite in die beiden Terme

$$\iiint\left(\frac{\partial(p w_x)}{\partial x}+\frac{\partial(p w_y)}{\partial y}+\frac{\partial(p w_z)}{\partial z}\right) dx\, dy\, dz$$
$$-\iiint p\left(\frac{\partial w_x}{\partial x}+\frac{\partial w_y}{\partial y}+\frac{\partial w_z}{\partial z}\right) dx\, dy\, dz,$$

deren zweiter wegen der Kontinuitätsbedingung (7) verschwindet, während der erste durch partielle Integration in das Oberflächenintegral

$$\iint p\,(w_x\, dy\, dz + w_y\, dz\, dx + w_z\, dx\, dy)$$

übergeht, welches genau wie (7a) in

$$\int p\, w \cos\vartheta\, dF$$

umgeformt werden kann, so daß wir an Stelle von (12) kürzer

$$\int(q_x w_x + q_y w_y + q_z w_z)\, dm = \int p\, w \cos\vartheta\, dF + \frac{1}{2}\int\frac{d\,(w^2)}{dt}\, dm \quad (12\,\mathrm{a})$$

haben. Hierin erstreckt sich, wie noch ausdrücklich hervorgehoben werden soll, das Integral links und das zweite der rechten Seite auf die ganze in Betracht kommende Flüssigkeitsmasse bzw. wegen (11) auf deren Gesamtvolumen, während das erste Integral rechts über ihre Oberfläche F auszudehnen ist, deren nach außen gerichtete Normale mit der resultierenden Geschwindigkeit w dort den Winkel ϑ einschließt. Längs einer festen Wand ist dieser Winkel stets 90°, so daß der hierauf bezügliche Teil des Oberflächenintegrals von selbst verschwindet. Dies trifft insbesondere für die ganze Flüssigkeitsmasse zu, wenn diese allseitig von festen Wänden umgeben ist bzw. einen starren Hohlraum vollkommen ausfüllt. Alsdann vereinfacht sich Gl. (12a) in

$$\int(q_x w_x + q_y w_y + q_z w_z)\, dm = \frac{1}{2}\int\frac{d\,(w^2)}{dt}\, dm \quad (12\,\mathrm{b}).$$

Während nun das zweite Integral der rechten Seite von (12) bzw. (12a) offenbar die Änderung der kinetischen Energie der ganzen Flüssigkeitsmasse darstellt, bedeuten

$$q_x\, dm,\quad q_y\, dm,\quad q_z\, dm$$

die Komponenten der auf das Massenelement dm wirkenden äußeren Kräfte, welche in der Zeit dt die Arbeit

$$(q_x w_x\, dt + q_y w_y\, dt + q_z w_z\, dt)\, dm = dL \cdot dm$$

leisten. Mithin dürfen wir auch an Stelle von (12a) unter Zusammenfassung der Raumintegrale auf einer Seite schreiben

$$\int dm \frac{d}{dt}\left(L - \frac{w^2}{2}\right) = \int p\, w \cos \vartheta\, dF \quad . \quad . \quad (12\,\text{c}).$$

Handelt es sich um die Strömung durch einen engen Kanal mit festen Wänden, so verschwinden wiederum alle auf die Kanalwände bezüglichen Teile des Oberflächenintegrals rechts, und es bleiben nur für den Ein- und Austrittsquerschnitt analog (7 c) zwei Terme übrig, mit denen unter Berücksichtigung von (9), d. h. infolge der Gleichheit der in der Zeiteinheit ein- und austretenden Masse

$$\frac{dm}{dt} = \frac{\gamma}{g} w \cos \vartheta\, dF,$$

Gl. (12 c) übergeht in

$$\int d\left(L - \frac{w^2}{2}\right) = \frac{g}{\gamma}(p_2 - p_1)$$

oder

$$dL = w\, dw + \frac{g}{\gamma} dp \quad . \quad . \quad . \quad . \quad . \quad (12\,\text{d}).$$

Dies ist aber nichts anderes als die uns geläufige Energiegleichung der stationären Strömung längs eines Stromfadens, deren allgemeinste Form durch Gl. (12 a) gegeben ist. Für stationäre Strömung hätten wir die Gl. (12 d) auch unmittelbar aus den drei Grundformeln (1) durch Multiplikation mit den Wegelementen dx, dy, dz und Addition erhalten können.

Schließlich haben wir noch das Verhalten der Flüssigkeit in, bzw. in der Nachbarschaft einer Grenzfläche zu untersuchen, die im allgemeinen mit der Zeit veränderlich ist und daher die Gleichung

$$f(x, y, z, t) = 0 \quad . \quad . \quad . \quad . \quad . \quad . \quad . \quad (13)$$

besitzt. Daraus folgt aber sofort

$$\frac{df}{dt} = \frac{\partial f}{\partial t} + w_x \frac{\partial f}{\partial x} + w_y \frac{\partial f}{\partial y} + w_z \frac{\partial f}{\partial z} = 0 \quad . \quad . \quad (13\,\text{a})$$

oder, was auf dasselbe hinausläuft,

$$f(x + w_x dt,\ y + w_y dt,\ z + w_z dt,\ t + dt) - f(x, y, z, t) = 0.$$

Hierin verschwindet das zweite Glied wegen (13) und es bleibt

$$f(x + w_x dt,\ y + w_y dt,\ z + w_z dt,\ t + dt) = 0 \quad (13\,\text{b}),$$

wobei w_x, w_y, w_z die Geschwindigkeitskomponenten eines Flüssigkeitselementes im Punkte x, y, z zur Zeit t und daher $w_x\, dt$, $w_y\, dt$,

$w_z\,dt$ seine Verschiebungen bedeuten. Durch diese Verschiebungen wird also die Gültigkeit der Gl. (13) als Grenzfläche nicht gestört oder mit anderen Worten, die in der Grenzfläche einmal befindlichen Flüssigkeitselemente bleiben dauernd in derselben, bzw. die Flüssigkeitsoberfläche wird dauernd aus denselben Elementen gebildet.

Handelt es sich insbesondere um eine freie Oberfläche der Flüssigkeit, welche dauernd unter konstantem Druck p_0 steht, so ist diese mit ihrer zeitlichen Änderung durch

$$p\,(x, y, z, t) = p_0 \quad \ldots\ldots \quad (14)$$

und

$$\frac{dp}{dt} = \frac{\partial p}{\partial t} + w_x \frac{\partial p}{\partial x} + w_y \frac{\partial p}{\partial y} + w_z \frac{\partial p}{\partial z} = 0 \quad \ldots \quad (14\,a)$$

gegeben. Aus dem Vergleich dieser Ausdrücke mit (13) und (13a) folgt ohne weiteres die Gültigkeit der daraus entwickelten Sätze für die freie Oberfläche.

§ 34. Die Potentialbewegung.

Das Geschwindigkeitspotential und das Potential der äußeren Kräfte. Äquipotentialflächen und Stromlinien, Potentialgefälle. Zirkulation längs einer geschlossenen Kurve. Satz von Stokes.

Wir wollen in der Folge die Eulerschen Bewegungsgleichungen noch einigen Umformungen unterwerfen, aus denen sich bemerkenswerte Schlüsse über das Wesen des Strömungsvorganges einer idealen Flüssigkeit ergeben werden. Zu diesem Zwecke greifen wir die erste der Gl. (1a) des vorigen Paragraphen heraus und ergänzen sie durch Hinzufügung der Identität

$$w_y \frac{\partial w_y}{\partial x} + w_z \frac{\partial w_z}{\partial x} - w_y \frac{\partial w_y}{\partial x} - w_z \frac{\partial w_z}{\partial x} = 0$$

auf der rechten Seite. Sie lautet alsdann

$$q_x - \frac{g}{\gamma}\frac{\partial p}{\partial x} = \frac{\partial w_x}{\partial t} + w_x \frac{\partial w_x}{\partial x} + w_y \frac{\partial w_y}{\partial x} + w_z \frac{\partial w_z}{\partial x}$$
$$+ w_y \left(\frac{\partial w_x}{\partial y} - \frac{\partial w_y}{\partial x}\right) + w_z \left(\frac{\partial w_x}{\partial z} - \frac{\partial w_z}{\partial x}\right)$$

oder wegen

$$w_x^2 + w_y^2 + w_z^2 = w^2 \quad \ldots\ldots \quad (1),$$

bzw.
$$w_x \frac{\partial w_x}{\partial x} + w_y \frac{\partial w_y}{\partial x} + w_z \frac{\partial w_z}{\partial x} = \frac{1}{2} \frac{\partial (w^2)}{\partial x},$$
worin w die resultierende Geschwindigkeit eines Flüssigkeitselementes mit den Koordinaten x, y, z zur Zeit t bedeutet, unter Hinzufügung der beiden anderen analog transformierten Gleichungen

$$\left.\begin{aligned}
q_x &= \frac{\partial}{\partial x}\left(\frac{g}{\gamma}p + \frac{w^2}{2}\right) + \frac{\partial w_x}{\partial t} + w_y\left(\frac{\partial w_x}{\partial y} - \frac{\partial w_y}{\partial x}\right) + w_z\left(\frac{\partial w_x}{\partial z} - \frac{\partial w_z}{\partial x}\right)\\
q_y &= \frac{\partial}{\partial y}\left(\frac{g}{\gamma}p + \frac{w^2}{2}\right) + \frac{\partial w_y}{\partial t} + w_z\left(\frac{\partial w_y}{\partial z} - \frac{\partial w_z}{\partial y}\right) + w_x\left(\frac{\partial w_y}{\partial x} - \frac{\partial w_x}{\partial y}\right)\\
q_z &= \frac{\partial}{\partial z}\left(\frac{g}{\gamma}p + \frac{w^2}{2}\right) + \frac{\partial w_z}{\partial t} + w_x\left(\frac{\partial w_z}{\partial x} - \frac{\partial w_x}{\partial z}\right) + w_y\left(\frac{\partial w_z}{\partial y} - \frac{\partial w_y}{\partial z}\right)
\end{aligned}\right\} \quad (2).$$

Verläuft nun die Strömung derart, daß stets

$$\left.\begin{aligned}
\frac{\partial w_x}{\partial y} - \frac{\partial w_y}{\partial x} &= 0\\
\frac{\partial w_y}{\partial z} - \frac{\partial w_z}{\partial y} &= 0\\
\frac{\partial w_z}{\partial x} - \frac{\partial w_x}{\partial z} &= 0
\end{aligned}\right\} \quad \ldots\ldots\ldots \quad (3),$$

so fallen die zwei letzten Terme in den Formeln (2) fort und die Geschwindigkeitskomponenten erscheinen als partielle Ableitungen einer Funktion

$$\Phi = \Phi(x, y, z, t) \quad \ldots\ldots\ldots \quad (4),$$

die wir nach Helmholtz als das Geschwindigkeitspotential bezeichnen wollen. Führen wir diese Ableitungen

$$w_x = \frac{\partial \Phi}{\partial x}, \quad w_y = \frac{\partial \Phi}{\partial y}, \quad w_z = \frac{\partial \Phi}{\partial z} \quad \ldots \quad (4a)$$

in die Bewegungsgleichungen (2) ein, so vereinfachen sich diese in

$$\left.\begin{aligned}
q_x &= \frac{\partial}{\partial x}\left(\frac{g}{\gamma}\,p + \frac{w^2}{2} + \frac{\partial \Phi}{\partial t}\right)\\
q_y &= \frac{\partial}{\partial y}\left(\frac{g}{\gamma}\,p + \frac{w^2}{2} + \frac{\partial \Phi}{\partial t}\right)\\
q_z &= \frac{\partial}{\partial z}\left(\frac{g}{\gamma}\,p + \frac{w^2}{2} + \frac{\partial \Phi}{\partial t}\right)
\end{aligned}\right\} \quad \ldots\ldots \quad (2a),$$

wofür wir auch mit

$$\frac{g}{\gamma}\,p + \frac{w^2}{2} + \frac{\partial \Phi}{\partial t} = U \quad \ldots\ldots\ldots \quad (5)$$

kürzer $$q_x = \frac{\partial U}{\partial x}, \quad q_y = \frac{\partial U}{\partial y}, \quad q_z = \frac{\partial U}{\partial z} \quad \ldots \quad (6)$$

schreiben dürfen, so daß also auch die Komponenten der Beschleunigung der äußeren Kräfte, bzw. diese selbst als Ableitungen einer Funktion

$$U = U(x, y, z, t) \quad \ldots\ldots \quad (6a)$$

erscheinen, welche man gewöhnlich als Kräftefunktion oder kurz als Potential bezeichnet. Besitzt demnach die Strömung einer idealen Flüssigkeit ein Geschwindigkeitspotential, so existiert auch ein Potential der äußeren Kräfte. Durch Einführung des Geschwindigkeitspotentials geht übrigens die Kontinuitätsgleichung (7) des vorigen Paragraphen über in

$$\frac{\partial^2 \Phi}{\partial x^2} + \frac{\partial^2 \Phi}{\partial y^2} + \frac{\partial^2 \Phi}{\partial z^2} = 0 \quad \ldots\ldots \quad (7),$$

der die Funktion Φ jedenfalls genügen muß.

Besteht umgekehrt ein Potential U der äußeren Kräfte, welche auf eine anfänglich in Ruhe befindliche Flüssigkeitsmasse wirken, so gehen wegen (6) für den Beginn der Bewegung mit $w_x = w_y = w_z = w = 0$ die Formeln (2) über in

$$\left.\begin{aligned} \frac{\partial}{\partial x}\left(U - \frac{g}{\gamma} p\right) &= \frac{\partial w_x}{\partial t} \\ \frac{\partial}{\partial y}\left(U - \frac{g}{\gamma} p\right) &= \frac{\partial w_y}{\partial t} \\ \frac{\partial}{\partial z}\left(U - \frac{g}{\gamma} p\right) &= \frac{\partial w_z}{\partial t} \end{aligned}\right| \quad \ldots\ldots \quad (2b)$$

und werden durch die Ansätze (4a) derart erfüllt, daß

$$U - \frac{g}{\gamma} p = \frac{\partial \Phi}{\partial t} \quad \ldots\ldots \quad (5a)$$

ist. Während des Übergangs einer ruhenden Flüssigkeitsmasse in den Bewegungszustand unter dem Einfluß von Potentialkräften existiert demnach stets ein Geschwindigkeitspotential.

Die Gl. (4) für das Geschwindigkeitspotential stellt nun für jeden Wert von Φ und t die Gleichung einer Fläche dar, die man als eine Äquipotentialfläche der Geschwindigkeit bezeichnet. Durch Differentiation erhält man daraus mit Rücksicht auf (4a) allgemein

$$d\Phi = \frac{\partial \Phi}{\partial t} dt + w_x dx + w_y dy + w_z dz \quad . \; . \quad (8)$$

oder für die Äquipotentialfläche, d. h. für $d\Phi = 0$

$$0 = \frac{\partial \Phi}{\partial t} dt + w_x dx + w_y dy + w_z dz \quad . \; . \quad (8a).$$

Daraus erkennt man, daß diese Fläche im allgemeinen mit der Zeit ihre Form und Lage ändern wird. In einem bestimmten Augenblicke dagegen haben wir mit $dt = 0$

$$w_x dx + w_y dy + w_z dz = 0 \quad . \; . \; . \; . \quad (8b),$$

worin die Differentiale dx, dy, dz Projektionen einer Verschiebung ds auf der Fläche selbst bedeuten. Gl. (8b) sagt dann aus, daß die resultierende Geschwindigkeit in jedem Augenblicke normal zur Äquipotentialfläche gerichtet ist, was, wie man auf dieselbe Weise zeigen kann, auch für die resultierende Beschleunigung

$$q = \sqrt{q_x^2 + q_y^2 + q_z^2} \quad . \; . \; . \; . \; . \; . \; . \quad (9)$$

der äußeren Kraft für die Potentialfläche $U =$ const. zutrifft. Schreiten wir aber in der Bewegungsrichtung der Flüssigkeit fort, so erhalten wir die Verschiebungen

$$dx = w_x dt, \quad dy = w_y dt, \quad dz = w_z dt$$

oder

$$\frac{dx}{w_x} = \frac{dy}{w_y} = \frac{dz}{w_z} \quad . \; . \; . \; . \; . \; . \; . \; . \quad (10).$$

Dies ist schon die Differentialgleichung der Bahn eines Flüssigkeitselementes, die wir früher als eine Stromlinie angesprochen haben, und die somit im allgemeinen mit der Zeit ihre Form und Lage im Raum ebenso ändern wird wie die von ihr normal durchsetzten Geschwindigkeitspotentialflächen. Ist weiterhin dn ein Element der Normale einer solchen Fläche, so folgt für die resultierende Geschwindigkeit analog (4a)

$$w = \frac{\partial \Phi}{\partial n} = \frac{\partial \Phi}{\partial x}\frac{\partial x}{\partial n} + \frac{\partial \Phi}{\partial y}\frac{\partial y}{\partial n} + \frac{\partial \Phi}{\partial z}\frac{\partial z}{\partial n} \quad . \; . \; . \quad (11).$$

Die resultierende Geschwindigkeit ist demnach identisch mit der Änderung des Geschwindigkeitspotentials in der Bewegungsrichtung, die man wohl auch als das Potentialgefälle oder den Gradienten des Geschwindigkeitspotentials bezeichnet. Betrachtet man Flächen gleicher Potentialunterschiede $d\Phi$, so sind deren Abstände dn nach (11) der Geschwindigkeit umgekehrt proportional. Flächen verschiedenen Potentials können sich daher niemals schneiden, da sonst mit verschwindendem dn die Geschwindigkeit der Schnittstelle unendlich groß sein müßte.

Wir betrachten beispielsweise die Strömung mit dem Geschwindigkeitspotential

$$\Phi = c_1 x + c_2 y + c_3 z + a t,$$

woraus mit (4a)

$$w_x = c_1, \; w_y = c_2, \; w_z = c_3, \; \frac{\partial \Phi}{\partial t} = a$$

und

$$w^2 = c_1^2 + c_2^2 + c_3^2 = c^2 = \text{const.}$$

folgt. Dies liefert in (10) für die Stromlinien

$$\frac{dx}{c_1} = \frac{dy}{c_2} = \frac{dz}{c_3}$$

oder

$$\begin{aligned} x &= c_1 t + b_1 \\ y &= c_2 t + b_2 \\ z &= c_3 t + b_3, \end{aligned}$$

worin b_1, b_2, b_3 neue Konstante bedeuten, welche die Lage des Flüssigkeitselementes der Stromlinie zur Zeit $t = 0$ bestimmen. Die Stromlinien selbst sind Gerade, welche die Äquipotentialebenen Φ senkrecht durchschneiden und von der Flüssigkeit mit konstanter Geschwindigkeit zurückgelegt werden.

Verlangen wir nun, daß die Flüssigkeit unter dem Einflusse der Schwere strömt, so ist bei vertikal nach unten gerichteter z-Achse

$$q_x = 0, \; q_y = 0, \; q_z = g, \; U = g(z - z_0),$$

und es wird aus (5)

$$\frac{g}{\gamma} p + \frac{c^2}{2} + a = g(z - z_0),$$

d. h. der Druck ändert sich linear mit der Tiefe unter dem Normalniveau z_0, so zwar, daß, wenn für $z = z_0$, $p = p_0$ ist, aus

$$\frac{g}{\gamma} p_0 + \frac{c^2}{2} + a = 0$$

die Konstante a sich bestimmt und wir für das Potential auch

$$\Phi = c_1 x + c_2 y + c_3 z - \left(\frac{g}{\gamma} p_0 + \frac{c^2}{2}\right) t$$

schreiben dürfen.

Wir kehren nunmehr noch einmal zur Gl. (8) zurück, welche die totale Änderung des Geschwindigkeitspotentials darstellt, und verfolgen dieselbe in einem gegebenen Augenblicke längs einer Kurve s im Innern der strömenden Flüssigkeit. Da hierbei t konstant oder $dt = 0$ ist, so vereinfacht sich (8) in

$$d\Phi = w_x dx + w_y dy + w_z dz \quad . \quad . \quad . \quad . \quad (12)$$

und ergibt auf dem Wege s entlang der fraglichen Kurve mit einem Anfangswerte Φ_0 für $s = 0$

$$\Phi - \Phi_0 = \int_0^s (w_x dx + w_y dy + w_z dz) \quad . \quad . \quad (12a).$$

Liegt die Kurve s auf einer Potentialfläche, so verschwindet der Integrand wegen (8b) identisch. Außerdem ist die Differenz auf der linken Seite offenbar nur von den beiden Geschwindigkeitspotentialen Φ und Φ_0 abhängig und hat für jede Kurve zwischen je zwei Punkten der entsprechenden Äquipotentialflächen denselben Wert. Läuft die Kurve wieder in sich zurück, so wird auch $\Phi = \Phi_0$ und es folgt für einen vollen Umlauf einer geschlossenen Kurve

$$\int_0^0 (w_x dx + w_y dy + w_z dz) = 0 \quad . \quad . \quad . \quad (12b).$$

Dieses Linienintegral der Geschwindigkeit bezeichnet man als die Zirkulation, welche somit im Falle der Potentialbewegung längs einer geschlossenen Kurve verschwindet. Es ist dies nur der Spezialfall eines viel allgemeineren Satzes von Stokes, den wir seiner Wichtigkeit halber hier noch entwickeln wollen. Wir betrachten zu diesem Zwecke ein beliebiges, ganz im Innern der Flüssigkeit gelegenes und von der geschlossenen Kurve s umrandetes Flächenstück, welches durch Parallelschnitte zu den drei Koordinatenebenen in lauter unendlich kleine Dreiecke zerlegt werden kann, Fig. 129. Umfahren wir alle diese Dreiecke in einem und demselben Sinne hintereinander, so werden hierbei alle Trennungslinien je zweier Dreiecke entgegengesetzt durchlaufen, so daß sich die hierauf bezüglichen Ausdrücke $w_x dx + w_y dy + w_z dz$ gegenseitig aufheben und nur die auf die Umrandung entfallenden Beträge mit dem über s auszudehnenden Linienintegral

$$\int (w_x dx + w_y dy + w_z dz)$$

übrig bleiben. Wir dürfen mithin die Umfahrung der geschlossenen Kurve s behufs Auswertung dieses Integrals durch die Umfahrung aller Elementardreiecke einer von s berandeten Fläche und Summierung aller so erhaltenen Einzelbeträge ersetzen. Daraus erkennt man schon, daß wir unser Linienintegral in ein über die berandete Fläche zu erstreckendes Flächenintegral umformen werden, dessen Elementarbestandteil wir aus einem der Elementardreiecke ABC, Fig. 130, ableiten können. Mit diesem Dreieck bilden die drei Schnittebenen ein Elementartetraeder

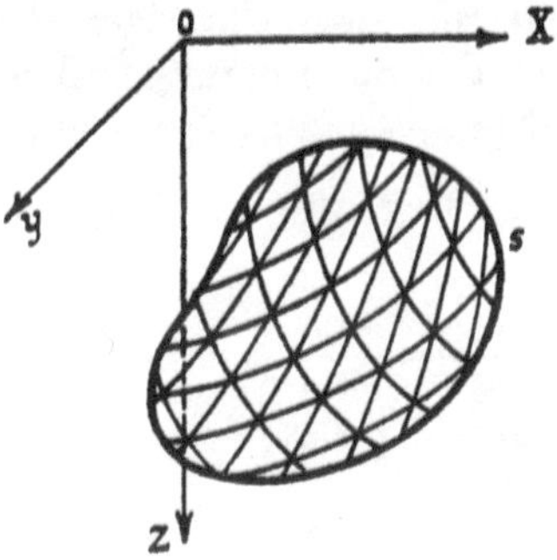

Fig. 129.

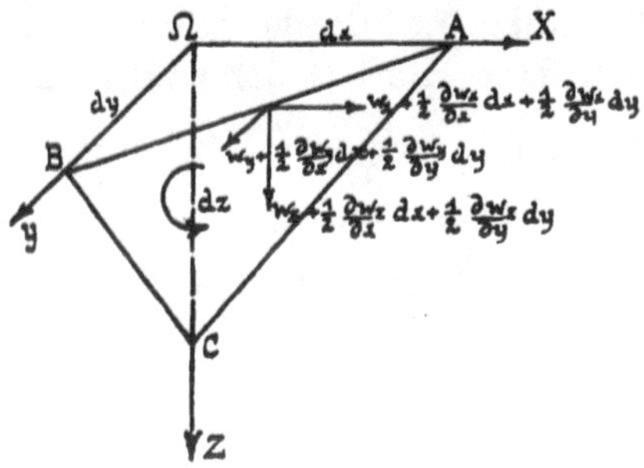

Fig. 130.

ΩABC, in dessen Spitze Ω mit den Koordinaten x, y, z die Geschwindigkeitskomponenten die Werte w_x, w_y, w_z haben. Bei der Bildung der Summe $w_x dx + w_y dy + w_z dz$ längs der unendlich kleinen Seiten AB, BC, CA dürfen wir dann die Geschwindigkeitswerte in den Seitenmitten einführen, nämlich

$$\text{auf } AB: \quad w_x + \frac{1}{2}\frac{\partial w_x}{\partial x}dx + \frac{1}{2}\frac{\partial w_x}{\partial y}dy, \qquad -dx$$

$$w_y + \frac{1}{2}\frac{\partial w_y}{\partial x}dx + \frac{1}{2}\frac{\partial w_y}{\partial y}dy, \qquad +dy$$

$$w_z + \frac{1}{2}\frac{\partial w_z}{\partial x}dx + \frac{1}{2}\frac{\partial w_z}{\partial y}dy, \qquad 0$$

$$\text{auf } BC: \quad w_x + \frac{1}{2}\frac{\partial w_x}{\partial y}dy + \frac{1}{2}\frac{\partial w_x}{\partial z}dz, \qquad 0$$

$$w_y + \frac{1}{2}\frac{\partial w_y}{\partial y}dy + \frac{1}{2}\frac{\partial w_y}{\partial z}dz, \qquad -dy$$

$$w_z + \frac{1}{2}\frac{\partial w_z}{\partial y}dy + \frac{1}{2}\frac{\partial w_z}{\partial z}dz, \qquad +dz$$

auf CA: $\quad w_x + \frac{1}{1}\frac{\partial w_x}{\partial z}dz + \frac{1}{2}\frac{\partial w_x}{\partial x}dx, \quad + dx$

$$w_y + \frac{1}{2}\frac{\partial w_y}{\partial z}dz + \frac{1}{2}\frac{\partial w_y}{\partial x}dx, \qquad 0$$

$$w_z + \frac{1}{2}\frac{\partial w_z}{\partial z}dz + \frac{1}{2}\frac{\partial w_z}{\partial x}dx, \qquad -dz$$

Diese Beträge sind dann vor der Summierung mit den dahinter stehenden Wegelementen zu multiplizieren, deren Vorzeichen sich daraus ergibt, ob beim Fortschreiten in der Richtung ABC, d. h. von Ω aus gesehen mit dem Uhrzeiger die Koordinaten zu- oder abnehmen. Bei der Summierung heben sich dann alle mit den endlichen Beträgen w_x, w_y, w_z sowie auch die mit $\frac{\partial w_x}{\partial x}, \frac{\partial w_y}{\partial y}, \frac{\partial w_z}{\partial z}$ behafteten Terme weg und es bleibt für das Elementardreieck

$$\begin{aligned}\Sigma\,(w_x dx + w_x dy + w_z dz) &= \frac{1}{2}\left(\frac{\partial w_z}{\partial y} - \frac{\partial w_y}{\partial z}\right) dy\,dz \\ &+ \frac{1}{2}\left(\frac{\partial w_x}{\partial z} - \frac{\partial w_z}{\partial x}\right) dz\,dx \\ &+ \frac{1}{2}\left(\frac{\partial w_y}{\partial x} - \frac{\partial w_x}{\partial y}\right) dx\,dy\end{aligned}$$

oder nach Ausdehnung über sämtliche Dreiecke bzw. die gesamte von s berandete Fläche

$$\begin{aligned}&\int (w_x dx + w_y dy + w_z dz) \\ &= \frac{1}{2}\iint\left[\left(\frac{\partial w_z}{\partial y} - \frac{\partial w_y}{\partial z}\right)dy\,dz + \left(\frac{\partial w_x}{\partial z} - \frac{\partial w_z}{\partial x}\right)dz\,dx + \left(\frac{\partial w_y}{\partial x} - \frac{\partial w_x}{\partial y}\right)dx\,dy\right] \quad (13).\end{aligned}$$

Dies ist schon der Ausdruck des Stokesschen Satzes, der unter Einführung der Richtungswinkel $\varkappa$, λ, μ der Flächennormale und des Flächenelementes dF durch

$$dx\,dy = 2\,dF\cos\varkappa,\quad dz\,dx = 2\,dF\cos\lambda,\quad dx\,dy = 2\,dF\cos\mu \quad (14)$$

auch in der Form

$$\begin{aligned}&\int (w_x dx + w_y dy + w_z dz) \\ &= \iint\left[\left(\frac{\partial w_z}{\partial y} - \frac{\partial w_y}{\partial z}\right)\cos\varkappa + \left(\frac{\partial w_x}{\partial z} - \frac{\partial w_z}{\partial x}\right)\cos\lambda + \left(\frac{\partial w_y}{\partial x} - \frac{\partial w_x}{\partial y}\right)\cos\lambda\right] dF \quad (13a)\end{aligned}$$

geschrieben werden kann und im Falle des durch (3) für die Existenz eines Geschwindigkeitspotentials geforderten Verschwindens der Klammerausdrücke auf der rechten Seite wieder auf Gl. (12b), d. h. auf das Verschwinden der Zirkulation führt.

Die Gültigkeit des Stokesschen Theorems ist übrigens durchaus nicht auf die Komponenten der Geschwindigkeit beschränkt, sondern erstreckt sich, wie man ohne weiteres übersieht, auf alle Arten von Vektoren, u. a. auf Beschleunigungen und Kräfte, sofern sie nur stetige Funktionen der Koordinaten sind, während ihre zeitliche Veränderlichkeit den Satz überhaupt nicht berührt. Daher kommt es denn auch, daß dieses Theorem nicht bloß in der Hydrodynamik, sondern vor allem auch in der Elektrizitätslehre, welche mit dieser zahlreiche Analogien aufweist, eine große Rolle spielt.

§ 35. Die ebene stationäre Parallelströmung.

Zweidimensionale ebene Strömung. Geschwindigkeitspotential und Stromfunktion. Parameter der Stromfunktion. Grenzbedingungen, feste Wände, scharfe Ecken. Theorie der konformen Abbildung. Strombilder: Strömung in einem Knie, um einen Kreiszylinder, Rotation um einen Kreiszylinder. Bewegung eines Kreiszylinders in einer ruhenden Flüssigkeit. Elliptische Zylinder und ebene Platten.

Wir betrachten in der Folge die stationäre Strömung einer idealen Flüssigkeit, welche sich in allen Ebenen normal zu einer der Koordinatenachsen, z. B. der z-Achse, in gleicher Weise abspielt, während in der Richtung dieser Achse selbst keine Bewegung stattfindet. Mit $w_z = 0$ können wir uns darum mit der Verfolgung des ganzen Vorganges in der xy-Ebene begnügen und sind damit berechtigt, hier von einer ebenen Strömung zu sprechen. Diese bildet selbst im Gegensatz zu der in den beiden letzten Kapiteln behandelten eindimensionalen Parallelströmung einen wichtigen Spezialfall der zweidimensionalen Strömungen, welche ebenso wie die Parallelströmung im allgemeinen stationär oder zeitlich veränderlich verlaufen können.

Die Kontinuitätsgleichung der ebenen Strömung lautet nun

$$\frac{\partial w_x}{\partial x} + \frac{\partial w_y}{\partial y} = 0 \quad . \quad . \quad . \quad . \quad . \quad . \quad . \quad (1)$$

oder unter Einführung eines durch

$$w_x = \frac{\partial \Phi}{\partial x}, \quad w_y = \frac{\partial \Phi}{\partial y} \quad . \quad . \quad . \quad . \quad . \quad (1a)$$

definierten Geschwindigkeitspotentials Φ, welches im

Falle der stationären Bewegung die Zeit t nicht mehr enthält,

$$\frac{\partial^2 \Phi}{\partial x^2} + \frac{\partial^2 \Phi}{\partial y^2} = 0 \quad \ldots \ldots \quad (1b).$$

Dieser partiellen Differentialgleichung zweiter Ordnung muß das Geschwindigkeitspotential

$$\Phi = \Phi(x, y) \quad \ldots \ldots \ldots \quad (1c)$$

im ganzen Bereiche der Strömung genügen. Man übersieht, daß die Gl. (1c), welche als das Integral der Gl. (1b) anzusehen ist, für jeden Wert des links stehenden sog. Parameters Φ eine ebene Kurve, insgesamt also für alle möglichen Parameter eine Kurvenschaar in der xy-Ebene darstellt, so daß wir hier von Äquipotentialkurven sprechen müssen, deren stetige Änderung durch

$$d\Phi = \frac{\partial \Phi}{\partial x} dx + \frac{\partial \Phi}{\partial y} dy = w_x dx + w_y dy \quad . \ . \quad (1d)$$

gegeben ist. Diese Änderung verschwindet nur, wenn wir auf der Äquipotentialkurve bleiben, d. h. wenn dx und dy dieser selbst angehören.

Gehören diese Differentiale aber einer Stromlinie an, so ist deren Gleichung

$$\frac{dx}{w_x} = \frac{dy}{w_y}$$

oder

$$w_x dy - w_y dx = 0 \quad \ldots \ldots \quad (2).$$

Gehen wir dann von einer Stromlinie zur benachbarten über, d. h. verallgemeinern wir die Bedeutung der Differentiale, so müssen wir an Stelle von (2) allgemeiner

$$d\Psi = w_x dy - w_y dx \quad \ldots \ldots \quad (2a)$$

schreiben, wo Ψ eine neue Funktion

$$\Psi = \Psi(x, y) \quad \ldots \ldots \ldots \quad (2b)$$

bedeutet, die wir mit Stokes als Stromfunktion bezeichnen wollen. Deren Differentialgleichung

$$d\Psi = \frac{\partial \Psi}{\partial x} dx + \frac{\partial \Psi}{\partial y} dy$$

ist aber mit (2a) und (1) nur dann vereinbar, wenn

$$w_x = \frac{\partial \Psi}{\partial y}, \quad w_y = -\frac{\partial \Psi}{\partial x} \quad \ldots \ldots \quad (2c)$$

wird, woraus mit (1a)

$$\frac{\partial \Phi}{\partial x} = \frac{\partial \Psi}{\partial y}, \quad \frac{\partial \Phi}{\partial y} = -\frac{\partial \Psi}{\partial x} \quad \ldots \ldots \quad (3)$$

oder nach nochmaliger partieller Differentiation nach y bzw. x

$$\frac{\partial^2 \Psi}{\partial x^2} + \frac{\partial^2 \Psi}{\partial y^2} = 0 \quad \ldots \ldots \ldots \quad (2d)$$

folgt in voller Analogie zu Gl. (1b). Die Stromfunktion genügt demnach genau derselben partiellen Differentialgleichung zweiter Ordnung, wie das zugehörige Geschwindigkeitspotential. Andererseits erhält man durch wechselseitige Multiplikation der beiden Formeln (3)

$$\frac{\partial \Phi}{\partial x}\frac{\partial \Psi}{\partial x} + \frac{\partial \Phi}{\partial y}\frac{\partial \Psi}{\partial y} = 0 \quad \ldots \ldots \quad (3a),$$

worin die einzelnen Differentialquotienten dem Richtungskosinus der beiden Funktionskurvenscharen Φ und Ψ proportional sind. Dann also besagt (3a) nichts anderes, als daß die Kurvenschar der Potentiallinien diejenige der Stromlinien normal durchschneidet, ein spezieller Satz des im vorigen Paragraphen für den Raum abgeleiteten Satzes. Die eine Kurvenschar ist somit durch Festlegung der anderen vollständig gegeben, was schon daraus erhellt, daß beide derselben Differentialgleichung (1b) bzw. (2d) genügen, und darum dürfen wir die beiden Funktionen Φ und Ψ als konjugiert bezeichnen.

Der auf der linken Seite der Gl. (2b) stehende Parameter Ψ der Stromfunktion hat nun eine sehr einfache Bedeutung, die sich aus Fig. 131 ohne weiteres ergibt. In dieser Figur sind zwei benachbarte Stromlinien mit den Parametern Ψ und $\Psi + d\Psi$ verzeichnet; um von der einen zur andern zu gelangen, geht man um dx zurück und um dy vorwärts. Alsdann ist $w_y dx - w_x dy$ das zwischen diesen beiden Stromlinien in der Zeiteinheit strömende Flüssigkeitsvolumen

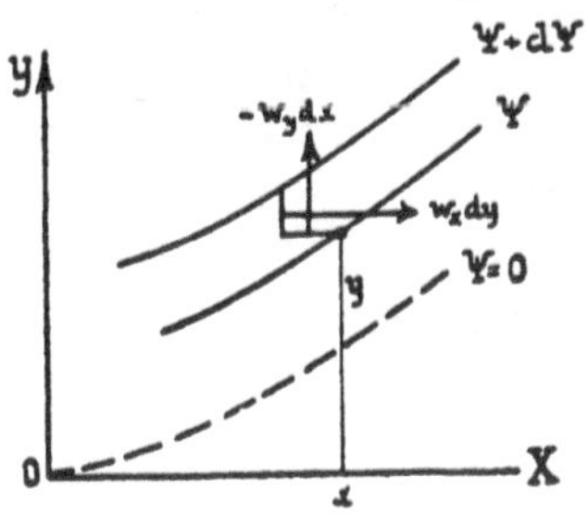

Fig. 131.

bezogen auf die Längeneinheit der zur Bildebene normalen z-Achse. Dieser Betrag stimmt also nach Gl. (2a) mit $d\Psi$ selbst überein, so daß der Parameter Ψ selbst bis auf eine willkürliche Konstante ein Flüssigkeitsvolumen bedeutet. Diese Konstante bestimmen wir am einfachsten dadurch, daß wir der durch den Anfang 0 hindurchgehenden Stromlinie den Parameter $\Psi = 0$ zuschreiben; alsdann bedeutet Ψ für irgendeine Stromlinie die zwischen ihr und der durch den Anfang gezogenen Stromlinie bewegte Flüssigkeit, die wir auch als die Stromstärke bezeichnen können.

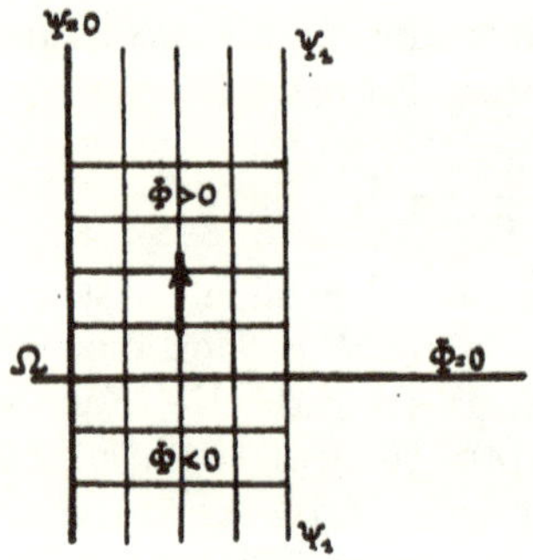

Fig. 132 a.

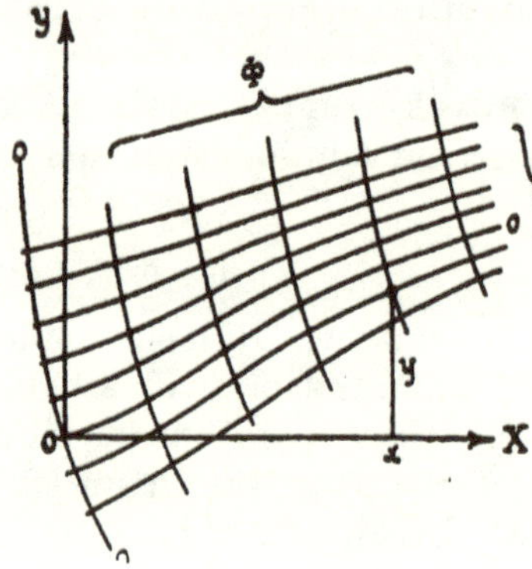

Fig. 132 b.

In derselben Weise ist natürlich auch das Geschwindigkeitspotential Φ für irgendeinen Punkt der xy-Ebene bis auf eine willkürliche Konstante bestimmt, die wir durch Festsetzung des Wertes $\Phi = 0$ für die durch den Anfang gezogene Äquipotentialkurve zum Verschwinden bringen können. Aus dem orthogonalen Kurvennetz Fig. 132b der Stromlinien und Potentialkurven erkennt man weiterhin, daß beide Kurvenscharen miteinander vertauscht werden dürfen, daß mithin jede Lösung der Differentialgleichungen (1b) bzw. (2d) zwei einander konjugierte Strömungen darstellt. Diese können andererseits wegen ihrer rechtwinkligen Kreuzung als winkeltreue oder konforme Abbildungen eines einfachen Geradennetzes in einer $\Phi\Psi$-Ebene mit dem Anfang Ω, Fig. 132a, betrachtet bzw. als aus einer dementsprechenden Parallelströmung hervorgegangen gedacht werden. Das heißt aber nichts anderes, als daß wir die Koordinaten xy eines Punktes des Netzes Fig. 132b als Funktionen

$$x = x\,(\Phi, \Psi), \quad y = y\,(\Phi, \Psi) \quad . \quad . \quad . \quad . \quad (4)$$

der Parameter Φ und Ψ darstellen können, bzw. daß jedem Punkte der $\Phi\Psi$-Ebene ein Punkt der xy-Ebene entspricht und umgekehrt. Aus den beiden schon oben benutzten Differentialformeln

$$d\Phi = \frac{\partial \Phi}{\partial x} dx + \frac{\partial \Phi}{\partial y} dy$$

$$d\Psi = \frac{\partial \Psi}{\partial x} dx + \frac{\partial \Psi}{\partial y} dy$$

können wir darum auch die Differentiale dx und dy in Φ und Ψ berechnen und erhalten

$$\frac{\partial \Psi}{\partial y} d\Phi - \frac{\partial \Phi}{\partial y} d\Psi = \left(\frac{\partial \Phi}{\partial x}\frac{\partial \Psi}{\partial y} - \frac{\partial \Psi}{\partial x}\frac{\partial \Phi}{\partial y}\right) dx$$

$$\frac{\partial \Phi}{\partial x} d\Psi - \frac{\partial \Psi}{\partial y} d\Phi = \left(\frac{\partial \Phi}{\partial x}\frac{\partial \Psi}{\partial y} - \frac{\partial \Psi}{\partial x}\frac{\partial \Phi}{\partial y}\right) dy$$

oder, da nach (3)

$$\frac{\partial \Phi}{\partial x}\frac{\partial \Psi}{\partial y} - \frac{\partial \Psi}{\partial x}\frac{\partial \Phi}{\partial y} = \left(\frac{\partial \Phi}{\partial x}\right)^2 + \left(\frac{\partial \Phi}{\partial y}\right)^2 = w_x^2 + w_y^2 = w^2 \quad (5)$$

ist, auch

$$\left.\begin{aligned} dx &= \frac{1}{w^2}\left(\frac{\partial \Psi}{\partial y} d\Phi - \frac{\partial \Phi}{\partial y} d\Psi\right) \\ dy &= \frac{1}{w^2}\left(\frac{\partial \Phi}{\partial x} d\Psi - \frac{\partial \Psi}{\partial x} d\Phi\right) \end{aligned}\right\} \quad . \; . \; . \; . \; . \quad (6).$$

Diese Gleichungen können aber nur bestehen, wenn wieder mit Rücksicht auf (3)

$$\left.\begin{aligned} \frac{\partial x}{\partial \Phi} &= \frac{1}{w^2}\frac{\partial \Psi}{\partial y} = \frac{1}{w^2}\frac{\partial \Phi}{\partial x}, \quad \frac{\partial x}{\partial \Psi} = -\frac{1}{w^2}\frac{\partial \Phi}{\partial y} \\ \frac{\partial y}{\partial \Phi} &= -\frac{1}{w^2}\frac{\partial \Psi}{\partial x} = \frac{1}{w^2}\frac{\partial \Phi}{\partial y}, \quad \frac{\partial y}{\partial \Psi} = \frac{1}{w^2}\frac{\partial \Phi}{\partial x} \end{aligned}\right\} \quad (6\text{a})$$

ist, woraus durch Quadrieren und Addieren folgt

$$\left(\frac{\partial x}{\partial \Phi}\right)^2 + \left(\frac{\partial y}{\partial \Phi}\right)^2 = \left(\frac{\partial x}{\partial \Psi}\right)^2 + \left(\frac{\partial y}{\partial \Psi}\right)^2 = \frac{1}{w^2} \quad . \; . \quad (6\text{b}).$$

Bezieht sich unsere Betrachtung auf eine reibungsfreie Flüssigkeit, so dürfen wir, ohne den Verlauf der Strömung zu ändern, längs irgendeiner Stromlinie eine feste Wand einschalten und uns dann unter Fortlassung der Flüssigkeit auf einer Seite dieser Wand mit der Verfolgung der Strömung der anderen Seite begnügen. Hat dann die Wand und damit die längs dieser verlaufende Stromlinie eine scharfe Ecke, so laufen hier die benachbarten Äquipotentialkurven zusammen und es wird nach (6b) mit

$$\frac{\partial x}{\partial \Phi} = 0, \quad \frac{\partial y}{\partial \Phi} = 0, \quad w = \infty.$$

In die Energiegleichung, welche für stationäre Strömung nach Gl. (5) § 34

$$\frac{g}{\gamma} p + \frac{w^2}{2} = U \quad \ldots \ldots \quad (7)$$

lautet, eingeführt, liefert aber, da die Kräftefunktion U nirgends unendlich große Werte annimmt, die unendliche Geschwindigkeit einen negativ unendlichen Druck, der mit der Existenz einer idealen Flüssigkeit unverträglich ist. Eine solche Flüssigkeit wird also beim Passieren einer scharfen Ecke zerreißen, d. h. um die Ecke einen Hohlraum mit dem Druck $p = 0$ bilden, der diesen Punkt aus der Strömung ausschaltet.

Wird umgekehrt $w = 0$, so rücken nach (1a) und (2a) sowohl die Äquipotentialkurven wie auch die Stromlinien unendlich weit auseinander, was im Endlichen ausgeschlossen ist. Eine ebene Potentialströmung kann demnach erst im Unendlichen zur Ruhe kommen.

Zur Konstruktion von Strombildern nach Fig. 132b als Abbildungen von Fig. 132a denken wir uns beide Figuren in komplexen Zahlenebenen $\Phi\Psi$ und xy derart gezeichnet, daß mit $i = \sqrt{-1}$ dem Punkte

$$Z = \Phi + i\Psi \quad \ldots \ldots \quad (8)$$

in der ersteren der Punkt

$$z = x + iy \quad \ldots \ldots \quad (8a)$$

der zweiten entspricht, so daß

$$Z = f(z) \text{ oder } \Phi + i\Psi = f(x + iy) \quad \ldots \quad (8b).$$

Alsdann ist

$$\frac{dZ}{dz} = \frac{\partial Z}{\partial x}\frac{dx}{dz} + \frac{\partial Z}{\partial y}\frac{dy}{dz} = \frac{\frac{\partial Z}{\partial x}dx + \frac{\partial Z}{\partial y}dy}{dx + i\,dy}$$

oder

$$\frac{dZ}{dz} = \frac{\frac{\partial Z}{\partial x} + \frac{\partial Z}{\partial y}\frac{dy}{dx}}{1 + i\frac{dy}{dx}} \quad \ldots \ldots \quad (8c).$$

Verlangt man nun, daß die beiden Figuren einander konform, d. h. in ihren Elementen einander ähnlich bleiben, so heißt das nichts anderes, als daß der lineare Zuwachs dZ in der $\Phi\Psi$-Ebene Fig. 133a dem Zuwachse dz in der xy-Ebene Fig. 133b

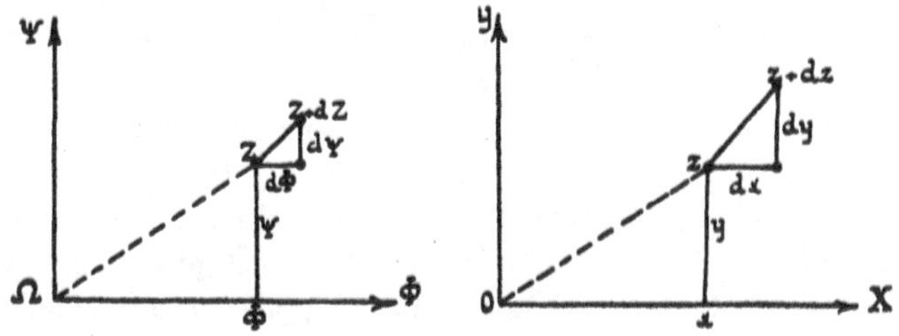

Fig. 133a. Fig. 133b.

an allen Stellen proportional, bzw. daß der Differentialquotient (8c) unabhängig von der durch $dy : dx$ gegebenen Richtung des Zuwachses dz ist. Diese Bedingung erfordert aber das Verschwinden des Faktors von $dy : dx$ in der aus (8c) hervorgehenden Gleichung

$$\frac{dZ}{dz} - \frac{\partial Z}{\partial x} = \left(\frac{\partial Z}{\partial y} - i\,\frac{dZ}{dz}\right)\frac{dy}{dx}$$

und führt auf

$$\frac{dZ}{dz} = \frac{\partial Z}{\partial x} = \frac{1}{i}\,\frac{\partial Z}{\partial y} = -\,i\,\frac{\partial Z}{\partial y} \quad \ldots\ldots \quad (9).$$

Da nun außerdem nach (8)

$$\frac{\partial Z}{\partial x} = \frac{\partial \Phi}{\partial x} + i\,\frac{\partial \Psi}{\partial x},\quad \frac{\partial Z}{\partial y} = \frac{\partial \Phi}{\partial y} + i\,\frac{\partial \Psi}{\partial y} \quad \ldots \quad (8\text{d})$$

ist, so folgt aus (9) auch

$$\frac{\partial \Phi}{\partial x} + i\,\frac{\partial \Psi}{\partial x} = -\,i\left(\frac{\partial \Phi}{\partial y} + i\,\frac{\partial \Psi}{\partial y}\right)$$

oder nach Gleichsetzen der reellen und der imaginären Bestandteile

$$\frac{\partial \Phi}{\partial x} = \frac{\partial \Psi}{\partial y},\quad \frac{\partial \Phi}{\partial y} = -\,\frac{\partial \Psi}{\partial x}.$$

Dies sind aber wieder die Beziehungen (3), aus denen die rechtwinklige Durchkreuzung der beiden Kurvenscharen Φ und Ψ folgte, so daß diese Haupteigenschaft auch erhalten bleibt bei der Abbildung in der komplexen Zahlenebene. Weiter folgt aus (9) durch Umkehrung mit (8d)

$$\frac{dz}{dZ} = \left(\frac{\partial \Phi}{\partial x} + i\frac{\partial \Psi}{\partial x}\right)^{-1} = \left(\frac{\partial \Phi}{\partial x} - i\frac{\partial \Phi}{\partial y}\right)^{-1}$$

oder mit (1a)

$$\frac{dz}{dZ} = \frac{\frac{\partial \Phi}{\partial x} + i\frac{\partial \Phi}{\partial y}}{\left(\frac{\partial \Phi}{\partial x}\right)^2 + \left(\frac{\partial \Phi}{\partial y}\right)^2} = \frac{1}{w^2}\left(\frac{\partial \Phi}{\partial x} + i\frac{\partial \Phi}{\partial y}\right) \quad . \quad . \quad (9a).$$

Die vorstehende Theorie gestattet uns nun, durch einfache Wahl beliebiger Funktionen $Z = f(z) = f(x + iy)$ oder umgekehrt $Z = F(Z) = F(\Phi + i\Psi)$ unter Trennung der reellen und komplexen Bestandteile Strombilder zu gewinnen, welche sich den wirklichen Vorgängen um so genauer anschließen, je geringer der Einfluß der Flüssigkeitsreibung ist, deren Einfluß, wie wir später sehen werden, streng genommen die Existenz von Geschwindigkeitspotentialen ausschließt.

Setzen wir beispielsweise $Z = Az = A(x + iy)$, so folgt aus (8) durch Trennung des reellen und imaginären Bestandteiles

$$\Phi = Ax, \quad \Psi = Ay,$$

d. h. wieder eine orthogonale Parallelströmung in der x-Richtung mit konstanter Geschwindigkeit

$$w = w_x = A, \quad w_y = 0.$$

Etwas mehr Interesse bietet schon der Ansatz $Z = Az^2$ oder

$$\Phi + i\Psi = A(x + iy)^2 = A(x^2 - y^2) + 2iAxy \quad (10),$$

woraus sich ergibt

$$\Phi = A(x^2 - y^2), \quad \Psi = 2Axy \quad . \quad . \quad . \quad (10a).$$

Die Äquipotentialkurven und Stromlinien Fig. 134 sind hierbei zwei Scharen sich normal schneidender gleichseitiger Hyperbeln, welche nach Ersatz der Achsen durch feste Wände die Flüssigkeitsbewegung in einem rechtwinkligen Knie verdeutlichen können. Die Geschwindigkeitskomponenten sind nach (1a)

$$w_x = 2Ax, \quad w_y = -2Ay \quad . \quad . \quad . \quad . \quad (10b)$$

mit einer Resultante

$$w = 2A\sqrt{x^2 + y^2} = 2Ar$$

oder proportional dem Abstande vom Ursprung 0, in dem die Geschwindigkeit selbst verschwindet; infolgedessen spielt hierbei die nach innen springende scharfe Ecke keine Rolle.

Als letztes Beispiel dieser Art betrachten wir den Ansatz

$$Z = Az + \frac{B}{z}$$

oder

$$\Phi + i\Psi = A\,(x + iy) + \frac{B}{x + iy}$$
$$= x\left(A + \frac{B}{x^2 + y^2}\right) + iy\left(A - \frac{B}{x^2 + y^2}\right) \quad (11),$$

woraus

$$\Phi = x\left(A + \frac{B}{x^2 + y^2}\right), \quad \Psi = y\left(A - \frac{B}{x^2 + y^2}\right) \quad (11a)$$

und

$$w_x = A + B\,\frac{y^2 - x^2}{(x^2 + y^2)^2}, \quad w_y = -\frac{2\,Bxy}{(x^2 + y^2)^2} \quad (11b)$$

folgt. Für $x = \infty$ und $y = \infty$ wird hieraus $w_x = A$, $w_y = 0$, d. h. die Strömung geht im Unendlichen in eine gewöhnliche Parallelströmung über. Für $x = 0$, $y = 0$ wird dagegen $w_x = \infty$, $w_y = \infty$, $\Phi = \infty$, $\Psi = \infty$, so daß der Koordinatenanfang auszuschalten ist. In der Tat zerfällt die Gleichung der Stromfunktion für $\Psi = 0$ in eine mit der Abszissenachse $y = 0$ identische Gerade und einen Kreis

$$x^2 + y^2 = a^2 = \frac{B}{A},$$

der als Projektion eines in dem Strom versenkten Zylinders betrachtet werden kann. Daraus ergibt sich dann das in Fig. 135a dargestellte Strombild mit den Äquipotentialkurven, welche den von der Flüssigkeit tangential umströmten Kreis normal treffen bis auf die Schnittpunkte mit der x-Achse, in denen $w_x = 0$, $w_y = 0$ wird.

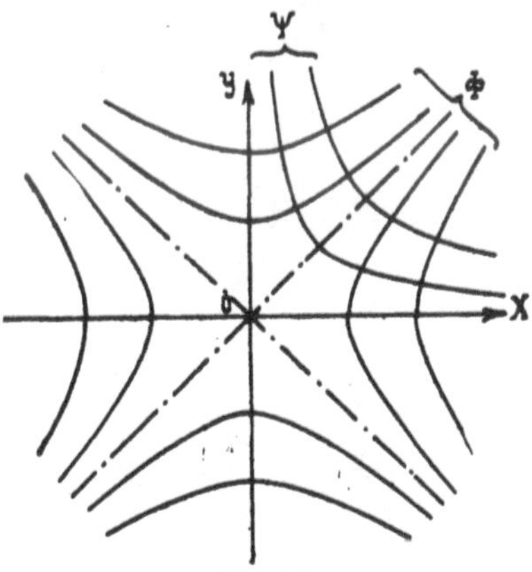

Fig. 134.

Erteilen wir umgekehrt dem Zylinder die Geschwindigkeit $-A$, so wird an Stelle von (11b) bei ungeändertem w_y

$$w_x = B\,\frac{y^2 - x^2}{(x^2 + y^2)^2} \text{ mit } w_x = 0 \text{ für } x = y = \infty$$

und daraus wegen (1a) und (2a)

$$\Phi = \frac{Bx}{x^2+y^2}, \quad \Psi = -\frac{By}{x^2+y^2} \quad . \quad . \quad . \quad (11\text{c}),$$

d. h. die im Unendlichen ruhende Flüssigkeit weicht dem gleichförmig bewegten Zylinder in Kreisbahnen aus, die, wie aus Fig. 135b hervorgeht, sich sämtlich in der Zylindermitte berühren.

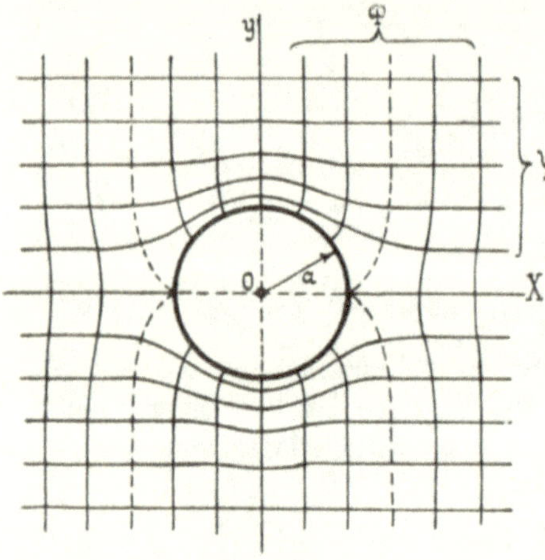

Fig. 135a.

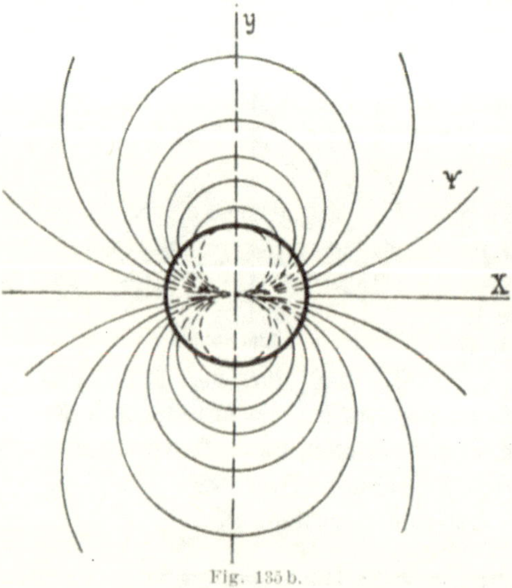

Fig. 135b.

Zum Schlusse wollen wir noch einige wichtige Fälle des umgekehrten Ansatzes $z = F(Z)$ betrachten, deren einfachster $z = A\,e^{Z}$ oder

$$x + iy = A\,e^{\Phi + i\Psi} = A\,e^{\Phi}(\cos\Psi + i\sin\Psi) \quad (12)$$

sein dürfte. Daraus folgt unmittelbar

$$x = A\,e^{\Phi}\cos\Psi, \quad y = A\,e^{\Phi}\sin\Psi \quad (12\text{a})$$

oder

$$x^2 + y^2 = A^2 e^{2\Phi}, \quad y = x\,\mathrm{tg}\,\Psi \quad (12\text{b}),$$

d. h. die Äquipotentialkurven sind Kreise um den Anfang und die Stromlinien verlaufen radial vom Kreiszentrum aus, welches somit eine punktförmige Quelle oder Senke darstellt, Fig. 136. Für die Geschwindigkeit erhalten wir durch Differentiation wegen (1a) sowie mit $x^2+y^2=r^2$

$$\left.\begin{aligned} x &= A^2 e^{2\Phi}\frac{\partial\Phi}{\partial x} = r^2 w_x \\ y &= A^2 e^{2\Phi}\frac{\partial\Phi}{\partial y} = r^2 w_y \end{aligned}\right\}(12\text{c})$$

also $$1 = r^2(w_x^2 + w_y^2) = r^2 w^2.$$

Die Geschwindigkeit wird daher im Anfang selbst unendlich, wie es die Eigenschaft einer Quelle oder Senke erfordert. In diesem Strombilde dürfen wir natürlich auch die Φ- und Ψ-Kurven miteinander vertauschen und erhalten so die Rotation der Flüssigkeit um den Anfang herum, für welche mit

$$\left.\begin{aligned} x^2 + y^2 &= A^2 e^{2\Psi}, \quad y = x \operatorname{tg} \Phi \\ \text{wegen (2a)} \quad w_x &= \frac{y}{r^2}, \quad w_y = -\frac{x}{r^2} \end{aligned}\right\} \qquad (12\text{d})$$

und die resultierende Rotationsgeschwindigkeit $w = 1 : r$ für den Anfang ebenfalls unendlich wird. Beide Strömungen, von denen die zuletzt betrachtete uns nochmals begegnen wird, sind demnach nur realisierbar unter Ausschaltung eines zentralen Teiles um den Anfang herum, wie sie durch Schraffur in Fig. 136 angedeutet ist.

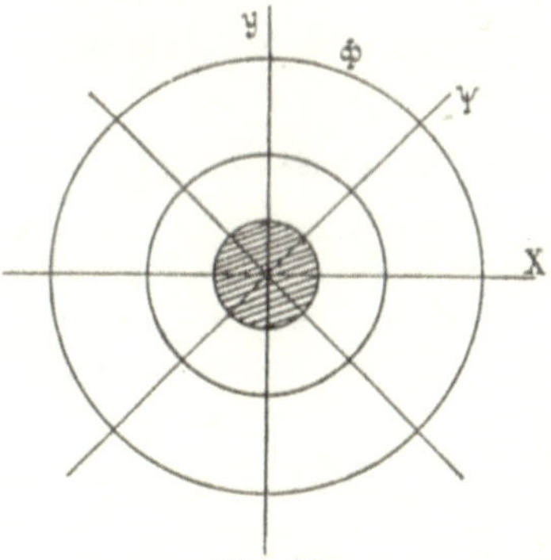

Fig. 136.

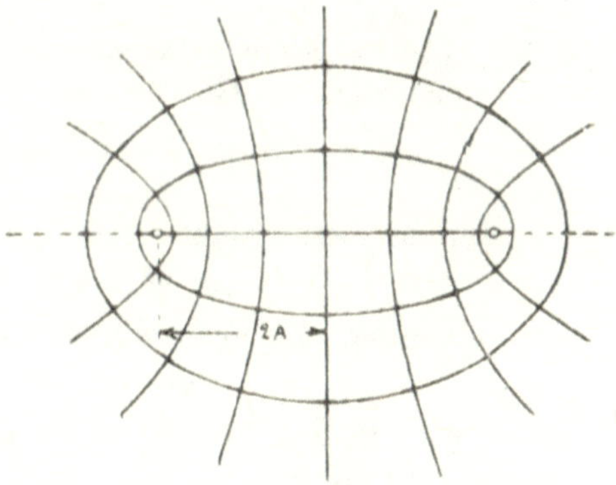

Fig. 137.

Als zweiten Fall wählen wir den etwas allgemeineren Ansatz

$$z = A\,(e^{+Z} + e^{-Z})$$

oder

$$x + iy = A\,(e^{\Phi}\, e^{i\Psi} + e^{-\Phi}\, e^{-i\Psi})$$

$$= A\,(e^{\Phi} + e^{-\Phi}) \cos \Psi + iA\,(e^{\Phi} - e^{-\Phi}) \sin \Psi \quad (13),$$

woraus

$$\left.\begin{aligned} x &= A\,(e^{\Phi} + e^{-\Phi}) \cos \Psi \\ y &= A\,(e^{\Phi} - e^{-\Phi}) \sin \Psi \end{aligned}\right\} \quad . \; . \; . \; . \quad (13\text{a})$$

folgt. Dies liefert nach Elimination je einer der beiden Funktionen Φ bzw Ψ

$$\left.\begin{aligned}\frac{x^2}{A^2(e^{\Phi}+e^{-\Phi})^2}+\frac{y^2}{A^2(e^{\Phi}-e^{-\Phi})^2}&=1\\ \frac{x^2}{4A^2\cos^2\Psi}-\frac{y^2}{4A^2\sin^2\Psi}&=1\end{aligned}\right\}\quad(13\text{b}),$$

d. h. zwei Scharen sich normal schneidender Ellipsen und Hyperbeln als Potential- und Stromlinien, Fig. 137. Mit

$$\left.\begin{aligned}a&=A(e^{\Phi}+e^{-\Phi}),\quad & b&=A(e^{\Phi}-e^{-\Phi})\\ a'&=2A\cos\Psi,\quad & b'&=2A\sin\Psi\end{aligned}\right\}\quad(13\text{c})$$

gehen die Kurvengleichungen in die gewöhnliche Form

$$\frac{x^2}{a^2}+\frac{y^2}{b^2}=1,\quad \frac{x^2}{a'^2}-\frac{y^2}{b'^2}=1\quad .\;.\;.\quad(13\text{d})$$

über, wobei

$$a^2-b^2=4A^2=a'^2+b'^2\quad .\;.\;.\quad(13\text{e})$$

ist, so daß also der Brennpunktsabstand und damit die Brennpunkte selbst allen diesen Kurven gemeinsam sind. Die resultierende Geschwindigkeit berechnet sich hierbei am bequemsten aus Gl. (6b) zu

$$\frac{1}{w^2}=A^2(e^{2\Phi}+e^{-2\Phi})+2A^2(\sin^2\Psi-\cos^2\Psi)\quad(13\text{f}).$$

Für die Brennpunkte $x=\pm 2A$, $y=0$ ist

$$(e^{\Phi}+e^{-\Phi})\cos\Psi=2,\quad (e^{\Phi}-e^{-\Phi})\sin\Psi=0,$$

also mit einer beliebigen ganzen Zahl k

$$\Phi=0,\quad \Psi=k\pi;$$

damit wird in den Brennpunkten $w=\infty$.

Man übersieht nunmehr sofort, daß Fig. 137 sowohl die Strömung um einen elliptischen Zylinder bzw. im Grenzfalle um eine unendlich dünne Platte von der Länge $4A$, als auch wegen der Vertauschbarkeit von Φ und Ψ den Durchtritt durch eine Öffnung mit nach Hyperbeln geformten Seitenwänden bzw. im Grenzfall durch einen Spalt von der Länge $4A$ in einer ebenen Trennungswand zweier Gefäße darstellt. Dabei wird die Geschwindigkeit an den mit den Brennpunkten zusammenfallenden Enden der unendlich dünnen Platte bzw. des Spaltes im Grenzfalle unendlich, wie es die vorspringende Spitze erfordert.

Der vorstehende Ansatz kann auch zur Transformation eines gewöhnlichen rechtwinkligen in ein elliptisches Koordinatensystem mit den Parametern ξ und η benutzt werden, so zwar, daß

$$x = A\,(e^{\xi} + e^{-\xi}) \cos \eta, \quad y = A\,(e^{\xi} - e^{-\xi}) \sin \eta \qquad (14).$$

Setzen wir dann in diesem System $\Phi + i\Psi = f(\xi + i\eta)$, so resultiert nach Trennung der reellen und imaginären Bestandteile und Elimination von $\xi\,\eta$ eine weitere Mannigfaltigkeit von Strombildern, die man noch analog dem Vorgang von Fig. 135a in 135b durch den Ansatz

$$\Phi' = \Phi + A'x + B'y, \quad \Psi' = \Psi + A'y - B'x \qquad (15),$$

welcher nach (1a) und (2a) einer gleichförmigen Bewegung des Koordinatenanfangs in der Flüssigkeit mit den Geschwindigkeiten A' und B' in der x und y-Richtung entspricht, vermehren kann. So liefert z. B. der Ansatz

$$\Phi + i\Psi = B \cdot e^{-(\xi + i\eta)} \quad . \; . \; . \; . \; . \quad (16)$$

oder

$$\Phi = B e^{-\xi} \cos \eta, \quad \Psi = B e^{-\xi} \sin \eta \quad . \; . \quad (16\text{a})$$

mit (14)

$$\left. \begin{aligned} x &= A\,\Phi \left(\frac{B}{\Phi^2 + \Psi^2} + \frac{1}{B} \right) \\ y &= A\,\Psi \left(\frac{B}{\Phi^2 + \Psi^2} - \frac{1}{B} \right) \end{aligned} \right\} \quad . \; . \; . \; . \; . \quad (16\text{b}).$$

Die Kurven konstanter Φ und Ψ entsprechen dabei der Strömung um einen elliptischen Zylinder, der parallel einer der Querschnittsachsen gleichförmig in der Flüssigkeit fortschreitet, wie der Kreiszylinder Fig. 135b. Will man daraus die Strömung der Flüssigkeit um den feststehenden Zylinder ableiten, so braucht man nur (16b) mit (15) zu vereinigen und nach Elimination von Φ und Ψ die Konstanten A' und B' der Stromrichtung mit Rücksicht darauf anzupassen, daß die Strömung im Unendlichen gleichförmig wird, nach Analogie der Fig. 135a. Im Grenzfalle geht der elliptische Zylinder dann in eine ebene Platte über.

Die spezielle Durchführung dieser Probleme nebst Aufzeichnung der Stromlinien und schließlich die Berechnung des Druckes auf derartige in der Flüssigkeit befindliche Körper mit Hilfe der Energiegleichung (7) kann dem Leser ebenso als nützliche Übung empfohlen werden, wie die Auffindung weiterer Strombilder durch andere Funktionsansätze $\Phi + i\Psi = f(\xi + i\eta)$.

§ 36. Freie Flüssigkeitsstrahlen in der Ebene.

Definition freier Strahlen, Strahlbegrenzung und Grenzgeschwindigkeit. Betrachtung einer durch zwei parallele Wände in einer unendlichen Flüssigkeit definierten Potentialströmung. Helmholtzsches Verfahren der Hinzufügung von Funktionen, welche den Bedingungen des freien Strahles genügen. Strahl zwischen zwei festen Wänden. Ausfluß aus einer scharfkantigen Mündung. Strahlkontraktion.

Läuft eine zweidimensionale horizontale Strömung der im letzten Paragraphen betrachteten Gattung in einen freien Strahl aus, der im allgemeinen von ruhender Flüssigkeit umgeben sein möge, so herrscht längs der Begrenzungslinie des Strahles ein konstanter Druck p. Diesem muß dann nach der Energiegleichung (7) des § 35 eine konstante resultierende Geschwindigkeit $w = c$ entsprechen, die im Falle $p = 0$, d. h. eines Strahles im Vakuum als die Grenzgeschwindigkeit der Flüssigkeit bezeichnet werden kann, da ein Überschreiten derselben die Aufhebung der Kontinuität zur Folge hätte. Daher kann an der Grenze eines freien Strahles die Geschwindigkeit auch niemals unendlich groß werden, was nach den Ausführungen des letzten Paragraphen stets an vorspringenden Ecken eintrat. Streng genommen widerspricht die Annahme eines Strahles in ruhender Flüssigkeit der den Eulerschen Gleichungen zugrunde liegenden Stetigkeit der Geschwindigkeitskomponenten; wir können uns aber auch den Strahl im Beharrungszustande von der umgebenden Flüssigkeit durch eine dünne Haut geschieden denken, welche den Druckausgleich vermittelt und ebenso wie jede längs der Stromlinien verlaufende feste Wand in der idealen Flüssigkeit keine Reibungswiderstände hervorruft. Die praktische Unerfüllbarkeit dieser Forderung hat natürlich in der Wirklichkeit Abweichungen von den erhaltenen Strombildern zur Folge, von denen wir vorläufig absehen müssen.

Wir betrachten nach dem Vorgange von Helmholtz, der die freien Strahlen dieser Art zuerst studiert hat, eine Potentialströmung nach dem Ansatz $z = A\,(Z + e^Z)$ oder

$$\begin{aligned} x + iy &= A\,(\Phi + i\Psi + e^{\Phi + i\Psi}) \\ &= A\,(\Phi + e^{\Phi}\cos\Psi) + A\,i\,(\Psi + e^{\Phi}\sin\Psi) \qquad (1), \end{aligned}$$

der sofort in

$$\left.\begin{aligned} x &= A\,(\Phi + e^{\Phi}\cos\Psi) \\ y &= A\,(\Psi + e^{\Phi}\sin\Psi) \end{aligned}\right\} \quad \ldots\ldots\ldots \quad (1\text{a})$$

zerfällt. Die Elimination je einer der beiden Funktionen Φ, Ψ liefert hieraus zwei transzendente Gleichungen für die Potential- und Stromlinien, welche indessen wenig übersichtlich erscheinen. Übersichtlicher wird dagegen die Konstruktion des zugehörigen Strombildes aus einem Formelsystem der nachstehenden Art. Man erhält

$$\begin{array}{llll}
\text{für } \Psi = & -\pi, & x = A(\Phi - e^{\Phi}), & y = -A\pi \\
 & -\frac{\pi}{2} & A\Phi & -A\left(\frac{\pi}{2} + e^{\Phi}\right) \\
 & 0 & A(\Phi + e^{\Phi}) & 0 \\
 & +\frac{\pi}{2} & A\Phi & +A\left(\frac{\pi}{2} + e^{\Phi}\right) \\
 & +\pi & A(\Phi - e^{\Phi}) & +A\pi
\end{array}$$

und erkennt, daß für sehr große negative Φ sich eine Parallelströmung zwischen zwei Geraden $y = \pm A\pi$ ergibt, welche für $\Phi = 0$ an der Stelle $x = -A$ endigen. Jenseits dieser Punkte divergieren die Stromlinien nach Fig. 138 wie an der **Mündung eines durch parallele Wände gebildeten Kanals in einen See.** Die beiden Geraden $y = \pm A\pi$ sind hierbei als in sich zurücklaufende Stromlinien aufzufassen.

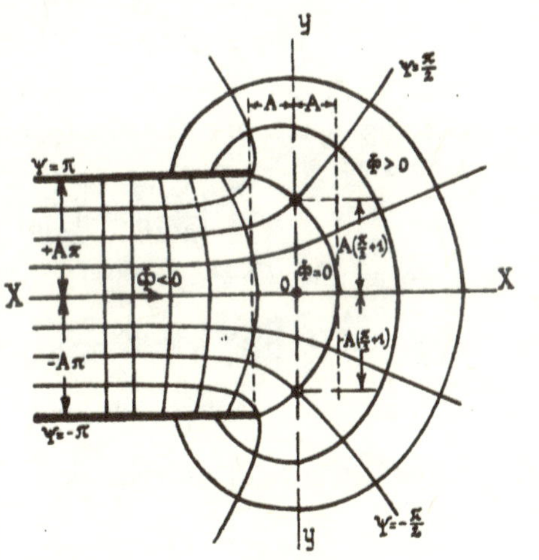

Fig. 138.

Die Geschwindigkeit bei dieser Strömung bestimmt sich mit Hilfe der Gl. (6b) des vorigen Paragraphen aus

$$\frac{1}{w^2} = A^2(1 + 2e^{\Phi}\cos\Psi + e^{2\Phi}) \quad . \quad . \quad . \quad (2),$$

mithin für

$$\begin{array}{ll}
\Psi = 0, & \frac{1}{w^2} = A^2(1 + e^{\Phi})^2 \\
\pm\frac{\pi}{2} & A^2(1 + e^{2\Phi}) \\
\pm\pi & A^2(1 - e^{\Phi})^2
\end{array}$$

mit dem Grenzwert $w = 1 : A$ für $\Phi = -\infty$, entsprechend der Parallelströmung zwischen den beiden Geraden $y = \pm A\pi$. In den Endpunkten dieser Geraden, welche als Umkehrpunkte auch in die Strömung hineinragende scharfe Ecken darstellen, wird mit $\Phi = 0$, $w = \pm \infty$, was mit der Eigenschaft eines freien Strahles unvereinbar ist, der sich vielmehr an solchen Stellen von den festen Wänden ablösen wird.

Wir wollen daher versuchen, das soeben behandelte Stromproblem den Bedingungen des freien Strahles anzupassen und fügen zu diesem Zwecke nach dem Vorgange von Helmholtz den Koordinaten x und y je eine Funktion ξ und η von Φ und Ψ hinzu, setzen also

$$\left.\begin{aligned} x &= A(\Phi + e^{\Phi}\cos\Psi) + \xi \\ y &= A(\Psi + e^{\Phi}\sin\Psi) + \eta \end{aligned}\right\} \quad . \quad . \quad . \quad (3).$$

Nun verlangen wir, daß längs der Strahlgrenzen, welche als Fortsetzung der festen Geraden $y = \pm A\pi$ für $\Psi = \pm \pi$ aufzufassen sind

$$\left(\frac{\partial x}{\partial \Phi}\right)^2 + \left(\frac{\partial y}{\partial \Phi}\right)^2 = \frac{1}{c^2} \quad . \quad . \quad . \quad . \quad . \quad (4)$$

wird, worin mit $\Psi = \pm \pi$

$$\left.\begin{aligned} \frac{\partial x}{\partial \Phi} &= A(1 + e^{\Phi}\cos\Psi) + \frac{\partial \xi}{\partial \Phi} = A(1 - e^{\Phi}) + \frac{\partial \xi}{\partial \Phi} \\ \frac{\partial y}{\partial \Phi} &= \qquad A e^{\Phi}\sin\Psi + \frac{\partial \eta}{\partial \Phi} = \qquad \frac{\partial \eta}{\partial \Phi} \end{aligned}\right\} \quad (4\,\mathrm{a})$$

sein muß, so daß (4) übergeht in

$$\left(A(1 - e^{\Phi}) + \frac{\partial \xi}{\partial \Phi}\right)^2 + \left(\frac{\partial \eta}{\partial \Phi}\right)^2 = \frac{1}{c^2} \quad . \quad . \quad . \quad (4\,\mathrm{b}).$$

Hierin können wir zunächst über eine der beiden neuen Funktionen ξ und η, für die nur diese eine Bedingungsgleichung besteht, frei verfügen und setzen willkürlich

$$\frac{\partial \xi}{\partial \Phi} = 0 \text{ oder } \xi = C \text{ (für } \Psi = \pm \pi) \quad . \quad . \quad (4\,\mathrm{c}).$$

Weiter fordern wir, daß analog dem Strombilde (Fig. 138) für $\Phi = -\infty$ die Bewegung in eine Parallelströmung zur x-Achse übergeht, d. h. daß nach Gl. (6 a) § 35

$$\left(\frac{\partial \eta}{\partial \Phi}\right)_{-\infty} = \left(\frac{\partial y}{\partial \Phi}\right)_{-\infty} = \frac{1}{w^2}\left(\frac{\partial \Phi}{\partial y}\right)_{-\infty} = 0$$

wird. Dies gibt in (4b) eingesetzt

$$A^2 = \frac{1}{c^2} \quad \ldots\ldots\ldots \quad (4\,\text{d}),$$

so daß wir längs der Strahlgrenze aus (4b) allgemein haben

$$\frac{\partial \eta}{\partial \Phi} = \pm A\,(2\,e^{\Phi} - e^{2\Phi})^{\frac{1}{2}} \quad \ldots\ldots \quad (5).$$

Schreiben wir hierin abkürzungsweise

$$e^{\Phi} = u, \quad d\Phi = \frac{du}{u},$$

so wird

$$\begin{aligned}
\eta &= \pm A \int (2\,u - u^2)^{\frac{1}{2}} \frac{du}{u} = \pm A \int \frac{(2-u)\,du}{\sqrt{2\,u - u^2}} \\
&= \pm A \int \frac{(1-u)\,du}{\sqrt{2\,u - u^2}} \pm A \int \frac{du}{\sqrt{2\,u - u^2}} \\
&= \pm A \left[(2\,u - u^2)^{\frac{1}{2}} + 2 \int \frac{1}{\sqrt{1 - \frac{u}{2}}}\, d\left(\frac{u}{2}\right)^{\frac{1}{2}} \right] \\
&= \pm A \left[(2\,u - u^2)^{\frac{1}{2}} + \arcsin\left(\frac{u}{2}\right)^{\frac{1}{2}} + C_1 \right]
\end{aligned}$$

oder mit $C_1 = 0$

$$\eta = \pm A \left[(2\,e^{\Phi} - e^{2\Phi})^{\frac{1}{2}} + 2 \arcsin \sqrt{\frac{e^{\Phi}}{2}} \right] \quad . \quad (5\,\text{a}).$$

Setzen wir diesen Ausdruck mit (4c) unter Weglassung der willkürlichen Konstante C in (3) mit $\Psi = \pm \pi$ ein, so folgt für die Strahlgrenze

$$\left.\begin{aligned}
x &= A\,(\Phi - e^{\Phi}) \\
y &= \pm A \left[\pi + \sqrt{2\,e^{\Phi} - e^{2\Phi}} + 2 \arcsin \sqrt{\frac{e^{\Phi}}{2}} \right]
\end{aligned}\right\} \quad (6),$$

deren Ordinate nur so lange reell bleibt, als

$$e^{\Phi} < 2, \quad \Phi < \lg n\, 2.$$

Der Wert $\Phi = \lg n\, 2$ bestimmt demnach den Beginn des freien Strahles an den Enden der festen Wände, welche somit durch

$$\begin{aligned}
x &= A\,(\lg n\, 2 - 2) = -A\,(2 - \lg n\, 2) \\
y &= \pm 2\,\pi A
\end{aligned}$$

gegeben sind. Nach der Ablösung von der Wand biegt die

Strahlgrenze an der durch $w_x = 0$ bestimmten Stelle um, d. h. nach Gl. (6a) § 35 für

$$\frac{\partial x}{\partial \Phi} = \frac{1}{w^2}\frac{\partial \Phi}{\partial x} = 0$$

oder nach (6) für $\Phi = 0$ mit den Koordinaten

$$x = -A,\quad y = \pm A\left(\frac{3}{2}\pi + 1\right),$$

um sich schließlich für $\Phi = -\infty$ im Inneren der festen Wände deren Asymptoten

$$y = \pm A\pi$$

zu nähern. Die ganze durch Fig. 139 dargestellte Strömung kann demnach als die Umkehrung des Strombildes Fig. 138 aufgefaßt werden. Sieht man insbesondere von der Wirkung der Schwere ab, so liefert Fig. 139 ein ungefähres Bild des Ausflusses aus einem Gefäß mit einem inneren Ansatzrohr. Man übersieht außerdem sofort, daß sich am Stromverlaufe der Fig. 138 und 139 nichts ändert, wenn die Symmetrieachse durch eine feste Wand ersetzt wird.

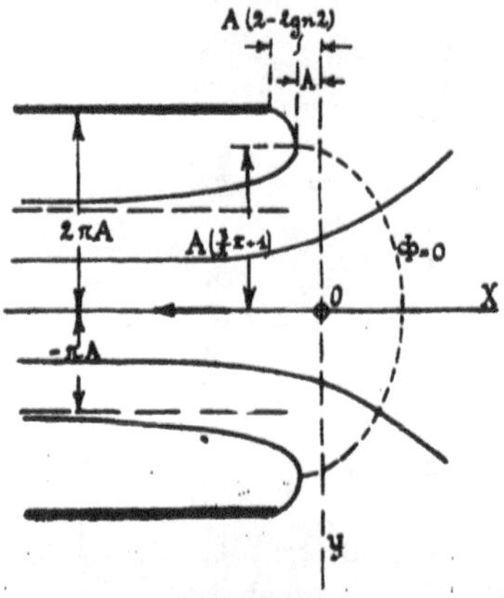

Fig. 139.

An Stelle der Ergänzung eines bekannten Gleichungspaares durch Zusatzglieder zum Zwecke der Anpassung an die Bedingung (4) für die freie Strahlgrenze kann man natürlich auch von vornherein eine Funktion $F(\Phi + i\Psi)$ derart wählen, daß sie die mit $1 : c = A$ aus (4) hervorgehende Gleichung

$$\left(\frac{\partial x}{\partial \Phi}\right)^2 + \left(\frac{\partial y}{\partial \Phi}\right)^2 = A^2 \quad . \quad . \quad . \quad . \quad . \qquad (7)$$

erfüllt, und zwar durch den Ansatz

$$\frac{\partial x}{\partial \Phi} = AF,\quad \frac{\partial y}{\partial \Phi} = A\sqrt{1 - F^2} \quad . \quad . \quad . \qquad (8).$$

Da nach Gl. (9a) und (6a) des vorigen Paragraphen

$$\frac{dz}{dZ} = \frac{1}{w^2}\left(\frac{\partial \Phi}{\partial x} + i\frac{\partial \Phi}{\partial y}\right) = \frac{\partial x}{\partial \Phi} + i\frac{\partial y}{\partial \Phi},$$

so folgt mit (8)

$$\frac{\partial x}{\partial \Phi} + i \frac{\partial y}{\partial \Phi} = A\,(F + i\sqrt{1 - F^2}) = A\,(F + \sqrt{F^2 - 1}) \quad (8\,\text{a}),$$

worin F jede beliebige Funktion von $\Phi + i\,\Psi$ bedeuten kann. Setzen wir z. B.

$$F = e^{-(\Phi + i\,\Psi)} = e^{-\Phi}(\cos\Psi + i \sin\Psi) \quad . \quad (9),$$

so bleibt diese Funktion längs der Stromlinie $\Psi = 0$ durchaus reell, und zwar $F = e^{-\Phi}$. Damit aber wird aus (8 a)

$$\frac{\partial x}{\partial \Phi} + i \frac{\partial y}{\partial \Phi} = A\,(e^{-\Phi} + \sqrt{e^{-2\Phi} - 1}) \quad . \; . \quad (10)$$

mit reeller rechter Seite im Bereiche $-\infty < \Phi < 0$. In diesem Bereiche ist also längs der Stromlinie $\Psi = 0$

$$\left.\begin{aligned} \frac{\partial x}{\partial \Phi} &= A\,(e^{-\Phi} + \sqrt{e^{-2\Phi} - 1}) \\ \frac{\partial y}{\partial \Phi} &= 0 \end{aligned}\right\} \quad . \; . \; . \quad (10\,\text{a}),$$

worin die Unabhängigkeit der Ordinate y von Φ eine Gerade $A A_0$ für diese Stromlinie parallel der x-Achse ergibt, die wir willkürlich in diese Achse selbst verlegen dürfen, Fig. 140. Mit $\Phi > 0$ wird dagegen die rechte Seite von (10) komplex, so daß wir hier

$$\frac{\partial x}{\partial \Phi} + i \frac{\partial y}{\partial \Phi} = A\,(e^{-\Phi} + i\sqrt{1 - e^{-2\Phi}}) \quad . \; . \quad (10\,\text{b})$$

oder

$$\left.\begin{aligned} \frac{\partial x}{\partial \Phi} &= A\,e^{-\Phi} \\ \frac{\partial y}{\partial \Phi} &= A\sqrt{1 - e^{-2\Phi}}) \end{aligned}\right\} \quad . \; . \; . \; . \quad (10\,\text{c})$$

schreiben müssen. Diese beiden Gleichungen bestimmen offenbar die Fortsetzung der Stromlinie $\Psi = 0$ von der Geraden $y = 0$ aus, d. h. die Strahlgrenze im Gebiete $0 < \Phi < \infty$ und ergeben für $\Phi = \infty$

$$\frac{\partial x}{\partial \Phi} = 0, \quad \frac{\partial y}{\partial \Phi} = -A,$$

d. h. eine zur y-Achse parallele Asymptote.

Weiterhin erkennt man, daß für $\Psi = \pi$, in (9) $F = -e^{-\Phi}$ und im Bereiche $-\infty < \Phi < 0$

$$\frac{\partial x}{\partial \Phi} + i\frac{\partial y}{\partial \Phi} = -A\left(e^{-\Phi} - \sqrt{e^{-2\Phi} - 1}\right) \quad . \quad (11)$$

wieder durchaus reell bleibt, so daß analog (10a)

$$\left.\begin{aligned} \frac{\partial x}{\partial \Phi} &= -A\left(e^{-\Phi} - \sqrt{e^{-2\Phi} - 1}\right) \\ \frac{\partial y}{\partial \Phi} &= 0 \end{aligned}\right\} \quad . \quad . \quad (11\text{a})$$

wieder eine Parallele zur x-Achse als Stromlinie $\Psi = \pi$ in diesem Bereiche ergibt, welche wir im einfachsten Falle ebenfalls in die x-Achse verlegen und mit $B_0 B$ bezeichnen wollen. Die Fortsetzung dieser Stromlinie liefert dann für $\Phi > 0$

$$\frac{\partial x}{\partial \Phi} + i\frac{\partial y}{\partial \Phi} = -A\left(e^{-\Phi} - i\sqrt{1 - e^{-2\Phi}}\right) \quad (11\text{b}),$$

bzw. nach Zerlegung

$$\left.\begin{aligned} \frac{\partial x}{\partial \Phi} &= -Ae^{-\Phi} \\ \frac{\partial y}{\partial \Phi} &= A\sqrt{1 - e^{-2\Phi}} \end{aligned}\right\} \quad . \quad . \quad . \quad . \quad . \quad (11\text{c}),$$

d. h. eine zweite Strahlgrenze mit einer anderen Asymptote parallel der y-Achse. Zwischen beiden Grenzen liegt die Stromlinie $\Psi = \frac{\pi}{2}$ mit $F = i\, e^{-\Phi}$ oder nach (10)

$$\frac{\partial x}{\partial \Phi} + i\frac{\partial y}{\partial \Phi} = iA\left(e^{-\Phi} + \sqrt{e^{-2\Phi} + 1}\right) \quad . \quad . \quad (12)$$

im ganzen Bereiche $-\infty < \Phi < +\infty$. Daraus folgt

$$\left.\begin{aligned} \frac{\partial x}{\partial \Phi} &= 0 \\ \frac{\partial y}{\partial \Phi} &= A\left(e^{-\Phi} + \sqrt{e^{-2\Phi} + 1}\right) \end{aligned}\right\} \quad . \quad . \quad . \quad (12\text{a}),$$

d. h. eine Gerade parallel der y-Achse, welche wir am einfachsten mit dieser identifizieren, so daß sie auch als Symmetrieachse des Strahles aufgefaßt werden darf. Der ganze Vorgang liegt nunmehr an Hand der Fig. 140 klar vor uns und entspricht offenbar dem Ausfluß aus einem Gefäß durch einen langen Spalt in der Wand, wobei der Strahl ersichtlich eine Kontraktion erleidet, auf die wir schon früher hingewiesen haben. Um diese zu bestimmen, beachten wir, daß für $\Phi = +\infty$, d. h. in weitem Abstand von der Mündung die Strahlgeschwindigkeit im ganzen Querschnitt konstant, also $w = c = 1 : A$ und außerdem wegen der Parallelität der Strömung mit der y-Achse, dort $w = w_y$, $w_x = 0$ ist. Dann aber folgt aus Gl. (2c) § 35

$$\frac{\partial \Psi}{\partial x} = -\frac{1}{A}, \quad \frac{\partial \Psi}{\partial y} = 0,$$

oder nach Integration mit einer Konstanten Ψ_0

$$\Psi = \Psi_0 - \frac{x}{A} \quad (13).$$

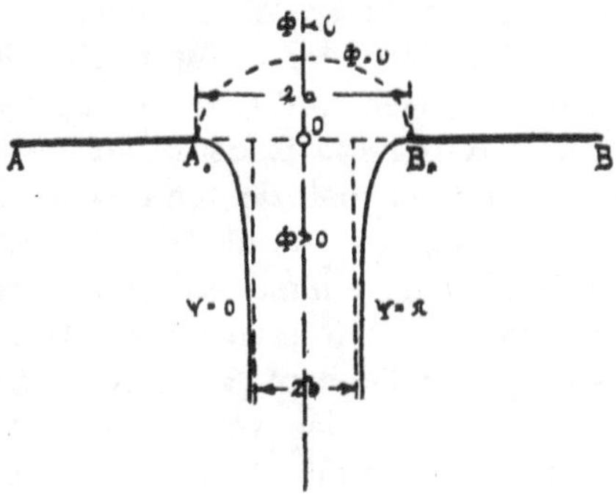

Fig. 140.

Bezeichnen wir die halbe Strahlbreite (Fig. 140) mit b, entsprechend der inneren Stromlinie $\Psi_0 = \frac{\pi}{2}$ und der äußeren $\Psi = 0$ bzw. π, so folgt

$$b = \pm \frac{\pi A}{2} \quad \ldots \ldots \ldots (13a).$$

Anderseits ist aber für die Strahlgrenze mit $\Psi = 0$ oder π nach Gl. (10c) bzw. (11c)

$$\frac{\partial x}{\partial \Phi} = \pm A e^{-\Phi},$$

also

$$x = C \mp A e^{-\Phi} \quad \ldots \ldots \ldots (14)$$

oder für $\Phi = \infty$, $\pm b = C$ und für $\Phi = 0$ mit der halben Mündungsbreite a

$$a = b \pm A \quad \ldots \ldots \ldots (14a)$$

bzw. mit (13a)

$$a = \pm \left(\frac{\pi}{2} + 1\right) A \quad \ldots \ldots (14b).$$

Daraus folgt schließlich der gesuchte Kontraktionskoeffizient

$$\frac{b}{a} = \frac{\pi}{\pi + 2} = 0{,}61 \quad \ldots \ldots (15)$$

in guter Übereinstimmung mit der Erfahrung.

Schließlich sei noch bemerkt, daß in den Punkten A_0 und B_0, d. h. für $\Phi = 0$

$$w = w_x = \pm \frac{1}{A}, \quad w_y = 0$$

aus den obigen Formeln mit Hilfe von Gl. (6a) des § 35 hervorgeht, daß also die Strahlgrenzen auch hier stetige Fortsetzungen der beiden festen Wände AA_0 und BB_0 bilden. Natürlich kann man Fig. 140 wieder durch eine feste Wand in der Symmetrieachse zerlegen und erhält so das Strombild eines Durchlasses ohne Rückstau, der somit ebenfalls den durch (15) gegebenen Kontraktionskoeffizienten besitzt. Im Falle eines Rückstaues wird die Strahlgrenze durch Mitreißen der bei unserer Betrachtung als ruhend angenommenen umgebenden Flüssigkeit so erheblich modifiziert, daß man jedenfalls den Wert (15) nicht ohne Versuchskontrolle benutzen sollte. Dies gilt auch von den meisten anderen nach den vorstehenden oder verwandten Methoden gewonnenen Strombildern, von denen der Leser in dem umfassenden Werke von Lamb über Hydrodynamik[1]) eine reiche Auswahl findet, auf die wir hiermit verweisen.

§ 37. Die Bewegung fester Körper innerhalb einer Flüssigkeit.

Das Geschwindigkeitspotential der Strömung um eine ruhende Kugel. Die Stromfunktion der Bewegung in Zylinderkoordinaten. Druck auf die Kugelfläche. Anwendung auf Pitotröhren zur Geschwindigkeitsmessung. Umkehrung des Problems, Bewegung der Kugel in ruhender Flüssigkeit. Scheinbare Vermehrung der Kugelmasse bei beschleunigter Bewegung. Bewegung mehrerer Kugeln in der Flüssigkeit.

Bei der Behandlung der ebenen Strömung in den letzten Abschnitten haben wir auf die Bestimmung des Flüssigkeitsdruckes und seiner Resultanten auf die festen Begrenzungen des Stromes verzichtet, obwohl dies mit Hilfe der Energiegleichung keine nennenswerten Schwierigkeiten geboten hätte. Indessen zeigt der ganze Verlauf der zweidimensionalen Strömung bis auf wenige Spezialfälle gegenüber den in Wirklichkeit stets dreidimensionalen Vorgängen so erhebliche Unterschiede, daß die den Differentialgleichungen genügenden Strombilder nur eine qualitative Bedeutung beanspruchen bzw. als erste Annäherung gelten können und jedenfalls für die Berechnung von Flüssigkeitsdrücken bzw. Widerständen eingetauchter Festkörper un-

[1]) H. Lamb, Lehrbuch der Hydrodynamik, nach der 3. Auflage des englischen Originals deutsch von Friedel. Leipzig 1908.

brauchbar werden. In der Tat stimmen die auf dem angedeuteten Wege u. a. von Rayleigh abgeleiteten Widerstandsformeln mit den Beobachtungen so wenig überein, daß wir sie gar nicht erst anführen wollen.

Etwas bessere Resultate verspricht entschieden die unmittelbare Untersuchung dreidimensionaler Strömungen, auch wenn wir zunächst an der Fiktion der reibungsfreien idealen Flüssigkeit festhalten. Natürlich müssen wir hierbei auf größere analytische Schwierigkeiten von vornherein gefaßt sein und dürfen uns nicht wundern, wenn die Lösung bisher nur für eine sehr kleine Zahl derartiger Probleme gefunden wurde. Von diesen nimmt unser Interesse der einfachste Fall der stationären Strömung um eine ruhende Kugel in Anspruch, der von Lejeune-Dirichlet durchgeführt worden ist. Wir knüpfen hierfür an die in § 35 behandelte ebene Strömung um eine Kreisscheibe an, für welche mit $x^2 + y^2 = r^2$ das Geschwindigkeitspotential die Form $\Phi = x\left(A + \frac{B}{r^2}\right)$ besaß und schreiben für unseren Fall der Kugel um den Koordinatenanfang mit

$$x^2 + y^2 + z^2 = \varrho^2 \qquad (1)$$

analog unter Heraushebung der z-Richtung

$$\Phi = z\left(A + \frac{B}{\varrho^3}\right) \qquad (2),$$

woraus mit

$$\frac{\partial \varrho}{\partial x} = \frac{x}{\varrho}, \quad \frac{\partial \varrho}{\partial y} = \frac{y}{\varrho}, \quad \frac{\partial \varrho}{\partial z} = \frac{z}{\varrho} \qquad (1\text{a})$$

die Geschwindigkeitskomponenten sich zu

$$\left.\begin{aligned} w_x &= \frac{\partial \Phi}{\partial x} = \qquad\qquad - \frac{3\,Bxz}{\varrho^5} \\ w_y &= \frac{\partial \Phi}{\partial y} = \qquad\qquad - \frac{3\,Byz}{\varrho^5} \\ w_z &= \frac{\partial \Phi}{\partial z} = A + \frac{B}{\varrho^3} - \frac{3\,Bz^2}{\varrho^5} \end{aligned}\right\} \qquad (3)$$

berechnen. Für $\varrho = \infty$ wird daraus $w_x = w_y = 0$, $w_z = A$, d. h. im Unendlichen geht die Bewegung, wie schon in der Ebene um die Kreisplatte, in eine Parallelströmung zur z-Achse mit der konstanten Geschwindigkeit

$A = c$ über. Durch weitere partielle Differentiation der Formeln (3) mit Rücksicht auf (1a) ergibt sich

$$\left.\begin{aligned} \frac{\partial w_x}{\partial x} &= -\frac{3\,Bz}{\varrho^5}\left(1 - \frac{5\,x^2}{\varrho^2}\right) \\ \frac{\partial w_y}{\partial y} &= -\frac{3\,Bz}{\varrho^5}\left(1 - \frac{5\,y^2}{\varrho^2}\right) \\ \frac{\partial w_z}{\partial z} &= -\frac{3\,Bz}{\varrho^5}\left(3 - \frac{5\,z^2}{\varrho^2}\right) \end{aligned}\right\} \quad \ldots \quad (3\,\mathrm{a})$$

und nach Addition

$$\frac{\partial w_x}{\partial x} + \frac{\partial w_y}{\partial y} + \frac{\partial w_z}{\partial z} = \frac{\partial^2 \Phi}{\partial x^2} + \frac{\partial^2 \Phi}{\partial y^2} + \frac{\partial^2 \Phi}{\partial z^2} = 0 \quad (3\,\mathrm{b}),$$

so daß also der Ausdruck (2) für das Geschwindigkeitspotential der Kontinuitätsbedingung überall genügt. Damit er eine vollständige und eindeutige Lösung des aufgestellten Problems darstellt, ist noch die Bedingung zu erfüllen, daß die resultierende Geschwindigkeit an allen Stellen der Kugeloberfläche tangential gerichtet ist, d. h. daß, wenn

$$F(x, y, z) = x^2 + y^2 + z^2 - a^2 = 0 \quad . \quad . \quad (4)$$

die Gleichung dieser Kugelfläche mit dem Radius a darstellt,

$$w_x \frac{\partial F}{\partial x} + w_y \frac{\partial F}{\partial y} + w_z \frac{\partial F}{\partial z} = 0 \quad . \quad . \quad . \quad (4\,\mathrm{a})$$

ist. Setzen wir in diese Formel die Ausdrücke (3) mit $\varrho = a$ sowie

$$\frac{\partial F}{\partial x} = 2\,x, \quad \frac{\partial F}{\partial y} = 2\,y, \quad \frac{\partial F}{\partial z} = 2\,z \quad . \quad . \quad . \quad (4\,\mathrm{b})$$

ein, so folgt mit (4b)

$$2\,z\left(A + \frac{B}{a^3} - \frac{3\,B}{a^3}\right) = 0$$

oder, da im allgemeinen z nicht verschwindet,

$$B = \frac{A}{2}\,a^3 = \frac{c}{2}\,a^3 \quad . \quad . \quad . \quad . \quad . \quad . \quad (4\,\mathrm{c}).$$

Damit sind beide Konstanten in dem Ausdruck (2) für das Geschwindigkeitspotential bestimmt, und wir dürfen für dieses auch schreiben

$$\Phi = c\,z\left(1 + \frac{a^3}{2\,\varrho^3}\right) \quad . \quad . \quad . \quad . \quad . \quad . \quad (2\,\mathrm{a}).$$

Die ganze Strömung verläuft nun offenbar symmetrisch um die in die Bewegungsrichtung fallende z-Achse, so daß wir an Stelle der beiden Koordinaten x und y auch den Achsenabstand r, definiert durch

$$x^2 + y^2 = r^2 \quad \ldots \ldots \quad (5)$$

bzw.

$$\varrho^2 = r^2 + z^2 \quad \ldots \ldots \quad (5\text{a})$$

und demgemäß die Radialgeschwindigkeit mit (3)

$$w_r = \sqrt{w_x^2 + w_y^2} = -\frac{3Bzr}{\varrho^5} = -\frac{3Bzr}{(r^2+z^2)^{\frac{5}{2}}} = \frac{\partial \Phi}{\partial r} \quad (5\text{b})$$

einführen können. Daraus folgt aber

$$\frac{\partial (w_r r)}{\partial r} = -\frac{6Bzr}{(z^2+r^2)^{\frac{5}{2}}} + \frac{15Bzr^3}{(z^2+r^2)^{\frac{7}{2}}},$$

während sich aus der dritten Formel (3)

$$\frac{\partial (w_z r)}{\partial z} = -\frac{9Bzr}{(z^2+r^2)^{\frac{5}{2}}} + \frac{15Bz^3 r}{(z^2+r^2)^{\frac{7}{2}}}$$

und durch Addition dieser beiden Gleichungen

$$\frac{\partial (w_r r)}{\partial r} + \frac{\partial (w_z r)}{\partial z} = 0 \quad \ldots \ldots \quad (6)$$

als neue Form der Kontinuitätsbedingung ergibt. Diese ist ihrerseits erfüllt, wenn mit einer Stromfunktion

$$\Psi = \Psi(r, z) \quad \ldots \ldots \quad (6\text{a})$$

die Gleichungen

$$w_r r = -\frac{\partial \Psi}{\partial z}, \quad w_z r = +\frac{\partial \Psi}{\partial r} \quad \ldots \quad (6\text{b})$$

bestehen, aus denen umgekehrt durch Integration

$$\Psi = \int_r w_z r\, dr - \int_z w_r r\, dz$$

hervorgeht. Dies liefert mit den obigen Werten von w_r und w unter Weglassung der willkürlichen Konstanten

$$\Psi = r^2 \left(\frac{A}{2} - \frac{B}{(r^2+z^2)^{\frac{3}{2}}}\right) \quad \ldots \quad (7)$$

oder mit $A = c$ und (4c)

$$\Psi = \frac{c r^2}{2}\left(1 - \frac{a^3}{\varrho^3}\right) \quad \ldots \ldots \quad (7\text{a}).$$

Diese Gleichung bestimmt für jeden Wert des Parameters Ψ eine um die z-Achse liegende Rotationsfläche, deren

Meridianschnitte die durch Fig. 141 angedeuteten Stromlinien ergeben, welche offenbar mit Fig. 135a nicht identisch sind. Aus unserer Figur geht weiter hervor, daß

$$2\pi\, d\Psi = 2\pi\,(w_z\, r\, dr - w_r\, r\, dz)$$

das zwischen zwei Stromlinienflächen mit der Parameterdifferenz $d\Psi$ in der Sekunde fließende Volumenelement dV, oder daß

$$V = 2\pi\,\Psi \quad \text{. . . . . . . (7b)}$$

insgesamt das innerhalb einer Stromlinienfläche strömende Volumen darstellt. Es braucht kaum noch hervorgehoben zu werden, daß die durch (2) bzw. (2a) definierten Geschwindigkeits-Äquipotentialflächen ebenfalls Rotationsflächen um die z-Achse sind, welche nach früheren Sätzen die Stromlinienflächen normal durchschneiden.

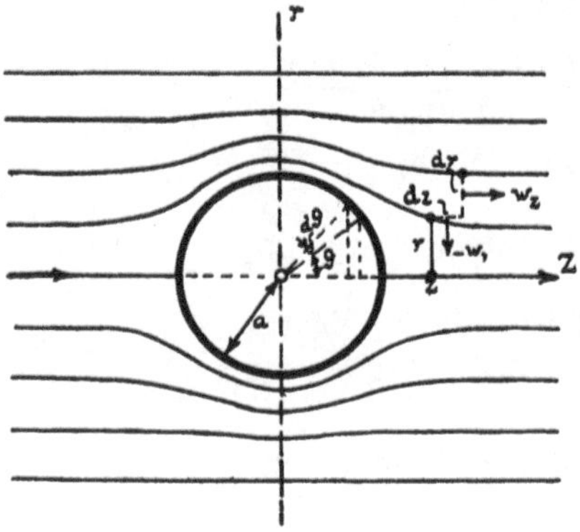

Fig. 141.

Zur Berechnung des Druckes p an irgendeiner Stelle des stationären Stromes greifen wir auf die Energiegleichung zurück, welche für Horizontalbewegungen, bei denen die Kräftefunktion sich nicht ändert, also $U = U_0$ wird, einfach

$$\frac{p - p_0}{\gamma} = \frac{c^2 - w^2}{2g} \quad \text{. . . . . . (8)}$$

lautet, wenn p_0 den der konstanten Geschwindigkeit c entsprechenden Druck längs der einfachen Parallelströmung und w die resultierende Geschwindigkeit bedeutet. Aus den Formeln (3) folgt aber mit Rücksicht auf die Bedeutung der Koeffizienten A und B

$$w^2 = c^2\left(1 + \frac{1}{2}\frac{a^3}{\varrho^3}\right)^2 - 3\,\frac{z^2 a^3}{\varrho^5}\,c^2\left(1 - \frac{1}{4}\frac{a^3}{\varrho^3}\right) \quad . \quad (9)$$

und an der Oberfläche selbst mit $\varrho = a$

$$w_a{}^2 = \frac{9}{4}\,c^2\left(1 - \frac{z^2}{a^2}\right) \quad \text{. . . . . (9a).}$$

Demgemäß ist auch allgemein aus (8) und (9)

$$\frac{p}{\gamma} = \frac{p_0}{\gamma} - \frac{c^2}{2g}\frac{a^3}{\varrho^3}\left[1 + \frac{1}{4}\frac{a^3}{\varrho^3} - 3\frac{z^2}{\varrho^2}\left(1 - \frac{1}{4}\frac{a^3}{\varrho^3}\right)\right] \quad (8\,\mathrm{a})$$

und für die Kugeloberfläche

$$\frac{p_a}{\gamma} = \frac{p_0}{\gamma} + \frac{c^2}{8g}\left(9\frac{z^2}{a^2} - 5\right) \quad . \quad . \quad . \quad . \quad (8\,\mathrm{b})$$

oder mit $z = a\cos\vartheta$ (Fig. 141)

$$\frac{p_a}{\gamma} = \frac{p_0}{\gamma} + \frac{c^2}{8g}(9\cos^2\vartheta - 5) \quad . \quad . \quad . \quad . \quad (8\,\mathrm{c}).$$

Dieser Druck wirkt senkrecht auf alle Flächenelemente dF der Kugel, deren Radius mit der positiven Stromrichtung den Winkel ϑ einschließt. Fassen wir alle Elemente auf einem Parallelkreis zusammen, so ist

$$dF = 2\pi a^2 \sin\vartheta\, d\vartheta \quad . \quad . \quad . \quad . \quad . \quad (10)$$

und der Druck auf die Kugeloberfläche in der Stromrichtung

$$Z = \int_0^{\frac{\pi}{2}} p\cos\vartheta\, dF = 2\pi a^2 \int_0^{\frac{\pi}{2}} \left(p_0 + \frac{c^2\gamma}{8g}(9\cos^2\vartheta - 5)\right)\cos\vartheta\sin\vartheta\, d\vartheta$$

oder ausgeführt

$$Z = \pi a^2\left(p_0 - \frac{c^2\gamma}{16g}\right) \quad . \quad . \quad . \quad . \quad . \quad (11).$$

Dieser Kraft auf die vordere Kugelhälfte entspricht nun ein genau gleich großer, aber entgegengesetzt gerichteter Betrag

$$Z' = \int_{\frac{\pi}{2}}^{\pi} p\cos\vartheta\, dF = -\pi a^2\left(p_0 - \frac{c^2\gamma}{16g}\right) \quad . \quad (11\,\mathrm{a})$$

auf die hintere Hälfte, so daß also insgesamt die Kugel in einer stationär strömenden Flüssigkeit gar keiner Kraftwirkung ausgesetzt ist. Es ist dies natürlich nur eine Folge der symmetrischen Anordnung der Stromlinien und Äequipotentialflächen um die Kugel herum, sowie der Vernachlässigung aller Bewegungswiderstände, welche vermöge ihrer tangentialen Richtung zur Kugeloberfläche unbedingt eine Resultante in der Stromrichtung besitzen und darum die Kugel mitzunehmen bestrebt sind.

Denkt man sich die Kugel hohl und mit ruhender Flüssigkeit gefüllt, die durch eine feine Öffnung, deren Radius gegen die Stromrichtung um den Winkel ϑ geneigt ist, mit der außen strömenden Flüssigkeit in Verbindung steht, so stellt (8c) den in der Flüssigkeit herrschenden Druck dar, den man durch ein Piezometerrohr nach außen sichtbar machen kann. Auf diese Weise erhält man eine **Meßvorrichtung für die Wassergeschwindigkeit** an verschiedenen Stellen des Querschnitts von offenen Gerinnen oder Röhren, welche um so genauer anzeigt, je feiner die Öffnung und je kleiner der Winkel ϑ ist, da im Falle erheblicher Geschwindigkeiten an der Öffnung die Bewegungswiderstände das Ergebnis beeinträchtigen. Ist der Winkel ϑ nur klein, so kann man in (8c) angenähert

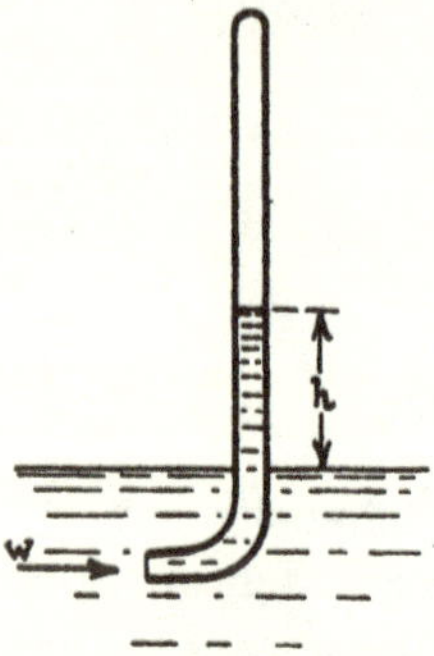

Fig. 142.

$$\cos\vartheta = 1 - \frac{\vartheta^2}{2}, \quad \cos^2\vartheta = 1 - \vartheta^2$$

setzen und erhält unter Einführung der Spiegelerhebung

$$\frac{p - p_0}{\gamma} = h$$

im Piezometer aus (8c)

$$h = \frac{c^2}{8\,g}(4 - 9\,\vartheta^2) = \frac{c^2}{2\,g}\left(1 - \frac{9}{4}\,\vartheta^2\right),$$

oder

$$c = \left(1 + \frac{9}{8}\,\vartheta^2\right)\sqrt{2\,g\,h} = \eta\,\sqrt{2\,g\,h} \quad . \quad . \quad . \quad (8\,\mathrm{d}).$$

In der Praxis verwendet man an Stelle der hier geschilderten Vorrichtung meist umgebogene sog. **Pitotsche Röhren** mit einer scharfkantigen Mündung gegen den Strom (Fig. 142), deren Faktor η unter Zugrundelegung der Formel (8d) sich allerdings nur empirisch bestimmen läßt[1]).

[1]) Vgl. H. **Blasius**, »Über verschiedene Formen Pitotscher Röhren«, Zentralblatt für Bauverwaltung 1909, Nr. 84, wo der Faktor η auf Grund einiger anderer Kopfformen Pitotscher Röhren für Stirn- und Seitenlöcher theoretisch berechnet und mit Versuchsergebnissen verglichen wird.

Wichtiger noch als die Strömung um eine ruhende Kugel ist das Problem der in einer wieder als unbegrenzt angenommenen Flüssigkeit geradlinig in der z-Richtung **fortschreitenden Kugel**. Soll die Flüssigkeit im Unendlichen ruhen, so erhalten wir die Lösung aus der vorigen durch Hinzufügung einer entgegengesetzten Geschwindigkeit c zu w_z, derart, daß das neue Geschwindigkeitspotential in bezug auf den jetzt bewegten Kugelmittelpunkt wegen (2a)

$$\Phi' = c z - \Phi = - c \frac{a^3}{2 \varrho^3} z \quad . \quad . \quad . \quad . \quad (12)$$

ist. Hierin bedeutet z die Relativkoordinate, welche mit der absoluten z' und der momentanen ζ des Kugelzentrums (Fig. 143) durch die Gleichung

$$z = z' - \zeta \quad . \quad . \quad . \quad (13)$$

zusammenhängt, während mit ungeändertem $x^2 + y^2 = r^2$

$$\varrho^2 = r^2 + z^2 = r^2 + (z' - \zeta)^2 \quad (13\,\text{a})$$

wird. Daraus folgt dann für die absoluten Geschwindigkeitskomponenten der Flüssigkeit an der Stelle r, z

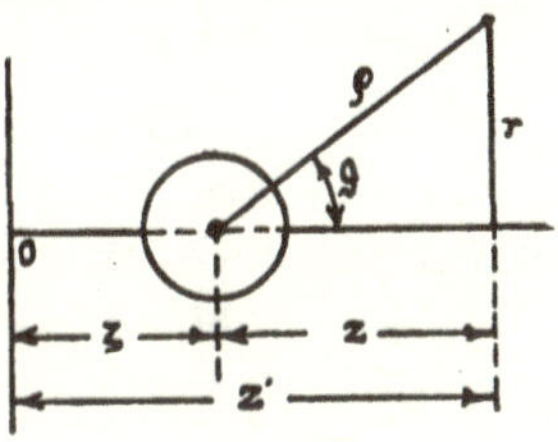

Fig. 143.

$$\left.\begin{aligned} w_r &= \frac{\partial \Phi'}{\partial r} = + \frac{3\,a^3}{2\,\varrho^5}\, c\,(z' - \zeta)\, r \\ w_z &= \frac{\partial \Phi'}{\partial z'} = + \frac{3\,a^3}{2\,\varrho^5}\, c\,(z' - \zeta)^2 - \frac{c\,a^3}{2\,\varrho^3} \end{aligned}\right\} \quad . \quad . \quad (14)$$

und für die resultierende Geschwindigkeit

$$w^2 = w_r^2 + w_z^2 = \frac{c^2}{4} \frac{a^6}{\varrho^6} \left(1 + 3\, \frac{(z' - \zeta)^2}{\varrho^2}\right) \quad . \; (14\,\text{a}).$$

Die in all diesen Ausdrücken auftretende Strecke ζ ist nun auch bei konstanter Geschwindigkeit c eine Zeitfunktion, und daher wird die Absolutgeschwindigkeit mit ihren Komponenten von der Zeit abhängig sein, und die ganze Bewegung kann nicht mehr als stationär aufgefaßt werden, auch wenn mit $\zeta = 0$ die Kugel sich momentan im Koordinatenanfang befindet. Infolgedessen lautet die Energiegleichung mit einer Kräftefunktion U nach Gl. (5) § 34

$$\frac{g}{\gamma} p + \frac{w^2}{2} + \frac{\partial \Phi'}{\partial t} = U,$$

und wenn U im ganzen Bereiche konstant ist, für den gleichzeitigen Zustand im Unendlichen, wo $w = 0$ sein soll,

$$\frac{g}{\gamma} p_0 + \left(\frac{\partial \Phi'}{\partial t}\right)_0 = U$$

oder

$$\frac{g}{\gamma}(p - p_0) + \frac{w^2}{2} + \frac{\partial \Phi'}{\partial t} - \left(\frac{\partial \Phi'}{\partial t}\right)_0 = 0 \quad . \quad . \quad (15).$$

Hierin ist aber

$$\frac{\partial \Phi'}{\partial t} = \frac{\partial \Phi'}{\partial c}\frac{dc}{dt} + \frac{\partial \Phi'}{\partial \zeta}\frac{d\zeta}{dt} + \frac{\partial \Phi'}{\partial \varrho}\frac{\partial \varrho}{\partial \zeta}\frac{d\zeta}{dt}$$

oder wegen

$$\frac{d\zeta}{dt} = c$$

$$\frac{\partial \Phi'}{\partial t} = -\frac{a^3}{2\varrho^3}(z' - \zeta)\frac{dc}{dt} + \frac{c^2 a^3}{2\varrho^3} - \frac{3}{2}\frac{c^2 a^3}{\varrho^5}(z' - \zeta)^2 \quad (16),$$

mithin für den F a l l d e s Z u s a m m e n f a l l e n s d e r K u g e l m i t t e mit dem Anfang

$$\left(\frac{\partial \Phi'}{\partial t}\right) = -\frac{a^3}{2\varrho^3} z' \frac{dc}{dt} + \frac{c^2 a^3}{2\varrho^3}\left(1 - 3\frac{z'^2}{\varrho^2}\right) \quad . \quad . \quad (16\,a)$$

und für einen Punkt im Unendlichen

$$\left(\frac{\partial \Phi'}{\partial t}\right)_0 = 0 \quad . \quad . \quad . \quad . \quad . \quad . \quad . \quad . \quad (16\,b).$$

Mit diesen beiden Werten und (14a) folgt aus der Energiegleichung (15)

$$\frac{p}{\gamma} = \frac{p_0}{\gamma} - \frac{c^2}{8g}\frac{a^6}{\varrho^6}\left(1 + 3\frac{z'^2}{\varrho^2}\right) - \frac{c^2}{2g}\frac{a^3}{\varrho^3}\left(1 - 3\frac{z'^2}{\varrho^2}\right) + \frac{a^3}{2\varrho^3}\frac{z'}{g}\frac{dc}{dt} \quad (15\,a)$$

und für die Kugeloberfläche selbst, d. h. für $\varrho = a$

$$\frac{p}{\gamma} = \frac{p_0}{\gamma} + \frac{z'}{2g}\frac{dc}{dt} + \frac{c^2}{8g}\left(9\frac{z'^2}{a^2} - 5\right) \quad . \quad . \quad (15\,b).$$

Dieser Ausdruck unterscheidet sich von Gl. (8b) für die ruhende Kugel in stationär strömender Flüssigkeit nur durch Hinzutritt des Gliedes $\frac{z'}{2g}\frac{dc}{dt}$, welches der Kugelbeschleunigung in unserem Falle proportional ist. Multiplizieren wir daher den Druck p wie oben mit dem Flächenelement (10), so folgt mit $z' = a \cos \vartheta$, sowie nach Integration über die ganze Kugel

$$Z_0 = -\frac{2}{3}\pi a^3 \frac{\gamma}{g}\frac{dc}{dt} \quad . \quad . \quad . \quad . \quad . \quad (16).$$

Hierin aber stellt

$$\frac{2}{3}\pi a^3 \frac{\gamma}{g} = \frac{m}{2} \quad \ldots \ldots \ldots \text{(16a)}$$

die halbe Masse der von der Kugel verdrängten Flüssigkeit dar, welche daher mit der Kugel selbst zu beschleunigen ist. Bedeutet also m die Masse der Kugel, so erfordert deren Beschleunigung innerhalb einer unendlich ausgedehnten Flüssigkeit eine Kraft

$$Z = \left(m_0 + \frac{m}{2}\right)\frac{dc}{dt} \quad \ldots \ldots \text{(16b)},$$

welche nach Eintritt des Beharrungszustandes verschwindet. Eine Kugel setzt also einem stationären unendlich ausgedehnten Flüssigkeitsstrome keinen Widerstand entgegen, erfordert aber auch zur gleichförmigen Fortbewegung innerhalb einer unendlichen idealen Flüssigkeitsmasse keine treibende Kraft.

Sinkt z. B. die Kugel von der Masse m_0, welche die Flüssigkeitsmasse m verdrängt, unter dem Einfluß ihres Eigengewichts $m_0 g$ unter, so ist wegen des Auftriebes $m g$

$$(m_0 - m)\, g = \left(m_0 + \frac{m}{2}\right)\frac{dc}{dt}$$

oder

$$\frac{dc}{dt} = \frac{m_0 - m}{m_0 + \frac{m}{2}}\, g \quad \ldots \ldots \ldots \text{(16c)}.$$

An Stelle der Massen dürfen wir aber auch mit dem Kugelvolumen das spezifische Gewicht γ_0 der Kugel und γ der Flüssigkeit durch

$$m_0 g = V\gamma_0, \quad m g = V\gamma$$

einführen und für die Beschleunigung schreiben

$$\frac{dc}{dt} = \frac{\gamma_0 - \gamma}{\gamma_0 + \frac{\gamma}{2}}\, g \quad \ldots \ldots \ldots \text{(16d)}.$$

In ähnlicher Weise wird man bei allen nicht stationären Bewegungen fester Körper innerhalb einer Flüssigkeit — auch unter Vernachlässigung von Reibungswiderständen — die Körpermasse um einen bestimmten Betrag vermehrt zu denken haben, der allerdings bei anderen Körperformen analytisch nur sehr schwer zu ermitteln sein dürfte und darum zweckmäßig durch Versuche an Hand der Formel (16c) festgestellt wird.

Will man die Untersuchung auf die Bewegung mehrerer Kugeln in der stets als unendlich angenommenen Flüssigkeit ausdehnen, so ist es zunächst notwendig, die Voraussetzung der Bewegungsrichtung in einer Achse, sowie des momentanen Zusammenfallens des Kugelzentrums mit dem Koordinatenanfang fallen zu lassen. Bedeuten dann ξ', η', ζ' die momentanen Mittelpunktskoordinaten einer der Kugeln mit den Geschwindigkeitskomponenten c_x', c_y', c_z' in den Achsenrichtungen, x, y, z diejenigen eines beliebigen Punktes der Flüssigkeit, so ergibt die Verallgemeinerung des Geschwindigkeitspotentials (12) mit (13) für diese eine Kugel mit dem Radius a'

$$\Phi' = -\frac{a'^3}{2\varrho'^3}\left[c_x'(x-\xi') + c_y'(y-\eta') + c_z'(z-\zeta')\right] \quad (17),$$

wobei der Abstand ϱ' des Punktes x, y, z vom Kugelzentrum durch

$$\varrho'^2 = (x-\xi')^2 + (y-\eta')^2 + (z-\zeta')^2 \quad . \quad . \quad (18)$$

gegeben ist, so zwar, daß

$$\left.\begin{aligned}\frac{\partial}{\partial x}\left(\frac{1}{\varrho'}\right) &= -\frac{1}{\varrho'^2}\frac{\partial\varrho'}{\partial x} = -\frac{x-\xi'}{\varrho'^3}\\ \frac{\partial}{\partial y}\left(\frac{1}{\varrho'}\right) &= -\frac{1}{\varrho'^2}\frac{\partial\varrho'}{\partial y} = -\frac{y-\eta'}{\varrho'^3}\\ \frac{\partial}{\partial z}\left(\frac{1}{\varrho'}\right) &= -\frac{1}{\varrho'^2}\frac{\partial\varrho'}{\partial z} = -\frac{z-\zeta'}{\varrho'^3}\end{aligned}\right\} \quad . \quad . \quad (18\,\mathrm{a})$$

wird, und wir an Stelle von (17) als allgemeinsten Ausdruck für das Geschwindigkeitspotential einer Flüssigkeit mit einer darin bewegten Kugel

$$\Phi' = -\frac{a'^3}{2}\left[c_x'\frac{\partial}{\partial x}\left(\frac{1}{\varrho'}\right) + c_y\frac{\partial}{\partial y}\left(\frac{1}{\varrho'}\right) + c_z\frac{\partial}{\partial z}\left(\frac{1}{\varrho'}\right)\right] \quad (17\,\mathrm{a})$$

schreiben dürfen. Für eine zweite Kugel ergibt sich dann ein ganz analog gebautes Potential Φ'' mit a'', c_x'' c_y'' c_z'' und ϱ'', während wir der gegenseitigen Einwirkung der Kugeln aufeinander durch ein Zusatzglied Φ''' gerecht werden können. Dieses Zusatzglied bestimmt sich dann aus der Forderung, daß die Ableitung des Gesamtpotentials

$$\Phi = \Phi' + \Phi'' + \Phi'''$$

nach den Kugelnormalen an den Kugelflächen selbst verschwindet, d. h. daß die Flüssigkeitsbewegung dort tangential gerichtet ist.

Schon aus dieser Andeutung erhellt, daß es sich hierbei um ziemlich verwickelte, wenn auch nicht gerade schwierige Rechenoperationen handelt, deren Ausführung in einer technischen Hydromechanik zu weit führen würde.

Dagegen können wir uns wenigstens qualitativ von dem interessanten Falle der Parallelbewegung zweier Kugeln (Fig. 144) mit Hilfe der Formel (15a) eine Vorstellung verschaffen. Beschränken wir uns auf ein gleichförmiges Fortschreiten und setzen außerdem $z' = \varrho \cos \vartheta$, so wird aus (15a)

$$\frac{p}{\gamma} = \frac{p_0}{\gamma} - \frac{c^2}{2g}\frac{a^3}{\varrho^3}\left(1 + \frac{1}{4}\frac{a^3}{\varrho^3}\right) + 3\,\frac{c^2}{2g}\frac{a^3}{\varrho^3}\left(1 - \frac{1}{4}\frac{a^3}{\varrho^3}\right)\cos^2\vartheta \quad (15\text{c}).$$

Daraus folgt, daß der Druck für $\vartheta = \pm 90^0$, d. h. normal zur Bewegungsrichtung ein Minimum, in derselben jedoch ein Maximum in der Umgebung der Kugel A ist. Der Druck nimmt also seitlich zur Bewegungsrichtung fortwährend zu, so daß eine dort befindliche Kugel B, welche, um das Bild nicht zu stören, mit der ersteren sich parallel verschieben muß, auf der Außenseite einem größeren Druck unterworfen ist als auf der Innenseite und in derselben Weise auf die erste Kugel zurückwirkt. Beide parallel bewegte Kugeln ziehen sich also scheinbar an. An der ganzen Erscheinung ändert sich nun infolge der Symmetrie um die Mittelebene CC nichts, wenn wir diese durch eine feste Wand ersetzen, so daß auch eine Kugel, welche sich parallel einer festen Wand bewegt, von dieser scheinbar angezogen wird. Von der Richtigkeit dieses zuerst von Lord Kelvin (W. Thomson) theoretisch gefundenen Satzes kann man sich leicht durch Beobachtung des Sinkens fester Körper in einem Gefäße überzeugen, wobei diese sich den Gefäßwänden nähern.

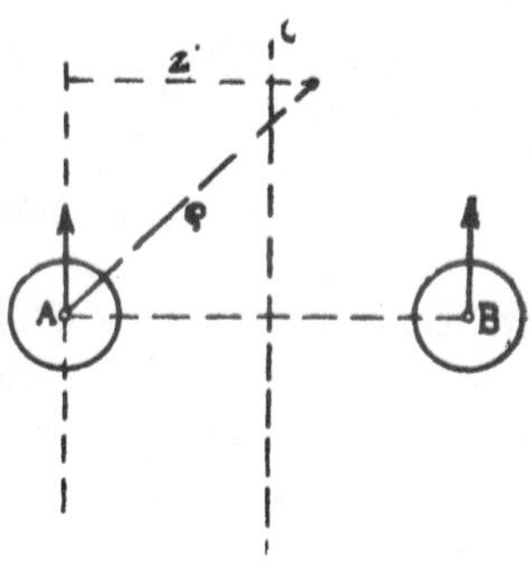

Fig. 144.

Für $\vartheta = 0$ bzw. 180^0 nimmt der Druck dagegen von der Kugel A aus ab, und daher werden sich zwei hintereinander bewegte Kugeln scheinbar abstoßen. Mit dem vom rein wissenschaftlichen Standpunkte hochinteressanten

Verhalten von Kugeln innerhalb einer Flüssigkeit, auch unter ganz anderen Bewegungszuständen hat sich vor allem der Norweger C. A. Bjerknes beschäftigt, auf dessen Untersuchungen[1] für weitere Studien verwiesen werden muß.

§ 38. Ebene Wellen.

Empirischer Ansatz der periodischen Bewegung an Wasserteilchen auf Grund der Weberschen Versuche. Gleichung der Wellenlinie bzw. Wellenfläche. Die Fortpflanzungsgeschwindigkeit der Wellen in ihrer Abhängigkeit von der Wellenlänge und Wassertiefe, Grenzfälle. Interferenz mehrerer Wellenzüge. Gruppenwellen und Gruppengeschwindigkeit.

Im § 31 haben wir schon Wellenbewegungen von Flüssigkeiten unter der Voraussetzung verfolgt, daß die Querdimensionen der ganzen, in einem sog. Kanal eingeschlossenen Flüssigkeitsmasse als klein gegen ihre horizontale Längsausdehnung betrachtet werden konnten. Diese Voraussetzung ist natürlich nicht in allen Fällen erfüllt, so daß eine allgemeinere Untersuchung notwendig erscheint, bei der wir das früher gewonnene Ergebnis der periodischen Tiefenänderung zur Aufstellung der Bewegungsgleichungen verwenden wollen. Dieses Ergebnis steht im Einklang mit Versuchen der Gebrüder Weber (1825), nach denen bei der Wellenbewegung die einzelnen Flüssigkeitsteilchen nacheinander um ihre Ruhelagen Ellipsen beschreiben, deren Achsen bei horizontaler Sohle horizontal bzw. vertikal liegen und mit fortschreitender Tiefe derart abnehmen, daß am Boden die Bewegung geradlinig und parallel der Sohle wird.

Legen wir den Anfang unseres Koordinatensystems in die im Ruhezustande horizontale Oberfläche der betrachteten Flüssigkeitsmasse, bezeichnen wir ferner mit x und y die Horizontal- und Vertikalkoordinaten der Ruhelage eines Flüssigkeitsteilchens und setzen schließlich voraus, daß in allen Ebenen parallel zur Bildebene Fig. 145 derselbe Bewegungszustand herrscht, so können wir die Horizontal- und Vertikalausschläge eines solchen Teilchens zur Zeit t analog den Tiefenänderungen in § 31 im einzelnen Falle durch

---

[1]) C. A. Bjerknes, Vorlesungen über hydrodynamische Fernkräfte, Leipzig 1900.

$$\left.\begin{aligned}\xi &= \xi_0 \cos \frac{2\pi}{l}(x - at)\\ \eta &= \eta_0 \sin \frac{2\pi}{l}(x - at)\end{aligned}\right\} \quad \ldots\ldots \quad (1)$$

ausdrücken, worin l die schon früher definierte Wellenlänge und a die Fortpflanzungsgeschwindigkeit bedeutet, während ξ_0 und η_0 noch zu bestimmende Funktionen der Tiefe y unter der Oberfläche sind. Durch Elimination der Winkelfunktionen ergibt sich sofort die Bahngleichung

$$\frac{\xi^2}{\xi_0^2} + \frac{\eta^2}{\eta_0^2} = 1 \quad (1a)$$

also eine Ellipse im Einklang mit den Weberschen Beobachtungen. Da deren Halbachsen ξ_0 und η_0 nur von der Tiefe abhängen, so liefern die beiden Formeln (1) für jeden Wert von t die gleichzeitige Lage aller im Ruhezustande auf derselben Horizontalebene befindlichen Flüssigkeitselemente mit den Ordinaten η und den Abszissen $x + \xi = x'$. Die Gleichung dieser sog. Wellenlinie lautet demnach

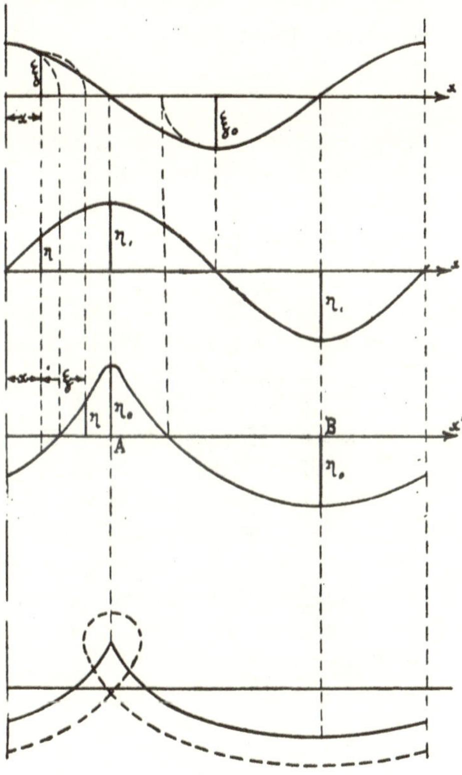

Fig. 145 und 145a.

$$\left.\begin{aligned}x' &= x + \xi_0 \cos \frac{2\pi}{l}(x - at)\\ \eta &= \eta_0 \sin \frac{2\pi}{l}(x - at)\end{aligned}\right\} \quad \ldots\ldots \quad (1b),$$

worin x nur noch als Hilfsvariable auftritt und t konstant zu setzen ist. In Fig. 145, aus der die Konstruktion der Wellenlinie, welche offenbar eine verallgemeinerte Trochoide darstellt, hervorgeht, haben wir der Einfachheit halber $t = 0$ angenommen. Der Neigungswinkel χ dieser Kurve gegen den Horizont ergibt sich dann aus

$$\operatorname{tg} \chi = \frac{d\eta}{dx'} = \frac{2\pi\eta_0 \cos\frac{2\pi}{l}(x - at)}{l - 2\pi\xi_0 \sin\frac{2\pi}{l}(x - at)} \quad . \; . \quad (2)$$

und verschwindet für

$$\frac{x - at}{l} = \frac{1}{4}, \text{ bzw.} = \frac{3}{4}, \; \frac{5}{4} \text{ usw.}$$

entsprechend den Punkten A und B der Wellenlinie Fig. 145. Ist jedoch im besonderen Falle

$$l = 2\pi\xi_0 \quad . \; . \; . \; . \; . \; . \; . \; . \quad (2\text{a}),$$

so wird im Punkte A

$$\operatorname{tg} \chi = \frac{0}{0} = \frac{\eta_0}{\xi_0} \operatorname{tg} \frac{2\pi}{l}(x - at) = \infty \quad . \; . \quad (2\text{b}),$$

woraus eine Spitze der Wellenlinie an dieser Stelle resultiert (vgl. Fig. 145a), die bei weiterem Anwachsen von ξ_0, d. h. für $l < 2\pi\xi_0$ sogar in eine Scheilfe übergeht. In diesen durch relativ starke Horizontalbewegung der Flüssigkeitsteilchen bedingten Fällen tritt an der Oberfläche ein mit Schaumbildung verbundenes Überstürzen der Wellen ein, welches stets bei heftigem Seegang beobachtet werden kann.

Nach diesen rein beschreibenden Ausführungen gehen wir zur Bestimmung der Änderung der Halbachsen ξ_0 und η_0 der Bahnellipsen mit der Tiefe y über und schreiben zunächst mit den Abkürzungen

$$\frac{2\pi}{l} = \alpha, \quad \frac{2\pi}{l} a = -\beta \quad . \; . \; . \; . \; . \quad (3)$$

an Stelle von (1)

$$\left.\begin{aligned} \xi &= \xi_0 \cos(\alpha x + \beta t) \\ \eta &= \eta_0 \sin(\alpha x + \beta t) \end{aligned}\right\} \quad . \; . \; . \; . \; . \quad (1\text{c}).$$

Daraus berechnen sich die Geschwindigkeitskomponenten eines Wasserteilchens

$$\left.\begin{aligned} w_x &= \frac{\partial\xi}{\partial t} = -\xi_0\beta \sin(\alpha x + \beta t) \\ w_y &= \frac{\partial\eta}{\partial t} = \quad \eta_0\beta \cos(\alpha x + \beta t) \end{aligned}\right\} \quad . \; . \; . \quad (4),$$

welche unter der Voraussetzung konstanter Koeffizienten α und β ein Potential

$$\Phi = Y \cos(\alpha x + \beta t) \quad \ldots \ldots \quad (5)$$

besitzen, worin Y eine reine Funktion der Tiefe y derart ist, daß

$$\left.\begin{aligned} w_x &= \frac{\partial \Phi}{\partial x} = -Y\alpha \sin(\alpha x + \beta t) \\ w_y &= \frac{\partial \Phi}{\partial y} = \frac{dY}{dy} \cos(\alpha x + \beta t) \end{aligned}\right\} \quad \ldots \quad (5\,a),$$

mithin durch Vergleich mit (4)

$$\xi_0 = \frac{\alpha}{\beta} Y, \quad \eta_0 = \frac{1}{\beta} \frac{dY}{dy} \quad \ldots \ldots \quad (4\,a)$$

wird. Aus der Kontinuitätsgleichung

$$\frac{\partial w_x}{\partial x} + \frac{\partial w_y}{\partial y} = \frac{\partial^2 \Phi}{\partial x^2} + \frac{\partial^2 \Phi}{\partial y^2} = 0 \quad \ldots \ldots \quad (6)$$

folgt weiter mit (5 a)

$$\frac{d^2 Y}{dy^2} = \alpha^2 Y \quad \ldots \ldots \ldots \quad (6\,a)$$

mit dem Integrale

$$Y = A e^{\alpha y} + B e^{-\alpha y} \quad \ldots \ldots \quad (6\,b),$$

so daß wir für die Halbachsen der Bahnellipsen auch haben

$$\left.\begin{aligned} \xi_0 &= \frac{\alpha}{\beta}(A e^{\alpha y} + B e^{-\alpha y}) \\ \eta_0 &= \frac{\alpha}{\beta}(A e^{\alpha y} - B e^{-\alpha y}) \end{aligned}\right\} \quad \ldots \ldots \quad (4\,b).$$

Von den hierin auftretenden willkürlichen Konstanten läßt sich eine durch die Bedingung eliminieren, daß längs der Sohle der ganzen Flüssigkeitsmasse, deren Tiefe unter der Oberfläche h sein möge, keine Vertikalausschläge mehr möglich sind in Übereinstimmung mit der von den Gebr. Weber dort beobachteten geradlinigen Horizontalschwingung der Flüssigkeitsteilchen. Dann muß für $y = h$, $\eta = 0$, also $\eta_0 = 0$ oder wegen (4b)

$$A e^{\alpha h} = B e^{-\alpha h}$$

oder

$$B = A e^{2\alpha h} \quad \ldots \ldots \ldots \quad (7)$$

sein, womit (4 b) übergeht in

$$\left.\begin{aligned} \xi_0 &= \frac{\alpha}{\beta} A e^{\alpha h}(e^{\alpha(y-h)} + e^{-\alpha(y-h)}) \\ \eta_0 &= \frac{\alpha}{\beta} A e^{\alpha h}(e^{\alpha(y-h)} - e^{-\alpha(y-h)}) \end{aligned}\right\} \quad \ldots \quad (7\,a).$$

Bezeichnen wir ferner den größten Vertikalausschlag an der Oberfläche, d. h. für $y = 0$, mit A_0, so ist wegen (1) und der zweiten Gl. (7a)

$$A_0 = \frac{\alpha}{\beta} A e^{\alpha h} (e^{-\alpha h} - e^{+\alpha h}) \quad . \; . \; . \quad (7\text{b}),$$

mithin

$$\left.\begin{aligned} \xi_0 &= -A_0 \frac{e^{\alpha(h-y)} + e^{-\alpha(h-y)}}{e^{\alpha h} - e^{-\alpha h}} \\ \eta_0 &= A_0 \frac{e^{\alpha(h-y)} - e^{-\alpha(h-y)}}{e^{\alpha h} - e^{-\alpha h}} \end{aligned}\right\} \quad . \; . \; . \quad (7\text{c})$$

bzw.

$$Y = A_0 \frac{\beta}{\alpha} \frac{e^{\alpha(h-y)} + e^{-\alpha(h-y)}}{e^{\alpha h} - e^{-\alpha h}} \quad . \; . \; . \; . \quad (6\text{c}).$$

Damit erhalten wir für das Geschwindigkeitspotential (5) den Ausdruck

$$\Phi = A_0 \frac{\beta}{\alpha} \frac{e^{\alpha(h-y)} + e^{-\alpha(h-y)}}{e^{\alpha h} - e^{-\alpha h}} \cos(\alpha x + \beta t) \quad (5\text{b}),$$

den wir in die Energiegleichung (5) des § 34, nämlich

$$\frac{g}{\gamma} p + \frac{w^2}{2} + \frac{\partial \Phi}{\partial t} = U \quad . \; . \; . \; . \; . \quad (8)$$

einzuführen haben, worin für die Kräftefunktion hier einfach

$$U = g y + U_0 \quad . \; . \; . \; . \; . \; . \; . \quad (8\text{a})$$

zu setzen ist. Vernachlässigen wir nunmehr unter der Voraussetzung kleiner Ausschläge ξ und η das Quadrat der resultierenden Geschwindigkeit der Wasserteilchen, so geht (8) über in

$$\frac{g}{\gamma} p + \frac{\partial \Phi}{\partial t} = g y + U_0 \quad . \; . \; . \; . \; . \quad (8\text{b}),$$

worin bei kleinen Ausschlägen der Druck p als unabhängig von der Zeit angesehen werden darf, während

$$w_y = \frac{\partial y}{\partial t} = \frac{\partial \eta}{\partial t} = \frac{\partial \Phi}{\partial y}$$

ist. Daher folgt durch partielle Differentiation von (8b) nach der Zeit

$$\frac{\partial^2 \Phi}{\partial t^2} = g \frac{\partial \Phi}{\partial y} \quad . \; . \; . \; . \; . \; . \; . \; . \quad (9)$$

und nach Einführung des Ausdruckes (5b)

$$\beta^2 = \alpha g \frac{e^{\alpha(h-y)} - e^{-\alpha(h-y)}}{e^{\alpha(h-y)} + e^{-\alpha(h-y)}},$$

oder wegen (3)

$$a^2 = \frac{lg}{2\pi} \frac{e^{2\pi\frac{h-y}{l}} - e^{-2\pi\frac{h-y}{l}}}{e^{2\pi\frac{h-y}{l}} + e^{-2\pi\frac{h-y}{l}}} = \frac{lg}{2\pi} \frac{e^{4\pi\frac{h}{l}} - e^{4\pi\frac{y}{l}}}{e^{4\pi\frac{h}{l}} + e^{4\pi\frac{y}{l}}} \quad (10).$$

Durch diese Gleichung ist die horizontale Fortpflanzungsgeschwindigkeit a einer Welle in der Tiefe y unter der Oberfläche als Funktion der Wellenlänge l und der gesamten Flüssigkeitstiefe h gegeben. Das Auftreten der Tiefe y in (10) deutet jedenfalls darauf hin, daß entgegen unserer Voraussetzung die Größen l und a, bzw. α und β nicht mit aller Strenge als konstant angesehen werden dürfen, bzw. daß unser Ansatz (1) für die ebene Wellenbewegung auch für kleine Ausschläge nur eine Näherungslösung des Problems darstellt, mit der wir uns indessen zur Zeit begnügen müssen. Mit Rücksicht auf (7c) dürfen wir für (10) auch schreiben

$$a^2 = -\frac{lg}{2\pi}\frac{\eta_0}{\xi_0} \quad . \; . \; . \; . \; . \; . \quad (10a),$$

woraus der Zusammenhang der Wellenlänge und der Fortpflanzungsgeschwindigkeit mit dem Verhältnis der beiden Halbachsen ξ_0 und η_0 deutlich hervorgeht. In der Nähe des Grundes ist die Differenz $h-y$ im Verhältnis zu l so klein, daß wir in (10) hinreichend genau

$$e^{2\pi\frac{h-y}{l}} = 1 + 2\pi\frac{h-y}{l}$$

setzen können, womit

$$a^2 = g\,(h-y) \quad . \; . \; . \; . \; . \; . \; . \quad (10b)$$

unabhängig von der Wellenlänge resultiert. Es ist dies mit $h - y = y_0$ dieselbe Formel, welche wir schon in § 31 für Kanalwellen erhielten; aus ihr geht weiter hervor, daß längs der Sohle selbst, d. h. für $y = h$ die Fortpflanzungsgeschwindigkeit überhaupt verschwindet.

An der Oberfläche, d. h. für $y = 0$ wird aus (10)

$$a^2 = \frac{lg}{2\pi} \frac{e^{2\pi\frac{h}{l}} - e^{-2\pi\frac{h}{l}}}{e^{2\pi\frac{h}{l}} + e^{-2\pi\frac{h}{l}}} \quad . \; . \; . \quad (10c),$$

woraus wieder für sehr flache Gewässer, bei denen die Tiefe

klein ist gegen die Wellenlänge entsprechend den Kanalwellen $a^2 = gh$ und für sehr **tiefe Gewässer** mit $h = \infty$

$$a^2 = \frac{lg}{2\pi} \quad \ldots \ldots \ldots \quad (10\text{d})$$

wird. Denselben Ausdruck hätten wir auch aus (10) direkt erhalten mit $y = -\infty$, so daß sich die ganze Abhängigkeit der Fortpflanzungsgeschwindigkeit a von der Tiefe y durch die Kurve Fig. 146 darstellen läßt, welche am Grunde mit $a = 0$ und einem nahezu parabolischen Verlaufe beginnt, um sich schließlich einer durch (10d) bestimmten vertikalen Asymptote zu nähern. Dieses Diagramm gilt natürlich nur für Wellen von ein und derselben Länge l, womit durchaus nicht gesagt ist, daß die Wellenlänge durch die ganze Flüssigkeitsmasse unveränderlich sein muß. Beim Vergleich der Resultate der vorstehenden Näherungstheorie mit der Wellenbewegung natürlicher Flüssigkeiten darf eine weitgehende Übereinstimmung schon darum nicht erwartet werden, weil wir von den Bewegungswiderständen in unseren Ableitungen ganz abgesehen haben. Der Einfluß solcher Widerstände auf die Bewegung der einzelnen Flüssigkeitselemente wird aber um so stärker ins Gewicht fallen, je mehr man sich dem Boden nähert. Darum beschränkt man sich auch meist auf die Betrachtung von Oberflächenwellen, deren Fortpflanzungsgeschwindigkeit (10c) nur in geringem Maße von der Flüssigkeitsreibung beeinträchtigt wird und folglich mit der Erfahrung leidlich übereinstimmt.

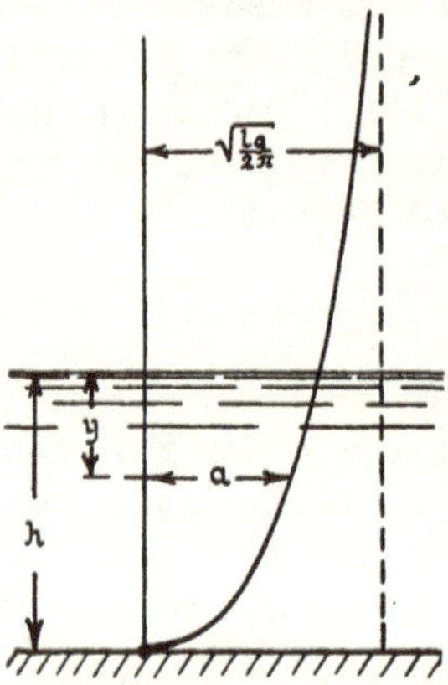

Fig. 146.

Laufen über die Flüssigkeitsoberfläche in gleicher Richtung mehrere Wellenzüge mit verschiedenen Halbachsen ξ_0 und η_0 sowie Wellenlängen l und Fortpflanzungsgeschwindigkeiten a hinweg, so superponieren sich einfach die einzelnen Ausschläge (1) derart, daß

$$\left.\begin{aligned} \xi &= \Sigma \xi_0 \cos \frac{2\pi}{l}(x - at) \\ \eta &= \Sigma \eta_0 \sin \frac{2\pi}{l}(x - at) \end{aligned}\right\} \quad \ldots \ldots \quad (11).$$

Da nun nach den obigen Darlegungen die Fortpflanzungsgeschwindigkeit bei gleicher Tiefe h mit der Wellenlänge wächst, so werden die langen Wellen mit im allgemeinen entsprechend großen Ausschlägen ξ_0 und η_0 rascher fortschreiten als die kurzen, so daß die resultierende Wellenoberfläche fortwährend ihre Gestalt ändert. Dazu kommt noch, daß wenigstens in flachem Wasser die Einzelwellen selbst beim Fortschreiten Formänderungen erleiden, da, wie wir in § 31 gesehen haben, hierbei die Geschwindigkeit a mit dem Vertikalausschlage η wächst. Noch verwickelter wird die ganze als Interferenz bekannte Erscheinung, wenn die einzelnen Wellenzüge verschiedene Richtung besitzen.

Die Gleichungen (11) gelten natürlich auch noch für zwei einander entgegengesetzt laufende Wellenzüge mit absolut gleichen Werten ξ_0, η_0, l und a, so zwar, daß

$$\left.\begin{aligned} \xi &= \xi_0\left[\cos\frac{2\pi}{l}(x-at)-\cos\frac{2\pi}{l}(x+at)\right] \\ &\qquad = 2\,\xi_0\sin\frac{2\pi}{l}x\sin\frac{2\pi}{l}at \\ \eta &= \eta_0\left[\sin\frac{2\pi}{l}(x-at)+\sin\frac{2\pi}{l}(x+at)\right] \\ &\qquad = 2\,\eta_0\sin\frac{2\pi}{l}x\cos\frac{2\pi}{l}at \end{aligned}\right\} \quad (11\text{a}).$$

Dies geht schon daraus hervor, daß die Formeln (1) den formell identischen Differentialgleichungen

$$\frac{\partial^2\xi}{\partial t^2}=a^2\frac{\partial^2\xi}{\partial x^2},\quad \frac{\partial^2\eta}{\partial t^2}=a^2\frac{\partial^2\eta}{\partial x^2} \quad . \; . \; . \; . \quad (11\text{b})$$

genügen, in denen a sowohl positiv als auch negativ sein kann. Da nun die Ausdrücke (11a) für

$$x=\frac{k\,l}{2} \quad . \; . \; . \; . \; . \; . \; . \; . \quad (11\text{c})$$

verschwinden, worin k eine beliebige ganze Zahl bedeutet, so dürfen wir an diesen Stellen feste Wände angebracht denken, an denen die Wellen zurückgeworfen werden. Auf diese Weise erhalten wir sog. stehende Wellen, die man leicht in Wassertrögen praktisch hervorrufen kann.

Laufen zwei Wellenzüge mit gleicher vertikaler Amplitude und nur wenig verschiedener Wellenlänge bzw. Fortpflanzungsgeschwindigkeit in derselben Richtung über die Oberfläche, so ergibt die zweite Gleichung (11) mit den Abkürzungen (3)

$$\eta = \eta_0 \left[\sin(\alpha_1 x + \beta_1 t) + \sin(\alpha_2 x + \beta_2 t)\right]$$

$$= 2\eta_0 \sin\left(\frac{\alpha_1 + \alpha_2}{2} x + \frac{\beta_1 + \beta_2}{2} t\right) \cos\left(\frac{\alpha_2 - \alpha_1}{2} x + \frac{\beta_2 - \beta_1}{2} t\right) \quad (12)$$

oder mit

$$\alpha_2 = \alpha_1 + \Delta\alpha, \quad \beta_2 = \beta_1 + \Delta\beta \quad . \quad . \quad . \quad (12a)$$

angenähert

$$\eta = 2\eta_0 \sin(\alpha_1 x + \beta_1 t) \cos\frac{\Delta\alpha}{2}\left(x + \frac{\Delta\beta}{\Delta\alpha} t\right) \quad . \quad (12b).$$

Aus den Gleichungen (3), d. h.

$$\alpha_1 = \frac{2\pi}{l}, \quad \beta_1 = -\frac{2\pi}{l} a$$

folgt aber

$$\Delta\alpha = -\frac{2\pi}{l^2}\Delta l, \quad \Delta\beta = -\frac{2\pi}{l}\Delta a + \frac{2\pi}{l^2} a \Delta l$$

$$\frac{\Delta\beta}{\Delta\alpha} = -a + l\frac{\Delta a}{\Delta l} \sim -a + l\frac{da}{dl} \quad . \quad . \quad . \quad (13),$$

und damit wird aus (12b)

$$\eta = 2\eta_0 \sin\frac{2\pi}{l}(x - at) \cos\frac{2\pi \Delta l}{l^2}\left[x - \left(a - l\frac{da}{dl}\right) t\right] \quad (14).$$

Diese Formel stellt, wie zuerst Lord Rayleigh bemerkt hat, Gruppen von Wellen mit der Einzellänge l dar, die in ihrer Gesamtheit analog den Schwingungen[1]) durch nahezu wellenfreie Zwischenräume getrennt sind und mit der Gesamtgeschwindigkeit

$$a' = a - l\frac{da}{dl} \quad . \quad . \quad . \quad . \quad . \quad . \quad (15)$$

fortschreiten, während innerhalb jeder Gruppe die Einzelwellen langsam anwachsen, mit der Geschwindigkeit $a > a'$ fortschreiten und schließlich am Ende der Gruppe wieder fast ganz verschwinden, vgl. Fig. 147. Da nun für flaches Wasser $a^2 = gh$, $da : dl = 0$, so fällt hier die Gruppengeschwindigkeit

---

[1]) Vgl. Lorenz, »Techn. Mechanik starrer Systeme«, 1902, S. 70.

mit der Geschwindigkeit der Einzelwellen zusammen, während in sehr tiefem Wasser wegen (10d)

$$l\frac{da}{dl} = \frac{gl}{4\pi a} = \frac{a}{2}, \quad a' = \frac{a}{2}$$

d. h. die Gruppengeschwindigkeit gleich der halben Geschwindigkeit der Einzelwellen ist. Diese Erscheinung

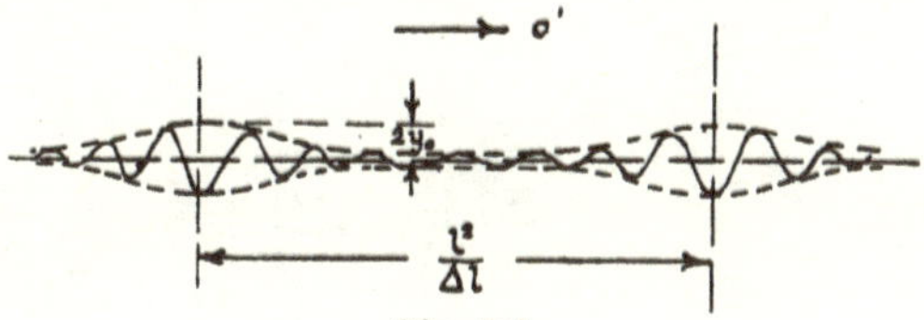

Fig. 147.

kann man sehr bequem bei der Bewegung von Schiffen beobachten, welche in ihrer unmittelbaren Nachbarschaft Wellengruppen hervorrufen, die mit der Schiffsgeschwindigkeit selbst fortschreiten.

§ 39. Schiffsschwingungen im Wellengange.

Die Bewegungsgleichung des schwingenden Schiffes bei schwankender Spiegelhöhe des Wassers. Erzwungene Vertikalschwingungen, Resonanz, Zahlenbeispiel. Rollbewegungen des Schiffes, Abhängigkeit von der Neigung der Wellenfläche. Gefahr der Resonanz für das Kentern der Schiffe, Zahlenbeispiel.

Die Schwingungen eines in ruhender Flüssigkeit schwimmenden festen Körpers bzw. eines Schiffes haben wir schon im § 6 des ersten Kapitels behandelt, und zwar unter der Voraussetzung einer idealen, d. h. reibungslosen Flüssigkeit. Die letztere Voraussetzung lag auch der im vorigen Paragraphen aufgestellten Näherungstheorie der Wellenbewegung zugrunde, deren Entstehung etwa durch Wind sich indessen bisher der analytischen Formulierung entzogen hat. Wir mußten uns vielmehr mit dem Vorhandensein einer durch parallele Wellenzüge gekennzeichneten, also ebenen Oberflächenschwankung der Flüssigkeit begnügen, welche etwaigen Widerständen gegenüber durch eine äußere Energiezufuhr von Seiten der darüber hinstreichenden Luft dauernd aufrecht erhalten werden möge. Die den Schwingungen des Festkörpers in bewegter Flüssigkeit entgegenwirkenden Widerstände dürfen wir unter der Annahme kleiner Ausschläge hinreichend genau der relativen Geschwindigkeit beider proportional setzen, wodurch Dämpfungsglieder in die Bewegungsgleichungen eingehen. Außerdem ist zu beachten, daß nach den Ausführungen des § 37 bei ungleichförmiger Bewegung eines Festkörpers dessen Masse durch einen von der mitgeführten

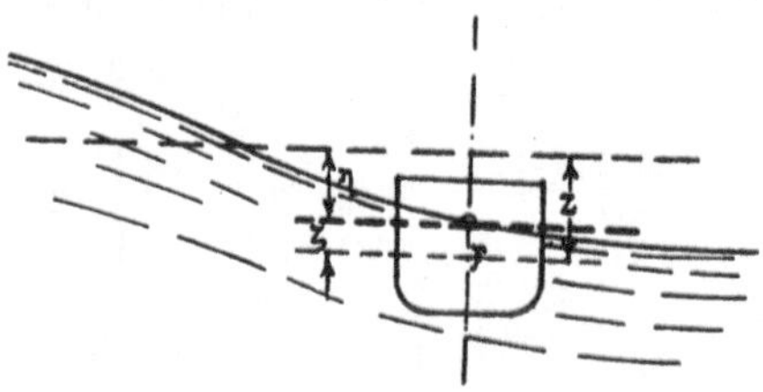

Fig. 148.

Flüssigkeitsmenge herrührenden Betrag, der allerdings bei nicht kugelförmiger Körpergestalt nur empirisch bestimmt werden kann, vergrößert erscheint. Wie schon in § 6, wollen wir auch hier die Vertikalschwingungen und Rollbewegungen getrennt behandeln. Für die ersteren bezeichnen wir in Fig. 148 mit z den absoluten, nach unten positiv gerechneten Ausschlag der normalen Schwimmebene F des Schiffes aus der Ruhelage, mit ζ seine mittlere Senkung im Wasser, dessen Oberfläche selbst vermöge der Wellenbewegung an der betreffenden Stelle eine Tiefe von η unter dem Horizont besitzen möge, so zwar, daß

$$z = \zeta + \eta \quad . \; . \; . \; . \; . \; . \; . \; . \quad (1).$$

Bedeutet ferner h_0 die sog. mittlere Tauchtiefe des Schiffes, die wir uns mit Rücksicht auf das mitbewegte Wasser um einen bestimmten Betrag gegenüber der Definition durch das Deplacement $V = F \cdot h_0$ in § 6 vergrößert denken müssen, so folgt mit einem Dämpfungsfaktor ε für die Vertikalbewegung

$$\frac{d^2 z}{dt^2} + \varepsilon \frac{d\zeta}{dt} + \frac{g}{h_0} \zeta = 0 \quad . \; . \; . \; . \; . \; . \quad (2)$$

oder wegen (1)

$$\frac{d^2 z}{dt^2} + \varepsilon \frac{dz}{dt} + \frac{g}{h_0} z = \varepsilon \frac{d\eta}{dt} + \frac{g}{h_0} \eta \quad . \; . \; . \quad (2a)$$

und mit der Abkürzung

$$\frac{g}{h_0} = \alpha_0^2 \quad . \; . \; . \; . \; . \; . \; . \; . \quad (3),$$

$$\frac{d^2z}{dt^2} + \varepsilon\frac{dz}{dt} + \alpha_0^2 z = \varepsilon\frac{d\eta}{dt} + \alpha_0^2\eta \quad . \quad . \quad . \quad (2\text{b}).$$

Für den Vertikalausschlag der Wellenbewegung hatten wir nun nach Gl. (1) des letzten Paragraphen

$$\eta = \eta_0 \sin\frac{2\pi}{l}(x - at) = \eta_0 \sin(\alpha x + \beta t) \quad . \quad . \quad (4),$$

mithin an der willkürlich gewählten Stelle $x = 0$, welche das Schiff nicht verläßt,

$$\eta = \eta_0 \sin\beta t, \quad \frac{d\eta}{dt} = \eta_0\beta\cos\beta t \quad . \quad . \quad (4\text{a}),$$

wodurch (2b) übergeht in

$$\frac{d^2z}{dt^2} + \varepsilon\frac{dz}{dt} + \alpha_0^2 z = \eta_0(\varepsilon\beta\cos\beta t + \alpha_0^2\sin\beta t) \quad . \quad (5).$$

Dies ist aber die uns wohlbekannte Differentialgleichung einer erzwungenen Schwingung, zu der noch Eigenschwingungen nach der Gleichung

$$\frac{d^2z}{dt^2} + \varepsilon\frac{dz}{dt} + \alpha_0^2 z = 0$$

hinzutreten, die indessen nach kurzer Zeit infolge der Dämpfung bis zur Unmerklichkeit abklingen und daher hier außer Betracht bleiben können. Wir dürfen also für die Lösung der Gl. (5)

$$z = A\cos\beta t + B\sin\beta t \quad . \quad . \quad . \quad . \quad (3\text{a})$$

schreiben, und erhalten durch Einsetzen in (5) nach der Methode der unbestimmten Koeffizienten die Werte

$$A = \frac{-\eta_0\varepsilon\beta^3}{(\alpha_0^2 - \beta^2)^2 + \beta^2\varepsilon^2}, \quad B = \frac{\eta_0[(\alpha_0^2 - \beta^2)\alpha_0^2 + \beta^2\varepsilon^2]}{(\alpha_0^2 - \beta^2)^2 + \beta^2\varepsilon^2} \quad (5\text{b})$$

mit einer resultierenden Amplitude

$$z_0 = \sqrt{A^2 + B^2} = \eta_0\sqrt{\frac{\beta^2\varepsilon^2 + \alpha_0^4}{(\alpha_0^2 - \beta^2)^2 + \beta^2\varepsilon^2}} \quad . \quad . \quad (5\text{c}),$$

welche im Falle der Resonanz, d. h. für $\alpha_0 = \beta$ oder gleiche Schwingungsdauer des Schiffes und der Welle übergeht in

$$z_1 = \eta_0\frac{\sqrt{\beta^2 + \varepsilon^2}}{\varepsilon} \quad . \quad . \quad . \quad . \quad . \quad . \quad (5\text{d}).$$

Um festzustellen, ob dieser Fall der Resonanz für die Vertikalschwingungen eines Schiffes überhaupt eine praktische Bedeutung besitzt, wollen wir ein Schiff voraussetzen, dessen mittlere Tauchtiefe

$h_0 = 4$ m bei einer Breite von 10 m und einer Länge von 50 m beträgt. Dann ist die Eigenschwingungsdauer dieses Schiffes für die Vertikalbewegung nach (3)

$$t_0 = \frac{2\pi}{\alpha_0} = 2\pi\sqrt{\frac{h_0}{g}} \sim 4 \text{ Sek.}$$

Die Erregung einer solchen Schwingung setzt aber eine mittlere Erhebung oder Senkung des Wasserspiegels in der unmittelbaren Nachbarschaft des Schiffes nach Fig. 148 voraus; und diese kann in nennenswerter Höhe nur eintreten, wenn die halbe Wellenlänge l größer als die Breite bzw. Länge des Schiffes ist, je nachdem die Welle senkrecht zur Schiffsachse oder in deren Richtung fortschreitet. Im ersteren Falle muß also $l \geqq 20$ m und damit die Fortpflanzungsgeschwindigkeit im tiefen Wasser

$$a = \sqrt{\frac{g\,l}{2\pi}} \geqq 5{,}6 \text{ m/Sek.}$$

mit einer Schwingungsdauer

$$t_1 = \frac{l}{a} = \sqrt{\frac{2\pi l}{g}} \geqq 3{,}6 \text{ Sek.}$$

sein, welche in der Tat der Eigenschwingungsdauer des Schiffes recht nahe kommt, so daß die Gefahr eines Eintauchens bis zur Höhe des Deckes nicht ganz von der Hand zu weisen ist.

Für Wellen, die in der Schiffsachse fortschreiten, wird dagegen im vorliegenden Falle $l \geqq 100$ m und daraus

$$a > 12{,}5 \text{ m/Sek.,} \quad t_2 \geqq 8 \text{ Sek.,}$$

so daß hier keine Gefahr der Resonanz mehr besteht. Man wird also, um große Vertikalschwankungen zu vermeiden, die Fahrtrichtung eines Schiffes bzw. in der Ruhelage seine Achse möglichst der Fortschreitungsrichtung der Wellen parallel einstellen.

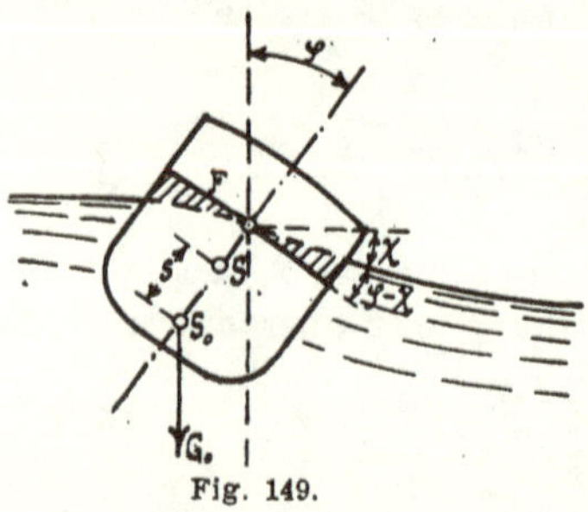

Fig. 149.

Wichtiger noch als die soeben besprochenen Vertikalschwingungen sind die Rollbewegungen von Schiffen infolge der periodisch veränderlichen Neigung des Wasserspiegels im Wellengange. Bezeichnen wir in Fig. 149 den kleinen absoluten Ausschlagwinkel der Schwimmachse des Schiffes (vgl. § 6) aus der Vertikalen mit φ, den mittleren Neigungswinkel des Wasserspiegels unter dem Schiffe wie im vorigen Paragraphen mit χ, das Schiffsgewicht mit G_0 und den Trägheitshalbmesser der Schwimmebene F in bezug auf die in dieser liegenden Parallelen zur Drehachse durch den Schwerpunkt mit k, so erhalten wir für die Rollbewegung mit dem Abstand s des Schiffsschwerpunktes S_0 vom Deplacementsschwerpunkt S in der Ruhelage ein aufrichtendes Moment

$$\mathfrak{M} = G_0 s \varphi + F k^2 \gamma (\varphi - \chi) \quad . \quad . \quad . \quad . \quad (6),$$

worin γ das spezifische Wassergewicht bedeutet. Hierdurch wird dem polaren Trägheitsmoment Θ des ganzen Schiffes um den Schwerpunkt S_0 eine negative Drehbeschleunigung $\frac{d^2\varphi}{dt^2}$ erteilt und außerdem die Wasserreibung an der Schiffswand überwunden, die mit einem Dämpfungsfaktor ε der relativen Winkelgeschwindigkeit des Schiffes gegen das Wasser proportional gesetzt werden kann, so zwar, daß

$$\Theta \frac{d^2\varphi}{dt^2} + \varepsilon \Theta \frac{d(\varphi - \chi)}{dt} + G_0 s \varphi + F k^2 \gamma (\varphi - \chi) = 0 \quad (6a)$$

ist. Da nun mit einer mittleren Tauchtiefe h_0 des Schiffes $G_0 = \gamma F h_0$ und mit einem polaren Trägheitshalbmesser k_0 des Schiffes um die Schwerpunktsdrehachse $\Theta = \frac{G_0}{g} k_0^2 = F \frac{\gamma}{g} h_0 k_0^2$ ist, so folgt aus (6a)

$$\frac{d^2\varphi}{dt^2} + \varepsilon \frac{d\varphi}{dt} + \frac{(s h_0 + k^2) g}{h_0 k_0^2} \varphi = \varepsilon \frac{d\chi}{dt} + \frac{g k^2}{h_0 k_0^2} \chi \quad (6b),$$

worin nach § 6

$$s + \frac{k^2}{h_0} = l_0 \quad . \quad . \quad . \quad . \quad . \quad . \quad . \quad (7)$$

die sog. Metazenterhöhe bedeutet. Führen wir diese noch ein, so wird aus (6b)

$$\frac{d^2\varphi}{dt^2} + \varepsilon \frac{d\varphi}{dt} + \frac{g l_0}{k_0^2} \varphi = \varepsilon \frac{d\chi}{dt} + \frac{g k^2}{h_0 k_0^2} \chi \quad . \quad . \quad (6c),$$

worin wir für den ebenfalls als klein vorausgesetzten Neigungswinkel χ nach Gl. (2) des vorigen Paragraphen angenähert

$$\chi = \frac{2\pi \eta_0}{l} \cos \frac{2\pi}{l}(x - at) = \chi_0 \cos(\alpha x + \beta t) \quad . \quad (8)$$

oder, wenn wir wieder den Koordinatenanfang in den Schnittpunkt der Schwimmachse des Schiffes mit der ruhenden Wasserfläche vorlegen, also $x = 0$ setzen, kürzer

$$\chi = \chi_0 \cos \beta t \quad . \quad . \quad . \quad . \quad . \quad . \quad (8a)$$

schreiben dürfen. Hierin bedeutet offenbar

$$\chi_0 = \frac{2\pi \eta_0}{l} \quad . \quad . \quad . \quad . \quad . \quad . \quad . \quad (9)$$

die absolut größte Neigung der Wasseroberfläche im Wellengange, welche sich jeweils im Wendepunkte der Wellenlinie einstellt. Diese selbst erscheint in unserer Näherungsformel (8) als reine Sinuslinie, was nur so lange zulässig, als die Wellenlänge gegen die Verschiebungen ξ und η der Wasserteilchen große Werte annimmt.

Setzen wir dann abkürzungsweise in (6c)

$$\frac{g\, l_0}{k_0^2} = \alpha_1^2, \quad \frac{g\, k^2}{h_0\, k_0^2} = \alpha_2^2 \quad . \quad . \quad . \quad . \quad . \quad (10),$$

so erhalten wir schließlich mit (8a)

$$\frac{d^2\varphi}{dt^2} + \varepsilon \frac{d\varphi}{dt} + \alpha_1^2 \varphi = \chi_0 (\alpha_2^2 \cos \beta t - \varepsilon\beta \sin \beta t) \quad (11).$$

Diese Differentialgleichung der erzwungenen Rollschwingungen eines Schiffes ist ganz analog gebaut, wie die Gl. (5) für die Vertikalschwingungen, und liefert — abgesehen von der mit der Zeit erlöschenden Eigenschwingung des Schiffes — ein Integral

$$\varphi = C \cos \beta t + D \sin \beta t \quad . \quad . \quad . \quad . \quad (11a),$$

worin

$$C = \chi_0 \frac{(\alpha_1^2 - \beta^2)\, \alpha_2^2 + \varepsilon^2 \beta^2}{(\alpha_1^2 - \beta^2)^2 + \varepsilon^2 \beta^2}, \quad D = -\chi_0 \varepsilon \beta \frac{\alpha_1^2 - \beta^2 + \alpha_2^2}{(\alpha_1^2 - \beta^2)^2 + \varepsilon^2 \beta^2} (11b)$$

und die resultierende Amplitude

$$\varphi_0 = \sqrt{C^2 + D^2} = \chi_0 \sqrt{\frac{\varepsilon^2 \beta^2 + \alpha_2^4}{(\alpha_1^2 - \beta^2)^2 + \varepsilon^2 \beta^2}} \quad . \quad (11c)$$

ist, welche im Falle der Resonanz, d. h. für $\alpha_1 = \beta$ in

$$\varphi_1 = \chi_0 \frac{\sqrt{\varepsilon^2 \alpha_1^2 + \alpha_2^4}}{\varepsilon\, \alpha_1} \quad . \quad . \quad . \quad . \quad (11d)$$

übergeht. Während nun bei den Vertikalschwingungen die Amplitude die Höhe des sog. Freibordes nicht übersteigen darf, um ein Sinken zu vermeiden, so entspricht dem bei Rollbewegungen ein Ausschlagswinkel φ_2 der Schwimmachse OS gegen die Normale ON zur Wasseroberfläche, bei dem das Deck gerade die Wasseroberfläche trifft, vgl. Fig. 150. Damit also das Deck im Wellengange nicht eintaucht, muß stets für die Absolutwerte die Gleichung

$$\varphi_0 + \chi_0 < \varphi_2 \quad . \quad . \quad . \quad . \quad . \quad . \quad (12)$$

bestehen, oder mit (11c)

$$\chi_0\left(1 + \sqrt{\frac{\varepsilon^2\beta^2 + \alpha_2^4}{(\alpha_1^2 - \beta)^2 + \varepsilon^2\beta^2}}\right) < \varphi_2 \quad . \quad . \quad (12a)$$

und im Falle der Resonanz

$$\chi_0\left(1 + \frac{\sqrt{\varepsilon^2\alpha_1^2 + \alpha_2^4}}{\varepsilon\,\alpha_1}\right) < \varphi_2 \quad . \quad . \quad . \quad (12b).$$

Ist beispielsweise für ein Schiff die Dauer der Rollschwingung in ruhigem Wasser $t_1 = 4{,}4$ Sekunden, also

$$\alpha_1 = \frac{2\pi}{t_1} = 1{,}43,$$

so folgt mit der vereinfachenden Annahme $\alpha_2 = \alpha_1$, einem Dämpfungsfaktor $\varepsilon = 0{,}1$, einer Schwingungsdauer der Welle von $t_0 = 10$ Sek., oder

$$\beta = \frac{2\pi}{t_0} = 0{,}63$$

aus (11c) angenähert

$$\varphi_0 \backsim \chi_0 \frac{\alpha_1^2}{\alpha_1^2 - \beta^2} = 1{,}24\,\chi_0.$$

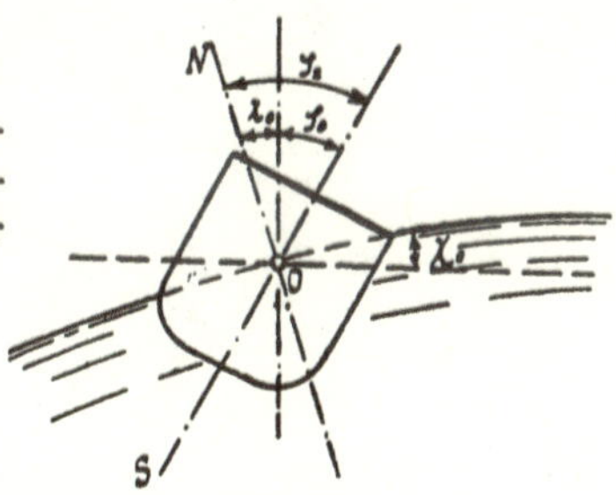

Fig. 150.

Beträgt mithin der größte zulässige Ausschlagswinkel des Schiffes $\varphi_2 = 22^\circ$, so würde dazu nach (12) schon eine Wellenneigung von

$$\chi_0 = \frac{\varphi_2}{1 + \frac{\varphi_0}{\chi_0}} = \frac{22}{2{,}24} \backsim 10^\circ$$

im Beharrungszustande ausreichen, während im Falle der Resonanz, d. h. für $\alpha_1 = \beta$, wie man aus (11d) leicht ermittelt, die Bedingung (12b) trotz der Dämpfung längst nicht mehr erfüllt ist, das Schiff also sehr bald kentern muß. Da nun Wellen von der erwähnten Beschaffenheit durchaus normal sind, so folgt daraus die große Gefahr der Rollbewegung bei einer Schiffslage normal zur Fortschreitungsrichtung der Wellen.

§ 40. Die Verminderung der Rollbewegung von Schiffen durch Kreiselwirkung.

Die Eulerschen Bewegungsgleichungen des Schlickschen Schiffskreisels. Reduktion des Problems auf zwei simultane Differentialgleichungen. Lösung für erzwungene Schiffsschwingungen im Wellengange, Zahlenbeispiel. Freie Schiffsschwingungen in ruhigem Wasser, Einfluß der Dämpfung. Näherungslösung für kleine Dämpfung. Fall des unbeschwerten Kreiselrahmens. Frahmsche Dämpfung der Rollbewegung durch ein kommunizierendes Rohr.

Zur Bekämpfung der nicht nur für die Stabilität von Schiffen im Wellengange gefährlichen, sondern auch für die Fahrgäste lästigen Rollbewegungen hat der Ingenieur O. Schlick den Einbau eines Kreisels vorgeschlagen, der in der Hauptsache aus einem rasch rotierenden Schwungringe besteht, dessen in der Ruhelage vertikale Drehachse AA vermittelst eines Rahmens um

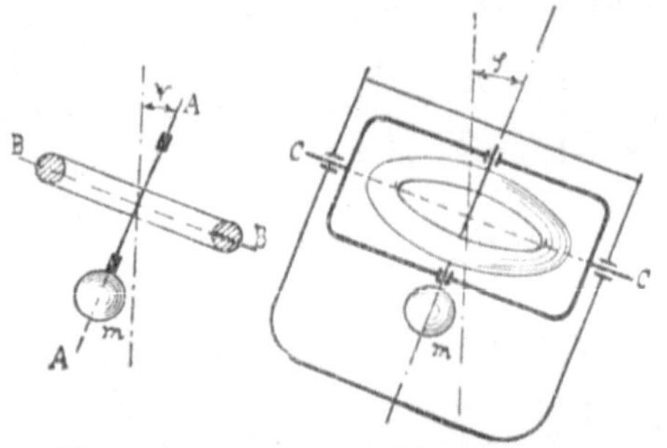

Fig. 151 a. Fig. 151 b.

horizontale Zapfen CC in der Symmetrieebene des Schiffes drehbar ist, in welcher dann die dritte Hauptachse BB des Kreisels auch bei Neigungen des Schiffes verbleibt (Fig. 151a und 151b). Bezeichnet man dann die polaren Hauptträgheitsmomente um die drei Hauptachsen mit Θ_a, Θ_b, Θ_c, die momentanen entsprechenden Winkelgeschwindigkeiten mit ω_a, ω_b, ω_c und die Drehmomente mit $\mathfrak{M}_a$, $\mathfrak{M}_b$, $\mathfrak{M}_c$, so lauten die Eulerschen Bewegungsgleichungen[1]) des Kreisels

[1]) Lorenz, »Techn. Mechanik starrer Systeme«, München 1902, S. 488. Über den Schiffskreisel siehe auch Schlicks D. R. Patent Nr. 154567 vom 22. Febr. 1903, sowie desselben Verfassers »Versuche mit dem Schiffskreisel«, Zeitschr. d. Ver. d. Ing. 1906. Die Theorie

$$\left.\begin{aligned}\mathfrak{M}_a &= \Theta_a \frac{d\omega_a}{dt} - (\Theta_b - \Theta_c)\,\omega_b\,\omega_c \\ \mathfrak{M}_b &= \Theta_b \frac{d\omega_b}{dt} - (\Theta_c - \Theta_a)\,\omega_c\,\omega_a \\ \mathfrak{M}_c &= \Theta_c \frac{d\omega_c}{dt} - (\Theta_a - \Theta_b)\,\omega_a\,\omega_b\end{aligned}\right\} \quad . \quad (1).$$

Denken wir uns der Einfachheit halber die gesamte Schwungmasse in einen nahezu ebenen dünnen Ring konzentriert, so ist angenähert

$$\Theta_a = 2\,\Theta_b = 2\,\Theta_c = 2\,\Theta_0 \quad . \quad . \quad . \quad . \quad (2).$$

Weiterhin nehmen wir an, daß die Winkelgeschwindigkeit $\omega_a = \omega_0$ etwa durch einen Elektromotor konstant erhalten werde, d. h. daß in der ersten Gl. (1)

$$\frac{d\omega_a}{dt} = \frac{d\omega_0}{dt} = 0, \quad \mathfrak{M}_a = 0$$

wird, womit diese Formel überhaupt ausscheidet. Bezeichnen wir ferner den Ausschlag der Schwimmachse des Schiffes aus der Vertikalen mit φ, den der Kreiselachse mit ψ, so ist

$$\omega_b = \frac{d\varphi}{dt}, \quad \omega_c = \frac{d\psi}{dt} \quad . \quad . \quad . \quad . \quad . \quad (3),$$

und die beiden letzten Gl. (1) vereinfachen sich in

$$\left.\begin{aligned}\mathfrak{M}_b &= \Theta_0 \left(\frac{d^2\varphi}{dt^2} + \omega_0 \frac{d\psi}{dt}\right) \\ \mathfrak{M}_c &= \Theta_0 \left(\frac{d^2\psi}{dt^2} - \omega_0 \frac{d\varphi}{dt}\right)\end{aligned}\right\} \quad . \quad . \quad . \quad (1\,\text{a}).$$

Von diesen Momenten rührt das letztere von der Pendelung des Kreiselrahmens in der Symmetrieebene des Schiffes um die Vertikale her. Ist Θ_1 das polare Trägheitsmoment des im allgemeinen durch eine Masse m beschwerten Rahmens und M_1 sein statisches Moment um die Achse CC, so ist mit einer etwa durch Einschaltung einer Flüssigkeitsbremse (Katarakt) bewirkten Dämpfung $\varepsilon_0\,\Theta_1$

$$-\mathfrak{M}_c = \Theta_1 \frac{d^2\psi}{dt^2} + \varepsilon_0\,\Theta_1 \frac{d\psi}{dt} + M_1\,\psi \quad . \quad . \quad . \quad (4).$$

---

entwickelten für Eigenschwingungen Lorenz, Physik. Zeitschr. 1904, sowie Föppl, Zeitschr. d. Ver. d. Ing. 1904, während die Wirkung im Wellengange in Malmströms »Theorie des Schlickschen Schiffskreisels«, Helsingfors 1907 (Finnische Literaturgesellschaft), klargestellt wurde.

Anderseits entspricht dem Momente $\mathfrak{M}_b$ an den beiden Zapfen CC ein entgegengesetzt auf das Schiff wirkendes Moment, welches dieses aufzurichten strebt, so zwar, daß bei einem Neigungswinkel χ der Wellen Gl. (6a) des vorigen Paragraphen durch $\mathfrak{M}_b$ zu ergänzen ist in

$$-\mathfrak{M}_b = \Theta \frac{d^2\varphi}{dt^2} + \varepsilon\Theta \frac{d(\varphi - \chi)}{dt} + G_0 s \varphi + F k^2 \gamma (\varphi - \chi) \quad (5),$$

worin die auf das Schiff bezüglichen Größen Θ, G_0, s, F, k dieselbe Bedeutung wie in § 39 haben und ε wieder der Dämpfung durch Wasserreibung an der Schiffswand entspricht. Eliminieren wir nun mit Hilfe dieser Formeln (4) und (5) die Drehmomente aus (1a), so folgt

$$\left.\begin{aligned} (\Theta_0 + \Theta)\frac{d^2\varphi}{dt^2} + \varepsilon\Theta\frac{d\varphi}{dt} + (G_0 s + F k^2\gamma)\varphi + \omega_0\Theta_0\frac{d\psi}{dt} \\ = \varepsilon\Theta\frac{d\chi}{dt} + F k^2 \gamma\chi \\ (\Theta_0 + \Theta_1)\frac{d^2\psi}{dt^2} + \varepsilon_0\Theta_1\frac{d\psi}{dt} + M_1\psi - \omega_0\Theta_0\frac{d\varphi}{dt} = 0 \end{aligned}\right\} (1b),$$

oder mit den Abkürzungen

$$\left.\begin{aligned} \frac{\varepsilon\Theta}{\Theta_0 + \Theta} = \varepsilon_1, \quad \frac{\varepsilon_0\Theta_1}{\Theta_0 + \Theta_1} = \varepsilon_2 \\ \frac{G_0 s + F k^2\gamma}{\Theta_0 + \Theta} = \alpha_1^2, \quad \frac{F k^2\gamma}{\Theta_0 + \Theta} = \alpha_0^2, \quad \frac{M_1}{\Theta_0 + \Theta_1} = \alpha_2^2 \\ \frac{\omega_0\Theta_0}{\Theta_0 + \Theta} = \omega_1, \quad \frac{\omega_0\Theta_0}{\Theta_0 + \Theta_1} = \omega_2 \end{aligned}\right\} (6)$$

$$\left.\begin{aligned} \frac{d^2\varphi}{dt^2} + \varepsilon_1\frac{d\varphi}{dt} + \alpha_1^2\varphi + \omega_1\frac{d\psi}{dt} = \varepsilon_1\frac{d\chi}{dt} + \alpha_0^2\chi \\ \frac{d^2\psi}{dt^2} + \varepsilon_2\frac{d\psi}{dt} + \alpha_2^2\psi - \omega_2\frac{d\varphi}{dt} = 0 \end{aligned}\right\} (7),$$

worin wie in § 39

$$\varepsilon_1\frac{d\chi}{dt} + \alpha_0^2\chi = \chi_0(\alpha_0^2\cos\beta t - \varepsilon_1\beta\sin\beta t) \quad . \quad (7\text{a})$$

den Einfluß der Wasserwellen auf das Schiff darstellt. Dieser erstreckt sich dann vermöge des Gliedes $\omega_2\frac{d\varphi}{dt}$ in der zweiten Gl. (7) auch auf die Schwingungen des Kreisels um die Achse CC, während die Wirkung des letzteren auf das Schiff in dem Gliede $\omega_1 \frac{d\psi}{dt}$ der ersten Gl. (7) hervortritt. Daher vollziehen sowohl das Schiff wie auch der Kreisel im Wellengange e r z w u n g e n e S c h w i n g u n g e n, d e r e n P e r i o d e m i t d e r d e r W e l l e n ü b e r e i n s t i m m e n w i r d, so zwar daß

$$\left.\begin{aligned} \varphi &= A \cos \beta t + B \sin \beta t \\ \psi &= C \cos \beta t + D \sin \beta t \end{aligned}\right\} \quad . \quad . \quad . \quad . \quad (8).$$

Durch Einführung dieser Ausdrücke in (7) ergeben sich mit Rücksicht auf (7a) für die unbestimmt gelassenen Koeffizienten die Gleichungen

$$\left.\begin{aligned} A(\alpha_1^2 - \beta^2) + B\,\varepsilon_1\,\beta + D\,\omega_1\,\beta &= \alpha_0^2\,\chi_0 \\ B(\alpha_1^2 - \beta^2) - A\,\varepsilon_1\,\beta - C\,\omega_1\,\beta &= -\,\varepsilon_1\,\beta\,\chi_0 \\ C(\alpha_2^2 - \beta^2) + D\,\varepsilon_2\,\beta - B\,\omega_2\,\beta &= 0 \\ D(\alpha_2^2 - \beta^2) - C\,\varepsilon_2\,\beta + A\,\omega_2\,\beta &= 0 \end{aligned}\right\} \quad (8a),$$

aus denen für den Kreisel

$$\left.\begin{aligned} C &= \chi_0\,\omega_2\,\beta^2 \\ &\times \frac{\alpha_0^2[\varepsilon_1(\alpha_2^2-\beta^2)+\varepsilon_2(\alpha_1^2-\beta^2)]-\varepsilon_2[(\alpha_2^2-\beta^2)(\alpha_1^2-\beta^2)-(\varepsilon_1\varepsilon_2+\omega_1\omega_2)\beta^2]}{\beta^2[\varepsilon_1(\alpha_2^2-\beta^2)+\varepsilon_2(\alpha_1^2-\beta^2)]^2+[(\alpha_2^2-\beta^2)(\alpha_1^2-\beta^2)-(\varepsilon_1\varepsilon_2+\omega_1\omega_2)\beta^2]^2} \\ D &= -\,\chi_0\,\omega_2\,\beta^2 \\ &\times \frac{\varepsilon_1\beta[\varepsilon_1(\alpha_2^2-\beta^2)+\varepsilon_2(\alpha_1^2-\beta^2)]+\alpha_0^2[(\alpha_2^2-\beta^2)(\alpha_1^2-\beta^2)-(\varepsilon_1\varepsilon_2+\omega_1\omega_2)\beta^2]}{\beta^2[\varepsilon_1(\alpha_2^2-\beta^2)+\varepsilon_2(\alpha_1^2-\beta^2)]^2+[(\alpha_2^2-\beta^2)(\alpha_1^2-\beta^2)-(\varepsilon_1\varepsilon_2+\omega_1\omega_2)\beta^2]^2} \end{aligned}\right\} (8b)$$

und für das Schiff

$$\left.\begin{aligned} A &= C\,\frac{\varepsilon_2}{\omega_2} - D\,\frac{\alpha_2^2 - \beta^2}{\omega_2\,\beta} \\ B &= D\,\frac{\varepsilon_2}{\omega_2} + C\,\frac{\alpha_2^2 - \beta^2}{\omega_2\,\beta} \end{aligned}\right\} \quad . \quad . \quad . \quad . \quad (8c)$$

sich berechnet. D i e K o e f f i z i e n t e n (8b) d e r K r e i s e l s c h w i n g u n g u n d d a m i t d i e s e s e l b s t v e r s c h w i n d e n a l s o m i t $\omega_2 = 0$ bzw. nach (6) für $\omega_0 = 0$, d. h. w e n n d e r K r e i s e l n i c h t r o t i e r t. Dann aber vollzieht das Schiff einfach die durch die Wellenbewegung erzwungenen Schwingungen, die wir im letzten Paragraphen untersucht haben.

R o t i e r t d a g e g e n d e r K r e i s e l u n d s t i m m t u n t e r W e g f a l l j e d e r D ä m p f u n g ($\varepsilon_2 = 0$) d e r K r e i s e l s c h w i n g u n g d e r e n P e r i o d e $t_2 = \frac{2\pi}{\alpha_2}$ m i t d e r W e l l e n p e r i o d e $t_0 = \frac{2\pi}{\beta}$ ü b e r e i n, s o v e r s c h w i n d e n d i e K o e f f i z i e n t e n

(8c) der Schiffsschwingung. In diesem Falle bleibt das Schiff in Ruhe, während für die Kreiselschwingung mit $\alpha_2 = \beta$

$$C = \chi_0 \frac{\varepsilon_1}{\omega_1}, \quad D = -\chi_0 \frac{\alpha_0^2}{\omega_1 \beta}$$

mit der resultierenden Amplitude

$$\psi_0 = \sqrt{C^2 + D^2} = \frac{\chi_0}{\omega_1 \beta} \sqrt{\varepsilon_1^2 \beta^2 + \alpha_0^4} \quad . \quad . \quad (8\,\mathrm{d})$$

wird. Der Kreiselausschlag wird also um so kleiner, je größer ω_1 ist, d. h. je rascher der Kreisel rotiert und je größer sein Trägheitsmoment im Verhältnis zu dem des Schiffes ausfällt. Das ruhende Schiff vermittelt hierbei lediglich die Energieübertragung von den Wellen auf den Kreisel, welche durch Dämpfung desselben (etwa durch Bremsung) vermindert, durch die Wasserreibung ε_1 dagegen unterstützt wird. Dies gilt auch noch für den sonst gefährlichen Fall der Resonanz der Schiffsschwingungen mit der Wellenbewegung, so daß man zweckmäßig die Schwingungsdauer des ungedämpften Kreisels auf die des Schiffes in ruhigem Wasser abstimmen wird.

Dürfen wir die Dämpfung sowohl am Kreisel wie auch für das Schiff vernachlässigen, so vereinfachen sich unsere Ergebnisse (8b) und (8c) mit $\varepsilon_1 = \varepsilon_2 = 0$ in

$$\left.\begin{aligned} C = 0, \quad D &= -\frac{\chi_0 \omega_2 \beta \alpha_0^2}{(\alpha_2^2 - \beta^2)(\alpha_1^2 - \beta^2) - \omega_1 \omega_2 \beta^2} \\ A &= \frac{\chi_0 \alpha_0^2 (\alpha_2^2 - \beta^2)}{(\alpha_2^2 - \beta^2)(\alpha_1^2 - \beta^2) - \omega_1 \omega_2 \beta^2}, \quad B = 0 \end{aligned}\right\} \quad (9),$$

womit (8) übergeht in

$$\left.\begin{aligned} \varphi &= \frac{\chi_0 \alpha_0^2 (\alpha_2^2 - \beta^2) \cos \beta t}{(\alpha_2^2 - \beta^2)(\alpha_1^2 - \beta^2) - \omega_1 \omega_2 \beta^2}, \\ \psi &= -\frac{\chi_0 \omega_2 \beta \alpha_0^2 \sin \beta t}{(\alpha_2^2 - \beta^2)(\alpha_1^2 - \beta^2) - \omega_1 \omega_2 \beta^2} \end{aligned}\right\} \quad (9\,\mathrm{a}).$$

Beim Wegfall jeder Dämpfung des Schiffes und des Kreisels folgt mithin das erstere der Wellenbewegung ohne Phasenverschiebung, während der Kreisel durch die Ruhelage beim größten Ausschlag des Schiffes hindurchgeht und beim Durchgang des Schiffes durch die Ruhelage seinerseits den größten Ausschlag erreicht. Betrachtet man φ und ψ als Koordinaten eines Punktes der Kreiselachse in einer Horizontalebene, so beschreibt dieser Punkt in dieser Ebene nach Gl. (9a) eine Ellipse.

Für die Berechnung eines Schiffskreisels wollen wir im Anschluß an Gl. (6) voraussetzen, daß für ein Schiff angenähert

$$2\,\alpha_0 = \alpha_1 = \alpha_2 = \beta$$

sein möge. Schreiben wir weiter vor, daß bei einer maximalen Wellenneigung χ_0 die Kreiselachse einen größten Ausschlag ψ_0 erreicht, so folgt aus (8d) unter Vernachlässigung der Dämpfung ε_1

$$\omega_1 = \frac{\chi_0}{\psi_0}\frac{\alpha_0^2}{\beta} = \frac{\chi_0}{\psi_0}\frac{\beta}{4}$$

oder, da nach (6)

$$\omega_1 = \frac{\omega_0\,\Theta_0}{\Theta_0 + \Theta} \sim \omega_0\,\frac{\Theta_0}{\Theta}$$

ist,

$$\omega_0\,\Theta_0 = \frac{\chi_0}{\psi_0}\frac{\beta}{4}\,\Theta.$$

Hieraus berechnet sich bei vorgelegtem Trägheitsmoment Θ des Schiffes und gegebener Winkelgeschwindigkeit ω_0 das polare Trägheitsmoment Θ_0 des Kreisels. Ist beispielsweise $\chi_0 = 10^\circ$, $\psi_0 = 30^\circ$, und wie im Beispiel des vorigen Paragraphen $\beta = 1{,}43$ entsprechend einer Schwingungsdauer des Schiffes und der Welle von $t_0 = 4{,}4$ Sekunden, so folgt mit einer Winkelgeschwindigkeit $\omega_0 = 200$ (etwa 1900 Umläufe in der Minute)

$$\frac{\Theta_0}{\Theta} = \frac{1{,}43}{3 \cdot 4 \cdot 200} = \frac{1{,}43}{2400} = 0{,}00062.$$

Beträgt dann der Trägheitshalbmesser des Schiffes etwa 1,4 m, der des Kreisels dagegen 0,5 m, so berechnet sich das Gewicht G_0 der Schwungmasse aus dem Schiffsgewicht mit (2) zu

$$\frac{G_0}{G} = \frac{2\,\Theta_0}{\Theta} \cdot \frac{1{,}4^2}{0{,}5^2} = 16 \cdot \frac{\Theta_0}{\Theta} = 0{,}0099 \sim 0{,}01,$$

also bei einem Schiffsgewicht von $G = 60\,000$ kg zu $G_0 = 600$ kg. Schließlich ist noch der Rahmen so zu konstruieren bzw. mit einer Zusatzmasse m in vorgeschriebenem Abstand von der Drehachse CC zu versehen, daß die aus (6) folgende Gleichung

$$M_1 = (\Theta_0 + \Theta_1)\,\alpha_0^2 = (\Theta_0 + \Theta_1)\,\frac{\beta^2}{4}$$

erfüllt ist.

Nachdem wir die dämpfende Wirkung des Kreisels auf die erzwungenen Schiffsschwingungen erörtert haben, wollen wir noch kurz auf die in ruhigem Wasser sich abspielenden freien Schwingungen eingehen. Diese sind ebenfalls durch die beiden Formeln (7) dargestellt nach Weglassung des Störungsgliedes auf der rechten Seite der ersten dieser Gleichungen, also durch

$$\left.\begin{aligned} \frac{d^2\varphi}{dt^2} + \varepsilon_1 \frac{d\varphi}{dt} + \alpha_1^2 \varphi + \omega_1 \frac{d\psi}{dt} = 0 \\ \frac{d^2\psi}{dt^2} + \varepsilon_2 \frac{d\psi}{dt} + \alpha_2^2 \psi - \omega_2 \frac{d\varphi}{dt} = 0 \end{aligned}\right\} \quad . \; . \quad (10).$$

Eliminiert man unter zweimaliger weiterer Differentiation hieraus eine der beiden Variabeln, z. B. ψ, so bleibt für φ übrig

$$\frac{d^4\varphi}{dt^4} + (\varepsilon_1 + \varepsilon_2)\frac{d^3\varphi}{dt^3} + (\alpha_1^2 + \alpha_2^2 + \varepsilon_1\varepsilon_2 + \omega_1\omega_2)\frac{d^2\varphi}{dt^2}$$
$$+ (\varepsilon_1\alpha_2^2 + \varepsilon_2\alpha_1^2)\frac{d\varphi}{dt} + \alpha_1^2\alpha_2^2\varphi = 0 \quad . \; . \; (10\,\text{a}).$$

Hätten wir umgekehrt φ eliminiert, so würde sich eine genau gleichgebaute Formel für ψ mit denselben Koeffizienten ergeben haben. Setzen wir nun probeweise in (10 a)

$$\varphi = C e^{xt} \quad . \; . \; . \; . \; . \; . \; . \quad (11),$$

so folgt für die Bestimmung von x

$$x^4 + (\varepsilon_1 + \varepsilon_2)x^3 + (\alpha_1^2 + \alpha_2^2 + \varepsilon_1\varepsilon_2 + \omega_1\omega_2)x^2$$
$$+ (\varepsilon_1\alpha_2^2 + \varepsilon_2\alpha_1^2)x + \alpha_1^2\alpha_2^2 = 0 \quad . \; . \; . \; (11\,\text{a}),$$

also eine Gleichung vierten Grades, deren Wurzeln wegen der durchgehends positiven Koeffizienten keinesfalls positiv reell sein können. Es sind also entweder nur vier reelle negative Wurzeln oder zwei solche und ein Paar konjugiert komplexer oder schließlich zwei Paare konjugiert komplexer Wurzeln möglich. Die reellen Teile dieser komplexen Wurzeln müssen überdies, wie man leicht durch Bildung der Gl. (11 a) aus den Wurzeln zeigen kann, negativ sein, wenn die Koeffizienten in (11 a) sämtlich positiv waren.

Schreiben wir nun mit den Abkürzungen

$$\left.\begin{aligned} \alpha_1^2\alpha_2^2 = a_0, \quad \varepsilon_1\alpha_2^2 + \varepsilon_2\alpha_1^2 = a_1 \\ \alpha_1^2 + \alpha_2^2 + \varepsilon_1\varepsilon_2 + \omega_1\omega_2 = a_2, \quad \varepsilon_1 + \varepsilon_2 = a_3 \end{aligned}\right\} \quad (12)$$

unsere Gl. (11 a)

$$x^4 + a_3x^3 + a_2x^2 + a_1x + a_0 = 0 \quad . \; . \; . \; (12\,\text{a}),$$

so werden im Falle kleiner Dämpfung des Schiffes und des Kreisels die Koeffizienten a_1 und a_3 ebenfalls klein, und wir dürfen in erster Annäherung unter Vernachlässigung von $\varepsilon_1 \varepsilon_2$ in a_2

$$x^4 + a_2 x^2 + a_0 = 0 \quad . \quad . \quad . \quad . \quad . \quad (13)$$

mit den Wurzeln

$$x'^2 = -\frac{a_2}{2} \pm \sqrt{\frac{a_2^2}{4} - a_0}$$

$$x'^2 \sim -\frac{\alpha_1^2 + \alpha_2^2 + \omega_1 \omega_2}{2} \pm \sqrt{\frac{(\alpha_1^2 + \alpha_2^2 + \omega_1 \omega_2)^2}{4} - \alpha_1^2 \alpha_2^2} \quad (13\text{a})$$

setzen. Die hieraus sich ergebenden vier Wurzeln sind, wie man sofort erkennt, rein imaginär von der Form

$$x'_{12} = \pm\, i \mu_1, \quad x'_{34} = \pm\, i \mu_2 \quad . \quad . \quad . \quad . \quad (13\text{b})$$

und führen daher wegen

$$e^{x't} = e^{i\mu t} = \cos \mu t + i \sin \mu t$$

auf ungedämpfte Schwingungen des Kreisels und des Schiffes, für die wir auch schreiben dürfen

$$\left.\begin{aligned} \varphi &= A_1 \cos \mu_1 t + B_1 \sin \mu_1 t + C_1 \cos \mu_2 t + D_1 \sin \mu_2 t \\ \psi &= A_2 \cos \mu_1 t + B_2 \sin \mu_2 t + C_2 \cos \mu_2 t + D_2 \sin \mu_2 t \end{aligned}\right\} \quad (13\text{c}).$$

Setzen wir diese Lösungen in die durch Weglassung der Dämpfungsglieder ε_1 und ε_2 nach Maßgabe der Näherungsformel (13) vereinfachten Differentialgleichungen (10) bzw.

$$\left.\begin{aligned} \frac{d^2 \varphi}{dt^2} + \alpha_1^2 \varphi + \omega_1 \frac{d\psi}{dt} &= 0 \\ \frac{d^2 \psi}{dt^2} + \alpha_2^2 \psi - \omega_2 \frac{d\varphi}{dt} &= 0 \end{aligned}\right\} \quad . \quad . \quad . \quad . \quad (10\text{b})$$

ein, so zeigt sich, daß die acht Konstanten in (13c) durch vier Bedingungsgleichungen, nämlich

$$\left.\begin{aligned} B_2 &= -A_1 \frac{\alpha_1^2 - \mu_1^2}{\mu_1 \omega_1}, \quad & D_2 &= -C_1 \frac{\alpha_1^2 - \mu_2^2}{\mu_2 \omega_1} \\ A_2 &= +B_1 \frac{\alpha_1^2 - \mu_1^2}{\mu_1 \omega_1}, \quad & C_2 &= +D_1 \frac{\alpha_1^2 - \mu_2^2}{\mu_2 \omega_1} \end{aligned}\right\} \quad (14)$$

zusammenhängen, so daß also nur vier dieser Konstanten willkürlich und durch die Anfangsbedingungen der Bewegung zu bestimmen sind. Die beiden zueinander senkrechten Ausschläge des Schiffes und des Kreisels setzen sich also je aus zwei Schwingungen mit einer großen und einer kleinen Dauer, entsprechend den Werten

μ_1 und μ_2, derart zusammen, daß ein Punkt der Kreiselachse, von oben gesehen, während der großen Periode eine Ellipse beschreibt, die durch kleine Erzitterungen nach Fig. 152 gestört erscheint.

In Wirklichkeit werden beide Schwingungen gedämpft verlaufen und daher allmählich abklingen. Dieser Dämpfung entsprechen die reellen Teile der Wurzeln von (12a), die wir angenähert folgendermaßen berechnen können. Wir schreiben zunächst für (12a)

$$x^4 + a_2 x^2 + a_0 = -(a_3 x^3 + a_1 x) \quad (15),$$

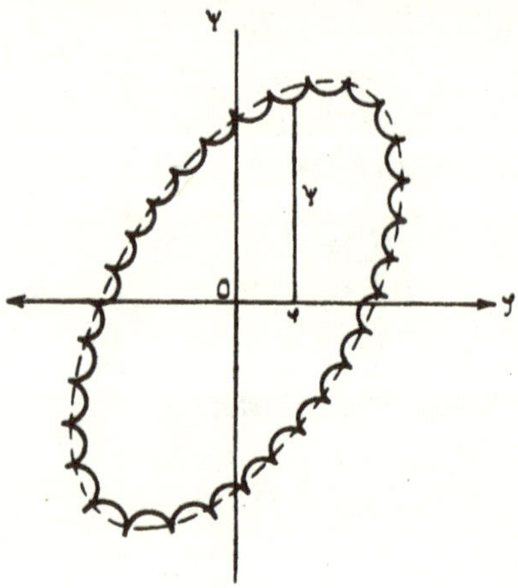

Fig. 152.

worin wegen der Kleinheit der Dämpfung und damit der Koeffizienten a_1 und a_3 die rechte Seite als Korrektionsglied betrachtet werden darf. Setzen wir dann in diesem Korrektionsglied $x = x'$, worin x' die als rein imaginär erkannte Wurzel der Gl. (13) war, und auf der linken Seite $x = x' + \nu$, so ergibt sich unter Vernachlässigung der Potenzen von ν

$$x'^4 + a_2 x'^2 + a_0 + 4x'^3 \nu + 2 a_2 x' \nu = -(a_3 x'^3 + a_1 x')$$

oder, da x' der Gl. (13) genügt, kurz

$$\nu = -\frac{a_3 x'^2 + a_1}{4x'^2 + 2a_2} \quad . \quad . \quad . \quad . \quad (15a).$$

Hierin tritt nur das Quadrat der rein imaginären Wurzel x' auf, so daß also ν selbst schon den stets negativ reellen und x' den dazugehörigen imaginären Bestandteil einer Wurzel der Gl. (12a) darstellt[1]), und wir mit $x = \nu + i\mu$ bzw.

$$e^{xt} = e^{(\nu + i\mu)t} = e^{\nu t}(\cos \mu t + i \sin \mu t)$$

[1]) Zur Prüfung der Zulässigkeit des oben entwickelten Näherungsverfahrens diene folgendes Beispiel. Die vier Wurzeln

$$x_{12} = -0{,}1 \pm i, \quad x_{34} = -0{,}3 \pm 2i$$

an Stelle von (13c) genauer schreiben dürfen

$$\left.\begin{aligned}\varphi = e^{\nu_1 t}(A_1 \cos \mu_1 t + B_1 \sin \mu_1 t) \\ + e^{\nu_2 t}(C_1 \cos \mu_2 t + D_1 \sin \mu_2 t) \\ \psi = e^{\nu_1 t}(A_2 \cos \mu_1 t + B_2 \sin \mu_2 t) \\ + e^{\nu_2 t}(C_2 \cos \mu_2 t + D_2 \sin \mu_2 t)\end{aligned}\right\} \quad (16),$$

worin für die Koeffizienten $A_1, A_2, B_1, B_2, C_1, C_2, D_1, D_2$ wenigstens in erster Annäherung wieder die Gl. (14) gelten. Da von den beiden Werten μ_1 und μ_2, entsprechend den Wurzeln (13b) der Gl. (13), der eine nach (13a) absolut groß, der andere dagegen klein ausfällt, so sind die entsprechenden Grenzwerte von ν für $x' = \infty$ und $x' = 0$ nach (15a)

$$\nu_1 = -\frac{a_3}{4}, \quad \nu_2 = -\frac{a_1}{2\,a_2} \quad . \quad . \quad . \quad . \quad . \quad (15\text{b}).$$

Aus diesen Darlegungen geht jedenfalls hervor, daß ein mit dem Schlickschen Kreisel versehenes Schiff sich gegenüber den freien Schwingungen ganz anders verhält als gegen erzwungene Schwingungen. Das Verschwinden der letzteren erforderte neben einer bestimmten Bemessung des Kreisels und Abstimmung seiner Schwingungsdauer den gänzlichen Fortfall seiner Dämpfung, während diese gerade das Abklingen der freien Schwingungen im Verein mit dem Reibungswiderstande des Wassers beförderte. Will man beide Wirkungen vereinigen, so bleibt nur übrig, auf die Dämpfung des Kreisels überhaupt zu verzichten, d. h. $\varepsilon_2 = 0$ zu setzen und dafür den Rollwiderstand des Schiffes, also ε_1

---

genügen der Gleichung

$$[(x + 0{,}1)^2 + 1]\,[(x + 0{,}3)^2 + 4] = 0$$

oder

$$x^4 + 0{,}8\,x^3 + 5{,}22\,x^2 + 1{,}424\,x + 4{,}131 = 0.$$

Aus der Näherungsformel (13), d. h.

$$x^4 + 5{,}22\,x^2 + 4{,}131 = 0$$

ergeben sich die Wurzeln

$$x'_{12} = \pm\, 0{,}986\, i, \quad x'_{34} = \pm\, 2{,}06\, i$$

und nach Einsetzen in (15a)

$$\nu_1 = -\,0{,}0986, \quad \nu_2 = -\,0{,}303,$$

so daß also die angenäherte Lösung lautet

$$x_{12} = -\,0{,}0986 \pm 0{,}986\, i, \quad x_{34} = -\,0{,}303 \pm 2{,}06\, i,$$

welche für praktische Zwecke wohl immer hinreichend genau sein dürfte.

etwa durch Seitenkiele zu verstärken, wodurch allerdings nach Gl. (8 d) der Kreiselausschlag etwas vergrößert wird. Hierin das richtige Maß zu finden, muß natürlich der Erfahrung überlassen bleiben.

Weiter sei noch der Fall kurz erwähnt, daß der Schwerpunkt des Kreiselrahmens mit dem des ungedämpften Kreisels selbst zusammenfällt, wodurch $M_1 = 0$ und $\alpha_2 = 0$, außerdem aber $\varepsilon_2 = 0$ wird. Alsdann können nach Gl. (8 b) die erzwungenen Schwingungen jedenfalls nicht ganz verschwinden, während für die freien Schwingungen die zweite Gl. (10) in

$$\frac{d^2 \psi}{dt^2} = \omega_2 \frac{d\varphi}{dt}$$

übergeht. Daraus folgt aber, wenn die Kreiselachse in vertikaler Stellung sich im Ruhezustande befindet,

$$\frac{d\psi}{dt} = \omega_2 \varphi,$$

d. h. die Winkelgeschwindigkeit der Kreiselschwingung ist proportional dem Schiffsausschlage. Dieser selbst ergibt sich aus der ersten Gl. (10), welche hiermit lautet

$$\frac{d^2 \varphi}{dt^2} + \varepsilon_1 \frac{d\varphi}{dt} + (\alpha_1^2 + \omega_1 \omega_2)\, \varphi = 0$$

und auf eine gedämpfte Schwingung führt, deren Dauer durch die Kreiselrotation vermindert erscheint. Da dies jedenfalls nicht erwünscht ist, außerdem aber der Kreisel hierbei sich leicht überschlägt, so kommt der unbeschwerte Kreiselrahmen praktisch nicht in Frage.

Schließlich sei noch zu bemerken, daß neuerdings der Ingenieur H. Frahm nach einer D. R.-P.-Anmeldung vorgeschlagen hat, die Rollbewegungen im Wellengange durch gedämpfte Schwingungen des Wasserinhaltes einer im Schiff angebrachten kommunizierenden Röhre nach Fig. 153 zu bekämpfen. Hierdurch wird die erste der beiden Gl. (7), welche sich auf die Schiffsschwingung φ bezieht, formal nicht geändert, bis auf die Bedeutung der Faktoren ε_1 und ω_1, welche die von der Relativbewegung $\psi - \varphi$ der schwingenden Wassersäule gegen das Schiff herrührende Dämpfung enthalten, wobei ψ jetzt den Winkel der mittleren absoluten Drehung der Wassersäule bedeutet. Dagegen wird in der zweiten Gl. (7) der Faktor ω_2 identisch mit dem Dämpfungsfaktor ε_2 der eben erwähnten Relativbewegung, während diese Formel im übrigen für den vorliegenden Fall unmittelbar aus den Gleichungen des § 25 mit der für kleine Ausschläge hinreichenden Annäherung $\Delta z = r\psi$ hervorgeht. Die oben ausgeführte Integration der Gl. (7) durch (8) bleibt darum auch für die Frahmsche Dämpfung gültig, nur gehen die Formeln (8c) für den Zusammenhang der Konstanten A und B der erzwungenen Schwingungen des Schiffes sowie C und D der Wassersäule mit $\omega_2 = \varepsilon_2$ über in

$$A = C - D\,\frac{\alpha_2^2 - \beta^2}{\varepsilon_2 \beta}$$

$$B = D + C\,\frac{\alpha_2^2 - \beta^2}{\varepsilon_2 \beta},$$

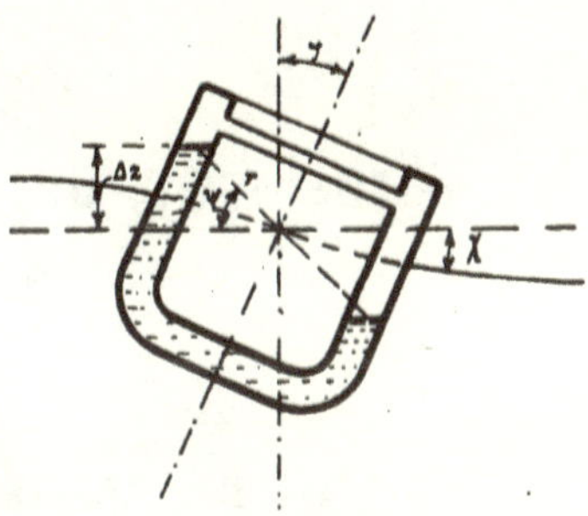

Fig. 153.

während nach (8b) die Konstanten C und D selbst mit dem Dämpfungsfaktor $\omega_2 = \varepsilon_2$ behaftet sind. Mit $\varepsilon_2 = 0$ würde aber auch in der ersten Formel (7) ω_1 verschwinden und damit die Schiffsschwingungen unabhängig von den alsdann freien der Wassersäule werden, während bei unendlich großer Dämpfung, d. h. völliger Verhinderung der Relativbewegung der Wassersäule gegen das Schiff, offenbar $A = C$, $B = D$ werden muß. Dieses Ergebnis folgt aber auch bei jeder endlichen Dämpfung ε_2 für $\alpha_2 = \beta$, d. h. Gleichheit der Schwingungsdauer der Wassersäule mit der erregenden Welle, ohne daß es möglich erscheint, in diesem Falle die Schwingungen zu verhindern. Die Frahmsche Anordnung verhält sich demnach trotz der formalen Übereinstimmung der Grundgleichungen im Wellengange wesentlich anders als der Schlicksche Kreisel.

Kapitel V.

Wirbelbewegung und Rotation von Flüssigkeiten.

§ 41. Das Wesen der Wirbelbewegung.

Definition des Wirbels als Elementarrotation, Wirbelachse, Wirbelkomponenten. Unterschied der Wirbelung von der Rotation. Wirbellinie, Wirbelfaden und Wirbelmoment. Einführung der Wirbelkomponenten in die Eulerschen Bewegungsgleichungen. Konstanz der Wirbelfäden und des Wirbelmomentes im Falle einer Kräftefunktion.

Die Stetigkeit der Geschwindigkeitsänderung innerhalb einer Flüssigkeit bedingt an dem ebenen Elemente dx, dy, Fig. 154, eine Zunahme der Komponenten w_x, w_y im Punkte P auf $w_x + \frac{\partial w_x}{\partial y} dy$ im Punkte A bzw. auf $w_y + \frac{\partial w_y}{\partial x} dx$ im Punkte B. Diesen Geschwindigkeitszunahmen

$$\frac{\partial w_x}{\partial y} dy \text{ und } \frac{\partial w_y}{\partial x} dx$$

entsprechen aber entgegengesetzt gerichtete Winkelgeschwindigkeiten der Eckpunkte A und B um P, welche sich durch Division mit den Hebelarmen dy und dx zu

$$-\frac{\partial w_x}{\partial y} \text{ und } + \frac{\partial w_y}{\partial x}$$

ergeben, wenn wir Drehungen in der Uhrzeigerrichtung, von dem hinter der Bildebene gelegenen Koordinatenanfang P aus gesehen, positiv rechnen. Das Element vollzieht mithin außer einer Verschiebung mit w_x und w_y eine Drehung mit der mittleren Winkelgeschwindigkeit

$$\frac{1}{2}\left(\frac{\partial w_y}{\partial x} - \frac{\partial w_x}{\partial y}\right) = \varepsilon_z$$

um eine zur Bildebene normale Achse. Zwei ganz analoge Drehungen ergeben sich natürlich auch um die beiden anderen Achsen am räumlichen Element, Fig. 155, so daß dieses

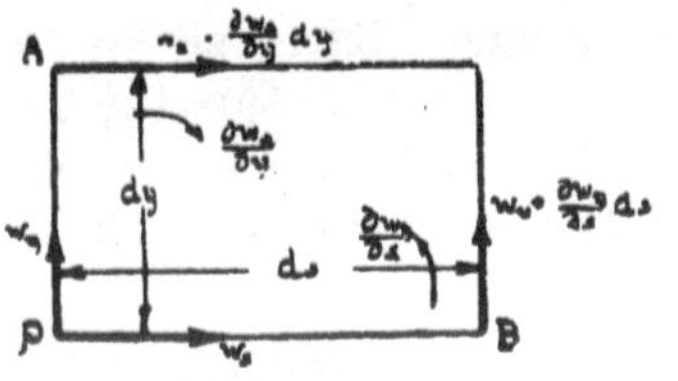

Fig. 154.

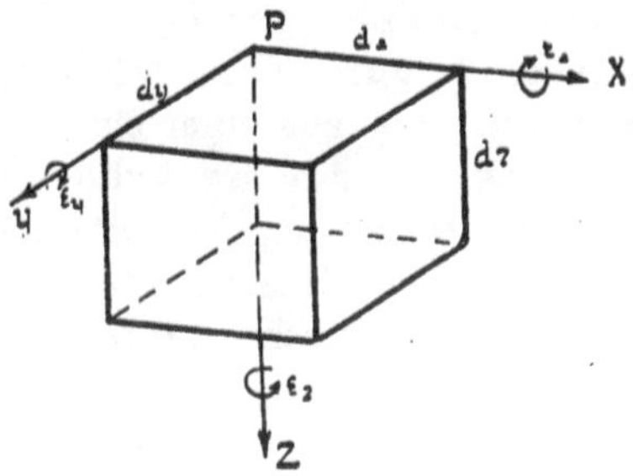

Fig. 155.

insgesamt drei **Elementarrotationen** mit drei **Winkelgeschwindigkeiten**

$$\left.\begin{aligned} \frac{1}{2}\left(\frac{\partial w_z}{\partial y} - \frac{\partial w_y}{\partial z}\right) &= \varepsilon_x \\ \frac{1}{2}\left(\frac{\partial w_x}{\partial z} - \frac{\partial w_z}{\partial x}\right) &= \varepsilon_y \\ \frac{1}{2}\left(\frac{\partial w_y}{\partial x} - \frac{\partial w_x}{\partial y}\right) &= \varepsilon_z \end{aligned}\right\} \quad \ldots\ldots \quad (1)$$

vollführt, die sich nach bekannten Sätzen der Mechanik als Vektorkomponenten zu einer **resultierenden Rotation** mit der Winkelgeschwindigkeit ε derart zusammensetzen lassen, daß

$$\varepsilon_x^2 + \varepsilon_y^2 + \varepsilon_z^2 = \varepsilon^2 \quad \ldots\ldots \quad (2).$$

Die Winkelgeschwindigkeit ε der resultierenden Elementarrotation der Flüssigkeit sprechen wir nun nach dem Vorgang von **Helmholtz** als eine **Wirbelung** oder kurz **Wirbel**, die Rotationsachse als **Wirbelachse** an und bezeichnen demgemäß auch die Größen $\varepsilon_x, \varepsilon_y, \varepsilon_z$ als die **Wirbelkomponenten**, denen Wirbelachsen parallel zu den Koordinatenrichtungen zugehören. Im Falle der Existenz eines Geschwindigkeitspotentials verschwinden mit den Differenzen der partiellen Ableitungen auf den linken Seiten von (1) auch die Wirbelkomponenten, d. h. Wirbel und Geschwindigkeitspotential schließen sich gegenseitig an einem und demselben Flüssigkeitselemente aus. Damit ist nicht gesagt, daß nicht in einer Flüssigkeitsmasse Stellen mit Wirbelung neben solchen Stellen, an denen die Geschwindigkeit ein Potential besitzt, bestehen können. Hierfür werden wir in der Tat noch Beispiele kennen lernen. Ebenso darf die Wirbelung nicht etwa mit der Rotation von Flüssigkeiten schlechthin verwechselt werden, wie aus dem im vorigen Kapitel betrachteten Falle der Umkreisung eines Zylinders durch eine Flüssigkeit (§ 35, Fig. 135) sowie der Wellenbewegung hervorgeht (§ 39), bei der die einzelnen Flüssigkeitsteilchen um ihre Ruhelage elliptische Bahnen beschreiben, während beide Male ein Geschwindigkeitspotential existierte.

Zur weiteren Untersuchung der Wirbelung differenzieren wir die Gleichungen (1) der Reihe nach partiell nach x, y, z und erhalten

$$\frac{\partial \varepsilon_x}{\partial x} + \frac{\partial \varepsilon_y}{\partial y} + \frac{\partial \varepsilon_z}{\partial z} = 0 \quad . \quad . \quad . \quad . \quad . \quad (3),$$

wofür wir auch analog Gl. (7) in § 33 in der Sprache der Vektoranalysis

$$\operatorname{div} \varepsilon = 0$$

schreiben dürfen. In dieser Ausdrucksweise, welche auf die Einführung der an sich willkürlichen Koordinaten verzichtet, schreibt man häufig auch unter Zusammenfassung der drei Formeln (1) für den Wirbel

$$\varepsilon = \operatorname{rot} w \text{ oder } \varepsilon = \operatorname{curl} w$$

und demgemäß an Stelle von (3)

$$\operatorname{div} \operatorname{rot} w = 0 \text{ oder } \operatorname{div} \operatorname{curl} w = 0.$$

Wir wollen von dieser Schreibweise indessen aus den schon in § 33 angeführten Gründen in der Folge keinen Gebrauch machen und begnügen uns mit der aus (3) hervorgehenden Tatsache, daß an irgendeiner Stelle im Innern einer Flüssigkeit ebensowenig eine endliche Wirbelung, wie auch eine Geschwindigkeit entstehen oder verschwinden kann.

Multiplizieren wir weiterhin Gl. (3) mit dem Raumelement $dx\,dy\,dz$ so muß das über den ganzen von Flüssigkeit erfüllten Raum

$$\iiint\left(\frac{\partial\varepsilon_x}{\partial x}+\frac{\partial\varepsilon_y}{\partial y}+\frac{\partial\varepsilon_z}{\partial z}\right)dx\,dy\,dz=0 \quad . \quad . \quad (3\,\mathrm{a})$$

sein. Dafür können wir aber auch schreiben

$$\iint\left(dy\,dz\int\frac{\partial\varepsilon_x}{\partial x}\,dx+dz\,dx\int\frac{\partial\varepsilon_y}{\partial y}\,dy+dx\,dy\int\frac{\partial\varepsilon_z}{\partial z}\,dz\right)=0$$

oder nach Ausführung der partiellen Integrationen in der Klammer

$$\iint(\varepsilon_x\,dy\,dz+\varepsilon_y\,dz\,dx+\varepsilon_z\,dx\,dy)=0 \quad . \quad . \quad . \quad (3\,\mathrm{b}),$$

worin sich die Integration über die ganze Oberfläche des von Flüssigkeit erfüllten Raumes erstreckt. Bezeichnen wir nun mit dF ein Element dieser Oberfläche und mit $\varkappa$, λ, μ die Neigungswinkel der nach außen gerichteten Flächennormale gegen die Koordinatenachsen, während $\varkappa'$, λ', μ' die Neigungswinkel der Wirbelachse an derselben Stelle sein mögen, so ist

$$\left.\begin{aligned} dy\,dz&=dF\cos\varkappa, & dz\,dx&=dF\cos\lambda, & dx\,dy&=dF\cos\mu\\ \varepsilon_x&=\varepsilon\cos\varkappa', & \varepsilon_y&=\varepsilon\cos\lambda', & \varepsilon_y&=\varepsilon\cos\mu'\end{aligned}\right\}\quad(4)$$

und damit geht (3b) über in

$$\iint(\cos\varkappa\cos\varkappa'+\cos\lambda\cos\lambda'+\cos\mu\cos\mu')\,\varepsilon\,dF=0 \quad (3\,\mathrm{c}).$$

Hierin bestimmt aber

$$\cos\varkappa\cos\varkappa'+\cos\lambda\cos\lambda'+\cos\mu\cos\mu'=\cos\nu \quad (4\,\mathrm{a})$$

den Winkel ν der Wirbelachse gegen die Flächennormale, so daß wir für (3a) auch kürzer

$$\iint\varepsilon\cos\nu\,dF=0 \quad . \quad . \quad . \quad . \quad . \quad . \quad . \quad (5)$$

schreiben dürfen. Dieses Oberflächenintegral verschwindet an allen Stellen identisch, an denen überhaupt keine Wirbelung stattfindet, wo also $\varepsilon=0$ ist. Wir brauchen es also bloß auf die Oberfläche der wirbelnden Flüssigkeit selbst unter Ausschaltung des wirbelfreien Teiles, der eine Potentialbewegung vollziehen kann, auszudehnen. Wird das so abgegrenzte Volumen von Flüssigkeitselementen erfüllt, deren Wirbelachsen stetig ineinander übergehen und damit eine sog. Wirbellinie AA (Fig. 156) bilden, so bezeichnen wir das Ganze als einen Wirbelfaden. Die Teile eines solchen Wirbelfadens rotieren demnach um die Wirbellinie analog der Drehung eines biegsamen Metallschlauches. Ist der Wirbelfaden sehr dünn, d. h. sind die Querschnittsdimensionen wie bei dem in den Kapiteln II und III betrachteten Stromfaden klein gegen die Längsausdehnung, so ist die Mantelfläche des Wirbelfadens parallel und ihre Normale senkrecht zur Wirbelachse. Längs der Mantelfläche des Wirbelfadens verschwindet auch hier wegen $\nu = 90^0$, $\cos\nu = 0$ der Integrand von (5) identisch, so daß bloß noch die beiden Endflächen f_1 und f_2 übrig bleiben, für welche $\nu_1 = 0$ bzw. $\nu_2 = 180^0$, also $\cos\nu_1 = 1$, $\cos\nu_2 = -1$ wird. Wir erhalten daher an Stelle von (5)

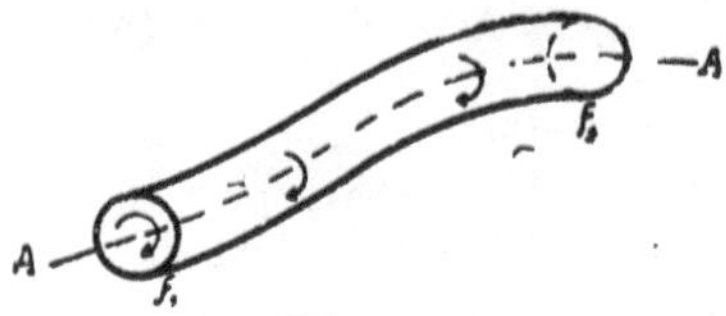

Fig. 156.

$$\iint \varepsilon\, df_1 = \iint \varepsilon\, df_2$$

oder, wenn wir die Mittelwerte der Wirbelung an den beiden Endflächen mit ε_1 und ε_2 bezeichnen,

$$\varepsilon_1 f_1 = \varepsilon_2 f_2 = \varepsilon f = \text{const} \quad . \quad . \quad . \quad . \quad (5\,\text{a}),$$

d. h. das Produkt aus dem Querschnitt und der Wirbelung eines Wirbelfadens, das sog. Wirbelmoment, ist längs des Fadens konstant.

Würde der Wirbelfaden innerhalb der Flüssigkeit, z. B. mit dem Querschnitt f_1, plötzlich aufhören, so wäre dort die Kontinuitätsgleichung (3) nicht mehr erfüllt. Der Wirbelfaden kann somit innerhalb der Flüssigkeit selbst nicht endigen, sondern muß in dieser einen geschlossenen Ring (Fig. 49) bilden, was wir an der Hand elementarer Betrachtungen schon am Schlusse des § 9 erkannt haben.

Die vorstehenden Ergebnisse, insbesondere die Gl. (3b), hätten wir übrigens auch aus dem in § 34 entwickelten Satze von Stokes ableiten können, welcher durch Gl. (13) die Umwandlung eines Linienintegrals der Geschwindigkeit längs der geschlossenen Randkurve einer Fläche in ein Flächenintegral des Wirbels ermöglicht. Umschließt nämlich diese Fläche vollständig einen endlichen Raum, so schrumpft die Randkurve in einem Punkt zusammen. Damit aber verschwindet das Linienintegral und die Gl. (13) des § 34 geht mit den Definitionsgleichungen (1) ohne weiteres in unsere Formel (3b) über.

Um nun die zeitliche Änderung eines Wirbels im Gegensatz zu der oben durch (5a) festgelegten Konstanz des Wirbelmomentes längs eines gegebenen Fadens zu untersuchen, greifen wir auf die **Eulerschen Gleichungen** in der Form (2) des § 34 zurück, welche mit unseren Definitionsformeln (1) für die Wirbelkomponenten lauten

$$\left.\begin{aligned} q_x &= \frac{\partial}{\partial x}\left(\frac{g}{\gamma}p + \frac{w^2}{2}\right) + \frac{\partial w_x}{\partial t} + 2\,(w_z\,\varepsilon_y - w_y\,\varepsilon_z) \\ q_y &= \frac{\partial}{\partial y}\left(\frac{g}{\gamma}p + \frac{w^2}{2}\right) + \frac{\partial w_y}{\partial t} + 2\,(w_x\,\varepsilon_z - w_z\,\varepsilon_x) \\ q_z &= \frac{\partial}{\partial z}\left(\frac{g}{\gamma}p + \frac{w^2}{2}\right) + \frac{\partial w_z}{\partial t} + 2\,(w_y\,\varepsilon_x - w_x\,\varepsilon_y) \end{aligned}\right\} \quad (6).$$

Differenzieren wir die erste derselben partiell nach y, die zweite nach x und subtrahieren, so folgt

$$\frac{\partial q_x}{\partial y} - \frac{\partial q_y}{\partial x} = \frac{\partial}{\partial t}\left(\frac{\partial w_x}{\partial y} - \frac{\partial w_y}{\partial x}\right) - 2\,\varepsilon_z\left(\frac{\partial w_y}{\partial y} + \frac{\partial w_x}{\partial x}\right)$$
$$+ 2\left(\varepsilon_y\,\frac{\partial w_z}{\partial y} + \varepsilon_x\,\frac{\partial w_z}{\partial x}\right) - 2\left(w_y\,\frac{\partial \varepsilon_z}{\partial y} + w_x\,\frac{\partial \varepsilon_z}{\partial x}\right) + 2\,w_z\left(\frac{\partial \varepsilon_x}{\partial x} + \frac{\partial \varepsilon_y}{\partial y}\right)$$

oder wegen

$$\frac{\partial w_y}{\partial y} + \frac{\partial w_x}{\partial x} = -\frac{\partial w_z}{\partial z} \quad \text{und} \quad \frac{\partial \varepsilon_y}{\partial y} + \frac{\partial \varepsilon_x}{\partial x} = -\frac{\partial \varepsilon_z}{\partial z}$$

$$\frac{1}{2}\left(\frac{\partial q_y}{\partial x} - \frac{\partial q_x}{\partial y}\right) = \frac{\partial \varepsilon_z}{\partial t} + w_x\,\frac{\partial \varepsilon_z}{\partial x} + w_y\,\frac{\partial \varepsilon_z}{\partial y} + w_z\,\frac{\partial \varepsilon_z}{\partial z}$$
$$- \left(\varepsilon_x\,\frac{\partial w_z}{\partial x} + \varepsilon_y\,\frac{\partial w_z}{\partial y} + \varepsilon_z\,\frac{\partial w_z}{\partial z}\right) \quad . \quad . \quad . \quad . \quad (6\,\mathrm{a}).$$

Hierin ist aber

$$\frac{\partial \varepsilon_z}{\partial t} + w_x\,\frac{\partial \varepsilon_z}{\partial x} + w_y\,\frac{\partial \varepsilon_z}{\partial y} + w_z\,\frac{\partial \varepsilon_z}{\partial z} = \frac{d\varepsilon_z}{dt} \quad . \quad . \quad (7),$$

so daß wir auch unter Hinzufügung der beiden anderen durch zyklische Vertauschung gewonnenen Formeln haben

$$\left.\begin{aligned} \frac{d\varepsilon_x}{dt} &= \varepsilon_x\,\frac{\partial w_x}{\partial x} + \varepsilon_y\,\frac{\partial w_x}{\partial y} + \varepsilon_z\,\frac{\partial w_x}{\partial z} + \frac{1}{2}\left(\frac{\partial q_z}{\partial y} - \frac{\partial q_y}{\partial z}\right) \\ \frac{d\varepsilon_y}{dt} &= \varepsilon_x\,\frac{\partial w_y}{\partial x} + \varepsilon_y\,\frac{\partial w_y}{\partial y} + \varepsilon_z\,\frac{\partial w_y}{\partial z} + \frac{1}{2}\left(\frac{\partial q_x}{\partial z} - \frac{\partial q_z}{\partial x}\right) \\ \frac{d\varepsilon_z}{dt} &= \varepsilon_x\,\frac{\partial w_z}{\partial x} + \varepsilon_y\,\frac{\partial w_z}{\partial y} + \varepsilon_z\,\frac{\partial w_z}{\partial z} + \frac{1}{2}\left(\frac{\partial q_y}{\partial x} - \frac{\partial q_x}{\partial y}\right) \end{aligned}\right\} \quad (8).$$

Unterliegt die Flüssigkeit nur solchen Kräften, welche wie die Schwere eine Kräftefunktion (Potential) besitzen, so verschwinden die in den Klammern der rechten Seite stehenden Differenzen der partiellen Ableitungen der Beschleunigungskomponenten der äußeren Kräfte und es bleibt

$$\left.\begin{aligned} \frac{d\varepsilon_x}{dt} &= \varepsilon_x \frac{\partial w_x}{\partial x} + \varepsilon_y \frac{\partial w_x}{\partial y} + \varepsilon_z \frac{\partial w_x}{\partial z} \\ \frac{d\varepsilon_y}{dt} &= \varepsilon_x \frac{\partial w_y}{\partial x} + \varepsilon_y \frac{\partial w_y}{\partial y} + \varepsilon_z \frac{\partial w_y}{\partial z} \\ \frac{d\varepsilon_z}{dt} &= \varepsilon_x \frac{\partial w_z}{\partial x} + \varepsilon_y \frac{\partial w_z}{\partial y} + \varepsilon_z \frac{\partial w_z}{\partial z} \end{aligned}\right\} \quad . \quad . \quad . \quad (8\,\mathrm{a}).$$

Ist dann das ins Auge gefaßte Flüssigkeitselement wirbelfrei, so folgt mit $\varepsilon_x = \varepsilon_y = \varepsilon_z = 0$

$$\frac{d\varepsilon_x}{dt} = 0, \quad \frac{d\varepsilon_y}{dt} = 0, \quad \frac{d\varepsilon_z}{dt} = 0 \quad . \quad . \quad . \quad . \quad (8\,\mathrm{b}),$$

d. h. in einer lediglich Potentialkräften unterworfenen idealen Flüssigkeit können wirbelfreie Elemente niemals in Wirbelung geraten, und daher kann in einer solchen Flüssigkeit ein Wirbelfaden bzw. ein Wirbelring keine Elemente der nicht wirbelnden Umgebung aufnehmen.

Besitzt ein Flüssigkeitselement im Punkte x, y, z die Geschwindigkeitskomponenten w_x, w_y, w_z, so ändert sich beim Übergang zu einem Nachbarelemente im Punkte $x + dx$, $y + dy$, $z + dz$ die Komponente w_x um

$$dw_x = \frac{\partial w_x}{\partial x}\,dx + \frac{\partial w_x}{\partial y}\,dy + \frac{\partial w_x}{\partial z}\,dz.$$

Schreiten wir nunmehr in einer Wirbellinie um $d\sigma$ mit den Projektionen $d\xi$, $d\eta$, $\delta\zeta$ fort, so wird diese Geschwindigkeitsänderung

$$dw_x = \frac{\partial w_x}{\partial x}\,d\xi + \frac{\partial w_x}{\partial y}\,d\eta + \frac{\partial w_x}{\partial z}\,d\zeta$$

oder auch, da in der Wirbellinie

$$\frac{d\xi}{\varepsilon_x} = \frac{d\eta}{\varepsilon_y} = \frac{d\zeta}{\varepsilon_z} = \frac{d\sigma}{\varepsilon}$$

oder

$$d\xi = \frac{\varepsilon_x}{\varepsilon}\, d\sigma,\ d\eta = \frac{\varepsilon_y}{\varepsilon}\, d\sigma,\ d\zeta = \frac{\varepsilon_z}{\varepsilon}\, d\sigma \quad . \; . \; . \quad (9)$$

ist, mit Rücksicht auf (8a)

$$dw_x = \left(\varepsilon_x \frac{\partial w_x}{\partial x} + \varepsilon_y \frac{\partial w_x}{\partial y} + \varepsilon_z \frac{\partial w_z}{\partial z}\right) \frac{d\sigma}{\varepsilon} = \frac{d\varepsilon_x}{dt} \cdot \frac{d\sigma}{\varepsilon} \quad (9\,a).$$

Durch diese örtliche Geschwindigkeitsänderung nimmt die Projektion $d\xi$ des Elementes $d\sigma$ der Wirbellinie, d. h. der Abstand der beiden oben erwähnten Flüssigkeitselemente im Zeitelement dt zu auf

$$d\xi + dw_x\, dt = (\varepsilon_x + d\varepsilon_x) \frac{d\sigma}{\varepsilon},$$

wofür wir auch unter Hinzufügung der beiden anderen Gleichungen schreiben dürfen

$$\left.\begin{aligned} d\xi + d^2\xi &= (\varepsilon_x + d\varepsilon_x) \frac{d\sigma}{\varepsilon} \\ d\eta + d^2\eta &= (\varepsilon_y + d\varepsilon_y) \frac{d\sigma}{\varepsilon} \\ d\zeta + d^2\zeta &= (\varepsilon_z + d\varepsilon_z) \frac{d\sigma}{\varepsilon} \end{aligned}\right\} \quad . \; . \; . \; . \quad (10).$$

Dies sind aber, wie aus dem Vergleich mit (9) hervorgeht, nichts als die Projektionen der in der Zeit dt verschobenen Wirbellinie, welche somit dauernd aus denselben Flüssigkeitselementen bestehen muß. Da anderseits jeder Wirbelfaden aus solchen Wirbellinien sich zusammensetzt, so enthält er auch dauernd dieselben Flüssigkeitselemente, mit denen er innerhalb der nicht wirbelnden Flüssigkeit fortschreitet. Dann muß aber auch das Volumelement des ganzen Wirbelfadens bei dieser Bewegung, die mit einer ganz beliebigen Formänderung desselben verbunden sein kann, konstant bleiben, so daß, wenn $d\sigma$ jetzt als Element der Achse des Fadens mit dem Querschnitt f betrachtet wird, $f\, d\sigma = \text{const.}$ oder

$$\frac{d\,(f\, d\sigma)}{dt} = \frac{df}{dt}\, d\sigma + f\, \frac{d^2\sigma}{dt} = 0 \quad . \; . \; . \quad (11)$$

ist. Um hieraus das Achsenelement zu entfernen, schreiben wir für (9a) mit Rücksicht auf (10) sowie nach Hinzufügung der beiden entsprechenden Formeln für w_y und w_z

$$dw_x = \frac{d^2\xi}{dt} = \frac{d\varepsilon_x}{dt}\,\frac{d\sigma}{\varepsilon}$$

$$dw_y = \frac{d^2\eta}{dt} = \frac{d\varepsilon_y}{dt}\,\frac{d\sigma}{\varepsilon}$$

$$dw_z = \frac{d^2\zeta}{dt} = \frac{d\varepsilon_z}{dt}\,\frac{d\sigma}{\varepsilon},$$

multiplizieren der Reihe nach mit den Formeln (9) und erhalten durch Addition

$$\frac{d\xi\, d^2\xi + d\eta\, d^2\eta + d\zeta\, d^2\zeta}{dt} = \frac{\varepsilon_x d\varepsilon_x + \varepsilon_y d\varepsilon_y + \varepsilon_z d\varepsilon_z}{dt}\left(\frac{d\sigma}{\varepsilon}\right)^2.$$

Da nun

$$d\xi^2 + d\eta^2 + d\zeta^2 = d\sigma^2$$

$$\varepsilon_x^2 + \varepsilon_y^2 + \varepsilon_z^2 = \varepsilon^2$$

ist, so folgt daraus

$$\frac{d^2\sigma}{dt} = \frac{d\varepsilon\, d\sigma}{\varepsilon\, dt} \quad \dots\dots\dots \quad (12)$$

und eingesetzt in (11)

$$\frac{d\,(f\varepsilon)}{dt} = 0 \quad \dots\dots\dots \quad (12\,a).$$

Das **Wirbelmoment, dessen Konstanz innerhalb des Wirbelfadens wir schon aus (5a) abgeleitet haben, ändert sich demnach auch nicht bei der Bewegung und Formänderung des Fadens.**

Aus allen diesen Sätzen, die man Helmholtz verdankt, geht hervor, daß wir es in der Wirbelung innerhalb einer idealen Flüssigkeit mit einer **Bewegungsform der Flüssigkeitselemente zu tun haben, die durch Potentialkräfte weder hervorgerufen noch auch aufgehoben werden kann.** Wenn wir demgegenüber praktisch, z. B. in den Rauchringen Wirbelfäden erzeugen können, die sich auch vor unseren Augen in der umgebenden Luft, von deren Dichteänderungen hierbei abgesehen werden kann, wieder auflösen, so liegt beides an den mit dem Begriff der idealen Flüssigkeit unvereinbaren Bewegungswiderständen. Diese äußern sich in Tangentialkräften, welche entgegen der vorstehenden Theorie kein Potential besitzen.

§ 42. Die Bewegungsgleichungen in Zylinderkoordinaten.

Radial-, Achsial- und Tangentialkomponenten der Geschwindigkeit und Beschleunigung. Radial-, Achsial- und Ringwirbel. Energiegleichung. Geschwindigkeitspotential. Einfluß eines Wirbels auf die umgebende Flüssigkeit.

Für eine ganze Reihe von Bewegungsvorgängen in Flüssigkeiten, insbesondere zur Untersuchung des Einflusses eines Wirbels auf seine nicht wirbelnde Umgebung, auf die wir im letzten Paragraphen noch nicht eingegangen sind, erscheint es zweckmäßig, an Stelle der rechtwinkligen Koordinaten x, y im orthogonalen System den Abstand r eines Flüssigkeitsmassenelementes dm von der z-Achse und den Drehwinkel φ derart einzuführen, daß

$$x = r \cos \varphi, \quad y = r \sin \varphi \quad . \quad . \quad . \quad . \quad (1)$$

ist, während die z-Koordinate unverändert bleibt (Fig. 157). Da hiernach ein Punkt durch den Schnitt eines Kreiszylinders vom Radius r mit einer dem Winkel φ entsprechenden Meridianebene und einer Normalebene zur Zylinderachse im Abstande z von einer Anfangsebene festgelegt ist, so bezeichnet man die Koordinaten r, φ, z wohl auch als Zylinderkoordinaten. Die resultierende Geschwindigkeit w eines Massenelementes, welche sich früher aus w_x, w_y, w_z zusammensetzte, können wir auch hier in drei Komponenten zerlegen, von denen die dritte mit der

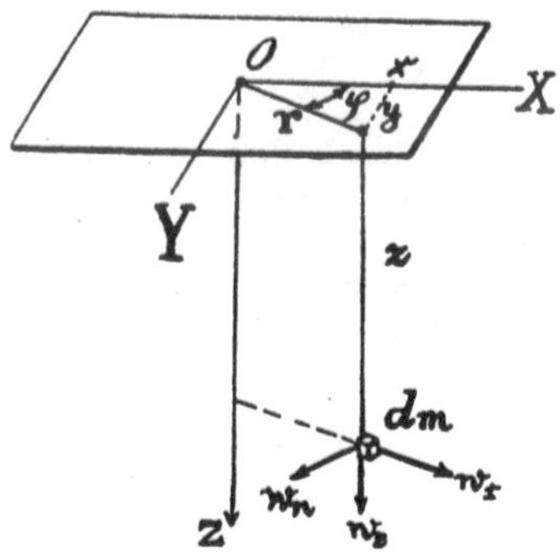

Fig. 157.

früheren Komponente w_z, entsprechend der ungeänderten z-Koordinate zusammenfällt, und Achsialgeschwindigkeit heißen soll. Die beiden anderen ersetzen wir durch die Radialgeschwindigkeit w_r und die hierzu sowie zu w_z senkrechte Tangentialgeschwindigkeit w_n, derart daß

$$w_r = \frac{dr}{dt}, \quad w_n = r\,\frac{d\varphi}{dt}, \quad w_z = \frac{dz}{dt} \quad . \quad . \quad . \quad (2).$$

Alsdann ergibt sich die Umformung der Geschwindigkeitskomponenten w_x und w_y in w_r und w_n durch Differentiation von (1) nach t oder auch durch direkte Zerlegung in der xy- bzw. $r\varphi$-Ebene, nämlich

$$\left.\begin{aligned} w_x &= w_r \cos\varphi - w_n \sin\varphi \\ w_y &= w_r \sin\varphi + w_n \cos\varphi \end{aligned}\right\} \quad . \quad . \quad . \quad . \qquad (3).$$

Ebenso folgt für die Beschleunigungskomponenten

$$\left.\begin{aligned} \frac{dw_x}{dt} &= \left(\frac{dw_r}{dt} - \frac{w_n^2}{r}\right)\cos\varphi - \left(\frac{dw_n}{dt} + \frac{w_n w_r}{r}\right)\sin\varphi \\ \frac{dw_y}{dt} &= \left(\frac{dw_r}{dt} - \frac{w_n^2}{r}\right)\sin\varphi + \left(\frac{dw_n}{dt} + \frac{w_n w_r}{r}\right)\cos\varphi \end{aligned}\right\} \quad (4),$$

worin wir auch wegen (2)

$$\frac{dw_n}{dt} + \frac{w_n w_r}{r} = \frac{r\,dw_n + w_n\,dr}{r\,dt} = \frac{1}{r}\frac{d\,(w_n r)}{dt} \qquad (4\,\mathrm{a})$$

setzen und daher an Stelle von (4) schreiben dürfen

$$\left.\begin{aligned} \frac{dw_x}{dt} &= \left(\frac{dw_r}{dt} - \frac{w_n^2}{r}\right)\cos\varphi - \frac{1}{r}\frac{d\,(w_n r)}{dt}\sin\varphi \\ \frac{dw_y}{dt} &= \left(\frac{dw_r}{dt} - \frac{w_n^2}{r}\right)\sin\varphi + \frac{1}{r}\frac{d\,(w_n r)}{dt}\cos\varphi \end{aligned}\right\} \quad (4\,\mathrm{b}).$$

In den Eulerschen Bewegungsgleichungen (1) des § 33 treten außerdem noch die Beschleunigungskomponenten q_x, q_y, q_z der äußeren Kraft auf, die wir ebenfalls unter Beibehaltung der Achsialbeschleunigung q_z, sowie mit einer Radialbeschleunigung q_r und einer Tangentialbeschleunigung q_n nach Fig. 158 durch

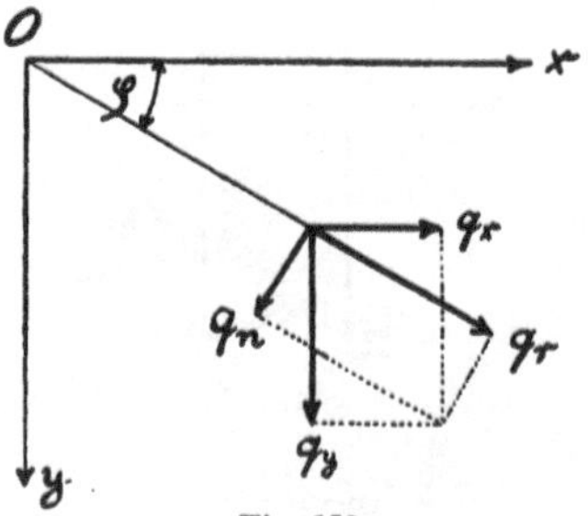

Fig. 158.

$$\left.\begin{aligned} q_x &= q_r \cos\varphi - q_n \sin\varphi \\ q_y &= q_r \sin\varphi + q_n \cos\varphi \end{aligned}\right\} \quad (5)$$

einführen können.

Schließlich haben wir noch für die partiellen Differentialquotienten des Druckes

$$\begin{aligned} \frac{\partial p}{\partial x} &= \frac{\partial p}{\partial r}\frac{\partial r}{dx} + \frac{\partial p}{\partial\varphi}\frac{\partial\varphi}{\partial x} \\ \frac{\partial p}{\partial y} &= \frac{\partial p}{\partial r}\frac{\partial r}{\partial y} + \frac{\partial p}{\partial\varphi}\frac{\partial\varphi}{\partial y} \end{aligned}$$

oder, da nach Fig. 157 bzw. Gl. (1)

$$\left.\begin{aligned} r^2 &= x^2 + y^2, & \operatorname{tg}\varphi &= \frac{y}{x} \\ \frac{\partial r}{\partial x} &= \frac{x}{r} = \cos\varphi, & \frac{\partial \varphi}{\partial x} &= -\frac{y\cos^2\varphi}{x^2} = -\frac{\sin\varphi}{r} \\ \frac{\partial r}{\partial y} &= \frac{y}{r} = \sin\varphi, & \frac{\partial \varphi}{\partial y} &= +\frac{\cos^2\varphi}{x} = +\frac{\cos\varphi}{r} \end{aligned}\right\} \quad (1\,\mathrm{a})$$

o wird schließlich

$$\left.\begin{aligned} \frac{\partial p}{\partial x} &= \frac{\partial p}{\partial r}\cos\varphi - \frac{\partial p}{\partial \varphi}\frac{\sin\varphi}{r} \\ \frac{\partial p}{\partial y} &= \frac{\partial p}{\partial r}\sin\varphi + \frac{\partial p}{\partial \varphi}\frac{\cos\varphi}{r} \end{aligned}\right\} \quad . \; . \; . \quad (6).$$

Führen wir nunmehr die Ausdrücke (4) bzw. (4b), (5) und (6) in die beiden ersten Eulerschen Gleichungen

$$\begin{aligned} q_x - \frac{g}{\gamma}\frac{\partial p}{\partial x} &= \frac{dw_x}{dt} \\ q_y - \frac{g}{\gamma}\frac{\partial p}{\partial y} &= \frac{dw_y}{dt} \end{aligned}$$

ein, so gehen dieselben über in

$$\left(q_r - \frac{g}{\gamma}\frac{\partial p}{\partial r} - \frac{dw_r}{dt} + \frac{w_n^2}{r}\right)\cos\varphi - \left(q_n - \frac{g}{\gamma}\frac{\partial p}{r\,\partial\varphi} - \frac{d(w_n r)}{r\,dt}\right)\sin\varphi = 0$$

$$\left(q_r - \frac{g}{\gamma}\frac{\partial p}{\partial r} - \frac{dw_r}{dt} + \frac{w_n^2}{r}\right)\sin\varphi + \left(q_n - \frac{g}{\gamma}\frac{\partial p}{r\,\partial\varphi} - \frac{d(w_n r)}{r\,dt}\right)\cos\varphi = 0$$

Addieren und subtrahieren wir diese Formeln nach Multiplikation mit $\cos\varphi$ und $\sin\varphi$ bzw. umgekehrt, so ergeben sich die gesuchten Bewegungsgleichungen in Zylinderkoordinaten, denen wir sogleich die ungeänderte dritte Gleichung hinzufügen können, wie folgt

$$\left.\begin{aligned} q_r - \frac{g}{\gamma}\frac{\partial p}{\partial r} &= \frac{dw_r}{dt} - \frac{w_n^2}{r} \\ q_n r - \frac{g}{\gamma}\frac{\partial p}{\partial \varphi} &= \frac{d(w_n r)}{dt} \\ q_z - \frac{g}{\gamma}\frac{\partial p}{\partial z} &= \frac{dw_z}{dt} \end{aligned}\right\} \quad . \; . \; . \quad (7).$$

Hierzu tritt noch die Kontinuitätsgleichung

$$\frac{\partial w_x}{\partial x} + \frac{\partial w_y}{\partial y} + \frac{\partial w_z}{\partial z} = 0,$$

in welcher mit (1 a) analog (6)

$$\frac{\partial w_x}{\partial x} = \frac{\partial w_x}{\partial r}\frac{\partial r}{\partial x} + \frac{\partial w_x}{\partial \varphi}\frac{\partial \varphi}{\partial x} = \frac{\partial w_x}{\partial r}\cos\varphi - \frac{\partial w_x}{\partial \varphi}\frac{\sin\varphi}{r}$$

$$\frac{\partial w_y}{\partial y} = \frac{\partial w_y}{\partial r}\frac{\partial r}{\partial y} + \frac{\partial w_y}{\partial \varphi}\frac{\partial \varphi}{\partial y} = \frac{\partial w_y}{\partial r}\sin\varphi + \frac{\partial w_y}{\partial \varphi}\frac{\cos\varphi}{r}$$

oder mit (3)

$$\frac{\partial w_x}{\partial x} = \frac{\partial w_r}{\partial r}\cos^2\varphi - \frac{\partial w_n}{\partial r}\sin\varphi\cos\varphi - \frac{\partial w_r}{\partial \varphi}\frac{\sin\varphi\cos\varphi}{r} + \frac{\partial w_n}{\partial \varphi}\frac{\sin^2\varphi}{r} + \frac{w_r\sin^2\varphi}{r} + \frac{w_n\sin\varphi\cos\varphi}{r}$$

$$\frac{\partial w_y}{\partial y} = \frac{\partial w_r}{\partial r}\sin^2\varphi + \frac{\partial w_n}{\partial r}\sin\varphi\cos\varphi + \frac{\partial w_r}{\partial \varphi}\frac{\sin\varphi\cos\varphi}{r} + \frac{\partial w_n}{\partial \varphi}\frac{\cos^2\varphi}{r} + \frac{w_r\cos^2\varphi}{r} - \frac{w_n\sin\varphi\cos\varphi}{r}$$

einzusetzen ist. Dies liefert nach Addition unter Wegheben verschiedener Glieder sowie Hinzufügung des ungeänderten $\frac{\partial w_z}{\partial z}$ schließlich

$$\frac{\partial w_r}{\partial r} + \frac{w_r}{r} + \frac{\partial w_n}{r\,\partial \varphi} + \frac{\partial w_z}{\partial z} = 0 \quad . \quad . \quad . \quad (8),$$

wofür wir auch

$$\frac{\partial (w_r r)}{\partial r} + \frac{\partial w_n}{\partial \varphi} + \frac{\partial (w_z r)}{\partial z} = 0 \quad . \quad . \quad . \quad (8a)$$

als **Kontinuitätsgleichung in Zylinderkoordinaten** schreiben dürfen.

Transformieren wir in derselben Weise die Wirbelkomponenten, so folgt

$$2\,\varepsilon_x = \frac{\partial w_y}{\partial z} - \frac{\partial w_z}{\partial y} = \frac{\partial w_r}{\partial z}\sin\varphi + \frac{\partial w_n}{\partial z}\cos\varphi - \frac{\partial w_z}{\partial r}\frac{\partial r}{\partial y} - \frac{\partial w_z}{\partial \varphi}\frac{\partial \varphi}{\partial y}$$

$$2\,\varepsilon_y = \frac{\partial w_z}{\partial x} - \frac{\partial w_x}{\partial z} = \frac{\partial w_z}{\partial r}\frac{\partial r}{\partial x} + \frac{\partial w_z}{\partial \varphi}\frac{\partial \varphi}{\partial x} - \frac{\partial w_r}{\partial z}\cos\varphi + \frac{\partial w_n}{\partial z}\sin\varphi$$

$$2\,\varepsilon_z = \frac{\partial w_x}{\partial y} - \frac{\partial w_y}{\partial x} = \frac{\partial w_x}{\partial r}\frac{\partial r}{\partial y} + \frac{\partial w_x}{\partial \varphi}\frac{\partial \varphi}{\partial y} - \frac{\partial w_y}{\partial r}\frac{\partial r}{\partial x} - \frac{\partial w_y}{\partial \varphi}\frac{\partial \varphi}{\partial y}$$

oder ausgeführt

$$2\,\varepsilon_x = \left(\frac{\partial w_r}{\partial z} - \frac{\partial w_z}{\partial r}\right)\sin\varphi + \left(\frac{\partial w_n}{\partial z} - \frac{\partial w_z}{r\,\partial \varphi}\right)\cos\varphi$$

$$2\,\varepsilon_y = \left(\frac{\partial w_n}{\partial z} - \frac{\partial w_z}{r\,\partial \varphi}\right)\sin\varphi - \left(\frac{\partial w_r}{\partial z} - \frac{\partial w_z}{\partial r}\right)\cos\varphi$$

$$2\,\varepsilon_z = \frac{1}{r}\frac{\partial w_r}{\partial \varphi} - \frac{w_n}{r} - \frac{\partial w_n}{\partial r} = \frac{1}{r}\left(\frac{\partial w_r}{\partial \varphi} - \frac{\partial (w_n r)}{\partial r}\right).$$

Daraus geht aber hervor, daß ebenso wie für die Geschwindigkeit und die Beschleunigung auch für den Wirbel ε an Stelle der Zerlegung in die Komponenten $\varepsilon_x\ \varepsilon_y\ \varepsilon_z$ im Zylinderkoordinatensystem eine solche in die Komponenten

$$\left.\begin{aligned} \varepsilon_r &= \frac{1}{2r}\left(\frac{\partial w_z}{\partial \varphi} - \frac{\partial (w_n r)}{\partial z}\right) \\ \varepsilon_n &= \frac{1}{2}\left(\frac{\partial w_r}{\partial z} - \frac{\partial w_z}{\partial r}\right) \\ \varepsilon_z &= \frac{1}{2r}\left(\frac{\partial (w_n r)}{\partial r} - \frac{\partial w_r}{\partial \varphi}\right) \end{aligned}\right\} \quad . \quad . \quad . \quad (9)$$

nach der Gleichung

$$\varepsilon^2 = \varepsilon_x^2 + \varepsilon_y^2 + \varepsilon_z^2 = \varepsilon_r^2 + \varepsilon_n^2 + \varepsilon_z^2 \quad . \quad . \quad (9\,a)$$

tritt, von denen wir die erste als den **Radialwirbel**, die zweite als **Ringwirbel** und die letzte als **Achsialwirbel** bezeichnen wollen (Fig. 159). Diese Wirbelkomponenten erfüllen die der Gl. (3) des vorigen Paragraphen gleichwertige Kontinuitätsbedingung

$$\frac{\partial (\varepsilon_r r)}{\partial r} + \frac{\partial \varepsilon_n}{\partial \varphi} + \frac{\partial (\varepsilon_z r)}{\partial z} = 0 \quad (9\,b).$$

Wir hätten die Formeln (7), (8) und (9) natürlich auch ohne jede Umformung unmittelbar am Massenelement ableiten können, für welches wir jetzt

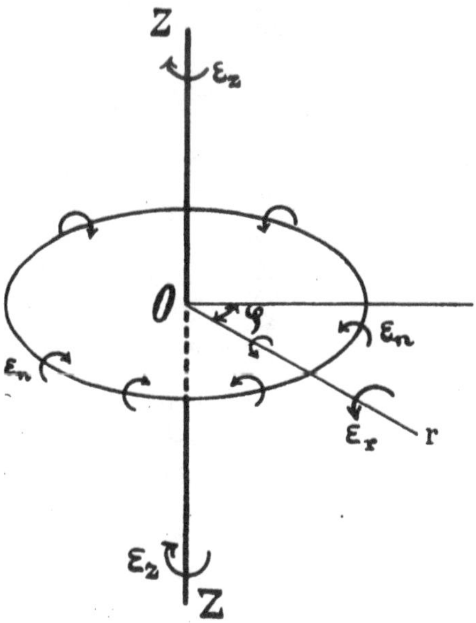

Fig. 159.

$$dm = \frac{\gamma}{g}\, r\, dr\, dz\, d\varphi \quad . \quad . \quad . \quad . \quad . \quad (10)$$

schreiben müssen. Dabei ist einerseits zu beachten, daß die Zusätze zu den Beschleunigungskomponenten $\frac{dw_r}{dt}$ und $\frac{dw_n}{dt}$ in den ersten Formeln (7) Komponenten einer zur Bahnprojektion in der $r\varphi$-Ebene normalen Beschleunigung sind, die nicht übersehen werden darf, und daß weiterhin am Volumelement (Fig. 160) der innere und äußere Bogen nicht gleich groß ausfallen, was für die Aufstellung der Kontinuitätsgleichung (8) und die Definition der Wirbelkomponenten (9) von Bedeutung ist.

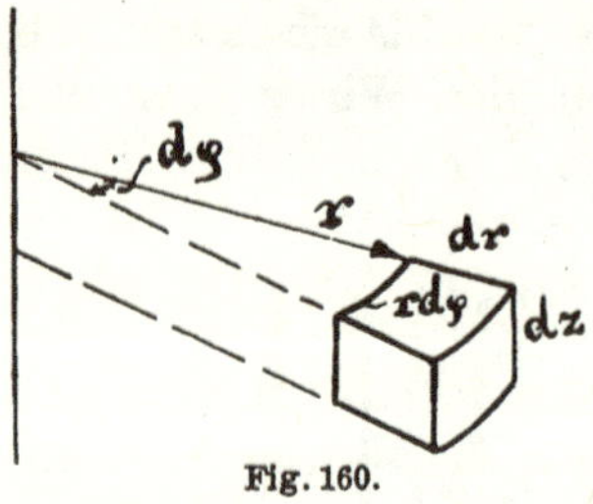

Fig. 160.

Schreiben wir nunmehr die Gl. (7) unter Auflösung der rechten Seiten in der Form

$$\left.\begin{aligned} q_r - \frac{g}{\gamma}\frac{\partial p}{\partial r} &= \frac{\partial w_r}{\partial t} + w_r\frac{\partial w_r}{\partial r} + \frac{w_n}{r}\frac{\partial w_r}{\partial \varphi} + w_z\frac{\partial w_r}{\partial z} - \frac{w_n^2}{r} \\ q_n r - \frac{g}{\gamma}\frac{\partial p}{\partial \varphi} &= \frac{\partial (w_n r)}{\partial t} + w_r\frac{\partial (w_n r)}{\partial r} + \frac{w_n}{r}\frac{\partial (w_n r)}{\partial \varphi} + w_z\frac{\partial (w_n r)}{\partial z} \\ q_z - \frac{g}{\gamma}\frac{\partial p}{\partial z} &= \frac{\partial w_z}{\partial t} + w_r\frac{\partial w_z}{\partial r} + \frac{w_n}{r}\frac{\partial w_z}{\partial \varphi} + w_z\frac{\partial w_z}{\partial z} \end{aligned}\right\} \quad (7\text{a}),$$

so können wir in jeder derselben rechts die Glieder bzw.

$$\begin{aligned} w_n\frac{\partial w_n}{\partial r} + w_z\frac{\partial w_z}{\partial r} - w_n\frac{\partial w_n}{\partial r} - w_z\frac{\partial w_z}{\partial r} &= 0 \\ w_r\frac{\partial w_r}{\partial \varphi} + w_z\frac{\partial w_z}{\partial \varphi} - w_r\frac{\partial w_r}{\partial \varphi} - w_z\frac{\partial w_z}{\partial \varphi} &= 0 \\ w_r\frac{\partial w_r}{\partial z} + w_n\frac{\partial w_n}{\partial z} - w_r\frac{\partial w_r}{\partial z} - w_n\frac{\partial w_n}{\partial z} &= 0 \end{aligned}$$

hinzufügen und erhalten so mit (9) sowie wegen

$$w_r^2 + w_n^2 + w_z^2 = w^2$$

die den Formeln (6) des vorigen Paragraphen analoge Fassung

$$\left.\begin{aligned} q_r &= \frac{\partial}{\partial r}\left(\frac{g}{\gamma}p + \frac{w^2}{2}\right) + \frac{\partial w_r}{\partial t} + 2\,(w_z\,\varepsilon_n - w_n\,\varepsilon_z) \\ q_n r &= \frac{\partial}{\partial \varphi}\left(\frac{g}{\gamma}p + \frac{w^2}{2}\right) + \frac{\partial (w_n r)}{\partial t} + 2r\,(w_r\,\varepsilon_z - w_z\,\varepsilon_r) \\ q_z &= \frac{\partial}{\partial z}\left(\frac{g}{\gamma}p + \frac{w^2}{2}\right) + \frac{\partial w_z}{\partial t} + 2\,(w_n\,\varepsilon_r - w_r\,\varepsilon_n) \end{aligned}\right\} \quad (7\text{b}).$$

Multiplizieren wir diese Formeln der Reihe nach mit w_r, $w_n : r$, w_z und addieren, so fallen die mit den Wirbelkomponenten behafteten Glieder weg, und es bleibt nach anderweitiger Zusammenfassung

$$w_r\left(q_r - \frac{g}{\gamma}\frac{\partial p}{\partial r}\right) + w_n\left(q_n - \frac{g}{\gamma}\frac{\partial p}{r\,\partial\varphi}\right) + w_z\left(q_z - \frac{g}{\gamma}\frac{\partial p}{\partial z}\right) = \frac{1}{2}\frac{d(w^2)}{dt} \quad (11),$$

wofür wir auch unter Einführung des auf die Masseneinheit Flüssigkeit bezogenen **Arbeitselementes der äußeren Kraft**

$$dL = (w_r\,q_r + w_n\,q_n + w_z\,q_z)\,dt \quad . \; . \; . \; . \; (12)$$

schreiben dürfen

$$\frac{dL}{dt} = \frac{g}{\gamma}\left(w_r\frac{\partial p}{\partial r} + \frac{w_n}{r}\frac{\partial p}{\partial\varphi} + w_z\frac{\partial p}{\partial z}\right) + \frac{1}{2}\frac{d(w^2)}{dt} \quad (11\,a).$$

Im Falle der **stationären Bewegung** ist hierin

$$w_r\frac{\partial p}{\partial r} + \frac{w_n}{r}\frac{\partial p}{\partial\varphi} + w_z\frac{\partial p}{\partial z} = \frac{dp}{dt},$$

wodurch sich (11a) in die uns schon geläufige Form der **Energiegleichung**

$$dL = \frac{g}{\gamma}\,dp + \frac{1}{2}\,d(w^2) \quad . \; . \; . \; . \; . \; . \; (11\,b)$$

vereinfacht.

Verschwinden anderseits die Wirbelkomponenten (9), so existiert, wie schon in § 34 abgeleitet wurde, ein **Geschwindigkeitspotential**

$$\Phi = \Phi\,(r, \varphi, z) \quad . \; . \; . \; . \; . \; . \; . \; (13),$$

dessen Ableitungen die Geschwindigkeitskomponenten

$$w_r = \frac{\partial\Phi}{\partial r}, \quad w_n r = \frac{\partial\Phi}{\partial\varphi}, \quad w_z = \frac{\partial\Phi}{\partial z} \quad . \; . \; . \; (13\,a)$$

darstellen. Damit gehen dann die Gl. (7b) über in

$$\left.\begin{aligned} q_r &= \frac{\partial}{\partial r}\left(\frac{g}{\gamma}p + \frac{w^2}{2} + \frac{\partial\Phi}{\partial t}\right) \\ q_n r &= \frac{\partial}{\partial\varphi}\left(\frac{g}{\gamma}p + \frac{w^2}{2} + \frac{\partial\Phi}{\partial t}\right) \\ q_z &= \frac{\partial}{\partial z}\left(\frac{g}{\gamma}p + \frac{w^2}{2} + \frac{\partial\Phi}{dt}\right) \end{aligned}\right\} \quad . \; . \; . \; (14),$$

wofür wir auch unter Einführung einer Funktion

$$U = \frac{g}{\gamma}p + \frac{w^2}{2} + \frac{\partial\Phi}{\partial t} = U\,(r, \varphi, z, t) \quad . \; . \; (15)$$

schreiben dürfen

$$q_r = \frac{\partial U}{\partial r}, \quad q_n r = \frac{\partial U}{\partial \varphi}, \quad q_z = \frac{\partial U}{\partial z} \quad . \quad . \quad . \quad (15\,a),$$

so daß also, wie wir schon in § 34 im orthogonalen System feststellten, die Existenz eines Geschwindigkeitspotentials ein Potential der äußeren Kräfte voraussetzt.

Führen wir das Geschwindigkeitspotential vermittelst der Ableitungen (13a) in die Kontinuitätsgleichung (8a) ein, so lautet diese

$$\frac{\partial}{\partial r}\left(r\frac{\partial \Phi}{\partial t}\right) + \frac{1}{r}\frac{\partial^2 \Phi}{\partial \varphi^2} + r\frac{\partial^2 \Phi}{\partial z^2} = 0 \quad . \quad . \quad . \quad (8\,b).$$

Im übrigen bleiben natürlich die in § 34 gewonnenen Sätze über die Äquipotentialflächen $\Phi = \text{const}$ und deren normale Durchdringung durch die resultierende Geschwindigkeit w bestehen, da sie von der Wahl des Koordinatensystems durchaus unabhängig sind. Ihre nochmalige Ableitung für Zylinderkoordinaten kann daher dem Leser zur Übung überlassen werden.

Wir begnügen uns, zum Schlusse noch darauf hinzuweisen, daß in unseren Koordinaten die Bahn eines Flüssigkeitselementes durch die Differentiale

$$dr = w_r\,dt, \quad r\,d\varphi = w_n\,dt, \quad dz = w_z\,dt$$

und damit die Differentialgleichung dieser Bahn durch

$$\frac{dr}{w_r} = \frac{r\,d\varphi}{w_n} = \frac{dz}{w_z} \quad . \quad . \quad . \quad . \quad . \quad . \quad (16)$$

gegeben ist, während sich die Zirkulation mit Rücksicht auf den in § 34 entwickelten Satz von Stokes in der Form

$$\int (w_r\,dr + w_n r\,d\varphi + w_z\,dz) = \int (\varepsilon_r r\,d\varphi\,dz + \varepsilon_n\,dr\,dz + \varepsilon_z r\,dr\,d\varphi) \quad (17)$$

schreibt. Daraus ergibt sich sofort, daß die Zirkulation längs einer geschlossenen Kurve nicht verschwindet, wenn die von derselben umrandete Fläche einen Wirbelfaden schneidet, oder daß ein Wirbelfaden in der ihn umgebenden Flüssigkeit eine wirbelfreie Rotationsbewegung hervorruft, auf die wir im nächsten Abschnitt genauer eingehen wollen. An dieser Stelle können wir uns mit der Feststellung begnügen, daß außerhalb des Wirbelfadens die Flüssigkeitsbewegung ein Geschwindigkeitspotential Φ besitzt, welches bei jedem Umlauf um den Wirbel um einen bestimmten Betrag

$$\Delta \Phi = \int (w_r\,dr + w_n r\,d\varphi + w_z\,dz) \quad . \quad . \quad . \quad (17\,a)$$

zunimmt, also nicht mehr e i n d e u t i g ist. Anderseits stellt die rechte Seite von (17)

$$\int(\varepsilon_r\, r\, d\varphi\, dz + \varepsilon_n\, dr\, dz + \varepsilon_z\, r\, dr\, \varphi)$$
$$= \int(\varepsilon_x dy\, dz + \varepsilon_y dz\, dx + \varepsilon_z dx\, dy) = 2\int \varepsilon \cos \vartheta\, dF \qquad (17\text{b})$$

nach den Ausführungen des § 34 und des vorigen Paragraphen das doppelte W i r b e l m o m e n t dar, so daß wir auch an Stelle von (17) für die einmalige geschlossene Umkreisung eines dünnen Wirbelfadens vom Querschnitt f

$$\Delta \Phi = 2\,\varepsilon f \quad . \quad . \quad . \quad . \quad . \quad . \quad . \quad (17\text{c})$$

schreiben dürfen.

§ 43. Die achsensymmetrische Flüssigkeitsbewegung.

Die Bewegungsgleichungen der achsensymmetrischen Strömung und ihre Wirbelkomponenten. Die Stromfunktion. Achsensymmetrische Potentialbewegung. Das Prášilsche Saugrohr. Potentialströmung um einen wirbelnden Kern, der Schraubenstrahl. Helmholtzsche Wirbelflächen.

Verläuft die Flüssigkeitsbewegung symmetrisch um eine Achse, die wir zweckmäßig mit der z-Achse des Zylinderkoordinatensystems zusammenfallen lassen, so heißt dies nichts anderes, als daß alle Flüssigkeitsbahnen sich auf konzentrischen Rotationsflächen anordnen lassen, oder mit anderen Worten, daß jeder innerhalb der Flüssigkeit um die Achse gelegte Parallelkreis, z. B. $A\,A'\,A''\,A'''$ oder $B\,B'\,B''\,B'''$ (Fig. 161), von Flüssigkeitselementen passiert wird, welche gleichzeitig unter demselben Druck p stehen und dieselbe Geschwindigkeit w nach Größe und Richtung besitzen. Dann können aber auch diese Variablen bzw. die Geschwindigkeitskomponenten nicht mehr vom Drehwinkel φ abhängig sein, d. h. es muß

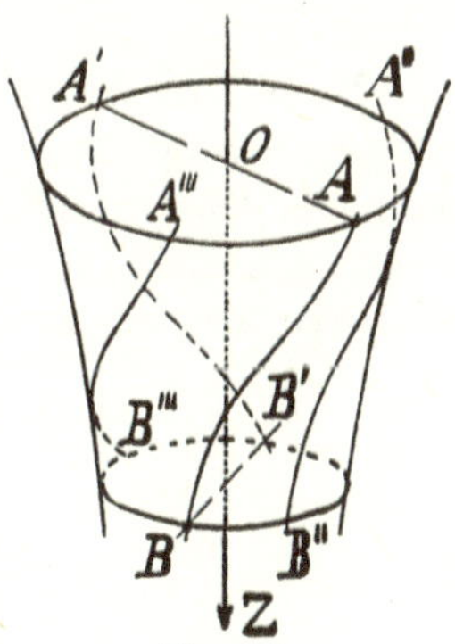

Fig. 161.

$$\frac{\partial p}{\partial \varphi} = 0, \quad \frac{\partial w_r}{\partial \varphi} = 0, \quad \frac{\partial w_n}{\partial \varphi} = 0, \quad \frac{\partial w_z}{\partial \varphi} = 0 \quad . \quad . \quad (1)$$

sein, wodurch sich die B e w e g u n g s g l e i c h u n g e n (7a) des vorigen Paragraphen in

$$\left.\begin{aligned} q_r - \frac{g}{\gamma}\frac{\partial p}{\partial r} &= \frac{\partial w_r}{\partial t} + w_r\frac{\partial w_r}{\partial r} + w_z\frac{\partial w_r}{\partial z} - \frac{w_n^2}{r} \\ q_n r &= \frac{\partial (w_n r)}{\partial t} + w_r\frac{\partial (w_n r)}{\partial r} + w_z\frac{\partial (w_n r)}{\partial z} \\ q_z - \frac{g}{\gamma}\frac{\partial p}{\partial z} &= \frac{\partial w_z}{\partial t} + w_r\frac{\partial w_z}{\partial r} + w_z\frac{\partial w_z}{\partial z} \end{aligned}\right\} \quad (2)$$

und die Kontinuitätsgleichung (8a) § 42 in

$$\frac{\partial (w_r r)}{\partial r} + \frac{\partial (w_z r)}{\partial z} = 0 \quad . \quad . \quad . \quad . \quad . \quad (3)$$

vereinfachen. Aus den Formeln (2) geht weiter hervor, daß nunmehr auch die Beschleunigungskomponenten q_r, q_n, q_z der auf die Flüssigkeit wirkenden äußeren Kraft vom Drehwinkel φ unabhängig sind, und daß sich diese symmetrische Gruppierung um die z-Achse auch auf die Wirbelkomponenten erstreckt, für die wir wegen (1) an Stelle von (9) in § 42 haben

$$\left.\begin{aligned} \varepsilon_r r = -\frac{1}{2}\frac{\partial (w_n r)}{\partial z}, \quad \varepsilon_z r = +\frac{1}{2}\frac{\partial (w_n r)}{\partial r} \\ \varepsilon_n = \frac{1}{2}\left(\frac{\partial w_r}{\partial z} - \frac{\partial w_z}{\partial r}\right) \end{aligned}\right\} \quad . \quad (4),$$

mithin

$$\frac{\partial (\varepsilon_r r)}{\partial r} + \frac{\partial (\varepsilon_z r)}{\partial z} = 0 \quad . \quad . \quad . \quad . \quad . \quad (4\,a).$$

Durch die Bedingung einer stationären Bewegung werden sowohl diese Ausdrücke für die Wirbelkomponenten wie auch die Kontinuitätsgleichung nicht berührt, während die Bewegungsformeln (2) unter Wegfall der partiellen Ableitungen nach der Zeit übergehen in

$$\left.\begin{aligned} q_r - \frac{g}{\gamma}\frac{\partial p}{\partial r} &= w_r\frac{\partial w_r}{\partial r} + w_z\frac{\partial w_r}{\partial z} - \frac{w_n^2}{r} \\ q_n r &= w_r\frac{\partial (w_n r)}{\partial r} + w_z\frac{\partial (w_n r)}{\partial z} \\ q_z - \frac{g}{\gamma}\frac{\partial p}{\partial z} &= w_r\frac{\partial w_z}{\partial r} + w_z\frac{\partial w_z}{\partial z} \end{aligned}\right\} \quad (2\,a).$$

Die Kontinuitätsgleichung (3) ist dann erfüllt, wenn wir unter Einführung einer sog. Stromfunktion

$$\Psi = \Psi(r, z) \quad . \quad . \quad . \quad . \quad . \quad . \quad (5)$$

setzen

$$w_z r = \frac{\partial \Psi}{\partial r}, \quad w_r r = -\frac{\partial \Psi}{\partial z} \quad . \quad . \quad . \quad . \quad (5\text{a}),$$

wobei die Funktion Ψ den Grenzbedingungen der Flüssigkeitsbewegung Genüge leisten muß. Für jeden Wert des Parameters Ψ stellt nämlich Gl. (5) eine Rotationsfläche dar, auf der alle kongruenten Flüssigkeitsbahnen verlaufen, was auch für die den Strom begrenzenden Wandungen zutreffen muß. Die hier auftretende Stromfunktion ist uns nun schon in § 37 gelegentlich der Strömung um eine starre Kugel begegnet, die naturgemäß achsensymmetrisch verläuft. Wir haben dort schon gesehen, daß wegen $d\Psi = \frac{\partial \Psi}{\partial r} dr + \frac{\partial \Psi}{\partial z} dz$ mit (5a)

$$2\pi\, d\Psi = 2\pi\,(w_z r\, dr - w_r r\, dz) = dV \quad . \quad . \quad (5\text{b})$$

das zwischen zwei solchen benachbarten Rotationsflächen mit dem Parameterunterschied $d\Psi$ in der Zeiteinheit strömende Flüssigkeitsvolumen bedeutet, oder daß, wenn wir von der Achse ($\Psi = 0$) ausgehen,

$$V = 2\pi\,\Psi \quad . \quad . \quad . \quad . \quad . \quad . \quad . \quad (5\text{c})$$

das ganze innerhalb der Fläche Ψ strömende Volumen darstellt. Ist die Strömung von zwei Rotationsflächen Ψ' und Ψ'' begrenzt, deren Meridianschnitte in Fig. 162 dargestellt sind, so bestimmt sich das zwischen ihnen strömende Volumen aus der Differenz der Einzelvolumina, so zwar, daß

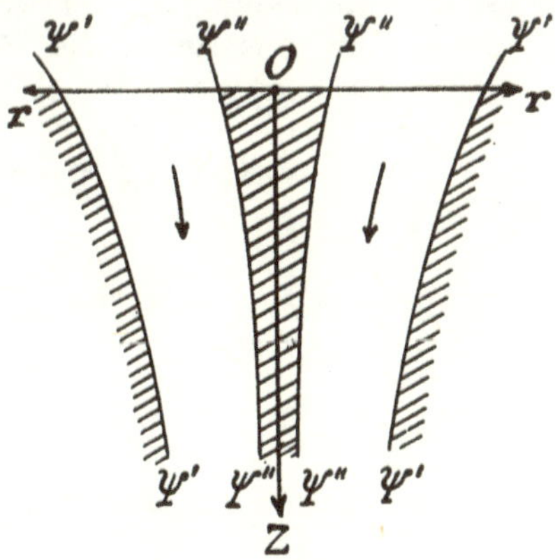

Fig. 162.

$$V = V' - V'' = 2\pi\,(\Psi' - \Psi'') \quad (5\text{d}).$$

Als erstes Beispiel der stationären achsensymmetrischen Strömung betrachten wir eine solche unter dem Einfluß der Erdbeschleunigung g in der z-Richtung, für welche $w_r = 0$, $w_n = 0$ ist. Alsdann wird auch $q_r = 0$, $q_n = 0$, und es folgt aus der Kontinuitätsgleichung (3)

$$\frac{\partial w_z}{\partial z} = 0, \quad w_z = f(r) \quad . \quad . \quad . \quad . \quad . \quad (6),$$

während die Bewegungsformeln (2) übergehen in

$$-\frac{g}{\gamma}\frac{\partial p}{\partial r} = 0, \quad g - \frac{g}{\gamma}\frac{\partial p}{\partial z} = 0 \quad . \quad . \quad . \quad (6\text{a}),$$

oder nach Integration mit einer Konstanten C_1

$$p = \gamma z + C_1 \quad . \quad . \quad . \quad . \quad . \quad . \quad (6\text{b}),$$

d. h. der Druck wächst bei dieser Strömung wie im Gleichgewichtszustande der Flüssigkeit proportional mit der Tiefe. Dann aber muß die Geschwindigkeit $w = w_z = c$ unveränderlich und insbesondere unabhängig vom Radius sein, so daß wir es hier mit einer einfachen Parallelströmung zu tun haben, deren Stromfunktion nach (5a)

$$\Psi = \int_0^r \frac{\partial \Psi}{\partial r}\, dr = \frac{c r^2}{2} \quad . \quad . \quad . \quad . \quad . \quad (6\text{c})$$

lautet, während ein Geschwindigkeitspotential von der Form

$$\Phi = \int w_z\, dz = cz + \Phi_0 \quad . \quad . \quad . \quad . \quad . \quad (6\text{d})$$

existiert und demgemäß die Wirbelkomponenten (4) verschwinden.

Für ein zweites Beispiel stellen wir die Forderung auf, daß einerseits an allen Stellen eines Normalschnitts zur Achse die Achsialgeschwindigkeit und anderseits an allen Stellen eines Zylinders um die Achse die Radialgeschwindigkeit dieselben Werte besitzen mögen, d. h. also, daß

$$\frac{\partial w_z}{\partial r} = 0, \quad \frac{\partial w_r}{\partial z} = 0 \quad . \quad . \quad . \quad . \quad . \quad (7),$$

oder daß

$$w_r = f_1(r), \quad w_z = f_2(z) \quad . \quad . \quad . \quad . \quad . \quad (7\text{a})$$

sein soll. Damit verschwindet natürlich sofort der Ringwirbel $\varepsilon_n = 0$, während die Einführung in die Kontinuitätsgleichung (3)

$$\frac{d}{dr}\left[r f_1(r)\right] = -r\,\frac{d f_2(z)}{dz}$$

liefert. Da links eine reine Radialfunktion steht, so muß rechts

$$\frac{d f_2(z)}{dz} = 2A, \quad w_z = f_2(z) = 2(Az + B) \quad . \quad . \quad (8)$$

und damit

$$w_r r = r f_1(r) = -A r^2 + C_1$$

$$w_r = -A r + \frac{C_1}{r} \quad . \quad . \quad . \quad . \quad . \quad . \quad . \quad (8\text{a})$$

sein. Verlangen wir nun, daß die Radialgeschwindigkeit überall endliche Werte besitzt, so wird die Konstante $C_1 = 0$ und es bleibt

$$w_r = -Ar, \quad w_z = 2(Az + B) \quad . \quad . \quad . \quad (8b).$$

Daraus folgt für die Stromfunktion

$$d\Psi = w_z r\,dr - w_r r\,dz = 2Az r\,dr + Ar^2 dz + 2Br\,dr$$

oder

$$\Psi = Ar^2 z + Br^2 + C_2 \quad . \quad . \quad . \quad . \quad . \quad (9).$$

Soll im besonderen Falle der Parameter der Stromfunktion für $r = 0$ verschwinden, so vereinfacht sich (9) mit $C_2 = 0$ in

$$\Psi = Ar^2 z + Br^2 \quad . \quad . \quad . \quad . \quad . \quad . \quad (9a)$$

und, wenn auch für $z = 0$, $\Psi = 0$ sein soll, mit $B = 0$ in

$$\Psi = Ar^2 z \quad . \quad . \quad . \quad . \quad . \quad . \quad . \quad . \quad (9b).$$

Das innerhalb dieser Fläche fließende Volumen

$$V = 2\pi\Psi = 2A\pi r^2 z \quad . \quad . \quad . \quad . \quad . \quad (9c)$$

ist demnach proportional dem Inhalte aller auf der Nullebene errichteten Zylinder bis zur Fläche selbst, vgl. Fig. 163. In die Mantelfläche jedes dieser Zylinder tritt daher dasselbe Flüssigkeitsvolumen ein, welches durch die untere Bodenfläche austritt oder umgekehrt. Daraus folgt weiter, daß sich der Meridianschnitt der Flächen (9b) asymptotisch den beiden Achsen nähert. Diese Stromfunktion erscheint demnach besonders geeignet zur Darstellung des stetigen Übergangs einer radialen in eine achsiale Strömung oder umgekehrt, wie er z. B. in neueren Turbinen und Schleuderpumpen bzw. in den Saugrohren solcher Maschinen stattfindet. In Fig. 164 ist ein derartiges, dem Vorschlage von Prášil entsprechendes Saugrohr dargestellt, bei dem die Sohle des Sumpfes oder des Unterwassergrabens mit der Anfangsebene zusammenfällt und die z-Achse nach oben gerichtet ist. Die Flächen gleicher Geschwindigkeit ergeben sich beim Wegfall der Rotation, d. h. mit $w_n = 0$ aus

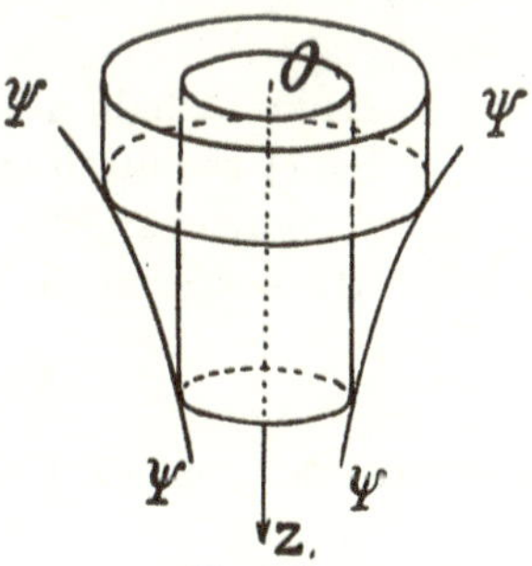

Fig. 163.

$$w^2 = w_r^2 + w_z^2 = A^2 r^2 + 4A^2 z^2 \quad . \quad . \quad . \quad (10)$$

als abgeplattete Rotationsellipsoide E, E', E'' um den Koordinatenanfang, deren vertikale kleine Achse halb so groß ist wie die horizontale große. Diese Ellipsoide werden in der Nähe der Achse um so flacher, je weiter sie sich vom Anfang entfernen, und fallen daher in größeren Abständen von der Sohle im Innern des Saugrohres nahezu mit dessen Querschnittsebenen zusammen. In den letzteren kann daher praktisch die Geschwindigkeit als konstant angesehen werden, wenn dies auch, streng genommen, nur für die Achsialkomponente zutrifft, während die Radialkomponente mit der Entfernung von der Sohle rasch abnimmt und bald unmerklich klein wird. In praktischen Fällen ist nun z. B. bei Turbinen die Entfernung z_1 der Laufradunterkante von der Sohle, der untere Laufradhalbmesser, der mit dem oberen Saugrohrhalbmesser r_1 übereinstimmt und schließlich das in der Sekunde durchströmende Volumen V gegeben. Dadurch bestimmt sich aus (9c) zunächst der Parameter Ψ der Meridiankurve und aus (9b) die Konstante

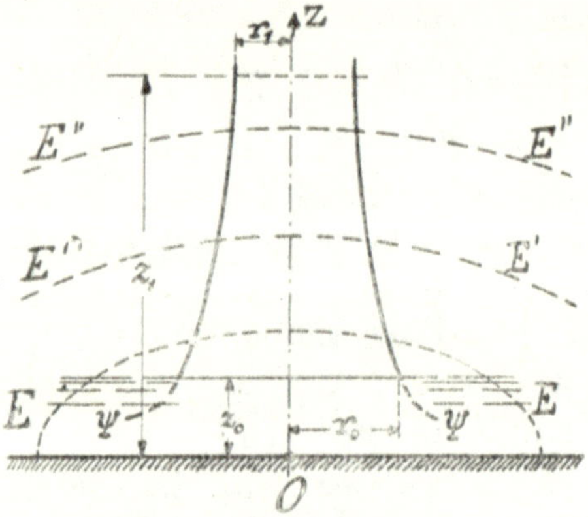

Fig. 164.

$$A = \frac{\Psi}{r_1^2 z_1} = \frac{V}{2\pi r_1^2 z_1},$$

so zwar, daß für die Kurve selbst

$$r^2 z = r_1^2 z_1$$

und für die resultierende Geschwindigkeit (10)

$$w^2 = A^2\left(\frac{r_1^2 z_1}{z} + 4z^2\right) \quad . \quad . \quad . \quad . \quad (10\text{a})$$

wird. Damit dieser Wert und mit ihm die als Verlust anzusehende kinetische Energie beim Austritt aus dem Saugrohr ein Minimum wird, muß hierfür mit $z = z_0$

$$\frac{d\,(w^2)}{dz} = A^2\left(8z_0 - \frac{r_1^2 z_1}{z_0^2}\right) = 0$$

oder
$$8 z_0^3 = r_1^2 z_1 = r_0^2 z_0 \quad . \quad . \quad . \quad . \quad . \quad (10\text{b})$$
sein. Damit ist dann das Saugrohr in seinem ganzen Verlaufe festgelegt.

Um schließlich den Druckverlauf zu bestimmen, greifen wir auf die Bewegungsgleichungen (2a) zurück, welche mit $w_r = -Ar$ und $w_z = 2Az$
$$-\frac{g}{\gamma}\frac{\partial p}{\partial r} = A^2 r, \quad g - \frac{g}{\gamma}\frac{\partial p}{\partial z} = 4A^2 z$$
lauten und nach Multiplikation mit dr bzw. dz sowie Addition integriert
$$C + gz - \frac{g}{\gamma} p = A^2\left(\frac{r^2}{2} + 2z^2\right) \quad . \quad . \quad . \quad (11)$$
ergeben. Hierin bestimmt sich die Konstante C etwa durch den Druck p_0 auf den ruhenden Spiegel des Unterwassergrabens, der natürlich erheblich über der unteren Saugrohrkante liegen muß. Jedenfalls erkennt man aus (11), daß auch die Flächen konstanten Druckes abgeplattete Rotationsellipsoide mit dem Achsenverhältnis 1 : 2 sind, deren Mittelpunkt um $g : 4A^2$ sich über der Sohle befindet. Diese Flächen decken sich ersichtlich nicht mit den durch (9) definierten Flächen konstanter Geschwindigkeit w.

Schließlich ergibt sich noch das Geschwindigkeitspotential aus
$$d\Phi = w_z dz + w_r dr = 2Az\,dz - Ar\,dr$$
zu
$$\Phi = Az^2 - A\frac{r^2}{2} + \Phi_0 \quad . \quad . \quad . \quad . \quad . \quad (12)$$
bis auf die additive willkürliche Konstante Φ_0. Die Äquipotentialflächen sind hiernach einschalige Rotationshyperboloide mit einem Asymptotenkegel $r : z = \sqrt{2}$.

Die vorstehende Stromfunktion, der wir in der Folge mehrfach begegnen werden, läßt sich noch etwas durch die Bedingung verallgemeinern, daß die Radialgeschwindigkeit nicht erst in der Achse selbst, sondern schon längs eines Kreiszylinders vom Radius r_0 verschwindet. Alsdann wird in (8a)
$$0 = -Ar_0 + \frac{C_1}{r_0}, \quad C_1 = Ar_0^2$$
und wir erhalten
$$w_r r = -A(r^2 - r_0^2), \quad w_z r = 2(Az + B) r \quad . \quad (13),$$

woraus dann für die längs des Zylinders $r = r_0$ verschwindende Stromfunktion an Stelle von (9a)

$$\Psi = (r^2 - r_0^2)(Az + B) \quad . \quad . \quad . \quad . \quad . \quad (14),$$

oder, wenn für $z = 0$ auch $\Psi = 0$ sein soll,

$$\Psi = A(r^2 - r_0^2)\, z \quad . \quad . \quad . \quad . \quad . \quad (14\,a)$$

folgt, vgl. Fig. 165. Dieser Fall erlangt dann eine praktische Bedeutung, wenn die Strömung von einer Rotation begleitet ist, ohne daß in ihrem Bereiche eine Drehbeschleunigung q_n existiert. Dann ergibt die zweite Gl. (2a) mit $q_n = 0$

$$w_z \frac{\partial (w_n r)}{\partial z} + w_r \frac{\partial (w_n r)}{\partial r} = \frac{1}{r}\left(\frac{\partial (w_n r)}{\partial z}\frac{\partial \Psi}{\partial r} - \frac{\partial (w_n r)}{\partial r}\frac{\partial \Psi}{\partial z}\right) = 0 \quad (15)$$

eine Bedingung, die nur erfüllt werden kann, wenn entweder $w_n r = f(\Psi)$ ist, d. h. wenn das Produkt $w_n r$ längs jeder Stromlinienfläche $\Psi = \text{const.}$ denselben, von einer Fläche zur andern dagegen veränderliche Werte besitzt, oder wenn überhaupt im Bereiche der Strömung $w_n r = \text{const.}$ ist. Die erste dieser beiden Möglichkeiten ist praktisch ganz unwahrscheinlich, die zweite dagegen, wie schon in § 20 bemerkt wurde, für das aus einer Turbine in das Saugrohr übertretende Wasser nahezu gegeben. Dann aber verschwinden nach Gleichung (4) im Strombereiche auch

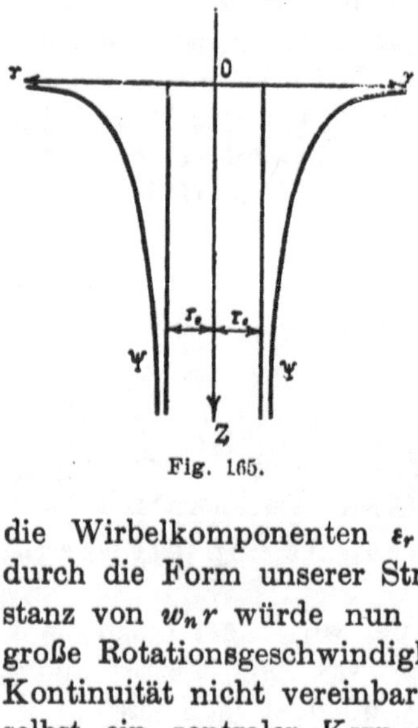

Fig. 165.

die Wirbelkomponenten ε_r und ε_z, während $\varepsilon_n = 0$ ohnedies durch die Form unserer Stromfunktion bedingt war. Die Konstanz von $w_n r$ würde nun in der Achse selbst eine unendlich große Rotationsgeschwindigkeit w_n zur Folge haben, die mit der Kontinuität nicht vereinbar wäre. Infolgedessen wird sich von selbst ein zentraler Kern vom Radius r_0 absondern, der mit unveränderlicher Winkelgeschwindigkeit $\varepsilon_z = -\varepsilon_0$ rotiert, derart, daß an seinem Umfange

$$\varepsilon_0 r_0^2 = w_n r = \text{const} \quad . \quad . \quad . \quad . \quad . \quad (16).$$

Multiplizieren wir diese Formel beidseitig mit 2π und beachten, daß πr_0^2 den Querschnitt f_0 des Kernes bedeutet, so stellt die linke Seite der Gleichung

$$2\varepsilon_0 f = 2\pi r w_n \quad . \quad . \quad . \quad . \quad . \quad . \quad (16\text{a})$$

das doppelte Wirbelmoment des als Wirbelfaden aufzufassenden Kernes, die rechte Seite dagegen die Zirkulation um diesen Faden dar, deren Wert mit dem Zuwachs des Geschwindigkeitspotentials für einen Umlauf nach Gl. (17c) des vorigen Paragraphen übereinstimmt. Da ferner der wirbelnde Kern keine vorher nicht wirbelnden Flüssigkeitselemente aufnehmen kann, so ist er von der Strömung selbst ganz ausgeschaltet, bedingt aber deren Verlauf im Verein mit ihrer äußeren Begrenzung. Folgt die letztere im Einklang mit den Fig. 163 und 164 der Gleichung $\Psi = A r^2 z$, so kann diese nicht gleichzeitig die ganze Strömung mit wechselnden Werten des Parameters Ψ beherrschen, da ja die Stromlinienflächen sich asymptotisch der z-Achse nähern und hierbei in den Wirbelkern eindringen. Dagegen genügt die Stromfunktion (14a) vollkommen der Konstanz des Wirbels so lange, als das Produkt $w_n r$ sich selbst nicht ändert. Für diesen Fall ergibt sich das Geschwindigkeitspotential außerhalb des wirbelnden Kernes aus

$$d\Phi = w_z dz + w_r dr + w_n r\, d\varphi \quad . \quad . \quad . \quad (17)$$

mit

$$w_z = 2Az, \quad w_r = -A\left(r - \frac{r_0^2}{r}\right), \quad w_n r = \varepsilon_0 r_0^2 \quad (17\text{a})$$

durch Integration zu

$$\Phi = A\left(z^2 - \frac{r^2}{2}\right) + A r_0^2 \lg n\, r + \varepsilon_0 r_0^2 \varphi + \Phi_0 \quad (17\text{b}).$$

Die soeben besprochene Rotation mit einem wirbelnden Kern läßt sich natürlich auch der oben besprochenen und durch die Formeln (6) bis (6d) dargestellten Parallelströmung zur z-Achse überlagern. Dieser Fall ist von praktischer Bedeutung für die Untersuchung der Flüssigkeitsbewegung hinter einer Schiffsschraube, aus der das Wasser, wie wir in § 22 gesehen haben, mit einer Rotationskomponente derart heraustritt, daß angenähert $w_n r = \text{const.}$ ist. Alsdann bildet sich hinter der Nabe ein zylindrischer Wirbel aus, dessen Winkelgeschwindigkeit ε_0 mit der der Schraube nahezu übereinstimmt, während um ihn herum eine Potentialbewegung herrscht. Das Geschwindigkeitspotential wird in diesem Falle mit

$$w_r = 0, \quad w_n r = \varepsilon_0 r_0^2, \quad w_z = c$$
$$\Phi = cz + \varepsilon_0 r_0^2 \varphi + \Phi_0 \quad . \quad . \quad . \quad . \quad . \quad (18).$$

Betrachten wir diesen horizontal verlaufenden sog. Schraubenstrahl als hinreichend dünn, so dürfen wir von der Wirkung der Schwere auf die rotierenden Wasserelemente absehen und erhalten dann auch einen konstanten Druck im Strahle. Der hier geschilderte Vorgang läßt sich bequem durch Einführung von kleinen im Wasser schwimmenden Körpern (z. B. Bärlappsamen) veranschaulichen, wobei sich deutlich zeigt, daß die Rotation trotz der in unserer Theorie vernachlässigten Wasserreibung relativ lange Zeit erhalten bleibt.

Befindet sich das Wasser in der Umgebung dieses Schraubenstrahles in Ruhe, so bedeutet das nichts anderes als eine sprungweise Änderung der Komponenten w_z und w_n im Mantel des Strahles, denen unendliche Werte der Differentialquotienten nach r und damit auch unendliche Werte von ε_z und ε_n entsprechen, während diese innerhalb und außerhalb des den Strahl einschließenden Zylindermantels verschwinden. Der Strahlmantel ist infolgedessen als Ganzes der Sitz eines Wirbels und kann daher nach dem Vorgange von Helmholtz als eine Wirbelfläche angesprochen werden. Das Moment dieses Wirbels ergibt sich mit (4) nach Gl. (17) § 42 zu

$$2 \iint (\varepsilon_z r \, dr \, d\varphi + \varepsilon_n \, dr \, dz) = \iint \frac{\partial (w_n r)}{\partial r} dr \, d\varphi - \iint \frac{\partial w_z}{\partial r} dr \, dz$$
$$= w_n r \varphi - w_z z,$$

worin das negative Zeichen des einen Gliedes sich aus dem Umstande erklärt, daß wir den Winkel φ entgegen der Uhrzeigerrichtung in Fig. 158 gewählt haben. Bilden wir das Moment über den ganzen, theoretisch unendlich langen Strahl, so wird es naturgemäß auch unendlich groß. Dagegen hat das Wirbelmoment einer geschlossenen Fläche, z. B. einer Kugel, innerhalb deren die Flüssigkeit rotiert, während sie außerhalb ruht, stets einen endlichen Wert, da hierbei wohl die Wirbelkomponenten an der Kugeloberfläche unendlich groß werden, dagegen der Querschnitt des Wirbels selbst verschwindet.

In Wirklichkeit können allerdings gerade diese Wirbelflächen sich infolge der hier vernachlässigten Flüssigkeitsreibung nicht scharf ausbilden; an ihnen werden sich vielmehr Mischungsvorgänge der wirbelnden und nicht wirbelnden Flüssigkeitsmassen abspielen, welche in kurzer Zeit zur Zerstörung der Wirbel selbst führen.

§ 44. Das Verhalten von Wirbeln innerhalb einer nicht wirbelnden Flüssigkeit.

Demonstration eines geradlinigen Wirbels und der ihn begleitenden Flüssigkeitsrotation. Gleichdruckflächen, Geschwindigkeitspotential und Stromfunktion dieser Rotation. Bewegung zweier paralleler Wirbelfäden mit gleichen und entgegengesetzten Wirbelmomenten. Bewegung eines und mehrerer Wirbelringe.

Wir haben im letzten Paragraphen gesehen, daß ein geradliniger Wirbelfaden von einer Rotation der ihn umgebenden Flüssigkeit begleitet ist, bei der das Produkt $w_n r = \text{const.}$ bleibt, während die Winkelgeschwindigkeit ε dieser Rotation, wenn mit ε_0 diejenige des Wirbels vom Radius r_0 verstanden wird,

$$\varepsilon = \frac{\varepsilon_0 r_0^2}{r^2} \quad \ldots \ldots \ldots \quad (1)$$

ist, also im umgekehrten Verhältnis des Quadrats des Abstandes von der Wirbelachse abnimmt. Da innerhalb des Wirbelfadens die Winkelgeschwindigkeit ε_0 konstant ist, so rotiert die ihn erfüllende Flüssigkeit wie ein starrer Körper und kann zu Demonstrationszwecken auch durch einen solchen ersetzt werden. Hierzu bedient man sich zweckmäßig der in Fig. 166 skizzierten Vorrichtung, d. i. eines weiten zylindrischen Glasgefäßes AA, durch dessen Metallboden vermittelst einer Stopfbüchse eine Stahlachse BB vom Radius r_0 eingeführt ist, welche durch einen Schnurtrieb in rasche Drehung versetzt werden kann. Diese teilt sich der im Gefäß befindlichen Flüssigkeit derart mit, daß deren Rotation in der Umgebung des Stabes nach Gl. (1) verläuft, wenn ε_0 die Winkelgeschwindigkeit des Stabes ist, während der über dem Stabe befindliche Flüssigkeitszylinder dessen Winkelgeschwindigkeit ε_0 annimmt und den Wirbel bildet. Da hierbei im Beharrungszustande keine Flüssigkeitsverschiebungen in radialer und achsialer Richtung stattfinden, so reduzieren sich unter Vernachlässigung der Bewegungswiderstände die Bewegungsgleichungen mit $w_r = 0$, $w_z = 0$, $q_r = 0$, $q_n r = 0$, $q_z = g$ auf

$$-\frac{g}{\gamma}\frac{\partial p}{\partial r} = -\frac{w_n^2}{r}$$

$$g - \frac{g}{\gamma}\frac{\partial p}{\partial z} = 0$$

oder zusammengezogen

$$g\,dz - \frac{g}{\gamma}\,dp + \frac{w_n^2}{r}\,dr = 0 \quad . \; . \; . \; . \quad (2).$$

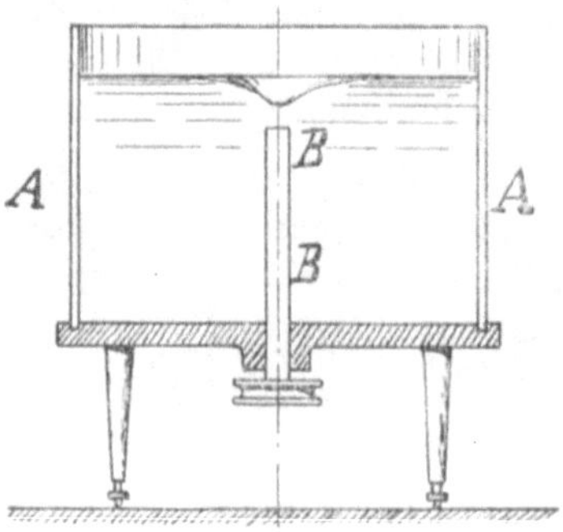

Fig. 166.

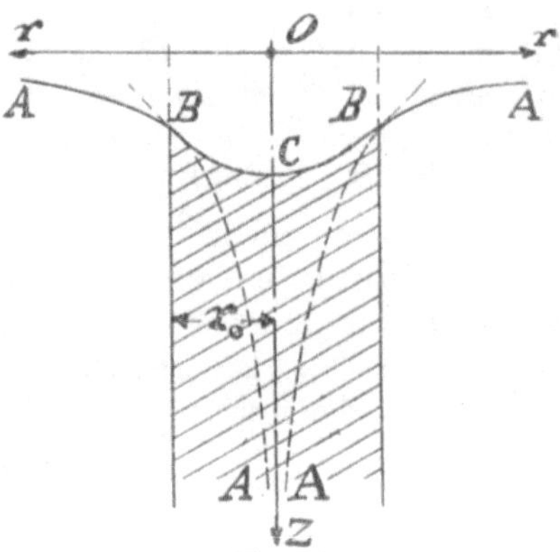

Fig. 167.

Für den **wirbelnden Innenraum** $r < r_0$ (Fig. 167) ist nun $w_n = \varepsilon_0 r$, also

$$g\,dz - \frac{g}{\gamma}\,dp + \varepsilon_0^2 r\,dr = 0 \quad . \; . \; . \; . \quad (2\text{a})$$

und integriert mit einer Konstanten C_1

$$gz - \frac{g}{\gamma}\,p + \varepsilon_0^2\,\frac{r^2}{2} = C_1 \quad . \; . \; . \; . \quad (2\text{b}).$$

Für den Außenraum $r > r_0$ ist dagegen $w_n r = \varepsilon r^2 = \varepsilon_0 r_0^2$, also wird aus (2) hierfür

$$g\,dz - \frac{g}{\gamma}\,dp + \frac{\varepsilon_0^2 r_0^4}{r^3}\,dr = 0 \quad . \; . \; . \; . \quad (2\text{c}),$$

oder integriert mit einer anderen Konstanten C_2

$$gz - \frac{g}{\gamma}\,p - \frac{\varepsilon_0^2 r_0^4}{2\,r^2} = C_2 \quad . \; . \; . \; . \quad (2\text{d}).$$

Die Gl. (2b) und (2d) bestimmen offenbar für jeden Wert von p Meridianschnitte von Flächen BB und AA, die im Zylindermantel des Wirbelfadens, d. h. für $r = r_0$ stetig ineinander übergehen müssen. Ziehen wir mit diesem Werte beide Gleichungen voneinander ab, so folgt

$$C_1 - C_2 = \varepsilon_0^2 r_0^2 \quad \ldots \ldots \quad (3),$$

während die Berührung beider Flächen schon daraus hervorgeht, daß für $p = \text{const}$ und $r = r_0$ aus beiden Differentialgleichungen (2a) und (2c)

$$g \frac{dz}{dr} = - \varepsilon_0^2 r_0$$

folgt. Zur Gewinnung einer zweiten Gleichung für die beiden Konstanten C_1 und C_2 gehen wir davon aus, daß die Gleichdruckfläche im Außenraum Gl. (2d) für $r = \infty$ in eine Horizontalebene asymptotisch übergeht. Verlegen wir den Koordinatenanfang in diese Horizontalebene, welche dem Atmosphärendrucke p_0 entspricht, so wird aus (2d) mit $r = \infty$ und $z = 0$

$$C_2 = - \frac{g}{\gamma} p_0 \quad \ldots \ldots \quad (3\text{a}),$$

also mit (3)

$$C_1 = \varepsilon_0^2 r_0^2 - \frac{g}{\gamma} p_0 \quad \ldots \ldots \quad (3\text{b}).$$

Eingesetzt in (2b) und (2d) liefert dies für die Gleichdruckflächen

$$\text{für } r < r_0 \quad g z - \frac{\varepsilon_0^2}{2} (2 r_0^2 - r^2) = \frac{g}{\gamma} (p - p_0) \quad (4),$$

$$\text{» } r > r_0 \quad g z - \frac{\varepsilon_0^2 r_0^4}{2 r^2} = \frac{g}{\gamma} (p - p_0) \quad (5),$$

woraus schließlich für die Oberfläche selbst mit $p = p_0$

$$\text{für } r < r_0 \quad z = \frac{\varepsilon_0^2}{2 g} (2 r_0^2 - r^2) \quad \ldots \ldots \quad (4\text{a}),$$

$$\text{» } r > r_0 \quad z = \frac{\varepsilon_0^2 r_0^4}{2 g r^2} \quad \ldots \ldots \quad (5\text{a})$$

folgt. Die Gleichdruckflächen im Innenraum sind hiernach Rotationsparaboloide, diejenigen im Außenraum dagegen, für deren Gl. (5) wir auch

$$2 g r^2 \left(z - \frac{p - p_0}{\gamma}\right) = \varepsilon_0^2 r_0^4 \quad \ldots \quad (5\text{b})$$

schreiben dürfen, Rotationsflächen dritter Ordnung, und zwar von derselben Form, wie die im letzten Paragraphen betrachteten Stromlinienflächen $\Psi = A r^2 z$. Von diesen unterscheiden sich die Flächen (5b) nur dadurch, daß bei ihnen nicht der Parameter Ψ variiert, sondern nur die horizontale Anfangsebene, so daß also sämtliche Flächen (5b) durch Parallelverschiebung ineinnander übergeführt werden können. Dies trifft dann naturgemäß auch für die Paraboloide im Innenraum zu, wie man aus deren Gleichung in der Form

$$r^2 = \frac{2g}{\varepsilon_0^2}\left(\frac{\varepsilon_0^2 r_0^2}{g} + \frac{p - p_0}{\gamma} - z\right) \quad . \quad . \quad . \quad . \quad (5\,c)$$

ohne weiteres erkennt.

Das Geschwindigkeitspotential im Außenraume ist

$$\Phi = \int w_n r \, d\varphi = \varepsilon_0 r_0^2 \varphi + \Phi_0 \quad . \quad . \quad . \quad (6),$$

während eine Stromfunktion nach Gl. (5) § 43 mangels einer Bewegung im Meridianschnitte nicht existiert. Dagegen besteht eine solche für die Rotation in der Horizontalebene, für welche nach Gl. (3) § 42

$$w_x = - w_n \sin \varphi = - \frac{\varepsilon_0 r_0^2}{r^2} y = \frac{\partial \Psi}{\partial y}$$

$$w_y = + w_n \cos \varphi = + \frac{\varepsilon_0 r_0^2}{r^2} x = - \frac{\partial \Psi}{\partial x}$$

und daraus

$$d\Psi = \frac{\partial \Psi}{\partial x} dx + \frac{\partial \Psi}{\partial y} dy = - \varepsilon_0 r_0^2 \frac{x\,dx + y\,dy}{r^2} = - \varepsilon_0 r_0^2 \frac{dr}{r}$$

bzw. nach Integration von $r = r_0$ für den Außenraum

$$r > r_0, \quad \Psi' = \Psi_0 - \varepsilon_0 r_0^2 \lg n \frac{r}{r_0} \quad . \quad . \quad . \quad (7)$$

sich ergibt, im Einklang mit Gl. (12d) des § 35. Bilden wir ebenso die Stromfunktion für den Innenraum, d. h. mit

$$w_x = - w_n \sin \varphi = - \varepsilon_0 y$$
$$w_y = + w_n \cos \varphi = + \varepsilon_0 x,$$

so wird hierfür

$$d\Psi = - \varepsilon_0 (x\,dx + y\,dy) = - \varepsilon_0 r\,dr$$

und mit $\Psi = 0$ für $r = 0$ für den Innenraum

$$r < r_0, \quad \Psi'' = - \frac{\varepsilon_0 r^2}{2} \quad . \quad . \quad . \quad . \quad . \quad (8).$$

Daraus folgt dann auch die Konstante von (7)

$$\Psi_0 = \Psi_0'' = -\frac{\varepsilon_0 r_0^2}{2} \quad \ldots\ldots \quad (8\,a),$$

so daß wir für den Außenraum schließlich erhalten

$$\Psi' = -\varepsilon_0 r_0^2 \left(\frac{1}{2} + \lg n \frac{r}{r_0}\right) \quad \ldots\ldots \quad (7\,a).$$

Diese Größe ist bis auf das Vorzeichen identisch mit dem in der Sekunde zwischen der Stromlinie Ψ' und der Achse durch eine Meridianhalbebene von der achsialen Länge 1 durchfließenden Volumen.

Die soeben besprochene Erscheinung mit einer trichterförmigen Oberflächensenkung kann übrigens häufig in Flüssen beobachtet werden, wo sie auch vom Volksmunde als Wirbel bezeichnet wird.

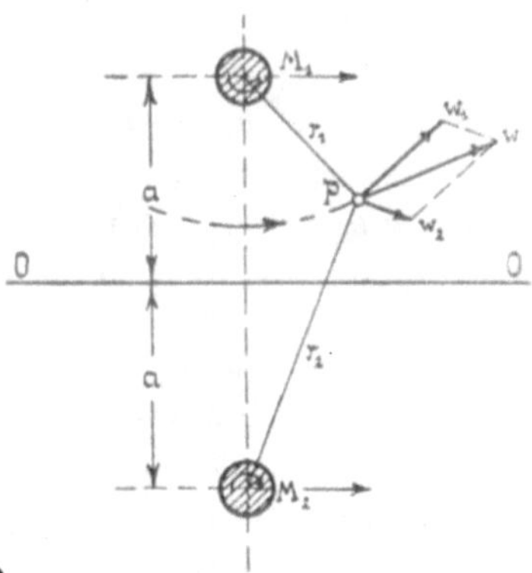

Fig. 168.

Befinden sich nun in der nach allen Seiten unbegrenzt gedachten Flüssigkeit gleichzeitig zwei parallele Wirbelfäden mit Kreisquerschnitten f_1 und f_2 von der oben beschriebenen Art und den Wirbelmomenten

$$M_1 = \varepsilon_1 f_1, \; M_2 = \varepsilon_2 f_2 \quad (9)$$

in einem Abstande $2a$ (Fig. 168), so können wir leicht die Strömung um dieselben konstruktiv ermitteln, und zwar durch Überlagerung der Einzelwirkungen jedes Wirbels auf ein Flüssigkeitselement im Punkte P des Außenraumes der Wirbel. Sind die momentanen Abstände dieses Punktes von den beiden Wirbelachsen bzw. r_1 und r_2, so erhält die dort befindliche Flüssigkeit von den Wirbeln die beiden Geschwindigkeiten

$$w_1 = \frac{M_1}{\pi r_1}, \quad w_2 = \frac{M_2}{\pi r_2} \quad \ldots\ldots \quad (10),$$

die in bekannter Weise eine resultierende Geschwindigkeit w ergeben. Wiederholt man diese Konstruktion für einen Nachbarpunkt P' in der Richtung von w_1 und setzt dieses Verfahren nach beiden Seiten hin fort, so erhält man den Verlauf einer Stromlinie. Beachtet man ferner, daß auch die Wirbelfäden selbst in der Flüssigkeit schwimmen, so ergeben sich auch für diese zwei Geschwindigkeiten

$$w_1' = \frac{M_1}{2\pi a}, \quad w_2' = \frac{M_2}{2\pi a} \quad . \quad . \quad . \quad . \quad (10\,\mathrm{a})$$

für M_2 bzw. M_1 normal zur Verbindungslinie, so daß also die Wirbel selbst in der Flüssigkeit fortschreiten. Haben ihre Wirbelgeschwindigkeiten und mit diesen die Wirbelmomente das entgegengesetzte Vorzeichen, wie es der Fig. 168 entspricht, so verschieben sie sich momentan parallel zueinander. Diese Parallelverschiebung bleibt auch dauernd erhalten, wenn die entgegengesetzten Wirbelmomente absolut von gleicher Größe sind, In diesem Falle wird die zwischen den Wirbeln befindliche Flüssigkeit mit einer Geschwindigkeit, welche größer ist als die der Wirbel selbst, vorwärts getrieben, während die Strömung auf den Außenseiten der Wirbelfäden langsamer vor sich geht. Zwei parallele Wirbelfäden von entgegengesetzt gleichen Wirbelmomenten bewegen sich also mit gleichförmiger Geschwindigkeit senkrecht zu ihrer Verbindungsebene. Ersetzen wir in Fig. 168 die Symmetrieebene durch eine feste Wand, wodurch das Strombild keine Änderung erfährt, so erkennen wir, daß ein geradliniger Wirbelfaden in der Nähe einer festen ebenen Wand sich parallel zu dieser verschiebt.

Auf Grund dieser Ergebnisse läßt sich auch das Verhalten geschlossener Wirbelfäden oder Wirbelringe in einer allseitig unendlich ausgedehnten Flüssigkeit verfolgen, ohne daß es hierzu weiterer analytischer Rechnungen bedarf, welche überdies den Rahmen des vorliegenden Buches überschreiten würden. Durchschneiden wir nämlich einen kreisförmigen Wirbelring in einer als Bildebene gewählten Meridianebene (Fig. 169), so erhalten wir nahezu dasselbe Strombild wie bei zwei parallelen geraden Wirbelfäden mit entgegengesetzt gleichen Momenten. Es wird demnach die den Wirbelring umgebende Flüssigkeit im Sinne

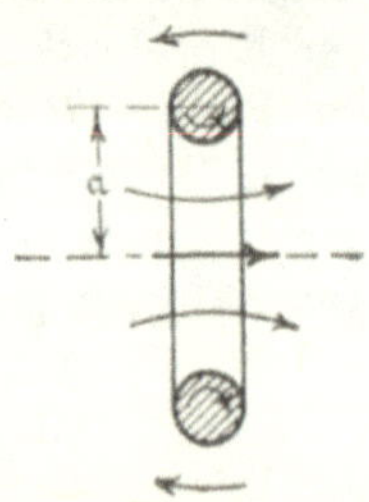

Fig. 169.

der Wirbelgeschwindigkeit durch den Ring hindurchgetrieben, während der Ring selbst infolge der Wirkung seiner diametral gegenüberliegenden Elemente aufeinander in gleichem Sinne in der Flüssigkeit fortschreitet. Die Geschwindigkeit dieser Verschiebung ist nach Gl. (10a) um so größer, je näher sich die gegenüberliegenden Elemente stehen, d. h. je kleiner der Radius a des Wirbelringes ist.

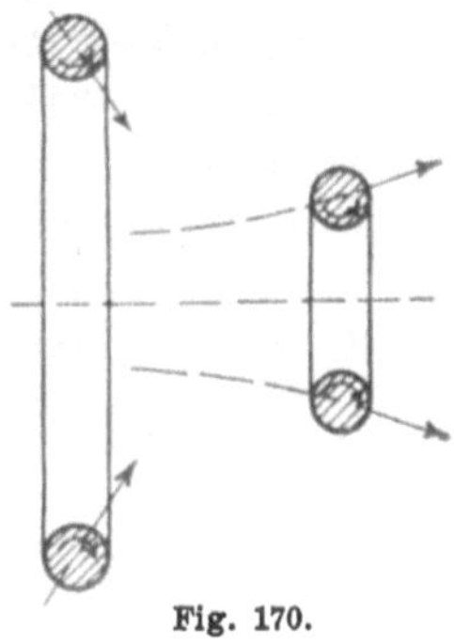

Fig. 170.

Beim Vorhandensein zweier koachsialer Wirbelringe mit gleichem Drehungssinn der Wirbelung (Fig. 170) tritt hierzu noch die gegenseitige Wirkung beider aufeinander durch Vermittlung der umgebenden Flüssigkeit. Es wird alsdann der momentan engere Wirbelring schneller voranschreiten als der weitere, durch diesen hindurchschlüpfen, sich darauf unter Abnahme der Geschwindigkeit erweitern, während der ursprüng-

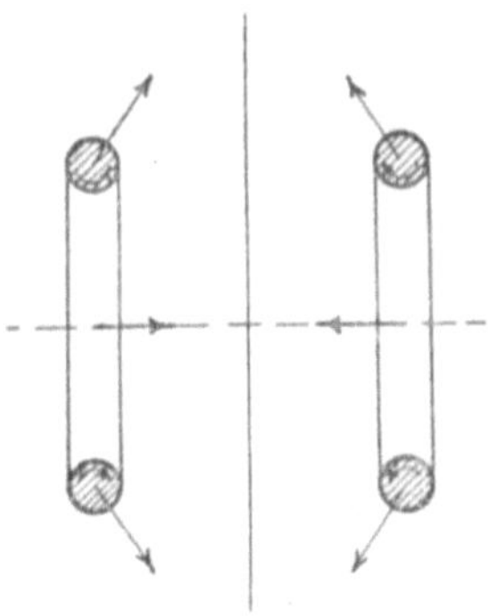

Fig. 171a.

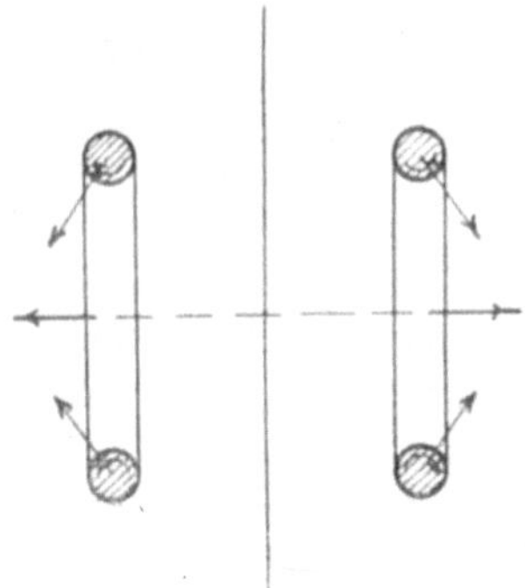

Fig. 171b.

lich weitere und zurückgebliebene sich zusammenzieht und zugleich beschleunigt wird, bis er seinerseits den anderen einholt und durch ihn hindurchschlüpft, worauf das Spiel von neuem beginnt.

Besitzen die beiden koachsialen Wirbelringe entgegengesetzten Drehungssinn, so ergibt die Zusammensetzung der Geschwindigkeitskomponenten in einem Fadenquerschnitt infolge der Wirkung der drei anderen eine gegenseitige verzögerte Annäherung unter gleichzeitiger beschleunigter Ringerweiterung oder umgekehrt (vgl. Fig. 171a und 171b). Haben beide Wirbelringe noch dazu, wie in diesen Figuren angedeutet ist, absolut gleiche Radien und Wirbelmomente, so können wir zwischen ihnen ohne Störung des Strombildes in der Symmetrieebene eine feste Wand anbringen, woraus sich das Verhalten von Wirbelringen in der Nähe einer solchen festen Wand ergibt. Natürlich kann die feste Wand auch durch die freie Oberfläche der Flüssigkeit ersetzt werden, in deren Nähe ein aufsteigender Wirbel sich demnach erweitert.

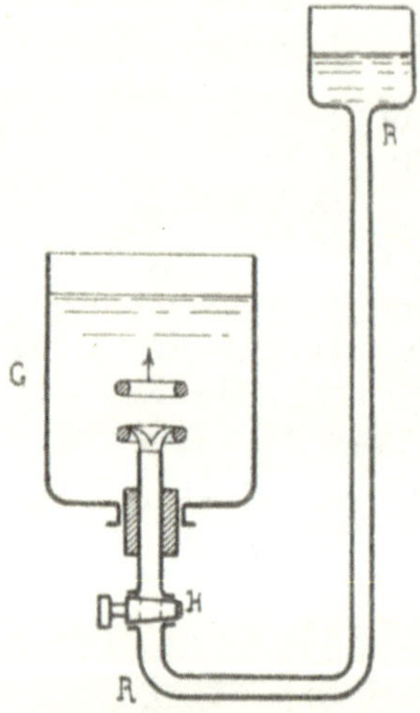

Fig. 172.

Alle diese Erscheinungen lassen sich bequem an einem von Riecke angegebenen Apparat (Fig. 172) veranschaulichen, der im wesentlichen aus einem weiten Glasgefäß G besteht, in dessen Boden ein umgebogenes Rohr RR mündet, welches durch einen Hahn H abgeschlossen werden kann. Füllt man das Gefäß G mit reinem Wasser, das Rohr RR dagegen mit gefärbtem, so tritt bei recht kurzer Hahnöffnung ein Tropfen gefärbter Flüssigkeit in die farblose über. Dieser stülpt sich infolge der bisher nicht berücksichtigten Wandreibung beim Austritt pilzartig auf und bildet zuletzt einen aufsteigenden Wirbelring, der sich in der Nähe der Oberfläche erweitert und schließlich wieder durch Flüssigkeitsreibung im ungefärbten Wasser auflöst. Hieraus erkennen wir deutlich die Reibung als wesentliche Ursache sowohl der Wirbelbildung als auch der Zerstörung dieser Gebilde, die stets mit einer Vermischung der Flüssigkeit verbunden ist.

§ 45. Die Oberflächengestalt rotierender Flüssigkeiten unter dem Einfluß der Erdbeschleunigung.

Gleichdruckparaboloide rotierender Flüssigkeitsmassen; Scheitelsenkung in zylindrischen Gefäßen mit vertikaler Achse. Braun's Flüssigkeitstachometer. Zahlenbeispiel. Anwendung auf Schleuderapparate. Rotierende Flüssigkeit mit geneigter und horizontaler Drehachse. Anwendung auf Tachometer und Wasserradzellen.

Rotiert eine Flüssigkeitsmasse als Ganzes unter dem Einfluß der Erdbeschleunigung g mit konstanter Winkelgeschwindigkeit ε um eine vertikale Achse, so kann sie nach den Ausführungen des letzten Paragraphen als Bestandteil eines vertikalen Wirbelfadens aufgefaßt werden, dessen Gleichdruckflächen kongruente Rotationsparaboloide um die Drehachse sind. Dies trifft auch noch zu, wenn die Flüssigkeit in ein Gefäß von beliebiger Gestalt ganz oder teilweise eingeschlossen ist, solange das Gefäß selbst um eine vertikale Achse gleichförmig rotiert. Die Gleichung der Rotationsparaboloide war nach (2b) § 44

$$g z - \frac{g}{\gamma} p + \frac{\varepsilon^2 r^2}{2} = C,$$

worin wir die Konstante C jetzt durch den Scheitel der dem Atmosphärendruck p_0 entsprechenden Oberfläche bestimmen wollen, dem die Koordinaten $z = z_1$ und $r = 0$ zugehören. Alsdann haben wir für beliebige Gleichdruckparaboloide

$$g (z - z_1) - \frac{g}{\gamma} (p - p_0) + \frac{\varepsilon^2 r^2}{2} = 0 \quad (1)$$

und für die Oberfläche selbst

$$g (z - z_1) + \frac{\varepsilon^2 r^2}{2} = 0 \quad (1a).$$

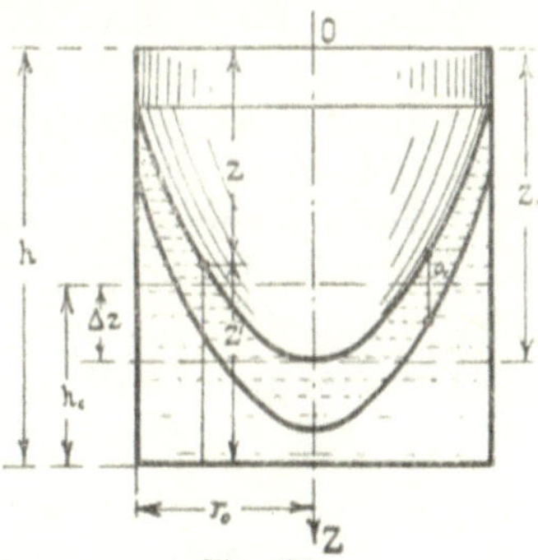

Fig. 173.

Daraus geht mit Fig. 173 hervor, daß der konstante Vertikalabstand a zweier Gleichdruckflächen genau den Unterschied ihrer Druckhöhen darstellt, sowie daß in einer Horizontalebene der hydraulische Druck von der Achse nach außen zu parabolisch wächst.

Befindet sich die Flüssigkeit in einem zylindrischen Gefäß vom Radius r_0 und der Höhe h, wie in Fig. 173 angedeutet ist, so wird im Ruhezustande der Spiegel die Höhe h_0 über dem Boden erreichen, so daß $\pi r_0^2 h_0$ das ganze Flüssigkeitsvolumen darstellt. Bedeutet ferner

$$z' = h - z \quad \ldots\ldots\ldots \quad (2)$$

die Höhe eines Punktes der Oberfläche der rotierenden Flüssigkeit, so ergibt sich deren mit dem ursprünglichen identisches Gesamtvolumen zu

$$\pi r_0^2 h_0 = 2\pi \int_0^{r_0} z' r\, dr \quad \ldots\ldots \quad (3),$$

worin wegen (1a) und (2)

$$z' = h - z_1 + \frac{\varepsilon^2 r^2}{2g} \quad \ldots\ldots \quad (2a)$$

zu setzen ist, so daß aus (3)

$$h_0 = h - z_1 + \frac{\varepsilon^2 r_0^2}{4g} \quad \ldots\ldots \quad (3a)$$

resultiert. Hierin bedeutet aber

$$h_0 + z_1 - h = \Delta z \quad \ldots\ldots \quad (2b)$$

die Scheitelsenkung des Gleichdruckparaboloids unter dem ruhenden Spiegel, womit (3a) sich in

$$\Delta z = \frac{\varepsilon^2 r_0^2}{4g} \quad \ldots\ldots\ldots \quad (3b)$$

vereinfacht. Die Scheitelsenkung wächst also proportional dem Quadrat der Umfangsgeschwindigkeit εr_0 des zylindrischen Gefäßes und kann daher zur Messung dieser Geschwindigkeit bzw. der Winkelgeschwindigkeit ε benutzt werden, wenn man sich durchsichtiger Gefäße bedient. Die praktische Verwendung dieser in Fig. 173 dargestellten Anordnung bringt nun den Übelstand mit sich, daß beim Überschreiten einer bestimmten Umfangsgeschwindigkeit ε_0, die sich aus (1a) und (3a) für $z = 0$ und $r = r_0$ nach Elimination von z_1 zu

$$\varepsilon_0 r_0 = 2\sqrt{g(h - h_0)} \quad \ldots\ldots \quad (4)$$

ergibt, die Oberfläche den Gefäßrand erreicht und damit die Flüssigkeit teilweise herausgeschleudert wird. Außerdem aber ist die quadratische Abhängigkeit der Spiegelsenkung von der Winkelgeschwindigkeit für die Eichung derartiger sog. Flüssigkeitstachometer unbequem, so daß es sich empfiehlt, hierfür andere Anordnungen zu wählen.

Eine solche bietet sich zwanglos nach dem Vorschlage von Braun (1893) durch den oberen Abschluß des Gefäßes nach Fig. 174, in dem dann eine Luftblase von der Höhe h_1 im Ruhezustande mit dem konstanten Volumen $\pi r_0^2 h_1$ übrig bleibt. Bei relativ kleiner Winkelgeschwindigkeit bis zu dem durch (4) mit $h - h_0 = h_1$ gegebenen Werte, dem in unserer Figur die punktierte Parabel entspricht, senkt sich der Spiegel nach Gl. (3b), darüber hinaus aber bildet sich das stark ausgezogene Oberflächenparaboloid aus, dessen Luftvolumen mit dem der ursprünglichen Blase übereinstimmen muß. Die Gleichung dieses Paraboloids ist wieder durch (1a) gegeben, wenn wir den Koordinatenanfang in den Gefäßdeckel verlegen und mit z_1 wieder die Ordinate des Scheitels bezeichnen. Alsdann aber ist das Volumen der Blase

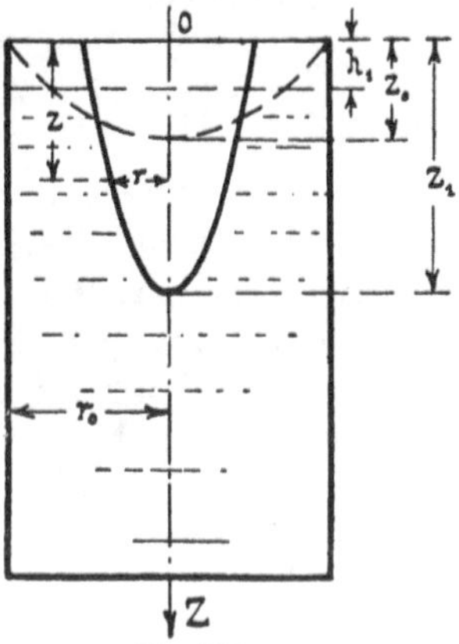

Fig. 174.

$$\pi r_0^2 h_1 = \pi \int_0^{r_0} r^2 \, dz \quad . \quad . \quad . \quad . \quad . \quad . \quad (5)$$

oder wegen (1a)

$$r_0^2 h_1 = \frac{2g}{\varepsilon^2} \int_0^{z_1} (z - z_1) \, dz = \frac{g}{\varepsilon^2} z_1^2,$$

so daß

$$z_1 = \varepsilon r_0 \sqrt{\frac{h_1}{g}} \quad . \quad . \quad . \quad . \quad . \quad . \quad . \quad (5a)$$

wird. In diesem Falle ist also die Scheiteltiefe der Winkelgeschwindigkeit selbst proportional, allerdings erst nach Überschreiten des Wertes $\varepsilon_0 r_0 = 2\sqrt{g h_1}$

Hat z. B. das zylindrische Gefäß einen Durchmesser von $2 r_0 = 4$ cm $= 0{,}04$ m, so folgt aus (7a) für eine Umlaufzahl

$n =$	100	200	300	500	1000 i. d. Min.
$\varepsilon = \frac{\pi n}{30} =$	10,5	20,9	31,4	52,3	104,4
$\Delta z =$	0,11	0,45	1,00	2,81	11,22 cm.

Ist das Gefäß oben geschlossen und enthält es im Ruhezustande eine zylindrische Blase von der Höhe $h_1 = 1$ cm $= 0{,}01$ m, so folgt die Spiegelsenkung zunächst bis

$$\varepsilon_0 = \frac{2}{r_0}\sqrt{g h_1} = 31{,}3 \text{ entspr. } \sim n = 300$$

mit $\Delta z = 1$ cm der Gl. (7a), während von da ab nach (5a) für

$n =$	300	400	500	750	1000 i. d. Min.
$z_1 =$	2	2,67	3,33	5,0	6,67 cm

wird.

Steht das offene rotierende Gefäß durch ein achsiales Rohr mit einem weiten Flüssigkeitsbehälter in Verbindung, Fig. 175, so wird der als ruhend anzusehende Scheitel des Oberflächenparaboloids bei allen Winkelgeschwindigkeiten dieselbe Höhe wie der Spiegel der im Behälter ruhenden Flüssigkeit besitzen, während bei erhöhter Winkelgeschwindigkeit die Flüssigkeit an der Wandung des rotierenden Gefäßes emporsteigt. Solange sie den Rand des Gefäßes nicht erreicht, ist, wenigstens theoretisch, zur Aufrechterhaltung der Rotation keine Arbeit nötig, da wir von Reibungswiderständen abgesehen haben. Die Rotation der Flüssigkeit muß man sich hierbei durch in das Gefäß eingebaute Radialwände hervorgerufen denken, da ja auf andere Weise auf eine ideale Flüssigkeit keine Drehbeschleunigungen übertragen werden können. In Wirklichkeit werden diese Wände allerdings durch die Flüssigkeitsreibung vollkommen ersetzt, durch die nicht nur die Winkelgeschwindigkeit des Gefäßes allmählich der Flüssigkeit mitgeteilt, sondern auch nach dem Anhalten des Gefäßes die Flüssigkeitsrotation wieder vernichtet wird.

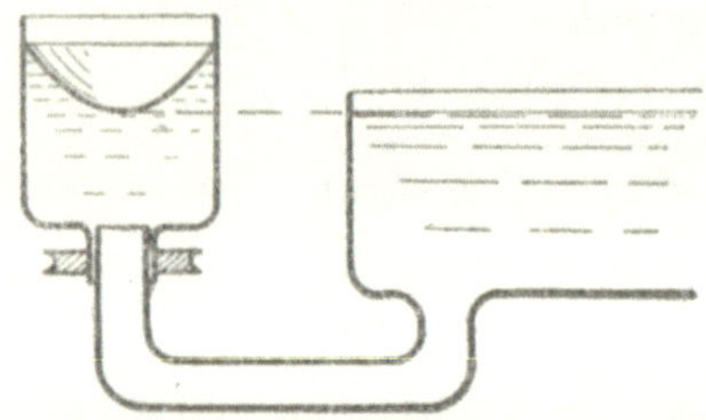

Fig. 175.

Den an der Innenwand des rotierenden Gefäßes entstehenden Druck benutzt man nun in der Praxis zur Abscheidung von Flüssigkeiten aus einem Gemisch mit Festkörpern, indem man einfach die Gefäßwand siebartig durchlöchert, wodurch die festen Bestandteile zurückgehalten werden, während die Flüssigkeit unter dem erwähnten Druck nach außen strömt und in einer zylindrischen Umhüllung des ganzen Systems aufgefangen wird. Derartige Zentrifugen werden neuerdings vielfach zur Trocknung von Wäsche, Rübenschnitzeln und Putzwolle benutzt.

Befinden sich in dem rotierenden Gefäß zwei oder mehrere zu einander chemisch neutrale Flüssigkeiten, so schichten sich diese im Beharrungszustande nach unseren Ausführungen in kongruenten Paraboloidschalen in der Reihenfolge ihres spezifischen Gewichtes derart, daß die spezifisch leichteste die höchste Lage einnimmt. Auf diesem Verhalten beruht u. a. die Wirkung der sehr verbreiteten **Milchschleudern**, Fig. 176, in denen der leichtere Rahm *R* von der Magermilch *M* getrennt wird. Man erreicht dies durch Einführung zweier festgehaltener Röhrchen, welche von außen der Drehrichtung entgegen in die rotierende Flüssigkeitsmasse hineinragen, so daß das äußere *A* die Magermilch, das innere *J* den Rahm aufnimmt.

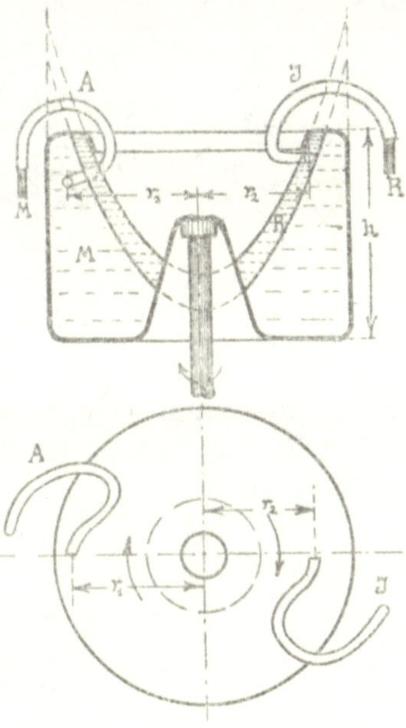

Fig. 176.

Besitzt die **Drehachse eine Neigung** a **gegen die Vertikale**, in der die Erdbeschleunigung wirkt, so dürfen wir keine vollkommene Symmetrie der Flüssigkeitsbewegung mehr erwarten. Wir müssen daher für die Behandlung dieses allgemeineren Problems auf die Bewegungsgleichungen (7a) in § 42 zurückgreifen, die für den Fall einer stationären Bewegung, welche die Ausbildung einer Gleichdruckoberfläche voraussetzt, die Form

$$\left.\begin{aligned} q_r - \frac{g}{\gamma}\frac{\partial p}{\partial r} &= w_r \frac{\partial w_r}{\partial r} + \frac{w_n}{r}\frac{\partial w_r}{\partial \varphi} + w_z \frac{\partial w_r}{\partial z} - \frac{w_n^2}{r} \\ q_n r - \frac{g}{\gamma}\frac{\partial p}{\partial \varphi} &= w_r \frac{\partial (w_n r)}{\partial r} + \frac{w_n}{r}\frac{\partial (w_n r)}{\partial \varphi} + w_z \frac{\partial (w_n r)}{\partial z} \\ q_z - \frac{g}{\gamma}\frac{\partial p}{\partial z} &= w_r \frac{\partial w_z}{\partial r} + \frac{w_n}{r}\frac{\partial w_z}{\partial \varphi} + w_z \frac{\partial w_z}{\partial z} \end{aligned}\right\} \quad (6)$$

annehmen. Hierzu tritt noch die Kontinuitätsgleichung

$$\frac{\partial (w_r r)}{\partial r} + \frac{\partial (w_z r)}{\partial z} + \frac{\partial w_n}{\partial \varphi} = 0 \quad . \quad . \quad . \quad . \quad (7),$$

während in (6) nach Fig. 177

$$\left.\begin{aligned} q_r &= g \sin \alpha \cos \varphi \\ q_n &= -g \sin \alpha \sin \varphi \\ q_z &= g \cos \alpha \end{aligned}\right\} \quad . \; . \; . \; . \; . \quad (8)$$

zu setzen ist, so zwar, daß

$$q_r^2 + q_n^2 + q_z^2 = g \quad . \; . \; . \; . \; . \; . \quad (8\text{a}).$$

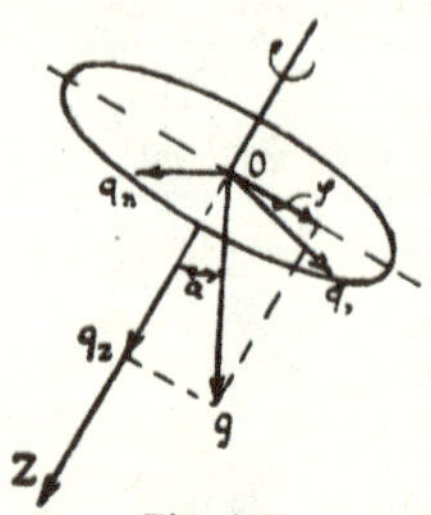

Fig. 177.

Da auch hiermit die Integration der Gleichungen (6) und (7), d. h. die Ermittlung der Abhängigkeit von p, w_r, w_n, w_z als Funktionen von r, φ, z unüberwindlichen Schwierigkeiten begegnet, so wollen wir probeweise unter Vernachlässigung der Achsial- und Radialkomponenten w_z und w_r

$$w_n = \varepsilon r \quad . \; . \; . \; . \; . \quad (9)$$

annehmen, womit jedenfalls die Kontinuitätsgleichung (7) identisch erfüllt ist und (6) unter gleichzeitiger Einführung von (8) übergeht in

$$\left.\begin{aligned} g \sin \alpha \cos \varphi + \varepsilon^2 r &= \frac{g}{\gamma} \frac{\partial p}{\partial r} \\ -g \sin \alpha \sin \varphi \qquad &= \frac{g}{\gamma} \frac{\partial p}{r\,\partial \varphi} \\ g \cos \alpha \qquad &= \frac{g}{\gamma} \frac{\partial p}{\partial z} \end{aligned}\right\} \quad . \; . \; . \quad (7\text{a}).$$

Multiplizieren wir diese Formeln der Reihe nach mit dr, $r d\varphi$, dz und addieren, so folgt nach Integration

$$g r \sin \alpha \cos \varphi + g z \cos \alpha + \frac{\varepsilon^2 r^2}{2} = \frac{g}{\gamma} p + C \quad . \quad (7\text{b}).$$

Fügen wir dann noch auf beiden Seiten das Glied

$$\frac{g^2 \sin^2 \alpha}{2 \varepsilon^2} = \frac{a^2 \varepsilon^2}{2} \quad . \; . \; . \; . \; . \; . \quad (10)$$

hinzu, so dürfen wir auch schreiben

$$\frac{\varepsilon^2}{2} (r^2 + a^2 + 2 a r \cos \varphi) + g z \cos \alpha = \frac{g}{\gamma} p + C_1 \quad (7\text{c}),$$

worin

$$r^2 + a^2 + 2 a r \cos \varphi = \varrho^2 \quad . \; . \; . \; . \quad (11)$$

einen Fahrstrahl ϱ des ins Auge gefaßten Flüssigkeitselements von einer neuen, oberhalb der ursprünglich verlaufenden und im Abstande

$$a = \frac{g \sin \alpha}{\varepsilon^2} \quad . \quad . \quad . \quad . \quad . \quad . \quad . \quad (10\,\mathrm{a})$$

parallelen Achse definiert, so daß wir an Stelle von (7c) auch haben

$$\frac{\varepsilon^2 \varrho^2}{2} + g z \cos \alpha = \frac{g}{\gamma} p + C_1 \quad . \quad . \quad . \quad . \quad (12).$$

Dies ist aber für die Variabeln ϱ und z bei konstantem Druck wiederum die Gleichung eines Rotationsparaboloids, welches sich, von den durch Gl. (1) definierten, abgesehen von der neuen Achse, noch dadurch unterscheidet, daß in dem mit z behafteten Gliede nur mehr $g \cos \alpha$ an Stelle von g erscheint. Daher wird auch der Scheitelabstand der Luftblase vom Deckel eines um eine schräge Achse rotierenden Gefäßes, Fig. 178, wie es von Braun ebenfalls als Umlaufszähler verwendet wird, analog Gl. (5a) angenähert durch

$$z_1 = \varepsilon r_0 \sqrt{\frac{h_1}{g \cos \alpha}} \qquad (12\,\mathrm{a})$$

gegeben sein. Man übersieht sofort, daß man hiernach mit dieser Anordnung je nach der Größe des Neigungswinkels α ein erheblich rascheres Anwachsen von z_1 mit der Umlaufszahl ereicht, als mit vertikaler Achse. Obwohl das Ergebnis der vorstehenden Untersuchung infolge der exzentrischen Lage der Gleichdruckparaboloide mit dem Ansatze (9) über die Geschwindigkeiten nicht übereinstimmt, mithin nur als eine rohe Annäherung anzusehen ist, steht es doch in recht gutem Einklang mit der Erfahrung. Natürlich wird diese Übereinstimmung um so besser sein, je höher die Umlaufszahl und je geringer die Neigung der Achse gegen die Vertikale ausfällt, weil beides eine Verminderung der Exzentrizität a nach Gl. (10a) zur Folge hat.

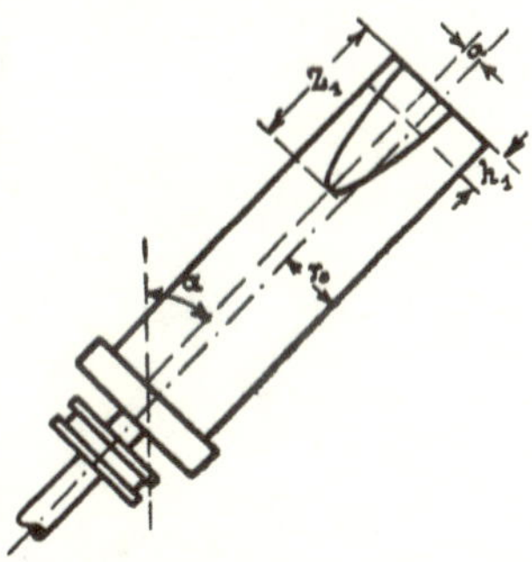

Fig. 178.

Liegt im besonderen Falle die Rotationsachse horizontal, so wird mit $\alpha = 90^0$ aus (10a) und (12)

$$a = \frac{g}{\varepsilon^2} \quad . \quad . \quad . \quad . \quad . \quad . \quad . \quad . \quad . \quad (10\,\mathrm{b})$$

$$\frac{\varepsilon \varrho^2}{2} = \frac{g}{\gamma} p + C_1 \quad . \quad . \quad . \quad . \quad . \quad . \quad (12\text{b})$$

sowie nach (12a) $z_1 = \infty$, d. h. die Gleichdruckflächen einer um eine horizontale Achse rotierenden Flüssigkeit sind angenähert Kreiszylinder, deren gemeinsame Achse um a über der Rotationsachse liegt. Die praktische Prüfung dieses Satzes mit Hilfe des vollständig umgelegten Braunschen Tachometers Fig. 178 scheitert jedoch an dem Auftriebe der hierbei ganz von der Flüssigkeit umhüllten Blase, wodurch die zylindrischen Gleichdruckflächen instabil werden.

Dagegen stellen sich solche zylindrische Gleichdruckflächen mit großer Annäherung in den Zellen langsam rotierender Wasserräder nach Fig. 179 ein, in denen ohnehin $w_z = 0$ und w_r infolge der geringen radialen Bewegungsmöglichkeit des Zelleninhaltes sehr klein ausfällt. Auf die einzelnen Wasserteilchen P an der Zellenoberfläche wirkt mithin nahezu ausschließlich nach Gl. (7a) in vertikaler Richtung die Erdbeschleunigung $RQ = g$ und in radialer Richtung die sog. Zentrifugalbeschleunigung $PR = \varepsilon r^2$, deren Resultante alsdann senkrecht zur gesuchten Oberfläche steht. Aus der Ähnlichkeit der beiden Dreiecke $OAP \sim RQP$ folgt dann mit $OA = a$ sofort die Beziehung (10b), so daß alle Zellenoberflächen in der Tat angenähert Kreiszylinder mit dem gemeinsamen Zentrum A darstellen. Dieses Ergebnis benutzt man in der Praxis unter Zuhilfenahme eines zeitlich konstanten Wasserzuflusses zu den Zellen zur graphischen Ermittlung der einzelnen Zelleninhalte mit Rücksicht auf die allmähliche Entleerung beim Niedergang, womit dann auch das gesamte Drehmoment des Rades und die Verluste an Betriebswasser sich ergeben.

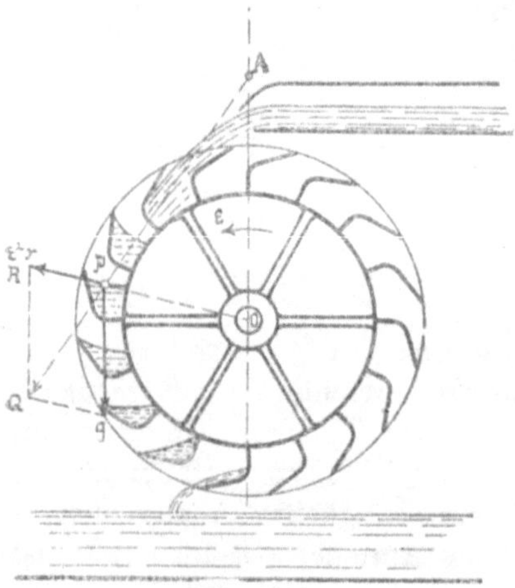

Fig. 179.

§ 46. Die Gestalt frei im Raume rotierender Flüssigkeitsmassen.

Bewegungsformeln einer gleichförmig rotierenden Flüssigkeit unter dem Einfluß der allgemeinen Gravitation. Niveauflächen des scheinbaren Gleichgewichts, Ellipsoide. Näherungslösung für einzelne Attraktionszentren. Sonderfall eines Zentrums, Abplattung; Zahlenbeispiel. Fall zweier Zentren. Statische Theorie von Ebbe und Flut; Zahlenbeispiel.

Die Frage nach der Gestalt im Raume rotierender und nur der allgemeinen Schwere unterworfener Flüssigkeitsmassen stellt eines der schwierigsten Probleme der mathematischen Physik dar, welches bisher nur in einigen Sonderfällen exakt gelöst wurde. Man erkennt dies leicht durch folgende Überlegungen im Anschluß an die Bewegungsgleichungen in Zylinderkoordinaten um die Drehachse, welche unter der Voraussetzung des Verschwindens von radialen und achsialen Verschiebungen, also $w_r = 0$, $w_z = 0$, sowie mit $w_n = \varepsilon r$ bei konstanter Winkelgeschwindigkeit ε die einfache Form

$$\left.\begin{aligned} q_r - \frac{g}{\gamma}\frac{\partial p}{\partial r} + \varepsilon^2 r &= 0 \\ q_n r - \frac{g}{\gamma}\frac{\partial p}{\partial \varphi} &= 0 \\ q_z - \frac{g}{\gamma}\frac{\partial p}{\partial z} &= 0 \end{aligned}\right| \quad . \; . \; . \; . \; (1)$$

annehmen. Multiplizieren wir sie der Reihe nach mit dr, $d\varphi$, dz und addieren, so folgt durch Integration

$$\int (q_r\,dr + q_n r\,d\varphi + q_z\,dz) + \frac{\varepsilon^2 r^2}{2} = \frac{g}{\gamma} p + C \; . \; . \; (2),$$

worin das Integral auf der linken Seite nichts anderes als die Kräftefunktion oder das Potential der Schwerkraft darstellt, und als solches auch, unter ϱ den Abstand des ins Auge gefaßten Flüssigkeitselementes von irgendeinem anderen mit der Masse dm verstanden, nach dem Newtonschen Anziehungsgesetze mit der Attraktionskonstanten (Gaußschen Zahl) f

$$\int (q_r\,dr + q_n r\,d\varphi + q_z\,dz) = \int q\,d\varrho = -f \int\!\!\int \frac{dm}{\varrho^2}\,d\varrho = f \int \frac{dm}{\varrho} \quad (3)$$

geschrieben werden kann. Eingesetzt in (2) liefert dies

$$\frac{\varepsilon^2 r^2}{2} + f \int \frac{dm}{\varrho} = \frac{g}{\gamma} p + C \; . \; . \; . \; . \; (2a)$$

und bestimmt für jeden Wert von p die Form einer Gleichdruck- oder Niveaufläche der rotierenden Flüssigkeitsmasse, die somit sich ebenso in einem scheinbaren Gleichgewichtszustande befindet wie die im letzten Paragraphen betrachteten rotierenden Flüssigkeiten an der Erdoberfläche. Die Ausführung der in (2a) angedeuteten Integration und damit die explizite Darstellung der Gleichung der gesuchten Flüssigkeitsniveauflächen, zu denen naturgemäß auch die Oberfläche selbst gehört, setzt indessen deren Kenntnis schon voraus. Es bleibt also nichts anderes übrig, als die Berechnung der Potentiale verschiedener im voraus angenommener Körperformen und deren Einführung in Gl. (2a), wodurch sich dann Bedingungen für die Winkelgeschwindigkeit ε ergeben. Durch dieses Verfahren, dessen eingehende Darlegung uns hier zu weit in das Gebiet der Potentialtheorie führen würde, läßt sich dann zeigen, daß nicht nur das abgeplattete Rotationsellipsoid eine sog. Gleichgewichtsfigur rotierender Flüssigkeiten ist, sondern daß, wie Jacobi gezeigt hat, unter gewissen Bedingungen sogar ein rotierendes dreiachsiges Ellipsoid der Gl. (2a) genügen kann. Dagegen gibt diese Methode keine Auskunft über etwa sonst noch mögliche Körperformen, von deren Kenntnis u. a. die Einsicht in die Entstehung und die Stabilität unseres Planetensystems abhängt.

Zu einer Näherungslösung des Problems kann man aber auch einen anderen Weg einschlagen, der überdies den Vorzug einer größeren Durchsichtigkeit besitzt. Denkt man sich nämlich in dem gesuchten Flüssigkeitskörper eine oder mehrere Kugeln derart abgegrenzt, daß sie zusammen den größten Teil der Masse ohne Hohlräume einschließen, so wirken diese Kugeln aufeinander und auf die außerhalb befindlichen Flüssigkeitsteile, deren Gesamtmasse zunächst vernachlässigt wird, so, als wenn ihre Massen m', m'' usw. in den Kugelzentren vereinigt wären. Bezeichnen wir dann mit ϱ', ϱ'' usw. die Abstände eines solchen Flüssigkeitselementes von den Kugelzentren, so wird

$$\int\frac{dm}{\varrho} = \frac{m'}{\varrho'} + \frac{m''}{\varrho''} + \ldots = \Sigma\frac{m}{\varrho} \quad . \quad . \quad . \quad . \quad (3\,\text{a}),$$

und wir erhalten an Stelle von (2a) in erster Annäherung

$$\frac{\varepsilon^2 r^2}{2} + f\,\Sigma\frac{m}{\varrho} = \frac{g}{\gamma}\,p + C \quad . \quad . \quad . \quad . \quad (2\,\text{b})$$

für die gesuchte Niveaufläche. Dabei ist nicht zu übersehen, daß die Lage der Rotationsachse nicht etwa willkürlich gewählt werden kann, sondern gewisse Gleichgewichtsbedingungen der Kugelmassen untereinander mit Rücksicht auf deren gegenseitige Attraktion und die Zentrifugalbeschleunigungen $\varepsilon^2 r'$, $\varepsilon^2 r''$ usw. erfüllen muß, wenn r', r'' usw. die Abstände der Kugelzentren von der Drehachse bedeuten. Hierauf werden wir in einem Sonderfalle noch zurückzukommen haben.

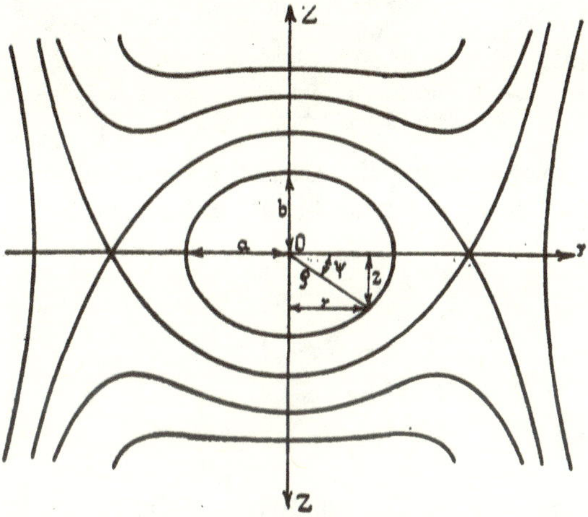

Fig. 180.

Vorerst wenden wir uns dem einfachsten und wichtigsten Sonderfalle eines einzigen Attraktionszentrums[1]) zu, durch welches zugleich die Rotationsachse hindurchgeht. Hierfür geht unsere Formel (2b) über in

$$\frac{\varepsilon^2 r^2}{2} + f\frac{m}{\varrho} = \frac{g}{\gamma}p + C \quad . \quad . \quad . \quad . \quad . \quad (2\,\mathrm{c}),$$

wofür wir auch unter Einführung des Neigungswinkels ψ des Fahrstrahls ϱ gegen die zur Drehachse normale Äquatorebene durch $r = \varrho \cos\psi$ sowie mit der einem bestimmten Druck entsprechenden neuen Konstanten C_0

$$\frac{\varepsilon^2 \varrho^2 \cos^2\psi}{2} + f\frac{m}{\varrho} = C_0 \quad . \quad . \quad . \quad . \quad . \quad (4)$$

schreiben dürfen. In Fig. 180 sind die Meridianschnitte dieser

[1]) Vgl. hiermit: Voigt, Elementare Mechanik, 2. Aufl. 1901, S. 398 ff.

Niveauflächen für verschiedene Werte der Konstanten C_0 dargestellt, wobei der Anfang 0 mit dem Attraktionszentrum zusammenfällt. Für $\psi = 90^0$ sei $\varrho = b$ als Polarradius bezeichnet, so zwar, daß

$$f\frac{m}{b} = C_0 \quad \ldots \ldots \ldots \quad (5)$$

wird, während der Äquatorradius $\varrho = a$ mit $\psi = 0$ der Bedingung

$$\frac{\varepsilon^2 a^2}{2} + f\frac{m}{a} = C_0 \quad \ldots \ldots \quad (6)$$

oder mit (5)

$$\frac{\varepsilon^2 a^2}{2} = f m\left(\frac{1}{b} - \frac{1}{a}\right) = f m \frac{a-b}{ab} \quad \ldots \quad (6\text{a})$$

genügt. Bezeichnen wir die Attraktionsbeschleunigung am Pol, wo die Rotation wirkungslos bleibt, mit g_b, so ist

$$g_b = f\frac{m}{b^2} \quad \ldots \ldots \ldots \quad (7)$$

und damit wird (6a)

$$\varepsilon^2 a^3 = 2\, g_b\,(a-b)\cdot b,$$

wonach sich die Abplattung zu

$$\frac{a-b}{a} = \frac{\varepsilon^2 a^2}{2\, b\, g_b} \quad \ldots \ldots \quad (6\text{b})$$

berechnet, und die Gl. (4) der Niveaufläche lautet

$$\varrho^3 \cos^2\psi + \frac{a^3 b}{(a-b)} = \frac{2\, g_b b}{\varepsilon^2}\cdot\varrho \quad \ldots \quad (4\text{a}),$$

oder wegen (6b) sowie mit $\varrho \cos\psi = r$

$$\frac{1}{\varrho} = \frac{1}{b}\left(1 - \frac{r^2\,(a-b)}{a^3}\right) \quad \ldots \quad (4\text{b}).$$

Für den Fall einer geschlossenen Niveaufläche mit kleiner Abplattung dürfen wir hierfür auch angenähert schreiben

$$\frac{\varrho^2}{b^2} = 1 + 2\,\frac{r^2\,(a-b)}{a^3}$$

oder mit

$$\varrho^2 = r^2 + z^2$$

$$2\,\frac{a-b}{a^3} = 2\,\frac{a^2-b^2}{a^3\,(a+b)} \sim \frac{a^2-b^2}{a^2 b^2}$$

$$\frac{r^2}{a^2} + \frac{z^2}{b^2} = 1 \quad \ldots \ldots \quad (4\text{c}),$$

d. h. die schwach abgeplattete geschlossene Niveaufläche einer rotierenden Flüssigkeitsmasse kann in erster Annäherung als ein Rotationsellipsoid aufgefaßt werden. Wie schon im Eingange zu diesem Paragraphen bemerkt wurde, ist diese Lösung sogar streng richtig, wenn wir auch die Anziehung der außerhalb der eingeschriebenen Kugel befindlichen Teile der Niveaufläche noch berücksichtigen.

Mit den vorstehenden Vernachlässigungen läßt sich auch leicht der Unterschied der Beschleunigung g_a am Äquator von derjenigen g_b am Pol bestimmen. Es gilt nämlich für die erstere angenähert

$$g_a = \frac{mf}{a^2} - \varepsilon^2 a$$

oder mit (7) und (6b)

$$g_a = g_b \frac{b^2}{a^2} - \varepsilon^2 a = g_b \left(\frac{b^2}{a^2} - 2\,\frac{(a-b)\,b}{a^2}\right).$$

Nun ist aber

$$\frac{b}{a} = 1 - \frac{a-b}{a}$$

und daher für kleine Abplattungen

$$\frac{b^2}{a^2} \backsim 1 - 2\,\frac{a-b}{a}, \qquad 2\,\frac{(a-b)\,b}{a^2} \backsim 2\,\frac{a-b}{a}$$

mithin

$$g_a = g_b \left(1 - 4\,\frac{a-b}{a}\right) \quad . \quad . \quad . \quad . \quad . \quad (8).$$

Hiernach würde der Unterschied der Beschleunigungen am Äquator und am Pol einer rotierenden Flüssigkeitsmasse zu gleichen Teilen auf die Abplattung und die Zentrifugalbeschleunigung zurückzuführen sein.

Wenden wir die vorstehenden Formeln auf die Erde an, so ergibt sich zunächst aus (6b) mit $g_b = 9{,}83$ m/Sek.², $\varepsilon = 0{,}000073$ Sek.$^{-1}$ und $a \backsim b = 6\,370\,000$ m für die Abflachung der viel zu kleine Wert

$$\frac{a-b}{a} \backsim \frac{1}{580},$$

während die genauere Rechnung auf Grund der Potentialtheorie den etwas zu großen Wert 1 : 232 liefern würde.

Benutzen wir dagegen die empirisch festgestellte Veränderlichkeit der Erdbeschleunigung g mit der geographischen Breite[1])

[1]) Vgl. Helmert, Die mathematischen und physikalischen Theorien der höheren Geodäsie. Leipzig 1884, Bd. II, S. 241.

$$g = 9{,}78\,(1 + 0{,}0053 \sin^2 \psi),$$

woraus

$$\text{für } \psi = 0, \qquad g_a = 9{,}78 \text{ m/Sek.}$$
$$\text{»} \quad \psi = 90^\circ, \quad g_b = 9{,}83 \quad \text{»}$$

folgt, so liefert (8) für die Abplattung sogar nur

$$\frac{a-b}{a} \sim \frac{1}{750},$$

während der wirkliche Wert nahe 1 : 300 beträgt. Daraus geht jedenfalls hervor, daß die unserer Näherungsrechnung zugrunde liegende Vernachlässigung der Masse außerhalb der eingeschriebenen Kugel für die Erde selbst unzulässig war, und daß die jetzige Gestalt unseres Weltkörpers nicht allein durch die Erstarrung einer homogenen rotierenden Flüssigkeitsmasse hergeleitet werden kann, sondern das Ergebnis einer Reihe sehr verwickelter Vorgänge ist, die sich einer rechnerischen Verfolgung vorläufig entziehen.

Haben wir es mit zwei Attraktionszentren zu tun, in denen die Massen m' und m'' wirksam sind, so geht die Näherungsformel (2 b) über in

$$\frac{\varepsilon^2 r^2}{2} + f\left(\frac{m'}{\varrho'} + \frac{m''}{\varrho''}\right) = \frac{g}{\gamma} p + C \quad . \quad . \quad . \quad . \quad (9).$$

Soll ferner der Abstand s der beiden Attraktionszentren bei der Rotation konstant bleiben, so muß die Beschleunigung, welche die eine Masse durch die andere erfährt, durch ihre Zentrifugalbeschleunigung gerade aufgehoben werden. Bezeichnen wir daher die Abstände der Massen von der ihre Verbindungslinie normal schneidenden Rotationsachse mit s' und s'', Fig. 181, derart, daß

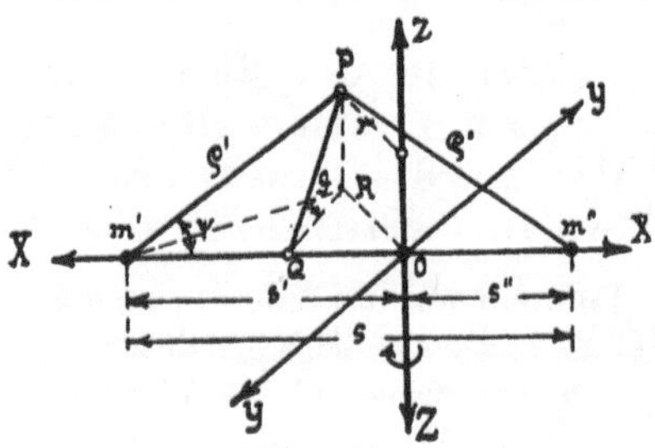

Fig. 181.

$$s' + s'' = s \quad . \quad (10),$$

so ist

$$f\frac{m'}{s^2} = \varepsilon^2 s'', \quad f\frac{m''}{s^2} = \varepsilon^2 s' \quad . \quad . \quad . \quad . \quad (10\text{a})$$

und daraus

$$m' s' = m'' s'' \quad . \quad . \quad . \quad . \quad . \quad . \quad (10\text{b}),$$

d. h. die Rotationsachse geht durch den Schwerpunkt des Systems, was wir natürlich auch von vornherein nach der

Mechanik starrer Körper annehmen konnten. Weiterhin folgt aus (10a) durch Addition wegen (10)

$$\varepsilon^2 = f\,\frac{m' + m''}{s^3} \quad . \quad . \quad . \quad . \quad . \quad . \quad (10\,c)$$

eine Formel, welche durch Einführung der Umlaufzeit $t = \frac{2\pi}{\varepsilon}$ in das dritte Kepplersche Gesetz übergeht und besagt, daß der Abstand beider Attraktionszentren und damit die Konfiguration des ganzen Systems durch die Winkelgeschwindigkeit bedingt ist. Eliminieren wir die letztere mit Hilfe von (10c) aus (9) und setzen abkürzungsweise

$$\frac{g}{\gamma}\frac{p}{f} + \frac{C}{f} = C_0,$$

so stellt

$$\frac{m' + m''}{2} \cdot \frac{r^2}{s^3} + \frac{m'}{\varrho'} + \frac{m''}{\varrho''} = C_0 \quad . \quad . \quad . \quad . \quad . \quad (11)$$

die Gleichung einer Niveaufläche mit dem Parameter C_0 in den drei Koordinaten ϱ', ϱ'' und r dar, deren graphische Konstruktion keine Schwierigkeiten bietet. Die weitere Behandlung gestaltet sich bequemer nach Ersatz der beiden Variabeln ϱ'' und r durch den Winkel ψ des Fahrstrahls ϱ' mit der Verbindungslinie s der Attraktionszentren und den Neigungswinkel $PQR = \vartheta$ der Ebene $m'Pm''$ gegen die XY-Ebene vermittelst der Formeln

$$\left.\begin{aligned} \varrho''^2 &= \varrho'^2 + s^2 - 2\,\varrho' s \cos\psi \\ r^2 &= \varrho'^2 \sin^2\psi \cos^2\vartheta + (s' - \varrho' \cos\psi)^2 \end{aligned}\right\} \quad . \quad . \quad (12).$$

Damit geht (11) über in

$$\frac{m' + m''}{2\,s^3}\left(\varrho'^2 + s'^2 - \varrho'^2 \sin^2\psi \sin^2\vartheta - 2\,s'\varrho' \cos\psi\right)$$
$$+ \frac{m'}{\varrho'} + \frac{m''}{\sqrt{\varrho'^2 + s^2 - 2\,s\,\varrho' \cos\psi}} = C_0 \quad . \quad . \quad (11\,a).$$

Da für die XY-Ebene $\vartheta = 0$, $\sin\vartheta = 0$, für die XZ-Ebene dagegen $\vartheta = 90^0$, $\sin\vartheta = 1$ ist, so erkennt man zunächst, daß die durch (11a) dargestellte Niveaufläche keine Rotationsfläche um die Verbindungslinie XX der Attraktionszentren sein kann, daß aber wegen des Auftretens von $\sin^2\vartheta$ jeder Schnitt durch diese Achse zu ihr symmetrisch liegen muß. In Fig. 182 ist ein solcher Schnitt durch eine Anzahl Gleichdruckflächen mit verschiedenen Parametern aufgezeichnet, aus dem hervorgeht, daß sowohl getrennte Gruppierungen der rotierenden Flüssigkeit um beide Zentren, als auch zusammenhängende Anordnungen der Gesamtmasse möglich sind. Die Existenzmöglichkeit derartiger birnenförmiger Flüssigkeitskörper hat übrigens in neuerer Zeit der französische Mathematiker Poincaré nach der im Eingang dieses Paragraphen erwähnten strengeren Methode erwiesen. Die Trennungsfläche der zusammenhängenden und getrennten Niveauflächen, welche im Schnitt Fig. 182 eine lemniskatenartige Form besitzt, gibt uns ein anschauliches Bild der Form zweier flüssiger Weltkörper im Augenblicke ihrer Trennung, die wir uns vorwiegend durch Zunahme der gemeinsamen Winkelgeschwindigkeit infolge der mit der Abkühlung verbundenen Zusammenziehung hervorgerufen denken müssen.

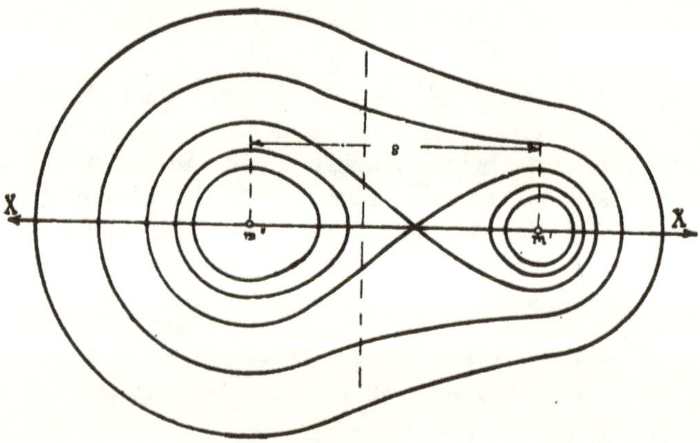

Fig. 182.

Der Fall gesonderter Gruppierungen gilt offenbar auch noch für ganz beliebige Entfernungen s der beiden Massenpunkte m' und m'', also z. B. für die Erde und den Mond, wenn wir von der täglichen Eigenrotation der ersteren absehen. Alsdann dürfen wir aus unseren Formeln Schlußfolgerungen auf die Gestalt der Flüssigkeitsoberfläche der Erde unter dem Einflusse des Mondes, d. h. auf die Höhe der Mondflut ziehen. Bezeichnet m' die Erdmasse, ϱ' den mit der Lage veränderlichen Radius der Flüssigkeitsoberfläche der Erde, s den Erdabstand des Mondes von der Masse m'', so dürfen wir für den Mondabstand ϱ'' eines Punktes der Erdoberfläche in erster Annäherung unter Vernachlässigung höherer als der zweiten Potenzen von $\varrho' : s$ in der ersten Formel (12) schreiben

$$\frac{1}{\varrho''} = \frac{1}{s}\left(1 + \frac{\varrho'}{s}\cos\psi - \frac{1}{2}\frac{\varrho'^2}{s^2}(1 - 3\cos^2\psi)\right) \quad (12\,\mathrm{a}),$$

womit (11 a) übergeht in

$$\frac{m' + m''}{2\,s}\left(\frac{\varrho'^2}{s^2}(1 - \sin^2\psi\sin^2\vartheta) + \frac{s'^2}{s^2} - 2\,\frac{\varrho'\,s'}{s^2}\cos\psi\right)$$
$$+ \frac{m'}{\varrho'} + \frac{m''}{s}\left(1 + \frac{\varrho'}{s}\cos\psi - \frac{\varrho'^2}{s^2}\,\frac{1 - 3\cos^2\psi}{2}\right) = C_0 \quad (11\,\mathrm{b}).$$

Eliminieren wir hieraus s' mit Hilfe der aus (10) und (10 b) folgenden Beziehung $(m' + m'')\,s' = m''\,s$ und vereinigen alle konstanten Glieder zu einer neuen Konstanten C_1 auf der rechten Seite, so erhalten wir

$$1 - \frac{m''}{m'}\cdot\frac{\varrho'^3}{s^3}\,\frac{1 - 3\cos^2\psi}{2}$$
$$+ \frac{m' + m''}{m'}\,\frac{\varrho'^3}{s^3}\,\frac{1 - \sin^2\psi\cdot\sin^2\vartheta}{2} = C_1\,\varrho' \quad (11\,\mathrm{c}).$$

Hierin stellt offenbar C_1 bis auf Abweichungen dritter Ordnung den reziproken Erdradius ϱ_0 dar, den wir somit überall in die kleinen Glieder der linken Seite an Stelle von ϱ' einführen dürfen, so daß

$$\frac{\varrho'}{\varrho_0} = 1 - \frac{1}{2}\frac{\varrho_0^3}{s^3}\left(\frac{m''}{m'}(1 - 3\cos^2\psi) - \frac{m' + m''}{m'}(1 - \sin^2\psi\sin^2\vartheta)\right) \quad (13)$$

schon die gesuchte Näherungsgleichung der Flüssigkeitsoberfläche in den Koordinaten ϱ', ψ und ϑ darstellt. Es ist dies eine ellipsoidartige Fläche mit den drei Halbachsen

$$\left.\begin{array}{lll} a = \varrho_0\left(1 + \dfrac{m' + 3\,m''}{2\,m'}\,\dfrac{\varrho_0^3}{s^3}\right) & \text{für } \psi = 0 & \\ b = \varrho_0\left(1 + \dfrac{1}{2}\,\dfrac{\varrho_0^3}{s^3}\right) & \text{»}\ \psi = 90^0,\ \vartheta = 0^0 & \\ c = \varrho_0\left(1 - \dfrac{m''}{2\,m'}\,\dfrac{\varrho_0^3}{s^3}\right) & \text{»}\ \psi = 90^0,\ \vartheta = 90^0 & \end{array}\right| \quad (14),$$

so zwar, daß

$$a > b > c,$$

wobei also die auf den Mond zu gerichtete Halbachse a am längsten, die der Rotationsachse parallele c dagegen am kürzesten ausfällt. Nimmt man daher an, daß die Erdachse der Achse der Mondbahn angenähert parallel ist, so würde die Flüssigkeitsoberfläche eine Abplattung an den Polen ergeben, welche sich der hier vernachlässigten Abplattung der festen Erde überlagern müßte. Die Differenz der beiden anderen Halbachsen

$$a - b = \frac{3}{2} \frac{m''}{m'} \frac{\varrho_0^3}{s^3} \cdot \varrho_0 \quad . \quad . \quad . \quad . \quad . \quad (14\,a)$$

stellt demnach die Anschwellung in der Wasseroberfläche in der Richtung der Verbindungslinie der Zentren von m' und m'' dar, und zwar sowohl auf der m'' zugewandten wie auch auf der abgewandten Seite. Dies steht auch im Einklang mit der Beschleunigung der Schwere, für deren entsprechend (14a) gebildete Differenz wir in der Mechanik starrer Systeme (S. 165)

$$g' - g = -2 \frac{m''}{m'} \frac{\varrho_0^3}{s^3} g$$

abgeleitet haben.

Setzen wir in (14a) für Erde und Mond in runden Zahlen

$$\varrho_0 = 6\,370\,000 \text{ m}, \quad \frac{m''}{m'} = \frac{1}{88}, \quad \frac{\varrho_0}{s} = \frac{1}{60},$$

so folgt für die Höhe der statischen Mondflut

$$a - b = \frac{3}{2} \cdot \frac{6\,370\,000}{88 \cdot 60_3} \sim 0{,}5 \text{ m}.$$

Für die maximale Höhe der statischen Sonnenflut erhalten wir dagegen mit

$$\frac{m''}{m'} = 355\,000, \quad \frac{\varrho_0}{s} = \frac{1}{23\,700}$$

$$a - b = \frac{3}{2} \cdot \frac{355\,000 \cdot 6\,370\,000}{23\,700^3} \sim 0{,}25 \text{ m}.$$

Beide Wirkungen verstärken sich, wenn Sonne, Mond und Erde in einer Geraden sich befinden, und schwächen sich ab, wenn die drei Körper ein rechtwinkliges Dreieck bilden. In Wirklichkeit vollzieht sich der ganze Vorgang dynamisch etwa nach der in § 32 entwickelten Theorie und wird noch wesentlich durch den Einfluß der Kontinente modifiziert.

§ 47. Theorie der Kreiselräder mit unendlicher Schaufelzahl.

Mängel der Stromfadentheorie der Kreiselräder. Achsensymmetrischer Stromverlauf bei unendlich vielen Schaufeln und deren Ersatz durch ein Kraftfeld mit einer Zwangsbeschleunigung. Stromfunktion und Momentengleichung der Kreiselräder. Bedingung für die Wirbelkomponenten. Arbeitsgleichung und Bedingung für die Normalstellung der Zwangsbeschleunigung auf den Schaufelflächen. Absolute und relative Flüssigkeitsbahnen. Integration unter speziellen Annahmen. Bedingungen für die Schaufelenden. Prášils dreidimensionale Turbinentheorie.

In den § 20 und 21 des Kap. II haben wir bereits eine Theorie der Turbinen und Kreiselpumpen, welche wir jetzt unter dem Namen Kreiselräder zusammenfassen wollen, abgeleitet, und zwar unter der Voraussetzung, daß in diesen Maschinen die Arbeitsflüssigkeit unendlich dünne, symmetrisch zur Drehachse angeordnete Kanäle durchströmt, deren Anzahl selbst hiernach streng genommen unendlich groß sein müßte. Nur unter dieser Annahme, über deren Tragweite man sich allerdings nicht immer hinreichend Rechenschaft abgelegt hat, durften wir nach dem Vorgange von Poncelet von den Sätzen über die Parallelströmung innerhalb jedes Einzelkanals Gebrauch machen und gelangten so zu einer verhältnismäßig einfachen Formulierung, welche sich sogar auf den mit Stößen verbundenen nicht stationären Betrieb ausdehnen ließ. Dagegen konnte dieses Verfahren keinen Aufschluß über die Gestalt des Rades im Meridianschnitt und der Schaufeln selbst geben, von denen nur die Ein- und Austrittswinkel sowie die zugehörigen Radien in die Rechnung eingingen.

An dieser Stelle wollen wir nun insofern einen Schritt weiter tun, als wir unter Beibehaltung unendlich vieler und in der Tangentialrichtung unendlich schmaler Kanäle, welche wir uns durch (in zweiter Ordnung) unendlich dünne Schaufeln getrennt denken, doch dem Rade endliche Abmessungen und damit ein meßbares Profil im Meridianschnitte zugestehen. Auf diese Weise erhalten wir eine vollkommen achsensymmetrische Strömung nach den Formeln (2) und (3) des § 43, welche mit $q_r = 0$, $q_s = g$ und $q_n = 0$ kein äußeres Drehmoment ergibt und daher scheinbar auch ohne Arbeitsabgabe oder -aufnahme verläuft, mithin für Kreiselräder als unbrauchbar zu bezeichnen wäre. Dies würde natürlich in noch erhöhtem Maße für die aus unendlich vielen, nach zwei Richtungen unendlich schmalen Kanälen bestehenden Räder zutreffen, da bei diesen auch noch die Durchflußmenge wegen des theoretisch unendlich schmalen Profils im Meridianschnitt verschwindet.

Die hier angedeutete Schwierigkeit kann man jedoch dadurch umgehen, daß man sich in unserem Falle die Schaufeln überhaupt wegdenkt und sie durch ein Kraftfeld ersetzt, welches auf die Arbeitsflüssigkeit innerhalb des Leit- und Laufrades eine Zwangsbeschleunigung q mit den Komponenten q_r, q_n, q_z ausübt, ohne die Symmetrie der Strömung zu berühren. Diesem Kraftfeld wird von außen her durch das Drehmoment $\mathfrak{M}$ des Kreiselrades an der Welle das Gleichgewicht gehalten, wobei wir von der Flüssigkeitsreibung der Einfachheit halber gänzlich absehen. Beschränken wir uns außerdem auf den stoßfreien Beharrungszustand, so lauten unsere Bewegungsgleichungen für den Fall der vertikalen Drehachse, in deren Richtung außer q_z noch die Erdbeschleunigung g wirkt,

$$\left.\begin{aligned} q_r - \frac{g}{\gamma}\frac{\partial p}{\partial r} &= w_r \frac{\partial w_r}{\partial r} + w_z \frac{\partial w_r}{\partial z} - \frac{w_n^2}{r} \\ q_n r &= w_r \frac{\partial (w_n r)}{\partial r} + w_z \frac{\partial (w_n r)}{\partial z} \\ g + q_z - \frac{g}{\gamma}\frac{\partial p}{\partial z} &= w_r \frac{\partial w_z}{\partial r} + w_z \frac{\partial w_z}{\partial z} \end{aligned}\right\} \quad (1),$$

wozu noch die Kontinuitätsformel

$$\frac{\partial (w_r r)}{\partial r} + \frac{\partial (w_z r)}{\partial z} = 0 \quad . \quad . \quad . \quad . \quad . \quad (2)$$

tritt mit einer Stromfunktion

$$\Psi = \Psi(r, z) \quad . \quad . \quad . \quad . \quad . \quad . \quad (3),$$

so zwar, daß

$$w_z r = \frac{\partial \Psi}{\partial r}, \quad w_r r = -\frac{\partial \Psi}{\partial z} \quad . \quad . \quad . \quad . \quad (3\,\mathrm{a})$$

und das in der Sekunde das Rad durchströmende Volumen V aus

$$dV = 2\pi\, d\Psi \quad . \quad . \quad . \quad . \quad . \quad . \quad (3\,\mathrm{b})$$

hervorgeht. Sind demnach Ψ' und Ψ'' die Parameter der äußeren und inneren Stromlinie des Rades, welche dessen Wandungen entlang laufen, so ist das durchfließende Flüssigkeitsgewicht

$$G = V\gamma = 2\pi\gamma(\Psi' - \Psi'') \quad . \quad . \quad . \quad . \quad (4).$$

Multiplizieren wir ferner die zweite Gl. (1) mit dem Massenelement der Flüssigkeit im Rade

$$dm = 2\pi \frac{\gamma}{g} r\, dr\, dz \quad . \quad . \quad . \quad . \quad . \quad (5),$$

so erhalten wir das hierauf entfallende Drehmoment

$$d\mathfrak{M} = q_n r\, dm = 2\pi \frac{\gamma}{g}\left(w_r r \frac{\partial(w_n r)}{\partial r} + w_z r \frac{\partial(w_n r)}{\partial z}\right) dr\, dz \quad (6),$$

wofür wir auch mit (3a)

$$\mathfrak{M} = 2\pi \frac{\gamma}{g}\left(\frac{\partial \Psi}{\partial r}\frac{\partial(w_n r)}{\partial z} - \frac{\partial \Psi}{\partial z}\frac{\partial(w_n r)}{\partial r}\right) dr\, dz \quad . \quad (6\,a)$$

schreiben dürfen. Das Drehmoment ist also außer von der Veränderlichkeit der mit Ψ gegebenen Durchflußmenge noch von der Änderung des Produktes $w_n r$ abhängig, welches ebenfalls eine Funktion von r und z sein muß. Es verschwindet offenbar mit dem Klammerausdruck der rechten Seite von (6a), den man in der Analysis als Funktionaldeterminante bezeichnet. Dies kann indessen nur dann eintreten, wenn die Parameter Ψ und $w_n r$ selbst sich gegenseitig bedingen, d. h. wenn

$$\Psi = f(w_n r)$$

$$\frac{\partial \Psi}{\partial r} = f' \frac{\partial(w_n r)}{\partial r}, \quad \frac{\partial \Psi}{\partial z} = f' \frac{\partial(w_n r)}{\partial z},$$

also nach Elimination von f'

$$\frac{\partial \Psi}{\partial r}\frac{\partial(w_n r)}{\partial z} - \frac{\partial \Psi}{\partial z}\frac{\partial(w_n r)}{\partial r} = 0$$

ist. Es heißt das nichts anderes, als daß längs einer Stromlinie das Produkt $w_n r$ konstant bleibt, womit das Kreiselrad wirkungslos würde. In jedem anderen Falle ändert sich das Produkt $w_n r$ längs der Stromlinien stetig, so zwar, daß die Stromlinien Ψ von einer Linienschar $w_n r$ im Meridianschnitt nach Fig. 183a durchsetzt werden, denen umgekehrt in Fig. 183b ein Kurvennetz

$$r = f_r(\Psi, w_n r), \quad z = f_z(\Psi, w_n r) \quad . \quad . \quad . \quad (7)$$

als Abbildung entspricht. In diesem neuen Netze stellt aber, wie man leicht durch Zusammenfassen von Elementartrapezen nachweisen kann,

$$\left(\frac{\partial \Psi}{\partial r}\frac{\partial(w_n r)}{\partial z} - \frac{\partial \Psi}{\partial z}\cdot\frac{\partial(w_n r)}{\partial r}\right) dr\, dz = d\Psi \cdot d(w_n r) \quad (7\,a)$$

die schraffierte Fläche zwischen zwei benachbarten Kurvenpaaren (7) dar, wodurch sich die Momentenformel (6a) mit Rücksicht auf (4) in

$$d\mathfrak{M} = 2\pi \frac{\gamma}{g} d\Psi \, d(w_n r) = \frac{1}{g} dG \cdot d(w_n r) \quad . \quad (6\text{b})$$

vereinfacht. Verlangen wir nun, daß jedes Element dG der durchströmenden Arbeitsflüssigkeit denselben

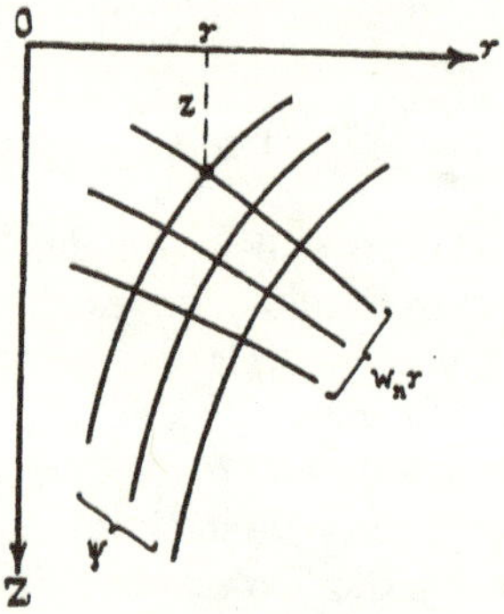

Fig. 183a.

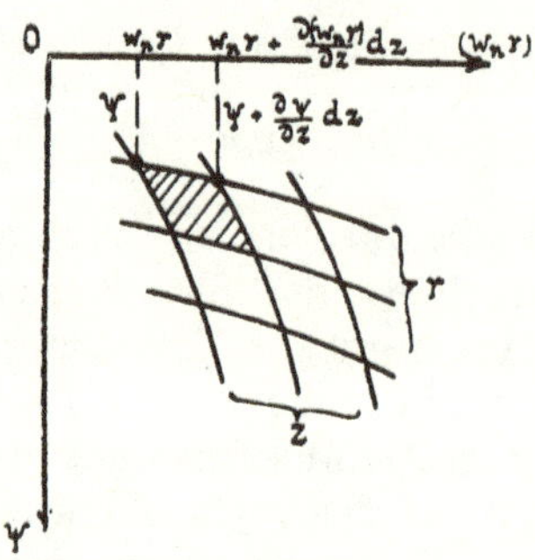

Fig. 183b.

Beitrag zum Gesamtmoment $\mathfrak{M}$ und damit zur Leistung des mit der konstanten Winkelgeschwindigkeit ω rotierenden Rades

$$L = \mathfrak{M}\omega \quad . \quad . \quad . \quad . \quad . \quad . \quad . \quad . \quad (8)$$

liefert, so ergibt die Integration von (6b) zwischen zwei Grenzen

$$\mathfrak{M} = \frac{G}{g}[(w_n r)_2 - (w_n r)_1] \quad . \quad . \quad . \quad . \quad . \quad (9),$$

die schon von Euler für den unendlich dünnen Stromfaden abgeleitete und von uns in den §§ 20 und 21 benutzte Grundgleichung der Kreiselradtheorie. Diese Formel verlangt, daß alle Flüssigkeitselemente die Eintrittsöffnung mit dem Werte $(w_n r)_1$, die Austrittsöffnung mit $(w_n r)_2$ passieren, oder mit anderen Worten, daß die Ein- und Austrittsöffnungen des Rades im Meridianschnitt durch zwei Kurven

$$F(r, z) = (w_n r)_1, \quad F(r, z) = (w_n r)_2$$

gegeben sind, welche mit den Wandungen

$$\Psi(r, z) = \Psi', \quad \Psi(r, z) = \Psi''$$

das ganze Radprofil (Fig. 184) und durch Gl. (4) die Durchflußmenge bestimmen.

Führen wir nun noch die Wirbelkomponenten Gl. (4) § 43 in die Formel (6) ein, so lautet diese

$$d\mathfrak{M} = 4\pi \frac{\gamma}{g} (w_r \varepsilon_z - w_z \varepsilon_r) r^2 dr\, dz \quad . \quad . \quad . \quad (6c).$$

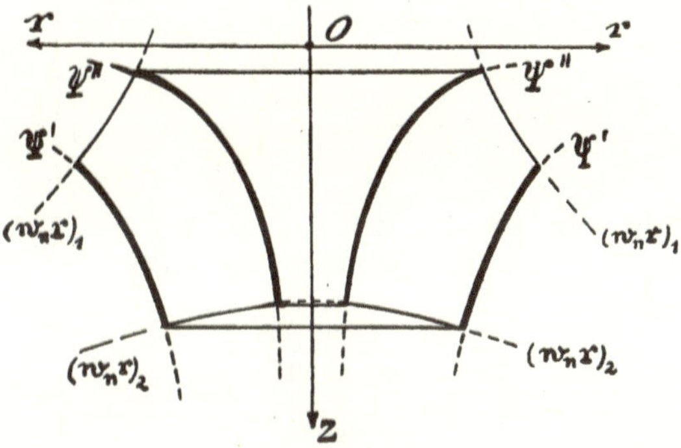

Fig. 184.

Für die Arbeitsleistung in einem Kreiselrad mit achsensymmetrischer Flüssigkeitsströmung ist also die Existenz des Achsial- und Radialwirbels bzw. eines von beiden notwendig, während jedenfalls nicht

$$\frac{w_r}{\varepsilon_r} = \frac{w_z}{\varepsilon_z}$$

sein darf. Der Ringwirbel

$$\varepsilon_n = \frac{1}{2}\left(\frac{\partial w_r}{\partial z} - \frac{\partial w_z}{\partial r}\right) \quad . \quad . \quad . \quad . \quad . \quad (10)$$

kommt dagegen für die Arbeitsleistung überhaupt nicht in Betracht und kann daher auch zum Verschwinden gebracht werden, ohne daß dies jedoch erforderlich ist. Jedenfalls erkennen wir, daß die Teile des Kreiselrades, in denen die Arbeitsflüssigkeit vermittelst der Schaufeln der Wirkung eines äußeren Momentes unterworfen ist, d. h. der Leitapparat und das Laufrad, mit wirbelnder Flüssigkeit erfüllt sind, also einen sog. Wirbelraum darstellen. Außerhalb dieses Raumes, d. h. im Saug- und Druckrohr, sollen dagegen — wenigstens für den normalen Bewegungszustand — weder Wirbel noch Flüssigkeitsrotationen (mit konstantem $w_n r$) bestehen, da hier keine Vorrichtungen vorhanden sind, um deren kinetische Energie in potentielle überzuführen.

Schreiben wir nunmehr die Bewegungsgleichungen (1) in der Form

$$\left.\begin{aligned} q_r - \frac{g}{\gamma}\frac{\partial p}{\partial r} &= \frac{dw_r}{dt} - \frac{w_n^2}{r} \\ q_n r &= \frac{d(w_n r)}{dt} \\ g + q_z - \frac{g}{\gamma}\frac{\partial p}{\partial z} &= \frac{dw_z}{dt} \end{aligned}\right\} \quad . \quad . \quad (1\,\mathrm{a})$$

und multiplizieren sie der Reihe nach mit den Elementen dr, $r\,d\varphi$ und dz der absoluten Flüssigkeitsbahn, so folgt durch Addition mit

$$\left.\begin{aligned} w_r = \frac{dr}{dt}, \quad w_n = \frac{r\,d\varphi}{dt}, \quad w_z = \frac{dz}{dt} \\ w^2 = w_r^2 + w_n^2 + w_z^2 \end{aligned}\right\} \quad . \quad . \quad (11)$$

als Energiegleichung für den stationären Bewegungszustand

$$q_r\,dr + q_n r\,d\varphi + q_z\,dz + g\,dz - \frac{g}{\gamma}\,dp = w\,dw \quad . \quad (12),$$

worin

$$q_r\,dr + q_n r\,d\varphi + q_z\,dz = d\,E = \frac{g\,d\,L}{d\,G} \quad . \quad . \quad (12\,\mathrm{a})$$

die von der Masseneinheit Flüssigkeit auf dem Wege dr, $r\,d\varphi$, dz geleistete oder aufgenommene Arbeit bedeutet. Diese verschwindet aber im festen Leitapparat, so daß hierfür

$$q_r\,dr + q_n r\,d\varphi + q_z\,dz = 0 \quad . \quad . \quad . \quad (12\,\mathrm{b})$$

sein muß, womit nur gesagt ist, daß die resultierende Zwangsbeschleunigung der Flüssigkeit durch die Schaufeln auf der diesen entlang laufenden Flüssigkeitsbahn senkrecht stehen muß. Dieses Ergebnis ist natürlich nur eine Folge der Vernachlässigung der Flüssigkeitsreibung, welche allein eine Neigung der Zwangsbeschleunigung gegen die Bahnnormale hervorrufen könnte. Die Gl. (12 b) kann demnach sofort als Differentialgleichung der Leitschaufelfläche betrachtet und in der Form

$$d\varphi = -\frac{q_r}{q_n r}\,dr - \frac{q_z}{q_n r}\,dz \quad . \quad . \quad . \quad . \quad (12\,\mathrm{c})$$

geschrieben werden, woraus für die Komponenten q_r, q_n und q_z die Bedingungsgleichung

$$\frac{\partial}{\partial z}\left(\frac{q_r}{q_n r}\right) = \frac{\partial}{\partial r}\left(\frac{q_z}{q_n r}\right) \quad \ldots\ldots \quad (13)$$

dafür resultiert, daß das Bogenelement der Schaufel ein vollständiges Differential in r und z ist. Haben wir es dagegen mit dem Laufrad zu tun, längs dessen Schaufeln die Relativbahnen mit den Elementen dr, $r\,d\chi$ und dz derart verlaufen, daß

$$d\varphi = d\chi + \omega\,dt \quad \ldots\ldots \quad (14),$$

so folgt durch Einsetzen in (12a) für die Arbeit der Masseneinheit

$$dE = q_r\,dr + q_n r\,d\chi + q_z\,dz + q_n r\,\omega\,dt \quad \ldots \quad (15),$$

oder mit Rücksicht auf die zweite Formel (1a) sowie darauf, daß die äußere Arbeit nur durch die Änderung von $w_n r$ bedingt ist, Gl. (6a),

$$dE = q_n r\,\omega\,dt = \omega\,d(w_n r) \quad \ldots\ldots \quad (15\,\mathrm{a}),$$

$$q_r\,dr + q_n r\,d\chi + q_z\,dz = 0 \quad \ldots\ldots \quad (15\,\mathrm{b}).$$

Die letztere Gleichung, welche die Normalstellung der Zwangsbeschleunigung auf der Relativbahn bzw. auf den Laufradschaufeln ausdrückt, stellt somit schon deren Differentialgleichung dar, die wir auch in der Form

$$d\chi = -\frac{q_r}{q_n r}\,dr - \frac{q_z}{q_n r}\,dz \quad \ldots\ldots \quad (15\,\mathrm{c})$$

schreiben können, woraus wieder (13) als Bedingungsgleichung für q_r, q_n, q_z hervorgeht. Mit (15a) vereinfacht sich aber die Energiegleichung (12) in

$$\frac{g}{\gamma}\,dp = g\,dz + \omega\,d(w_n r) - w\,dw \quad \ldots \quad (16)$$

und liefert durch Integration

$$\frac{g}{\gamma}\,p = g\,z + \omega\,(w_n r) - \frac{w^2}{2} + C \quad \ldots \quad (16\,\mathrm{a}),$$

worin die Konstante C bei gleichem Anfangszustand aller stationär strömenden Flüssigkeitselemente für das ganze Rad denselben Wert besitzt. Die letztere Gleichung können wir nun zur Elimination des Druckes aus der ersten und dritten Formel (1) benutzen, indem wir sie partiell nach r bzw. z differenzieren. Dadurch wird

$$\left.\begin{aligned} q_r &= w_z \left(\frac{\partial w_r}{\partial z} - \frac{\partial w_z}{\partial r}\right) - \left(\frac{w_n}{r} - \omega\right) \frac{\partial (w_n r)}{\partial r} \\ q_z &= w_r \left(\frac{\partial w_z}{\partial r} - \frac{\partial w_r}{\partial z}\right) - \left(\frac{w_n}{r} - \omega\right) \frac{\partial (w_n r)}{\partial z} \end{aligned}\right\} \quad (17)$$

und nach Multiplikation mit dr und dz sowie Addition mit Rücksicht auf (10)

$$q_r\, dr + q_z\, dz = 2\, \varepsilon_n (w_z\, dr - w_r\, dz) - \left(\frac{w_n}{r} - \omega\right) d\,(w_n r).$$

Ziehen wir diese Gleichung von (15b) ab und eliminieren noch w_z und w_r durch (3a), so folgt schließlich für das Bogenelement der Laufradschaufel

$$d\chi = \left(\frac{w_n}{r} - \omega\right) \frac{d\,(w_n r)}{q_n r} - \frac{2\, \varepsilon_n}{q_n r^2}\, d\Psi \quad . \quad . \quad (17\text{a}),$$

während wir für die Leitschaufel entsprechend mit $\omega = 0$

$$d\varphi = \frac{w_n}{q_n r^2}\, d\,(w_n r) - \frac{2\, \varepsilon_n}{q_n r^2}\, d\Psi \quad . \quad . \quad . \quad (17\text{b})$$

erhalten. Dadurch haben wir beide Bogenelemente in den Parametern Ψ und $w_n r$ ausgedrückt, welche, wie schon oben bemerkt, die Variabeln r und z vollständig ersetzen können.

In den vorstehenden noch ziemlich allgemeinen Entwicklungen treten im ganzen acht von r und z abhängige Variabeln auf, nämlich q_r, q_n, q_z, w_r, w_n, w_z, p (bzw. φ), zu deren Darstellung in r und z uns nur die drei Bewegungsgleichungen (1), die Kontinuitätsformel (2) sowie die Bedingung (13), zusammen also fünf Gleichungen, zur Verfügung stehen. Daraus folgt, daß auch unter der Voraussetzung eines gleichen Energieumsatzes aller das Rad achsensymmetrisch durchströmenden Flüssigkeitselemente noch eine dreifach unendliche Mannigfaltigkeit von Kreiselradformen für jeden vorgelegten Spezialfall möglich ist, bzw. daß eine weitere Verfolgung des Problems einschränkende Annahmen nötig macht, die im übrigen ganz willkürlich sind. Setzen wir z. B. voraus, daß einmal der in die Momentengleichung nicht eingehende Ringwirbel (10) sowie auch der Radialwirbel verschwindet, so zwar, daß

$$\frac{\partial w_r}{\partial z} = \frac{\partial w_z}{\partial r} \quad . \quad . \quad . \quad . \quad . \quad . \quad . \quad . \quad (10\text{a}),$$

$$\frac{\partial (w_n r)}{\partial z} = 0 \quad . \quad . \quad . \quad . \quad . \quad . \quad (18),$$

so bleibt für den Energieumsatz nach Gl. (6c) nur noch der Achsialwirbel übrig, und wir erhalten zunächst

$$w_n r = f_1(r) \quad . \quad . \quad . \quad . \quad . \quad . \quad . \quad (18\,\mathrm{a}),$$

d. h. die Flächen, welche von der Arbeitsflüssigkeit mit ein und demselben Energieinhalt durchflossen werden, sind konzentrische Kreiszylinder um die Achse. Solche Kreiszylinder werden demnach auch den Leitapparat bzw. das Laufrad innen und außen begrenzen. Weiter folgt mit (10a) und (18) aus (17)

$$q_r = f_2(r), \quad q_z = 0 \quad . \quad . \quad . \quad . \quad . \quad (17\,\mathrm{c})$$

und hiermit aus (13)

$$q_n r = f_3(r) \quad . \quad . \quad . \quad . \quad . \quad . \quad . \quad (13\,\mathrm{a}),$$

so daß die Schaufeln sowohl des Leitapparates wie auch des Laufrades Zylinder mit Erzeugenden parallel der Drehachse sind. Da nach der zweiten Gl. (1) mit (18)

$$q_n r = w_r \frac{\partial (w_n r)}{\partial r}$$

wird, so muß auch

$$w_r = f_4(r) \quad . \quad . \quad . \quad . \quad . \quad . \quad . \quad (19),$$

und wir erhalten an Stelle von (10a)

$$\frac{\partial w_r}{\partial z} = 0, \quad \frac{\partial w_z}{\partial r} = 0 \quad . \quad . \quad . \quad . \quad . \quad (10\mathrm{b}),$$

d. h. die Radialgeschwindigkeit innerhalb des Kreiselrades ist eine reine Radialfunktion, die Achsialgeschwindigkeit dagegen eine reine Funktion des Abstandes von einer beliebigen Normalebene zur Achse.

Dies führt aber nach den Ausführungen des § 43, vgl. Gl. (14), auf eine Stromfunktion

$$\Psi = (r^2 - r_0^2)(Az + B)$$

oder, wenn wir verlangen, daß außer für $r = r_0$, mit $w_r = 0$, und für $z = 0$, $w_z = 0$, Ψ verschwinden soll

$$\Psi = A(r^2 - r_0^2)\,z \quad . \quad . \quad . \quad . \quad . \quad . \quad (20)$$

mit dem durch Fig. 185 dargestellten Verlaufe. Soll auch noch, entsprechend dem Anschlusse an das Saugrohr, in diesem kein zentraler Achsialwirbel auftreten, so wird mit $r_0 = 0$

$$\Psi = A r^2 z \quad . \quad . \quad . \quad . \quad . \quad . \quad (20\,\mathrm{a}),$$

und das Radprofil erhält die Form Fig. 185, während nach (3a)

$$w_r = -Ar, \quad w_z = 2\,Az \quad . \quad . \quad . \quad . \quad (20\mathrm{b})$$

wird. Hierin bestimmt sich das Vorzeichen der Konstanten A einfach danach, ob das Rad von der Arbeitsflüssigkeit von außen nach innen oder umgekehrt durchströmt wird. Wegen der Abhängigkeit der meisten Variabeln vom Radius allein sowie wegen der vorwiegend radialen Stromrichtung wollen wir diese Räder als Radialräder bezeichnen. Ihnen kommen in ihrer Bauart die neuerdings sehr vervollkommneten Schleuderpumpen am nächsten, während man für Turbinen ver-

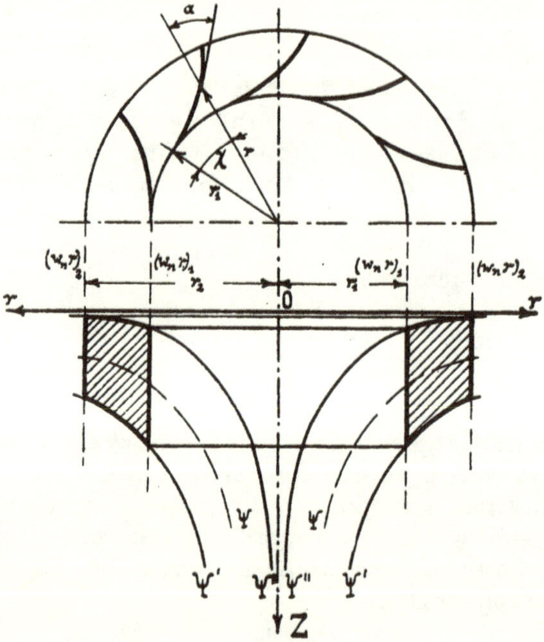

Fig. 185.

wickeltere Profil- und Schaufelformen nach dem Vorgange von Francis bevorzugt, die sich z. Z. noch der analytischen Formulierung entziehen.

Die Form der zylindrischen Schaufeln in unseren Radialrädern hängt bloß noch von der Wahl der Funktion (18a) für $w_n r$ ab und ist somit ganz willkürlich. Daher wird man für die Leitlinien der Schaufelzylinder in der Praxis bequem zu verzeichnende Kurven, z. B. Kreisbogen, benutzen, welche sich den

Bedingungen eines konkreten Falles leicht anpassen. Wie schon in § 20 und 21 gezeigt wurde, knüpft man die Rechnung meist an den Winkel α der Schaufelkurve im Grundriß (Fig. 185) mit dem Radius an, der sich aus

$$\operatorname{tg} \alpha = \frac{w_n - \omega r}{w_r} \quad \ldots \ldots \quad (21)$$

berechnet und mit (20b) für den Ein- und Austritt auf

$$\operatorname{tg} \alpha_1 = \frac{\omega}{A} - \frac{w_{n1}}{A r_1}, \quad \operatorname{tg} \alpha_2 = \frac{\omega}{A} - \frac{w_{n2}}{A r_2} \quad \ldots \quad (21\,\mathrm{a})$$

führt. Beachtet man noch, daß der Innenraum dieser Räder, der bei Turbinen mit äußerem Wassereintritt und deren Umkehrung, den Schleuderpumpen, gleichmäßig als Saugraum bezeichnet wird, da sich an ihn das sog. Saugrohr anschließt, aus Herstellungsgründen keine Leitschaufeln enthält, so folgt, daß in diesem Raume keine Wirbel erzeugt oder umgewandelt werden können. Deshalb sollte hier wenigstens im normalen Betriebe die Strömung rotationsfrei verlaufen, womit die erste Gl. (21a) in

$$\operatorname{tg} \alpha_1 = \frac{\omega}{A} \quad \ldots \ldots \ldots \quad (21\,\mathrm{b})$$

sich vereinfacht. Nach Wahl dieses Winkels und der Winkelgeschwindigkeit ω des Rades folgt hieraus die Konstante A der Stromfunktion, während der Parameter Ψ bzw. die Differenz $\Psi' - \Psi''$ der Außen- und Innenwand mit der Durchflußmenge aus (4) gegeben ist. Dann liefert die Energiegleichung (16a), welche bei gegebenem Anfangs- und Endzustand der Flüssigkeit die Form

$$\omega\,(w_n r)_2 = \frac{g}{\gamma}\,(p_2 - p_1) - g\,(z_2 - z_1) + \frac{w_2^2 - w_1^2}{2} \quad (16\,\mathrm{b})$$

annimmt, den Parameter $(w_n r)_2$ der äußeren Niveaufläche, deren Radius r_2 entweder willkürlich festgesetzt wird oder nach Wahl des Schaufelwinkels α_2 sich aus (21a) bestimmt, während der Innenradius r_1 sich aus der im Saugrohr gewünschten Achsialgeschwindigkeit w_z berechnet. In der Energieformel kann man schließlich noch dem hier vernachlässigten, theoretisch überdies nicht faßbaren Reibungsverlust durch Einführung eines Wirkungsgrades auf Grund von Erfahrungen angenähert gerecht werden. Für die weitere Ausgestaltung dieser Rechnungen, welche uns hier zu weit führen würde, verweise ich auf meine

Monographie »Neue Theorie und Berechnung der Kreiselräder« (München 1906), in welcher verschiedene Zahlenbeispiele vollständig durchgeführt sind. Diese Monographie fand eine wünschenswerte Ergänzung durch eine Arbeit meines Bruders[1] über die Spiralgehäuse von Turbinen und Pumpen, in denen ein teilweiser Energieumsatz möglichst verlustlos angestrebt wird. Über Versuche mit Turbinen nach der vorstehenden Theorie berichteten E. Reichel und B. Goldschmidt in der Zeitschr. f. Turbinenwesen (1908 und 1909), über solche mit Pumpen H. Strehler, ebenda 1909.

An dieser Stelle wollen wir uns mit dem Hinweise begnügen, daß in den Schaufelenden der Kreiselräder, deren Winkelbestimmung für den Spezialfall der Radialräder wir oben kennen gelernt haben, die Komponenten der Zwangsbeschleunigung im allgemeinen unstetige Änderungen erleiden, denen dann auch unstetige Änderungen des Druckes und der Geschwindigkeit entsprechen müssen, welche ihrerseits mit der Herleitung der hydrodynamischen Grundformeln unverträglich sind. Diesem, in der Praxis als Strahlkontraktion gefürchteten Übelstande läßt sich nur dadurch begegnen, daß man die Schaufelenden unter Aufrechterhaltung ihrer Winkel so gestaltet, daß die Komponenten q_r, q_z, q_n stetig verschwinden. Da nun in unserem Falle einer Strömung ohne Ringwirbel wegen Gl. (15c)

$$\frac{\partial \chi}{\partial r} = -\frac{q_r}{q_n r}, \quad \frac{\partial \chi}{\partial z} = -\frac{q_z}{q_n r} \quad . \quad . \quad . \quad . \quad (15\text{d})$$

und nach (17)

$$q_r = \left(\omega - \frac{w_n}{r}\right)\frac{\partial (w_n r)}{\partial r}, \quad q_z = \left(\omega - \frac{w_n}{r}\right)\frac{\partial (w_n r)}{\partial z} \quad (17\text{d})$$

ist, so folgt auch

$$\frac{\partial \chi}{\partial r}\frac{\partial (w_n r)}{\partial z} - \frac{\partial \chi}{\partial z}\frac{\partial (w_n r)}{\partial r} = 0,$$

d. h.

$$\chi = f(w_n r) \quad . \quad . \quad . \quad . \quad . \quad . \quad . \quad (22),$$

woraus rückwärts

$$\frac{\partial (w_n r)}{\partial r} = \frac{\partial (w_n r)}{\partial \chi}\frac{\partial \chi}{\partial r}, \quad \frac{\partial (w_n r)}{\partial z} = \frac{d (w_n r)}{d \chi}\frac{\partial \chi}{\partial z} \quad \text{und}$$

---

[1]) R. Lorenz, »Die Spiralgehäuse von Turbinen, Kreiselpumpen usw.«. Zeitschr. f. Turbinenwesen 1907, Heft 12 und 13.

$$\left.\begin{array}{c} q_r = \left(\omega - \frac{w_n}{r}\right) \frac{d(w_n r)}{d\chi} \frac{\partial \chi}{\partial r}, \quad q_z = \left(\omega - \frac{w_n}{r}\right) \frac{d(w_n r)}{d\chi} \frac{\partial \chi}{\partial z} \\ q_n r = -\left(\omega - \frac{w_n}{r}\right) \frac{d(w_n r)}{d\chi} \end{array}\right\} \quad (23)$$

wird. Diese Ausdrücke verschwinden aber sämtlich längs der Schaufelenden, und damit werden diese selbst wirkungslos, wenn dort

$$\frac{d(w_n r)}{d\chi} = 0 \quad \ldots \ldots \quad (22a)$$

ist. Diese Bedingung ist offenbar nur erfüllbar, wenn die Beziehung (22) nicht linear ist[1]); sie wird namentlich für schmale Schaufelkränze nahezu erfüllt, wenn man den Schaufelkurven an ihren Enden Wendepunkte gibt, was natürlich vollkommen kreiszylindrische Schaufeln ausschließt. In der Praxis hilft man sich oft durch geradlinige Schaufelenden mit möglichst stetigem Übergang in die eigentliche Schaufelkrümmung; indessen scheint es nach Versuchen, als ob der Einfluß dieser Modifikation durch die auch an den Enden trotz aller Zuschärfung merkliche Schaufeldicke stark überdeckt wird.

Zum Schlusse sei noch bemerkt, daß das Problem der Kreiselradtheorie kurz nach dem Erscheinen der vorstehenden Untersuchungen durch Prof. Prášil eine ganz andere Behandlung[2]), und zwar unter Verzicht auf die zweifellos einschränkende Annahme einer unendlichen Schaufelzahl und damit einer achsensymmetrischen Strömung erfahren hat. Da Prášil ebenfalls von der Flüssigkeitsreibung absieht, so liegt innerhalb der endlichen Schaufelkanäle mit lediglich normaler Wechselwirkung zwischen der Arbeitsflüssigkeit und den Schaufeln kein Anlaß zur Wirbelbildung vor, womit die Existenz eines Geschwindigkeitspotentials Φ der Strömung gerechtfertigt ist. Dieses nimmt Prášil der Einfachheit halber als reine Funktion von $w_n r$ an, setzt also

$$\Phi = \Phi(w_n r)$$

---

[1]) Vgl. H. Lorenz, »Die Schaufelenden der Kreiselräder«. Zeitschrift für Turbinenwesen 1908, Heft 18, sowie Wagenbach, »Beiträge zur Berechnung und Konstruktion der Turbomaschinen, ebenda Heft 15 und 18.

[2]) F. Prášil, »Die Bestimmung der Kranzprofile und der Schaufelformen für Turbinen und Kreiselpumpen«. Schweiz. Bauzeitung 1906, Heft 23 bis 25.

und betrachtet im übrigen die Absolutbewegung auch im Laufrade als stationär, wodurch der Einfluß des Vorbeistreichens an den festen Leitschaufeln aus der Rechnung fortfällt, ohne daß die obenerwähnte Grenzbedingung der Wirkungslosigkeit der Schaufelenden berücksichtigt wird. Die von uns benutzte Zwangsbeschleunigung der Flüssigkeit durch das Kraftfeld der unendlich vielen Schaufeln hat bei der Prášilschen Behandlung keinen Sinn, da innerhalb der endlichen Schaufelkanäle sowohl der Druck als auch die Geschwindigkeitskomponenten stetig bleiben. Aus dem obigen Ansatz für Φ folgt weiter unmittelbar, daß die Geschwindigkeitsäquipotentialflächen mit den für den Energieumsatz maßgebenden Niveauflächen für konstantes $w_n r$ zusammenfallen und von den Stromlinien selbst normal geschnitten werden. Wenn insbesondere

$$\Phi = w_n r = f(r, z)\, e\varphi = \frac{\partial \Phi}{\partial \varphi}$$

gesetzt wird, so folgt

$$w_r = \frac{\partial \Phi}{\partial r} = \frac{\partial f}{\partial r} e\varphi\,, \quad w_z = \frac{\partial \Phi}{\partial z} = \frac{\partial f}{\partial z} e\varphi\,;$$

und

$$\frac{dr}{dz} = \frac{w_r}{w_z} = \frac{\partial f}{\partial r} : \frac{\partial f}{\partial z}$$

stellt die Differentialgleichung einer Schar Rotationsflächen dar, längs deren die Stromlinien verlaufen. Da dieser Gleichung auch die Radwandungen genügen, so ergibt sich im Verein mit den Niveauflächen $w_n r$ ein orthogonales Kurvennetz im Meridianschnitt zur Abgrenzung eines Radprofils, das sich den modernen Francisturbinen bei geeigneter Wahl der Funktion $f(r, z)$, welche überdies die Kontinuitätsbedingung erfüllen muß, befriedigend anpaßt und einen gleichen Energieumsatz aller Flüssigkeitselemente gewährleistet. Bezüglich der weiteren Ausführung dieser noch in der Entwicklung begriffenen Theorie Prášils, der für die Schaufelkonstruktion die Methode der konformen Abbildungen vorschlägt, muß auf dessen oben angeführte Abhandlung verwiesen werden. Diese Bemerkungen dürfen zur Kennzeichnung der grundsätzlichen Unterschiede der beiden Theorien genügen, die wohl wegen der in beiden benutzten Zylinderkoordinaten trotzdem häufig durcheinandergeworfen werden.

Kapitel VI.

Die Bewegung zäher Flüssigkeiten.

§ 48. Die Navier-Stokesschen Bewegungsgleichungen für zähe Flüssigkeiten.

Empirische Einführung einer Gleitspannung bei der Bewegung zäher Flüssigkeiten. Bewegungsgleichungen derselben und Definition des hydraulischen Druckes als Mittelwert. Zurückführung der Erfahrungszahlen auf den Zähigkeitskoeffizienten. Die Navier-Stokesschen Gleichungen. Bewegung unter dem Einfluß von Potentialkräften. Unvereinbarkeit des Geschwindigkeitspotentials mit der Zähigkeit.

Schon Newton hatte bemerkt, daß die tropfbaren Flüssigkeiten einer Verschiebung ihrer Teilchen aneinander einen Widerstand W entgegensetzen, dessen Sitz die Berührungsfläche F dieser Teilchen selbst sein mußte. Dieser Widerstand erwies sich dann in erster Annäherung proportional dieser Berührungsfläche, oder mit anderen Worten, der Zahl der aneinander verschobenen Flüssigkeitsteilchen sowie der Geschwindigkeitsänderung normal dazu. Bedeutet also n die Flächennormale, w die Geschwindigkeit in der Berührungsfläche, so folgt mit einer Erfahrungszahl $\varkappa$

$$dW = \varkappa \frac{\partial w}{\partial n} dF \quad . \quad . \quad . \quad . \quad . \quad . \quad . \quad (1),$$

wofür wir auch unter Einführung des spezifischen Widerstandes τ, den wir als die Gleitspannung bezeichnen wollen,

$$\frac{dW}{dF} = \tau = \varkappa \frac{\partial w}{\partial n} \quad . \quad . \quad . \quad . \quad . \quad . \quad (1a)$$

schreiben dürfen. Aus der den Verschiebungsvorgang darstellenden Fig. 186 geht dann unmittelbar hervor, daß die Ableitung $\partial w : \partial n$ mit der Winkelgeschwindigkeit des Punktes B gegen A identisch ist, welche den ursprünglich rechten Winkel des Volumelementes bei A deformiert. Bewegt sich das Element dagegen nicht nur parallel einer seiner Seiten, sondern in der Bildebene

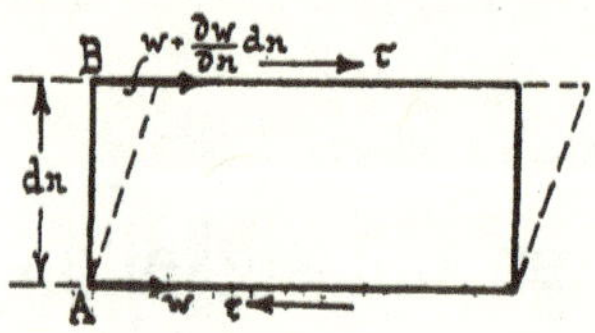

Fig. 186.

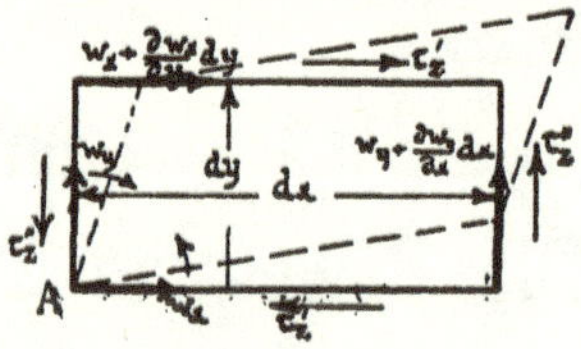

Fig. 187.

Fig. 187 mit den Geschwindigkeitskomponenten w_x und w_y, so ist die Geschwindigkeitsänderung des ursprünglich rechten Winkels bei A

$$\frac{\partial w_x}{\partial y} + \frac{\partial w_y}{\partial x}$$

und wir erhalten an Stelle von (1 a)

$$\tau_z = \varkappa \left(\frac{\partial w_x}{\partial y} + \frac{\partial w_y}{\partial x}\right) \quad . \; . \; . \; . \; . \; (1\text{b}),$$

wobei der Index z von τ nur andeuten soll, daß diese Gleitspannung normal zu der nicht eingezeichneten z-Achse wirkt. Sie muß in den Seitenflächen $dx\,dz$ und $dy\,dz$ denselben Wert besitzen, da sonst die Differenz der Drehmomente $\tau_z'\,dx\,dz\,dy$ und $\tau_z''\,dy\,dz\,dx$ dem Massenelemente wegen dessen unendlich kleinen Trägheitshalbmessern eine unendlich große Winkelbeschleunigung erteilen würde. Tritt schließlich noch die dritte Geschwindigkeitskomponente w_z hinzu, so ergeben sich am Raumelemente $dx\,dy\,dz$ normal zu den drei Achsen paarweise drei Gleitspannungen

$$\left.\begin{aligned} \tau_x &= \varkappa \left(\frac{\partial w_y}{\partial z} + \frac{\partial w_z}{\partial y}\right) \\ \tau_y &= \varkappa \left(\frac{\partial w_z}{\partial x} + \frac{\partial w_x}{\partial z}\right) \\ \tau_z &= \varkappa \left(\frac{\partial w_x}{\partial y} + \frac{\partial w_y}{\partial x}\right) \end{aligned}\right\} \quad . \; . \; . \; . \; . \; (2).$$

Diese Gleitspannungen ändern sich nun stetig mit den Koordinaten, so zwar, daß z. B. τ_x in der Fläche $dx\,dy$ mit dem Eckpunkte A (Fig. 188) bis zu der gegenüberliegenden Fläche mit dem Eckpunkte C auf $\tau_x + \frac{\partial \tau_x}{\partial z} dz$ angewachsen ist. Ganz entsprechend nehmen auch die Normalspannungen in den drei Flächen mit dem Eckpunkte A von den Werten p_x, p_y, p_z bis zu den gegenüberliegenden in C zusammenlaufenden Flächen auf

$$p_x + \frac{\partial p_x}{\partial x} dx,$$

$$p_y + \frac{\partial p_y}{\partial y} dy, \quad p_z + \frac{\partial p_z}{\partial z} dz$$

zu, so daß wir z. B. in der X-Richtung mit einer Beschleunigung q_x der äußeren Kraft und der im Element $dx\,dy\,dz$ enthaltenen Masse

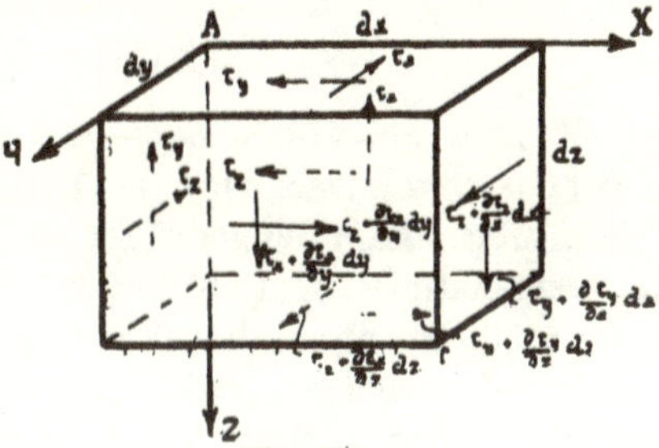

Fig. 188.

$$dm = \frac{\gamma}{g}\, dx\,dy\,dz \quad . \quad . \quad . \quad . \quad . \quad (3)$$

die Bewegungsgleichung erhalten

$$q_x\,dm + p_x\,dz\,dy - \left(p_x + \frac{\partial p_x}{\partial x} dx\right) dz\,dy + \left(\tau_y + \frac{\partial \tau_y}{\partial z} dz\right) dx\,dy$$

$$- \tau_y\,dx\,dy + \left(\tau_z + \frac{\partial \tau_z}{\partial y} dy\right) dz\,dx - \tau_z\,dz\,dx = \frac{dw_x}{dt}\,dm.$$

Nach Wegheben verschiedener Terme und Division mit dm folgt hieraus unter Hinzufügung der beiden analog gebauten Formeln für die Y- und Z-Richtung

$$\left.\begin{aligned} q_x - \frac{g}{\gamma}\left(\frac{\partial p_x}{\partial x} - \frac{\partial \tau_y}{\partial z} - \frac{\partial \tau_z}{\partial y}\right) &= \frac{dw_x}{dt} \\ q_y - \frac{g}{\gamma}\left(\frac{\partial p_y}{\partial y} - \frac{\partial \tau_z}{\partial x} - \frac{\partial \tau_x}{\partial z}\right) &= \frac{v}{dt} \\ q_z - \frac{g}{\gamma}\left(\frac{\partial p_z}{\partial z} - \frac{\partial \tau_x}{\partial y} - \frac{\partial \tau_y}{\partial x}\right) &= \frac{dw_z}{dt} \end{aligned}\right\} \quad . \quad . \quad . \quad (4).$$

Bevor wir in diese schon von Navier aufgestellten Gleichungen, die übrigens ganz allgemein für alle Körper (insbesondere elastisch feste) gelten, unsere Ausdrücke (2) einsetzen, wollen wir noch den Zusammenhang der Normalspannungen mit den Formänderungsgeschwindigkeiten ermitteln. Zu diesem Zwecke denken wir uns das Volumenelement lediglich unter dem Einfluß der Normaldrücke deformiert, wobei in der X-Richtung der Druck p_x allein eine Kontraktionsgeschwindigkeit zur Folge hat, derart, daß mit einem neuen Erfahrungsfaktor λ

$$p_x = -\lambda \frac{\partial w_x}{\partial x}.$$

Wirken außerdem noch auf die anderen Seitenflächen die Drücke p_y und p_z, so wird das Element nicht nur in der Y- und Z-Richtung zusammengedrückt, sondern auch die Bewegung in der erstgenannten X-Richtung in entgegengesetztem Sinne von p_x beeinflußt, da ohne die Wirkung von p_x durch p_y und p_z ein Auseinanderquetschen, also eine Dehnung in der X-Richtung entstehen würde. Dieser Tatsache werden wir durch einen dritten Faktor, den Querdehnungskoeffizienten μ, gerecht, vermöge dessen in erster Annäherung

$$\left.\begin{aligned} p_x - \frac{p_y + p_z}{\mu} &= -\lambda \frac{\partial w_x}{\partial x} \\ p_y - \frac{p_z + p_x}{\mu} &= -\lambda \frac{\partial w_y}{\partial y} \\ p_z - \frac{p_x + p_y}{\mu} &= -\lambda \frac{\partial w_z}{\partial z} \end{aligned}\right\} \quad \ldots \ldots \quad (5)$$

geschrieben werden darf. Diese Formeln im Verein mit (2) stellen lediglich eine Proportionalität der Spannungen mit den entsprechenden Deformationsgeschwindigkeiten dar und tragen danach mit (1) einen rein empirischen Charakter. Sie werden aber, da ein verwickelterer Zusammenhang dieser Größen sich stets durch eine Taylorsche Reihe nach Potenzen der Deformationsgeschwindigkeiten darstellen läßt, um so genauer gelten, je kleiner diese selbst ausfallen, d. h. je mehr wir zur Vernachlässigung ihrer höheren Potenzen berechtigt sind.

Addieren wir nunmehr die drei Gleichungen (5), so wird

$$(p_x + p_y + p_z)\left(1 - \frac{2}{\mu}\right) = -\lambda\left(\frac{\partial w_x}{\partial x} + \frac{\partial w_y}{\partial y} + \frac{\partial w_z}{\partial z}\right) \quad (6),$$

worin wir für Flüssigkeiten das arithmetische Mittel aus den drei Normaldrücken

$$\frac{p_x + p_y + p_z}{3} = p \quad . \quad . \quad . \quad . \quad . \quad . \quad (7)$$

als den hydraulischen Druck im früheren Sinne bezeichnen wollen. Ist die Flüssigkeit inkompressibel, so verschwindet infolge der bekannten Kontinuitätsbedingung die rechte Seite von (6) und es wird hierfür

$$\mu = 2 \quad . \quad . \quad . \quad . \quad . \quad . \quad . \quad . \quad (6\,a),$$

während wir allgemein für (6) wegen (7) auch

$$\frac{\lambda \mu}{2 - \mu}\left(\frac{\partial w_x}{\partial x} + \frac{\partial w_y}{\partial y} + \frac{\partial w_z}{\partial z}\right) = 3\,p \quad . \quad . \quad . \quad (6\,b)$$

schreiben dürfen. Ergänzen wir auch noch das zweite Glied links der Formeln (5) zu $3\,p$, so wird z. B. aus der ersten Gleichung

$$p_x\left(1 + \frac{1}{\mu}\right) - \frac{3\,p}{\mu} = -\lambda \frac{\partial w_x}{\partial x}$$

oder unter Hinzufügung der beiden anderen Gleichungen

$$\left.\begin{aligned} p_x &= \frac{3\,p}{1+\mu} - \frac{\lambda \mu}{1+\mu}\frac{\partial w_x}{\partial x} \\ p_y &= \frac{3\,p}{1+\mu} - \frac{\lambda \mu}{1+\mu}\frac{\partial w_y}{\partial y} \\ p_z &= \frac{3\,p}{1+\mu} - \frac{\lambda \mu}{1+\mu}\frac{\partial w_z}{\partial z} \end{aligned}\right\} \quad . \quad . \quad . \quad . \quad (5\,a).$$

Diese drei Spannungskomponenten brauchen nun nicht, wie bei idealen Flüssigkeiten, bloße Druckspannungen zu sein, sondern können auch vermöge des Hinzutretens der zweiten Glieder rechts infolge der sog. Zähigkeit negative Werte annehmen, welche hier Zugspannungen entsprechen. Wir können uns daher in Fig. 189 einen Würfel denken, der in der X-Richtung durch eine Zugspannung $-p_x$ gedehnt und in der Y-Richtung durch eine gleich große Druckspannung $p_y = -p_x$ verkürzt wird. Dies hat in den Diagonalebenen eine Gleitspannung τ zur Folge, welche wegen des Gleichgewichts des halben Würfels unter dem Einflusse

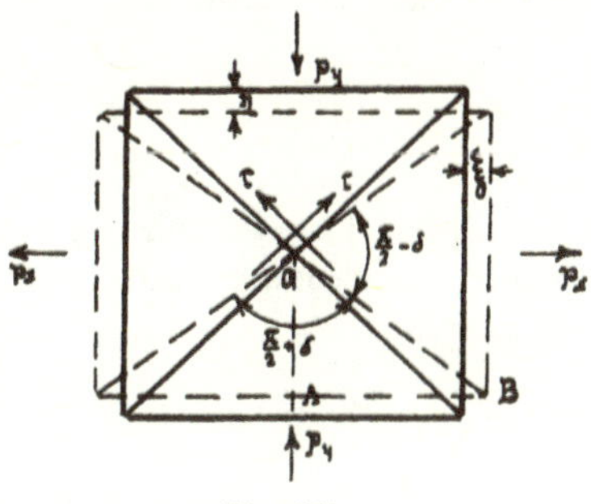

Fig. 189.

der drei Spannungen τ, $-p_x$, p_y mit $p_y = -p_x$ identisch ist, so daß am Würfel

$$p_x + p_y = 0, \quad \tau = p_y = -p_x \quad . \quad . \quad . \quad . \quad (8)$$

wird. Bezeichnen wir dann die auf die Längeneinheit bezogene Dehnung des Würfels mit ξ, seine hierzu normale Verkürzung mit $\eta = -\xi$, und die Abweichung des deformierten Diagonalwinkels vom Rechten mit δ, so ist im Dreieck OAB

$$\operatorname{tg}\left(\frac{\pi}{4} + \frac{\delta}{2}\right) = \frac{1+\xi}{1+\eta} = \frac{1+\xi}{1-\xi}$$

oder wegen der Kleinheit von δ

$$\frac{\operatorname{tg}\frac{\pi}{4} + \operatorname{tg}\frac{\delta}{2}}{1 - \operatorname{tg}\frac{\pi}{4}\operatorname{tg}\frac{\delta}{2}} = \frac{1+\frac{\delta}{2}}{1-\frac{\delta}{2}} = \frac{1+\xi}{1-\xi}$$

$$\delta = 2\,\xi$$

oder auch

$$\frac{\partial \delta}{\partial t} = 2\,\frac{\partial \xi}{\partial t} \quad . \quad . \quad . \quad . \quad . \quad . \quad . \quad . \quad (9).$$

Hierin ist aber nach unseren Definitionen

$$\frac{\partial \delta}{\partial t} = \frac{\tau}{\varkappa}, \quad \frac{\partial \xi}{\partial t} = \frac{\partial w_x}{\partial x} \quad . \quad . \quad . \quad . \quad . \quad (10)$$

und nach (5) mit $p_z = 0$, $p_y = -p_x$

$$p_x\left(1 + \frac{1}{\mu}\right) = -\lambda\,\frac{\partial w_x}{\partial x} = -\lambda\,\frac{\partial \xi}{\partial t}$$

oder wegen (8) und (10)

$$\varkappa\,\frac{\partial \delta}{\partial t}\cdot\frac{(1+\mu)}{\mu} = \lambda\,\frac{\partial \xi}{\partial t}$$

$$2\,\varkappa\,(1+\mu) = \lambda\mu \quad . \quad . \quad . \quad . \quad . \quad . \quad (11).$$

Durch diese Beziehung sind wir in der Lage, den Dehnungsfaktor λ aus unseren Gleichungen zu eliminieren, und erhalten so aus (5a)

$$\left.\begin{aligned} p_x &= \frac{3\,p}{1+\mu} - 2\,\varkappa\,\frac{\partial w_x}{\partial x} \\ p_y &= \frac{3\,p}{1+\mu} - 2\,\varkappa\,\frac{\partial w_y}{\partial y} \\ p_z &= \frac{3\,p}{1+\mu} - 2\,\varkappa\,\frac{\partial w_z}{\partial z} \end{aligned}\right\} \quad . \quad . \quad . \quad . \quad . \quad (5b).$$

Führen wir diese im Verein mit (2) in die Bewegungsformel (4) ein, so ergibt sich zunächst in der ersten derselben

$$\frac{\partial p_x}{\partial x} - \frac{\partial \tau_y}{\partial z} - \frac{\partial \tau_z}{\partial y} = \frac{3}{1+\mu}\frac{\partial p}{\partial x} - 2\varkappa \frac{\partial^2 w_x}{\partial x^2} - \varkappa \left(\frac{\partial^2 w_x}{\partial y^2} + \frac{\partial^2 w_x}{\partial z^2}\right)$$

$$- \varkappa \frac{\partial}{\partial x}\left(\frac{\partial w_y}{\partial y} + \frac{\partial w_z}{\partial z}\right) = \frac{3}{1+\mu}\frac{\partial p}{\partial x} - \varkappa \left(\frac{\partial^2 w_x}{\partial x^2} + \frac{\partial^2 w_x}{\partial y^2} + \frac{\partial^2 w_x}{\partial z^2}\right)$$

$$- \varkappa \frac{\partial}{\partial x}\left(\frac{\partial w_x}{\partial x} + \frac{\partial w_y}{\partial y} + \frac{\partial w_z}{\partial z}\right)$$

oder wegen

$$\frac{3}{1+\mu} = 1 + \frac{2-\mu}{1+\mu}$$

sowie mit Rücksicht auf (6b) und (11)

$$\frac{\partial p_x}{\partial x} - \frac{\partial \tau_y}{\partial z} - \frac{\partial \tau_z}{\partial y} = \frac{\partial p}{\partial x} - \varkappa \left(\frac{\partial^2 w_x}{\partial x^2} + \frac{\partial^2 w_x}{\partial y^2} + \frac{\partial^2 w_x}{\partial z^2}\right)$$

$$- \frac{\varkappa}{3}\frac{\partial}{\partial x}\left(\frac{\partial w_x}{\partial x} + \frac{\partial w_y}{\partial y} + \frac{\partial w_z}{\partial z}\right).$$

Damit aber gehen die Bewegungsgleichungen (4) selbst über in die von Stokes angegebene Form

$$\left.\begin{aligned}
q_x - \frac{g}{\gamma}\frac{\partial p}{\partial x} + \frac{\varkappa g}{\gamma}\left(\frac{\partial^2 w_x}{\partial x^2} + \frac{\partial^2 w_x}{\partial y^2} + \frac{\partial^2 w_x}{\partial z^2}\right)& \\
+ \frac{\varkappa g}{3\gamma}\frac{\partial}{\partial x}\left(\frac{\partial w_x}{\partial x} + \frac{\partial w_y}{\partial y} + \frac{\partial w_z}{\partial z}\right) &= \frac{dw_x}{dt} \\
q_y - \frac{g}{\gamma}\frac{\partial p}{\partial y} + \frac{\varkappa g}{\gamma}\left(\frac{\partial^2 w_y}{\partial x^2} + \frac{\partial^2 w_y}{\partial y^2} + \frac{\partial^2 w_y}{\partial z^2}\right)& \\
+ \frac{\varkappa g}{3\gamma}\frac{\partial}{\partial y}\left(\frac{\partial w_x}{\partial x} + \frac{\partial w_y}{\partial y} + \frac{\partial w_z}{\partial z}\right) &= \frac{dw_y}{dt} \\
q_z - \frac{g}{\gamma}\frac{\partial p}{\partial z} + \frac{\varkappa g}{\gamma}\left(\frac{\partial^2 w_z}{\partial x^2} + \frac{\partial^2 w_z}{\partial y^2} + \frac{\partial^2 w_z}{\partial z^2}\right)& \\
+ \frac{\varkappa g}{3\gamma}\frac{\partial}{\partial z}\left(\frac{\partial w_x}{\partial x} + \frac{\partial w_y}{\partial y} + \frac{\partial w_z}{\partial z}\right) &= \frac{dw_z}{dt}
\end{aligned}\right\} \quad (12),$$

in der außer dem spezifischen Gewicht nur noch die Konstante $\varkappa$, der sog. Koeffizient der inneren Reibung, auftritt. Für inkompressible Flüssigkeiten vereinfachen sich diese Formeln infolge deren Kontinuitätsbedingung in

$$\left.\begin{aligned} q_x - \frac{g}{\gamma}\frac{\partial p}{\partial x} + \frac{\varkappa g}{\gamma}\left(\frac{\partial^2 w_x}{\partial x^2} + \frac{\partial^2 w_x}{\partial y^2} + \frac{\partial^2 w_x}{\partial z^2}\right) = \frac{d w_x}{dt} \\ q_y - \frac{g}{\gamma}\frac{\partial p}{\partial y} + \frac{\varkappa g}{\gamma}\left(\frac{\partial^2 w_y}{\partial x^2} + \frac{\partial^2 w_y}{\partial y^2} + \frac{\partial^2 w_y}{\partial z^2}\right) = \frac{d w_y}{dt} \\ q_z - \frac{g}{\gamma}\frac{\partial p}{\partial z} + \frac{\varkappa g}{\gamma}\left(\frac{\partial^2 w_z}{\partial x^2} + \frac{\partial^2 w_z}{\partial y^2} + \frac{\partial^2 w_z}{\partial z^2}\right) = \frac{d w_z}{dt} \end{aligned}\right\} \quad (12\,\text{a}).$$

Hierin können wir aber auch schreiben

$$\frac{\partial^2 w_x}{\partial x^2} + \frac{\partial^2 w_x}{\partial y^2} + \frac{\partial^2 w_x}{\partial z^2} = \frac{\partial^2 w_x}{\partial x^2} + \frac{\partial}{\partial y}\left(\frac{\partial w_x}{\partial y} - \frac{\partial w_y}{\partial x}\right) + \frac{\partial}{\partial z}\left(\frac{\partial w_x}{\partial z} - \frac{\partial w_z}{\partial x}\right) + \frac{\partial}{\partial x}\left(\frac{\partial w_y}{\partial y} + \frac{\partial w_z}{\partial z}\right)$$

oder wegen

$$\frac{\partial w_y}{\partial y} + \frac{\partial w_z}{\partial z} = -\frac{\partial w_x}{\partial x}$$

sowie mit den Wirbelkomponenten

$$\frac{\partial w_x}{\partial z} - \frac{\partial w_z}{\partial x} = 2\,\varepsilon_y, \quad \frac{\partial w_y}{\partial x} - \frac{\partial w_x}{\partial y} = 2\,\varepsilon_z, \quad \frac{\partial w_z}{\partial y} - \frac{\partial w_y}{\partial z} = 2\,\varepsilon_x \quad (13)$$

unter Hinzufügung der beiden anderen Ausdrücke

$$\left.\begin{aligned} \frac{\partial^2 w_x}{\partial x^2} + \frac{\partial^2 w_x}{\partial y^2} + \frac{\partial^2 w_x}{\partial z^2} = 2\left(\frac{\partial \varepsilon_y}{\partial z} - \frac{\partial \varepsilon_z}{\partial y}\right) \\ \frac{\partial^2 w_y}{\partial x^2} + \frac{\partial^2 w_y}{\partial y^2} + \frac{\partial^2 w_y}{\partial z^2} = 2\left(\frac{\partial \varepsilon_z}{\partial x} - \frac{\partial \varepsilon_x}{\partial z}\right) \\ \frac{\partial^2 w_z}{\partial x^2} + \frac{\partial^2 w_z}{\partial y^2} + \frac{\partial^2 w_z}{\partial z^2} = 2\left(\frac{\partial \varepsilon_x}{\partial y} - \frac{\partial \varepsilon_y}{\partial x}\right) \end{aligned}\right\} \quad . \quad . \quad 14).$$

Lösen wir dann noch die rechten Seiten von (12a) nach dem Schema

$$\frac{d w_x}{dt} = \frac{\partial w_x}{\partial t} + w_x \frac{\partial w_x}{\partial x} + w_y \frac{\partial w_x}{\partial y} + w_z \frac{\partial w_x}{\partial z}$$

auf, so wird mit (13) und (14) sowie mit

$$w_x^2 + w_y^2 + w_z^2 = w^2 \quad . \quad . \quad . \quad . \quad . \quad (15)$$

analog den Formeln (6) § 41

$$\left.\begin{aligned} q_x - \frac{\partial}{\partial x}\left(\frac{g}{\gamma}p + \frac{w^2}{2}\right) = \frac{\partial w_x}{\partial t} - 2\,(w_y\,\varepsilon_z - w_z\,\varepsilon_y) + 2\,\frac{\varkappa g}{\gamma}\left(\frac{\partial \varepsilon_y}{\partial z} - \frac{\partial \varepsilon_z}{\partial y}\right) \\ q_y - \frac{\partial}{\partial y}\left(\frac{g}{\gamma}p + \frac{w^2}{2}\right) = \frac{\partial w_y}{\partial t} - 2\,(w_z\,\varepsilon_x - w_x\,\varepsilon_z) + 2\,\frac{\varkappa g}{\gamma}\left(\frac{\partial \varepsilon_z}{\partial x} - \frac{\partial \varepsilon_x}{\partial z}\right) \\ q_z - \frac{\partial}{\partial z}\left(\frac{g}{\gamma}p + \frac{w_2}{2}\right) = \frac{\partial w_z}{\partial t} - 2\,(w_x\,\varepsilon_y - w_y\,\varepsilon_x) + 2\,\frac{\varkappa g}{\gamma}\left(\frac{\partial \varepsilon_x}{\partial y} - \frac{\partial \varepsilon_y}{\partial x}\right) \end{aligned}\right\} \quad (12\text{b}).$$

Eliminieren wir dann hieraus durch wechselseitige Differentiation den Ausdruck

$$\frac{g}{\gamma} p + \frac{w^2}{2}$$

und beachten, daß z. B.

$$\frac{\partial^2 w_x}{\partial t\, \partial y} - \frac{\partial^2 w_y}{\partial t\, \partial x} = \frac{\partial}{\partial t}\left(\frac{\partial w_x}{\partial y} - \frac{\partial w_y}{\partial x}\right) = -2\frac{\partial \varepsilon_z}{\partial t}$$

$$\frac{\partial \varepsilon_z}{\partial t} + w_x \frac{\partial \varepsilon_z}{\partial x} + w_y \frac{\partial \varepsilon_z}{\partial y} + w_z \frac{\partial \varepsilon_z}{\partial z} = \frac{d\varepsilon_z}{dt}$$

ist, so folgt mit Rücksicht auf die Wirbelkontinuität

$$\frac{\partial \varepsilon_x}{\partial x} + \frac{\partial \varepsilon_y}{\partial y} + \frac{\partial \varepsilon_z}{\partial z} = 0 \quad . \quad . \quad . \quad . \quad . \quad (16),$$

welche als rein kinematische Beziehung auch für zähe Flüssigkeiten gültig bleibt,

$$\left.\begin{aligned}
\frac{d\varepsilon_x}{dt} &= \varepsilon_x \frac{\partial w_x}{\partial x} + \varepsilon_y \frac{\partial w_x}{\partial y} + \varepsilon_z \frac{\partial w_x}{\partial z} \\
&\quad + \frac{\varkappa g}{\gamma}\left(\frac{\partial^2 \varepsilon_x}{\partial x^2} + \frac{\partial^2 \varepsilon_x}{\partial y^2} + \frac{\partial^2 \varepsilon_x}{\partial z^2}\right) + \frac{1}{2}\left(\frac{\partial q_z}{\partial y} - \frac{\partial q_y}{\partial z}\right) \\
\frac{d\varepsilon_y}{dt} &= \varepsilon_x \frac{\partial w_y}{\partial x} + \varepsilon_y \frac{\partial w_y}{\partial y} + \varepsilon_z \frac{\partial w_y}{\partial z} \\
&\quad + \frac{\varkappa g}{\gamma}\left(\frac{\partial^2 \varepsilon_y}{\partial x^2} + \frac{\partial^2 \varepsilon_y}{\partial y^2} + \frac{\partial^2 \varepsilon_y}{\partial z^2}\right) + \frac{1}{2}\left(\frac{\partial q_x}{\partial z} - \frac{\partial q_z}{\partial x}\right) \\
\frac{d\varepsilon_z}{dt} &= \varepsilon_x \frac{\partial w_z}{\partial x} + \varepsilon_y \frac{\partial w_z}{\partial y} + \varepsilon_z \frac{\partial w_z}{\partial z} \\
&\quad + \frac{\varkappa g}{\gamma}\left(\frac{\partial^2 \varepsilon_z}{\partial x^2} + \frac{\partial^2 \varepsilon_z}{\partial y^2} + \frac{\partial^2 \varepsilon_z}{\partial z^2}\right) + \frac{1}{2}\left(\frac{\partial q_y}{\partial x} - \frac{\partial q_x}{\partial y}\right)
\end{aligned}\right\} (12\,c).$$

Die letzten Klammerausdrücke dieser Gleichungen verschwinden, wenn die äußeren Kräfte ein Potential besitzen. Dann aber bleibt immer noch, auch wenn an irgendeiner Stelle momentan keine Wirbelung existiert,

$$\left.\begin{aligned}
\frac{d\varepsilon_x}{dt} &= \frac{\varkappa g}{\gamma}\left(\frac{\partial^2 \varepsilon_x}{\partial x^2} + \frac{\partial^2 \varepsilon_x}{\partial y^2} + \frac{\partial^2 \varepsilon_x}{\partial z^2}\right) \\
\frac{d\varepsilon_y}{dt} &= \frac{\varkappa g}{\gamma}\left(\frac{\partial^2 \varepsilon_y}{\partial x^2} + \frac{\partial^2 \varepsilon_y}{\partial y^2} + \frac{\partial^2 \varepsilon_y}{\partial z^2}\right) \\
\frac{d\varepsilon_z}{dt} &= \frac{\varkappa g}{\gamma}\left(\frac{\partial^2 \varepsilon_z}{\partial x^2} + \frac{\partial^2 \varepsilon_z}{\partial y^2} + \frac{\partial^2 \varepsilon_z}{\partial z^2}\right)
\end{aligned}\right\} \quad . \quad . \quad . \quad (17)$$

übrig, also die Möglichkeit einer Wirbelbildung infolge der örtlichen Änderung der Wirbelkomponenten in der Nachbarschaft dieser Stelle. Ist die ganze Flüssigkeitsmasse momentan wirbelfrei, so verschwinden auch die Klammerausdrücke in (17) im Innern, nicht aber an der Oberfläche der Flüssigkeit. Daraus folgt dann, daß die Wirbelung in einer ursprünglich nicht wirbelnden zähen Flüssigkeit unter dem Einflusse von Potentialkräften nur von ihrer Oberfläche ausgehen kann und von dort in das Innere fortschreiten wird. Als Oberfläche ist hierbei natürlich auch jede Begrenzung durch eine feste Wand anzusehen, welche dann zur Wirbelbildung Anlaß bietet, wenn die Flüssigkeit an ihr hinströmt. Von der Richtigkeit dieses Ergebnisses kann man sich leicht an der schon in § 44 besprochenen Vorrichtung Fig. 172 überzeugen, in der die Wirbel am Ende des in die ruhende Flüssigkeit hineinragenden Rohres entstehen, um dann vermöge der Zähigkeit die ganze Masse unter gleichzeitiger Abnahme der Wirbelstärke zu erfüllen.

Schließlich kann man noch die Frage nach der Möglichkeit einer Potentialströmung von zähen Flüssigkeiten aufwerfen, für welche offenbar die Wirbelkomponenten verschwinden. Davon werden dann auch sofort die Ausdrücke (14) betroffen, mit denen der Einfluß der Reibung selbst aus den Bewegungsgleichungen fortfällt. Die hieraus sich ergebende Möglichkeit solcher Potentialbewegungen zäher Flüssigkeiten, die sich dann wie ideale verhalten, wird indessen im allgemeinen durch die Grenzbedingungen eingeschränkt. Strömt nämlich die Flüssigkeit an einer festen Wand hin, so wird sie an dieser erfahrungsgemäs haften bzw verzögert werden, wodurch jedenfalls Wirbel entstehen, die sich ins Innere des Stromes fortpflanzen und damit die Potentialbewegung zerstören werden, wenn man nicht nach dem Vorgange von Prandtl ein Ablösen der Flüssigkeit von der Wand annehmen will[1]). Ist dagegen wie bei einem

[1]) Dieser Umstand scheint mir z. B. die Ergebnisse der Dissertation von H. Grether, »Über Potentialbewegung tropfbarer Flüssigkeiten in gekrümmten Kanälen« (1909) zu erklären, in der u. a. die Strömung durch Krümmer nach Fig. 134 (§ 35) untersucht wird. Die Untersuchung von Prandtl findet sich in den »Verhandlungen des internat. Mathematikerkongresses zu Heidelberg 1904«, und wurde in der Arbeit von Blasius, »Grenzschichten in Flüssigkeiten mit kleiner Reibung« (Zeitschr. f. Math. u. Phys. 1908) weiter ausgeführt.

Strahl die Oberfläche frei, so kann an ihr die Reibung vernachlässigt werden. In freien Strahlen zäher Flüssigkeiten ist somit eine Potentialströmung angenähert realisierbar.

§ 49. Die ebene stationäre Parallelströmung zäher Flüssigkeiten.

Horizontale Parallelströmung in einem sehr breiten Kanal. Änderung der Geschwindigkeit mit der Tiefe. Geschwindigkeitsverteilung zwischen zwei parallelen Platten mit und ohne Hindernisse. Existenz eines Potentials der mittleren Geschwindigkeit bei geringem Plattenabstand. Versuche von Hele-Shaw. Widerstand bei der Verschiebung einer Platte.

Als Anwendung der allgemeinen Entwicklungen des letzten Paragraphen wollen wir zunächst einige Fälle untersuchen, bei denen alle Flüssigkeitsbahnen in parallelen Ebenen normal zur Z-Achse liegen, so daß also die Komponente $w_z = 0$ ist. Außerdem aber sei die Bewegung stationär und stehe unter dem Einflusse der mit der positiven Z-Achse gleichgerichteten Erdbeschleunigung g. Alsdann lauten die Bewegungsgleichungen für die zähe Flüssigkeit (12a) § 48 mit $q_x = 0$, $q_y = 0$, $q_z = g$

$$\left.\begin{aligned}
-\frac{g}{\gamma}\frac{\partial p}{\partial x} + \frac{\varkappa g}{\gamma}\left(\frac{\partial^2 w_x}{\partial x^2} + \frac{\partial^2 w_x}{\partial y^2} + \frac{\partial^2 w_x}{\partial z^2}\right) &= w_x \frac{\partial w_x}{\partial x} + w_y \frac{\partial w_x}{\partial y} \\
-\frac{g}{\gamma}\frac{\partial p}{\partial y} + \frac{\varkappa g}{\gamma}\left(\frac{\partial^2 w_y}{\partial x^2} + \frac{\partial^2 w_y}{\partial y^2} + \frac{\partial^2 w_y}{\partial z^2}\right) &= w_x \frac{\partial w_y}{\partial x} + w_y \frac{\partial w_y}{\partial y} \\
-\frac{g}{\gamma}\frac{\partial p}{\partial z} + g &= 0
\end{aligned}\right\} \quad (1)$$

und die Kontinuitätsgleichung

$$\frac{\partial w_x}{\partial x} + \frac{\partial w_y}{\partial y} = 0 \quad . \; . \; . \; . \; . \; . \; . \quad (2).$$

Aus der dritten Formel (1) folgt sofort

$$p = \gamma z + f(x, y) \quad . \; . \; . \; . \; . \quad (1\,\mathrm{a}),$$

so daß die beiden Ableitungen

$$\frac{\partial p}{\partial x} \text{ und } \frac{\partial p}{\partial y}$$

jedenfalls unabhängig von z sind.

Wir betrachten nunmehr als erstes Beispiel die **geradlinige Parallelströmung** in der x-Richtung, wobei auch $w_y = 0$ und nach (2) und (1)

$$\frac{\partial w_x}{\partial x} = 0, \quad \frac{\partial p}{\partial y} = 0$$

wird, so daß $\partial p : \partial x$ in der ersten Formel (1) nur noch mit x variieren kann. Ist die in der y-Richtung gemessene Breite des Flüssigkeitsstromes unendlich groß, so liegt kein Anlaß zu einer Änderung von w_x in dieser Richtung vor und es wird mit $\frac{\partial w_x}{\partial y} = 0$ aus der ersten Gl. (1)

$$\frac{\partial p}{\partial x} = \varkappa \frac{\partial^2 w_x}{\partial z^2} \quad \ldots \ldots \quad (3).$$

Da hierin die rechte Seite nur eine Funktion von z, die linke nur eine von x sein kann, so müssen beide Glieder Konstante sein, und wir erhalten durch Integration für die Geschwindigkeit

$$\varkappa w_x = A + Bz + \frac{\partial p}{\partial x} \frac{z^2}{2} \quad \ldots \ldots \quad (3\,a).$$

Ist der Strom in der Tiefe h durch eine **Horizontalebene** begrenzt (Fig. 190), an der die Flüssigkeit erfahrungsgemäß haftet, so verschwindet w_x für $z = h$, während die Oberflächengeschwindigkeit $w_x = w_0$ für $z = 0$ sein möge. Alsdann wird

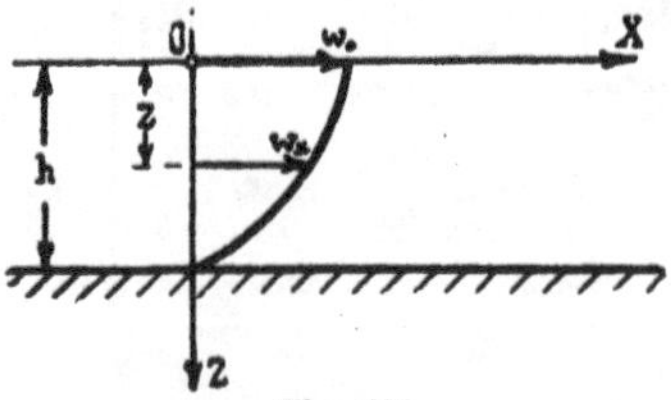

Fig. 190.

$$\varkappa w_0 = A$$

$$0 = A + Bh + \frac{\partial p}{\partial x} \frac{h^2}{2}$$

$$B = -\frac{\partial p}{\partial x} \frac{h}{2} - \frac{\varkappa w_0}{h},$$

womit (3a) übergeht in

$$w_x = -\frac{\partial p}{\partial x} \frac{z(h-z)}{2\varkappa} + w_0 \left(1 - \frac{z}{h}\right) \quad \ldots \quad (3\,b).$$

Die **mittlere Stromgeschwindigkeit** w_m ergibt sich weiter zu

$$w_m = \frac{1}{h} \int_0^h w_x \, dz = -\frac{\partial p}{\partial x} \frac{h^2}{12\varkappa} + \frac{w_0}{2} \quad \ldots \quad (3\,c),$$

woraus schließlich eine lineare Änderung von p mit x folgt, welche, streng genommen, auch an der Oberfläche herrschen müßte, die natürlich im Falle offener Strömungen durch das Gefälle ersetzt wird. Immerhin gibt die vorstehende Entwicklung ein ungefähres Bild der (parabolischen) Geschwindigkeitsverteilung über den Querschnitt eines sehr breiten Kanals, unter der Voraussetzung einer sehr kleinen mittleren Geschwindigkeit.

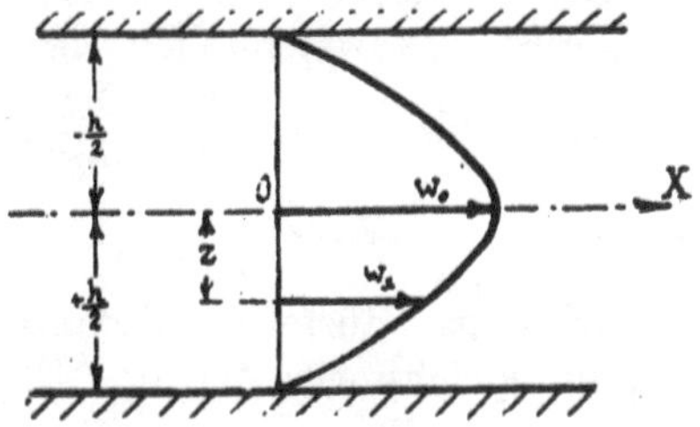

Fig. 191.

Ist der Strom nach Fig. 191 durch zwei parallele Horizontalebenen im Abstande h begrenzt, an denen die Flüssigkeit haftet, so verlegen wir zweckmäßig den Koordinatenanfang in die Mitte der Ebenen und erhalten dann in (3a) $w_x = 0$ für $z = \pm \frac{h}{2}$, also

$$B = 0, \quad A = -\frac{\partial p}{\partial x}\frac{h^2}{8}$$

oder

$$w_x = -\frac{\partial p}{\partial x}\frac{h^2}{8\varkappa}\left(1 - \frac{4z^2}{h^2}\right) \quad . \quad . \quad . \quad . \quad (3\text{d})$$

und daraus die mittlere Stromgeschwindigkeit

$$w_m = \frac{1}{h}\int_{-\frac{h}{2}}^{+\frac{h}{2}} w_x \, dz = -\frac{\partial p}{\partial x}\frac{h^2}{12\varkappa} \quad . \quad . \quad . \quad . \quad (3\text{e}).$$

Das Druckgefälle ist hiernach der mittleren Geschwindigkeit direkt und dem Quadrate des Plattenabstandes indirekt proportional. Außerdem aber erhellt, daß es hierbei nicht mehr zulässig ist, nach dem Vorgange der Potentialströmung idealer Flüssigkeiten jede Stromlinie durch eine feste Wand zu ersetzen, da an dieser stets die Geschwindigkeit verschwindet, und zwar ohne Rücksicht auf ihre Oberflächenbeschaffenheit.

Verlaufen die Stromlinien auf einer Horizontalebene nicht mehr geradlinig und parallel, sondern infolge von Führungen oder Hindernissen zwischen den beiden Platten gekrümmt, so gelten immer noch die Grundformeln (1) der stationären Parallelströmung, sofern die Führungen und Hindernisse selbst eine zylindrische Form mit Erzeugenden parallel zur Z-Achse besitzen. Von besonderem Interesse ist hier der Fall so geringer Abweichungen der Stromlinien von Geraden, daß wir die Ableitungen $\frac{\partial w_x}{\partial x}, \frac{\partial w_x}{\partial y}, \frac{\partial w_y}{\partial x}, \frac{\partial w_y}{\partial y}$ innerhalb der Horizontalebenen gegen $\frac{\partial w_x}{\partial z}, \frac{\partial w_y}{\partial z}$ von einer Ebene zur anderen vernachlässsigen dürfen. Alsdann vereinfachen sich unsere Bewegungsgleichungen (1) in

$$\left.\begin{aligned} \frac{\partial p}{\partial x} &= \varkappa \frac{\partial^2 w_x}{\partial z^2} \\ \frac{\partial p}{\partial y} &= \varkappa \frac{\partial^2 w_y}{\partial z^2} \\ \frac{\partial p}{\partial z} &= \gamma \end{aligned}\right\} \quad . \quad . \quad . \quad . \quad . \quad . \quad (4),$$

woraus wiederum für p die Beziehung (1 c) folgt, so daß die Ableitungen des Druckes in den beiden ersten Formeln (4) von z unabhängig erscheinen und bei der Integration dieser Gleichungen über z zunächst als konstante anzusehen sind. Dies liefert ganz analog (3 a) und (3 d)

$$\left.\begin{aligned} w_x &= -\frac{\partial p}{\partial x} \frac{h^2}{8\varkappa}\left(1 - \frac{4z^2}{h^2}\right) \\ w_y &= -\frac{\partial p}{\partial y} \frac{h^2}{8\varkappa}\left(1 - \frac{4z^2}{h^2}\right) \end{aligned}\right\} \quad . \quad . \quad . \quad (4\,a)$$

mit den Mittelwerten wie (3 e)

$$\left.\begin{aligned} w_{xm} &= -\frac{\partial p}{\partial x} \frac{h^2}{12\varkappa} \\ w_{ym} &= -\frac{\partial p}{\partial y} \frac{h^2}{12\varkappa} \end{aligned}\right\} \quad . \quad . \quad . \quad . \quad . \quad (4\,b).$$

Die Mittelwerte der Geschwindigkeitskomponenten der langsamen Strömung zäher Flüssigkeiten zwischen zwei ebenen Platten besitzen demnach ein Geschwindigkeitspotential

$$\Phi = -\frac{h^2 p}{12\varkappa} \quad . \quad . \quad . \quad . \quad . \quad . \quad . \quad (4\,c)$$

ganz analog der in § 35 behandelten ebenen Potentialströmung, deren Strombilder somit auch hierfür um so genauer zutreffen, je weiter wir uns in der xy-Ebene von dem Hindernis entfernen, da längs dessen Umfang eine zähe Flüssigkeit im Gegensatz zur idealen nicht gleiten kann. Es existiert also um das Hindernis herum ein Bereich, innerhalb dessen die Geschwindigkeitskomponenten ebenso starke örtliche Änderungen erfahren wie beim Übergang von einer Platte bis zur Mitte der Strömung. In diesem Bereiche, dessen Breite, vom Rande des Hindernisses gemessen, demnach die Größenordnung des Plattenabstandes selbst besitzt, treffen natürlich die Vernachlässigungen nicht mehr zu, welche uns auf die Formeln (4) führten. Wir haben es aber in der Hand, durch Verringerung des Plattenabstandes das Übergangsbereich beliebig einzuschränken und dadurch das Strombild demjenigen der idealen Flüssigkeit außerordentlich nahe zu bringen.

Auf Grund dieses schon von Stokes auf theoretischem Wege gewonnenen Ergebnisses hat Hele-Shaw[1]) durch Nebenordnung verschieden gefärbter Flüssigkeitsfäden, welche zwischen zwei Glasplatten in strömende Bewegung versetzt wurden, in der Tat Strombilder (Fig. 192) erzeugt, deren Übereinstimmung mit den auf rechnerischem Wege nach den Methoden des § 35 erhaltenen nichts zu wünschen übrig läßt. Da dieses Verfahren sich jeder Form der Hindernisse sowie der seitlichen Begrenzung des Stromes anpaßt, so kann es geradezu als eine experimentelle Integrationsmethode der partiellen Differentialgleichung

$$\frac{\partial^2 \Phi}{\partial x^2} + \frac{\partial^2 \Phi}{\partial y^2} = 0$$

bei beliebigen, insbesondere rein graphisch gegebenen Randbedingungen bezeichnet werden. Die praktische Bedeutung des Verfahrens, welches Hele-Shaw sogar zur Ermittlung der Druckverteilung auf die Fläche eines umgelegten Ruders vorschlägt, darf allerdings nicht überschätzt werden, da man es nur selten im offenen Wasser mit so kleinen Geschwindigkeiten und Geschwindigkeitsänderungen zu tun hat, wie sie der

[1]) Hele-Shaw, »Investigation of the nature of surface resistance of water and of stream-line motion under certain experimental conditions«. Inst. of Nav. Architects 1898 und »The distribution of pressure due to flow round submerged surfaces. Ebenda 1900. Das Diagramm Fig. 192 ist der letzteren Arbeit entnommen.

Gültigkeit unseres Ansatzes zugrunde liegen, außerdem aber die Wellenbildung hierbei eine ausschlaggebende Rolle spielt. Auf diese Erscheinung kommen wir bei der Untersuchung des Schiffswiderstandes noch einmal zurück.

Dagegen wollen wir hier noch den Fall ins Auge fassen, daß die obere der beiden Platten (Fig. 191) mit einer konstanten Geschwindigkeit c in der X-Richtung ver-

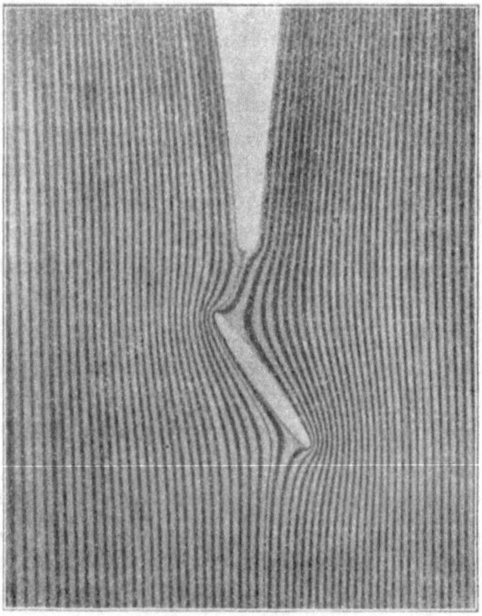

Fig. 192.

schoben wird, während die andere ruht. Dann bestimmen sich die Konstanten der Gl. (3a) aus den Bedingungen: $w_x = c$ für $z = -\frac{h}{2}$, $w_x = 0$ für $z = +\frac{h}{2}$ zu

$$A = \frac{\varkappa c}{2} - \frac{\partial p}{\partial x}\frac{h^2}{8}, \quad B = -\frac{\varkappa c}{h},$$

und wir erhalten

$$w_x = c\left(\frac{1}{2} - \frac{z}{h}\right) + \frac{1}{2\varkappa}\frac{\partial p}{\partial x}\left(z^2 - \frac{h^2}{4}\right) \quad . \quad . \quad (5).$$

Zwischen den Platten und der Flüssigkeit herrscht außerdem noch eine Tangentialspannung

$$\tau = \pm \varkappa \frac{\partial w_x}{\partial z} = \mp \frac{\varkappa c}{h} \pm \frac{\partial p}{\partial x} z \quad . \; . \; . \quad (6),$$

also für die obere und untere Platte mit $z = \mp \frac{h}{2}$

$$\tau = \mp \frac{\varkappa c}{h} - \frac{\partial p}{\partial x} \frac{h}{2} \quad . \; . \; . \; . \; . \quad (6a).$$

Da nun beide Spannungen nach dem Satze von Wirkung und Gegenwirkung einander gleich sein müssen, so verschwindet in (6a) das zweite Glied, d. h. es ist hierbei

$$\frac{\partial p}{\partial x} = 0 \quad . \; . \; . \; . \; . \; . \; . \; . \; . \quad (6b),$$

während sich die Kraft zum Verschieben der einen Platte mit der Fläche F und diejenige zum Festhalten der gleich großen Gegenplatte zu

$$X = F\tau = \pm \frac{F\varkappa c}{h} \quad . \; . \; . \; . \; . \quad (6c)$$

berechnet, also der Geschwindigkeit direkt und dem Plattenabstande indirekt proportional wird. Dies führt auf das bemerkenswerte Ergebnis eines unendlich großen Widerstandes bei der unmittelbaren Berührung der Platten, wobei natürlich die Flüssigkeit zwischen ihnen verschwunden und damit ihr Einfluß auf die Bewegung der Platten ausgeschaltet ist.

§ 50. Die Strömung zäher Flüssigkeiten in Röhren.

Umformung der Navier-Stokesschen Gleichungen in Zylinderkoordinaten. Sonderfall der achsensymmetrischen Strömung einer zähen, inkompressiblen Flüssigkeit. Strömung in einem horizontalen Rohr, Poiseuillesche Formel für das Druckgefälle, Wirbelkomponenten. Strömung in einem geneigten Rohr. Empirische Formel der Geschwindigkeitsverteilung im Querschnitt bei turbulenter Strömung.

Die Navier-Stokesschen Bewegungsgleichungen für zähe Flüssigkeiten unterscheiden sich von den Eulerschen für ideale nur durch den Hinzutritt von Gliedern der Form

$$\frac{\varkappa g}{\gamma} \left(\frac{\partial^2 u}{\partial x^2} + \frac{\partial^2 u}{\partial y^2} + \frac{\partial^2 u}{\partial z^2} \right),$$

in denen der Reihe nach für u die Geschwindigkeitskomponenten w_x, w_y, w_z zu setzen waren. Für die in der Folge zu behandelnden Probleme erscheint es nun zweckmäßig, die Bewegungsgleichungen in Zylinderkoordinaten r, φ, z umzuformen, was für die ideale Flüssigkeit in § 42 schon geschehen ist. Es bleibt uns somit nur noch die Transformation der obengenannten Zusatzglieder übrig, die nach dem Schema des § 42, nämlich

$$\left.\begin{aligned}\frac{\partial u}{\partial x} &= \frac{\partial u}{\partial r}\frac{\partial r}{\partial x} + \frac{\partial u}{\partial \varphi}\frac{\partial \varphi}{\partial x} = \frac{\partial u}{\partial r}\cos\varphi - \frac{\partial u}{\partial \varphi}\frac{\sin\varphi}{r}\\ \frac{\partial u}{\partial y} &= \frac{\partial u}{\partial r}\frac{\partial r}{\partial y} + \frac{\partial u}{\partial \varphi}\frac{\partial \varphi}{\partial y} = \frac{\partial u}{\partial r}\sin\varphi + \frac{\partial u}{\partial \varphi}\frac{\cos\varphi}{r}\end{aligned}\right\} \quad (1)$$

durchzuführen ist, während $\partial u : \partial z$ unverändert bleibt. Daraus folgt weiter

$$\frac{\partial^2 u}{\partial x^2} = \frac{\partial}{\partial r}\left(\frac{\partial u}{\partial r}\cos\varphi - \frac{\partial u}{\partial \varphi}\frac{\sin\varphi}{r}\right)\cos\varphi - \frac{\partial}{\partial \varphi}\left(\frac{\partial u}{\partial r}\cos\varphi - \frac{\partial u}{\partial \varphi}\frac{\sin\varphi}{r}\right)\frac{\sin\varphi}{r}$$

$$\frac{\partial^2 u}{\partial y^2} = \frac{\partial}{\partial r}\left(\frac{\partial u}{\partial r}\sin\varphi + \frac{\partial u}{\partial \varphi}\frac{\cos\varphi}{r}\right)\sin\varphi + \frac{\partial}{\partial \varphi}\left(\frac{\partial u}{\partial r}\sin\varphi + \frac{\partial u}{\partial \varphi}\frac{\cos\varphi}{r}\right)\frac{\cos\varphi}{r}$$

oder nach Ausführung der Differentiation und Addition unter Hinzufügung von $\partial^2 u : \partial z^2$

$$\left.\begin{aligned}\frac{\partial^2 u}{\partial x^2} + \frac{\partial^2 u}{\partial y^2} + \frac{\partial^2 u}{\partial z^2} &= \frac{\partial^2 u}{\partial r^2} + \frac{1}{r}\frac{\partial u}{\partial r} + \frac{1}{r^2}\frac{\partial^2 u}{\partial \varphi^2} + \frac{\partial^2 u}{\partial z^2}\\ &= \frac{1}{r}\frac{\partial}{\partial r}\left(r\frac{\partial u}{\partial r}\right) + \frac{1}{r^2}\frac{\partial^2 u}{\partial \varphi^2} + \frac{\partial^2 u}{\partial z^2}\end{aligned}\right\} \quad (2).$$

Setzen wir nun hierin für u bzw.

$$\left.\begin{aligned}w_x &= w_r\cos\varphi - w_n\sin\varphi\\ w_y &= w_r\sin\varphi + w_n\cos\varphi\\ w_z &= w_z\end{aligned}\right\} \quad . \quad . \quad . \quad . \quad (3),$$

so erhalten wir

$$\left.\begin{aligned}&\frac{\partial^2 w_x}{\partial x^2} + \frac{\partial^2 w_x}{\partial y^2} + \frac{\partial^2 w_x}{\partial z^2}\\ &= \left[\frac{1}{r}\frac{\partial}{\partial r}\left(r\frac{\partial w_r}{\partial r}\right) - \frac{w_r}{r^2} + \frac{1}{r^2}\left(\frac{\partial^2 w_r}{\partial \varphi^2} - 2\frac{\partial w_n}{\partial \varphi}\right) + \frac{\partial^2 w_r}{\partial z^2}\right]\cos\varphi\\ &- \left[\frac{1}{r}\frac{\partial}{\partial r}\left(r\frac{\partial w_n}{\partial r}\right) - \frac{w_n}{r^2} + \frac{1}{r^2}\left(\frac{\partial^2 w_n}{\partial \varphi^2} + 2\frac{\partial w_r}{\partial \varphi}\right) + \frac{\partial^2 w_n}{\partial z^2}\right]\sin\varphi\\ &\frac{\partial^2 w_y}{\partial x^2} + \frac{\partial^2 w_y}{\partial y^2} + \frac{\partial^2 w_y}{\partial z^2}\\ &= \left[\frac{1}{r}\frac{\partial}{\partial r}\left(r\frac{\partial w_r}{\partial r}\right) - \frac{w_r}{r^2} + \frac{1}{r^2}\left(\frac{\partial^2 w_r}{\partial \varphi^2} - 2\frac{\partial w_n}{\partial \varphi}\right) + \frac{\partial^2 w_r}{\partial z^2}\right]\sin\varphi\\ &+ \left[\frac{1}{r}\frac{\partial}{\partial r}\left(r\frac{\partial w_n}{\partial r}\right) - \frac{w_n}{r^2} + \frac{1}{r^2}\left(\frac{\partial^2 w_n}{\partial \varphi^2} + 2\frac{\partial w_r}{\partial \varphi}\right) + \frac{\partial^2 w_n}{\partial z^2}\right]\cos\varphi\\ &\frac{\partial^2 w_z}{\partial x^2} + \frac{\partial^2 w_z}{\partial y^2} + \frac{\partial^2 w_z}{\partial z^2} = \frac{1}{r}\frac{\partial}{\partial r}\left(r\frac{\partial w_z}{\partial r}\right) + \frac{1}{r^2}\frac{\partial^2 w_z}{\partial \varphi^2} + \frac{\partial^2 w_z}{\partial z^2}\end{aligned}\right\} \quad (2\,\mathrm{a}),$$

worin noch

$$\left.\begin{aligned}\frac{1}{r}\frac{\partial}{\partial r}\left(r\frac{\partial w_r}{\partial r}\right)-\frac{w_r}{r^2}&=\frac{\partial}{\partial r}\left(\frac{1}{r}\frac{\partial(w_r r)}{\partial r}\right)\\\frac{1}{r}\frac{\partial}{\partial r}\left(r\frac{\partial w_n}{\partial r}\right)-\frac{w_n}{r^2}&=\frac{\partial}{\partial r}\left(\frac{1}{r}\frac{\partial(w_n r)}{\partial r}\right)\end{aligned}\right\}\quad .\ .\quad (2\text{b})$$

geschrieben werden kann. Beachten wir ferner, daß nach § 42

$$\begin{aligned}q_x-\frac{g}{\gamma}\frac{\partial p}{\partial x}-\frac{dw_x}{dt}&=\left(q_r-\frac{g}{\gamma}\frac{\partial p}{\partial r}-\frac{dw_r}{dt}+\frac{w_n^2}{r}\right)\cos\varphi\\&\quad-\left(q_n-\frac{g}{\gamma}\frac{\partial p}{r\partial\varphi}-\frac{d(w_n r)}{r\,dt}\right)\sin\varphi\\q_y-\frac{g}{\gamma}\frac{\partial p}{\partial y}-\frac{dw_y}{dt}&=\left(q_r-\frac{g}{\gamma}\frac{\partial p}{\partial r}-\frac{dw_r}{dt}+\frac{w_n^2}{r}\right)\sin\varphi\\&\quad+\left(q_n-\frac{g}{\gamma}\frac{\partial p}{r\partial\varphi}-\frac{d(w_n r)}{r\,dt}\right)\cos\varphi\end{aligned}$$

war, so liefert die Vereinigung dieser Ausdrücke mit (2a) bzw. (2b) in den Formeln (12a) des § 48 schon die gesuchten Bewegungsgleichungen in Zylinderkoordinaten

$$\left.\begin{aligned}&q_r-\frac{g}{\gamma}\frac{\partial p}{\partial r}+\frac{\varkappa g}{\gamma}\left[\frac{\partial}{\partial r}\left(\frac{1}{r}\frac{\partial(w_r r)}{\partial r}\right)\right.\\&\qquad\left.+\frac{1}{r^2}\left(\frac{\partial^2 w_r}{\partial\varphi^2}-2\frac{\partial w_n}{\partial\varphi}\right)+\frac{\partial^2 w_r}{\partial z^2}\right]=\frac{dw_r}{dt}-\frac{w_n^2}{r}\\&q_n-\frac{g}{\gamma}\frac{\partial p}{r\partial\varphi}+\frac{\varkappa g}{\gamma}\left[\frac{\partial}{\partial r}\left(\frac{1}{r}\frac{\partial(w_n r)}{\partial r}\right)\right.\\&\qquad\left.+\frac{1}{r^2}\left(\frac{\partial^2 w_n}{\partial\varphi^2}+2\frac{\partial w_r}{\partial\varphi}\right)+\frac{\partial^2 w_n}{\partial z^2}\right]=\frac{d(w_n r)}{r\,dt}\\&q_z-\frac{g}{\gamma}\frac{\partial p}{\partial z}+\frac{\varkappa g}{\gamma}\left[\frac{1}{r}\frac{\partial}{\partial r}\left(r\frac{\partial w_z}{\partial r}\right)+\frac{1}{r^2}\frac{\partial^2 w_z}{\partial\varphi^2}+\frac{\partial^2 w_z}{\partial z^2}\right]=\frac{dw_z}{dt}\end{aligned}\right\}\quad(4),$$

zu denen infolge der Volumbeständigkeit der zähen Flüssigkeit noch die Kontinuitätsbedingung

$$\frac{\partial(w_r r)}{\partial r}+\frac{\partial w_n}{\partial\varphi}+\frac{\partial(w_z r)}{\partial z}=0\quad .\ .\ .\ .\quad(5)$$

tritt. Handelt es sich im Sonderfalle um die achsensymmetrische Strömung einer zähen, inkompressiblen Flüssigkeit, so vereinfachen sich diese Formeln durch Wegfall aller Ableitungen der Geschwindigkeitskomponenten nach φ in

$$\left.\begin{aligned} q_r - \frac{g}{\gamma}\frac{\partial p}{\partial r} + \frac{\varkappa g}{\gamma}\left[\frac{\partial}{\partial r}\left(\frac{1}{r}\frac{\partial (w_r r)}{\partial r}\right) + \frac{\partial^2 w_r}{\partial z^2}\right] &= \frac{dw_r}{dt} - \frac{w_n^2}{r} \\ q_n - \frac{g}{\gamma}\frac{\partial p}{r\partial\varphi} + \frac{\varkappa g}{\gamma}\left[\frac{\partial}{\partial r}\left(\frac{1}{r}\frac{\partial (w_n r)}{\partial r}\right) + \frac{\partial^2 w_n}{\partial z^2}\right] &= \frac{d(w_n r)}{r\,dt} \\ q_z - \frac{g}{\gamma}\frac{\partial p}{\partial z} + \frac{\varkappa g}{\gamma}\left[\frac{1}{r}\frac{\partial}{\partial r}\left(r\frac{\partial w_z}{\partial r}\right) + \frac{\partial^2 w_z}{\partial z^2}\right] &= \frac{dw_z}{dt} \end{aligned}\right\} \quad (4\,\text{a}),$$

$$\frac{\partial (w_r r)}{\partial r} + \frac{\partial (w_z r)}{\partial z} = 0 \quad . \quad . \quad . \quad . \quad . \quad (5\,\text{a}),$$

Haben wir es z. B. mit einem horizontalen Rohre zu tun, dessen Querschnitt aus Fig. 193a ersichtlich ist, so wird

$$q_r = g\cos\varphi, \quad q_n = -g\sin\varphi, \quad q_z = 0 \quad . \quad . \quad (6).$$

Aus der Symmetrie des Querschnitts um die Vertikale durch den Mittelpunkt folgt dann, daß die Erdbeschleunigung keine Rotationsgeschwindigkeit w_n hervorrufen kann. Weiter erkennen wir aus der vollen Gleichheit der Strömung durch alle aufeinanderfolgenden Querschnitte, daß auch die Ableitung von w_z nach der Rohrlänge z verschwinden muß, woraus anderseits mit (5a)

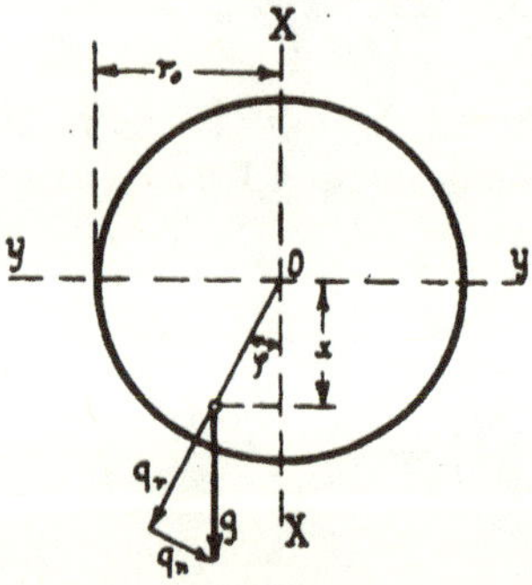

Fig. 193a.

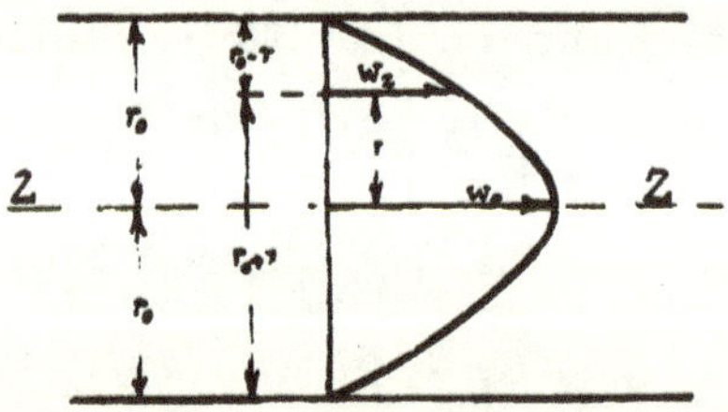

Fig. 193b.

$$w_r r = C$$

sich ergeben würde. Da nun hiernach in der Rohrmitte $w_r = \infty$ sein müßte, so wird dieser Bedingung nur durch $C = 0$ und daher $w_r = 0$ genügt, so daß unser Gleichungssystem (4a) nach Wegfall der Rotation, also mit $w_n = 0$ sich auf

$$\left.\begin{aligned} \gamma\cos\varphi = \frac{\partial p}{\partial r}, \quad -\gamma\sin\varphi = \frac{\partial p}{r\partial\varphi} \\ \frac{\varkappa}{r}\frac{\partial}{\partial r}\left(r\frac{\partial w_z}{\partial r}\right) = \frac{\partial p}{\partial z} \end{aligned}\right\} \quad . \quad . \quad (7)$$

reduziert. Bezeichnen wir die Tiefe unter der Rohrmitte mit x, so ist hiernach

$$\frac{\partial p}{\partial x} = \frac{\partial p}{\partial r}\cos\varphi - \frac{\partial p}{\partial \varphi}\frac{\sin\varphi}{r} = \gamma,$$

so daß also der Druck im horizontalen Rohr mit der Tiefe ebenso zunimmt, wie im Gleichgewichtszustande der Flüssigkeit, während anderseits seitlich in der y-Richtung

$$\frac{\partial p}{\partial y} = \frac{\partial p}{\partial r}\sin\varphi + \frac{\partial p}{\partial \varphi}\frac{\cos\varphi}{r} = 0$$

wird. Da weiterhin w_z nicht von z abhängen kann, so muß in der dritten Gl. (7)

$$\frac{\partial p}{\partial z} = \text{const}$$

sein, d. h. das Druckgefälle hat an allen Stellen eines horizontalen Rohres denselben Wert.

Nunmehr ergibt die erste Integration der dritten Formel (7)

$$2\varkappa\frac{\partial w_z}{\partial r} = r\frac{\partial p}{\partial z} \quad \ldots \ldots \ldots \quad (7\,\mathrm{a})$$

ohne konstantes Glied, da für $r = 0$ die Ableitung von w_z aus Symmetriegründen verschwindet. Die zweite Integration liefert dann

$$4\varkappa w_z = r^2\frac{\partial p}{\partial z} + C \quad \ldots \ldots \quad (7\,\mathrm{b}),$$

und wenn die Flüssigkeit an der Rohrwand haften soll, d. h. wenn $w_z = 0$ für $r = r_0$ ist,

$$4\varkappa w_z = (r^2 - r_0^2)\frac{\partial p}{\partial z} \quad \ldots \ldots \quad (7\,\mathrm{c}),$$

also eine parabolische Geschwindigkeitsverteilung über den Rohrquerschnitt (Fig. 193 b). Daraus folgt die Durchflußmenge in der Zeiteinheit

$$V = 2\pi\int_0^{r_0} w_z r\,dr = -\frac{\pi r_0^4}{8\varkappa}\frac{\partial p}{\partial z} \quad \ldots \quad (8),$$

eine von Poiseuille aufgestellte Beziehung, welche sich leicht experimentell prüfen läßt und in der Tat für enge Rohre und geringe Durchflußmengen hinreichend genau bestätigt wurde. Damit aber ist zugleich auch die Richtigkeit der Annahme des Haftens der Flüssigkeit an der Rohrwandung bei dieser Bewegungsform erwiesen.

Dividieren wir (8) mit dem Querschnitt πr_0^2, so ergibt sich mit $V : \pi r_0^2 = w_m$

$$-\frac{\partial p}{\partial z} = \frac{8\varkappa}{r_0^2} w_m \quad \ldots \ldots \quad (8\text{a}),$$

also die direkte Proportionalität des Druckgefälles mit der mittleren Stromgeschwindigkeit und die umgekehrte mit dem Quadrat des Radius bezw. des Durchmessers. Dieses Ergebnis entspricht aber genau der in § 10 betrachteten Parallelströmung mit innerem Flüssigkeitswiderstande, der somit von der Zähigkeit der Flüssigkeit herrührt. Dort haben wir auch schon festgestellt, daß diese noch durchaus geordnete Strömung lediglich unterhalb einer kritischen Geschwindigkeit stabil bleibt, was wiederum in der nur für kleine Geschwindigkeiten gültigen Herleitung der Navier-Stokesschen Bewegungsformeln zäher Flüssigkeiten hinreichend begründet erscheint. Da hierbei keine Radialgeschwindigkeiten auftreten, und auch zu einer Rotation um die Rohrachse kein Anlaß vorliegt so haben wir es mit einer vollkommenen Parallelströmung zu tun, die indessen von einem Wirbel begleitet ist. Dessen Komponenten berechnen sich nach Gl. (9) § 42 mit $w_r = 0$, $w_n = 0$ sowie nach Wegfall der Ableitungen nach φ zu

$$\varepsilon_r = 0, \quad \varepsilon_n = -\frac{1}{2}\frac{\partial w_z}{\partial r}, \quad \varepsilon_z = 0 \quad \ldots \quad (9),$$

so daß also nur der um die Rohrachse symmetrische Ringwirbel übrigbleibt. Damit wird aus Gl. (7a)

$$\varepsilon_n = -\frac{r}{4\varkappa}\frac{\partial p}{\partial z} \quad \ldots \ldots \quad (9\text{a}),$$

d. h. die Wirbelstärke wächst wegen der Unveränderlichkeit des Druckgefälles innerhalb des Querschnittes proportional mit dem Radius. Eliminieren wir dann noch das Druckgefälle aus (9a) und (7c), so folgt auch

$$\varepsilon_n = -\frac{1}{2}\frac{\partial w_z}{\partial r} = -w_z\frac{r}{r^2 - r_0^2} = \frac{1}{2}\left(\frac{w_z}{r_0 - r} - \frac{w_z}{r_0 + r}\right) \quad (9\text{b}).$$

Die Wirbelstärke stellt also den Mittelwert der beiden momentanen Winkelgeschwindigkeiten des Flüssigkeitselementes in bezug auf die einander gegenüberliegenden Endpunkte des zugehörigen Durchmessers dar, wo die Stromgeschwindigkeit infolge des Haftens der Flüssigkeit an der Wand verschwindet. Aus der Verbindung von (8a) mit (7c) folgt schließlich noch, daß die Geschwindigkeit in der Rohrmitte, d. h. für $r = 0$

$$w_0 = -\frac{r_0^2}{4\varkappa}\frac{\partial p}{\partial z} = 2\,w_m \quad . \quad . \quad . \quad . \quad . \quad (8\text{b}),$$

also doppelt so groß wie die mittlere Stromgeschwindigkeit wird.

Endlich sei noch bemerkt, daß in einem nach unten um den Winkel α gegen den Horizont geneigten Rohr in den obigen Formeln $\gamma \sin \alpha - \frac{\partial p}{\partial z}$ an Stelle von $\frac{\partial p}{\partial z}$ zu setzen ist, wodurch z. B. (8a) in

$$\gamma \sin \alpha - \frac{\partial p}{\partial z} = \frac{8\varkappa}{r_0^2}\,w_m \quad . \quad . \quad . \quad . \quad . \quad (8\text{c})$$

übergeht.

Alle diese Ergebnisse verlieren ihre Gültigkeit beim Überschreiten des oben erwähnten kritischen Wertes für die mittlere Stromgeschwindigkeit, ohne daß es bisher gelungen ist, das Wesen des sich alsdann einstellenden turbulenten Bewegungszustandes hinreichend aufzuklären und analytisch zu formulieren. Wir sind darum hierfür ganz auf die Erfahrung angewiesen, welche zunächst lehrt, daß in diesem Falle das mittlere Druckgefälle dem Quadrat der mittleren Stromgeschwindigkeit direkt und dem Rohrradius indirekt proportional ist, d. h. daß im Gegensatze zu (8a) mit einer neuen Erfahrungszahl μ

$$-\frac{\partial p}{\partial z} = \mu\,\frac{w_m^2}{r_0} \quad (10).$$

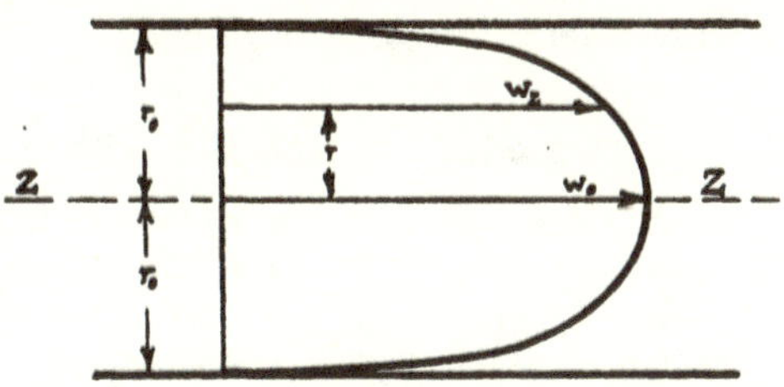

Fig. 194.

Weiterhin wurde von amerikanischen Ingenieuren[1]) durch zahlreiche Versuche an Rohren mit verschiedenen, teilweise sehr großen Rohrdurchmessern eine der Fig. 194 ungefähr entsprechende Geschwindigkeitsver-

[1]) Vgl. z. B. Williams, Hubbel und Fenkell, »Experiments on the effect of curvature upon the flow of water in pipes«, Transactions of the American Soc. of Civ. Engineers 1901.

teilung festgelegt, bei der gegenüber der durch (8 b) gegebenen parabolischen ziemlich genau

$$w_m = 0{,}84\, w_0 \quad . \quad . \quad . \quad . \quad . \quad . \quad (10\,a)$$

und an der Rohrwand

$$\left(\frac{\partial w_z}{\partial r}\right)_{r_0} = -\infty \quad , \quad . \quad . \quad . \quad . \quad . \quad (10\,b)$$

sich ergab, während aus den Versuchsberichten weder über die Druckverteilung innerhalb des Querschnitts noch auch über die von O. Reynolds entdeckte Radialbewegung etwas ersichtlich ist. Sehen wir davon vorläufig ab, so genügt den drei empirischen Formeln (10), (10 a), (10 b) angenähert der Ansatz

$$\frac{25}{16}\,\mu\, w_z^2 = -\,(r_0^2 - r^2)^{\frac{1}{2}} \frac{\partial p}{\partial z} \quad . \quad . \quad . \quad . \quad (11),$$

woraus

$$w_m = 0{,}8\, w_0 \quad . \quad . \quad . \quad . \quad . \quad (11\,a)$$

und

$$-\frac{\partial w_z}{\partial r} = -\frac{w_z r}{2\,(r^2 - r_0^2)} = \frac{1}{4}\left(\frac{w_z}{r_0 - r} - \frac{w_z}{r_0 + r}\right) \quad (11\,b)$$

folgt. Mangels jeder Kenntnis über die Radialbewegung sind wir nicht berechtigt, die Hälfte dieses Ausdruckes nach Analogie von (9 b) als die Ringwirbelstärke anzusprechen. Jedenfalls darf unser Ansatz (11) ebenso wie die empirische Formel (10) nur als Mittelwertbildung, und zwar auch in bezug auf die Zeit, angesehen werden, obwohl die Versuche[1]), die Turbulenz auf Grund dieser Anschauung analytisch darzustellen, bisher nicht zu befriedigenden Ergebnissen führten.

§ 51. Die Rotation zäher Flüssigkeiten.

Gleichförmige Rotation um eine vertikale Achse. Formeln für die Tangentialspannung. Geschwindigkeitsverteilung um einen zentralen Zylinder; Drehmoment desselben. Bewegung der zähen Flüssigkeit zwischen zwei vertikalen Zylinderflächen; Lagerreibung und Zapfenreibungskoeffizient. Vergleich mit Versuchsergebnissen.

Wir betrachten in der Folge die gleichförmige Rotation eines starren vertikalen Kreiszylinders nach Fig. 166 in einer zähen Flüssigkeit, welche infolge der durch

---

[1]) Einen Bericht hierüber gibt Lamb, »Hydrodynamik«. Deutsche Ausgabe. Leipzig 1907, S. 735 ff.

die Zähigkeit bedingten Tangentialspannung am Zylindermantel ebenfalls in Drehung versetzt wird, während für eine Achsialverschiebung kein Anlaß vorliegt. Daher wird die Bewegung nicht nur durchaus achsensymmetrisch verlaufen, sondern es werden auch alle Ableitungen der Geschwindigkeit nach z mit der Achsialkomponente w_z selbst verschwinden, so daß zunächst aus der Kontinuitätsgleichung (5a) des § 50

$$\frac{\partial (w_r r)}{\partial r} = 0, \quad w_r r = C_0 \quad . \quad . \quad . \quad . \quad . \quad (1)$$

folgt. Da nun am Umfange des rotierenden Zylinders mit dem Radius r_1 keine Radialgeschwindigkeit möglich ist, so muß auch C_0 verschwinden, d. h. in der ganzen Flüssigkeitsmasse $w_r = 0$ sein. Beachten wir ferner, daß an der Erdoberfläche

$$q_r = 0, \quad q_n = 0, \quad q_z = g \quad . \quad . \quad . \quad . \quad . \quad (2)$$

ist und infolge der Symmetrie

$$\frac{\partial p}{\partial \varphi} = 0, \quad \frac{\partial w_n}{\partial \varphi} = 0 \quad . \quad . \quad . \quad . \quad . \quad . \quad (3)$$

wird, so vereinfachen sich die Bewegungsgleichungen (4a) § 50 für unseren Vorgang in

$$\left.\begin{aligned} \frac{g}{\gamma}\frac{\partial p}{\partial r} &= \frac{w_n^2}{r} \\ \frac{\partial}{\partial r}\left(\frac{1}{r}\frac{\partial (w_n r)}{\partial r}\right) &= 0 \\ \frac{g}{\gamma}\frac{\partial p}{\partial z} &= g \end{aligned}\right\} \quad . \quad . \quad . \quad . \quad . \quad . \quad (4).$$

Hierzu treten noch die Tangentialspannungen τ an den Berührungsflächen der Flüssigkeit mit den Wandungen, zu denen natürlich auch der Mantel des rotierenden Zylinders gehört. Bezeichnen wir diese Spannungen nach Analogie der Formeln (2) in § 48 mit τ_r, τ_n, τ_z nach den Achsen, um die sie Drehungen hervorzurufen bestrebt sind, so erhalten wir aus Fig. 195 allgemein

$$\left.\begin{aligned} \tau_r &= \varkappa\left(\frac{\partial w_z}{r\partial \varphi} + \frac{\partial w_n}{\partial z}\right) \\ \tau_n &= \varkappa\left(\frac{\partial w_r}{\partial z} + \frac{\partial w_z}{\partial r}\right) \\ \tau_z &= \varkappa\left(\frac{\partial w_n}{\partial r} + \frac{\partial w_r}{r\partial \varphi} - \frac{w_n}{r}\right) \end{aligned}\right\} \quad . \quad . \quad . \quad . \quad (5).$$

Hierin ist nur für die Ableitung der dritten Formel zu beachten, daß die Winkelgeschwindigkeit des Punktes C in bezug auf A durch $\frac{\partial w_n}{\partial r}$ gegeben ist, während sich diejenige von B zu $\frac{\partial w_r}{r\partial\varphi} - \frac{w_n}{r}$ ergibt, wovon das zweite Glied die Winkelgeschwindigkeit des ganzen Elementes darstellt. Gerade diese dritte Formel kommt also nach den obigen Voraussetzungen für unser Problem allein in Betracht, und zwar in der vereinfachten Form

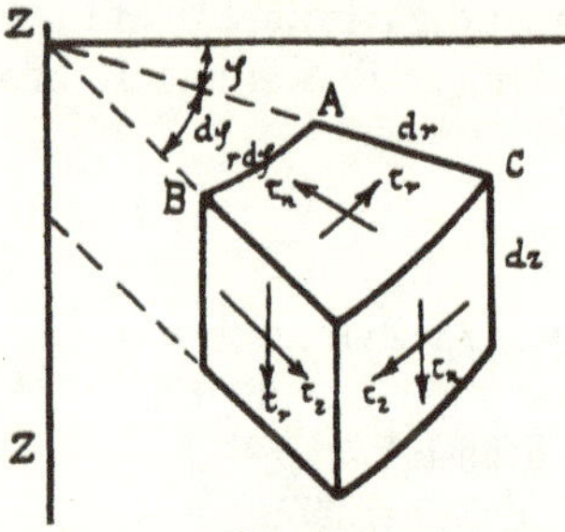

Fig. 195.

$$\tau_z = \varkappa\left(\frac{\partial w_n}{\partial r} - \frac{w_n}{r}\right) \quad (5\,a),$$

deren Auswertung die Kenntnis der Veränderlichkeit von w_n mit r voraussetzt. Diese aber ergibt sich durch Integration der zweiten Gl. (4), in der wir die partiellen Ableitungen auch durch totale ersetzen können, mit zwei Integrationskonstanten A und B zu

$$w_n = Ar + \frac{B}{r} \quad \ldots\ldots\ldots \quad (6).$$

Nehmen wir jetzt, wie in § 44, an, daß die Flüssigkeit sich nicht nur nach unten, sondern auch seitlich bis ins Unendliche erstreckt, so muß für $r = \infty$ die Rotationsgeschwindigkeit w_n verschwinden, d. h. es wird mit $A = 0$

$$w_n = \frac{B}{r}.$$

Bezeichnen wir dann mit ω_1 die Winkelgeschwindigkeit des Zylinders vom Radius r_1, so zwar, daß an dessen Mantel wegen des Haftens der Flüssigkeit $w_{n1} = \omega_1 r_1$ ist, so folgt für die Konstante

$$B = \omega_1 r_1^2$$

und wir erhalten schließlich

$$w_n = \frac{\omega_1 r_1^2}{r} \quad \ldots\ldots\ldots \quad (6\,a),$$

also genau dieselbe Geschwindigkeitsverteilung wie in § 44 für die reibungsfreie Flüssigkeit, deren Gleichdruckflächen infolgedessen auch die dort ermittelten Formen annehmen müssen. Es liegt dies einfach daran, daß in den für die Niveauflächen maßgebenden Differentialgleichungen, nämlich der ersten und dritten der Gruppe (4), die Flüssigkeitsreibung nicht auftritt, so daß sich die in der Umgebung eines starren Zylinders rotierende zähe Flüssigkeit wie eine ideale verhält und auch ein Geschwindigkeitspotential besitzt, da der allein mögliche Achsialwirbel nach (6 a)

$$\varepsilon_z = \frac{1}{2r}\frac{\partial (w_n r)}{\partial r} = 0 \quad . \quad . \quad . \quad . \quad . \quad . \quad (7)$$

wird, also verschwindet. Trotz dieser vollkommenen Übereinstimmung der Bewegung erhielten wir in § 44 kein Drehmoment zur Aufrechterhaltung der Flüssigkeitsrotation, die sich dort einfach aus der Stetigkeit der Rotationsgeschwindigkeit der Flüssigkeit bzw. deren Identität mit der Umfangsgeschwindigkeit des Zylinders an dessen Mantel ohne Einführung einer Tangentialspannung ergab. Jetzt haben wir für diese aus (5 a) und (6 a) allgemein

$$\tau_z = -2\varkappa \frac{\omega_1 r_1^2}{r^2} \quad . \quad . \quad . \quad . \quad . \quad . \quad (5\,b)$$

und daher am Zylindermantel mit $r = r_1$

$$\tau_1 = -2\varkappa\omega_1 \quad . \quad . \quad . \quad . \quad . \quad . \quad (5\,c),$$

woraus für die Zylinderlänge l ein Drehmoment

$$\mathfrak{M} = 2\pi r^2 l \tau_z = -4\pi\varkappa r_1^2 l \omega_1 \quad . \quad . \quad (8)$$

folgt. Dieses Moment ist ganz unabhängig vom Abstande r und wird daher unverändert von einer zylindrischen Flüssigkeitsschicht auf die andere übertragen.

Setzen wir nunmehr voraus, daß die Flüssigkeit auch außen durch einen starren Hohlzylinder vom Radius r_2 begrenzt ist, der mit der Winkelgeschwindigkeit ω_2 rotieren möge, während der Innenzylinder r_1 sich mit ω_1 dreht, so bleiben unsere Grundformeln (1) bis (6) ungeändert. Dagegen bestimmen sich die Konstanten in (6) aus den Bedingungen des Haftens der Flüssigkeit an beiden Oberflächen derart, daß

$$\omega_1 r_1 = A r_1 + \frac{B}{r_1}$$

$$\omega_2 r_2 = A r_2 + \frac{B}{r_2},$$

woraus

$$A = \frac{\omega_2 r_2^2 - \omega_1 r_1^2}{r_2^2 - r_1^2}, \quad B = \frac{(\omega_1 - \omega_2)\, r_1^2 r_2^2}{r_2^2 - r_1^2} \quad . \quad . \quad (6\,b)$$

folgt. Die Differentialgleichung der Niveaufläche ergibt sich dann aus der ersten und dritten Gl. (4) mit (6) zu

$$\frac{g}{\gamma}\,dp = g\,dz + \frac{w_n^2}{r}\,dr = g\,dz + \frac{1}{r}\left(Ar + \frac{B}{r}\right)^2 dr$$

und liefert nach Integration

$$\frac{g}{\gamma}\,p = g\,z + \frac{A^2 r^2}{2} + 2\,A\,B\,\lg n\,r - \frac{B^2}{2\,r^2} + C \quad . \quad . \quad (9),$$

worin wir die neue Konstante C etwa dadurch bestimmen können, daß für $z = 0$, $r = r_2$ und $p = p_0$ sein möge, d. h. daß der Schnitt der unter dem Atmosphärendruck p_0 stehenden Flüssigkeitsoberfläche mit dem Außenzylinder in dem Bezugshorizont $z = 0$ liegt. Damit geht (9) über in

$$\frac{g}{\gamma}(p - p_0) = g\,z + \frac{A^2}{2}(r^2 - r_2^2) + 2\,A\,B\,\lg n\,\frac{r}{r_2} - \frac{B^2}{2}\left(\frac{1}{r^2} - \frac{1}{r_2^2}\right) \quad (9\,a)$$

und ergibt mit $p = p_0$ die Gleichung der Oberfläche selbst.

Die Tangentialspannung im Innern der Flüssigkeit bestimmt sich nunmehr aus (5a) und (6) zu

$$\tau_z = -\frac{2\,\varkappa\,B}{r^2} \quad . \quad . \quad . \quad . \quad . \quad . \quad (10)$$

mit einem Drehmoment für die Zylinderlänge l unter Beachtung von (6b)

$$\mathfrak{M} = 2\,\pi\,l\,r^2\,\tau_z = -4\,\pi\,\varkappa\,l\,B = -4\,\pi\,\varkappa\,l\,\frac{(\omega_1 - \omega_2)\,r_1^2\,r_2^2}{r_2^2 - r_1^2} \quad (11),$$

welches wiederum vom Abstande r unabhängig ist und darum mit entgegengesetzten Vorzeichen am starren Innen- und Außenzylinder wirkt. Wird der letztere festgehalten, so haben wir den Fall der Drehung eines Zapfens im geschmierten Lager vor uns, deren Radien sich nur um einen kleinen Betrag δ unterscheiden, so zwar, daß $r_2 - r_1 = \delta$, $r_2^2 - r_1^2 = 2\,r_1\,\delta$ gesetzt werden kann. Das Zapfendrehmoment wird alsdann durch Einsetzen in (11) mit $\omega_2 = 0$

$$\mathfrak{M} = -2\,\pi\,\varkappa\,l\,r_1^3\,\frac{\omega_1}{\delta} \quad . \quad . \quad . \quad . \quad . \quad (11\,a).$$

Diese Formel steht für mäßige Umfangsgeschwindigkeiten $r_1\,\omega_1$ in guter Übereinstimmung mit der Erfahrung[1]); sie eignet

[1]) Vgl. hierüber die lehrreiche Schrift von Petroff, »Neue Theorie der Reibung«, deutsch von Wurzel. Leipzig 1887.

sich daher zur Bestimmung des Zähigkeitsfaktors $\varkappa$ unter der Voraussetzung einer genauen Messung des kleinen Abstandes δ. Übrigens hat der Franzose Couette durch Versuche festgestellt, daß auch bei der hier untersuchten Rotation zwischen Zylinderflächen einzelne Flüssigkeiten, z. B. Wasser, nicht aber Öl für höhere Umfangsgeschwindigkeiten, in den turbulenten Bewegungszustand übergehen, in dem das Drehmoment des Zapfens nach Analogie des Druckgefälles in Rohren angenähert dem Quadrate der Umlaufszahl proportional wird. Das wirkliche Verhalten der Schmierflüssigkeiten zwischen Zapfen und Lager wird noch durch deren meist horizontale Anordnung wesentlich modifiziert, wobei der Zapfen infolge seines Gewichtes und etwaiger Zusatzbelastungen eine exzentrische Lage einnimmt. Diesen Einfluß haben O. Reynolds und Sommerfeld analytisch verfolgt, ohne indessen zu Ergebnissen zu gelangen, welche mit neueren Versuchen, z. B. denen von Stribeck[1]), auch nur annähernd übereinstimmen. In der technischen Praxis behilft man sich z. Z. noch immer mit einem Zapfenreibungskoeffizienten f auf Grund der älteren Annahme einer gleitenden Reibung zwischen Zapfen und Lager[2]). Bezeichnet man die Belastung des Zapfens mit P, den mittleren Lagerdruck mit p_m, so daß $P = 2\, r_1\, l\, p_m$, so wird

$$\mathfrak{M} = P r_1 f = 2\, r_1\, l f p_m \quad . \quad . \quad . \quad . \quad . \quad (12)$$

gesetzt. Dies liefert mit unserer Formel (11a) nach Weglassung des hierbei bedeutungslosen Vorzeichens

$$f = \frac{2\,\pi\,\varkappa\, l\, r_1^2\, \omega_1}{P\,\delta} = \frac{\pi\,\varkappa\, r_1\, \omega_1}{p_m\,\delta} \quad . \quad . \quad . \quad . \quad (12\text{a}),$$

d. h. für ein und denselben mittleren Lagerdruck eine Proportionalität mit der Umlaufzahl, während bei rein gleitender Reibung f konstant sein sollte. Wie verwickelt demgegenüber die Verhältnisse in Wirklichkeit liegen, zeigt das nachstehende schematische Diagramm Fig. 196 einiger Versuchskurven nach Stribeck bei konstantem mittleren Lagerdruck $p_{m1} < p_{m2}$ usw. und durchaus gleichgehaltener Temperatur, deren Einfluß somit ausgeschaltet ist. Alle diese Kurven gehen von einem Punkte der Ordinatenachse aus, der

[1]) Stribeck, »Die wesentlichen Eigenschaften der Gleit- und Rollenlager«. Zeitschr. d. Ver. d. Ing. 1902.

[2]) Lorenz, Techn. Mechanik, S. 375 ff.

dem Coulombschen, von der Belastung unabhängigen Reibungskoeffizienten der Ruhe entspricht. Diese Kurven fallen mit zunehmender Winkelgeschwindigkeit rasch bis zu einem allen gemeinsamen Minimum, um dann wiederum anzusteigen und nach Passieren eines Wendepunktes sich Asymptoten zu nähern, welche anscheinend sämtlich in einem Punkte der Abszissenachse zusammenlaufen. Bei kleinen Lagerdrücken fällt der erste steile Anstieg $A_1 B_1$, $A_2 B_2$ hinter dem Minimum bis zum Wendepunkte fast genau mit der Tangente vom Koordinatenanfang aus zusammen, so daß in diesem Bereich die Formel (12a) zutrifft, also die innere Reibung entschieden vorherrscht. In den Kurven für höhere Lagerdrücke (nach Stribecks Diagramm etwa $p_m > 1$ kg/qcm) verschwindet dieses Bereich offenbar infolge des hierbei starken Einflusses der Exzentrizität des Zapfens im Lager. Bemerkenswert ist vielleicht noch der Umstand, daß der weitere, ebenfalls nahezu geradlinige Verlauf der Kurven für höhere Umlaufszahlen jedenfalls nicht die Kennzeichen eines turbulenten Bewegungszustandes trägt, den auch Couette bei der Rotation vertikaler Zylinder in Öl nicht feststellen konnte.

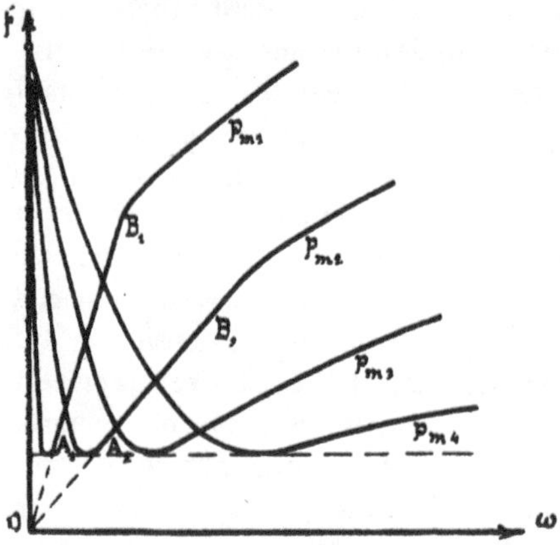

Fig. 196.

§ 52. Die Grundwasserbewegung.

Das Wesen der Grundwasserströmung, Durchlässigkeit des Bodens und Durchlässigkeitskoeffizient. Zusammenhang zwischen der Stromgeschwindigkeit und dem Spiegelgefälle. Differentialgleichung der Grundwasserströmung. Spezialfall eines Brunnens mit kugelförmiger Sohle unterhalb der undurchlässigen Schicht, Spiegelsenkung durch Wasserentnahme. Grundwasserströmung über einer undurchlässigen Schicht nach Forchheimer, Spiegelformen.

Die Erfahrung zeigt, daß der nicht oberirdisch abfließende Teil des Niederschlagswassers unter dem Einflusse der Erdbeschleunigung in den Boden eindringt und innerhalb dessen weiterfließt. Diese sog. Grundwasserbewegung setzt natürlich eine poröse Beschaffenheit des Bodens voraus, die in Sand- und Kiesböden am stärksten, in Tonböden dagegen nur so schwach ausgeprägt ist, daß diese als fast undurchlässig oder dicht angesehen werden dürfen. Solche undurchlässige Schichten bilden dann die Sohle und gelegentlich auch die Decke eines Grundwasserstromes oder Grundwasserbeckens, auf deren Anzapfung durch Brunnen die heutige städtische Wasserversorgung beruht. Die ganze Erscheinung besitzt daher eine große technische Bedeutung und verdient in hohem Maße eine wissenschaftliche Untersuchung, die wir auf die Flüssigkeitsbewegung durch enge Rohre gründen wollen. Wir betrachten nämlich den durchlässigen Boden als einen von sehr zahlreichen engen Kanälen in jeder beliebigen Richtung durchsetzten starren Körper, sehen also zunächst von der an sich möglichen Eigenbewegung der Bodenbestandteile im Grundwasser vollständig ab. Alsdann wird, da infolge der nur sehr kleinen Geschwindigkeit der Grundwasserströmung deren kinetische Energie vernachlässigt werden kann, die Wassersäule h in einem offenen Standrohr den Druck p des Grundwassers an seinem unteren Ende anzeigen, so zwar, daß mit dem Atmosphärendrucke p_0 und dem spezifischen Wassergewicht γ

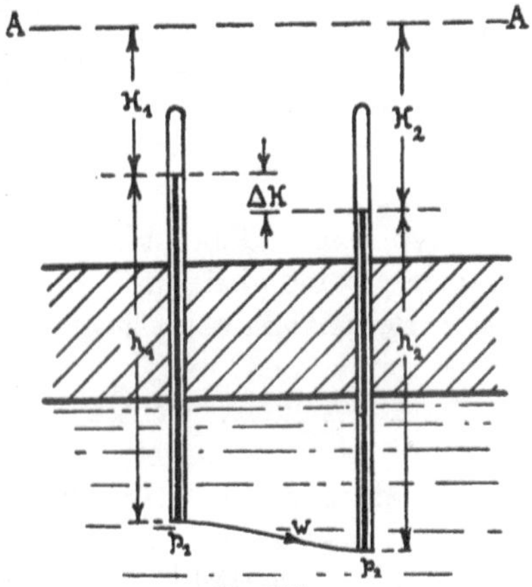

Fig. 197.

$$p = p_0 + \gamma h \quad . \quad . \quad . \quad . \quad . \quad . \quad (1)$$

ist. Befindet sich das Grundwasser in Ruhe, so werden die zweckmäßig auf einen Normalhorizont AA bezogenen Wasserspiegel in allen Standrohren dieselbe Höhe erreichen, während im Fall verschiedener Spiegelhöhen (Fig. 197) eine Strömung in der Richtung der Höhenabnahme vorliegt, wobei die Spiegeldifferenz

$$\Delta H = h_1 + \frac{p_1}{\gamma} - h_2 - \frac{p_2}{\gamma} = H_2 - H_1 \quad . \quad . \quad (1\,a)$$

unmittelbar den Druckhöhenverlust zur Überwindung der Bewegungswiderstände darstellt. Bezeichnen wir die mittlere Stromgeschwindigkeit innerhalb der engen Kanäle mit w, mit s den zurückgelegten Weg, so wird mit einem dem Zähigkeitsfaktor des Wassers direkt proportionalen und außerdem vom mittleren Kanaldurchmesser bzw. der Korngröße des Bodenmaterials abhängigen Durchlässigkeitskoeffizienten k nach Analogie der in § 50 behandelten langsamen Parallelströmung durch enge Rohre [vgl. dort Gl. (8a) und (8c)] in guter Übereinstimmung mit der Erfahrung[1])

$$w = k \frac{\Delta H}{\Delta s} \quad . \quad . \quad . \quad . \quad . \quad . \quad . \quad (2),$$

oder für unendlich kleine Wegstrecken in den drei Achsenrichtungen

$$w_x = k \frac{\partial H}{\partial x}, \quad w_y = k \frac{\partial H}{\partial y}, \quad w_z = k \frac{\partial H}{\partial z} \quad . \quad . \quad (2a)$$

zu setzen sein. Dabei sei ausdrücklich hervorgehoben, daß die Stromgeschwindigkeit mit ihren Komponenten innerhalb der engen Bodenkanäle als Mittelwerte anzusehen sind, sich also, streng genommen, nicht etwa auf die einzelnen Flüssigkeitselemente beziehen, welche nebeneinander ein und denselben kleinen, aber doch stets endlichen Querschnitt eines solchen Kanales durchfließen. Dagegen dürfen wir diese Mittelwerte der Geschwindigkeit innerhalb des Grundwassers genügend genau als stetig veränderliche Größen betrachten, welche im praktisch wichtigen Falle konstanter Durchlässigkeit k als partielle Ableitungen der Funktion

$$kH = f(x, y, z, t) \quad . \quad . \quad . \quad . \quad . \quad . \quad (2b)$$

erscheinen, die dann als das Geschwindigkeitspotential der Grundwasserströmung zu bezeichnen ist. Wir haben also in der Grundwasserströmung eine ausgeprägte dreidimensionale Potentialbewegung vor uns, welche der in § 49 besprochenen zweidimensionalen zwischen zwei Platten, die sich

[1]) Die hierauf bezüglichen Versuchsergebnisse hat Forchheimer in der wichtigen Arbeit: »Wasserbewegung durch Boden«, Zeitschr. d. Ver. d. Ing. 1901, S. 1741 ff., kritisch zusammengestellt. Vgl. auch denselben Verfasser: »Über den Wasserzudrang in Brunnen und Baugruben«, Zeitschr. d. österr. Ing.- u. Arch.-Vereins 1905, Nr. 43.

ebenfalls auf Mittelwerte der Geschwindigkeiten bezog, durchaus analog ist. Für die praktische Verwendung der obigen Formeln ist übrigens die Geschwindigkeit innerhalb der engen Bodenkanäle wenig geeignet, sie wird vielmehr stets durch die sog. Filtergeschwindigkeit, d. h. das durch 1 qm Bodenfläche in der Sekunde durchfließende Volumen, ersetzt, welches bei durchweg konstantem k der offenbar viel größeren mittleren Grundwassergeschwindigkeit direkt proportional ist. Auf diese Filtergeschwindigkeit bezieht man dann auch den Durchlässigkeitsfaktor selbst, womit unsere Formeln unmittelbar verwendbar sind. Die Komponenten der Filtergeschwindigkeit erfüllen dann auch innerhalb der Grundwasserströmung die Kontinuitätsgleichung, aus der dann durch weitere Differentiation von (2a)

$$\frac{\partial^2 H}{\partial x^2}+\frac{\partial^2 H}{\partial y^2}+\frac{\partial^2 H}{\partial z^2}=0 \quad (3)$$

als Differentialgleichung für die Druckhöhe folgt.

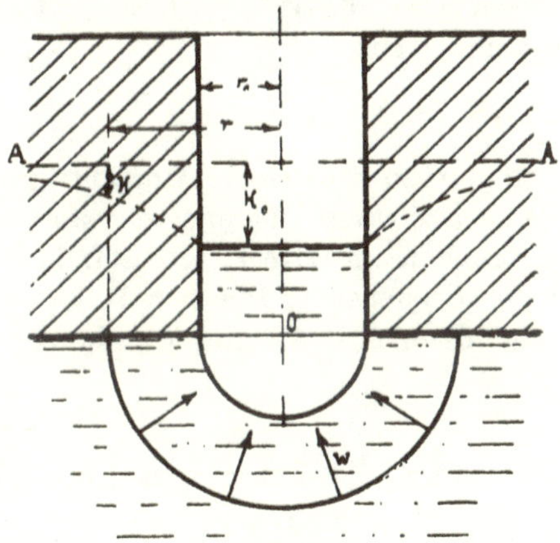

Fig. 198.

Als erstes Anwendungsbeispiel betrachten wir mit Forchheimer den Fall eines durch eine horizontale undurchlässige Deckschicht getriebenen zylindrischen Bohrloches vom Radius r_0, welches im Grundwasser mit einem halbkugelförmigen Boden endigt (Fig. 198). Die Grundwasser führende Schicht erstrecke sich praktisch nach unten und seitlich ins Unendliche, so daß im Falle der Entnahme von Wasser aus dem Bohrloch durch Pumpen das Grundwasser rein radial dem Bohrlochboden zuströmt. Wir haben also mit dem Koordinatenanfang O im Schnitte der Bohrlochachse mit der Sohle der Deckschicht wegen der nach innen gerichteten Geschwindigkeit an Stelle der drei Formeln (2a) hier einfach

$$w=-k\frac{dH}{dr} \quad \ldots\ldots \quad (4),$$

wobei das durch eine Halbkugel vom Radius r im Beharrungszustande hindurchtretende Wasservolumen

$$V = 2\pi r^2 w \quad \ldots \ldots \quad (5)$$

ist. Dies liefert mit (4)

$$dH = -\frac{V}{2k\pi}\frac{dr}{r^2} \quad \ldots \ldots \quad (6)$$

und nach Integration

$$H + C = \frac{V}{2k\pi r}.$$

Legen wir dann den willkürlichen Horizont AA für die Spiegeltiefen H in die Niveauebene bei ruhendem Grundwasser, setzen also für $V = 0$, $H = 0$, so wird auch $C = 0$, und wir erkennen aus

$$H = \frac{V}{2k\pi r} \quad \ldots \ldots \quad (6\text{a}),$$

daß der so festgelegte Horizont im Unendlichen auch bei beliebiger Wasserentnahme ungestört bleibt, während die Spiegelsenkungen im Beharrungszustande hyperbolisch nach dem Bohrloch zu wachsen. Die totale Spiegelsenkung im Brunnen folgt dann aus (6a) mit $r = r_0$ zu

$$H_0 = \frac{V}{2k\pi r_0} \quad \ldots \ldots \quad (6\text{b}),$$

ist also der Wasserentnahme direkt und der Bohrlochweite umgekehrt proportional. Handelt es sich dagegen um die Versickerung von Abwässern durch das Bohrloch, so tritt einfach an Stelle der Spiegelsenkung eine Spiegelerhebung ein, d. h. in den Formeln (4) bis (6) kehrt sich ohne sonstige Änderungen mit dem Vorzeichen von w auch dasjenige von H um. Das vorstehende Ergebnis bleibt auch noch angenähert gültig für beliebige Bodenformen des Brunnens, wenn dieser nur tief im Verhältnis zu seinem Durchmesser ist und außerdem nur wenig in die Grundwasser führende Schicht eintaucht.

In der Praxis hat man es nun meist mit der Wasserentnahme aus einem Grundwasserstrome zu tun, der über einer undurchlässigen Schicht BB nach Fig. 199 hinströmt, wobei die Vertikalbewegung gegenüber der horizontalen vernachlässigt werden kann. Alsdann werden die in den Boden eingetriebenen

Standrohre fast genau den Spiegel AA des Grundwasserstromes anzeigen, und zwar unabhängig von der Tiefe ihrer unteren Enden, so daß das Gefälle des Grundwasserstromes in der horizontalen X- und Y-Richtung für alle untereinander befindlichen Punkte annähernd denselben Wert besitzt. Dies trifft dann auch für die nach (2a) dem Gefälle direkt proportionalen Horizontalkomponenten w_x und w_y der Geschwindigkeit zu. Schneiden

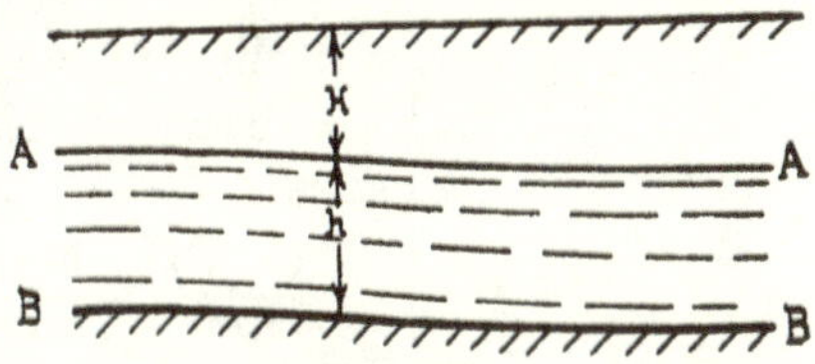

Fig. 199.

wir nun aus dem Strome von der Höhe h eine vertikale Säule mit der Grundfläche $dx\,dy$ heraus, so tritt durch die Seite $h\,dy$ in der Zeit dt das Flüssigkeitsvolumen $h\,dy\,w_x\,dt$ ein, und auf der gegenüberliegenden Seite $\left(h + \frac{\partial h}{\partial x}\,dx\right) dy$ das Volumen $\left(h + \frac{\partial h}{\partial x}\,dx\right) dy \left(w_x + \frac{\partial w_x}{\partial x}\,dx\right) dt$ heraus, mithin verbleibt darin ein Überschuß

$$-\,dx\,dy\left(w_x \frac{\partial h}{\partial x} + h\,\frac{\partial w_x}{\partial x}\right) dt = -\,\frac{\partial (h\,w_x)}{\partial x}\,dx\,dy\,dt$$

und ebenso in der Y-Richtung $-\,\frac{\partial (h\,w_y)}{\partial y}\,dx\,dy\,dt$. Die Summe dieser Überschüsse kann, da die Grundfläche unveränderlich ist, nur die Spiegelhöhe vergrößern, so daß wir nach Wegheben des Produktes $dx\,dy\,dt$ allgemein hierfür erhalten

$$\frac{\partial (h\,w_x)}{\partial x} + \frac{\partial (h\,w_y)}{\partial y} + \frac{\partial h}{\partial t} = 0 \quad . \quad . \quad . \quad . \qquad (7).$$

Bezeichnen wir dann mit

$$H + h = z \quad . \quad . \quad . \quad . \quad . \quad . \quad . \quad . \qquad (8)$$

die von der Zeit unabhängige Tiefe der festen Grundwassersohle unter einem willkürlichen Normalhorizont, so wird aus (7) mit (2a)

$$\frac{\partial}{\partial x}\left[(z - H)\,\frac{\partial H}{\partial x}\right] + \frac{\partial}{\partial y}\left[(z - H)\,\frac{\partial H}{\partial y}\right] = \frac{1}{k}\,\frac{\partial H}{\partial t} \qquad (7\,\text{a}).$$

Ist im besonderen die Grundwassersohle selbst horizontal, also z konstant $= z_0$, so vereinfacht sich mit $H = z_0 - h$ diese Gleichung in

$$\frac{\partial^2 (H^2)}{\partial x^2} + \frac{\partial^2 (H^2)}{\partial y^2} = -\frac{2}{k}\frac{\partial H}{\partial t} \quad . \quad . \quad . \quad . \quad (7\,\mathrm{b}),$$

oder

$$\frac{\partial^2 (h^2)}{\partial x^2} + \frac{\partial^2 (h^2)}{\partial y^2} = \frac{2}{k}\frac{\partial h}{\partial t} \quad . \quad . \quad . \quad . \quad . \quad (7\,\mathrm{c}).$$

Es sind dies natürlich nichts anderes als Formen der Kontinuitätsgleichung des Grundwasserstromes, deren letzte sich für den Beharrungszustand in

$$\frac{\partial^2 (h^2)}{\partial x^2} + \frac{\partial^2 (h^2)}{\partial y^2} = 0 \quad . \quad . \quad . \quad . \quad . \quad (7\,\mathrm{d})$$

mit

$$w_x = -k\frac{\partial h}{\partial x}, \quad w_y = -k\frac{\partial h}{\partial y} \quad . \quad . \quad . \quad (9)$$

vereinfacht.

Handelt es sich z. B. um die Grundwasserbewegung durch einen geraden Damm zwischen zwei Wassermassen mit verschiedenen Spiegelhöhen h_1 und h_2 auf gemeinsamer horizontaler und undurchlässiger Sohle (Fig. 200), so wird dieselbe bei genügender Dammlänge in allen

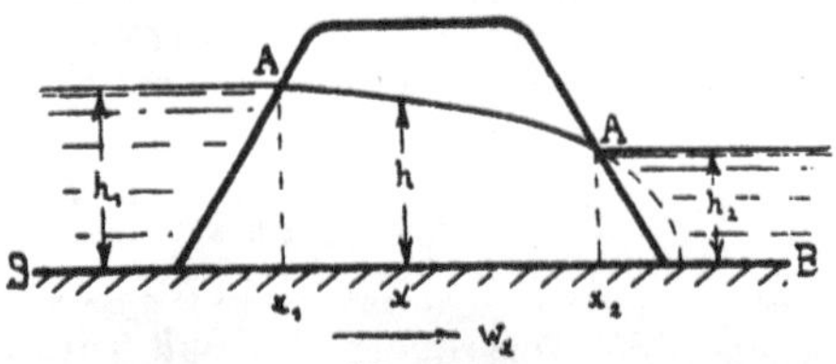

Fig. 200.

Schnitten parallel zur Bildebene identisch verlaufen, und nur die Abhängigkeit der Grundwasserhöhe h von der X-Richtung (normal zum Damme) übrig bleiben. Aus

$$\frac{\partial^2 (h^2)}{\partial x^2} = 0 \quad . \quad . \quad . \quad . \quad . \quad . \quad . \quad (10)$$

folgt dann

$$h^2 = A + Bx \quad . \quad . \quad . \quad . \quad . \quad . \quad (10\,\mathrm{a}),$$

also ein parabolischer Verlauf des Grundwasserspiegels AA im Damme, der sich natürlich an beide Wasserspiegel in den Punkten x_1, h_1 und x_2, h_2 anschließen muß. Daraus ergeben sich die Konstanten

$$A = \frac{h_1^2 x_2 - h_2^2 x_1}{x_1 - x_2}, \quad B = \frac{h_1^2 - h_2^2}{x_1 - x_2} \quad . \quad . \quad (10\,\mathrm{b}),$$

und es wird aus (10a)

$$h^2 = \frac{h_1^2 x_2 - h_2^2 x_1}{x_1 - x_2} + \frac{h_1^2 - h_2^2}{x_1 - x_2} x \quad . \quad . \quad . \quad (10\,c.$$

Die **Durchflußmenge** durch eine Dammlänge l berechnet sich weiter mit (9) zu

$$V = l h w_x = -\frac{k l}{2} \frac{\partial (h^2)}{\partial x} = \frac{k l}{2} \frac{h_1^2 - h_2^2}{x_2 - x_1} \quad . \quad . \quad (11),$$

ist also indirekt proportional dem Horizontalabstand der beiden freien Wasserspiegel ohne Rücksicht auf die Dammböschungen. Die Horizontalgeschwindigkeit müßte demnach unterhalb der Böschungen selbst konstant sein, trotzdem in den darüber be findlichen freien Spiegeln kein Gefälle zur Verfügung steht. Dieser Widerspruch, der wesentlich in der Vernachlässigung der Vertikalgeschwindigkeit beruht, kommt überdies noch in den unstetigen Anschlüssen des parabolischen Grundwasserspiegels an die freien Wasseroberflächen zum Vorschein, welche ebenfalls praktisch undenkbar sind. Der durch die Formel (10c) dargestellte Verlauf des Grundwasserspiegels darf somit, streng genommen, nicht bis an die freien Wasseroberflächen fortgesetzt werden, sondern gilt nur innerhalb des Dammes selbst. Mit dieser Einschränkung wird die vorstehende Theorie, insbesondere die Gl. (11) für die Durchflußmenge von der Erfahrung gut bestätigt

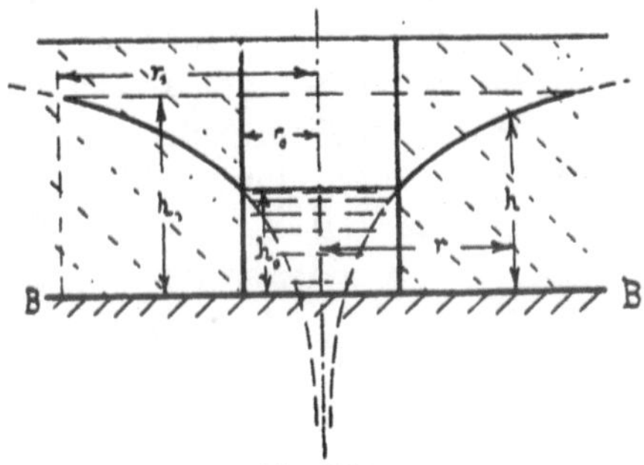

Fig. 201.

Auf ganz ähnliche Schwierigkeiten stoßen wir bei der Anwendung der Näherungstheorie auf einen **kreisförmigen Brunnen, der bis zur undurchlässigen horizontalen Grundwassersohle durchgeführt** ist, der also nur durch seinen Mantel Wasser aufnehmen kann. Anstatt die Kontinuitätsgleichung (7d) für diesen Zweck in Zylinderkoordinaten umzuformen, was nach Analogie der Gl. (2) des § 50 leicht geschehen kann, beachten wir, daß durch einen Zylindermantel von der Höhe h und dem Radius r (Fig. 201) in der Zeiteinheit ein Wasservolumen

$$V = 2\pi r h w \quad \ldots \ldots \quad (12)$$

stationär hindurchtritt, wobei

$$w = k \frac{dh}{dr} \quad \ldots \ldots \quad (9\,\mathrm{a})$$

zu setzen ist. Daher ist auch

$$V = \pi k \cdot r \frac{d\,(h^2)}{dr} \quad \ldots \ldots \quad (12\,\mathrm{a}),$$

was wir auch durch Integration der umgeformten Kontinuitätsgleichung (7 d) erhalten hätten. Integrieren wir (12 a) und beachten, daß innerhalb des Brunnens vom Radius r_0 die Wassertiefe h_0 über der Sohle beträgt, so wird

$$h^2 - h_0^2 = \frac{V}{\pi k} \lg n \frac{r}{r_0} \quad \ldots \ldots \quad (12\,\mathrm{b}).$$

Der hierdurch dargestellte Grundwasserspiegel steigt mit wachsendem r vom Brunnen aus ganz unbegrenzt an und schneidet daher das ungestörte Grundwasserniveau geradeso in einem Winkel wie der Spiegel AA in Fig. 200 die freien Wasseroberflächen. Bezeichnen wir die Höhe des ungesenkten Grundwasserspiegels mit h_1, den Radius seines Schnittes mit der Fläche (12 b) mit r_1, so gilt

$$h_1^2 - h_0^2 = \frac{V}{\pi k} \lg n \frac{r_1}{r_0} \quad \ldots \ldots \quad (12\,\mathrm{c}),$$

worin man in erster Annäherung den Bruch $r_1 : r_0$ als eine Konstante betrachten kann, die allerdings in jedem Falle empirisch zu ermitteln wäre.

Forchheimer, dem man die Ausbildung der hier kurz vorgetragenen Näherungstheorie der Grundwasserströmung vorwiegend verdankt, hat diese auch auf das Zusammenwirken mehrerer kreis- oder schlitzförmiger Brunnen bzw. Sickerstellen ausgedehnt, und über seine Ergebnisse mit denen anderer Forscher in dem schon früher angezogenen Artikel »Hydraulik« in der Enzyklopädie der mathematischen Wissenschaften berichtet.[1])

---

[1]) Dieser Bericht wird noch ergänzt durch eine neue Arbeit desselben Verfassers »Über einige Grundwasserspiegel« in den Sitzungsberichten der Wiener Akademie der Wissenschaften 1908. Außerdem möge noch auf das grundlegende Werk von E. Maillet, »Essais d'Hydraulique souterraine et fluviale«, Paris 1905 für eingehendere Studien verwiesen werden.

Dort finden sich auch im Anschluß an unsere allgemeinere Formel (7a) einige Ansätze von Boussinesq über zeitlich veränderliche Grundwasserbewegungen, auf die hier nur mit der Bemerkung hingewiesen werden kann, daß es sich dabei nirgends um abgeschlossene Untersuchungen handelt. Dasselbe gilt in noch höherem Maße von der Wirkung des strömenden Wassers auf die festen Bodenbestandteile, welche trotz ihrer großen Bedeutung, insbesondere für den Flußbau, erst seit kurzem experimentell in Angriff genommen wurde.

§ 53. Theorie des Schiffswiderstandes.

Froudes Modellregeln. Empirische Zerlegung in Wellen- und Wirbelwiderstand sowie Reibungswiderstand. Die Geschwindigkeitsverteilung in der Umgebung des Schiffs als Grundlage des Verdrängungs- und Wirbelwiderstands. Die Wellenbewegung in der Umgebung des Schiffes und ihr Einfluß auf den Verdrängungswiderstand. Aufstellung der Widerstandsformel und des Widerstandskoeffizienten in seiner Abhängigkeit von der Fahrgeschwindigkeit. Buckel in den Kurven als Resonanzerscheinung. Einfluß der Wellenlänge und Wassertiefe. Kritik der Modellversuche. Übertragung auf den Luftwiderstand der Geschosse.

Zur Ermittlung des Schiffswiderstandes[1]) als Grundlage für die Stärkebemessung der Treibvorrichtung bedient man sich in der Praxis einer Anzahl empirischer Formeln für jede einzelne Schiffsgattung innerhalb bestimmter Geschwindigkeitsgrenzen und greift in Ausnahmefällen zum Modellversuch in einer sog. Schleppversuchsstation unter Zuhilfenahme der Froudeschen Übertragungsregeln. Diese beruhen auf der Tatsache, daß sowohl das Modell wie auch das Original an der Erdoberfläche der dort herrschenden Beschleunigung g unterworfen sind und sich in Medien von derselben Dichte δ (Luft bzw. Wasser) bewegen. Infolgedessen müssen alle Beschleunigungen am Modell und Original übereinstimmen, so daß wir, unter l und l' entsprechende Strecken an beiden (z. B. Schiffslängen oder -breiten, Pendellängen usw.) sowie unter t und t' die Dauer vergleichbarer Vorgänge verstanden, nach der Lehre der Dimensionen[2])

[1]) Vgl. Lorenz, »Beitrag zur Theorie des Schiffswiderstandes«. Zeitschr. d. Ver. d. Ing. 1907.

[2]) Lorenz, »Techn. Mechanik starrer Systeme«, 1902, S. 561.

zu setzen haben

$$g = \left(\frac{l}{t^2}\right) = \left(\frac{l'}{t'^2}\right)$$

bzw. unter Einführung entsprechender Geschwindigkeiten w und w'

$$g = \left(\frac{w^2}{l}\right) = \left(\frac{w'^2}{l'}\right).$$

Daraus folgt aber

$$\frac{w}{w'} = \frac{t}{t'} = \sqrt{\frac{l}{l'}},$$

d. h. sowohl die Geschwindigkeiten als auch die Verlaufszeiten entsprechender Vorgänge verhalten sich wie die Wurzeln aus den linearen Abmessungen des Modells und Originals.

Anderseits ergibt sich aus der konstanten Dichte δ unter Einführung entsprechender Massen m und m' bzw. von Kräften P und P'

$$g = \frac{P}{m} = \frac{P'}{m'} = \frac{P}{l^3\delta} = \frac{P'}{l'^3\delta}$$

oder

$$\frac{P}{P'} = \left(\frac{l^3}{l'^3}\right)$$

d. h. die am Modell und Original wirkenden Kräfte verhalten sich wie die dritten Potenzen der Längen.

Berechnet man nach diesen von Froude zuerst praktisch verwandten Regeln aus Modellversuchen den Widerstand und die Maschinenstärken für das wirkliche Schiff, so erhält man fast immer zu hohe Werte, so daß entweder die Versuchsbedingungen in der Schlepprinne der freien Fahrt nur unvollkommen entsprechen oder der Widerstand sich der Modellregel nicht genau fügt. Die Schiffbauer suchen dieser Tatsache dadurch gerecht zu werden, daß sie den Gesamtwiderstand eines Schiffes in Wellen- und Wirbelwiderstand einerseits und Reibungswiderstand anderseits zerlegen, von denen sie nur den ersteren der Modellregel unterworfen betrachten. Hierbei wird übersehen, daß in einer zähen Flüssigkeit die Reibung allein schon zur Wirbelbildung Anlaß bietet, so daß jedenfalls die Hinzufügung des Wirbelwiderstandes zu dem auf die Wellenbildung entfallenden Betrag nicht gerechtfertigt sein dürfte.

Demgegenüber erscheint die Aufstellung einer exakten Theorie der ganzen, offenbar sehr verwickelten und in drei Dimensionen sich abspielenden Erscheinung auf hydrodynamischer Grundlage schon mit Rücksicht auf die dabei auftretende Turbulenz so gut wie aussichtslos. Wir wollen darum in der nachstehenden Untersuchung von einigen Erfahrungstatsachen ausgehen, deren Verknüpfung eine angenäherte Lösung verspricht, welche natürlich der Nachprüfung durch Versuche bedarf.

Wir bemerken zunächst, daß durch das fahrende Schiff dem ursprünglich ruhenden Wasser zeitweilig eine absolute Geschwindigkeit w mit den drei Komponenten w_x, w_y, w_z parallel der Schiffsbewegung bzw. normal dazu in horizontaler und vertikaler Richtung erteilt wird. Versuche von Calvert[1]) am Hinterteil eines Modellbootes haben nun ergeben, daß die dem sog. Vorstrom, dem wir schon in der Propellertheorie § 22 begegnet sind, zugehörige Komponente w_x unmittelbar an der Schiffswand mit der Fahrgeschwindigkeit c übereinstimmt, mithin kein Gleiten des Wassers an der Wand stattfindet.

Nach außen vermindert sich dann w_x sehr rasch, ohne jedoch im endlichen Abstande zu verschwinden. Nehmen wir eine analoge Änderung auch für die beiden anderen, im allgemeinen viel kleineren Komponenten w_y und w_z an, so dürfen wir in einer Normalebene Fig. 202 zur Fahrtrichtung jedem Punkte A im Abstande r vom Schnitt O der Schwimmebene mit der Symmetrieebene des Schiffes einen Punkt A_1 der Schiffswand auf demselben Fahrstrahl im Abstand r_1 derart zuordnen, daß die Wassergeschwindigkeiten w und w_1 an diesen Punkten mit einem Exponenten $\varkappa_0$ durch die Gleichung

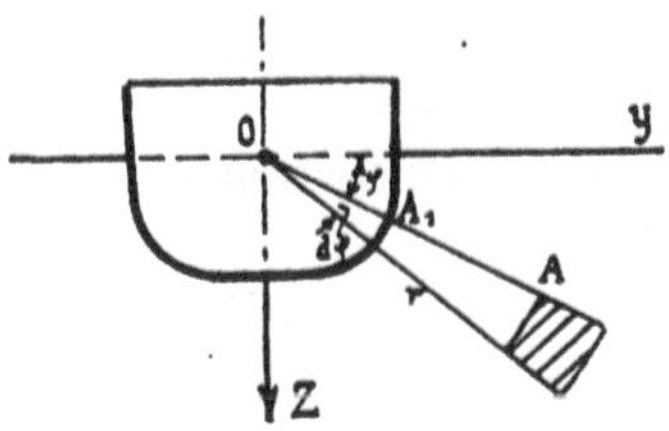

Fig. 202.

$$w = w_1 e^{\varkappa_0 \left(1 - \frac{r^2}{r_1^2}\right)} \quad . \quad . \quad . \quad . \quad . \quad . \quad (1)$$

verknüpft sind. Diese empirische Formel wird nicht nur der

[1]) Calvert, »On the measurement of wake current«. Inst. Nav. Architects 1893.

asymptotischen Abnahme von w nach außen hin, sondern auch der Symmetrie der Erscheinung gerecht und läßt schließlich noch eine Veränderlichkeit von w bzw. w_1 in der x-Richtung zu. Bezeichnen wir dann mit φ die Neigung des Fahrstrahls gegen die Schwimmebene, so durchstreicht das bei A befindliche Flächenelement $r\,dr\,d\varphi$ mit der Fortbewegung des Schiffes im Zeitelement dt ein Volumenelement $cr\,dr\,d\varphi\,dt$, in dem mit dem spezifischen Flüssigkeitsgewicht γ eine Masse $\frac{\gamma}{g}\,c\,r\,dr\,d\varphi\,dt$ enthalten ist, welcher durch die Schiffsbewegung selbst und durch die Zähigkeit des Wassers die kinetische Energie

$$dE_1 = \frac{\gamma c}{2\,g}\,w^2\,r\,dr\,d\varphi\,dt \quad . \quad . \quad . \quad . \quad . \quad (2)$$

mitgeteilt wird. Führen wir in diese Gleichung den Ausdruck (1) ein und verstehen unter w_0 den Höchstwert von w_1 an der Schiffswand, der mit großer Annäherung in allen Punkten des Hauptspantes erreicht wird, so dürfen wir bei der Integration w_0^2 als Konstante herausnehmen und erhalten für die Arbeit in der Sekunde

$$L_1 = \frac{dE_1}{dt} = \frac{\gamma c}{2\,g}\int\limits_0^\pi d\varphi \int\limits_{r_1}^\infty w_0^2\,e^{\,2\,\varkappa_0\left(1-\frac{r^2}{r_1^2}\right)}\,r\,dr = \frac{\gamma c\,w_0^2}{8\,g\,\varkappa_0}\int\limits_0^\pi r_1^2\,d\varphi.$$

Hierin ist aber das übrig bleibende Integral nichts anderes als die doppelte **eingetauchte Hauptspantfläche** F, so daß wir kürzer schreiben können

$$L_1 = \frac{\gamma c}{4\,g\,\varkappa_0}\,F\,w_0^2 = \varkappa\,c\,F\,w_0^2 \quad . \quad . \quad . \quad . \quad (2\,\mathrm{a}).$$

Außerdem bedingt aber die Zähigkeit an der Schiffswand F_1 einen Reibungsverlust, der sich auf die Sekunde bezogen mit einem Koeffizienten $\varkappa_1$ zu

$$dL_2 = -\varkappa_1\,c\left(\frac{\partial w}{\partial r}\right)_1 dF_1 \quad . \quad . \quad . \quad . \quad . \quad . \quad (3)$$

berechnet, worin der Index *1* den Wert der (negativen) Ableitung unmittelbar an der Schiffswand andeuten soll. In diesem Ansatz liegt insofern schon eine Annäherung, als, streng genommen, der Differentialquotient in (3) nach der Normalen von F_1 zu bilden wäre, welche nur bei Kreiszylindern um den Anfang O, Fig. 202, mit dem Fahrstrahl vertauscht werden darf. Für unseren Fall erscheint diese Verwechslung um so unbedenklicher, als die Neigung der Schiffswand gegen die horizontale X-Achse nirgends erheblich ist und es sich ohnehin nur um eine Mittelwertbildung handelt. Dann aber dürfen wir, wenn x' den Horizontalabstand des Elementes dF_1 vom Hauptspant bedeutet

$$dF_1 = r_1\, d\varphi\, dx'$$

setzen und erhalten an Stelle von (3) mit (1)

$$L_2 = -\iint \varkappa_1 c\, r_1 \left(\frac{\partial w}{\partial r}\right)_1 d\varphi\, dx' = 2\,\varkappa_0 \varkappa_1 c \int_0^\pi d\varphi \int w_1\, dx' \quad (3\,\text{a}),$$

worin die letzte Integration über die ganze Schiffslänge l_0 zu erstrecken ist. Verstehen wir dann wieder unter w_0 den Höchstwert von w_1 an der Schiffswand, so dürfen wir

$$\int w_1\, dx' = \varkappa_2\, w_0\, l_0$$

setzen und erhalten aus (3 a)

$$L_2 = 2\,\pi\,\varkappa_0\,\varkappa_1\,\varkappa_2\, c\, w_0\, l_0 = \mu\, c\, w_0\, l_0 \quad . \quad . \quad . \quad (3\text{b}).$$

Die vom Schiff in der Sekunde bei der Bewegung abgegebene Gesamtarbeit folgt dann durch Zusammenfassen von Gl. (2 a) und (3 b) zu

$$L = c\,(\varkappa\, F\, w_0^2 + \mu\, l_0\, w_0) \quad . \quad . \quad . \quad . \quad . \quad (4)$$

und der zu überwindende Widerstand

$$W = \frac{L}{c} = \varkappa\, F\, w_0^2 + \mu\, l_0\, w_0 \quad . \quad . \quad . \quad . \quad (5).$$

Den ersten Bestandteil desselben können wir als den Verdrängungswiderstand, den zweiten, in dem schon der durch $\frac{1}{2}\frac{\partial w}{\partial r}$ definierte Wirbel steht, als den Reibungswiderstand bezeichnen, neben dem somit ein besonderer Wirbelwiderstand keine Bedeutung hat. Für die weitere Behandlung der Gl. (5) ist zu beachten, daß auch die Höchstgeschwindigkeit w_0 des Wassers nach der Formel

$$w_0^2 = w_{x0}^2 + w_{y0}^2 + w_{z0}^2 \quad . \quad . \quad . \quad . \quad . \quad (6)$$

in drei Komponenten zerfällt, von denen w_{x0} und w_{y0} nur der Wellenbewegung zugehören können, welche überdies noch eine Komponente $w_{\xi 0}$ in der Fahrtrichtung derart besitzt, daß

$$w_{x_0} = c + w_{\xi 0} \quad . \quad . \quad . \quad . \quad . \quad . \quad . \quad (6\,\text{a}).$$

Da die Geschwindigkeit der Wasserteilchen in der Welle nur klein ist gegen die Fahrgeschwindigkeit c, so dürfen wir unter Vernachlässigung der Quadrate $w_{\xi 0}^2$, w_{y0}^2, w_{z0}^2 die Komponente w_{x0} mit der Höchstgeschwindigkeit w_0 identifizieren und demnach in (5) angenähert

$$\left.\begin{aligned} w_0 &= c + w_{\xi 0} \\ w_0^2 &= c^2 + 2\,c\,w_{\xi 0} \end{aligned}\right\} \quad \ldots\ldots \quad (7)$$

schreiben, worin nur noch der Höchstwert $w_{\xi 0}$ der Wellenbewegung der Fahrtrichtung zu ermitteln bleibt. Zu diesem Zwecke entnehmen wir der Fig. 203, daß vom fahrenden Schiff in der Hauptsache zwei Scharen nahezu ebener Wellen erregt werden, deren erste sich seitlich vom Schiff schräg ausbreitet, während die zweite hinter dem Schiff herläuft. Infolge des nach der Seite zu nach Gl. (1) abnehmenden Vorstromes sind die der ersten Schar zugehörigen Wellenzüge etwas gekrümmt, während die der zweiten Schar, welche durch die Wirkung der Propeller und die Interferenz der Seitenwellen etwas gestört werden, ziemlich genau parallel der y-Achse hinter dem Schiffe herlaufen. Beide Wellenzüge haben erfahrungsgemäß in der Fahrtrichtung dieselbe Wellenlänge, gehören also einer und derselben Gruppe von nahezu gleicher Amplitude an. Wären die Wellen frei und ungedämpft, so würden die Horizontalausschläge ξ nach § 38 der Differentialgleichung

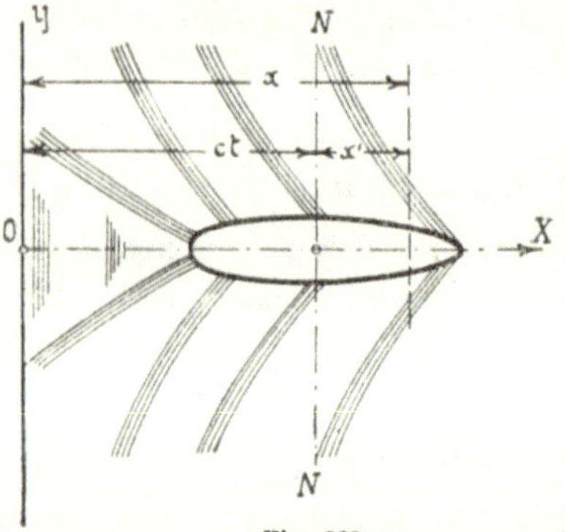

Fig. 203.

$$\frac{\partial^2 \xi}{\partial t^2} = a^2 \frac{\partial^2 \xi}{\partial x^2}$$

genügen, in der a die Fortpflanzungsgeschwindigkeit der Welle bedeutet, die, wie wir früher sahen, von ihrer Länge l und der Wassertiefe h bedingt ist. Haben wir es aber, wie bei der Schiffsbewegung, mit einer erzwungenen Welle zu tun, so müssen wir die letzte Gleichung durch Störungsglieder ergänzen. Die Vorderschiffswand übt nämlich auf das an ihr mit der Relativgeschwindigkeit v hinströmende Wasser eine Zwangsbeschleunigung aus, welche sich mit dem Krümmungsradius der relativen Wasserbahn zu $v^2 : \varrho$ mit einer Komponente $\frac{v^2}{\varrho} \cos(\varrho x)$ in der Fahrtrichtung berechnet. Außerdem aber wird eine Dämpfung hinzutreten, die wir mit einem Dämpfungsfaktor ε der Wellenkomponente $w_\xi = \frac{\partial \xi}{\partial t}$ proportional setzen dürfen. Auf diese Weise ergibt sich als Differentialgleichung für die erzwungene Welle

$$\frac{\partial^2 \xi}{\partial t^2} + \varepsilon \frac{\partial \xi}{\partial t} - a^2 \frac{\partial^2 \xi}{\partial x^2} = \frac{v^2}{\varrho} \cos(\varrho x) \quad . \quad . \quad . \quad (8),$$

während uns die entsprechenden Formeln für die Ausschläge η und ζ in den beiden anderen Richtungen nicht weiter interessieren, da sie mit den Quadraten ihrer zugehörigen Geschwindigkeitskomponenten aus (7) verschwunden sind. Der absolute Betrag des auf der rechten Seite von (8) stehenden Gliedes muß an jeder Stelle im Horizontalabstande x' vom Hauptspant NN (Fig. 203) mit v^2 dem Quadrat der Schiffsgeschwindigkeit c direkt und mit ϱ den Schiffsabmessungen, deren Grundlage die Länge l_0 bildet, indirekt proportional sein, während die Veränderlichkeit des ganzen Gliedes von der angenähert den Gesetzen der Periodizität folgenden Schiffsform abhängt. Dann dürfen wir, unter $l_1, l_2 \ldots$ usw. Wellenlängen verstanden, welche ganzzahlige Bruchteile einer der Schiffslänge l_0 proportionalen Grundwelle sind, für das Störungsglied in (8) auch schreiben

$$\frac{v^2}{\varrho} \cos(\varrho x) = \frac{c^2}{l_0} \Sigma \left(M \cos \frac{2\pi}{l} x' + N \sin \frac{2\pi}{l} x' \right) \quad (9),$$

worin die Koeffizienten M und N mit der Tiefe sich stetig ändern und nach Fig. 203

$$x' = x - ct \quad . \quad . \quad . \quad . \quad . \quad . \quad . \quad (10)$$

zu setzen ist. Beachten wir dann noch, daß im Einklang mit dieser Figur nur eine Gattung von erzwungenen Wellen ausschlaggebend war, der auch nur ein Glied in (9) entsprechen kann, so vereinfacht sich diese Gleichung mit (10) in

$$\frac{v^2}{\varrho} \cos(\varrho x) = \frac{c^2}{l_0} \left[M \cos \frac{2\pi}{l} (x - ct) + N \sin \frac{2\pi}{l} (x - ct) \right] \quad (9a)$$

oder unter Einführung der uns aus § 38 geläufigen Abkürzungen

$$\frac{2\pi}{l} = \alpha, \quad - \frac{2\pi c}{l} = \beta \quad . \quad . \quad . \quad . \quad . \quad (10a)$$

in

$$\frac{v^2}{\varrho}\cos(\varrho x) = \frac{c^2}{l_0}\left[M\cos(\alpha x + \beta t) + N\sin(\alpha x + \beta t)\right] \quad (9\,\text{b}).$$

Verbinden wir diesen Ausdruck mit (8), so folgt als **Ausschlag der erzwungenen Hauptwelle** in der x-Richtung

$$\xi = C\cos(\alpha x + \beta t) + D\sin(\alpha x + \beta t) \quad . \quad . \quad (11),$$

worin sich die Werte von C und D nach Ausführung der Differentiationen durch Vergleich der Glieder mit $\cos(\alpha x + \beta t)$ und $\sin(\alpha x + \beta t)$ zu

$$\left.\begin{aligned} C &= \frac{c^2}{l_0}\,\frac{M(\alpha^2 a^2 - \beta^2) + N\varepsilon\beta}{(\alpha^2 a^2 - \beta^2)^2 + \beta^2\varepsilon^2} \\ D &= \frac{c^2}{l_0}\,\frac{N(\alpha^2 a^2 - \beta^2) - M\varepsilon\beta}{(\alpha^2 a^2 - \beta^2)^2 + \beta^2\varepsilon^2} \end{aligned}\right\} \quad . \quad . \quad . \quad (11\,\text{a})$$

berechnen. Die aus (11) abgeleitete Horizontalkomponente der Wellenbewegung

$$w_\xi = \frac{\partial \xi}{\partial t} = \beta\,[D\cos(\alpha x + \beta t) - C\sin(\alpha x + \beta t)] \quad (12)$$

erreicht ihren Höhepunkt $w_{\xi 0}$ mit $\xi = 0$, d. h. für

$$\cos(\alpha x + \beta t) = \frac{D}{\sqrt{C^2 + D^2}}, \quad \sin(\alpha x + \beta t) = \frac{-C}{\sqrt{C^2 + D^2}} \quad (13),$$

so zwar, daß mit (11 a)

$$w_{\xi 0} = \pm\sqrt{C^2 + D^2} = \pm\frac{c^2}{l_0}\,\frac{\beta\sqrt{M^2 + N^2}}{\sqrt{(\alpha^2 a^2 - \beta^2)^2 + \beta^2\varepsilon^2}}$$

oder nach Elimination von α und β nach Gl. (10 a) sowie Unterdrückung des für die resultierende Maximalgeschwindigkeit (7) bedeutungslosen negativen Vorzeichens

$$w_{\xi 0} = \frac{c^3}{l_0}\,\frac{\sqrt{M^2 + N^2}}{\sqrt{\frac{4\pi^2}{l^2}(a^2 - c^2)^2 + \varepsilon^2 c^2}} \quad . \quad . \quad . \quad (14),$$

worin die Wellenlänge l der Fortpflanzungsgeschwindigkeit a nach den Formeln des § 38 zugeordnet ist. Verbinden wir dieses Ergebnis mit Gl. (5) und (7), so erhalten wir für den **Schiffswiderstand** den Ausdruck

$$W = \varkappa F c^2 + \mu l_0 c + \frac{(2\varkappa F c^4 + \mu l_0 c^3)\sqrt{M^2 + N^2}}{l_0\sqrt{\frac{4\pi^2}{l^2}(a^2 - c^2)^2 + \varepsilon^2 c^2}} \quad (5\,\text{a}),$$

der sich mit der durch die Erfahrung bestätigten Proportionalität der Schiffslänge l_0 und Wellenlänge l unter Einführung etwas anderer Koeffizienten $\varkappa'$, μ', ν im dritten Gliede rechts in

$$W = \varkappa F c^2 + \mu l_0 c + \frac{\varkappa' F c^4 + \mu' l_0 c^3}{\sqrt{(a^2 - c^2)^2 + \nu^2 l_0^2 c^2}} \quad . \quad (15)$$

vereinfacht. Für sehr kleine Geschwindigkeiten c wird daraus mit Vernachlässigung ihrer Potenzen

$$W_1 = \mu l_0 c \quad . \quad . \quad . \quad . \quad . \quad . \quad . \quad (15\,a)$$

und für sehr große c wegen der Kleinheit von $1 : c^2$

$$W_2 = (\mu + \mu') l_0 c + (\varkappa + \varkappa') F c^2 \quad . \quad . \quad . \quad (15\,b).$$

Die durch (15) gegebene Widerstandskurve (Fig. 204a) berührt demnach im Anfang die Gerade W_1 und schneidet dann die an die Gerade $(\mu + \mu') l_0 c$ sich anschließende Parabel W_2, um sich ihr nach Überschreiten eines Buckels asymptotisch zu nähern.

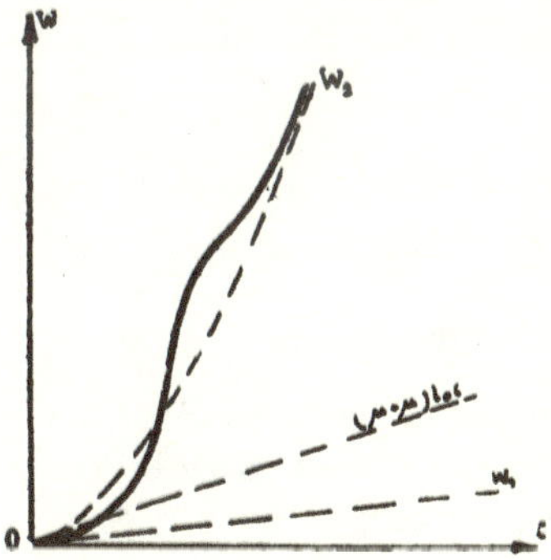

Fig. 204a.

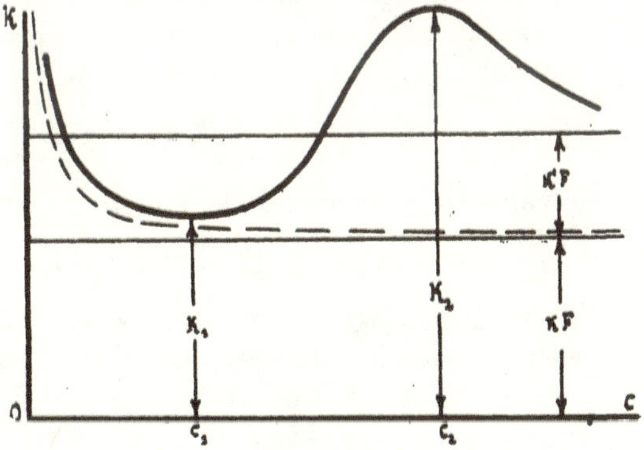

Fig. 204b.

Dieses Verhalten wird nicht nur durch Versuche mit schnellen Schiffen, z. B. Torpedobooten, welche über den erwähnten Buckel hinausgelangen, vollkommen bestätigt, es erklärt auch das Scheitern aller Bemühungen, die Veränderlichkeit des Widerstandes durch eine Potenz der Geschwindigkeit wiederzugeben.

Besonders deutlich treten die Eigenschaften der Widerstandskurve in der Veränderlichkeit des sog. Widerstandskoeffizienten hervor, der, aus der älteren Annahme eines rein quadratischen Widerstandsgesetzes $W = k c^2$ entstanden, sich für unseren Fall zu

$$k = F\left(\varkappa + \frac{\varkappa'}{\sqrt{\left(\frac{a^2}{c^2}-1\right)^2 + \frac{\nu^2 l_0^2}{c^2}}}\right) + \frac{l_0}{c}\left(\mu + \frac{\mu'}{\sqrt{\left(\frac{a^2}{c^2}-1\right)^2 + \frac{\nu^2 l_0^2}{c^2}}}\right) \quad . \quad . \quad (16)$$

mit einem durch Fig. 204b dargestellten Verlauf ergibt. Die Kurve der k berührt demnach die Ordinatenachse asymptotisch, sinkt dann mit wachsender Geschwindigkeit bis zu einem Minimum k_1 unter der Parallelen $(\varkappa + \varkappa') F$ zur Abszissenachse, schneidet diese zum zweiten Male, um sich ihr nach Überschreiten eines Buckels k_2 schließlich von oben asymptotisch zu nähern. Aus der Figur geht hervor, daß für höhere Geschwindigkeiten der Einfluß der mit μ und μ' behafteten Reibungsglieder von Gl. (16) immer mehr zurücktritt und schon für den Wert k_2 fast unmerklich geworden ist. Alsdann entspricht diesem k_2 ein Minimum der Wurzel in Gl. (16) mit einer durch

$$\frac{\nu^2 l_0^2}{a^2} = 2\left(1 - \frac{a^2}{c_2^2}\right) \quad . \quad . \quad . \quad . \quad . \quad (17)$$

gegebenen Geschwindigkeit $c_2 > a$. Infolge der Kleinheit von $\frac{\nu^2 l_0^2}{a^2}$ wird diese Geschwindigkeit c_2 sich nur wenig von der Fortpflanzungsgeschwindigkeit a der vom Schiff erregten Hauptwelle unterscheiden, womit das Auftreten des Buckels in den Widerstandskurven als eine Resonanzerscheinung gekennzeichnet ist. Setzt man dann in erster Annäherung für den Buckel $c_2 \sim a$, so wird aus (16)

$$k_2 = \varkappa F + \frac{\mu'}{\nu} + \frac{\varkappa' F}{\nu l_0} a + \frac{\mu l_0}{a} \quad . \quad . \quad . \quad . \quad (16\text{a}).$$

Hieraus geht — schon unter der wahrscheinlich nicht ganz zutreffenden Annahme der Unabhängigkeit der Faktoren $\varkappa, \varkappa', \mu, \mu', \nu$ von der Wellengeschwindigkeit a — hervor, daß die Buckelhöhe k_2 für kleine Werte von a sehr stark ansteigen kann. Da nun die Fortpflanzungsgeschwindigkeit a nach § 38 für kleine Tiefen den Wurzeln daraus proportional ist, so wird unter sonst gleichen Verhältnissen der Buckel in der Widerstandskurve um so eher und stärker auftreten, je flacher das Wasser ist, während er sich bei wachsender Tiefe mit der Wellengeschwindigkeit a einem Grenzwerte nähert. Dieses Ergebnis steht in vollem Einklang mit der Erfahrung[1]), welche überdies gezeigt hat, daß der letztgenannte Grenzwert schon bei einer der Schiffslänge gleichen Wassertiefe sehr nahe erreicht ist.

Wir haben nun noch zu prüfen, wie weit unsere Widerstandsformel der eingangs erwähnten Modellregel genügt. Nach dieser müßte der Koeffizient k beim Übergang vom Modell zum Original einfach im Verhältnis der eingetauchten Hauptspantquerschnitte oder infolge der Ähnlichkeit mit dem Quadrat der Längen zunehmen. In der Gl. (16) hängen nun die Größen $\varkappa$ und $\varkappa'$ (theoretisch unendliche Tiefe vorausgesetzt) nur von der Form, μ, μ' und ν dagegen auch noch von der Oberflächenbeschaffenheit der Schiffswand ab, während a^2 wie c^2 der Länge l_0 proportional wächst. Da nun im zweiten Gliede unter der Wurzel das Verhältnis $l_0^2 : c^2$ vorkommt und dieses selbst mit der Länge l_0 wächst, so nehmen die beiden Klammerausdrücke in (16) — unter der Voraussetzung gleicher Oberflächenbeschaffenheit an Modell und Original — mit wachsender Länge allerdings in schwächerem Maße ab. Für große Fahrgeschwindigkeiten, für welche das zweite Glied von (16) keinen merkbaren Einfluß mehr ausübt, ergibt sich also in Übereinstimmung mit der Erfahrung am Modell ein relativ größerer Widerstand wie am Original. Hierbei ähneln die vom Modell erzeugten Wellenzüge denjenigen am Original etwa in derselben Weise wie ein Gebirgsrelief mit vergrößertem Höhenmaßstab der Naturlandschaft. Diese Abweichung von der Modellregel fällt ausschließlich dem mit ν^2 behafteten Dämpfungsglied unter der Wurzel, also der Flüssigkeitsreibung zur Last, welche auch die Größe der Faktoren μ und μ' des zweiten Gliedes in

[1]) Vgl. die Diagramme von Schütte in den Verhandlungen des intern. Schifffahrtskongresses zu Düsseldorf 1902, sowie Paulus, »Versuche zur Ermittlung des Einflusses der Wassertiefe auf die Geschwindigkeit der Torpedoboote«, Zeitschr. d. Ver. d. Ing. 1904, wo auch auf ältere Versuche von Rasmussen und Rota bezug genommen wird.

(16) bedingt. Daher können für kleine Geschwindigkeiten, bei denen dieses zweite Glied in den Vordergrund tritt, überhaupt keine unmittelbaren Schlüsse aus dem Modellversuch auf den Widerstand des Originals gezogen werden. Jedenfalls erscheint hiernach die praktische Gepflogenheit, Modellversuche lediglich zur Widerstandsbestimmung rasch laufender Schiffe zu verwenden, vom Standpunkte unserer Theorie durchaus gerechtfertigt.

Endlich sei noch bemerkt, daß die vorstehenden Entwicklungen keine anderen Voraussetzungen über die Natur der Flüssigkeit, in der das Schiff fortschreitet, enthalten, als daß darin Wellenbewegungen möglich sind. Dies trifft aber ebenso auf Gase, vor allem auf die atmosphärische Luft zu, nur daß in diesem Falle lediglich Longitudinalschwingungen eintreten, während die Wasserteilchen ungefähr Ellipsen beschreiben. Da aber infolge der Vernachlässigung der Quadrate der Schwingungsgeschwindigkeit der Wasserteilchen um ihre Ruhelage ohnehin nur die X-Komponente in unsere Formel einging, so gilt diese ohne weiteres auch für den Widerstand von Festkörpern, z. B. Geschossen in der Luft. Hierbei ist die Bedingung einer unendlichen Ausdehnung des Mediums um das noch dazu stets als Rotationskörper gestaltete Geschoß viel genauer erfüllt als beim Schiff, welches sich außerdem an der Grenze zweier Flüssigkeiten (Wasser und Luft) bewegt, von denen allerdings der Einfluß der schwereren weitaus überwiegt. Daher ähneln denn auch die vom Schiff erregten Oberflächenwellen (Fig. 203) in auffallender Weise den Photogrammen von Mach und Salcher der von einem Geschoß hervorgerufenen Schallwellen (Wiener Berichte 1887). In der Tat haben Versuche mit Geschossen ergeben, daß der Widerstandskoeffizient k nach Überschreiten der Schallgeschwindigkeit in voller Übereinstimmung mit unserer Theorie und Fig. 204b ein Maximum erreicht[1]), um sich danach asymptotisch einem Grenzwerte zu nähern.

[1]) Vgl. Lorenz, »Techn. Wärmelehre« (1904), S. 149, sowie den Artikel »Äußere Ballistik« von C. Cranz in der Enzykl. der math. Wissenschaften, Bd. IV (Mechanik).

Kapitel VII.

Abrifs der geschichtlichen Entwicklung der Hydromechanik.

§ 54. Die Hydromechanik vor Euler.

Die Hydrostatik: Archimedes, Pascal, Newton, Clairaut. Die Hydrodynamik: Castelli, Toricelli, Newton, Mariotte, Pitot. Der Ausbau der Stromfadentheorie durch D. Bernoulli und D'Alembert. Eulers früheste Arbeiten.

Die Unentbehrlichkeit des Wassers für das pflanzliche und tierische Leben hat schon frühzeitig die Menschen gezwungen, sich mit seinen Haupteigenschaften vertraut zu machen. Daraus ergab sich nach und nach eine umfassende wirtschaftliche Verwendung durch künstliche Hilfsmittel, wie Leitungen, Kanäle und Stauweiher, an die sich Schöpfwerke zur Wasserhebung und Wasserräder mit Zellen oder Schaufeln, vorwiegend zum Betriebe der ersteren, anschlossen. Die technisch ziemlich vollkommene Ausführung der ägyptischen, römischen und arabischen Wasserbauwerke und Leitungsanlagen, von denen einzelne noch heute im Betriebe sich befinden, die meisten aber aus gewaltigen Resten noch deutlich erkennbar sind, steht in auffallendem Gegensatze zu der nach antiken Reliefs und Beschreibungen (z. B. von Vitruvius) recht primitiven Konstruktion der erwähnten Maschinen, die sich übrigens durch das ganze Mittelalter hindurch bis in die Neuzeit erhalten hat. Dies deutet — abgesehen von den erst durch die moderne Verwendung des

Eisens behobenen Materialschwierigkeiten — entschieden auf eine geringe Bekanntschaft mit den Bewegungsgesetzen der Flüssigkeiten, während diejenigen des Gleichgewichtes schon von Archimedes (287—212 v. Chr.) empirisch gefunden und in einer Abhandlung zusammengefaßt wurden, von der nur eine lateinische, durch den Italiener Commendino (1565) unter dem Titel »De iis quae vehuntur in aqua« herausgegebene Übersetzung vorliegt. An deren Spitze steht der Erfahrungssatz, daß in einer Flüssigkeit der weniger gedrückte Teil durch den mehr gedrückten nach oben verschoben, und daß jeder Teil durch die vertikal darüber befindliche Flüssigkeitssäule gedrückt wird. Hierin liegt offenbar eine Umschreibung des Flächendruckes, dessen scharfe Definition noch fehlt. Aus diesem Erfahrungssatze leitet nun Archimedes rein deduktiv die Kugelgestalt einer Flüssigkeitsmasse ab, die, nach dem Erdmittelpunkte zustrebend, im Gleichgewicht sich befindet. Ebenso folgert er daraus den Gewichtsverlust eingetauchter Körper durch den Auftrieb der verdrängten Flüssigkeit, während die durch Plutarch überlieferte Sage diese Entdeckung einer Beobachtung des eigenen Körpers im Bade zuschreibt. Die Aufstellung einer Theorie schwimmender Körper und ihrer Stabilität gelingt Archimedes leicht, nachdem er gezeigt hatte, daß das Gewicht am Körperschwerpunkt, der Auftrieb am Deplacementsschwerpunkt angreift, womit zugleich die Schwimmachse gegeben ist. Im zweiten Teil seiner grundlegenden Arbeit untersucht Archimedes dann die Stabilität einer Anzahl geometrischer Körper (Kugelabschnitte und Konoide) in einer Flüssigkeit. Damit war die Hydrostatik wissenschaftlich begründet; über die Bewegung von Flüssigkeiten liegt dagegen aus dem Altertum nur die gelegentliche Bemerkung des Frontinus (ca. 100 n. Chr.) in der Beschreibung der ihm unterstellten »Wasserleitungen der Stadt Rom« vor, daß die aus einem Rohre fließende Wassermenge nicht allein von der Rohrweite, sondern auch von der Spiegelhöhe des Speisebehälters abhängig sei. So ist nicht nur das klassische Altertum, sondern auch das ganze Mittelalter über Archimedes nicht hinausgekommen, dessen Arbeiten erst von dem schon durch die Begründung des Gleichgewichts auf der schiefen Ebene bekannten Holländer Stevin (1548—1620) durch die Bestimmung des Flüssigkeitsdruckes auf die Gefäßwände sowie durch das bekannte hydrostatische Paradoxon ergänzt wurden. Zu einer exakten Formulierung der allgemeinen Gleichgewichtsbedingungen einer Flüssigkeit gelangte aber weder Stevin noch Galilei (1564—1642), der in seinem »Discorso intorno alle cose che stanno in su l'acqua o che in quella si muovono« das von ihm aufgestellte Prinzip der virtuellen Verschiebungen u. a. auf das Gleichgewicht der Flüssigkeit in einem Heber anwandte. Auf demselben Wege bewies dann Pascal (1623—1662) unter schärferer Fassung des Druckbegriffes dessen gleichmäßige und von der Richtung unabhängige Verbreitung von einer Oberflächenstelle aus durch die ganze eingeschlossene Flüssigkeitsmasse, die er in seinem posthum (1663) erschienenen »Traité de l'équilibre des liqueurs« als eine dem Hebel gleichwertige einfache Maschine zur Vergrößerung von Kräften durch Anwendung von Kolben mit verschiedenen Querschnitten auffaßt und damit das Grundprinzip der viel später von dem Engländer Bramah (1748—1827) ausgeführten hydraulischen Presse vorwegnimmt.

Die weitere Entwicklung der Hydrostatik knüpft nunmehr an das Problem der Erdgestalt an, welches im Anschluß an den Aufschwung der Astronomie im 17. Jahrhundert zahlreiche Forscher beschäftigte. Unter ihnen bemerkt Huygens (1629 bis 1695) in der posthumen Schrift »Dissertatio de causa gravitatis« (1728), daß die Schwerkraft normal zur Oberfläche einer im Gleichgewichte befindlichen Flüssigkeit gerichtet sein müsse, während Newton (1643—1727), der im 2. Buch der »Philosophiae naturalis principia mathematica« eine kurze Zusammenstellung hydrostatischer Sätze unter Ausdehnung auf elastische Flüssigkeiten gab, hierfür das Gleichgewicht vom Zentrum ausgehender Flüssigkeitssäulen forderte, ohne jedoch zu einer allgemeinen Formulierung zu gelangen. Diese und damit den Begriff der Niveaufläche einer Flüssigkeit im Gleichgewichte unter dem Einflusse äußerer Kräfte verdankt man vielmehr nach einigen Vorarbeiten von Bouguer und Maclaurin erst Clairaut (1713—1765), der in seinem grundlegenden Werke »Théorie de la figure de la terre« (1743) das Problem der Erdgestalt mit Rücksicht auf die Zentrifugalbeschleunigung und damit auch die Hydrostatik zu einem gewissen Abschluß brachte. Seine Schrift beginnt geradezu mit dem Satze, daß innerhalb einer ruhenden Flüssigkeitsmasse ein beliebiger kanalartiger Teil derselben, der im besonderen Falle in sich zurücklaufen darf, in sich selbst im Gleichgewichte verharrt. Clairaut bestimmt auch die Oberflächengestalt einer an der Erdoberfläche um eine vertikale Achse gleichförmig rotierenden Flüssigkeitsmasse und zieht die Oberflächenspannung beim Eintauchen von Platten in das Bereich seiner mathematisch sehr vollendeten Untersuchungen. Es ist gewiß sehr merkwürdig, daß trotz der klar ausgesprochenen Erkenntnis, daß für das Gleichgewicht der Flüssigkeit der Ausdruck $Xdx + Ydy + Zdz$, worin X, Y, Z Komponenten der äußeren Kraft darstellen, ein vollständiges Differential sein muß, Clairaut nicht die naheliegende Zerfällung in die drei Grundformeln der Hydrostatik vornahm.

Die Anfänge der Hydrodynamik verdankt man den Nachfolgern Galileis, der selbst allerdings an der Aufklärung der verwickelten Erscheinung der Wasserströmung nach der Überlieferung verzweifelte. Sein Schüler Castelli (1576—1644) erkannte die Reziprozität der mittleren Geschwindigkeit des in einem Kanale stationär strömenden Wassers mit dem Querschnitt, d. h. die Kontinuitätsgleichung der stationären Parallelströmung, welche auch in der Folge allein studiert wurde. Ungenaue Versuche verleiteten Castelli in seinem Werke »Dalle misura del l'acqua corrente« (1628—1629) zu dem Ausspruche, daß die Ausflußgeschwindigkeit des Wassers der Tiefe proportional sei, was Torricelli (1608—1647), der 1643 auch das Quecksilberbarometer zur Bestimmung des Luftdruckes erfand, in der Schrift »De motu gravium naturaliter accelerato« (1644) auf Grund der Beobachtung des vertikalen Aufsteigens eines Mündungsstrahles bis nahe an den Gefäßspiegel richtigstellte, ohne doch einen Beweis für die Proportionalität der Geschwindigkeit mit der Wurzel aus der Höhe liefern zu können. Ein solcher Beweis mißlang sogar einem Newton in der ersten Ausgabe der Prinzipien von 1687, da er analog dem freien Falle des Wassers in einem vertikalen, sich infolge der Geschwindigkeitszunahme nach unten zusammenziehenden Strahle annahm, daß ein derartiges Konoid bewegten Wassers sich in jedem Gefäß zur Mündung ausbilden müsse, während die Umgebung in Ruhe verharre. Hierbei war die ausschlaggebende Wirkung des Druckes, die Varignon erkannte, der Analogie mit dem freien Falle zuliebe ausgeschaltet, außerdem aber ergaben sich aus dem Vergleich mit der Erfahrung Unstimmigkeiten infolge der nicht berücksichtigten, mit dem Konoid überdies unvereinbaren Strahlkontraktion. Hierüber kam Newton auch in der zweiten Auflage von 1714 nicht hinweg, so daß Lagrange diesen Teil nicht mit Unrecht als die wenigst befriedigende Stelle des Newtonschen Hauptwerkes bezeichnen konnte, obwohl sich darin, der Zukunft weit vorgreifend, der Begriff der Zähigkeit ziemlich gut definiert vorfindet. Die hiervon dem Wesen nach verschiedenen Bewegungswiderstände des in Kanälen und Röhren fließenden Wassers bildeten damals den Gegenstand lebhafter Erörterungen vornehmlich italienischer Hydrauliker, unter denen wir nur Guglielmini (1655—1710), Grandi (1671—1742) und Lecchi (1702—1766) nennen wollen. Diese beobachteten mit primitiven Meßinstrumenten (Stromquadranten, Doppelschwimmern) die Wassergeschwindigkeiten in Flußprofilen und empfanden deren mannigfaltige Änderung mit der Tiefe anscheinend als einen Widerspruch gegenüber der Zunahme der hiermit verwechselten Ausflußgeschwindigkeit, wodurch die Diskussion außerordentlich verwirrt wurde. Die Wassermessung selbst wurde später durch den sog. Wasserzoll von Mariotte († 1684), beschrieben in dessen »Traité du mouvement des eaux« (1700), und die Röhre von Pitot hinreichend verfeinert, um einigermaßen zuverlässig die Geschwindigkeitsverteilung über einen Kanalquerschnitt zu ergeben. Dabei stellte sich sofort deren angenähert parabolische Abnahme mit der Tiefe heraus, ohne daß man den Grund hierfür anzugeben vermochte. Erst in den »Anfangsgründen der Deich- und Wasserbaukunst« von Brahms (1754) findet sich der Satz, daß der Gefälls- oder Druckhöhenverlust bei gleichförmiger Strömung zur Deckung der äußeren Wandreibung dient. Den damit verwandten Widerstand bei der Bewegung fester Körper in einer unbegrenzten Flüssigkeit hatte schon Newton im 2. Buche der Prinzipien untersucht und ihn für in der Richtung ihrer Achse fortschreitende Kreiszylinder proportional der Flüssigkeitsdichte, dem Querschnitt und dem Quadrate der Geschwindigkeit (experimentell) festgestellt. Er schreibt diese Wirkung unter Vernachlässigung der unerheblichen Wandreibung ausdrücklich der Trägheit der Flüssigkeit zu und bemerkt noch, daß bei der Bewegung des Körpers in einem Kanal der Widerstand gerade so groß ausfällt wie die Kraft zum Festhalten des Körpers gegen den mit seiner früheren Geschwindigkeit fließenden Strom, da in beiden Fällen die Relativbewegung des Körpers gegen die Flüssigkeit dieselbe sei. Man erkennt leicht, daß dieser Satz streng nur für die Bewegung in einer unendlich ausgedehnten Flüssigkeit zutrifft; im übrigen kann man den Scharfsinn des Newtonschen Gedankenganges bei der Behandlung des Widerstandsproblems im Gegensatze zu der des Ausflusses nur bewundern. Das letztere Problem blieb übrigens dauernd im Mittelpunkte aller weiteren theoretischen Untersuchungen und wurde schließlich von Daniel Bernoulli (1700—1782) unter Beibehaltung der Parallelströmung mit Hilfe des Prinzips der lebendigen Kraft (»aequalitas inter descensum actualem ascensumque potentialem«) in seiner »Hydrodynamica« (1738) wissenschaftlich begründet. In diesem klassischen Buche werden in 13 Kapiteln bereits nahezu alle praktisch wichtigen Fälle der Flüssigkeitsbewegung abgehandelt, darunter auch die nicht stationäre Entleerung von Gefäßen, die übrigens schon von Newton in einem Spezialfalle angeschnittenen Schwingungen in kommunizierenden Röhren, der Druck auf eine Fläche infolge der Strahlablenkung, die Reaktion strömender Flüssigkeit auf Gefäßwände und schließlich eine kinetische Theorie der Gase[1]), auf die erst die Neuzeit mit Erfolg zurückgegriffen hat. Dabei unterscheidet Bernoulli zwischen der Bewegung von Flüssigkeiten unter dem Einflusse ihres Eigengewichtes und der durch äußere Kräfte hervorgerufenen, deren Wirkung er durch belastete Kolben darstellt. Die so gewonnenen Ergebnisse werden dann zu einer allerdings noch unvollkommenen Theorie der schon aus dem Altertum (Ktesibios ca. 150 v. Chr.) bekannten Kolbenpumpen verwendet; außerdem wird im letzten Kapitel der Gedanke erwogen, Schiffe durch die Reaktion von Flüssigkeitsstrahlen zu bewegen.

Die durchgängige Benutzung des Prinzips der lebendigen Kräfte oder, wie wir heute besser sagen, der Erhaltung der Energie wurde von den Fachgenossen Daniel Bernoullis störend empfunden, dessen Vater Johann seltsamerweise die Priorität der Anwendung gegen seinen Sohn in Anspruch nahm,

---

[1]) Lorenz, Techn. Wärmelehre, S. 11 ff.

ohne doch in seiner »Nouvelle Hydraulique« (abgedruckt in den Opera omnia, Tom. IV) wesentlich Neues zu bieten. Man vermißte nicht nur, den empirischen Charakter des Prinzips überhaupt verkennend, einen exakten Beweis, sondern wies auch nach dem Vorgange von D'Alembert (1717—1783) darauf hin, daß sich plötzliche Geschwindigkeitsänderungen, d. h. hydraulische Stöße, damit nicht fassen ließen. Die Einsicht, daß hierin kein Widerspruch lag, wie man damals vermutete, war einer viel späteren Zeit vorbehalten; einstweilen erzielte D'Alembert mit der Anwendung seines Prinzips der verlorenen Kräfte (d. i. der Zurückführung der Bewegungsformeln auf solche des Gleichgewichts) auf die Hydrodynamik in seiner »Traité de l'équilibre et du mouvement des fluides« (1744) den Beifall der Zeitgenossen, obwohl er noch an den einschränkenden Annahmen der Parallelströmung wie seine Vorgänger festhielt. Inzwischen war die schon oben erwähnte Arbeit Clairauts über die Erdgestalt erschienen, in der die Hydrostatik theoretisch abgeschlossen wurde. D'Alembert brauchte daher nur die Ansätze Clairauts mit seinem Prinzip zu vereinigen, um die strengeren Bewegungsgleichungen von Flüssigkeiten zu erhalten. Diesen letzten Schritt unternahm er in der Tat auf Grund einer Preisaufgabe der Berliner Akademie in dem »Essai d'une nouvelle théorie sur la résistance des fluides« (1753), und erhielt so ziemlich allgemeine partielle Differentialgleichungen für die Bewegung inkompressibler und elastischer Flüssigkeiten, denen eigentlich nur noch eine scharfe Definition des hydraulischen Druckes fehlte, statt dessen man vor Euler stets das Gewicht einer Flüssigkeitssäule über dem »gedrückten Teil« der Flüssigkeit selbst oder eines sie berührenden Fremdkörpers in die Rechnung einführte. In diese Zeit fällt auch noch eine bemerkenswerte Untersuchung der Stabilität von Schiffen unter Einführung des Metazentrums durch Bouguer in dem »Traité du navire, de sa construction et de ses mouvements« (1743), die dann in Eulers »Scientia navalis seu tractatus de construendis ac dirigendis navibus« (1749) erheblich ausgedehnt und verschärft wurde. Euler beschränkt sich darin auf die Bewegung im ruhigen Wasser, die er in eine fortschreitende und in eine Drehung um den Körperschwerpunkt zerlegt. Er zeigt weiter, daß die letztere auf gedämpfte Schwingungen um drei zueinander senkrechte Achsen führt, woraus sich dann später seine vollständige Theorie der Rotation starrer Körper entwickelte. Jedenfalls liegt der Schwerpunkt dieses an sich höchst bedeutenden Werkes nicht in der Bewegung des Wassers um das Schiff, die im Newtonschen Widerstandsgesetz nur implizite erscheint, so daß wir es noch nicht der neuen, durch Eulers Arbeiten eingeleiteten Periode der Hydrodynamik zurechnen dürfen.

§ 55. Die Entwicklung der theoretischen Hydrodynamik seit Euler.

Begründung der theoretischen Hydrodynamik durch Euler, Definition des Druckes, Aufstellung der Kontinuitätsbedingung und der Bewegungsgleichungen in zwei Formen. Schärfere Formulierung durch Lagrange. Die Wellenlehre: Laplace, Lagrange, Gerstner, Poisson, E. H. und W. Weber, Airy, Stokes, Helmholtz. Die Potentialbewegung: Cauchy, Green, Stokes, Helmholtz, Kirchhoff, Dirichlet, Thomson, Bjerknes. Die Wirbelbewegung: Helmholtz, W. und J. J. Thomson, W. Wien. Die Gleichgewichtsfiguren rotierender Flüssigkeiten: Clairaut, Jacobi, Poincaré, Darwin. Flüssigkeitsreibung und Zähigkeit: Newton, Navier, Stokes, Poiseuille, Helmholtz. Turbulenz: Reynolds, H. A. Lorentz, Rayleigh. Oberflächenspannung: Clairaut, Laplace, Young, Gauß, Neumann, Plateau, W. Thomson.

Zur eingehenden Beschäftigung mit hydrodynamischen Problemen wurde Leonhard Euler (1707 bis 1783), der bedeutendste und fruchtbarste Mathematiker des 18. Jahrhunderts, damals Mitglied der Berliner Akademie, durch ein von dem Göttinger Professor Segner konstruiertes und 1750 beschriebenes Reaktionsrad angeregt. Er entwickelte dessen Theorie in zwei im nächsten Paragraphen zu besprechenden Abhandlungen zunächst noch auf der Grundlage der Parallelströmung, um dann in den »Principes généraux du mouvement des fluides« (Hist. de l'Acad. Roy. de Berlin 1755) die strenge Ableitung der drei hydrodynamischen Bewegungsgleichungen in ihrer heutigen Form zu geben. Euler emanzipierte sich sofort von der unvollkommenen älteren Auffassung des Druckes als Gewicht einer Flüssigkeitssäule, faßte diesen vielmehr als eine von der Richtung unabhängige Größe p auf, welche, mit dem zu ihr normalen Flächenelemente dF multipliziert die unendlich kleine Kraftwirkung dP der zu beiden Seiten der Flächenelemente befindlichen Flüssigkeitsteile aufeinander ergibt, so zwar, daß

$$p = \frac{dP}{dF} \quad \ldots \ldots \ldots \quad (1)$$

ist. An derselben Stelle bemerkt Euler auch, daß im Falle einer Rotation der Ausdruck $w_x\,dx + w_y\,dy + w_z\,dz$ kein vollständiges Differential darstellt und daß dies allgemein nur zutrifft, wenn die Geschwindigkeitskomponenten partielle Ableitungen einer und derselben Funktion sind. Die Kontinuitätsgleichung leitete Euler erst in einer späteren Arbeit (Novi Commentarii der Petersburger Akademie 1770) ab, und zwar aus der Betrachtung eines mit Flüssigkeit erfüllten Elementartetraeders an Stelle des sonst gebräuchlichen Parallelepipedons, wodurch der Rechnungsgang unnötig verwickelt erscheint. In dieser Arbeit findet sich auch der Hinweis auf eine andere Darstellung der hydrodynamischen Bewegungsformeln, in denen nicht mehr der Druck und die Geschwindigkeitskomponenten als Funktionen der Koordinaten x, y, z sowie der Zeit t auf Grund der Betrachtung eines festgehaltenen und von der Flüssigkeit durchströmten Raumelementes auftreten. Hierbei werden vielmehr der Druck p und die momentanen Koordinaten x, y, z eines und desselben Flüssigkeitselementes in den Koordinaten a, b, c seiner Anfangslage mit der Zeit t ausgedrückt. Alsdann sind bei konstanten a, b, c

$$w_x = \frac{\partial x}{\partial t}, \quad w_y = \frac{\partial y}{\partial t}, \quad w_z = \frac{\partial z}{\partial t} \quad \ldots \ldots \quad (2)$$

die momentanen Geschwindigkeitskomponenten des ins Auge gefaßten Flüssigkeitselementes und

$$\frac{dw_x}{dt} = \frac{\partial^2 x}{\partial t^2}, \quad \frac{dw_y}{dt} = \frac{\partial^2 y}{\partial t^2}, \quad \frac{dw_z}{dt} = \frac{\partial^2 z}{\partial t^2} \quad \ldots \quad (3)$$

die entsprechenden Beschleunigungskomponenten, womit die drei Eulerschen Bewegungsgleichungen die Form

$$\left.\begin{aligned} \frac{\partial^2 x}{\partial t^2} &= q_x - \frac{g}{\gamma}\frac{\partial p}{\partial x} \\ \frac{\partial^2 y}{\partial t^2} &= q_y - \frac{g}{\gamma}\frac{\partial p}{\partial y} \\ \frac{\partial^2 z}{\partial t^2} &= q_z - \frac{g}{\gamma}\frac{\partial p}{\partial z} \end{aligned}\right\} \quad \ldots \ldots \ldots \quad (4)$$

annehmen, in der aber noch die Ableitungen des Druckes von den jetzt nicht mehr Urvariable darstellenden Koordinaten x, y, z vorkommen. Um diese Ableitungen durch

$$\left.\begin{aligned} \frac{\partial p}{\partial a} &= \frac{\partial p}{\partial x}\frac{\partial x}{\partial a} + \frac{\partial p}{\partial y}\frac{\partial y}{\partial a} + \frac{\partial p}{\partial z}\frac{\partial z}{\partial a} \\ \frac{\partial p}{\partial b} &= \frac{\partial p}{\partial x}\frac{\partial x}{\partial b} + \frac{\partial p}{\partial y}\frac{\partial y}{\partial b} + \frac{\partial p}{\partial z}\frac{\partial z}{\partial b} \\ \frac{\partial p}{\partial c} &= \frac{\partial p}{\partial x}\frac{\partial x}{\partial c} + \frac{\partial p}{\partial y}\frac{\partial y}{\partial c} + \frac{\partial p}{\partial z}\frac{\partial z}{\partial c} \end{aligned}\right\} \quad \ldots\ldots \quad (5)$$

zu ersetzen, multiplizieren wir der Reihe nach die Formeln (4) mit $\frac{\partial x}{\partial a}, \frac{\partial y}{\partial a}, \frac{\partial z}{\partial a}$ und addieren, wiederholen dies nach Multiplikation mit $\frac{\partial x}{\partial b}, \frac{\partial y}{\partial b}, \frac{\partial z}{\partial b}$ bzw. mit $\frac{\partial x}{\partial c}, \frac{\partial y}{\partial c}, \frac{\partial z}{\partial c}$ und erhalten so schließlich wegen (5) die drei neuen Bewegungsgleichungen

$$\left.\begin{aligned} \left(\frac{\partial^2 x}{\partial t^2} - q_x\right)\frac{\partial x}{\partial a} + \left(\frac{\partial^2 y}{\partial t^2} - q_y\right)\frac{\partial y}{\partial a} + \left(\frac{\partial^2 z}{\partial t^2} - q_z\right)\frac{\partial z}{\partial a} + \frac{g}{\gamma}\frac{\partial p}{\partial a} &= 0 \\ \left(\frac{\partial^2 x}{\partial t^2} - q_x\right)\frac{\partial x}{\partial b} + \left(\frac{\partial^2 y}{\partial t^2} - q_y\right)\frac{\partial y}{\partial b} + \left(\frac{\partial^2 z}{\partial t^2} - q_z\right)\frac{\partial z}{\partial b} + \frac{g}{\gamma}\frac{\partial p}{\partial b} &= 0 \\ \left(\frac{\partial^2 x}{\partial t^2} - q_x\right)\frac{\partial x}{\partial c} + \left(\frac{\partial^2 y}{\partial t^2} - q_y\right)\frac{\partial y}{\partial c} + \left(\frac{\partial^2 z}{\partial t^2} - q_z\right)\frac{\partial z}{\partial c} + \frac{g}{\gamma}\frac{\partial p}{\partial c} &= 0 \end{aligned}\right\} \quad (6).$$

Sehr viel verwickelter gestaltet sich im neuen Koordinatensystem die Kontinuitätsgleichung, die wir am einfachsten auf geometrischem Wege analog der Transformation von Gl. (6a) in (6b), § 47, durchführen[1]). Bei der Bewegung geht nämlich das Flüssigkeitselement, welches ursprünglich ein rechtwinkliges Parallelepipedon $da\,db\,dc$ mit der Masse

$$dm = \frac{\gamma_0}{g}\,da\,db\,dc \quad \ldots\ldots \quad (7)$$

erfüllt, in ein schiefes $\Omega P_1 P_2 P_3$ über (Fig. 205), dessen Inhalt, wie man durch einfache Parallelverschiebung von Ecken leicht nachweisen kann, das Sechsfache desjenigen des Tetraeders $\Omega P_1 P_2 P_3$ beträgt. Legen wir durch die Ecke Ω mit den Koordinaten x, y, z ein dem ursprünglichen paralleles Achsenkreuz

[1]) Vgl. hierzu u. a. Schlömilch, Compendium der höheren Analysis, Bd. I, 5. Aufl. 1881, § 98 und 102.

$\xi\,\eta\,\zeta$ und bezeichnen die unendlich kleinen Koordinaten der Punkte $P_1 P_2 P_3$ vorläufig mit $\xi_1 \eta_1 \zeta_1$, $\xi_2 \eta_2 \zeta_2$, $\xi_3 \eta_3 \zeta_3$, so ist der Inhalt des schiefen Parallelepipedons

$$dV = \xi_1 (\eta_2 \zeta_3 - \eta_3 \zeta_2) + \eta_1 (\zeta_2 \xi_3 - \zeta_3 \xi_2) + \zeta_1 (\xi_2 \eta_3 - \xi_3 \eta_2).$$

Nun ist aber in unseren Bezeichnungen

$$\xi_1 = \frac{\partial x}{\partial a}\,da, \quad \eta_1 = \frac{\partial y}{\partial a}\,da, \quad \zeta_1 = \frac{\partial z}{\partial a}\,da$$

$$\xi_2 = \frac{\partial x}{\partial b}\,db, \quad \eta_2 = \frac{\partial y}{\partial b}\,db, \quad \zeta_2 = \frac{\partial z}{\partial b}\,db$$

$$\xi_3 = \frac{\partial x}{\partial c}\,dc, \quad \eta_3 = \frac{\partial y}{\partial c}\,dc, \quad \zeta_3 = \frac{\partial z}{\partial c}\,dc$$

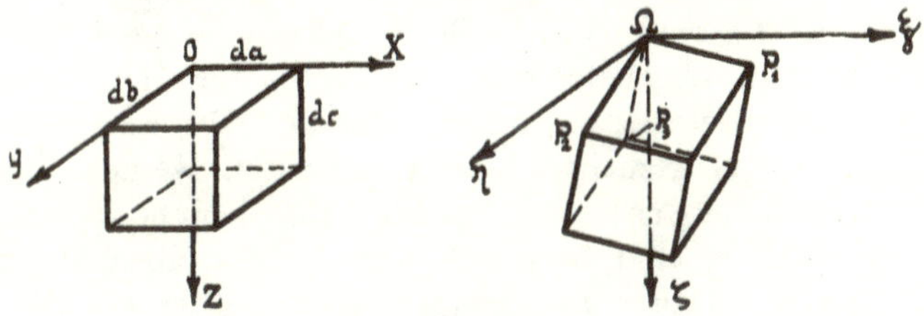

Fig. 205.

und damit wird der Ausdruck für das schiefe Volumenelement

$$dV = \left\{ \begin{aligned} & \frac{\partial x}{\partial a}\left(\frac{\partial y}{\partial b}\frac{\partial z}{\partial c} - \frac{\partial y}{\partial c}\frac{\partial z}{\partial b}\right) da\,db\,dc \\ & + \frac{\partial y}{\partial a}\left(\frac{\partial z}{\partial b}\frac{\partial x}{\partial c} - \frac{\partial z}{\partial c}\frac{\partial x}{\partial b}\right) da\,db\,dc \\ & + \frac{\partial z}{\partial a}\left(\frac{\partial x}{\partial b}\frac{\partial y}{\partial c} - \frac{\partial x}{\partial c}\frac{\partial y}{\partial b}\right) da\,db\,dc. \end{aligned} \right.$$

Soll dieses nach Voraussetzung dieselbe Masse dm, aber vom spezifischen Gewichte γ enthalten, wie das ursprüngliche Element $da\,db\,dc$, so liefert der Vergleich mit (7) die neue Form der Kontinuitätsgleichung

$$\left. \begin{aligned} & \frac{\partial x}{\partial a}\left(\frac{\partial y}{\partial b}\frac{\partial z}{\partial c} - \frac{\partial y}{\partial c}\frac{\partial z}{\partial b}\right) \\ & + \frac{\partial y}{\partial a}\left(\frac{\partial z}{\partial b}\frac{\partial x}{\partial c} - \frac{\partial z}{\partial c}\frac{\partial x}{\partial b}\right) \\ & + \frac{\partial z}{\partial a}\left(\frac{\partial x}{\partial b}\frac{\partial y}{\partial c} - \frac{\partial x}{\partial c}\frac{\partial y}{\partial b}\right) \end{aligned} \right\} = \frac{\gamma}{\gamma_0} \quad \ldots\ldots \quad (8),$$

wofür man auch häufig abkürzungsweise

$$\frac{\gamma}{\gamma_0} = \begin{vmatrix} \frac{\partial x}{\partial a} & \frac{\partial x}{\partial b} & \frac{\partial x}{\partial c} \\ \frac{\partial y}{\partial a} & \frac{\partial y}{\partial b} & \frac{\partial y}{\partial c} \\ \frac{\partial z}{\partial a} & \frac{\partial z}{\partial b} & \frac{\partial z}{\partial c} \end{vmatrix} = \frac{\partial (x, y, z)}{\partial (a, b, c)} \quad . \quad . \quad . \quad . \quad (8a)$$

schreibt. Man übersieht sogleich, daß diese sog. Funktionaldeterminante, welche nichts anderes als den Transformationsfaktor eines dreifachen Integrals beim Übergang vom Koordinatensystem $x\,y\,z$ in das System $a\,b\,c$ bedeutet, im Falle inkompressibler Flüssigkeiten, d. h. für $\gamma = \gamma_0$ zu Eins wird.

Die soeben abgeleiteten Gleichungen für die Bewegung eines Flüssigkeitselementes, deren Gebrauch Euler[1]) selbst nur an einigen etwas gesuchten Fällen andeutet, werden jetzt gewöhnlich nach Lagrange (1736 bis 1813) benannt, der sie in seiner »Mécanique analytique« (1. Aufl. 1788) selbständig nochmals aufstellte. Dieser hervorragende Analytiker sah die noch von Euler ohne weiteres eingeführte Unabhängigkeit des Druckes von der Richtung als einen für den systematischen Aufbau der Hydromechanik unnötigen Erfahrungssatz an, welcher deren Zusammenhang mit der allgemeinen Mechanik nur verschleiert. Er beginnt daher seine Darlegung der Hydrostatik im VII. Abschnitt des schon genannten Hauptwerkes mit einer Herleitung dieses Satzes aus dem Prinzip der virtuellen Verschiebungen,

1) Die zahlreichen hydromechanischen Abhandlungen Eulers hat Prof. Brandes unter dem Titel »Die Gesetze des Gleichgewichts und der Bewegungen flüssiger Körper« (Leipzig 1806) in einer freien deutschen Bearbeitung neu herausgegeben. Die Durchsicht dieses noch heute lesbaren Buches läßt die außerordentliche Bedeutung Eulers klar hervortreten, wenn er sich auch in seinen zahlreichen Anwendungen fast ausschließlich auf die »lineare Bewegung von Flüssigkeiten«, d. h. die Parallelströmung, beschränkt. Eine Ausnahme hiervon bildet ein Versuch der Betrachtung der zweidimensionalen Strömung, wobei Euler schon für die Integrale der Kontinuitätsgleichung konjugiert komplexe Ausdrücke analog der später entwickelten Theorie der konformen Abbildung ansetzt. Die dafür gegebenen Beispiele haben allerdings praktisch nur geringen Wert.

wobei er den Druck analog Euler als den Quotienten einer äußeren (etwa auf einen Kolben wirkenden) Kraft und einer Fläche einführt. Dieser Druck aber ist dem Parameter der schon von Clairaut so bezeichneten Niveauflächen proportional, woraus dann ungezwungen die Theorie der Gleichgewichtsfiguren ruhender und rotierender Flüssigkeiten folgt. In der Hydrodynamik behandelt Lagrange als Beispiel für seine Formeln in der Hauptsache wieder die eindimensionale Strömung, kennzeichnet aber deren Näherungscharakter mit voller Schärfe und zeigt, wie man zu weiteren Näherungen, wenn nötig, fortschreiten kann. Den Schluß dieser Darlegungen bildet dann der gelungene Versuch einer Wellentheorie für kleine Auslenkungen der Wasserteilchen aus der Ruhelage, auf die wir noch zurückkommen werden. Vergleicht man die hydrodynamischen Arbeiten von Euler und Lagrange, die ja zeitlich nicht sehr weit auseinander liegen, so fällt neben der behaglichen Breite bei ersterem der geradezu überwältigende Gedankenreichtum und die unendliche Geduld in der Ausarbeitung einer großen Zahl von praktisch wichtigen Beispielen auf, während man bei letzterem die analytische Gewandtheit und formale Strenge der äußerst eleganten mathematischen Entwicklungen bewundert. Die grundsätzlich verschiedene Arbeits- und Denkweise beider Forscher tritt auch noch darin hervor, daß Euler im Interesse der Anschaulichkeit seinen Abhandlungen zahlreiche Figuren beigibt, wogegen Lagrange auf jede bildliche Darstellung verzichtet und Anwendungen gänzlich beiseite läßt. In der Folgezeit überwog nun der Einfluß von Lagrange, dem man jedenfalls die formelle Unterordnung der Hydrodynamik in die analytische Mechanik verdankt, vermöge der größeren Allgemeinheit seiner Methoden denjenigen von Euler auf die Mathematiker weitaus, und so erklärt sich leicht die bis auf unsere Tage abstrakte Richtung in der späteren Ausgestaltung dieses Gebietes, welches sich damit schon früh von der im nächsten Abschnitt zu besprechenden technischen »Hydraulik« schied.

Dies zeigte sich schon in der Behandlung der Wellenbewegung, welche Euler nur an Seilen studiert hatte, während Laplace eine erste mathematische Theorie der Wasserwellen mit kleinen Ausschlägen bei konstanter Kanaltiefe in der

Abhandlung »Sur les Ondes« (Hist. de l'Acad. Roy. 1776) auf Grund der Kontinuitätsgleichung für zwei Dimensionen entwickelte, wobei sich der uns heute geläufige Ausdruck für die Fortpflanzungsgeschwindigkeit ergab. Kurz darauf hat sich auch Lagrange mit diesem Problem beschäftigt, worüber er in den Memoiren der Berliner Akademie von 1781 und 1786 sowie am Schlusse seiner schon erwähnten »Mécanique analytique« berichtet und dabei einen verfehlten Versuch Newtons kritisiert. Seine nicht ganz abgeschlossene Theorie zeichnet sich vor der Laplaceschen wesentlich durch die Einführung des allerdings noch nicht so bezeichneten Geschwindigkeitspotentials aus, womit der Charakter dieser Flüssigkeitsbewegung gegenüber anderen Rotationen schon in der Hauptsache getroffen wurde. Waren diese Theorien auf rein deduktivem Wege entstanden, so griff der Holländer Flaugergues (Verhandl. der Holl. Ges. d. Wissenschaften zu Haarlem 1793) auf das Experiment zurück, dessen Ungenauigkeit ihn jedoch zu der Ansicht verleitete, daß die Wellenbewegung wenigstens an der Oberfläche nur in Vertikalschwingungen der Wasserteilchen bestände, wodurch auch seine Schlußfolgerungen schwer beeinträchtigt wurden. Nicht lange danach findet sich in einer sonst unerheblichen Arbeit von Bremontier (Journal de Physique, Tome LXXIX) eine der Beobachtung von Meereswogen entstammende Kennzeichnung der Gruppenwellen durch die Worte: »Eine Welle schreitet nie allein fort, sondern es pflanzen sich stets mehrere, eine Gruppe bildend, fort. Die mittelsten Wellen sind immer die größten und die an beiden Enden die schwächsten. Die kleinsten, die mittleren und die größten scheinen zusammen ein System zu bilden und alle in gegenseitiger Abhängigkeit voneinander zu stehen.« Die Theorie dieser Erscheinung wurde allerdings erst viel später (1877) von Lord Rayleigh gegeben.

Vollkommen unabhängig von seinen analytischen Vorgängern griff Gerstner (1756—1832), der sich in seiner »Theorie der Wellen samt einer daraus abgeleiteten Theorie der Deichprofile«, 1804, über den Mangel experimenteller Unterlagen beklagte, das Problem induktiv an. Er untersuchte die Bewegung eines Wasserteilchens unter dem Einfluß der darauf wirkenden Erdbeschleunigung und der Normalbeschleunigung seiner Bahn. Diese fand er unter der Annahme, »daß der Druck, den das Wasserteilchen von den umgebenden Teilchen erfährt, auf dieser Bahn von allen Seiten gleich ist, wir also bei seiner Beschleunigung nur auf sein Gewicht zu sehen haben«, und bestimmte daraus die Wellenform als Zykloide, auch gab er ganz richtig die zugehörige, allein von der Wellenlänge (von ihm Breite genannt) abhängige Fortpflanzungsgeschwindigkeit der Oberflächenwellen an, übersah aber, daß diese mit dem von ihm betrachteten Spezialfalle nur für unendliche Wassertiefen zutrifft. Obwohl die Gerstnersche Grundannahme und die daraus gezogenen Folgerungen, welche mit einigen Beobachtungen nicht stimmten, mehrfach, darunter von Möbius und Brandes (in der oben angeführten Ausgabe Eulerscher Schriften) beanstandet wurden, so hat sich doch seine Theorie durch ihre Anschaulichkeit bis heute erhalten[1]) und wurde sogar noch zweimal offenbar ohne Kenntnis ihres Vorgängers von Rankine (1861) und Hagen (1863) wieder aufgestellt. Allen bisher erwähnten Untersuchungen wurde ein periodischer Beharrungszustand der Flüssigkeit, den man jetzt gern als quasistationär bezeichnet, zugrunde gelegt und damit die Frage nach der Entstehung der Wellen ausgeschaltet. Diese nahm, durch ein Preisausschreiben der Pariser Akademie veranlaßt, Poisson (1781 bis 1840), einer der gewandtesten französischen Analytiker, in dem »Mémoire sur la théorie des ondes« (1816) in Angriff, indem er die Ausbreitung einer plötzlichen Erschütterung durch verwickelte Rechnungen verfolgte, die dann von Cauchy (1827) und später von W. Thomson (1887) und Burnside (1888) diskutiert und weiter geführt wurden. Inzwischen erschien die »Wellenlehre, auf Experimente gegründet« (1825) der Gebrüder E. H. und W. Weber mit zahlreichen, äußerst genau beobachteten, durch vorzügliche Tafeln erläuterten Versuchsergebnissen und einer objektiven Würdigung der bisherigen Forschungen[2]), ein noch heute klassisches Werk, dessen Inhalt auszugsweise in alle späteren Lehrbücher der Experimentalphysik übergegangen ist. Auf die theoretische Weiterbildung der Wellenlehre scheinen jedoch

[1]) Vgl. Föppl, Vorlesungen über techn. Mechanik, Bd. IV (Dynamik), Leipzig 1899, S. 405 ff.

[2]) Diese sind in dem Werke der Gebrüder Weber zum großen Teile wörtlich abgedruckt, u. a. die im Original nur schwer zugängliche Theorie von Gerstner.

die Beobachtungen von J. Scott Russell »On Waves« (Rep. Brit. Assoc. 1844) einen noch größeren Einfluß ausgeübt zu haben, in denen zuerst die Erscheinung der sog. Einzelwelle als Folge einer plötzlichen lokalen Spiegelerhebung beschrieben wird. Ihre Gestalt und Bewegung über die Wasseroberfläche versuchte Boussinesq (1873) rechnerisch zu ermitteln, indem er auf die Ähnlichkeit mit den besonders von Airy (1845) in dem Artikel »Tides and Waves« der Encyclopaedia Metropolitana approximativ behandelten langen Wellen hinwies, welche bei der Ebbe und Flut auftreten. Die weitere, immer mehr anschwellende Literatur über diese und verwandte Spezialprobleme findet man in den Artikeln über Hydrodynamik von Love in der Enzyklopädie der math. Wissenschaften, Bd. IV 3, angeführt. Wir müssen uns hier mit der Bemerkung begnügen, daß die in das vorliegende Buch übergegangene Theorie der sog. oszillatorischen Wellen ihre einfache Form Stokes (1847) verdankt, und wollen nur noch auf eine grundlegende Arbeit von Helmholtz: »Zur Theorie von Wind und Wellen« (Berl. Monatsberichte 1889), verweisen, in der die Wellenbewegung als Folgeerscheinung der Relativbewegung zweier sich berührender Flüssigkeiten von verschiedener Dichte (Wasser und Luft) betrachtet wird. Diese Abhandlung wird in dem vortrefflichen »Lehrbuch der Hydrodynamik« von W. Wien (1900) sehr ausführlich diskutiert, der am Schlusse des betreffenden Kapitels aber mit Recht bemerkt, daß »die Frage nach der Erregung und Stabilität der Wellen noch als offen zu betrachten ist«.

Schon Lagrange hatte, wie wir sehen, erkannt, daß die Wellenbewegung idealer Flüssigkeiten mit kleinen Ausschlägen, welche die Vernachlässigung der Geschwindigkeitsquadrate gestatten, zu der zuerst von Euler untersuchten Bewegungsform gehört, bei der die Geschwindigkeitskomponenten partielle Ableitungen einer bestimmten Funktion sind, die Helmholtz später (1858) als das Geschwindigkeitspotential bezeichnete. Ebenso hatte Lagrange die Beständigkeit dieser sog. Potentialbewegung unter dem Einflusse von Potentialkräften bemerkt, was für die erwähnte Wellenbewegung in der Tat so lange zutrifft, als man von der Reibung und damit von ihrer Entstehung absieht. Einen strengen Beweis dieses wichtigen Theorems gab Cauchy (1827), während Green in seiner berühmten Abhandlung »Essay on the application of mathematical analysis to the theories of electricity and magnetism« (1828) zeigte, daß derartige Flüssigkeitsbewegungen in zwei Dimensionen von logarithmischen, in drei Dimensionen von Newtonschen Potentialen abhängen müssen. Damit war die weitere Entwicklung der Theorie der Potentialströmung in der Hauptsache schon vorgezeichnet, die sich dann unter den Händen von Stokes, W. Thomson, Helmholtz und Kirchhoff rasch vollzog. Von Stokes stammt neben der Anwendung der Theorie auf achsensymmetrische Bewegungen (1842) sowie der Einführung der dem Geschwindigkeitspotential koordinierten Stromfunktion (1847) die bekannte Umformung eines Linienintegrals der Geschwindigkeit in ein Flächenintegral (1854), von Thomson die Untersuchung der Eigenschaften dieses von ihm als Zirkulation bezeichneten Linienintegrals (1868), während Helmholtz (1868) und Kirchhoff (1869) ebene diskontinuierliche Flüssigkeitsbewegungen und Strahlen mit der Methode der konformen Abbildungen untersuchten. Hierher gehören auch noch einige Arbeiten von Dirichlet über die Bewegung von Kugeln (1852 und 1860) und von Riemann über diejenige von Ellipsoiden in einer idealen Flüssigkeit, zu denen sich schließlich noch C. A. Bjerknes mit seiner originellen Theorie pulsierender Kugeln in der Flüssigkeit gesellte, die er in verschiedenen Abhandlungen (1861—1879) ausbaute, wovon dann sein Sohn V. Bjerknes in dem Buche »Hydrodynamische Fernkräfte« (1900) eine zusammenfassende Darstellung mit experimentellen Belegen gab.

Ganz neue Bahnen eröffnete Helmholtz (1821—1894) der hydrodynamischen Forschung durch die berühmte Abhandlung »Über Integrale der hydrodynamischen Gleichungen, welche Wirbelbewegungen entsprechen« (1858), in der er die schon von Euler und Lagrange bemerkten Flüssigkeitsbewegungen ohne Geschwindigkeitspotential einer scharfsinnigen Untersuchung unterwarf. Das Ergebnis dieser Arbeit war die vollständige Analyse der Wirbelbewegung in idealen Flüssigkeiten mit Anwendungen auf verschiedene Einzelfälle und Hinweisen auf die experimentelle Prüfung der Theorie, durch die der obenerwähnte Stokessche Satz eine eminente physikalische Bedeutung erlangte. An den weiteren Ausbau der Wirbeltheorie, welche durch Maxwells klassische Arbeiten bald für die Elektrizitätslehre nutzbar gemacht wurde, beteiligte sich besonders W. Thomson durch seine Abhandlung »On vortex motion« (1868) und J. J. Thomson in dem »Treatise on the motion of vortex-rings« (1883), die beide aus der theoretischen Unzerstörbarkeit von Wirbeln in einer idealen Flüssigkeit weitgehende Schlüsse auf die Konstitution der Körperatome zogen, während W. Wien in seiner »Hydrodynamik« aus der Wirbelbewegung eine Näherungstheorie der Zyklonen in der als dabei inkompressibel angenommenen Luft ableitete. Zur Wirbelbewegung gehört auch noch die Theorie der Gleichgewichtsfiguren frei schwebender, rotierender Flüssigkeitsmassen unter der alleinigen Wirkung der gegenseitigen Attraktion der einzelnen Teile, die nach ihrer Begründung durch Clairaut und Maclaurin vorwiegend durch Jacobi (1834) gefördert wurde. Diesem gelang der Nachweis, daß auch dreiachsige, um die kleinste Achse rotierende Flüssigkeitsellipsoide existenzfähig sind. Die eingehende Untersuchung der Stabilitätsbedingung solcher Ellipsoide führte Poincaré (1885) auf birnenförmige Gleichgewichtsfiguren, die man sich approximativ mit zwei umeinander rotierenden Gravitationszentren vorstellen kann. Eingehender diskutiert wurde dieses Problem in neuerer Zeit von G. H. Darwin (1887), dem man auch eine ausgezeichnete gemeinverständliche Darstellung in dem Werke »Ebbe und Flut sowie verwandte Erscheinungen im Sonnensystem« (deutsch von Pockels 1902), verdankt.

Die gegenüber der Forderung der Theorie tatsächliche Unbeständigkeit von Flüssigkeitswirbeln lenkte naturgemäß die Aufmerksamkeit auf die Widerstandskräfte, welche durch die Zähigkeit der nicht vollkommen idealen Flüssigkeit geweckt werden. Diese Erscheinung war schon bei der Untersuchung von Wasserwellen beobachtet worden, und daher hatte sich ihre Theorie früher entwickelt als diejenige der Wirbel. Die ersten Ansätze hierzu gehen auf Newton zurück, der in seinen Prinzipien die 9. Sektion des II. Buches mit der Hypothese einleitet: »Der Widerstand infolge der unvollkommenen Schlüpfrigkeit (ex defectu lubricitatis) der Flüssigkeitsteile sei unter sonst gleichen Umständen ihrer Trennungsgeschwindigkeit proportional«. Dies führt sinngemäß bei stetiger Änderung der Geschwindigkeit auf die Proportionalität mit deren Ableitungen, aus denen sich, wie Cauchy (1827) gezeigt hatte, die Komponenten der Formänderungsgeschwindigkeit zusammensetzen. Hierauf wies zuerst De St. Vénant (1843) hin, während schon vorher Navier (1827) und Poisson (1831) die Grundannahme durch molekulartheoretische Betrachtungen zu stützen versuchten. Solche zog auch Stokes in seiner Abhandlung »On the theories of internal friction of fluids in motion« usw. (1845) zur Begründung des linearen Zusammenhanges der Spannungskomponenten mit denen der Deformationsgeschwindigkeit heran. Diese Arbeit enthält die Bewegungsgleichungen für zähe Flüssigkeiten in der jetzt gebräuchlichen Form, die mit den Versuchen von Poiseuille (1846) für langsame Strömungen in engen Rohren in gutem Einklange stehen. Von Stokes rührt auch der Nachweis (1898) her, daß die mittlere Stromgeschwindigkeit zwischen zwei parallelen Platten mit kleinem Abstande ein Geschwindigkeitspotential besitzt, so daß Hele-Shaw auf experimentellem Wege derartige Potentialbewegungen erzeugen konnte. Von allen Beobachtern mit Ausnahme von Helmholtz und Piotrowski (1860) wurde überdies festgestellt, daß zwischen der zähen Flüssigkeit und einer festen Wand kein Gleiten stattfinde, wenigstens solange die mittlere Stromgeschwindigkeit in mäßigen Grenzen bleibt. Daß für größere Geschwindigkeiten die Stokesschen Bewegungsgleichungen nicht mehr genügen, war nach den Grundannahmen zu erwarten; dagegen mußte es doch überraschen, daß beim Überschreiten der von Hagen (1839) vermuteten und von Reynolds (1883) festgelegten kritischen Geschwindigkeit ohne stetigen Übergang ein gänzlich verschiedener Bewegungszustand sich einstellte, mit dem die Techniker, unbekümmert um die mathematisch-physikalischen Forschungen über die Zähigkeit, auf Grund eigener Versuche seit langem schon gerechnet hatten, allerdings ohne sein Wesen zu ergründen. Dies ist denn auch den Bemühungen der bedeutendsten Theoretiker, unter denen wir nur den schon mehrfach erwähnten Lord Rayleigh (1878) sowie den Holländer H. A. Lorentz (1897) nennen wollen, noch nicht gelungen; dafür hat aber das gemeinsame Interesse an der Aufklärung dieser praktisch und wissenschaftlich gleich bedeutungsvollen Erscheinung der sog. Turbulenz ein gegenseitiges Verständnis der Arbeitsweise der Ingenieure und theoretischen Physiker angebahnt, das unzweifelhaft gute Früchte tragen wird.

Außer den Widerstandskräften infolge innerer Reibung oder Turbulenz wirken auf die Flüssigkeitsbewegung aber auch noch Oberflächenspannungen im Sinne einer Verkleinerung der freien Oberfläche. Diese Spannungen bestimmen im Falle des Gleichgewichts im Verein mit der Schwere die Gestalt von Tropfen, Blasen, Flüssigkeitshäutchen, deren Erklärung in der ersten Periode den Physikern viel Schwierigkeiten bereitete. Daß es sich dabei um Molekularattraktionen von viel größerer Intensität als die allgemeine Schwere handelt, erkannte zuerst Clairaut (1743), aber erst Laplace gelang die Aufstellung einer fast vollständigen Theorie dieser Erscheinung in der Schrift »Théorie de l'action capillaire« (in dem Suppl. zur »Mécanique céleste« 1806 und 1807), in welcher der Begriff der konstanten Oberflächenspannung und ihr Zusammenhang mit den Hauptkrümmungsradien der freien Oberfläche eine umfassende Verwendung fand. Dieser Begriff selbst war schon lange vorher von Segner (1751) definiert und seine Analogie mit der Spannung einer dünnen Haut von Th. Young im »Essay on the cohesion of fluids« (Phil. Trans. Roy. Soc. 1805) ausgesprochen worden. Zu denselben Resultaten wie Laplace gelangte auch Gauß, der die Gleichgewichtsbedingungen in den »Principia generalia theoriae figurae fluidorum in statu aequilibrio« (1830) aus dem Prinzip der virtuellen Verschiebungen herleitete und dabei deduktiv die Konstanz des sog. Randwinkels bewies, während F. Neumann (1859) und Quincke (1869) die Berührung von mehr als zwei Flüssigkeiten längs einer Kurve theoretisch erledigten. Alle diese Autoren betrachteten dabei die Flüssigkeit als homogen, wogegen Poisson in der »Nouvelle théorie de l'action capillaire« (1831) zeigte, daß unter dem Einflusse der Molekularkräfte an der Oberfläche eine Verdichtung eintreten müsse, ohne doch formell zu anderen Ergebnissen zu gelangen wie Laplace. Trotzdem hat sich diese Anschauung, die u. a. von Maxwell (1875) und Lord Rayleigh (1892) vertreten wurde, unter den Händen von Van der Waals als höchst fruchtbar erwiesen, der daraus eine »Thermodynamische Theorie der Kapillarität unter der Voraussetzung kontinuierlicher Dichteänderung« (1893) ableitete, nachdem er schon vorher in dem bekannten Werke »Die Kontinuität des gasförmigen und flüssigen Zustandes« (1873, 2. deutsche Ausgabe 1899) die Beziehungen der Oberflächenspannung zur Zustandsgleichung[1]) aufgedeckt hatte.

Daß die Wirkung der Oberflächenspannung sich nicht bloß auf ruhende Flüssigkeiten erstreckt, zeigten die Versuche von Plateau mit rotierenden Öltropfen in einer anderen Flüssigkeit von gleichem spezifischen Gewicht, wodurch die Wirkung der Schwere ausgeschaltet war. Er berichtet hierüber in dem ausführlichen Werke »Statique expérimentale et théorique des liquides soumis aux seules forces moléculaires« (1873), welches außerdem eine gute Gesamtübersicht des ganzen Gebietes der Oberflächenspannung enthält. Interessanter ist wohl noch der dynamische Einfluß der Kapillarität auf die Wellenbewegung, der zuerst von Scott Russell (1844) beobachtet und in der obenerwähnten Abhandlung »On Waves« klar beschrieben wurde. Hierauf ist die bekannte Beruhigung einer bewegten Wasseroberfläche durch eine dünne Ölschicht zurückzuführen, die sich dabei unter Zunahme der Oberflächenspannung immer mehr ausbreitet. Vom theoretischen Standpunkte wurden diese und verwandte Vorgänge u. a. von W. Thomson (1871), Lord Rayleigh (1883) und O. Reynolds (1880) studiert, deren Untersuchungen und Resultate in dem ausgezeichneten Werke von H. Lamb »Hydrodynamics« (3. Aufl. 1906, deutsche Ausgabe 1907) nachgelesen werden können. Dieses Buch läßt deutlich den anregenden Einfluß der Beobachtung auf die theoretische Forschung in England erkennen, während Deutschland auf dem Gebiete der Hydrodynamik seit Helmholtz und Kirchhoff entschieden zurücksteht. Den Grund hierfür sucht W. Wien nach der Vorrede zu seiner »Hydrodynamik« in der kritischen Richtung der deutschen Mathematiker, denen physikalische Anwendungen nicht mehr zusagen. Indessen scheint es, als ob vielmehr in Deutschland die Hydrodynamik durch die Elektrizitätstheorie neuerdings in den Hintergrund gedrängt wurde, deren Ausbau nicht nur die Kräfte fast aller theoretischen Physiker, sondern auch der Mathematiker mit physikalischen Interessen in Anspruch nimmt.

---

[1]) Lorenz, Techn. Wärmelehre, S. 301 ff.

§ 56. Die Entwicklung der Kreiselradtheorie.

Segners Wasserrad und Eulers Turbinentheorie. Fourneyrons Turbine und die Stromfadentheorie von Poncelet, Combes und Redtenbacher. Grübler und Zeuner. Wasserräder und Schiffsschrauben: Redtenbacher, Ressel, Rankine, Froude, Riehn, Lorenz. Neue Kreiselradtheorien von Lorenz und Prášil.

Schon lange vor der exakten Begründung der Hydrodynamik durch Euler war die Näherungstheorie der Parallelströmung entstanden und durch D. Bernoulli, wie wir im § 54 gesehen haben, zur Lösung zahlreicher praktisch wichtiger Probleme mit unbestreitbarem Erfolg benutzt worden. Es war daher nur begreiflich, daß Euler selbst, angeregt durch die Schrift des Göttinger Professors Segner »Theoria machinae cujusdam hydraulicae et computatio formae atque virum machinae hydraulicae nuper descriptae« (1750) die Theorie des hierin beschriebenen Reaktionsrades nach derselben Methode entwickelte und darauf weiterbauend zu einer recht vollständigen Turbinentheorie gelangte, ohne jemals ein solches Rad gesehen zu haben. Euler, damals in Berlin, legte seine Untersuchungen in drei Abhandlungen der »Histoire de l'Académie Royale« (Berlin) nieder: »Recherches sur l'effet d'une machine hydraulique proposée par M. Segner à Gottingue« (1750), »Application de la machine de M. Segner« (1751) und »Théorie plus complète des machines, qui sont mises au mouvement par la réaction de l'eau« (1754), deren letzte, wie schon der Titel sagt, die reifste und vollständigste ist[1]). In dieser genialen Arbeit betrachtet Euler ganz allgemein die Rotation eines wasserdurchflossenen dünnen, nach einer beliebigen Raumkurve gekrümmten Kanals um eine feste Achse, leitet hierfür die uns geläufige Formel für das Drehmoment sowie die Energiegleichung des Betriebswassers ab und fordert für die günstigste Arbeitsweise einen stoßfreien Eintritt, sowie einen der Achse parallelen Austritt des Wassers. Zur Erzielung des ersteren schlägt Euler die Anordnung von Leitkanälen vor und liefert auch die schematische Skizze einer diese Bedingungen erfüllenden Achsialturbine. Obwohl Euler hy-

[1]) Vgl. hierüber Zeuner, »Vorlesungen über Theorie der Turbinen« 1899, S. 158, sowie E. Brauer, »Eulers Turbinentheorie«, Zeitschrift für das ges. Turbinenwesen 1908, Heft 2.

draulische Bewegungswiderstände noch nicht in seine Rechnung einführt, so erkennt er doch deren Abhängigkeit von der Form der Laufradkanäle, sowie daß das Drehmoment unabhängig hiervon nur vom Ein- und Austrittszustand des Aufschlagwassers bedingt ist. Aus dieser kurzen Inhaltsangabe geht hervor, daß Euler die Stromfadentheorie für seinen Zweck fast vollständig erschöpft und seinen Nachfolgern auf diesem Wege fast nichts übriggelassen hat. Er selbst ist auf den Gegenstand nicht wieder zurückgekommen, sondern wandte sich unmittelbar danach rein wissenschaftlichen Untersuchungen zu, welche ihn schon im nächsten Jahre (1755) zu den allgemeinen hydrodynamischen Bewegungsgleichungen (vgl. § 55) führten, die ihre Entdeckung somit zweifellos einer technischen Anregung verdanken. Daß den Mathematikern, welche nach Euler sich mit hydrodynamischen Problemen beschäftigten, diese gewiß merkwürdige Tatsache bis auf den heutigen Tag entgangen ist, kann angesichts des überwiegenden Einflusses der Lagrangeschen formalen Richtung kaum wundernehmen. Aber auch die Ingenieure haben sich fast 90 Jahre um Eulers geniale Vorarbeit nicht gekümmert und sogar das Segnersche Wasserrad der Vergessenheit anheimfallen lassen.

Erst nachdem der Franzose Fourneyron — offenbar ohne jede Kenntnis der Eulerschen Vorschläge — seit 1827 mehrere Radialturbinen mit entschiedenem praktischen Erfolge ausgeführt hatte, erwachte das Interesse an der Theorie dieser wichtigen Maschinen. Poncelet (1788—1867) legte 1838 der Pariser Akademie eine Abhandlung »Sur la théorie des effets mécaniques de la turbine Fourneyron« vor, in der er sich, wie schon Euler, auf die Parallelströmung beschränkte und die tatsächlichen Abweichungen hiervon in den Lauf- und Leitradzellen durch Kontraktionskoeffizienten berücksichtigte. Combes dagegen vervollständigte diese Theorie in seinen »Recherches théoriques et expérimentales sur les roues à réaction ou à tuyaux« (1843) durch Einführung von Widerstandskoeffizienten, wie sie fast gleichzeitig auch Weisbach aus Ausflußversuchen, auf die wir noch zu sprechen kommen, abgeleitet hatte. Combes war auch der erste, der ausdrücklich an Euler anknüpfte, und der die Stoßwirkung beim Übergang des Wassers in die Turbinenkanäle richtig erkannte und einwandfrei diskutierte. Es ist gewiß bemerkenswert, daß diese Poncelet-Combessche Theorie, welche bald von Redtenbacher in dem Buche »Theorie und Bau der Turbinen und Ventilatoren« (1844) erweitert und zu einer brauchbaren Konstruktionslehre verwertet wurde, auf die Fortschritte des Baues von Kreiselrädern nur einen sehr schwachen Einfluß ausgeübt hat. Neue Typen[1]), unter denen hier nur die Achsialräder von Henschel und Jonval, beide unabhängig voneinander 1837 entstanden, das Achsialradialrad des Amerikaners Francis (1849), die Freistrahlräder von Zuppinger (1844), Schwamkrug (1849), Girard (1851) und Pelton (etwa 1882) genannt sein sollen, wurden vorwiegend aus praktischen Gesichtspunkten von Ingenieuren entworfen, denen wissenschaftliche Überlegungen ziemlich fern lagen. Dies gilt auch von den als Umkehrung der radialen Vollturbinen anzusehenden Schleuderpumpen und Gebläsen, deren erste Ausführungen von Appold (1848) und Gwynne (1862) herrühren. Die Erklärung der Bewegungsverhältnisse in diesen Maschinen wurden dann — mit Ausnahme gerade der in der neuesten Zeit an Wichtigkeit alle anderen Turbinen überragenden Francisräder — von verschiedenen Theoretikern, soweit es die Ponceletsche Methode erlaubte, gegeben, woraus gelegentlich schätzenswerte Konstruktionsregeln hervorgingen. Obwohl diese Untersuchungen sich häufig auch auf die mit hydraulischen Stößen (d. h. unstetigen Geschwindigkeitsänderungen des Wassers beim Eintritt in die Schaufeln) verbundene abnormale Arbeitsweise der Turbinen erstreckten, zeigte doch erst Grübler in der Abhandlung »Zur Theorie der Vollturbinen« (Civilingenieur 1883), daß infolge der gleichzeitigen Wirkung des Stoßes und der Bewegungswiderstände der stoßfreie Gang nicht den höchsten Wirkungsgrad verbürgt. Nachdem inzwischen noch die Dampfturbine, deren erster brauchbarer Vorschlag schon von Schiele (1852) herrührt, ihren Siegeslauf (etwa seit 1887) begonnen hatte,

[1]) Nähere Angaben über die Entstehungsweise der älteren Turbinen- und Pumpengattungen enthält: Rühlmanns »Allgemeine Maschinenlehre«, 2. Aufl., Bd. I und IV, 1875. Die neuere Entwicklung dagegen ist aus den techn. Zeitschriften, z. B. der Zeitschrift des Ver. d. Ingenieure sowie seit 1904 aus der Zeitschrift f. d. ges. Turbinenwesen zu entnehmen.

faßte G. Zeuner (1828—1907), der schon vor dem Bekanntwerden der Francisturbine in Europa in seiner »Theorie und Entwurf einer Reaktionsturbine mit äußerer Beaufschlagung« (Civilingenieur 1856) auf deren Überlegenheit hingewiesen hatte, alle bisher gewonnenen Resultate in seinen klassischen »Vorlesungen über Theorie der Turbinen« (1899) zusammen. Dieses Werk zeichnet sich, wie alle Schriften Zeuners, durch Klarheit der Darstellung und kritische Schärfe aus und enthält neben den Grundlagen der Hydraulik eine Reihe selbständiger Untersuchungen, z. B. über Dampfturbinen und Turbinenpropeller. Man darf jedenfalls behaupten, daß in diesem Buche, hinter dem alle anderen Schriften an Bedeutung weit zurücktreten, die Stromfadentheorie der Turbinen und Pumpen mit inkompressibler Arbeitsflüssigkeit ihren Abschluß erreicht hat.

In Zeuners Buch sind die sog. Wasserräder, deren Verwendung bis in das graue Altertum verfolgt werden kann, nicht mit aufgenommen worden, obwohl sich Zeuner selbst eingehend mit ihrer Theorie beschäftigt hat. Als Vorgänger auf diesem Gebiete ist außer Poncelet besonders Redtenbacher mit seiner »Theorie und Bau der Wasserräder« (1846) zu nennen, nachdem schon Gerstner (1795) gegenüber der früher nur statischen Behandlung solcher Maschinen auf die hydraulischen Stoßverluste hingewiesen hatte. Eine neuere Gesamtübersicht gab dann Bach in dem Buche »Die Wasserräder« (1886). Ganz im argen liegt noch die Theorie der als Umkehrung unterschlächtiger Wasserräder aufzufassenden Schaufelräder zur Schiffspropulsion wegen der Unsicherheit der hier nicht geführten Wasserströmung. Obwohl diese Treibvorrichtung für flache Gewässer, also die Binnenschiffahrt, immer ihre Bedeutung behalten wird, so wurde doch das Interesse der Theoretiker vorwiegend durch die von Ressel (1827) erdachte und praktisch erprobte Schiffsschraube in Anspruch genommen, deren Umkehrungen als Windräder schon seit Jahrhunderten vorwiegend für den Betrieb von Mühlen im Gebrauche waren, ohne daß jemand ihre Wirkungsweise theoretisch untersucht hatte. Beim Schiffsbetrieb dagegen handelte es sich vor allem bei gesteigerter Fahrgeschwindigkeit um sehr bedeutende Energieaufwände mit entsprechendem Kohlenbedarf, dessen Unterbringung wiederum die Ladefähigkeit verringerte und damit das Schiff doppelt belastete.

Es liegt daher auf der Hand, daß eine Erhöhung der Energieausnutzung der Schiffsschrauben ein lohnendes Ziel für die Theorie und die ausführende Praxis darbot, welches denn auch bis auf den heutigen Tag von beiden Seiten zäh verfolgt wurde.

Während noch Ressel und seine englischen Nachahmer die Wirkung der Schraube auf das Wasser rein statisch, d. h. wie die Drehung eines Schraubenbolzens in der festgehaltenen Mutter auffaßten, deren Abweichung vom wirklichen Vorgange zu dem künstlichen Begriff »Slip« geführt hat, erkannte Rankine in dem Aufsatze »The mechanical principles of the action of propellers« (Transactions Inst. Nav. Arch. 1865), daß es sich hierbei um die Reaktion eines nach hinten beschleunigten Wasserstromes handelte, der durch die Fortbewegung des Schiffes dem Propeller zugeführt wird. Diese Geschwindigkeitszunahme mußte dem aus der Schraubensteigung und der Schiffsgeschwindigkeit berechneten Slip proportional sein und bedeutete einen unvermeidlichen Energieverlust, zu dem noch derjenige durch die Rotation des Schraubenstrahls [1]) und die Arbeit zur Überwindung der Bewegungswiderstände hinzukamen. Die Engländer bezeichnen dieses, den ganzen im Propeller befindlichen Wasserkörper unter der meist stillschweigenden Annahme einer unendlichen Flügelzahl durch Mittelwerte in die Betrachtung hineinziehende Rechnungsverfahren als »disc-theory« (d. h. Scheiben-Theorie) im Gegensatz zu der von R. E. Froude in seiner »Description of a method of investigation of screw propeller efficiency« (Trans. Nav. Arch. 1883) aufgestellten »blade-theory«, welche sich auf die empirisch ermittelten Kräfte bei der schrägen Bewegung einer Platte durch das Wasser gründet. Der Mangel beider Anschauungsweisen, die seit ihrer Veröffentlichung in zahlreichen Abhandlungen der »Transactions of the Institution of Naval Architects« diskutiert wurden, beruht in der rein statischen Berechnung des Drehmomentes aus der Neigung der Flügel gegen ihre Bewegungsrichtung, an der auch Riehn in seinen um-

---

[1]) Diese Rotation wurde neuerdings durch sehr schöne Versuche von Ahlborn und Flamm auf kinematographischem Wege veranschaulicht, Jahrb. d. Schiffb. Gesellschaft 1905 und 1908, während ebenda 1906 Wagner die Rotationskomponente über den Querschnitt des Schraubenstrahls messend verfolgt.

fassenden Untersuchungen über diesen Gegenstand (Zeitschr. d. V. d. Ingenieure 1884 und 1888) noch festhielt. Erst Lorenz wies in seiner »Theorie und Berechnung der Schiffspropeller« (Jahrbuch d. Schiffbautechn. Gesellschaft 1906) darauf hin, daß sowohl für das Drehmoment wie auch den Energieumsatz der Propeller die Eulersche Momentengleichung der Turbinentheorie maßgebend ist, welche nicht nur die Berechnung der Rotationsenergie im Schraubenstrahl ermöglichte, sondern auch erkennen ließ, daß der zentrale Teil der Schiffsschraube wirkungslos bleiben müsse, da dort das Wasser mit konstanter Winkelgeschwindigkeit rotiert. Aus dieser Theorie ergab sich dann eine Berechnung der kleinsten zulässigen Nabendicke sowie der achsialen und radialen Veränderlichkeit der Flügelsteigung in gutem Einklange mit praktischen Erfahrungen, obwohl auch hierbei die Strömung um die Achse symmetrisch, die Flügelzahl also unendlich groß angenommen wurde.

Auf die technische Bedeutung solcher achsensymmetrischer Strömungen hatte schon vorher Prášil in der Abhandlung »Über Flüssigkeitsbewegungen in Rotationshohlräumen« (Zürich 1903) hingewiesen, wodurch Lorenz zur Aufstellung der zweidimensionalen Theorie der Kreiselräder (1905) angeregt wurde, aus der auch die obengenannte Theorie der Schiffspropeller entsprang. Hierbei wurde die Wirkung der (unendlich vielen) Schaufeln durch ein Kraftfeld ersetzt gedacht, welches auf die Arbeitsflüssigkeit eine im Leit- und Laufrade stetig veränderliche »Zwangsbeschleunigung« ausübt, die, wie Bauersfeld zeigte, für ideale Flüssigkeiten auf den Schaufelflächen senkrecht steht. Verlangt man dann noch einen gleichen Energieumsatz aller Flüssigkeitselemente in gleichen Zeiten, so ergab sich eine ganz bestimmte, die Wandungsform festlegende Stromfunktion mit zylindrischen Schaufelflächen, wie sie angenähert in neueren Schleuderpumpen verwirklicht ist. Die Zusammenfassung dieser Ergebnisse mit zahlreichen Anwendungen auch auf Dampfturbinen und Gebläse in der Monographie »Neue Theorie und Berechnung der Kreiselräder« (1906) rief sofort eine lebhafte Diskussion hervor, welche von Prášil mit der Bekämpfung des Begriffes der Zwangsbeschleunigung eröffnet wurde. Dieser stellte der zweidimensionalen Theorie in der Abhandlung »Die Bestimmung der Kranzprofile und der Schaufelformen für Turbinen und Kreiselpumpen« (Zürich 1907) eine dreidimensionale gegenüber, wobei er von der Relativbewegung der Arbeitsflüssigkeit ausging und zur Schaufelkonstruktion unter der Annahme wirbelfreier Strömung die Methode der konformen Abbildungen benutzte, ohne indessen zu abschließenden Ergebnissen zu gelangen. Demgegenüber beanstandete Lorenz die Richtigkeit der Prášilschen Gleichungen für die Relativbewegung, sowie die Erfüllung der Grenzbedingungen beim Durchgang des Wassers durch den Spalt, worauf die Polemik durch Stodola und Bauersfeld mit dem Nachweise geschlossen wurde, daß beide Theorien in sich auf richtiger Basis ruhen, während es unzulässig ist, die verschiedenen Grundformeln der einen auf die andere zu übertragen. Damit erledigte sich auch ein heftiger Angriff auf die Lorenzsche Theorie von R. v. Mises, der in seiner »Theorie der Wasserräder« (1908) den Haupteinwand gegen die Zwangsbeschleunigung zwar zurückzog und selbst eine neue Theorie unter Zuhilfenahme von Hypothesen über die Bewegungswiderstände aufstellte, diese aber noch nicht bis zur zahlenmäßigen Verwertung durchführte. Gegen alle diese neueren Bestrebungen, die Kreiselradtheorie hydrodynamisch zu begründen, wandte sich, vom Standpunkte der Parallelströmung ausgehend, u. a. einer der erfolgreichsten Turbinenkonstrukteure, Prof. Pfarr, in der Vorrede zu seinem praktisch bedeutungsvollen Werke »Die Turbinen für Wasserkraftbetrieb« (1907) mit den Worten: »So wenig wir der mathematischen Behandlung des Gegenstandes entraten können, so sehr muß vor einer nur analytischen Erörterung der Vorgänge gewarnt werden, die hier und da geradezu das freie Erkennen der sachlichen Umstände beeinträchtigt. Wir haben es beim Durchströmen der Schaufelgefäße immer mit körperlichen, physikalischen Vorgängen zu tun, die direkt oder indirekt beobachtet sein wollen, bei denen die rein logische Schlußfolgerung häufig versagen muß, weil wir weitaus noch nicht alle »Entscheidungsgründe« kennen. Es braucht nur an das Beharrungsvermögen des einzelnen Wassertropfens und an dessen gleichzeitig vorhandene ungemein leichte Beweglichkeit gegenüber seiner Umgebung erinnert zu werden. Diese Eigenschaften bewirken, daß sich die von außen veranlaßten Verzögerungsvorgänge in der Wasserbewegung kaum jemals so abspielen werden, als wir notgedrungen in der Rechnung voraussetzen müssen. Die dabei auftretenden Wirbelungen machen jede wirklich eingehende Rechnung für die Aufklärung der Verhältnisse nicht gerade illusorisch, aber doch einigermaßen unzuverlässig«. Wenn auch in diesen Bemerkungen das Wesen der hydrodynamischen Grundgleichungen, welche gerade die Trägheit und Beweglichkeit der Flüssigkeit vollkommen zum Ausdrucke bringen, verkannt wird, so entbehren sie doch nicht der Berechtigung, sobald es sich um die Einbeziehung der einzelnen Bewegungswiderstände in den Rechnungsgang handelt. Hierin aber treffen sie gerade das übliche Verfahren der Parallelstrom- bzw. Zellentheoretiker, welche für jeden Stromabschnitt sowie für die Übergänge besondere, durch Versuche im einzelnen nicht hinreichend belegte Erfahrungskoeffizienten einführen, während in der zweidimensionalen Theorie die Bewegungswiderstände durch einen einzigen, an jeder Maschine sofort bestimmbaren Faktor, nämlich den hydraulischen Wirkungsgrad, in der Energieformel berücksichtigt werden.

Daß man angesichts der nur in wenigen Fällen bisher überwundenen Schwierigkeiten bei der Integration der allgemeinen hydrodynamischen Bewegungsformeln die Stromfadentheorie noch lange nicht entbehren kann, hat u. a. Stodola in einer Abhandlung »Zur Theorie der Dampfturbinen« (Zeitschr. f. d. g. Turbinenwesen 1907) im Anschlusse an die oben erwähnte Polemik mit Recht betont. Als Beispiele hierfür können die auch in das vorliegende Buch übergegangenen Untersuchungen von Lorenz über Schwingungen in Turbinen- und Pumpenleitungen dienen, durch welche in Anknüpfung an ältere, auf D. Bernoulli zurückgehende Ansätze u. a. das praktisch beobachtete Auftreten instabiler Bewegungszustände von Schleuderpumpen seine Aufklärung fand. Dagegen kann die Stromfadentheorie ihrer Natur nach niemals über den Zusammenhang des Radprofils und der Schaufelform etwas aussagen, deren Ermittlung denn auch in der bisherigen Praxis meist ohne alle Rechnung auf graphischem Wege unter Zuhilfenahme praktischer Erfahrungen geschieht. Der hierbei — allerdings unter großem Aufwand von Zeit und Mitteln — unzweifelhaft erzielte wirtschaftliche Erfolg erklärt vollkommen den Widerstand gegen exakte Methoden, die sich in der Technik stets nur langsam Bahn brechen können.

§ 57. Die neuere Entwicklung der Hydraulik.

Die hydraulischen Koeffizienten und der hydraulische Stoß nach Borda und Bossut. Die Behandlung der gleichförmigen Strömung durch Dubuat, Chézy, Prony. Die Geschwindigkeitsverteilung im Profil: Bazin, Boussinesq. Ungleichförmige Strömung: Bélanger, Bresse, Bidone, Weisbach, Dubuat. Neuere Versuche von Grether und Andres. Die Grundwasserströmung: Darcy, Dupuit, Forchheimer, Maillet. Der Bewegungswiderstand fester Körper in der Flüssigkeit D'Alembert, Bossut, Condorcet, Beaufoy, Rankine, W. und E. R. Froude, Michell, Calvert, Lorenz.

Durch die hydrodynamischen Bewegungsgleichungen Eulers fand zugleich das Toricelli-Bernoullische Ausflußproblem seine theoretische Erledigung, und zwar ohne die Einschränkung der Stromfadentheorie, deren Berechtigung unter gewissen, der Wirklichkeit häufig entsprechenden Verhältnissen von Lagrange erwiesen wurde. Da diese Untersuchungen sich indessen nur auf ideale Flüssigkeiten erstreckten, so blieb vorläufig noch die Frage der Bewegungswiderstände und des Einflusses der festen Begrenzung der Flüssigkeitsströmung sowie etwaiger Unstetigkeiten des Querschnittes offen. Das letztere Problem wurde von Borda (1733—1799) in Angriff genommen, der in seinem »Mémoire sur l'écoulement des fluides par les orifices des vases« (Pariser Akademie 1766) die noch heute gebräuchliche Formel für den Energieverlust beim hydraulischen Stoße gelegentlich der Diskussion der Wirkung zylindrischer Ansatzrohre entwickelte und außerdem die Strahlkontraktion bei scharfkantigen Mündungen experimentell studierte. Da Borda diese Erscheinung nach den Anschauungen der Parallelströmung ebensowenig zu begründen vermochte, wie früher Newton, so suchte er ihr durch eine Erfahrungszahl in der Ausflußformel zu genügen. Dieses Verfahren der empirischen Korrektur theoretischer Formeln unter Verzicht auf eine wissenschaftliche Erklärung ist in der Folge für die praktische Hydromechanik, die sog. Hydraulik, geradezu vorbildlich geworden und hat jedenfalls ebensoviel zur Entfremdung ihrer Vertreter von denen der exakten Hydrodynamik beigetragen wie die abstrakte Formulierung der letzteren durch Lagrange.

Dieses Gegensatzes war sich schon Bossut (1730—1814) vollkommen bewußt, der in seinem »Traité élémentaire d'hydrodynamique« (1771, deutsche Ausgabe von Langsdorf 1792) neben den Bordaschen Kontraktionskoeffizienten einen Ausflußkoeffizienten für die Berücksichtigung der Widerstände einführte und durch zahlreiche Versuche bestimmte. Er äußert sich über die Eulerschen Differentialgleichungen in der Einleitung zu seinem Werke mit den Worten: Malheureusement ces calculs sont si compliqués par la seule nature de la chose, qu'on ne peut les regarder que comme des vérités géométriques, précieuses en elles-mêmes, mais non comme des symboles propre à peindre l'image sensible du mouvement actuel et physique d'un fluide«. Das Erfahrungsmaterial wurde dann noch durch die beiden Italiener Michelotti, Vater und Sohn, in einer eigenen Versuchsstation (1763—1785, vgl. die Berichte darüber in den Mém. der Turiner Akademie 1784—1785) erheblich vermehrt und durch den Franzosen Dubuat (1732—1787) auf die Strömung in offenen Kanälen unter Einführung der Begriffe der mittleren Profilgeschwindigkeit, der Stauhöhe und Stauweite ausgedehnt, wobei sich schon recht verwickelte Formeln ergaben. Deren Grundlage bildete in Dubuats »Principes d'hydraulique« (2. Aufl. 1786) der schon früher (1754) von Brahms (siehe § 54) ausgesprochene Satz, daß bei gleichförmiger Strömung das Spiegelgefälle zur Überwindung der Bewegungswiderstände gerade ausreicht, die nach einer Angabe von Girard zuerst Chézy (1775) dem Quadrate der mittleren Stromgeschwindigkeit direkt und dem mittleren Profilradius indirekt proportional gesetzt hatte. Demgegenüber wies Coulomb (1800) darauf hin, daß die Zähigkeit von Flüssigkeiten für den Widerstand eines darin bewegten Körpers ein der Geschwindigkeit proportionales Glied neben dem quadratischen, der Verdrängung entsprechenden bedingen müsse und erhielt so einen Ausdruck, welchen Girard (1803) dem Gefällsverlust in offenen Wasserläufen gleichsetzte. Diese Formel konnte jedoch trotz des mißglückten Versuches einer theoretischen Herleitung nicht befriedigen, da beide Glieder mit denselben Koeffizienten behaftet waren, was schon Prony in seinen »Recherches physico-mathématiques sur la théorie du mouvement des eaux courantes« (1804) als physikalisch unmöglich erkannte. Die Koeffizienten der beiden Glieder der Pronyschen Gleichung, deren Gültigkeit sofort auch auf Rohre ausgedehnt wurde, erfuhren später auf Grund neuer Versuche mannigfache Änderungen mit Rücksicht auf die Rauhigkeit der Wandungen, u. a. durch Weisbach (1840), Darcy (1858) und Bazin (1865 und 1897), während andere, wie Gauckler (1868), Hagen (1881) und Reynolds (1883) eingliedrige Potenzformeln vorschlugen. Die verwickeltste aller derartigen Gleichungen ist wohl die von Ganguillet und Kutter (1869), durch die man der Wasserbewegung vom kleinen Bach bis zum größten Strome mit nur einem Rauhigkeitsfaktor gerecht zu werden suchte, und die, in Tabellenform gebracht, eine vielfache Verwendung fand.

In engstem Zusammenhange mit diesen Bestrebungen stand die Frage der Geschwindigkeitsverteilung über den Querschnitt, wofür ebenfalls eine große Menge von Formeln auf Grund von Versuchen und mehr oder weniger stichhaltigen theoretischen Ableitungen aufgestellt wurden. Von diesen scheinen diejenigen von Bazin (1865) mit einer parabolischen Geschwindigkeitsabnahme mit der Tiefe in rechteckigen Kanälen und einer kubischen Abnahme von der Rohrmitte aus noch am ehesten der Wirklichkeit zu entsprechen, wenn man eine Gleitung an der Wand zugibt. Gerade über die Möglichkeit einer solchen herrscht indessen zurzeit noch völlige Unklarheit, außerdem aber bemerkte schon Bazin, daß die größte Stromgeschwindigkeit in offenen Wasserläufen etwas unter dem Spiegel herrschte, wofür man ebenfalls noch keine annehmbare Erklärung besitzt. Weiterhin hatte Bazin (1887) auf rasche Pulsationen der Geschwindigkeit hingewiesen, die mit einem Durcheinanderwirbeln der einzelnen Stromfäden verbunden sind und mit der Wandrauhigkeit stark zunehmen. Diese Turbulenz brachte J. Boussinesq auf den Gedanken, die Navier-Stokesschen Bewegungsgleichungen, unter Annahme einer empirischen Veränderlichkeit des Zähigkeitskoeffizienten sowie einer Randgeschwindigkeit den Bazinschen Formeln für die Geschwindigkeitsverteilung anzupassen, was ihm in seiner Schrift »Essai sur la théorie des eaux courantes« (1877) auch für breite Kastengerinne und Rohre gelang. Angesichts der Willkürlichkeit der erwähnten Annahmen kann man jedoch kaum von einer Begründung der Bazinschen Formeln sprechen, die somit nach wie vor ihren rein empirischen

Charakter behalten haben, was ihren praktischen Wert natürlich durchaus nicht berührt. Hieran ist auch durch die neueren Untersuchungen über die Turbulenz durch O. Reynolds, der 1883 die kritische Übergangsgeschwindigkeit von der langsamen Parallelströmung in die Turbulenz entdeckte, ferner H. A. Lorentz (1897), Lord Rayleigh und anderer Forscher nichts geändert worden, so daß man nach wie vor auf die Heranziehung von Versuchen und empirischen Formeln angewiesen bleibt. Soweit sich diese auf Rohre beziehen, sind sie von Biel im Heft 44 der »Mitteilungen über Forschungsarbeiten des Vereins deutscher Ingenieure« 1907 sehr vollständig zusammengestellt worden.

Bei der Untersuchung der ungleichförmigen Wasserströmung in offenen Gerinnen, welche von Bélanger in seinem »Essai sur la solution de quelques problèmes relatifs au mouvement des eaux courantes« (1828) durch Hinzufügung eines die Geschwindigkeitszunahme betreffenden Gliedes zu der obenerwähnten Gleichung von Chézy angeschnitten wurde, beschränkte man sich zunächst auf die Verfolgung der Änderungen der mittleren Geschwindigkeit der Querschnitte längs des Bettes. Der variablen Geschwindigkeitsverteilung über den Querschnitt suchte dann Coriolis (1836) durch einen Erfahrungsfaktor gerecht zu werden, über dessen Größe die Angaben späterer Experimentatoren recht schwanken. Der Vorschlag von Poncelet (1832), Pronys zweigliedrigen Ansatz für den Widerstand an Stelle des rein quadratischen Gliedes von Chézy zu benutzen, hat trotz seiner zweifellosen theoretischen Berechtigung infolge der Geringfügigkeit der inneren Reibung und der prinzipiellen Ungenauigkeit des ganzen Verfahrens keine weiteren Folgen gehabt, so daß man sich bis heute noch mit der von Bresse (1860) und Dupuit (1863) aus der eingliedrigen Widerstandsformel abgeleiteten Gleichung für die Staukurve begnügt, deren Diskussion aus der Differentialgleichung schon vorher De St. Vénant (1850) gegeben hatte. Dadurch erfuhr auch der von Bidone (1820) beobachtete und von Bélanger a. a. O. berechnete Wassersprung eine plausible Begründung.

Hierher gehört auch die Theorie der Überfälle und Durchlässe, die zuerst Poleni (1767) als eine Reihe zusammenhängender Ausflußöffnungen auffaßte, während Dubuat (1786) die Überfallmenge ganz richtig durch Integration bei veränderlicher Höhe ableitete, allerdings noch unter Vernachlässigung der Zuflußgeschwindigkeit. Diese führte erst Weisbach (1841) ein, dessen Formeln eine um so größere Verbreitung erlangten, als sie durch viele eigene Versuche belegt wurden. Von zahlreichen späteren Untersuchungen seien nur diejenigen von Lesbros (1852), Boileau (1854), sowie die theoretischen Ansätze von Boussinesq (siehe oben) angeführt, der auf Grund seiner schon geschilderten Auffassung nicht nur dieses Problem im Anschluß an den Ausfluß, sondern auch die ungleichförmige Wasserströmung einer sehr eingehenden Analyse unterwarf, und dabei naturgemäß zu recht verwickelten Formeln gelangte, die man vorwiegend in französischen Lehrbüchern, z. B. in Flamants »Hydraulique« (2. Aufl. 1900) und Boulangers »Hydraulique générale« (1909) findet. In dem vorliegenden Buche haben wir von einer Wiedergabe dieser Theorien Boussinesqs abgesehen, da ihr Formelaufwand uns nicht im richtigen Verhältnis zu den wenig sicheren Grundannahmen und der Ungenauigkeit der Beobachtungsergebnisse zu stehen scheint.

Dasselbe gilt von der Begründung der zahlreichen in der Praxis benutzten Formeln von Weisbach, Dubuat u. a. über den Energieverlust beim Durchströmen von Schiebern, Ventilen und Rohrkrümmern, die man in allen Taschenbüchern nachschlagen kann. Ein neuerlicher Versuch von Grether (1909), die Strömung durch geeignet geformte (hyperbolische) Krümmer als Potentialbewegung unter Ausschaltung der Zähigkeit aufzufassen, ist wegen der Unerfüllbarkeit der Wirbelfreiheit an der Rohrwand nur mit der von Prandtl (1904) vertretenen Annahme einer Ablösung der Flüssigkeit von dieser verständlich. Dadurch wird der Wert der Gretherschen Versuche jedoch nicht beeinträchtigt, deren wichtigstes Ergebnis eine der Potentialbewegung nahekommende Druckverteilung im Hyperbelkrümmer gegenüber dem Kreiskrümmer auch bei turbulenter Strömung war. Dies deutet auf eine sehr gleichförmige Geschwindigkeitsverteilung über den Querschnitt hin, wie sie auch von den Amerikanern Hubbell und Fenkell (1889) in geraden Rohren beobachtet wurde, und die in scharfem Gegensatze zu der parabolischen Geschwindigkeitsverteilung infolge der Zähigkeit bei der Poiseuillebewegung steht. Es ist demnach geradezu schädlich, etwa durch Einschaltung von Sieben oder

Führungsblechen die Turbulenz bekämpfen zu wollen, was besonders deutlich aus Versuchen von Andres über die Umsetzung von Wassergeschwindigkeit in Druck durch konisch erweiterte Rohre (Mitt. von Forschungsarbeiten, Heft 76, 1909) hervorgeht. Dieser Experimentator schließt aus der Erhöhung der Energieverluste durch solche Einbauten auf eine Ablösung der Wasserfäden von der Wand, eine Gefahr, die mit steigender Wirbelung der Wasser abnehmen soll, und belegt dies durch besondere Versuche mit einem um die Rohrachse gleichzeitig rotierenden Strom, den er vorher durch Spiralbleche leitet. Hält man dagegen an der Auffassung von Boussinesq fest, der die turbulente Stromgeschwindigkeit an jeder Stelle als Mittelwert sehr verschiedener Pulsationsgeschwindigkeiten auffaßt, so kommt diesen Mittelwerten eine durchaus geordnete Verteilung über den Querschnitt zu. Durch Einbauten wird diese Verteilung alsdann wieder zerstört, ohne daß zur Erklärung der Energieverluste eine Ablösung der bei der Turbulenz offenbar gar nicht mehr zusammenhängenden Wasserfäden von der Wand herangezogen zu werden braucht.

In erfreulichem Gegensatz zu den bisher so gut wie erfolglosen Bestrebungen einer Formulierung der turbulenten Rohrströmung hat sich die scheinbar viel schwierigere Theorie der Grundwasserbewegung entwickelt, seitdem Darcy in dem Werke »Les fontaines publiques de la ville de Dijon« (1856) den experimentellen Nachweis der Proportionalität der Durchflußmenge mit dem Druckgefälle in der Stromrichtung analog der Bewegung in engen Rohren erbracht hatte. Daraus leitete Dupuit in seinen »Etudes théoriques et pratiques sur le mouvement des eaux« (1863) einige schwach geneigte Grundwasserspiegel in der Nachbarschaft von Brunnen ab, die sich als spezielle Lösungen der von Forchheimer (1886) unter Vernachlässigung der Vertikalbewegung aufgestellten Kontinuitätsgleichung ergaben, und mit den Versuchen von A. Thiem (1879) und Thévenet (1884) in gutem Einklang standen. Diese Theorie wurde später von Boussinesq (1903) auf zeitlich veränderliche Strömungen mit Rücksicht auf die wechselnden Niederschläge ausgedehnt und von Maillet (1902) auf eine Anzahl praktischer Fälle angewandt. Die Untersuchungen dieser beiden Autoren finden sich mit denen anderer, meist französischer

Forscher, aber unter vollständiger Ignorierung deutscher Arbeiten, vereinigt in dem Werke von Maillet »Essais d'hydraulique souterraine et fluviale« (1905). Infolge der Vernachlässigung der Vertikalbewegung genügen indessen die Lösungen der Forchheimerschen Gleichung nicht der Bedingung eines asymptotischen Übergangs des gestörten in den ungestörten Grundwasserspiegel und gelten daher nur in unmittelbarer Nachbarschaft der Entnahme- oder Sickerstellen. Zieht man dagegen auch die Vertikalbewegung als gleichberechtigt heran, so ergibt sich, wie Forchheimer (1905) gezeigt hat, eine vollkommene Potentialströmung, deren Verlauf in jedem Sonderfalle den Grenzbedingungen des Problems, zu denen der erwähnte asymptotische Übergang gehört, genügen muß. Forchheimer hat dann auch noch einige solcher praktisch wichtigen Sonderfälle untersucht und die daraus folgende Änderung der Spiegelhöhe in Brunnen mit der Wasserentnahme in Übereinstimmung mit Versuchen von Thévenet u. a. gefunden. Damit kann die Grundwassertheorie auch vom hydrodynamischen Standpunkte aus als gesichert betrachtet werden.

Von diesem Ziele ist dagegen die Lehre vom Widerstande fester Körper in einer Flüssigkeit noch weit entfernt. Da Eulers, schon im § 54 angeführte Theorie, welche auf der Zerlegung der Schiffswand in ebene Flächenelemente beruhte, deren von der Neigung bedingte Einzelwiderstände einfach summiert wurden, auch in der Neubearbeitung der »Théorie complète de la construction et de la maneuvre des vaisseaux« (1776) der Mannigfaltigkeit der wirklichen Erscheinungen nicht genügte, veranlaßte der französische Minister Turgot die Akademiemitglieder d'Alembert, Bossut und Condorcet zu Modellversuchen, über die Bossut in den »Nouvelles expériences sur la résistance des fluides« 1777 ausführlich berichtete. Diese Versuche bestätigten zwar im allgemeinen das Newtonsche quadratische Widerstandsgesetz und widerlegten die Eulersche Anschauung, ohne doch über den Einfluß der Wandneigung Klarheit zu schaffen. Besonders auffällig erschien damals die Bemerkung, daß unter sonst gleichen Umständen ein längeres Modell weniger Widerstand fand als ein kürzeres, wozu noch bei einer späteren Fortsetzung der Versuche die günstige Wirkung eines spitzen Schiffshinterteils trat. Aus der ersteren

Erfahrung glaubte Bossut in seiner »Hydrodynamique« (1778) auf ein vorteilhaftes Verhältnis von Schiffslänge zur Breite (unabhängig von der Geschwindigkeit) schließen zu sollen, während zu der zweiten Tatsache der deutsche Übersetzer Langsdorf des Bossutschen Werkes bemerkt: »Darum gab die Natur den Fischen zu ihrer Erleichterung im Schwimmen das zugespitzte hintere Ende«.

Der bei diesen Versuchen nur flüchtig als bedeutungslos erwähnten Wandreibung schenkte der Engländer Beaufoy besondere Aufmerksamkeit, der auf Kosten der »Society for the improvement of naval Architecture« 1793—1798 umfassende Versuche anstellte, die nach seinem Tode von seinem Sohne in einem mehrbändigen Werke »Nautical and hydraulic experiments« (1834) herausgegeben wurden. Beaufoy trennt den als eine Stoßwirkung betrachteten Vorderschiffswiderstand von dem des Hinterschiffs, welches einen leeren Raum und damit ein Saugen hervorruft, während der Widerstand der Seitenwände lediglich der Reibung zugeschrieben wird. Die günstige Wirkung des zugespitzten Hinterschiffes wird von Beaufoy bestätigt, und dazu die Vorschrift gefügt, die größte Breite dem Vorderteile um 1 : 5 der Schiffslänge näher zu bringen als dem hinteren Ende. Die hierdurch erzielte Annäherung der Schiffsform an den Fischkörper ist von der Praxis allerdings erst in der neuesten Zeit, also nach etwa 100 Jahren unter dem Einfluß der Geschwindigkeitssteigerung durchgeführt worden, während man in der Zwischenzeit sich meist mit empirischen Formeln für einzelne Schiffstypen behalf, deren Begründungsversuche in Merrifields »Report on the state of existing knowledge on the stability, propulsion and sea going qualities of ships« (Brit. Ass. Report. 1869) und Bourgois »Mémoire sur la résistance de l'eau au mouvement des corps et particulièrement des bâtiments de mer« 1857 nachgelesen werden können.

Eine neue Periode wird dann durch die Arbeiten von Rankine und des älteren Froude eingeleitet, welche den Schiffswiderstand in eine Hautreibung (skin-resistance), den Wirbelwiderstand (eddy-resistance) und den Wellenwiderstand (wake-resistance) zerlegten, während Riehn (1882) die letzteren beiden zu einem Formwiderstand vereinigte. Die hierher gehörigen Abhandlungen von Rankine sind in den Jahren 1864 bis 1870 in den »Philosophical Transactions« sowie den Jahrbüchern der »Institution of Naval Architects«, diejenigen von Froude (1872—1878) in der Zeitschrift »Nature«, den »Proceedings of the Royal Institution« und den »British Association Reports« veröffentlicht. W. Froude und seinem Sohne E. R. Froude verdankt man auch die systematische Durchführung zahlreicher Modellversuche, durch deren Modifikation sie die Einzelbestandteile des Widerstands getrennt zu bestimmen sich bemühten. Dabei stellte sich der vereinigte Wellen- und Wirbelwiderstand ziemlich genau dem Geschwindigkeitsquadrat proportional heraus, während der restliche Reibungswiderstand mit der 1,825. Potenz der Fahrgeschwindigkeit wuchs und damit der Modellregel nicht gehorchte. Diese Ergebnisse erregten in hohem Maße das Interesse der englischen theoretischen Physiker, u. a. von W. Thomson, welche in einer populären Vorlesung »On ship waves« 1891 die vom Schiff erregten Wellen als Gruppen im Sinne von Lord Rayleigh kennzeichnete. Eine besondere Bedeutung gewann der Wellenwiderstand durch die praktische Beobachtung von Buckeln in den Widerstandskurven schnellfahrender Torpedoboote, aus deren Verschiebung mit der Änderung der Wassertiefe man auf eine Resonanzerscheinung schließen konnte. Auf Grund dieser Anschauung und gestützt auf ältere Ansätze von Poisson entwickelte Michell (1898) eine Theorie des Wellenwiderstandes mit dem ausgesprochenen Ziele der Anpassung an wirkliche Schiffsformen, ohne jedoch zu praktisch brauchbaren Formeln zu gelangen. Zweifellos war dieses Ziel vorderhand noch zu weit gesteckt, während man auf der anderen Seite die Reibung nicht unbeachtet lassen durfte. Daß diese neben der Wirbelbildung an der Schiffshaut ein Mitreißen von seitlichem Wasser in der Nachbarschaft des Schiffes zur Folge hatte, ging aus den Versuchen von Calvert (1893) über den Vorstrom (wake current) unzweideutig hervor, deren Formulierung, wie Lorenz in seinem »Beitrag zur Theorie des Schiffswiderstandes« (Zeitschr. d. Ver. d. Ing. 1907) zeigte, mit dem quadratischen Widerstandsgesetz sehr wohl vereinbart werden konnte, und für die Hautreibung eine direkte Proportionalität mit der Geschwindigkeit ergab. Da nun der Einfluß des mitgerissenen Wassers denjenigen der Hautreibung, die nach Photogrammen von Ahlborn (Jahrb. d. Schiffb. Gesellschaft 1904 u. 1905) nur durch eine dünne Wirbelschicht an der Schiffswand hervortritt, weitaus übertrifft, so erklärt sich ungezwungen die 1,825. Potenz der Geschwindigkeit in Froudes Restwiderstand, der somit in Wirklichkeit zwei verschiedene Erscheinungen umfaßt. Vereinigt man dann noch nach Lorenz die von der Schiffswand nach außen hin nach einem Exponentialgesetz abnehmende Vorstromgeschwindigkeit mit der Horizontalkomponente der als klein angenommenen Wellenbewegung unter Vernachlässigung der Quadrate der letzteren, so ergibt sich in der Tat eine Widerstandsformel, welche alle beobachteten Erscheinungen umfaßt und außerdem auch auf die Geschoßbewegung in der Luft anwendbar ist. Zur Vorausberechnung des Widerstandes unter gegebenen Verhältnissen wird die Formel allerdings erst brauchbar, wenn in ihren Koeffizienten die Schiffsform selbst zum Ausdruck gelangt, was angesichts deren Willkürlichkeit analytisch kaum durchführbar erscheint. Man wird daher auch in Zukunft den Modellversuch nicht entbehren können, dessen Übertragbarkeit auf das Original durch die neue Widerstandsformel allerdings erheblich verschärft wird.

Berichtigungen.

S. 258: In der Kopfzeile der Tabelle soll es anstatt V' l/Sek., V'' l/Sek. heißen: V' l/Spiel, V'' l/Spiel.

S. 289: In Fig. 138 berührt die der stark ausgezogenen Strahlbegrenzung benachbarte Stromlinie fälschlich deren Endpunkt, während sie deren Endpunkt in endlichem Abstande umfahren soll.

Sachregister.

Namensregister.

Band II siehe nächste Seite.

www.ingramcontent.com/pod-product-compliance
Lightning Source LLC
LaVergne TN
LVHW091040021026
849161LV00002BA/226